AF816197

Springer
Berlin
Heidelberg
New York
Hongkong
London
Mailand
Paris
Tokio

Mitglieder des Wissenschaftlichen Beirats der Bundesregierung Globale Umweltveränderungen

(Stand: 21. März 2003)

Professor Dr. Hartmut Graßl, Vorsitzender
Direktor am Max-Planck-Institut für Meteorologie, Hamburg

Professor Dr. Dr. Juliane Kokott, stellvertretende Vorsitzende
Direktorin am Institut für Europäisches und Internationales Wirtschaftsrecht, Universität St. Gallen

Professor Dr. Margareta E. Kulessa
Professorin für Allgemeine Volkswirtschaftslehre und Europäische Wirtschaftspolitik an der Fachhochschule Mainz

Professor Dr. Joachim Luther
Leiter des Fraunhofer-Instituts für Solare Energiesysteme in Freiburg

Professor Dr. Franz Nuscheler
Direktor des Instituts für Entwicklung und Frieden in Duisburg

Professor Dr. Dr. Rainer Sauerborn
Ärztlicher Direktor der Abteilung für Tropenhygiene und Öffentliches Gesundheitswesen am Universitätsklinikum Heidelberg

Professor Dr. Hans-Joachim Schellnhuber
Direktor des britischen Wissenschaftsnetzwerks zum Klimawandel (Tyndall Centre) in Norwich (UK)

Professor Dr. Renate Schubert
Direktorin des Instituts für Wirtschaftsforschung der ETH Zürich

Professor Dr. Ernst-Detlef Schulze
Direktor am Max-Planck-Institut für Biogeochemie in Jena

Wissenschaftlicher Beirat der Bundesregierung
Globale Umweltveränderungen

Welt im Wandel:
Energiewende zur Nachhaltigkeit

mit 49 Abbildungen

Springer

WISSENSCHAFTLICHER BEIRAT DER BUNDESREGIERUNG
GLOBALE UMWELTVERÄNDERUNGEN (WBGU)

Geschäftsstelle WBGU
Reichpietschufer 60-62, 8. OG
10785 Berlin

Tel.: 030 263948 0
Fax: 030 263948 50
Email: wbgu@wbgu.de
Web: http://www.wbgu.de

Redaktionsschluss: 21.3.2003

Bibliographische Information der Deutschen Bibliothek
Die Deutsche Bibliothek verzeichnet diese Publikation in der Deutschen Nationalbibliografie; detaillierte bibliografische Daten sind im Internet über <http://dnb.ddb.de> abrufbar.

ISBN 978-3-642-52301-4 ISBN 978-3-642-55861-0 (eBook)
DOI 10.1007/978-3-642-55861-0

Springer-Verlag ist ein Unternehmen der Fachverlagsgruppe BertelsmannSpringer.
Springer-Verlag Berlin Heidelberg New York a member of BertelsmannSpringer Science+Business Media GmbH.

Softcover reprint of the hardcover 1st edition 2003

Umschlaggestaltung: Erich Kirchner, Heidelberg unter Verwendung folgender Abbildungen:
Windräder (Meinhard Schulz-Baldes), Solarthermie (Plataforma Solar de Almería), Kochherd in Burkina Faso (Rainer Sauerborn), Zapfhahn, Ölpumpe, Staudamm, Schornstein (Pure Vison Photo Disc Deutschland)

Satz: Digitale Druckvorlage der Autoren
Gedruckt auf säurefreiem Papier 32/3111 5 4 3 2 1 SPIN: 11398899

Mitarbeiter des Beirats und Danksagung

Geschäftsstelle

Wissenschaftlicher Stab

Prof. Dr. Meinhard Schulz-Baldes
(Generalsekretär)

Dr. Carsten Loose
(Stellvertretender Generalsekretär)

Dietrich Brockhagen (DEA ök., ab 01.08.2002)

Dr. Martin Cassel-Gintz (bis 30.06.2002)

Dipl.-Pol. Judith C. Enders (01.05. bis 31.07.2002)

Dr. Ursula Fuentes Hutfilter

Dipl.-Umweltwiss. Tim Hasler (ab 01.09.2002)

Dipl.-Pol. Lena Kempmann (ab 01.10.2002)

Dr. Angela Oels (bis 06.08.2002)

Dr. Thilo Pahl (bis 31.01.2003)

Dr. Benno Pilardeaux
(Medien- und Öffentlichkeitsarbeit)

Sachbearbeitung, Lektorat und Sekretariat

Vesna Karic-Fazlic (Sachbearbeitung Finanzen)

Martina Schneider-Kremer, M.A. (Lektorat)

Margot Weiß (Sekretariat)

Wissenschaftliche Mitarbeiter der Beiratsmitglieder

Dr. Carsten Agert (Fraunhofer-Institut für Solare Energiesysteme, Freiburg, ab 01.08.2002)

Referendar-jur. Tim Bäuerle (Heidelberg, bis 31.12.2002)

Cand. rer. pol. Markus Dolder (ETH Zürich, Institut für Wirtschaftsforschung, bis 31.08.2002)

Lic. rer. pol. Stefanie Fankhauser (ETH Zürich, Institut für Wirtschaftsforschung, bis 31.07.2002)

Dr. Thomas Fues (Institut für Entwicklung und Frieden, Duisburg)

Dr. Jürgen Kropp (Potsdam-Institut für Klimafolgenforschung, bis 01.04.2003)

Dr. Jacques Léonardi (Max-Planck-Institut für Meteorologie, Hamburg)

Referendar-jur. Christian Lutze (Heidelberg, ab 01.01.2003)

Dr. Franziska Matthies (Universität Heidelberg)

Dr. Tim Meyer (Fraunhofer-Institut für Solare Energiesysteme, Freiburg,bis 31.07.2002)

Dipl.-Volksw. Kristina Nienhaus (ETH Zürich/Akademie für Technikfolgenabschätzung in Baden-Württemberg, Stuttgart, ab 09.09.2002)

Dipl.-Volksw. Marc Ringel (Universität Mainz)

Dipl.-Biol. Angelika Thuille (Max-Planck-Institut für Biogeochemie, Jena)

Den externen Gutachtern dankt der Beirat für die Zuarbeit und wertvolle Hilfe. Im Einzelnen flossen folgende Gutachten und Stellungnahmen in das Gutachten ein:

- Dr. Maritta von Bieberstein Koch-Weser (Earth 3000, Bieberstein) (2002): Nachhaltigkeit von Wasserkraft.
- Dr. Ottmar Edenhofer, Dipl.-Volksw. Nicolas Bauer und Dipl.-Phys. Elmar Kriegler (Gesellschaft für Sozio-ökonomische Forschung – GSF, Potsdam) (2002): Szenarien zum Umbau des Energiesystems.
- Prof. Dr.-Ing. habil. Hans-Burkhard Horlacher (TU Dresden) (2002): Globale Potenziale der Wasserkraft.
- Dr.-Ing. Martin Kaltschmitt, Dr. oec. Dipl.-Ing. Dieter Merten, Dipl.-Ing. Nicolle Fröhlich und Dipl.-Phys. Moritz Nill (Institut für Energetik und Umwelt gGmbH, Leipzig) (2002): Energiegewinnung aus Biomasse.
- Crescencia Maurer (Senior Associate in the Institutions and Governance Program of the World Resources Institute – WRI, Washington, DC) (2002): The Transition from Fossil to Renewable Energy Systems: What Role for Export Credit Agencies?
- Dr. Joachim Nitsch (DLR, Institut für Technische Thermodynamik, Stuttgart) (2002): Potenziale der Wasserstoffwirtschaft.
- Dipl.-Geoökol. Christiane Ploetz (VDI-Technologiezentrum, Abteilung Zukünftige Technologien Consulting, Düsseldorf) (2002): Sequestrierung von CO_2: Technologien, Potenziale, Kosten und Umweltauswirkungen.
- Dr. Fritz Reusswig, Dipl.-Oec. Katrin Gerlinger und Dr. Ottmar Edenhofer (Gesellschaft für Sozio-ökonomische Forschung, GSF, Potsdam) (2002): Lebensstile und globaler Energieverbrauch. Analyse und Strategieansätze zu einer nachhaltigen Energiestruktur.
- Keywan Riahi (Institute for Applied Systems Analysis – IIASA, Laxenburg) (2002): Data From Model Runs With MESSAGE.
- Dr. Franz Trieb und Dipl. Systemwiss. Stefan Kronshage (DLR, Institut für Technische Thermodynamik, Stuttgart) (2002): Berechnung von Weltpotenzialkarten.

Wertvolle Hinweise und Diskussionsbeiträge erhielt der Beirat bei einer Anhörung. Der WBGU dankt Prof. Nakicenovic (IIASA, Laxenburg), Dr. Nitsch (DLR, Stuttgart) und Prof. Dr. von Weizsäcker (MdB – Enquete-Kommission Globalisierung, Berlin).

Danken möchte der Beirat auch jenen Personen, die durch Hinweise und Beratung in zahlreichen Fällen der Arbeit am Gutachten wertvolle Dienste erwiesen haben:

Jan Christoph Goldschmidt (Fraunhofer-Institut für Solare Energiesysteme, Freiburg), Dr. Thomas Hamacher (Max-Planck-Institut für Plasmaphysik, Garching), Dr. Klaus Hassmann (Siemens AG), Prof. Dr. Klaus Heinloth (Universität Bonn), Prof. Dr. Dieter Holm (ehemals Universität Pretoria), Prof. Dr. Eberhard Jochem (Fraunhofer Institut für Systemtechnik und Innovationsforschung, Karlsruhe), Prof. Dr. Wolfgang Kröger (Paul-Scherrer-Institut, Villingen), Prof. Dr. Matheos Santamouris (Universität Athen).

Für ihre große und hilfreiche Unterstützung bei der Frage der Elektrifizierung des ländlichen Raums und der Energieversorgung in Entwicklungsländern im Rahmen der Erstellung des World Energy Outlook 2002 danken wir Herrn Dr. Fatih Birol, Chief Economist und Head der Economic Analysis Division der International Energy Agency (IEA), Paris und Marianne Haug, Direktorin des Bereichs Energy Efficiency, Technology and R&D der IEA sowie Laura Cozzi, Energy Analyst der Economic Analysis Division der IEA.

Der WBGU möchte sich herzlich bei den Gesprächspartnern während der Studienreise in die VR China vom 10. bis 22. März 2002 bedanken. Viele Experten aus Politik, Verwaltung und Wissenschaft haben für den Beirat Führungen, Vorträge und Präsentationen vorbereitet und standen für Diskussionen und Gespräche zur Verfügung. Besonderer Dank gilt Herrn Botschafter Joachim Broudré-Gröger (Deutsche Botschaft Peking) und Herrn Wilfried Wolf (Leiter der Wirtschaftsabteilung in der Deutschen Botschaft Peking), ohne deren Hilfe die inhaltliche und organisatorische Vorbereitung und Durchführung der Reise unmöglich gewesen wäre, sowie den Experten der Tsinghua Universität Peking und der Universität Shanghai, mit denen der Beirat hochinformative Energieexpertenrunden abhalten konnte.

Schließlich danken wir Bernd Killinger, der als Praktikant Recherchen und Hintergrundtexte beigesteuert hat, sowie Sabina Rolle, die uns als studentische Hilfskraft unterstützt hat.

Inhaltsübersicht

Inhaltsverzeichnis

Kästen

Tabellen

Abbildungen

Akronyme

AFREC	African Energy Commission *Afrikanische Energiekommission*
AKP	Afrika-Karibik-Pazifik-Staaten
ARD	Monitoring and Measuring Afforestation – Reforestation – Deforestation (Kioto-Protokoll) *Erfassung und Messung von Aufforstung – Wiederaufforstung – Entwaldung*
ASEAN	Association of South East Asian Nations *Bündnis südostasiatischer Staaten*
BIP	Bruttoinlandsprodukt
BHKW	Blockheizkraftwerk
BMBF	Bundesministerium für Bildung und Forschung
BMU	Bundesministerium für Umwelt, Naturschutz und Reaktorsicherheit
BMWA	Bundesministerium für Wirtschaft und Arbeit
BMZ	Bundesministerium für wirtschaftliche Zusammenarbeit und Entwicklung
BSP	Bruttosozialprodukt
CDF	Comprehensive Development Framework (Weltbank) *Umfassender Entwicklungsrahmen*
CDM	Clean Development Mechanism (UNFCCC) *Mechanismus für umweltverträgliche Entwicklung*
CERUPT	Certified Emission Reduction Unit Procurement Tender, Niederlande
CIS	Kupfer-Indium-Selen-Anordnung (Dünnschichttechnologie)
COPD	Chronic obstructive pulmonary disease *Chronische obstruktive Atemwegserkrankung*
CSD	Commission on Sustainable Development (UN) *Kommission für nachhaltige Entwicklung*
CTI	Climate Technology Initiative (IEA) *Klimatechnologie-Initiative*
DAC	Development Assistance Committee (OECD) *Komitee für Entwicklungshilfe*
DALYs	Disability Adjusted Life Years *Durch Behinderung und/oder Arbeitsunfähigkeit belastete Lebensjahre*
DENA	Deutsche Energie Agentur
DKW	Dampfkraftwerke
DNI	Direct normal incidence *Direkt-Normal-Strahlung*
DSM	Demand Side Management *Nachfragesteuerung*
DTIE	Division for Technology, Industry and Economy (UNEP) *Abteilung für Technologie, Industrie und Wirtschaft des UN-Umweltprogramms*
ECA	Export Credit and Investment Insurance Agencies (OECD) *Exportkreditversicherungen*
ECT	Energie-Charta-Vertrag
EEF	Europäischer Entwicklungsfonds

EGR	Enhanced Gas Recovery *Verbesserte Gasgewinnung*
EIB	Europäische Investitionsbank
EOLE	Programme Français de Développement de Centrales Éoliennes Raccordées au Réseau Électrique
EOR	Enhanced Oil Recovery *Verbesserte Ölgewinnung*
ERUPT	Emission Reduction Unit Procurement Tender Programme, Niederlande
ESF	European Science Foundation *Europäische Wissenschaftsstiftung*
ESMAP	Energy Sector Management Assistance Programme (World Bank, UN) *Management- und Unterstützungsprogramm für den Energiesektor*
EU	Europäische Union
EWR	Europäischer Wirtschaftsraum
EZ	Entwicklungszusammenarbeit
FAO	Food and Agriculture Organization (UN) *Ernährungs- und Landwirtschaftsorganisation der Vereinten Nationen*
FETC	Federal Energy Technology Center (USA)
GATT	General Agreement on Tariffs and Trade *Allgemeines Zoll- und Handelsabkommen*
GATS	General Agreement on Trade in Services *Allgemeines Abkommen über den Dienstleistungsverkehr*
GEF	Global Environment Facility (UNDP, UNEP, Weltbank) *Globale Umweltfazilität*
GTZ	Gesellschaft für Technische Zusammenarbeit
GREET	Global Renewable Energy Education and Training (UNESCO) *Bildungs- und Ausbildungsprogramm zu erneuerbaren Energien*
GuD	Kombinierte Gas- und Dampfkraftwerke
GUS	Gemeinschaft unabhängiger Staaten
HDI	Human Development Index *Index für menschliche Entwicklung*
HIPC-Initiative	Heavily Indebted Poor Countries Initiative *Entschuldungsinitiative zugunsten der hochverschuldeten armen Länder*
HKW	Heizkraftwerk
HPI	Human Poverty Index *Index für menschliche Armut*
HTR	Hochtemperaturreaktor
IAEA	International Atomic Energy Agency *Internationale Atomenergieorganisation*
IBRD	International Bank for Reconstruction and Development (Weltbank) *Internationale Bank für Wiederaufbau und Entwicklung*
ICID	International Commission on Irrigation and Drainage *Internationale Kommission für Be- und Entwässerung*
ICIMOD	International Centre for Integrated Mountain Development, Nepal *Internationales Zentrum für die nachhaltige Entwicklung von Gebirgs-Ökosystemen*
ICOLD	International Commission on Large Dams *Internationale Kommission für große Talsperren*
IEA	International Energy Agency *Internationale Energieagentur*
IFAD	International Fund for Agricultural Development (FAO) *Internationaler Fonds für landwirtschaftliche Entwicklung*
IFC	International Finance Corporation (IBRD) *Internationale Finanzkorporation*
IfE	Lehrstuhl für Energiewirtschaft und Kraftwerkstechnik der TU München

IHA	International Hydropower Association (UNESCO) *Internationale Wasserkraftvereinigung*
IIASA	International Institute for Applied Systems Analysis, Österreich
INEF	Institut für Entwicklung und Frieden, Universität Duisburg
INPA	Instituto Naçional de Pesca y Agricultura, Kolumbien *Nationales kolumbianisches Institut für Fischerei und Landwirtschaft*
IPCC	Intergovernmental Panel on Climate Change (WMO, UNEP) *Zwischenstaatlicher Ausschuss für Klimaänderungen*
IPS	Institute for Policy Studies *Institut für Politikstudien*
IPSE	Intergovernmental Panel on Sustainable Energy (vom WBGU empfohlen) *Zwischenstaatlicher Ausschuss für nachhaltige Energie*
IREICS	International Renewable Energy Information and Communication System (WSP) *Globales Informations- und Kommunikationssystem zu erneuerbaren Energien*
ISE	Fraunhofer-Institut für Solare Energiesysteme, Freiburg/Br.
ISEA	International Sustainable Energy Agency (vom WBGU empfohlen) *Internationale Agentur für nachhaltige Energie*
ITER	Internationaler Experimentalreaktor
IWF	Internationaler Währungsfonds *International Monetary Fund*
JBIC	Japan Bank for International Cooperation *Japanische Bank für Internationale Kooperation*
JI	Joint Implementation *Gemeinsame Umsetzung (Kioto-Protokoll)*
KfW	Kreditanstalt für Wiederaufbau
KMU	Kleine und mittlere Unternehmen
KWK	Kraft-Wärme-Kopplung
LLDC	Least Developed Countries *Am wenigsten entwickelte Länder*
LPG	Liquified Petroleum Gas *Flüssiggas*
LWR	Leichtwasserreaktor
MACRO	Top-down Macroeconomic Model (IIASA)
MCFC	Molton Carbonat Fuel Cell *Schmelzkarbonatbrennstoffzelle*
MESA	Multilaterales Energiesubventionsabkommen (vom WBGU empfohlen)
MESSAGE	Model for Energy Supply Strategy Alternatives and their General Environmental Impact (IIASA) *Dynamisches Optimierungsmodell für Energiesysteme und ihre Umweltauswirkungen*
MIND	Model of Investment and Technological Development (PIK)
NAFTA	North American Free Trade Agreement *Nordamerikanisches Freihandelsabkommen*
NATO	North Atlantic Treaty Organisation *Nordatlantikpakt*
NEXI	Nippon Export and Investment Insurance *Staatliche japanische Export und Investitionsversicherung*
ODA	Official Development Assistance *Öffentliche Entwicklungszusammenarbeit*
OECD	Organisation for Economic Co-operation and Development *Organisation für Wirtschaftliche Zusammenarbeit und Entwicklung*
OLADE	Organización Latinoamericana de Energia, Mittelamerika
OPEC	Organization of Petroleum Exporting Countries *Organisation Erdöl exportierender Länder*

OPIC	Overseas Private Investment Corporation *Investitionsförderungsgesellschaft der Regierung der USA*
ÖPNV	Öffentlicher Personennahverkehr
OSPAR	Convention for the Protection of the Marine Environment of the North-East Atlantic *Übereinkommen zum Schutz der Meeresumwelt des Nordostatlantiks*
PAA	Parts of Assigned Amounts *Anteile zugeteilter Emissionseinheiten*
PAFC	Phosphor Acid Fuel Cell *Phosporsaure Brennstoffzelle*
PEEREA	Energy Charter Protocol on Energy Efficiency and Related Environmental Aspects *Protokoll zur Energie-Charta über Energieeffizienz und verwandte Umweltaspekte*
PEMFC	Proton Exchange Membrane Fuel Cell *Brennstoffzelle mit Protonenaustauscher-Membran*
PIK	Potsdam-Institut für Klimafolgenforschung e. V.
PKW	Personenkraftwagen
POP	Persistent Organic Pollutant *Persistenter organischer Schadstoff*
PRSP	Poverty Reduction Strategy Papers (IWF, Weltbank) *Nationale Strategien zur Armutsbekämpfung*
PV	Photovoltaik
RBMK	Reactor Bolsoi Mochnosti Kipyashiy – Large Power Boiling Reactor *Siedewasser-Druckröhrenreaktor*
RECS	Renewable Energy Certification System *Zertifikatesystem für Erneuerbare Energien*
RNE	Rat für Nachhaltige Entwicklung
SGP	Small Grant Programme (GEF) *Mikrokreditprogramm*
SKE	Steinkohleneinheit
SOFC	Solid Oxide Fuel Cell *Keramische Festoxidbrennstoffzelle*
SRES	Special Report on Emission Szenarios (IPCC)
SRU	Rat von Sachverständigen für Umweltfragen
TERI	Tata Energy Research Institute, Indien
TG	Trockengewicht
THG	Treibhausgas
TRIPS	Trade-Related Aspects of Intellectual Property Rights *Übereinkommen über handelsbezogene Aspekte der Rechte des geistigen Eigentums*
UN	United Nations *Vereinte Nationen*
UNDESA	UN Department of Economic and Social Affairs *Hauptabteilung für wirtschaftliche und soziale Angelegenheiten der Vereinten Nationen*
UNEP	United Nations Environment Programme *Umweltprogramm der Vereinten Nationen*
UNEP CCEE	Collaborating Centre on Energy and Environment (UNEP) *Zentrum für Zusammenarbeit in Energie und Umwelt*
UNESCO	United Nations Educational, Scientific and Cultural Organization *Organisation der Vereinten Nationen für Erziehung, Wissenschaft und Kultur*
UNFCCC	United Nations Framework Convention on Climate Change *Rahmenübereinkommen der Vereinten Nationen über Klimaänderungen*
UNFPA	United Nations Fund for Population Activities *Bevölkerungsfonds der Vereinten Nationen*

UNIDO	United Nations Industrial Development Organisation *Organisation der Vereinten Nationen für industrielle Entwicklung*
UVP	Umweltverträglichkeitsprüfung
WBGU	Wissenschaftlicher Beirat der Bundesregierung Globale Umweltveränderungen
WCD	World Commission on Dams
WEC	World Energy Council *Weltenergierat*
WERCP	World Energy Research Coordination Programme (UN, vom WBGU empfohlen) *Weltenergieforschungs- und Koordinationsprogramm*
WHO	World Health Organization (UN) *Weltgesundheitsorganisation*
WSP	World Solar Programme *Weltsolarprogramm*
WSSD	World Summit on Sustainable Development *Weltgipfel für nachhaltiger Entwicklung*
WTO	World Trade Organization *Welthandelsorganisation*

Zusammenfassung für Entscheidungsträger

Im ersten Teil dieser Zusammenfassung für Entscheidungsträger werden knapp die wesentlichen Probleme der bestehenden Energiesysteme dargestellt, im zweiten Teil wird die Frage beantwortet, welchen Kriterien eine Energiewende genügen muss, um als „nachhaltig" zu gelten. Der dritte Teil beschreibt auf der Grundlage eines exemplarischen Szenarios einen möglichen Pfad für die Transformation des globalen Energiesystems im 21. Jahrhundert, die durch eine kraftvolle Wende in der Energiepolitik in den nächsten Jahrzehnten eingeleitet werden muss. Darauf aufbauend wird im vierten Teil ein möglicher Fahrplan mit konkreten Zielen und politischen Handlungsoptionen für die globale Energiewende vorgeschlagen.

1 Warum eine globale Energiewende erforderlich ist

Der WBGU zeigt, dass eine globale Energiewende unerlässlich ist, um die natürlichen Lebensgrundlagen der Menschheit zu schützen und die Energiearmut in den Entwicklungsländern zu beseitigen. Nur durch einen grundlegenden Umbau der Energiesysteme lässt sich eine nicht nachhaltige Entwicklung wieder in nachhaltige Bahnen lenken. Eine globale Energiewende hätte nicht zuletzt auch friedensfördernde Wirkungen, da sie die Abhängigkeit von den regional konzentrierten Ölreserven senkt.

1.1 Die Nutzung fossiler Energieträger gefährdet natürliche Lebensgrundlagen

Die weltweite Energienutzung beruht heute zu 80% auf fossilen Energieträgern, mit steigender Tendenz. Bei ihrer Verbrennung gelangen Emissionen in die Umwelt, wo sie Klimaveränderungen, Luftverschmutzung und Krankheiten beim Menschen hervorrufen. Ihre Wirkung können Emissionen lokal (Grobstaub, Benzol, Ruß), regional (Aerosolpartikel, kurzlebige Gase) oder global (langlebige Treibhausgase) entfalten. Der globale Klimaschutz ist die überragende Herausforderung, die eine Energiewende dringend erforderlich macht.

Die Emission langlebiger Treibhausgase, vor allem Kohlendioxid, aber auch Methan und Lachgas, trug in den vergangenen 100 Jahren wesentlich zu einer Erhöhung der mittleren Lufttemperatur in Oberflächennähe um 0,6 °C bei. Für die nächsten 100 Jahre prognostiziert der Zwischenstaatliche Ausschuss über Klimaänderungen (IPCC) eine Temperaturerhöhung zwischen 1,4 und 5,8 °C, je nach dem Verhalten der Menschheit und ohne Berücksichtigung von Klimaschutzmaßnahmen. Der WBGU hält eine mittlere globale Temperaturänderung von mehr als 2 °C gegenüber dem Wert vor der Industrialisierung für intolerabel. Durch die vorausgesagte Verschiebung der Klimaregionen sowie durch häufigere Wetterextreme wie Überschwemmungen und Dürren können die natürlichen Lebensgrundlagen von Millionen Menschen erheblich beeinträchtigt werden. Besonders bedroht sind die Entwicklungsländer. Bei empfindlichen Ökosystemen sind die Schäden schon jetzt nachweisbar. Das Risiko einer irreversiblen Schädigung von Ökosystemen nimmt mit zunehmender Erwärmung und steigender Erwärmungsrate zu.

Bei der Verbrennung fossiler Energieträger entstehen neben Kohlendioxid auch Benzol- und Rußemissionen, die zahlreiche schädigende Wirkungen auf Gesundheit und Ökosysteme haben, sowie Stickoxide, Kohlenwasserstoffe und Kohlenmonoxid, die die Bildung von bodennahem Ozon fördern und die Reinigungskraft der Atmosphäre verringern. Stick- und Schwefeloxide sowie Ammoniak werden in der Atmosphäre chemisch umgewandelt und durch „sauren Regen" in die Böden eingetragen. Das heutige Energiesystem schädigt also auf vielfältige Weise die natürliche Umwelt, gefährdet die Gesundheit und beeinflusst massiv biogeochemische Kreisläufe.

1.2
Fehlender Zugang zu modernen Energieformen ist ein Problem für rund 2 Milliarden Menschen

Die Verbesserung des Zugangs zu moderner Energie in den Entwicklungsländern ist ein grundlegender Beitrag zur Armutsbekämpfung und entscheidend für das Erreichen der Entwicklungsziele der UN-Millenniumserklärung. Die Energieversorgung von rund 2,4 Mrd. Menschen hängt, insbesondere in ländlichen Gebieten Asiens und Afrikas, überwiegend oder vollständig von der Nutzung von Biomasse (Brennholz, Holzkohle oder Dung) zum Kochen und Heizen ab. In den Entwicklungsländern werden durchschnittlich 35% der Energie aus Biomasse gewonnen, in Teilen Afrikas erreicht dieser Anteil bis zu 90%. An den Emissionen aus der Verbrennung von Biomasse und Kohle in Innenräumen sterben laut WHO 1,6 Mio. Menschen jährlich, deutlich mehr als die 1 Mio. Malariaopfer. Eine Energiewende ist daher auch zur Überwindung der Entwicklungsprobleme unverzichtbar.

2
Der Korridor nachhaltiger Energiepolitik: Die Leitplanken für eine globale Energiewende

Nachhaltige Transformationspfade werden durch so genannte „Leitplanken" begrenzt. Der WBGU definiert mit diesen Leitplanken jene Schadensgrenzen, deren Verletzung so schwerwiegende Folgen mit sich brächte, dass auch kurzfristige Nutzenvorteile diese Schäden nicht ausgleichen könnten (Kasten 1). Beispielsweise würde eine zu späte Umsteuerung im Energiesektor zugunsten kurzfristiger wirtschaftlicher Vorteile die globale Erwärmung so weit vorantreiben, dass durch die zu erwartenden wirtschaftlichen und sozialen Verwerfungen die Kosten des Nichthandelns langfristig deutlich höher wären. Leitplanken sind keine Ziele: Es handelt sich nicht um anzustrebende Werte oder Zustände, sondern um Minimalanforderungen, die im Sinn der Nachhaltigkeit erfüllt werden müssen.

3
Die nachhaltige Energiewende ist machbar: Testlauf für die Transformation der Energiesysteme

Szenarien für die Energiezukunft können an den beschriebenen Leitplanken auf Nachhaltigkeit getestet werden. Prinzipiell sind viele Entwicklungen denkbar, die die gegenwärtigen weltweiten Energiesysteme nachhaltig umgestalten würden. Insofern ist das in diesem Gutachten entworfene Szenario als ein Beispiel zu verstehen (Abb. 1). Ausgehend von Szenarien zur Stabilisierung der CO_2-Konzentration in der Atmosphäre auf maximal 450 ppm wird gezeigt, dass die globale Energiewende grundsätzlich in den kommenden 100 Jahren technisch und wirtschaftlich möglich ist.

Der exemplarische Pfad des WBGU hat vier zentrale Bestandteile:

1. Starke Minderung der Nutzung fossiler Energieträger;
2. Auslaufen der Nutzung nuklearer Energieträger;
3. Erheblicher Auf- und Ausbau neuer erneuerbarer Energieträger, insbesondere der Solarenergie;
4. Steigerung der Energieproduktivität weit über historische Raten hinaus.

Aus der Analyse dieses Pfads ergeben sich folgende Erkenntnisse:

- Weltweite Kooperation und Angleichung der Lebensbedingungen erleichtern eine schnelle Technologieentwicklung und -verbreitung. Hohes Wirtschaftswachstum kann dann in Verbindung mit einer starken Erhöhung der Energieproduktivität zu einer nachhaltigen Energieversorgung führen.
- Nur mit verbindlichen CO_2-Reduktionsvorgaben können Minimalanforderungen an den Klimaschutz erfüllt werden.
- Flankierend zur Energiepolitik sind auch Maßnahmen zur Minderung von Treibhausgasen in anderen Sektoren (in der Landwirtschaft z. B. von Lachgas und Methan) sowie zum Schutz natürlicher Kohlenstoffvorräte notwendig.
- Auch wenn hier ein beispielhafter Pfad auf der Basis einer Stabilisierung der CO_2-Konzentration in der Atmosphäre auf 450 ppm entwickelt wurde, bedeutet dies aufgrund der Unsicherheiten des Klimaverhaltens keineswegs, dass dieses Stabilisierungsniveau als ausreichend gelten kann. Der WBGU empfiehlt, Optionen für niedrigere Stabilisierungskonzentrationen offen zu halten.
- Ein fossil-nuklearer Pfad ist selbst unter Einhaltung der Klimaschutzziele mit wesentlich größeren, für den WBGU intolerablen Risiken sowie mit weitaus höheren Umweltbelastungen verbunden. Zudem ist er mittel- und langfristig vor allem wegen der CO_2-Sequestrierungskosten deutlich teurer als ein Pfad, der auf regenerative Energieträger und Steigerung der Energieeffizienz setzt.
- Wegen der langen Vorlaufzeiten stellen die nächsten 10–20 Jahre das entscheidende Zeitfenster für den Umbau der Energiesysteme dar. Sollte der Umbau erst später eingeleitet werden, ist mit unverhältnismäßig hohen Kosten zu rechnen.

Kasten 1

Leitplanken nachhaltiger Energiepolitik

Ökologische Leitplanken

KLIMASCHUTZ
Eine Temperaturänderungsrate über 0,2 °C pro Jahrzehnt und eine mittlere globale Temperaturänderung über 2 °C gegenüber dem Wert vor der Industrialisierung sind intolerable Werte einer globalen Klimaänderung.

NACHHALTIGE FLÄCHENNUTZUNG
10–20% der weltweiten Landfläche sollten dem Naturschutz vorbehalten bleiben. Nicht mehr als 3% sollten für den Anbau von Bioenergiepflanzen bzw. für terrestrische CO_2-Speicherung genutzt werden. Dabei ist eine Umwandlung natürlicher Ökosysteme zum Anbau von Bioenergieträgern grundsätzlich abzulehnen. Bei Nutzungskonflikten muss die Sicherung der Nahrungsmittelversorgung Vorrang haben.

SCHUTZ VON FLÜSSEN UND IHREN EINZUGSGEBIETEN
Wie bei den Landflächen, so sollten auch etwa 10–20% der Flussökosysteme inklusive ihrer Einzugsgebiete dem Naturschutz vorbehalten sein. Dies ist ein Grund dafür, warum die Wasserkraft – nach Erfüllung der notwendigen Rahmenbedingungen (Investitionen in Forschung, Institutionen, Kapazitätsaufbau usw.) – nur in Grenzen ausgebaut werden kann.

SCHUTZ DER MEERESÖKOSYSTEME
Der WBGU hält die Nutzung des Ozeans zur Kohlenstoffspeicherung nicht für tolerierbar, weil die ökologischen Schäden groß sein könnten und das Wissen über die biologischen Folgen zu lückenhaft ist.

SCHUTZ DER ATMOSPHÄRE VOR LUFTVERSCHMUTZUNG
Kritische Belastungen durch Luftschadstoffe sind nicht tolerierbar. Als erste Orientierung für eine quantitative Leitplanke kann festgelegt werden, dass die Belastungen nirgendwo höher sein dürfen, als sie heute in der EU sind, auch wenn dort die Situation noch nicht bei allen Schadstoffen zufrieden stellend ist. Eine endgültige Leitplanke muss durch nationale Umweltstandards und multilaterale Umweltabkommen definiert und umgesetzt werden.

Sozioökonomische Leitplanken

ZUGANG ZU MODERNER ENERGIE FÜR ALLE MENSCHEN
Der Zugang zu moderner Energie sollte für alle Menschen gewährleistet sein. Dazu muss der Zugang zu Elektrizität sichergestellt und die Nutzung gesundheitsschädigender Biomasse durch moderne Brennstoffe ersetzt werden.

DECKUNG DES INDIVIDUELLEN MINDESTBEDARFS AN MODERNER ENERGIE
Der WBGU erachtet folgende Endenergiemengen als Minimum für den elementaren individuellen Bedarf: Spätestens ab 2020 sollten alle Menschen wenigstens 500 kWh pro Kopf und Jahr an Endenergie und spätestens ab 2050 wenigstens 700 kWh zur Verfügung haben. Bis 2100 sollte der Wert auf 1.000 kWh steigen.

BEGRENZUNG DES ANTEILS DER ENERGIEAUSGABEN AM EINKOMMEN
Arme Haushalte sollten maximal ein Zehntel ihres Einkommens zur Deckung des elementaren individuellen Energiebedarfs ausgeben müssen.

GESAMTWIRTSCHAFTLICHER MINDESTENTWICKLUNGSBEDARF
Zur Deckung des gesamtwirtschaftlichen Mindestenergiebedarfs pro Kopf (für indirekt genutzte Energiedienstleistungen) sollte allen Ländern mindestens ein Bruttoinlandsprodukt pro Kopf von etwa 3.000 US-$\$_{1999}$ zur Verfügung stehen.

RISIKEN IM NORMALBEREICH HALTEN
Ein nachhaltiges Energiesystem sollte auf Technologien beruhen, deren Betrieb im „Normalbereich" der Umweltrisiken liegt. Die Kernenergie kollidiert mit diesen Anforderungen insbesondere durch intolerable Unfallrisiken und ungeklärte Abfallentsorgung sowie wegen der Risiken durch Proliferation und Terrorismus.

ERKRANKUNGEN DURCH ENERGIENUTZUNG VERMEIDEN
Die lokale Luftverschmutzung in Innenräumen durch Verbrennung von Biomasse und in Städten durch Nutzung fossiler Energieträger verursacht weltweit schwere Gesundheitsschäden. Die hierdurch verursachte Gesundheitsbelastung sollte in allen WHO-Regionen jeweils 0,5% der gesamten Gesundheitsbelastung der Region (gemessen in DALYs, disability adjusted life years) nicht überschreiten.

- Die Energiewende gelingt nur dann, wenn ein verstärkter Kapital- und Technologietransfer von den Industrie- in die Entwicklungsländer stattfindet. Zunächst müssen die Industrieländer die Technologieentwicklung bei der Energieeffizienz und Nutzung erneuerbarer Energiequellen deutlich verstärken, etwa durch Steigerung und Umlenkung der Forschungs- und Entwicklungsausgaben, Markteinführungsstrategien, Preisanreize und den Aufbau geeigneter Infrastruktur. Dadurch können die zunächst noch hohen Kosten der neuen Technologien reduziert und es kann schneller Marktreife erreicht werden, was wiederum den Transfer in die Entwicklungsländer erleichtert.
- Kurz- und mittelfristig müssen diejenigen erneuerbaren Energiequellen zügig erschlossen werden, die heute technisch beherrschbar und relativ preiswert sind. Das sind insbesondere Windkraft und Biomassenutzung. Langfristig kann der steigende Primärenergiebedarf nur durch eine entschiedene Sonnenenergienutzung gedeckt werden, die mit weitem Abstand das größte nachhaltige Potenzial besitzt. Dieses Potenzial kann nur dann rechtzeitig erschlossen werden, wenn eine Verzehnfachung der installierten Leistung pro Dekade schon jetzt und auch langfristig sichergestellt wird.
- Die Nutzung fossiler Energieträger, die auch in den nächsten Jahrzehnten weiter notwendig sein wird, muss möglichst so erfolgen, dass Effizienzpotenziale ausgeschöpft werden und Infrastrukturen und Kraftwerkstechnologien leicht auf erneu-

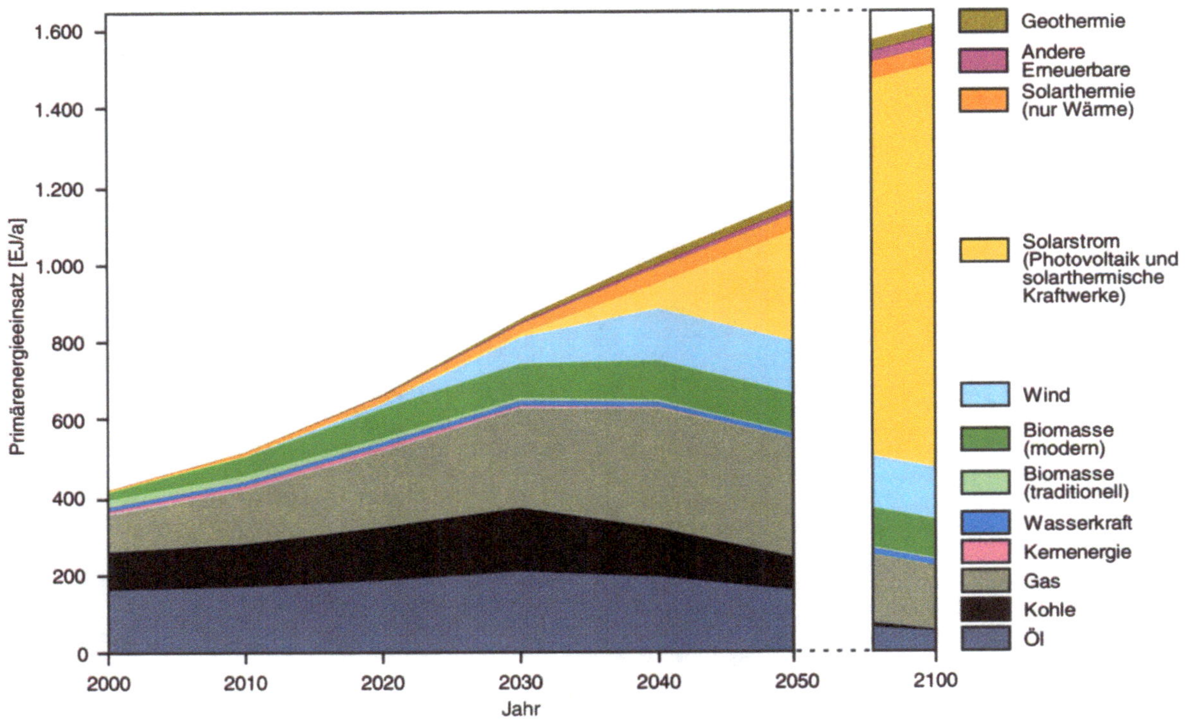

Abbildung 1
Die Veränderung des globalen Energiemix im exemplarischen Pfad bis 2050/2100.
Quelle: WBGU

erbare Energieträger umgerüstet werden können. Besonders die effiziente Nutzung von Gas etwa bei der Kraft-Wärme-Kopplung und in Brennstoffzellen kann eine wichtige Brückenfunktion hin zu einer Wasserstoffwirtschaft darstellen.

- Auch eine maßvolle Speicherung von Kohlendioxid in geeigneten geologischen Formationen (z. B. ausgeförderten Öl- und Gaskavernen) wird zur Einhaltung der Klimaleitplanken als Übergangstechnologie in diesem Jahrhundert notwendig sein. Die Nutzung des Ozeans zur Kohlenstoffspeicherung lehnt der WBGU aus ökologischen Gründen ab.

4 Stationen des WBGU-Transformationsfahrplans: politische Zielgrößen, Zeitpläne und Maßnahmen

4.1 Natürliche Lebensgrundlagen schützen

Um die globale Erwärmung in erträglichen Grenzen zu halten, müssen die Kohlendioxidemissionen bis 2050 gegenüber 1990 weltweit um mindestens 30% reduziert werden (Überblick: Abb. 2). Für die Industrieländer bedeutet dies eine Reduktion um etwa 80%, während die Entwicklungs- und Schwellenländer ihre Emissionen um maximal 30% steigern dürfen. Da ohne Energiewende in den Entwicklungs- und Schwellenländern für den gleichen Zeitraum eher eine Verdopplung bis Vervierfachung der Emissionen erwartet werden kann, ist auch in diesen Ländern ein rasches Umschwenken bei Energieerzeugung und -nutzung notwendig. Der Schwerpunkt sollte dabei auf erneuerbare Energien *und* Effizienzmaßnahmen gelegt werden. Wegen der beträchtlichen Unsicherheit, z. B. auch über das Verhalten des Klimas, sind die angegeben Reduktionsziele als Mindestvorgaben zu bewerten.

4.1.1 Energieproduktivität erhöhen

Um den Ressourcenverbrauch zu minimieren, sollte die globale Energieproduktivität (Bruttoinlandsprodukt pro Energieeinsatz) jährlich zunächst um 1,4% und möglichst bald um mindestens 1,6% gesteigert werden. Dies entspräche einer Verdreifachung der Energieproduktivität bis 2050 gegenüber 1990. Bis 2050 sollten zudem bei großen, fossil betriebenen

Kraftwerken Mindestwirkungsgrade von über 60% angestrebt werden. Dazu empfiehlt der WBGU:

- Ab 2005 die stufenweise Etablierung internationaler Standards für Mindestwirkungsgrade fossil betriebener Kraftwerke, nach dem Vorbild der entsprechenden EU- Richtlinie;
- Bis 2012 20% des Stroms in der EU durch Kraft-Wärme-Kopplung (KWK) zu erzeugen. Insbesondere ist das Potenzial verteilter Erzeugung zu nutzen. Dazu sollte sich die Bundesregierung innerhalb der EU für die zügige Festlegung verbindlicher nationaler Zielquoten einsetzen;
- Ökologische Finanzreformen als wesentliche Instrumente zur Schaffung von Anreizen für mehr Effizienz einzuleiten. Dazu gehören Maßnahmen zur Internalisierung externer Kosten (z. B. CO_2-Steuer, Zertifikatehandel) und der Abbau von Subventionen für fossile und nukleare Energieträger;
- Die Endverbraucher besser zu informieren, um die Energieeffizienz zu steigern, z. B. durch Kennzeichnungspflichten für alle energieintensiven Güter, Gebäude und Dienstleistungen. Bei Gütern, die international gehandelt werden, ist eine länderübergreifende Harmonisierung von Effizienzstandards und Labels empfehlenswert;
- Die großen Effizienzpotenziale in der Nutzung der Heiz- und Kühlungsenergie durch ordnungsrechtliche Regelungen bezüglich des Primärenergiebedarfs von Gebäuden auszuschöpfen.

4.1.2
Erneuerbare Energien erheblich ausbauen

Der Anteil der erneuerbaren Energien am globalen Energiemix sollte bis 2020 von derzeit 12,7% auf 20% erhöht werden, mit dem langfristigen Ziel, bis 2050 über 50% zu erreichen. Ökologische Finanzreformen werden zu einer Verteuerung fossiler und nuklearer Energieträger führen und damit deren Anteil am globalen Energiemix zurückdrängen. Der Anteil erneuerbarer Energien wird folglich ansteigen. Da dieser Anstieg jedoch deutlich unter der angestrebten Erhöhung auf 20% bzw. 50% liegen wird, empfiehlt der WBGU einen aktiven Ausbau erneuerbarer Energien. Empfohlen wird insbesondere,

- dass sich die Länder auf nationale Quoten einigen. Um die Kosten zu minimieren, sollte bis 2030 ein weltweites System international handelbarer Quoten angestrebt werden. In solch einem flexiblen System sollte allerdings jedes Land verpflichtet werden, einen wesentlichen Teil seiner Quote im Rahmen der einheimischen Energiegewinnung zu erfüllen;
- Markteinführungsstrategien (z. B. zeitlich begrenzte Subventionen, Einspeisevergütungen, Quotenmodelle) fortzusetzen und auszubauen. Bis ein nennenswertes Marktvolumen erreicht wird, zählen Einspeisevergütungen mit einer zeitlichen Degression der Vergütungssätze zu den besonders sinnvollen Optionen. Wenn ein ausreichend großes Marktvolumen einzelner Energieträger erreicht ist, sollte die Förderung in ein System handelbarer Quoten und gegebenenfalls von Green Energy Certificates überführt werden;
- das Energiesystem für den großskaligen Einsatz fluktuierender erneuerbarer Quellen zu ertüchtigen. Dazu zählen insbesondere eine leistungsfähigere Netzregelung, angepasste Regelungsstrategien für verteilte Energieerzeuger, die Ertüchtigung der Netze für eine starke Durchdringung mit verteilten Energieerzeugern sowie ihr Ausbau bis hin zu internationalen Energietransportstrukturen („Global Link"). Später sollte der Aufbau einer Infrastruktur für Wasserstoffspeicherung und -verteilung unter Nutzung von Erdgas als Brückentechnologie erfolgen;
- die Verbreitung und Weiterentwicklung der Technologien des solaren und energieeffizienten Bauens entschieden zu fördern;
- personelle und institutionelle Kapazitäten in den Entwicklungsländern aufzubauen und zu stärken sowie den Technologietransfer zu intensivieren, um damit die Rahmenbedingungen für den Aufbau nachhaltiger Energiesysteme zu verbessern;
- ab 2005 in der Exportkreditförderung progressive Mindestauflagen für die zulässige Kohlenstoffintensität bei Energieerzeugungsprojekten festzulegen.

4.1.3
Aus der Kernkraft aussteigen

Es sollten keine neuen Kernkraftwerke mehr genehmigt und bis 2050 weltweit die Nutzung der Kernkraft beendet werden. Dazu empfiehlt der WBGU

- internationale Verhandlungen für den Ausstieg aus der Nutzung der Kernkraft anzustreben. Der Beginn könnte eine Statutenänderung der Internationalen Atomenergie-Organisation (IAEA) sein;
- bis 2005 die Etablierung neuer, schärferer IAEA-Sicherheitsstandards für alle Lagerstätten von Nuklearmaterialien sowie erweiterte Kontroll- und Maßnahmenkompetenz der IAEA bei Sicherheitsbestimmungen im Bereich Terrorismus und Proliferation.

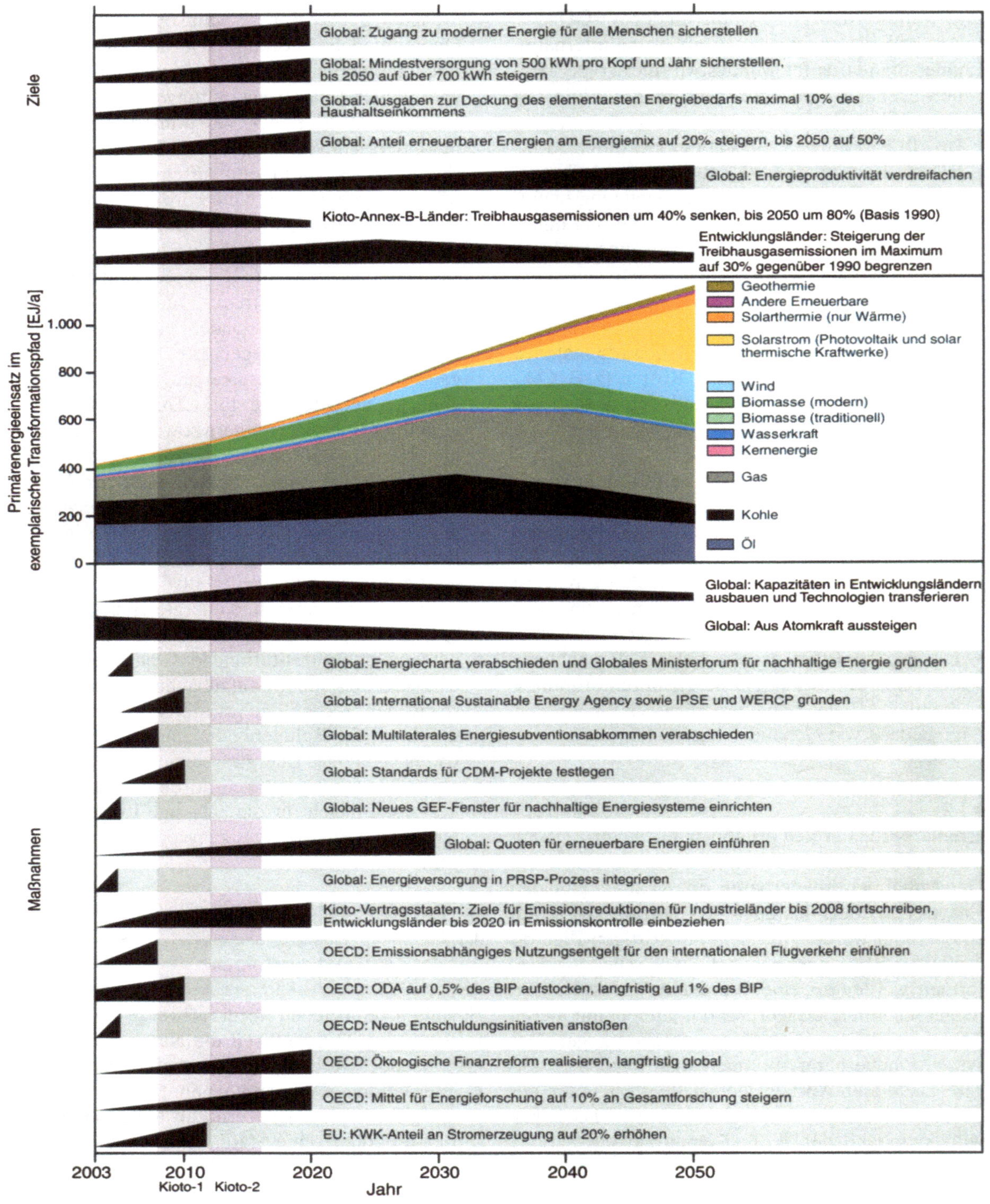

Abbildung 2
Der WBGU-Transformationsfahrplan im Überblick. *BIP* Bruttoinlandsprodukt, *CDM* Clean Development Mechanism, *GEF* Globale Umweltfazilität, *IPSE* Intergovernmental Panel on Sustainable Energy, *KWK* Kraft-Wärme-Kopplung, *ODA* Official Development Assistance, *OECD* Organisation for Economic Co-operation and Development, *PRSP* Poverty Reduction Strategy Papers, *WERCP* World Energy Research Coordination Programme.
Quelle: WBGU

4.2
Energiearmut weltweit beseitigen und globale Mindestversorgung anstreben

Der Zugang zu moderner Energie ist ein wichtiges Element von Armutsbekämpfung und Entwicklung. Daher empfiehlt der WBGU als international zu vereinbarendes Ziel, dass der Zugang zu moderner Energie ab 2020 für die gesamte Weltbevölkerung gesichert wird und alle Menschen ab diesem Zeitpunkt mindestens 500 kWh pro Kopf und Jahr zur Deckung des elementaren Bedarfs an Endenergie zur Verfügung haben (Abb. 2). Bei allen Maßnahmen zur Transformation der Energiesysteme ist dabei auf eine Verringerung der sozioökonomischen Disparitäten zu achten. Der Anteil für Energieausgaben am Haushaltseinkommen sollte 10% nicht übersteigen.

Der Zugang zu moderner Energie ist auch ein zentraler Beitrag zur Erfüllung der in der UN-Millenniumserklärung vereinbarten Entwicklungsziele.

4.2.1
Internationale Zusammenarbeit auf nachhaltige Entwicklung ausrichten

Neue Weltbankpolitik in Förderpraxis umsetzen

Die Weltbank, die die Länder beim Ausbau ihrer Energiesysteme unterstützt, sollte sich nach Ansicht des WBGU auch als Förderbank für nachhaltige Energie verstehen, um damit das Überspringen nicht nachhaltiger Entwicklungsstufen zu erleichtern. Die Weltbank hat bei der Förderung der Energiewende den Schritt von der konzeptionellen zur operativen Ebene noch nicht ausreichend vollzogen. Dringend erforderlich ist daher die Umsteuerung ihrer Förderpraxis, die bisher nach dem Least-Cost-Prinzip vorwiegend fossile Energieträger finanziert. Der WBGU empfiehlt

- ab sofort die Umsetzung der neuen Förderkonzeption der Weltbank in die Praxis. Dafür sollte sich die Bundesregierung im Rahmen ihrer Mitgliedschaft im Verwaltungsrat der Weltbank einsetzen.

Nachhaltige Energieversorgung in Armutsbekämpfungsstrategien integrieren

IWF und Weltbank begannen Ende 1999 ihre Politik gegenüber den am wenigsten entwickelten Ländern vorwiegend auf Armutsbekämpfung auszurichten. Die „Poverty Reduction Strategy Papers" (PRSP) sollen als Steuerungsinstrumente für die mittelfristige Entwicklung der Länder dienen sowie Grundlage für die Einwerbung internationaler Unterstützung sein. Der WBGU empfiehlt,

- die nachhaltige Energieversorgung in die PRSP zu integrieren, um sicherzustellen, dass das Thema Energie in der Entwicklungszusammenarbeit einen größeren Stellenwert erhält.

Rolle der regionalen Entwicklungsbanken stärken

Die Rolle der regionalen Entwicklungsbanken sollte gestärkt werden. Diese verfügen über eine gute regionale Verankerung und stehen den Problemen vor Ort näher als globale Institutionen. Der WBGU empfiehlt, dass

- sich Deutschland im Rahmen seiner Beteiligung an diesen Banken und im Rahmen der EU für die Förderung der Energieversorgung in den am wenigsten entwickelten Ländern durch die regionalen Entwicklungsfonds einsetzt;
- die EU den Europäischen Entwicklungsfonds gezielt zur Förderung erneuerbarer Energieträger in den Afrika-Karibik-Pazifik-Staaten (AKP-Staaten) einsetzt.

4.2.2
Handlungsfähigkeit der Entwicklungsländer stärken

Wirtschaftliche und soziale Entwicklung in den Niedrigeinkommensländern fördern

Für die Energiewende ist ein Mindestmaß wirtschaftlicher Entwicklung Voraussetzung. In vielen Ländern wird das hierfür erforderliche Pro-Kopf-Einkommen bei weitem nicht erreicht. Daher empfiehlt der WBGU, die Entwicklungszusammenarbeit nicht allein bei Basisdienstleistungen und nachhaltiger Energieversorgung zu verstärken, sondern die Zusammenarbeit speziell mit Niedrigeinkommensländern quantitativ und qualitativ zu intensivieren. Zudem sollte im Rahmen der „Entwicklungsrunde" der WTO auf verbesserte Zugangsmöglichkeiten für Güter aus allen Niedrigeinkommensländern zu den Märkten in Industrie- und Schwellenländern gedrängt werden.

Neue Entschuldungsinitiativen anstossen

In der Regel haben hoch verschuldete Entwicklungsländer nur geringe Spielräume, um Preisschwankungen auf den Weltenergiemärkten zu verkraften, Effizienzverbesserungen ihrer Energieversorgung zu finanzieren und die Anwendung erneuerbarer Energietechnologien voranzutreiben. Um die Transformation durchzuführen, bedarf es weit reichender Schuldenregulierungen. Der WBGU empfiehlt, dass

- sich die Bundesregierung im Rahmen der G7/G8 für neue Entschuldungsinitiativen einsetzt.

4.2.3 Regulatorische und privatwirtschaftliche Elemente kombinieren

Die Verbesserungen des Zugangs zu modernen Energieformen mit geringen Emissionen sowie zu erneuerbaren Energien und eine Erhöhung der Effizienz der Energienutzung in Entwicklungs-, Schwellen- und Transformationsländern sind durch Maßnahmen auf der Angebots- und der Nachfrageseite zu erreichen.

ANGEBOTSSEITE: LIBERALISIERUNG UND PRIVATISIERUNG MIT REGULATORISCHEN EINGRIFFEN KOMBINIEREN
Auf der Angebotsseite sind Privatisierung und Liberalisierung mit regulatorischen Eingriffen des Staats zu kombinieren. Je nach den spezifischen Gegebenheiten einer Region wird der Mix dieser drei Bereiche unterschiedlich ausfallen müssen. Im Fall von Liberalisierung und Privatisierung sind attraktive Rahmenbedingungen für private Investoren und die Erschließung internationaler Kapitalquellen erforderlich. Im Fall eines stärkeren Engagements durch den Staat ist die Festlegung von Standards ebenso wichtig wie ein Ausbau von Public-Private Partnerships, möglichst unterstützt durch bilaterale und multilaterale Entwicklungszusammenarbeit.

NACHFRAGESEITE: KAUFKRAFT VON ARMUTSGRUPPEN ERHÖHEN
Auf der Nachfrageseite muss es darum gehen, die Kaufkraft für Energie insbesondere bei Armutsgruppen zu erhöhen. Dies kann durch zielgruppenspezifische Subventionen ebenso erfolgen wie durch einen Ausbau von Mikrofinanzierungssystemen. Um nicht nur die Kaufkraft, sondern auch die Bereitschaft zu erhöhen, Energie nachhaltiger zu nutzen als bisher, ist bei Maßnahmen auf der Nachfrageseite kultur- und geschlechtsspezifischen Rahmenbedingungen Rechnung zu tragen.

4.3 Finanzmittel für die globale Energiewende mobilisieren

Für die Finanzierung der globalen Energiewende sollten unverzüglich zusätzliche Finanzmittel mobilisiert und neue Transfermechanismen geschaffen bzw. bestehende gestärkt werden, um wirtschaftlich schwächere Länder bei der Transformation ihrer Energiesysteme zu unterstützen. Der WBGU begrüßt das von der deutschen Bundesregierung auf dem Weltgipfel für Nachhaltige Entwicklung angekündigte Programm „Nachhaltige Energie für Entwicklung" zum Aufbau strategischer Partnerschaften. Dafür werden in den nächsten fünf Jahren insgesamt 1 Mrd. € bereitgestellt.

PRIVATES KAPITAL MOBILISIEREN
Um privates Kapital für die globale Energiewende zu mobilisieren, empfiehlt der WBGU,

- im Rahmen von „Public-Private Partnerships" kleinen und mittelständischen Anbietern erneuerbarer Energietechnologien den Zugang zu den Märkten in den Entwicklungsländern zu erleichtern;
- bis 2010 einen deutschen und wenn möglich EU-Standard für den Clean Development Mechanism zu schaffen. Dieser Standard sollte bis auf zu begründende Ausnahmen nur Projekte zur Förderung regenerativer Energien (mit Ausnahme großer Staudämme wegen derzeit ungelöster Nachhaltigkeitsprobleme), zur Steigerung der Energieeffizienz bestehender Anlagen oder zum nachfrageseitigen Management zulassen.

MITTEL FÜR DIE ENTWICKLUNGSZUSAMMENARBEIT ERHÖHEN
Mit 0,27% am BIP im Jahr 2001 sind die deutschen Mittel für Entwicklungszusammenarbeit weit vom international vereinbarten, aber völkerrechtlich unverbindlichen 0,7%-Ziel entfernt. Deutschland hat sich allerdings dazu verpflichtet, die Mittel für die öffentliche Entwicklungszusammenarbeit (ODA) bis 2006 auf 0,33% des BIP zu erhöhen. Dem Problemdruck angemessen wäre sogar eine Steigerung der Beiträge auf rund 1% des BIP. Der WBGU empfiehlt

- nachdrücklich eine Aufstockung der ODA-Mittel über die bis 2006 angekündigten 0,33% hinaus und schlägt vor, als ersten Schritt bis 2010 mindestens 0,5% des BIP aufzuwenden.

INNOVATIVE FINANZIERUNGSINSTRUMENTE NUTZEN
Ohne die Erschließung neuer Finanzierungsquellen ist die globale Energiewende nicht umsetzbar. Die Potenziale, die sich aus der Erhebung von Entgelten für die Nutzung globaler Gemeinschaftsgüter ergeben, sollten geprüft werden. Der WBGU empfiehlt,

- ab 2008 ein emissionsabhängiges Nutzungsentgelt für den internationalen Flugverkehr zu erheben, soweit dieser bis dahin nicht internationalen Reduktionsverpflichtungen unterworfen ist.

Globale Umweltfazilität als internationale Finanzierungsinstitution stärken

Die gemeinsam von UNDP, UNEP und Weltbank betriebene Globale Umweltfazilität (GEF) sollte als Katalysator für Maßnahmen zum globalen Umweltschutz genutzt werden. Der WBGU empfiehlt,

- bis 2005 die finanzielle Förderung von Effizienztechnologien und erneuerbarer Energien in einem neu zu schaffenden Fenster der GEF zu bündeln („Fenster für nachhaltige Energiesysteme"). Um bei der Mittelverwendung auch verstärkt entwicklungspolitische Aspekte berücksichtigen zu können, sollte eine Vereinfachung der Anwendung des Incremental-Costs-Ansatzes erwogen werden. Mit Blick auf den hohen Finanzbedarf zur Förderung der globalen Energiewende sind die Mittel der GEF beträchtlich aufzustocken.

4.4 Modellprojekte als strategischen Hebel nutzen und Energiepartnerschaften eingehen

Modellprojekte mit Signalwirkung initiieren

Der WBGU plädiert dafür, Modellprojekte in großem Maßstab zur Einführung neuer erneuerbarer Energien als strategischen Hebel für eine globale Energiewende einzusetzen. Von solchen Modellprojekten könnte eine weltweite Signalwirkung ausgehen. Sie würden veranschaulichen, wie Technologiesprünge in Energieprojekten umgesetzt werden können. Der WBGU empfiehlt, folgende Modellprojekte zu initiieren:

- strategische Energiepartnerschaft zwischen EU und Nordafrika, um Potenziale der Sonnenenergienutzung für beide Seiten Gewinn bringend in die europäische Stromversorgung einzubinden;
- Entwicklung der Infrastruktur zur Substitution traditioneller Biomassenutzung durch biogenes Flaschengas;
- energieeffiziente Gebäude im Niedrigkostensektor am Beispiel südafrikanischer Townships;
- Verbesserung der Stromqualität in schwachen Elektrizitätsnetzen ländlicher afrikanischer Regionen;
- „1-Million-Hütten-Elektrifizierungsprogramm" für Entwicklungsländer zum Erzeugen der notwendigen Eigendynamik bei netzferner ländlicher Elektrifizierung.

Strategische Partnerschaften für die Energiewende schmieden

Bestehende oder im Aufbau befindliche politische Initiativen zur Förderung einer globalen Energiewende geben einen Handlungsrahmen vor. Der WBGU empfiehlt, dass neben der 2004 stattfindenden Weltkonferenz für Erneuerbare Energien insbesondere die folgenden Politikprozesse als Katalysatoren für die Förderung einer globalen Energiewende genutzt werden:

- die auf dem Weltgipfel für Nachhaltige Entwicklung beschlossene internationalen Initiativen
  - „Energy Initiative for Poverty Eradication and Sustainable Development",
  - „Global Village Energy Partnership",
  - „Global Network on Energy for Sustainable Development";
- das derzeit verhandelte Wirtschaftspartnerschaftsabkommen der EU mit den AKP-Staaten.

4.5 Forschung und Entwicklung vorantreiben

Die Energiewende ist eine große technologische wie gesellschaftliche Herausforderung, die in ihrer Größenordnung mit einer neuen industriellen Revolution vergleichbar ist. Sie kann nur gelingen, wenn erheblicher Forschungs- und Entwicklungsaufwand betrieben wird. Dies betrifft die erneuerbaren Energieträger, die Infrastruktur, die Technik zur effizienteren Energieverwendung sowie die Bereitstellung des Wissens über Erhalt und Erweiterung von natürlichen Kohlenstoffvorräten und Senken. Die Sozialwissenschaften sind aufgefordert, die individuellen und institutionellen Barrieren des Umbaus zu erforschen sowie Strategien ihrer Überwindung zu entwickeln.

Die Ausgaben für Forschung und Entwicklung im Energiebereich sind jedoch seit Jahren rückläufig. In der OECD werden hierfür derzeit nur etwa 0,5% des Umsatzes für Forschungs- und Entwicklungsaufgaben aufgewendet, mit sinkender Tendenz. Nur bei dauerhaft hohen Investitionen für Forschung und Entwicklung besteht eine Chance, dass Technologien für erneuerbare Energieträger und Maßnahmen zur Steigerung der Energieeffizienz mittel- und langfristig einen hohen Verbreitungsgrad bei niedrigen Kosten finden. Der WBGU empfiehlt, dass

- in den Industrieländern bis 2020 die direkten staatlichen Ausgaben für Forschung und Entwicklung im Energiebereich von etwa 1,3 Mrd. US-$ pro Jahr (Mittelwert OECD 1990–1995) vor allem durch Umschichtungen mindestens verzehnfacht werden. Der inhaltliche Schwerpunkt sollte dabei rasch von fossiler und nuklearer Energie auf erneuerbare Energien und Effizienzmaßnahmen verlagert werden;
- im UN-System ein „World Energy Research Coordination Programme" (WERCP) zur Bünde-

lung nationaler Energieforschungsaktivitäten analog zum Weltklimaforschungsprogramm gegründet wird.

4.6
Institutionen globaler Energiepolitik bündeln und stärken

Koordinationsgremium gründen und Weltenergiecharta aushandeln

Die Förderung einer globalen Energiewende erfordert ein koordiniertes Vorgehen auf globaler Ebene und damit die Bündelung internationaler Institutionen und Akteure. Der WBGU empfiehlt, das Institutionengefüge globaler Energiepolitik schrittweise und aufbauend auf bestehenden Organisationen zu stärken und zu erweitern:

- Zunächst sollte auf der geplanten Weltkonferenz für Erneuerbare Energien in Deutschland 2004 eine Weltenergiecharta ausgehandelt werden. Diese sollte die wesentlichen Elemente einer nachhaltigen, globalen Energiepolitik enthalten und den relevanten Akteuren auf globaler Ebene als gemeinsame Handlungsgrundlage dienen.
- Zudem sollte auf dieser Konferenz ein „Globales Ministerforum für nachhaltige Energie" beschlossen, besser noch eingerichtet werden, dem die Koordination und Ausrichtung der relevanten Akteure und Programme unterstünde.
- Parallel dazu sollte bis 2008 ein Multilaterales Energiesubventionsabkommen (MESA) ausgehandelt werden. In diesem Abkommen könnten der stufenweise Abbau der Subventionen für fossile und nukleare Energieträger sowie Regeln für die Subventionierung erneuerbarer Energien und effizienterer Energietechnologien vereinbart werden.
- Außerdem sollten sich zumindest die OECD-Staaten zu nationalen Quoten für erneuerbare Energien von wenigstens 20% bis 2015 verpflichten. Verhandlungen über eine Globalisierung und Flexibilisierung des Systems sollten vereinbart und spätestens bis 2030 in ein weltweites System handelbarer Quoten münden.
- Ergänzend dazu sollte eine Gruppe gleich gesinnter fortschrittlicher Staaten als Vorreiter auf dem Weg zu einer nachhaltigen Energiepolitik auftreten. Für eine solche Führungsrolle käme die EU in Frage.
- Darauf aufbauend sollten die institutionellen Grundlagen einer nachhaltigen Energiepolitik durch die Bündelung von Kompetenzen auf globaler Ebene weiter gestärkt werden. Zu diesem Zweck sollte die Rolle des Energieministerforums ausgeweitet werden.
- Auf Grundlage der bis dahin gemachten Erfahrungen sollte bis etwa 2010 die Gründung einer „Internationalen Agentur für nachhaltige Energie" (International Sustainable Energy Agency – ISEA) geprüft werden.

Politikberatung international verbessern

Die politische Umsetzung einer globalen Energiewende sollte – so wie die Klimaschutzpolitik – durch unabhängige wissenschaftliche Analysen kontinuierlich begleitet werden. Dazu empfiehlt der WBGU,

- einen „Zwischenstaatlichen Ausschuss für nachhaltige Energie" (Intergovernmental Panel on Sustainable Energy, IPSE) zur Analyse und Bewertung globaler Energietrends und Aufzeigen von Handlungsoptionen einzurichten.

5
Fazit: Politische Gestaltungsaufgabe jetzt wahrnehmen

Die Transformation der Energiesysteme ist dringend erforderlich, um die Lebensgrundlagen zu schützen und die Energiearmut zu überwinden. Sie ist ohne gravierende negative Eingriffe in die gesellschaftlichen und wirtschaftlichen Systeme umsetzbar, wenn die Politik die Chance zur Gestaltung dieses Prozesses in den kommenden beiden Jahrzehnten nutzt. Die beabsichtigten Effekte sind erst mit einem gewissen Zeitabstand zu erwarten. Diese Verzögerung macht rasches Handeln umso wichtiger. Die Kosten des Nichthandelns wären langfristig deutlich höher als die Einleitung der Energiewende. Mit jeder Verzögerung wird eine Umsteuerung immer schwieriger.

Die Richtung der Energiewende steht fest: Es muss sowohl die Energieeffizienz bei der Nutzung fossiler Energieträger gesteigert als auch der Einstieg in die Nutzung erneuerbarer Energien massiv gefördert werden. Dabei kommt es besonders darauf an, die Pfadabhängigkeit von fossilen Energieträgern zu verringern. Langfristiges Ziel sollte die Anbahnung eines Solarzeitalters sein.

Die Energiewende ist nach Ansicht des WBGU machbar. Sie ist auch finanzierbar, wenn neben der verstärkten Nutzung bestehender Mechanismen (z. B. GEF, ODA, Kredite von Weltbank und regionalen Entwicklungsbanken) sowie verbesserter Anreize für private Investoren (z. B. Public-Private Partnerships) auch die Diskussion um innovative Wege der Finanzierung (z. B. Nutzungsentgelte für globale Gemeinschaftsgüter) vorangetrieben wird. Das vorliegende WBGU-Gutachten zeigt die wesentlichen Steuerungsmöglichkeiten einer solchen globalen Energiewende im Rahmen eines Transformationsfahrplans auf.

Die weltweite Transformation der Energiesysteme wird nur gelingen, wenn sie schrittweise und dynamisch gestaltet wird, denn niemand kann heute die technischen, wirtschaftlichen und sozialen Entwicklungen der nächsten 50–100 Jahre hinreichend genau prognostizieren. Langfristige Energiepolitik ist daher auch ein Suchprozess. Diese Herausforderung aufzugreifen ist Aufgabe der Politik. Die vom deutschen Bundeskanzler auf dem „Weltgipfel für Nachhaltige Entwicklung" in Johannesburg angekündigte „Weltkonferenz für Erneuerbare Energien" bietet eine hervorragende Gelegenheit zum Handeln.

Einleitung 1

Die Nachfrage nach Energie wächst weltweit stark an. Dies gilt seit Beginn der Industrialisierung vor allem für die Industrie- und Transformationsländer, trotz teilweise massiver Effizienzsteigerungen. Seit dem Ende des Zweiten Weltkrieges nimmt aber auch der Energiehunger in den Entwicklungs- und Schwellenländern zu. In den am wenigsten entwickelten Ländern dominiert jedoch weiterhin Energiearmut. 2,4 Mrd. Menschen müssen Zugang zu modernen Energieformen erhalten, damit sie Anschluss an die wirtschaftliche Entwicklung der Industrieländer finden können. Da Energie Voraussetzung wirtschaftlicher Entwicklung ist, wird der Energieeinsatz der Menschheit im 21. Jahrhundert stark wachsen. Doch die derzeitige Struktur der Energienutzung birgt erhebliche Umweltrisiken und stellt in vielen Ländern ein wesentliches Entwicklungshemmnis dar. Auch sicherheitspolitische Risiken ergeben sich aus der gegenwärtigen Struktur der globalen Energienutzung. Daher ist die Energiewende zur Nachhaltigkeit eine der wichtigsten Aufgaben globaler Umwelt- und Entwicklungspolitik im 21. Jahrhundert.

Probleme der derzeitigen Energienutzung

Der wachsende Energiebedarf ist, obwohl sich billig zu förderndes Erdöl im 21. Jahrhundert voraussichtlich erschöpfen wird, nicht in erster Linie ein Problem begrenzter Ressourcen, wie noch in den 70er Jahren befürchtet. Die gegenwärtige Struktur der Energienutzung schafft vielmehr Umweltprobleme durch die Emission von Gasen und Partikeln in die Luft, weil sie überwiegend auf fossilen Energieträgern beruht. Die schwerwiegendste Folge ist der durch den Menschen verursachte globale Klimawandel. Hinzu kommen weitere Probleme für Umwelt und Gesundheit: Durch die Förderung, Verarbeitung und Nutzung fossiler Energieträger werden Landschaften zerstört, saurer Regen erzeugt, Randmeere eutrophiert sowie Atemwegserkrankungen durch Luftverschmutzung in Ballungszentren und Innenräumen verursacht. Auch führt die Nutzung von Holz oder Holzkohle als Brennstoffquelle in vielen Entwicklungsländern zur Entwaldung ganzer Landstriche. Nicht zuletzt haben viele zwischenstaatliche Konflikte ihren Ursprung im Wunsch nach Kontrolle über Rohstoffe, darunter auch Öl.

Zielkonflikte globaler Energiepolitik

Die Versorgung der Menschheit mit Energie birgt also einen Zielkonflikt: einerseits muss das Recht der Entwicklungsländer auf Entwicklung gewährt und andererseits der globale Klimawandel in erträglichen Grenzen gehalten werden. Dabei ist zu berücksichtigen, dass der Energieeinsatz global sehr ungleich verteilt ist. Nur rund ein Fünftel der Weltbevölkerung nutzen etwa drei Viertel des Weltenergieangebots. Das ist die große Herausforderung bei einer Energiewende zur Nachhaltigkeit und der Ausgangspunkt des vorliegenden Gutachtens. Dabei stellen sich folgende Leitfragen:

- Was folgt aus der Klimaerwärmung für die globale Energiepolitik?
- Welche Energiequellen sollten künftig verstärkt genutzt werden?
- Welche technischen Möglichkeiten gibt es und welche sind absehbar?
- Wie können die Energiesysteme in den Industrie- und Transformationsländern umweltgerecht transformiert werden?
- Wie kann die Grundversorgung aller Menschen mit modernen Energieformen erreicht werden?
- Wie kann die Energieversorgung in den Entwicklungsländern kostengünstig und doch umweltgerecht gesichert und gesteigert werden?
- Wie kann gesundheitsschädigende Energienutzung überwunden werden?
- Wie sollte eine globale Energiepolitik strukturell, institutionell und finanziell gestaltet werden?
- Wo liegen die Herausforderungen für die Wissenschaft?
- Was sind die konkreten politischen Maßnahmen, die in den nächsten beiden Jahrzehnten ergriffen werden sollten?

Der WBGU greift diese Leitfragen auf, sucht nach Antworten und zeigt Wege zur Überwindung von Zielkonflikten. Dabei umfasst der Zeithorizont für politisches Handeln die nächsten 50 Jahre. Einige

Szenarien, etwa über die langfristige Struktur des globalen Energiesystems, wagen sich auch bis 2100 vor. Daraus ergibt sich, dass der vom WBGU entwickelte Instrumentenkatalog nicht als statische Vorgabe aufgefasst werden darf. Vielmehr sollen die empfohlenen Maßnahmen das Grundmuster der Umsteuerung vorgeben, wohl wissend, dass der über einen solch langen Zeitraum ablaufende Suchprozess nicht vorhersehbar ist. Aber auch Suchprozesse müssen angestoßen und gestaltet werden.

Der innovative Beitrag des Gutachtens

Stellungnahmen, Papiere und Gutachten zum Thema „nachhaltige Energiepolitik" gibt es in großer Zahl. Erst Mitte 2002 legte die Enquete-Kommission „Nachhaltige Energieversorgung unter den Bedingungen der Globalisierung und der Liberalisierung" des 14. Deutschen Bundestages ihren Bericht vor. Mit dem vorliegenden Gutachten – das sich explizit auf die globale Ebene konzentriert – wurde in vierfacher Hinsicht ein neuer Weg beschritten:

1. Die beiden übergreifenden Ziele „Klimaschutz" und „Überwindung der Energiearmut" werden gleichgewichtig behandelt und Wege zur Auflösung von Zielkonflikten gesucht. Die globale Energiewende wird auch unter Berücksichtigung des Rechts der Entwicklungsländer auf Entwicklung diskutiert.
2. Um einen Weg zur Transformation der globalen Energiesysteme zu weisen, bestimmt der WBGU, welche Eigenschaften ein solcher Pfad haben muss, um nachhaltig zu sein. Dazu werden so genannte „Leitplanken" definiert, also jene Schadensgrenzen, deren Verletzung heute oder in Zukunft intolerable Folgen mit sich brächte. Leitplanken sind keine Ziele, sondern Minimalanforderungen, die im Sinn der Nachhaltigkeit erfüllt werden müssen. Hieraus leitet sich das Nachhaltigkeitsverständnis des WBGU ab: die Leitplanken begrenzen den nachhaltigen Handlungsraum.
3. Mit Hilfe der Leitplanken wird ein Korridor für eine nachhaltige Energiepolitik bestimmt und bis 2050 ein Fahrplan für eine globale Energiewende entwickelt. Der WBGU versteht eine solche Entwicklung als Suchprozess, denn niemand ist in der Lage, zukünftige Entwicklungen hinreichend genau zu prognostizieren. Dennoch wird mit dem im Transformationsfahrplan enthaltenen konkreten Zeitplänen und Zielen ein Vorschlag gemacht, wo die zentralen politischen Umsteuerungen national und international vorgenommen werden müssen.
4. Die Empfehlungen sind anschlussfähig an laufende Politikprozesse. Es werden konkrete Eingriffsmöglichkeiten und Alternativen aufgezeigt. Diese Empfehlungen sind für politische Entscheidungsträger zusammenfassend dargestellt.

Die Transformation der Energiesysteme ist eine Herkulesaufgabe und gleicht einer neuen industriellen Revolution. Das Gutachten zeigt warum, und was zu tun ist.

Einbindung der Energiesysteme in Gesellschaft und Wirtschaft 2

2.1 Einleitung

Energie ist eine wesentliche Bedingung für die menschliche Entwicklung. Vom ersten Holzgebrauch für Licht und Wärme vor Tausenden von Jahren bis zu modernsten Energietechnologien waren steigende Qualität und Effizienz der Energienutzung Gegenstand und Antriebskraft von Innovation und Fortschritt. Drei große Übergänge führten in der Entwicklung der Energiesysteme zu immer höherwertigen Energieformen: Die Nutzung Kohle befeuerter Dampfmaschinen ermöglichte neue und rationellere Fertigungsprozesse. Gleichzeitig wurde die Abhängigkeit von knapper werdenden „traditionellen" Brennstoffen (Holz, Dung) entscheidend verringert. Der zweite Übergang von Kohle zu Öl erhöhte mit der Entwicklung von Verbrennungsmotoren die Mobilität. Die Nutzung von Elektrizität (Licht, Computer) führte schließlich in das Informationszeitalter.

Diese Entwicklungen haben große Strukturveränderungen in Wirtschaft und Gesellschaft ausgelöst, insbesondere die Industrialisierung und Urbanisierung. Flüssige Brennstoffe und netzabhängige Energieformen, die flexibler und sauberer nutzbar sind, erhöhten auch die Qualität der Energienutzung. Mit den technologischen Innovationen und den damit verbundenen Strukturveränderungen in Gesellschaft und Wirtschaft wuchs der Energieeinsatz allerdings um ein Vielfaches. Gleichzeitig entwickelte sich das Energiesystem weg von der Abhängigkeit von traditionellen Brennstoffen hin zu fossilen Energieträgern. Die Kohle wurde dabei in den 1960er Jahren nach etwa einem halben Jahrhundert vom Öl als wichtigstem fossilen Energieträger abgelöst (Abb. 2.1-1). Insbesondere der Transportsektor ist nahezu vollständig auf die Energiequelle Öl angewiesen.

2.2 Globale Ausgangslage

2.2.1 Zunehmende Energie- und Kohlenstoffproduktivität – Trends bis 2020

Die heutige weltweite Energienutzung beruht zu 80% auf fossilen Energieträgern (Tab. 2.2-1). Betrachtet man die insgesamt verfügbaren fossilen Ressourcen, ist für die nächsten Jahrzehnte mit keinem Engpass in der Versorgung zu rechnen. Es ist

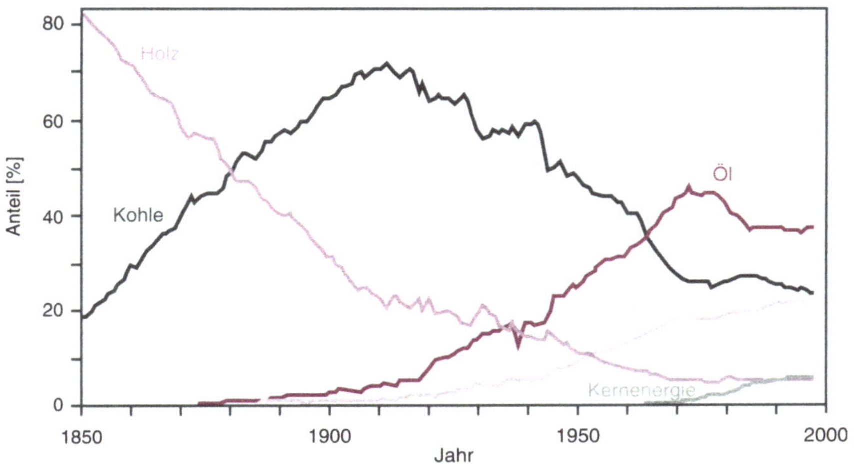

Abbildung 2.1-1
Anteil verschiedener Energieträger am globalen Primärenergieeinsatz. Innerhalb von 100 Jahren sind, wie das Beispiel Kohle zeigt, drastische Verschiebungen im Energieträgermix möglich.
Quelle: Nakicenovic et al., 1998

Energieträger	Primär-energie [EJ]	Anteil [%]	Statische Reichweite der Reserven [Jahre]	Statische Reichweite der Ressourcen [Jahre]	Dynamische Reichweite der Ressourcen [Jahre]
Öl	142	35,3	45	~200	95
Erdgas	85	21,1	69	~400	230
Kohle	93	23,1	452	~1.500	1.000
Summe fossile Energieträger	320	79,6			
Wasserkraft	9	2,2		erneuerbar	
Traditionelle Biomasse	38	9,5		erneuerbar	
Neue erneuerbare Energieträger	9	2,2		erneuerbar	
Summe erneuerbare Energieträger	56	13,9			
Kernkraft	26	6,5	50	>>300	
Gesamtsumme	402	100,0			

Tabelle 2.2-1
Weltweiter Primärenergieeinsatz im Jahr 1998, aufgeschlüsselt nach Energieträgern mit Angaben zu ihren Reichweiten. Unter statischer Reichweite versteht man den Quotienten aus den derzeit bekannten Reserven bzw. Ressourcen und der heutigen Jahresförderung. Sie beschreibt, wie lange ein Rohstoff bei konstant gehaltenem Verbrauch noch verfügbar wäre. Bei der dynamischen Reichweite wird dagegen der erwartete zeitliche Anstieg der Jahresförderung bei der Quotientenbildung berücksichtigt.
Quelle: UNDP et al., 2000

jedoch wahrscheinlich, dass die Energiepreise innerhalb dieses Zeitraums steigen werden, weil die Förderung fossiler Ressourcen aufwändiger und damit teurer wird. Traditionelle Biomasse spielt in vielen Entwicklungsländern, insbesondere in ländlichen Gebieten, weiterhin eine dominierende Rolle (UNDP et al., 2000). Ihr Anteil an der weltweiten Energiegewinnung beträgt allerdings nur etwa 10%. Am schnellsten wachsen die Anteile von Erdgas und „neuen“ erneuerbaren Energieträgern wie Windenergie, Photovoltaik und Solarthermie, die allerdings erst ca. 2% der weltweiten Energiegewinnung ausmachen. Die Internationale Energieagentur (IEA) geht von einem Wachstum der neuen erneuerbaren Energieträger um jährlich 3,3% bis 2030 aus, bei Gas um jährlich 2,4%. Der wachsende Anteil von Gas, der vor allem auf die Entwicklung kostengünstiger Gas- und Dampfturbinen zurückzuführen ist, geht zu Lasten von Kohle und Kernenergie. Dennoch ist Kohle noch die am meisten genutzte Energiequelle zur Elektrizitätserzeugung. Die Kernenergie zeigt eine stagnierende bis fallende Tendenz, bis 2030 sagt die IEA einen auf 5% sinkenden Anteil voraus. Nur noch in wenigen (meist asiatischen) Ländern steigt die Nutzung der Kernenergie (IEA, 2002c).

Der weltweite Energiebedarf wird im Wesentlichen durch das Bevölkerungswachstum sowie die wirtschaftliche und technologische Entwicklung bestimmt. Der Energieeinsatz pro Kopf steigt – bei erheblicher Streuung – mit zunehmendem Einkommen, wie ein Vergleich zahlreicher Länder zeigt (Abb. 2.2-1). Bemerkenswert ist allerdings, dass mit demselben Energieeinsatz ganz unterschiedlicher materieller Wohlstand geschaffen werden kann: Bei etwa gleichem Pro-Kopf-Energieeinsatz erzeugt Japan das 7fache Pro-Kopf-Einkommen von Südkorea. In den letzten zwei Jahrhunderten wuchs das globale Bruttosozialprodukt im Mittel um 3% jährlich, die globale Energienachfrage im gleichen Zeitraum jedoch nur um etwa 2% pro Jahr (IPCC, 1996). Damit stieg die gesamtwirtschaftliche Energieproduktivität um etwa 1% jährlich. Diese Zunahme ist nicht nur auf den technologischen Fortschritt (Zunahme der Effizienz), sondern ebenso auf veränderte Muster der Energiedienstleistungen (etwa sektorale Verschiebungen) sowie auf die Substitution von Treibstoffen durch modernere Energieformen (etwa von Holz zu Gas beim Kochen) zurückzuführen. Auch veränderte Konsum- und Lebensstilmuster können die Energieproduktivität beeinflussen (Nakicenovic et al., 1998; Kap. 2.2.3).

Der zunehmende Energieeinsatz ist meist mit steigender Umweltverschmutzung verbunden, wenn auch nicht proportional: Die globalen Kohlendioxidemissionen steigen langsamer als der Energieeinsatz. Die Substitution kohlenstoffreicher fossiler Energieträger wie z. B. Kohle durch kohlenstoffärmere wie Gas, durch Kernenergie oder erneuerbare Energieträger verändert den globalen Energieträgermix und führt zu Dekarbonisierung. Die Kohlendioxidemissionen pro Energieeinsatz sinken weltweit um jährlich 0,3%.

2.2.2
Energienutzung in Sektoren

Der größte Energienutzer im weltweiten Durchschnitt ist heute die Industrie mit etwa zwei Fünfteln des globalen Primärenergieeinsatzes. Haushalte und gewerbliche Gebäude verbrauchen geringfügig weniger, der Transportsektor etwa ein Fünftel (Tab.

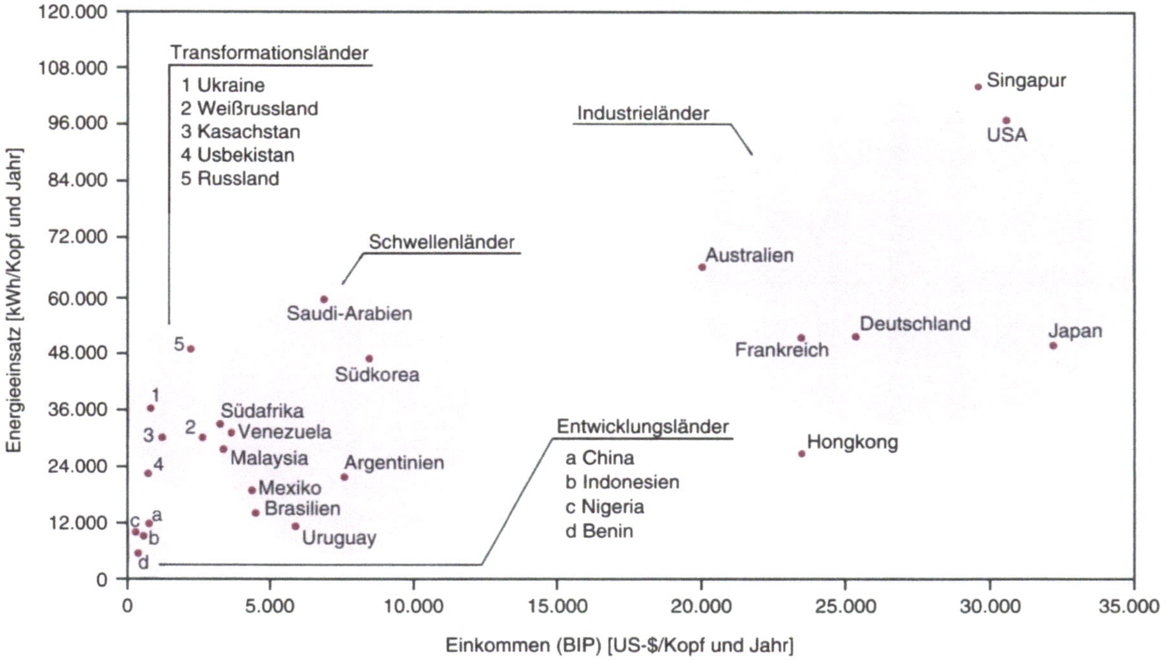

Abbildung 2.2-1
Zusammenhang von mittlerem Einkommen (BIP pro Kopf) und Energieeinsatz (Pro-Kopf-Nachfrage in kWh) im Jahr 1997 für unterschiedliche Ländergruppen. Gezeigt ist der Primärenergieeinsatz eines Staates, also auch seiner Industrie und seines Verkehrs, geteilt durch die Einwohnerzahl. Für Entwicklungs-, Schwellen-, Transformations- und Industrieländer entstehen gut voneinander abgrenzbare Cluster. Die Energienachfrage steigt mit wachsendem Einkommen, zu erwarten ist aber eine Sättigung des Energieeinsatzes bei sehr hohen Einkommen.
Quelle: modifiziert nach WRI (2001) und World Bank (2001c)

2.2-2; IPCC, 2000b). In Asien ist der Anteil der Industrie höher (59%), während er in den OECD-Staaten nur noch etwa ein Drittel beträgt. Dort macht der Transport ein Viertel aus, während er in Asien nur 15% beträgt. Die Landwirtschaft nutzt global nur 3% der kommerziellen Energie. Gemittelt über den Zeitraum 1970–1990 waren die jährlichen globalen Wachstumsraten im Gebäudesektor (Heizung, Kühlung, Beleuchtung usw.) mit 2,9% am größten, gefolgt vom Transportsektor mit 2,8% (IPCC, 2000b). In der ersten Hälfte der 1990er Jahre wuchs der globale Primärenergieeinsatz nur noch um 0,7%, der Transportsektor jedoch überproportional um 1,7%, insbesondere in Entwicklungsländern (Tab. 2.2-2).

In der *Industrie* entfällt die Energienutzung hauptsächlich auf die Produktion von wenigen energieintensiven Gütern, etwa Stahl, Papier, Zement, Aluminium und Chemikalien. Die Nachfrage nach diesen Gütern steigt in sich stark entwickelnden Ländern, z. B. wegen des Aufbaus von Infrastruktur, während in Industrieländern die Nachfrage nach diesen Gütern – mit Ausnahme von Papier – abnimmt oder stabil bleibt. Ihre Herstellung verlagert sich teilweise in die Schwellenländer.

Wichtige Faktoren für die Energienutzung in *Gebäuden* sind Bevölkerungsdichte, Urbanisierung, Anzahl der Wohnungen, Pro-Kopf-Wohnfläche, Personen pro Haushalt, Altersverteilung, Haushaltseinkommen und kommerzielle Flächennutzung. Generell ist ein höherer Grad der Urbanisierung mit höherem Energieeinsatz pro Haushalt verbunden – hauptsächlich wegen höherer Einkommen in den Städten (Nakicenovic et al., 1998). In Industrieländern macht die Raumheizung und -kühlung einen wesentlichen Anteil der Energienutzung in Gebäuden aus. Der Pro-Kopf-Energieeinsatz in Gebäuden nimmt nicht nur in Industrie- sondern auch in Schwellenländern zu. In Entwicklungsländern fallen Kochen und Heizen am stärksten ins Gewicht.

Der Energieeinsatz im *Transportsektor* wird durch das Verkehrsaufkommen und die eingesetzten Technologien bestimmt. In den letzten Jahrzehnten sind sowohl der Personentransport in Pkw und Flugzeugen als auch der Straßengütertransport stark gestiegen. Während der vergleichsweise geringe Anteil der Bahn weiter zurückgeht, dominieren Straßentransport (73%) und Flugverkehr (12%) den Energieeinsatz im Transportsektor (Abb. 2.2-2).

Tabelle 2.2-2
Anteil verschiedener Sektoren am Primärenergieeinsatz in unterschiedlichen Ländergruppen sowie die Zuwachsraten im Zeitraum 1990–1995. Haushalte und gewerbliche Gebäude sind zusammengefasst.
Quelle: IPCC, 2000b

	OECD		Transformationsländer		Asien		Afrika und Lateinamerika		Welt	
	Gesamt	Rate 90–95	Gesamt	Rate 90–95	Gesamt	Rate 90–95	Gesamt	Rate 90–95	Gesamt	Rate 90–95
	[%]	[%/a]	[%]	[%/a]	[%]	[%/a]	[%]	[%/a]	[%]	[%/a]
Industrie	33	0,9	51	-7,3	59	5,9	36	3,5	41	0,2
Haushalte / Gebäude	40	1,9	32	-6,8	22	4,8	33	3,8	34	0,8
Transport	25	1,6	14	-6,0	15	7,6	26	4,2	22	1,7
Landwirtschaft	2	1,6	3	-10,6	5	5,6	4	12,6	3	0,8
Gesamt	100	1,6	100	-7,1	100	5,9	100	4,1	100	0,7

Die Nutzung von Energie für Transporte ist von wirtschaftlichen Aktivitäten, Infra- und Siedlungsstrukturen sowie den Preisen für Brennstoffe und Fahrzeuge abhängig (IPCC, 2000b). So korrelieren die Bevölkerungsdichte in Städten und der Energieeinsatz für den Transport: je höher die Bevölkerungsdichte, desto niedriger der Energieeinsatz für den Transport (Newman und Kenworthy, 1990). In den Industrieländern, auch in Deutschland, ist eine steigende Energieeffizienz neuer Autos festzustellen (IPCC, 2001c). Im Personenverkehr ist die Transportleistung pro Energieeinsatz allerdings in den meisten europäischen Staaten und in Japan seit 1970 gesunken: der niedrigere Treibstoffverbrauch der Fahrzeugflotte ist durch steigende Anzahl und geringere Besetzungsdichten der Pkw, aber auch durch den Trend zu größeren Autos und stärkeren Motoren überkompensiert worden (IPCC, 2000b). Mit zunehmendem Verkehr in den Entwicklungsländern sind weitere Emissionssteigerungen im Transportsektor zu erwarten.

2.2.3 Lebensstile und Energieeinsatz

Lebensstile sind in den modernen Konsumgesellschaften meist wichtiger geworden als alte Klassen- oder Schichtunterscheidungen. Einkommensunterschiede ergänzt durch Wertorientierungen stellen heute die zentralen Determinanten des Lebensstils dar. Die Lebensstile in den Industrieländern haben sich stark differenziert. Durch den Lebensstil drücken Menschen persönliche und gruppenspezifische Identität aus: Sie sagen, wer sie sind bzw. wer sie sein wollen. Lebensstile werden zwar vom Individuum gewählt, entstehen aber innerhalb gesellschaftlicher Strukturen und Trends durch soziale Interaktion: Menschen vergleichen sich mit anderen, suchen Vorbilder oder grenzen sich ab. Nicht nachhaltiger Konsum lässt sich daher nicht nur auf individuelle Eigenschaften der Verbraucher wie Bequemlichkeit oder Egoismus zurückführen, sondern muss im gesellschaftlichen Kontext gesehen und bewertet werden.

Für weite Teile der Bevölkerung gehört Mobilität zur Selbstverwirklichung. Ökologische Kriterien

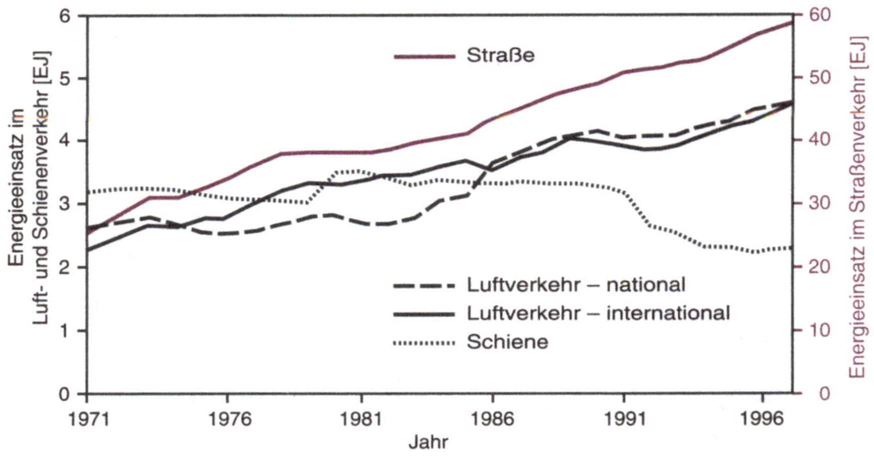

Abbildung 2.2-2
Weltweiter Energieeinsatz im Transportsektor in den Jahren 1971–1996. Während sich der Transport auf der Straße in 25 Jahren mehr als verdoppelte, ist der Schienentransport vor allem in den 1990er Jahren zurückgegangen.
Quelle: WRI et al., 2002

werden dabei oft als hinderlich empfunden. Lebensstil und Konsumpotenzial betreffen auch das Sozialprestige. Ökologischem Verhalten, z. B. öffentliche Verkehrsmittel zu benutzen oder den Urlaub im eigenen Land statt in Übersee zu verbringen, haftet noch oft ein negatives soziales Image an. Lebensstilunterschiede werden so in den Mustern des Energieeinsatzes und den CO_2-Emissionen sichtbar. Oft kann zwischen verfügbarem Haushaltseinkommen und Emissionen ein Zusammenhang beobachtet werden – mit steigendem Einkommen steigen die Emissionen.

Daneben bestimmen zahlreiche weitere Faktoren die Nutzung von Energie:

- Individuelle Merkmale (z. B. Wertorientierungen, Umweltbewusstsein, Alter, Geschlecht, Beruf, Bildungsstand, Herkunft, Religionszugehörigkeit);
- das soziale Umfeld (z. B. Kultur, gesellschaftliche Werte, Leitbilder);
- Strukturen und Institutionen (z. B. Infrastruktur, Wohnumfeld, Einkommen, Medien, Markttransparenz, Informations- und Beratungsmöglichkeiten).

Wachsender Wohlstand und steigender Energieeinsatz gingen in den westlichen Industriestaaten lange Hand in Hand und wurden in den ersten 25 Jahren nach dem Zweiten Weltkrieg als wechselseitige Voraussetzung angesehen. Unter dem Eindruck der Ölkrisen wurde diese Gleichung „mehr Wohlstand = höherer Energieeinsatz" aber zunehmend in Frage gestellt. Mittlerweile ist die These, dass wirtschaftliche Entwicklung und hoher Lebensstandard vom Wachstum des Energieeinsatzes teilweise entkoppelt sind, für viele OECD-Staaten empirisch nachgewiesen. Der Vergleich des Energieeinsatzes zwischen Ländern mit ähnlichem wirtschaftlichen Entwicklungsstand zeigt zudem, dass es durchaus unterschiedliche Pfade gibt, um das gleiche Wohlstandsniveau zu erreichen (Reusswig et al., 2002). Diese Aussage wird durch die hohe Streuung des Einkommens bei Ländern gleichen Energieeinsatzes verdeutlicht (Abb. 2.2-1).

2.3 Energie in den Industrieländern

2.3.1 Struktur der Energieversorgung

Bei der Energie- und Kohlenstoffproduktivität können innerhalb der Industrieländer zwei Gruppen unterschieden werden: Die USA, Kanada und Australien auf der einen Seite sowie die OECD-Staaten Westeuropas (im Wesentlichen die Mitgliedstaaten der EU) und Japan auf der anderen Seite. Die OECD-Staaten Nordamerikas weisen den weltweit höchsten Pro-Kopf-Einsatz an Primärenergie auf, mehr als das Doppelte der westeuropäischen OECD-Staaten: Die Energieproduktivität dieser stark auf die Nutzung fossiler Energien ausgerichteten Staaten liegt um 42% unter dem Niveau der OECD-Staaten Westeuropas und um 100% unter dem Japans. Die westeuropäischen Industrieländer und Japan sind durch eine wesentlich effizientere Energienutzung und einen leichten Trend zur Dekarbonisierung gekennzeichnet.

Energieträger und Energiebedarf

Die Struktur des Primärenergieeinsatzes wird in den Industrieländern vorrangig durch die heimischen Vorkommen an konventionellen Energieträgern geprägt. In den USA wurden im Jahr 1997 39% der Primärenergie durch Öl, 24% durch Gas und 23% durch Kohle bereitgestellt, hinzu kamen Kernenergie mit 8%, erneuerbare Energien mit 4% und Wasserkraft mit 2%. Der Primärenergieeinsatz stieg während der 1990er Jahre kontinuierlich an, bis zum Jahr 2020 wird ein weiterer jährlicher Anstieg von 0,9% gegenüber 1,3% in den Jahren 1971–1997 prognostiziert (IEA, 2001b). Bei den fossilen Energieträgern wird gemäß dieser Prognose Erdgas mit jährlich 1,3% am schnellsten wachsen. Der Anteil des Erdöls wird aufgrund der größeren Nachfrage durch den Verkehrssektor von 39% auf 41% zunehmen. Insgesamt werden die erneuerbaren Energien (ohne Wasserkraft) mit jährlich 1,6% am schnellsten wachsen, jedoch ausgehend von einem sehr niedrigen Niveau, so dass sich der Anteil am gesamten Primärenergieeinsatz unter den gegebenen Rahmenbedingungen nicht wesentlich erhöhen wird.

In den OECD-Staaten Westeuropas wird der Primärenergieeinsatz bis 2020 voraussichtlich ähnlich wie in den USA um 1% jährlich wachsen, nur unwesentlich geringer als in den Jahren 1971–1997 mit einem Durchschnitt von 1,2%. Die Struktur der Primärenergieträger wird sich aber insbesondere im Vergleich zu den nordamerikanischen Staaten verändern. Laut Einschätzung der IEA werden die Anteile von Kohle und Kernkraft kontinuierlich fallen (von 20% auf 14% bzw. von 14% auf 9%). Erdgas hingegen wird jährlich um 3% wachsen und seinen Anteil am Primärenergieeinsatz von 20% auf 31% steigern. Die Nutzung der erneuerbaren Energien wird zwar ebenfalls kontinuierlich zunehmen, jedoch wird der Anteil nur von 4 auf 5% steigen (IEA, 2001b).

Trends in der sektoralen Energienachfrage

In den USA wird die Energienachfrage vor allem durch den Verkehr bestimmt, der bis zum Jahr 2020 jährlich um 1,6% ansteigen wird. Das wachsende

Verkehrsaufkommen wird die Effizienzsteigerungen im Kraftstoffverbrauch weit übertreffen. Die Energienachfrage des industriellen Sektors wird hingegen nur moderat um 0,5% pro Jahr zunehmen. Aufgrund des anhaltenden Strukturwandels, durch den sich der Anteil des weniger energieintensiven Dienstleistungssektors am BIP zukünftig weiter vergrößert, wird der Anteil der Industrie an der gesamten Energienachfrage abnehmen (Abb. 2.3-1).

In der EU werden heute mehr als 32% der Endenergienutzung dem Verkehrssektor (davon über 80% Straßentransport) zugeordnet (EEA, 2001), der somit ein wichtiger Faktor für den Anstieg des Primärenergieeinsatzes in Westeuropa sein wird. Die Energienachfrage des industriellen Sektors ist in den OECD-Staaten Westeuropas dagegen in den letzten 30 Jahren konstant geblieben.

Importabhängigkeit

In den Industrieländern ist die Sicherung der Energieversorgung ein zentrales politisches Anliegen. Die amerikanische National Energy Policy Development Group schätzt, dass in den nächsten 20 Jahren der Verbrauch von Erdöl um 33%, von Erdgas um 50% und von Elektrizität um 45% steigen wird (National Energy Policy Development Group, 2001). Dadurch wird sich die Schere zwischen inländischer Produktion und Nachfrage weiter vergrößern. Die Kohlevorräte der USA werden beim gegenwärtigen Verbrauch noch für 250 Jahre ausreichen, wenn man berücksichtigt, dass 24% der Kohle importiert werden. Bei anderen fossilen Energieträgern wird sich der Importanteil jedoch stärker vergrößern, voraussichtlich werden die USA im Jahr 2020 rund 70% ihres Erdölbedarfs durch Importe decken müssen. Daraus ergeben sich wichtige geopolitische Konsequenzen (Kap. 2.6.2).

Die Importabhängigkeit der EU ist noch wesentlich größer. Sie wird sich in den nächsten 20–30 Jahren von derzeit 50% auf 70% des Gesamtbedarfs erhöhen und damit fast das Niveau der Abhängigkeit Japans erreichen, das derzeit 80% seines Energiebedarfs importiert. Die Einfuhren der EU könnten bei Erdöl 90%, beim Erdgas 70% und bei der Kohle sogar 100% ausmachen. Angesichts der zunehmenden Importabhängigkeit wurde mit dem Grünbuch der EU eine Strategie zur Sicherung der Energieversorgung entworfen. Kernempfehlungen des Grünbuchs sind unter anderem die verstärkte Förderung erneuerbarer Energien durch finanzielle und steuerliche Anreize sowie eine entschlossene Politik zur Beeinflussung der Energienachfrage (EU-Kommission, 2000a).

Subventions- und Forschungspolitik im Energiebereich

Subventionen sind ein zentrales Instrument der Energiepolitik. Sie werden eingesetzt, um die Förderkosten zu senken, den Gewinn für die Produzenten zu erhöhen oder die Preise für die Konsumenten zu senken. Um die Energieversorgung zu sichern, sollen Subventionen eine gewisse Menge inländischer Förderung und eine möglichst große Vielfalt an Energieträgern gewährleisten (IEA, 1999). Während in den 1960er und 1970er Jahren in Deutschland hauptsächlich Kernenergie subventioniert wurde, wird gegenwärtig der größte Teil der Energiesubventionen an die Steinkohle vergeben (UBA, 1997). Im europäischen Vergleich sind die Kohlesubventionen Deutschlands mit Abstand die höchsten (Abb. 2.3-2).

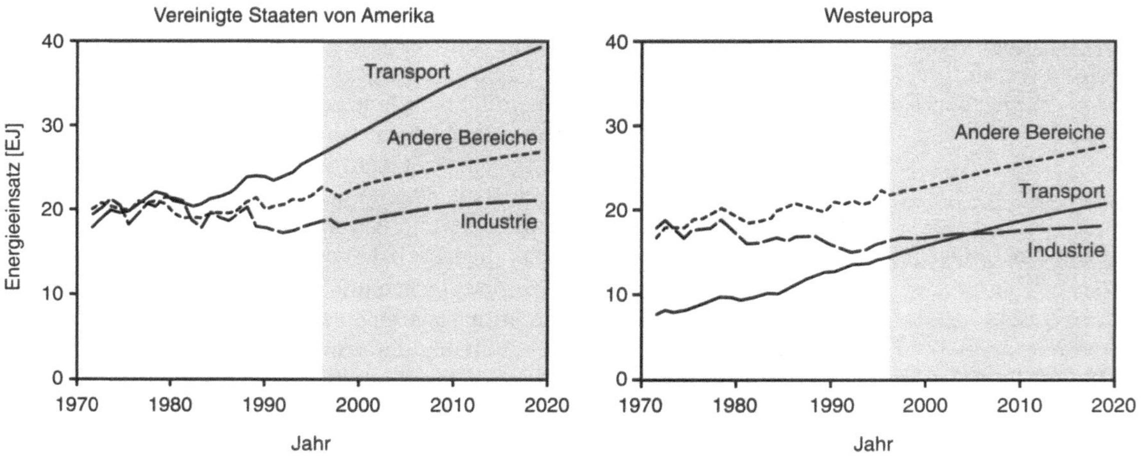

Abbildung 2.3-1
Bisherige Entwicklung und Prognose der IEA zum zukünftigen Energieeinsatz in einzelnen Wirtschaftssektoren der Industrieländer bis 2020.
Quelle: IEA, 2001b

Abbildung 2.3-2
Staatliche Beihilfen im Steinkohlebergbau einzelner EU-Mitgliedstaaten im Vergleich der Jahre 1994 und 2001.
Quelle: EU-Kommission, 2001a

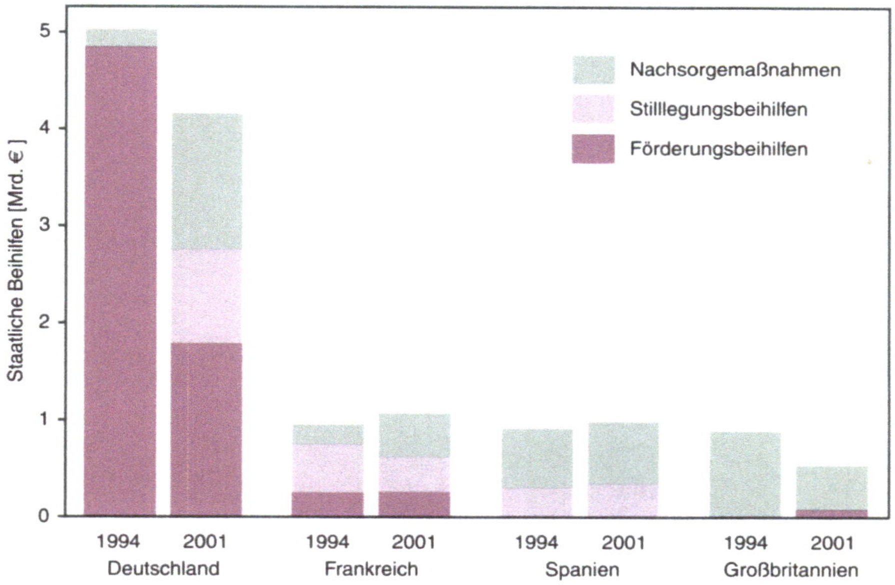

Neben der direkten Subventionierung werden fossile Energieträger auch indirekt durch Steuererleichterungen, wie z. B. durch die Mineralölsteuerbefreiung der Luftfahrt und die Differenzierung des Mineralölsteuersatzes zwischen Dieselkraftstoff und Benzin, gefördert.

Auch in den USA wird insbesondere die fossile Energie durch Subventionen gefördert: 50% der gesamten Energiesubventionen von 6,2 Mrd. US-$ entfallen auf fossile Energieträger, 18% auf erneuerbare Energien und 10% auf nukleare Energieerzeugung (EIA, 2000).

Eine besondere Form der Subventionierung sind staatliche Ausgaben für Forschung und Entwicklung. Sie wirken zwar nicht unmittelbar auf die gegenwärtige Förderung und Energiebereitstellung sowie die Energiepreise, beeinflussen jedoch die zukünftige Entwicklung der Energiemärkte und sind daher von zentraler Bedeutung für die Transformation der Energiesysteme. Staatliche Forschungs- und Entwicklungsausgaben sind auf wenige Länder konzentriert, ausschließlich Industrieländer. 1995 wurden 98% aller energierelevanten Forschungsaufwendungen in nur 10 von insgesamt 26 Mitgliedstaaten der IEA getätigt (IEA, 1997). In den letzten beiden Jahrzehnten sind in nahezu allen Industrieländern – mit Ausnahme von Japan – die Forschungsausgaben im Energiebereich drastisch reduziert worden (Abb. 2.3-3). Die Einschnitte in den Forschungs- und Entwicklungsetats betrafen dabei alle Energieträger. Im Zeitraum 1980–1995 fielen die globalen Ausgaben für fossile Energien um 58%, für erneuerbare Energien um 56% und für Kernenergie um 40% (Margolis und Kammen, 1999). Auch bei den öffentlichen Forschungs- und Entwicklungsausgaben konzentriert sich – im Durchschnitt aller Industrieländer – die Förderung auf fossile Energieträger und die Kernenergie (55%). Erneuerbare Energien und Maßnahmen zur Energieeinsparung machen 40% aus (UNDP et al., 2000).

Parallel zu den sinkenden öffentlichen Forschungs- und Entwicklungsausgaben gingen in vielen Industrieländern auch die privaten Forschungsaufwendungen zurück, insbesondere in den USA, Italien, Spanien und Großbritannien (Erdmann, 2001). Aufgrund unterschiedlicher Definitionen und Methoden sind Vergleiche zwischen Industrieländern nur begrenzt aussagekräftig. Es kann jedoch festgestellt werden, dass der Energiesektor gemessen an den Umsätzen weltweit zu den Branchen mit den geringsten Forschungs- und Entwicklungsaufwendungen gehört. So hat der Energiesektor in den USA 1995 nur 0,5% der Umsätze in Forschung und Entwicklung investiert. Branchen wie die Pharma- oder Telekommunikationsindustrie haben über 10% ihrer Umsätze für die Forschung aufgewendet (Margolis und Kammen, 1999).

2.3.2 Grundlagen und Ziele der Energiepolitik

Drei Ziele kennzeichnen die Energiepolitik der Industrieländer: Versorgungssicherheit, niedrige Preise bzw. Wirtschaftlichkeit und Umweltverträglichkeit. Das oberste Ziel war und ist die Herstellung bzw. Aufrechterhaltung von Versorgungssicherheit. Die erheblichen Staatseingriffe auf den Märkten für leitungsgebundene Energie (Elektrizität, Gas), wie z. B. staatlich geschützte und regulierte Monopole,

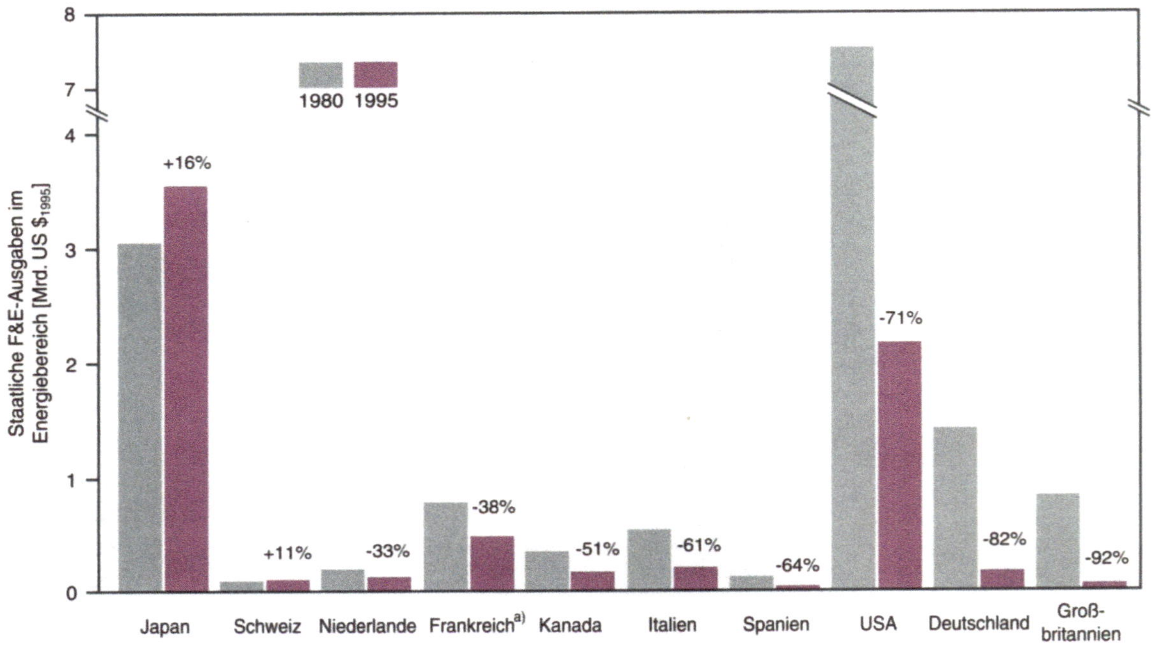

Abbildung 2.3-3
Ausgaben für öffentliche Forschung und Entwicklung (F&E) ausgewählter OECD-Länder im Energiebereich im Vergleich der Jahre 1980 und 1995. [a]Daten für Frankreich aus dem Jahr 1985.
Quelle: Margolis und Kammen, 1999 (auf der Basis von IEA, 1997)

wurden mit diesem Ziel begründet. Um vor allem in Krisenzeiten weitgehend unabhängig zu sein, wurden einheimische Energievorkommen, meist fossile Brennstoffe, besonders gefördert. Dies erklärt den heterogenen Mix der Primärenergieträger in den Industrieländern. Besonders nach der Ölkrise der 1970er Jahre rückte das Ziel der Importunabhängigkeit verstärkt in den Vordergrund.

Das zweite Ziel der Energiepolitik, die möglichst preisgünstige Bereitstellung von Energie, wollen viele Staaten unter anderem durch das Anlegen von Sicherheitsreserven erreichen. Die Primärenergiereserven (besonders Öl und Kohle) dienen nicht nur der Versorgungssicherheit, sondern werden auch eingesetzt, um Weltmarktpreise zu stabilisieren. Bei der leitungsgebundenen Energieversorgung wurden lange Zeit staatliche Investitions- und Preisregulierungen verwendet, um unwirtschaftliches Investitionsverhalten zu verhindern und die Verbraucher vor überhöhten (Monopol)preisen der Energieversorgungsunternehmn zu schützen. Diese Politik führte jedoch vielerorts nicht zu der gewünschten Wirtschaftlichkeit. Nach vergleichsweise positiven Erfahrungen mit der Liberalisierung in den USA und Großbritannien leiteten die EU und andere Industrieländer in den 1990er Jahren ebenfalls eine Liberalisierung der Strom- und Gasmärkte ein, um durch mehr Wettbewerb zu Wirtschaftlichkeit und Preisgünstigkeit zu gelangen (Kap. 2.3.3).

Umweltverträglichkeit kennzeichnet als drittes Ziel die Energiepolitik der Industrieländer. Während Fragen der schonenden Ressourcennutzung und des Umweltschutzes in den 1970/80er Jahren zunächst mit der Endlichkeit fossiler Primärenergieträger und der lokalen Luftreinhaltepolitik begründet wurden, steht mittlerweile in vielen Ländern der Klimaschutz im Vordergrund. Allerdings wird dieses Ziel von den nationalen Regierungen sehr unterschiedlich gewichtet. Außerdem haben z. B. die EU und die USA abweichende Auffassungen darüber, welcher Stellenwert dem Ausbau erneuerbarer Energien zukommen soll.

2.3.3 Liberalisierung der Märkte für leitungsgebundene Energieversorgung

Ausgangslage

Bei der leitungsgebundenen Energieversorgung mit Elektrizität und Gas bestanden lange Zeit so genannte wettbewerbliche Ausnahmebereiche, d. h. die Stromversorgung wurde direkt vom Staat übernommen oder unterstand einer umfassenden staatlichen Aufsicht. Die ökonomische Begründung hierfür ist, dass die Wertschöpfungskette der Stromerzeugung bei überregionalem Transport und regionaler Verteilung zu den Endverbrauchern leitungsgebunden ist. Da die Versorgung durch eine einzige Leitung kostengünstiger ist als das Verlegen von Parallelleitungen, handelt es sich um ein sog. „natürliches“ Monopol.

Eine Diskussion über den ordnungspolitischen Rahmen für die Strom- und Gasversorgung setzte Ende der 70er Jahre durch Liberalisierungsmaßnahmen in den USA und Großbritannien ein. Die eingeleiteten Strukturreformen für mehr Wettbewerb im Energiesektor werden primär mit dem Ziel der Preisgünstigkeit sowie der Dezentralisierung der Energiewirtschaft begründet. Diese Ziele können grundsätzlich durch eine Deregulierung bzw. eine Veränderung der Regulierungsbestimmungen („Re-Regulierung“) erreicht werden. Teilweise werden auch Umweltschutzbelange als weitere Begründung angeführt.

Die überwiegende Zahl der Industrieländer baut Regulierungen (insbesondere Gebietsmonopole, Preis- und Investitionskontrollen) ab, um auf den Elektrizitätsmärkten möglichst weitgehenden Wettbewerb zu gewährleisten. Durch die Trennung von Energiebereitstellung, überregionalem Transport, lokaler Verteilung sowie Vertrieb der Elektrizität soll der vorhandene Monopolbereich auf das Minimum leitungsgebundener Energieformen beschränkt werden. In den Bereichen, in denen kein Wettbewerb auf dem Markt stattfinden kann, soll es einen Wettbewerb um den Markt geben, indem zeitlich begrenzte Konzessionsverträge durch Ausschreibungen vergeben werden.

Liberalisierung der Strom- und Gasmärkte in der EU

Grundlage der Liberalisierungsbemühungen der EU sind die Binnenmarktrichtlinien Elektrizität und Gas, die 1997 bzw. 1998 beschlossen wurden. Die Umsetzung erfolgte zunächst auf dem Elektrizitätsmarkt. Dabei soll die Liberalisierung in mehreren Schritten umgesetzt werden, um eine Anpassung für die Energieversorger zu erleichtern. Nach der Binnenmarktrichtlinie und den Beschlüssen der EU-Regierungschefs erhalten ab 2004 als Mindestvorgabe zunächst Industriekunden Wahlfreiheit ihres Versorgers, ab Mitte 2007 sollen die privaten Verbraucher folgen. Die Bemühungen um eine Liberalisierung der Elektrizitätsmärkte sind in einigen Mitgliedstaaten der EU weit vorangeschritten, so dass etwa in Großbritannien, Schweden, Finnland und Deutschland eine Wahlfreiheit des Versorgers für alle Kunden möglich ist. Häufig handelte es sich bei den Versorgern um vertikal integrierte Unternehmen, d. h. sie bedienten alle Teile der Wertschöpfungskette von der Primär- bis zur Endenergie. Die Binnenmarktrichtlinie Elektrizität fordert einen Aufbruch dieser vertikalen Integration, indem die Bereiche Bereitstellung, netzgebundener Transport und Vertrieb zumindest buchhalterisch getrennt werden müssen. Für das Übertragungsnetz ist eine organisatorische Trennung innerhalb der Unternehmen vorgeschrieben. Der Zugang zu den Netzen muss für alle Energieerzeuger offen sein.

Auch die Gasmärkte in der EU befinden sich in einem Liberalisierungsprozess, der allerdings im Vergleich zu dem der Strommärkte weniger fortgeschritten ist. Mit der Binnenmarktrichtlinie Erdgas sind die Mitgliedstaaten der EU verpflichtet, die Gasmärkte schrittweise zu öffnen. Danach sind zunächst 20% (seit 2000), dann 28% (seit 2003) und schließlich 33% (ab 2008) des jährlichen Gesamtgasverbrauchs des jeweiligen Mitgliedstaates wettbewerblichen Bedingungen zu unterwerfen. Großbritannien und Deutschland haben zwar ihre Gasmärkte rechtlich vollständig geöffnet. De facto entwickelt sich jedoch der Wettbewerb insbesondere in Deutschland nur sehr zögerlich (IEA, 2001a).

Liberalisierung der leitungsgebundenen Energieversorgung in den USA

Die Vereinigten Staaten waren mit dem Energiegesetz von 1978 Vorreiter der Liberalisierungsbemühungen in den Industrieländern. Da die Umsetzung dieses Rahmengesetzes jedoch den Energiebehörden der einzelnen Bundesstaaten vorbehalten bleibt, ergibt sich ein heterogenes Bild der institutionellen Ausgestaltung und der eingesetzten Primärenergieträger. Aufgrund der Liberalisierung der Märkte für leitungsgebundene Energieversorgung und des Einsatzes erneuerbarer Energieträger galt Kalifornien als Musterbeispiel für eine künftige Energiepolitik. Spätestens seit der kalifornischen Stromkrise wird die Deregulierungsstrategie jedoch differenzierter beurteilt. Seitdem der liberalisierte Strommarkt zu verstärkten Stromausfällen und Zwangsabschaltungen der Elektrizitätsversorgung auch an der Ostküste der USA zu führen drohte, trat das Ziel der Versorgungssicherheit wieder deutlich in den Vordergrund. Damit wurde die Position früherer US-Regierungen aufgegeben, dass Energieengpässe regionale, vorübergehende Phänomene seien. Eine „Task Force“ unter Leitung des US-Vizepräsidenten erarbeitete Vorschläge für ein künftiges nationales Energiekonzept. Kernpunkt des „National Energy Policy Report“ (National Energy Policy Development Group, 2001) ist die Erschließung bzw. Ausweitung der heimischen Öl- und Gasproduktion sowie der Kohleförderung, um die Importabhängigkeit der amerikanischen Energieversorgung zu senken. Daneben wird ein Ausbau der Kernkraft erwogen, da diese als geeignete klimaverträgliche Alternative zu Kohle, Öl und Gas angesehen wird.

2.3.4 Erneuerbare Energien in den Industrieländern

Europäische Union

Gemäß einer EU-Richtlinie vom September 2001 (EU-Kommission, 2001b) soll der Anteil erneuerbarer Energien am Bruttoinlandsverbrauch der EU bis zum Jahr 2010 auf 12% erhöht werden, wobei der Anteil regenerativer Energien am gesamten Stromversorgung auf 22,1% steigen soll. Der Mix der erneuerbaren Energieträger ist in den Mitgliedstaaten der EU unterschiedlich. Großen Einsatz findet vor allem Wasserkraft, die insbesondere in Österreich und Schweden aufgrund günstiger geographischer Gegebenheiten einen Großteil der Elektrizitätsversorgung deckt. In Deutschland werden die „neuen" erneuerbaren Energien seit Beginn der 1990er Jahre durch einen Mix verschiedener Instrumente (Einspeisevergütungen, Markteinführungsprogramme, freiwillige Maßnahmen u. a.) gefördert. Infolgedessen hat sich der Anteil erneuerbarer Energien sowohl am Primärenergieeinsatz als auch am Stromverbrauch in 10 Jahren mit hoher Wachstumsrate erhöht (Abb. 2.3-4). Ähnliche Entwicklungen sind – vor allem für Windkraft – in vielen anderen EU-Ländern zu beobachten.

USA

Der gegenwärtige Beitrag erneuerbarer Energieträger (einschließlich Wasserkraft) zum elektrischen Strom ist auch in den USA derzeit mit 6–7% vergleichsweise gering (IEA, 2002b). Neue erneuerbare Energieträger wie Biomasse, Geothermie sowie Wind- und Solarenergie haben heute zusammen nur einen Anteil von rund 2% an der Stromerzeugung, der bis 2020 auf 2,8% steigen soll (National Energy Policy Development Group, 2001). Grund für den – gemessen am technischen Potenzial – vergleichsweise geringen Einsatz erneuerbarer Energien sind nach Aussagen der National Energy Policy Group vor allem die hohen Kosten im Vergleich zu konventionellen Ressourcen. Daher werden verstärkte Anstrengungen zur Förderung erneuerbarer Energien vorgeschlagen, wie z. B. die Aufstockung des staatlichen Budgets für Forschung und Entwicklung für erneuerbare Energien und die Ausweitung von Steuergutschriften für die Stromproduktion aus erneuerbaren Energien (Wind, Biomasse). Die USA sind bei der Förderung erneuerbarer Energien im Vergleich zu Westeuropa wesentlich zurückhaltender und beschränken sich zumeist auf Forschungs- und Entwicklungsprogramme. Obwohl die USA hinter Deutschland und Dänemark drittgrößter Nutzer von Windenergie sind, lassen sich Wachstumstrends wie bei der Windenergienutzung in Deutschland nur in wenigen US-Bundesstaaten feststellen. Es ist daher zu erwarten, dass der Anteil erneuerbarer Energien an der Primärenergie in den nächsten Jahren geringer wachsen wird als in der EU (IEA, 2001b).

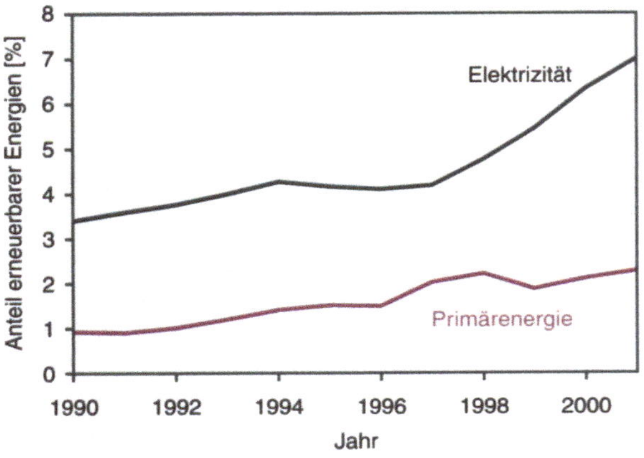

Abbildung 2.3-4
Entwicklung des Anteils der erneuerbaren Energien an der Primärenergie und dem elektrischen Strom (ohne Müllverbrennungsanlagen) in Deutschland. Beide Anteile verdoppelten sich in zehn Jahren.
Quelle: BMU, 2002a

2.4 Energie in den Entwicklungs- und Schwellenländern

2.4.1 Struktur der Energieversorgung

Entwicklungsländer

Der Zugang zu moderner Energie ist ein wesentlicher Bestandteil der Armutsbekämpfung und Voraussetzung für das Erreichen der Millenniums-Entwicklungsziele (DFID, 2002). Energie fördert Einkommen, Bildung, soziale Teilnahme und Gesundheit und befreit insbesondere Frauen von Zeit raubenden Tätigkeiten, wie sammeln von Feuerholz oder Wasser holen.

Heute haben 1,6 Mrd. Menschen oder 27% der Weltbevölkerung keinen Zugang zu Elektrizität. 99% dieser Menschen leben in Entwicklungsländern und 80% davon in ländlichen Gebieten (IEA, 2002c; Abb. 2.4-1). Diese Energiearmut geht Hand in Hand mit einem niedrigen Index menschlicher Entwicklung (Abb. 2.4-2). China bildet hier eine wichtige Ausnahme: die Stromversorgung erfasst über 90% der Bevölkerung. Der Pro-Kopf-Energieeinsatz wird in den kommenden Jahrzehnten in den Entwicklungsländern das stärkste Wachstum aufweisen.

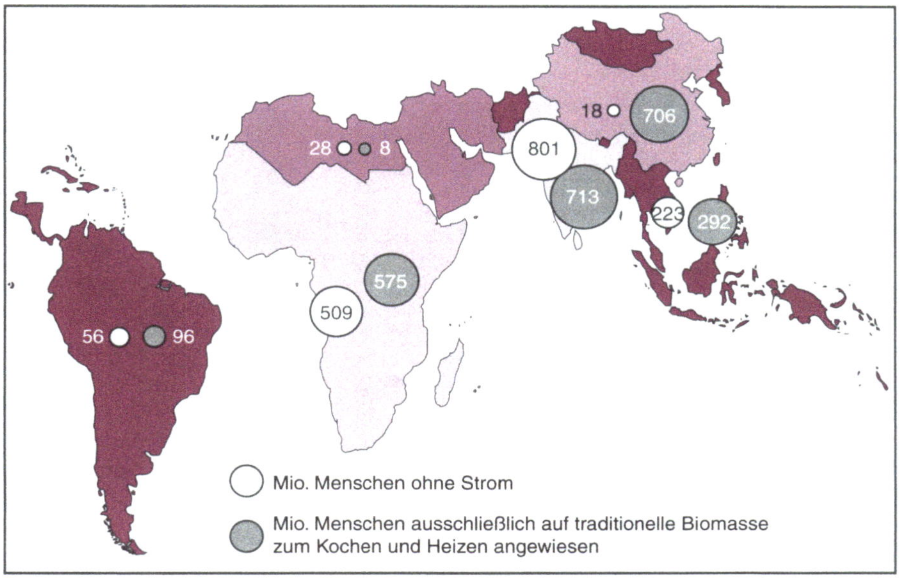

Abbildung 2.4-1
Regionale Verteilung der Menschen ohne Zugang zu elektrischem Strom und mit Abhängigkeit von Biomasse für die Energieversorgung. Die unterschiedlichen Farben kennzeichnen die Regionen bzw. Länder, auf die sich die angegebenen Zahlen beziehen.
Quelle: IEA, 2002c

Unter einem Business-as-usual-Szenario wird mehr als 60% des Zuwachses der Nachfrage nach Primärenergie zwischen 2000–2030 aus Entwicklungsländern kommen (IEA, 2002c).

Ein weiteres Problem, das für Entwicklungsländer spezifisch ist, rückt zunehmend in das Blickfeld der Weltöffentlichkeit: die erhebliche Gesundheitsschädigung vor allem bei Frauen und Kleinkindern, die durch die Nutzung von Holz und Dung zum Kochen und Heizen entsteht (Kasten 4.2-1). 1,6 Mio. Tote jährlich rechnet die WHO weltweit dem Risikofaktor Luftverschmutzung in Innenräumen zu, dass sind mehr als doppelt soviele, wie an den Folgen der Luftverschmutzung in Städten sterben und nahezu doppelt soviele, wie jährlich der Malaria zum Opfer fallen (WHO, 2002b). Einkommens- und Technologieentwicklung allein werden dieses Problem nicht lösen. Nach Schätzungen der IEA (2002c) wird die Zahl derer, die mit traditioneller Biomasse kochen und heizen von derzeit 2,4 Mrd. bis 2030 auf 2,6 Mrd. Menschen ansteigen.

Die Entwicklungsländer verfolgen keine einheitliche Energiepolitik. Dennoch lassen sich typische Muster erkennen:

- Die Nachfrage nach kommerzieller Energie steigt außer in den ärmsten Entwicklungsländern stärker an als das BIP. Eine Erhöhung des BIP um 10% führt zu einer Steigerung der kommerziellen

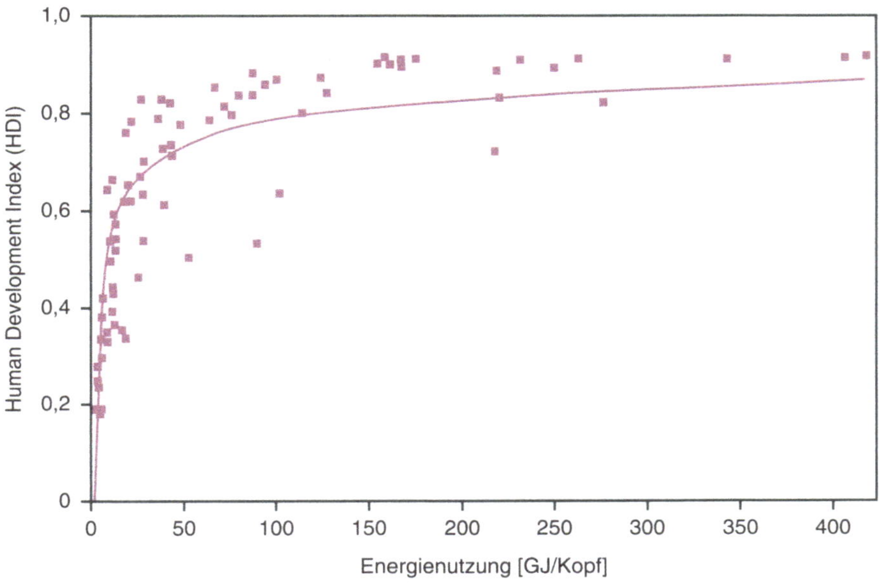

Abbildung 2.4-2
Pro-Kopf-Energieeinsatz und der Index menschlicher Entwicklung (Human Development Index) für 1991/1992, gewonnen aus Daten für 100 Länder.
Quelle: Reddy, 2002

Kasten 2.4-1

Wechsel der Energieträger nach Haushaltseinkommen in Entwicklungsländern

Abbildung 2.4-3 veranschaulicht schematisch den beobachteten Zusammenhang von Haushaltseinkommen, den nachgefragten Energiedienstleistungen und den Energieträgern. Die existenzielle Grundversorgung mit Energie ist in der unteren Reihe aufgeführt. Wenn Haushalte wohlhabender werden, ersetzen sie traditionelle Biomasse durch Flüssiggas oder fossile Brennstoffe. Energiedienstleistungen wie Kühlschränke usw. stehen den ärmsten Haushalten nicht zur Verfügung. Wo sie nachgefragt werden, werden fossile Brennstoffe und in geringem Maß Elektrizität eingesetzt. Erst bei höherem Einkommen wird elektrischer Strom für die „fortgeschrittenen" Energiedienstleistungen verwendet. Die Grafik berücksichtigt nicht die Unterschiede zwischen Stadt und Land.

Zu diesem Schema bestehen jedoch Ausnahmen: In Süd- und Südostasien ließ sich ein Zusammenhang zwischen Haushaltseinkommen und Nutzung traditioneller Biomasse nicht nachweisen (Hulscher, 1997), d. h. auch reiche Haushalte halten an der traditionellen Form des Kochens und Heizens fest.

Ohne starke energiepolitische Unterstützung, ausschließlich auf die ökonomisch Entwicklung vertrauend, wird die Entwicklung zu den modernen Energieformen lange dauern und unvollständig bleiben.

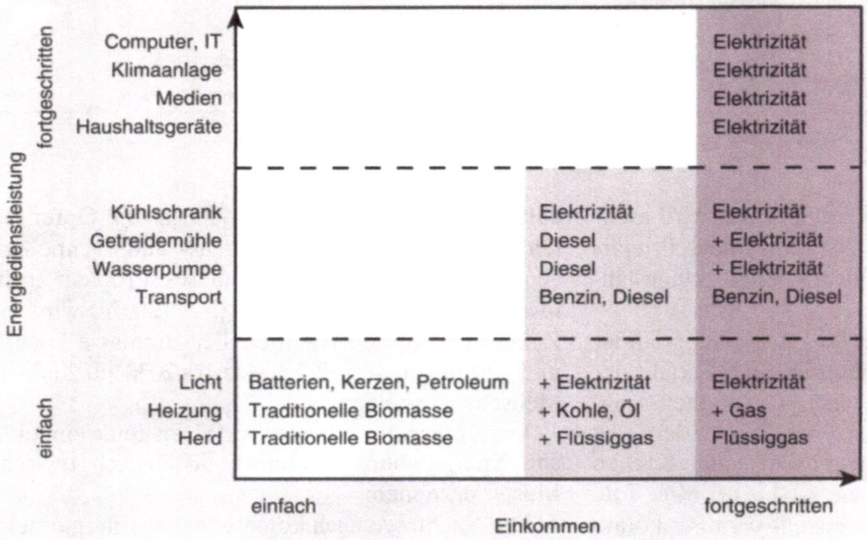

Abbildung 2.4-3
Energieträgermix und Energiedienstleistungen von Haushalten in Entwicklungsländern, in Abhängigkeit vom Haushaltseinkommen. Die Plus-Zeichen weisen darauf hin, dass Haushalte die betreffende Energieform zusätzlich zu den bereits genutzten Energieformen einsetzen.

Quelle: modifiziert nach IEA, 2002c

Energienachfrage um 12% (Leach, 1986). Vor allem das Bevölkerungswachstum ist für ein überdurchschnittliches Wachstum des kommerziellen Energiesektors verantwortlich (OTA, 1991): 90% des globalen Bevölkerungszuwachses entfallen zur Zeit auf die Entwicklungsländer. Bei Wachstumsraten des BIP von 2–3% pro Jahr wäre selbst bei unverändertem Energiemix die Wachstumsrate des Einsatzes kommerzieller Energie höher als die des BIP.

- Viele Entwicklungsländer befinden sich in der Phase des Aufbaus von Infrastruktur, z. B. im Transportwesen. Dabei werden viele Materialien mit hohem Energieeinsatz bei der Herstellung benötigt, wie etwa Stahl oder Beton, was den Einsatz kommerzieller Energie mittelfristig stark ansteigen lässt.
- Die zunehmende Urbanisierung führt zu einem Anstieg des kommerziellen Energieanteils. Biomasse wird vor allem in ländlichen Regionen eingesetzt. Dennoch werden auch viele der Armen in den städtischen Slums weiter auf Biomasse und Kohle zum Heizen und Kochen angewiesen sein.
- Durch moderne Produktionsmethoden werden elektrisch betriebene Geräte, wie etwa Kühlschränke, Fernseher, Radios oder Computer, für den Verbraucher erschwinglicher. Dies erhöht die Stromnachfrage sowohl der Endnutzer, die an die Stromversorgung angeschlossen sind, als auch der Unternehmer, die diese Güter teilweise in Entwicklungsländern herstellen.
- Der Energiesektor in den Entwicklungsländern leidet unter Ineffizienz und Fehlsteuerung. Im Jahr 1992 beliefen sich die staatlichen Energiesubventionen in den Entwicklungsländern auf insgesamt 50 Mrd. US-$, mehr als alle Mittel der öffentlichen Entwicklungszusammenarbeit für diese Länder (DFID, 2002). Diese Subventionen kommen zudem vielfach nicht den richtigen Zielgruppen und zukunftsfähigen Technologien zugute. In Äthiopien gehen beispielsweise 86% der Petro-

leumsubventionen nicht an die arme Bevölkerung (Kebede und Kedir, 2001).

Schwellenländer

Schwellenländer befinden sich im Übergang zu Industrieländern und besitzen genügend Eigendynamik, um die Merkmale eines Entwicklungslandes in absehbarer Zeit zu überwinden. Strukturell haben sie sich überwiegend das Modernisierungsmuster der Industrieländer zu Eigen gemacht und ahmen deren Wirtschaftswachstums- und Entwicklungsmodell nach. Gemäß Weltbank gehören dazu „Tigerstaaten" wie Südkorea und Taiwan, OPEC-Länder wie Saudi-Arabien und Iran, ressourcenreiche südamerikanische Staaten wie Brasilien und Argentinien, schließlich Südafrika sowie kleine (und reiche) Tourismus-Inselstaaten wie die Bahamas oder Mauritius.

Die Schwellenländer liegen sowohl beim BIP pro Kopf als auch beim Energieeinsatz pro Kopf zwischen Industrie- und Entwicklungsländern. Innerhalb der Schwellenländer bestehen aber erhebliche Unterschiede: Während in Uruguay etwa 12.000 kWh pro Kopf (Energieeinsatz des Landes pro Einwohner) genutzt werden, sind es in Südkorea fast 50.000 kWh. Schwellenländer zeichnen sich weiter dadurch aus, dass der wirtschaftlichen Entwicklung in der Regel höchste Priorität eingeräumt wird und Umwelt- oder Sozialproblemen eher geringe Aufmerksamkeit zukommt. Umweltfreundliche Energieträger spielen daher in diesen Ländern eine untergeordnete Rolle. So betrug etwa in Südkorea 1995 während einer prosperierenden Investitionsperiode der Anteil von Wasserkraft, Wind und Sonne nur 0,3% des Primärenergieangebots, der Anteil importierten Öls hingegen über 60% (Brauch, 1998).

In den meisten Schwellenländern sehen die energiepolitischen Vorgaben weder Effizienzstrategien noch Investitionen in regenerative Energieträger, mit Ausnahme der Wasserkraft, vor (EIA, 2001). Länder wie Brasilien nutzen zwar ihr großes Potenzial für die Wasserkraft, setzen aber trotzdem weiter auf fossile Brennstoffe zur Deckung des größten Teils ihres Energiebedarfs (EIA, 2002).

Die durch Ölimporte verursachten Einschränkungen des ökonomischen Handlungsspielraums von Schwellenländern sind infolge der Abwertung der Währung in vielen asiatischen Länder drastisch verstärkt worden. Dies hat in den ASEAN-Staaten zu einem politischen Wandel geführt, und erstmals sind Strategien in Richtung höherer Energieeffizienz beschlossen worden. Ein Richtungswandel bei den Investitionen zugunsten der regenerativen Energieträger ist dennoch bis heute nicht festzustellen (Luukkanen und Kaivo, 2002). Kasten 2.4-2 beschreibt Reformbemühungen am Beispiel Indien.

2.4.2 Trends der sektoralen Energienachfrage

In den Entwicklungsländern sind die Privathaushalte die größte Verbrauchergruppe, gefolgt von Industrie und Transport. Haushalte machen weltweit etwa 25% der Energienachfrage aus. In China beträgt dieser Anteil 37%, in Indien und Indonesien 54% und in Nigeria sogar 80% (Abb. 2.4-4; WRI, 2002). Bei zunehmender Wirtschaftskraft geht der Anteil der von den Haushalten genutzten Energie im Vergleich zu Industrie, Transport oder Landwirtschaft deutlich zurück.

Art und Menge der genutzten Energie sind in den Entwicklungsländern aufgrund der Unterschiede in der Einkommensverteilung sowie bezüglich der Institutionen und Infrastruktur sehr verschieden. In

Abbildung 2.4-4
Sektorale Energienachfrage in den vier bevölkerungsreichsten Entwicklungsländern China, Indien, Indonesien und Nigeria sowie dem Schwellenland Brasilien. Zum Vergleich: globaler Mittelwert. Alle Werte für das Jahr 1997. Quelle: WRI, 2002

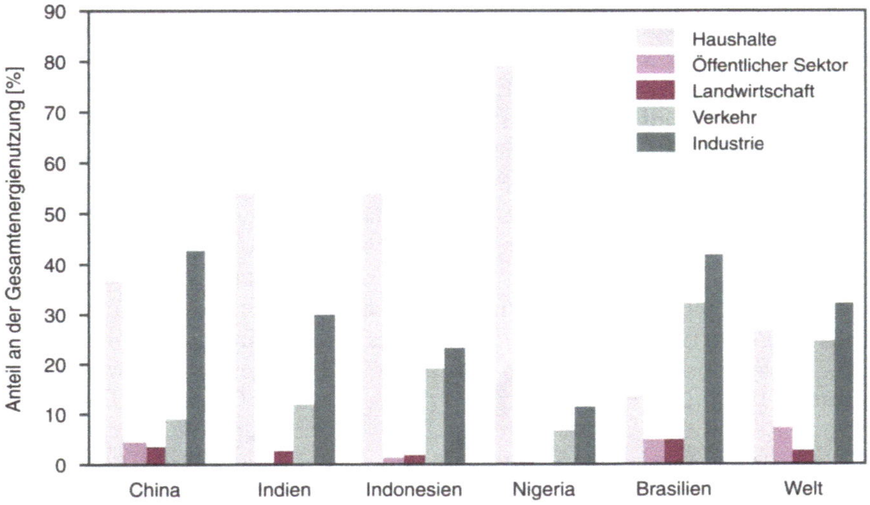

Kasten 2.4-2

Beispiel Indien: Entwicklungsmuster, Reformen und Institutionendesign im Energiesektor

NACHFRAGE-ANGEBOTS-LÜCKE IN DER STROMVERSORGUNG
Indien stellt 16% der Weltbevölkerung, nutzt aber lediglich 2% des weltweiten Stromangebots. Elektrischer Strom wächst in Indien mit 8% pro Jahr schneller als alle anderen Energiesektoren. Bei einem Industriewachstum von jährlich 9% steigt auch die Nachfrage nach Energie mit 9% und damit im Vergleich zum BIP (4,5% pro Jahr in den letzten 50 Jahren) überdurchschnittlich. Die Stromversorgung ist unzulänglich: Die Deckung der Nachfrage hat sich seit 1991 weiter verschlechtert, 1997 konnten 12%, zu Spitzenzeiten sogar 18% der Haushalte nicht versorgt werden. Diese Bedarfslücke verursacht Kosten in Höhe von 1,5–2% des BIP. Die mangelnde Versorgungssicherheit, Stromausfälle und häufige Spannungsschwankungen haben dazu geführt, dass verstärkt Anreize zur Stromsubstitution durch Kerosinlampen, Dieselgeneratoren und Spannungsregler geschaffen wurden. Gleichzeitig ist die Einführung energieeffizienter Technologien erschwert, weil z. B. die Lebensdauer von Energiesparlampen aufgrund der großen Spannungsschwankungen verringert wird.

70% der Inder leben in ländlichen Gebieten, davon knapp die Hälfte unterhalb der Armutsgrenze von 1 US-$ Pro-Kopf-Einkommen am Tag. Deshalb wird nur ein Drittel der Elektrizität in ländlichen Gegenden eingesetzt, auch wenn bereits 86% der Dörfer elektrifiziert sind. Der Energiebedarf wird hier vorwiegend durch Biomasse gedeckt.

INSTITUTIONELLE REFORM DES ENERGIESEKTORS GREIFT NUR LANGSAM
Mit der Teilliberalisierung des Energiesektors in den 1990er Jahren sind Kohle-, Öl- und Technologieimporte verstärkt, Kraftwerke modernisiert und Subventionen schrittweise abgebaut worden. Die Subventionierung des privaten Stromverbrauchs betrug 1998 aber immer noch 64%. Noch stärker wird Energie in der Landwirtschaft subventioniert, die über 20% des Stroms nutzt. Von einer vollen Liberalisierung und Deregulierung ist der Strommarkt Indiens noch weit entfernt. So haben Stromversorger weiterhin nicht die Möglichkeit, unter verschiedenen Anbietern von Kohle zu wählen, obwohl noch zu 64% Kohle in den Kraftwerken verfeuert wird. Die Betreiber der Kohlekraftwerke können daher kaum schwefel- und schwermetallarme Kohlesorten nutzen. Die Trägheit staatlicher Monopole und die unklare Aufteilung der Zuständigkeit verschiedener staatlicher Organe haben Liberalisierung und Deregulierung verzögert. Als Folge der Reformen, die zu einem allmählichen Abbau von Subventionen und angemessenen Preisen führten, erhöhten sich die Strompreise beim Endkunden. Obwohl das Energieangebot stieg, wurden wegen der höheren Preise 75% des gesteigerten Angebots nicht bezahlt, weil der Strom illegal abgezweigt wurde.

Quellen: Lookman und Rubin, 1998; IEA, 1999; Gupta et al., 2001; World Bank, 2001a; Ghosh, 2002

den meisten Entwicklungsländern wird mindestens die Hälfte der Gesamtenergie in ländlichen Gebieten nachgefragt. In diesen Regionen ist das Energiemuster der als absolut arm geltenden Bevölkerungsgruppen sehr ähnlich: Der geringe Pro-Kopf-Energieeinsatz (<30 GJ Primärenergie pro Jahr) wird zu etwa 80% in Haushalten und da ganz überwiegend zum Kochen verwendet (World Bank, 2001a).

In den Schwellenländern hat sich die Endenergienachfrage während der letzten Jahrzehnte kontinuierlich erhöht. Angestiegen ist sie vor allem in der Industrie und im Transport. Ein Vergleich der Nachfragestruktur von Industrie-, Entwicklungs- und Transformationsländern zeigt, dass die Energienachfrage mit der Größe des Industriesektors schwankt. Auffallend ist, wie stark sich die Schwellenländer an das sektorale Muster von Industrieländern angenähert haben. Der Transportsektor in den Schwellenländern zeigt einen steigenden, aber stark unterschiedlichen Anteil an der Endenergienutzung. Für Südkorea etwa ist er mit ca. 20% geringer als in der OECD, wo der Verkehrssektor 1992 bei 32% lag (Brauch, 1998).

2.5 Energie in den Transformationsländern

2.5.1 Energienutzung

Zu den Transformationsstaaten werden die Staaten aus dem östlichen Mitteleuropa, Ost- und Südosteuropa, die baltischen Staaten sowie die Gemeinschaft Unabhängiger Staaten (GUS) gezählt. Der Ausbau des Energiesektors in der früheren Sowjetunion erfolgte anhand von planwirtschaftlichen Vorgaben, die keinen Raum für marktwirtschaftliche und ökologische Kriterien ließen, sondern in erster Linie politischen Zielen wie der räumlichen Integration der Wirtschaft oder der günstigen Energieversorgung von Industrie und Bevölkerung dienten. Die zentrale, hierarchische Planung der verschiedenen Energieträger führte dabei zur Bildung einheitlicher Energiekomplexe, durch welche die Versorgung der gesamten Sowjetunion gewährleistet wurde (UNECE, 2001). Da Produktion, Transport und Verteilung von Energie unabhängig von Kosten- oder Effizienzüberlegungen vorgenommen wurden, war einerseits die Erschließung entlegener Erdöl- und Gasvorkommen in den Permafrostregionen Sibiriens möglich (von Hirschhausen und Engerer, 1998). Andererseits bestanden im gesamten Energiezyklus praktisch keine Anreize zur Energieeffizienz, zumal in der Regel keine zuverlässige mengenmäßige Erfassung von Förderung, Transport und Nutzung von Energie erfolgte. Im Ergebnis entstand damit ein Energiesystem, das durch sehr hohe Förderung, exzessiven Energieeinsatz und hohe Verluste bei Transport und Umwandlung gekennzeichnet war.

Mit dem Zusammenbruch des sozialistischen Gesellschaftssystems zu Beginn der 1990er Jahre setzte in diesen Staaten ein umfassender Transformationsprozess ein. Die Umwandlung der ehemals sozialistischen Plan- zu einer Marktwirtschaft führte in allen Transformationsstaaten zu einer teilweisen Deindustrialisierung. Die GUS steht heute vor der Herausforderung, ihre Energieversorgung mit national vorhandenen Ressourcen und der übernommenen Infrastruktur zu sichern. Die meisten Transformationsländer müssen hohe Summen für den Import von Primärenergie aufwenden. Aufgrund der gegebenen Infrastruktur besteht dabei eine enge Abhängigkeit von Importen aus anderen GUS-Staaten, insbesondere Russland. Staaten, die über umfassende Energieressourcen verfügen, wie Russland, Aserbaidschan, Kasachstan, Turkmenistan und Usbekistan stehen dagegen in erster Linie vor dem Problem, Kapital für die Entwicklung, Instandhaltung und Modernisierung ihrer Erdöl-, Gas- und Elektrizitätsindustrie zu mobilisieren. Es gilt nicht nur die inländische Energieversorgung weiterhin zu sichern, sondern auch genügend Energieressourcen für den Export bereitzustellen, der in diesen Staaten in der Regel einen hohen Anteil der Exporterlöse bildet. In Russland beträgt z. B. der Anteil der Öl- und Gasexporte an den gesamten Exporterlösen etwa 50% und am BIP etwa 20% (EBRD, 2001).

Die Energienachfrage in der GUS ging zwischen 1990 und 1997 um mehr als 20% zurück und ist seither nur leicht angestiegen (UN-ECE, 2001). Hierfür sind in erster Linie der wirtschaftliche Niedergang und die sowohl in der Industrie als auch bei privaten Haushalten weit verbreitete Zahlungsunfähigkeit verantwortlich. Da aus politischen Gründen bei ausbleibenden Zahlungen eine Einstellung der Energieversorgung weder gegenüber der Industrie noch gegenüber privaten Haushalten durchsetzbar ist, sind in der Energiewirtschaft erhebliche Zahlungsrückstände aufgelaufen. Die ausbleibenden Einnahmen fehlen für dringend benötigte Investitionen zur Instandhaltung und Modernisierung des Energiesektors. Bei den verschiedenen Energieträgern hat diese Entwicklung zu unterschiedlichen Ergebnissen geführt (EBRD, 2001; UN-ECE, 2001):

- Die Ölproduktion in der GUS ging zwischen 1990 und 2000 von 571 auf 395 Mio. t um ca. 31% zurück. Ursache hierfür ist in erster Linie die Differenz zwischen den Weltmarktpreisen und den festgelegten Inlandspreisen, die den Verkauf von Öl an inländische Raffinerien – insbesondere angesichts ihrer Liquiditätsprobleme – wenig attraktiv macht.
- Die Kohleförderung sah im gleichen Zeitraum einen Produktionsrückgang um 56%, von 703 Mio. t auf weniger als 300 Mio. t. Zurückzuführen ist dies neben der Schließung unwirtschaftlicher Förderstätten auf den Trend zum Einsatz umweltfreundlicherer und häufig billigerer Energieträger, insbesondere Erdgas.
- Die Gasförderung ging im genannten Zeitraum von 815 Mrd. m^3 auf ca. 700 Mrd. m^3 um ca. 14% zurück, wobei der Rückgang der inländischen Nachfrage durch eine Steigerung des Exports um ca. 12% teilweise kompensiert werden konnte.
- Die Stromerzeugung reduzierte sich insgesamt um 28%, wovon in erster Linie die dominierenden Wärmekraftwerke betroffen waren, die für ca. 70% der Elektrizitätserzeugung sorgen. Demgegenüber blieb die Elektrizitätserzeugung durch Kernkraftwerke (in Russland, der Ukraine und Armenien) und Wasserkraftwerke weitgehend konstant – ihr Anteil an der Elektrizitätsversorgung 1997 lag jeweils knapp über 15%.

Erneuerbare Energien spielen in der GUS eine geringe Rolle, sie erreichen nur einen Anteil von rund 6%, der nahezu ausschließlich durch Wasserkraft geliefert wird. Nur ein sehr kleiner Teil wird von der Geothermie geliefert. Es wird erwartet, dass der Ausbau der erneuerbaren Energien langsamer als das Wachstum der Energienachfrage ausfallen wird. Mittel- bis langfristig könnte sich die Situation jedoch ändern, wenn unsichere Kernkraftwerke abgeschaltet werden und die Preise für die fossile Energieerzeugung infolge weiterer Reformen der Energiemärkte steigen.

2.5.2 Trends in der sektoralen Energienachfrage

In der GUS wuchs 1990–1998 im Verlauf der teilweisen Deindustrialisierung der Anteil der Dienstleistungen am BIP von 35% auf 57%, mit weiter steigender Tendenz. Aufgrund der hohen Energieproduktivität des Dienstleistungssektors wirkt diese Entwicklung dämpfend auf die Energienachfrage. In den anderen Sektoren (Haushalte, Handel, Landwirtschaft und öffentliche Dienstleistungsbetriebe) ist die Energienachfrage weit weniger zurückgegangen als in der Industrie, was vermutlich in der Energiepreispolitik und den staatlichen Garantien zur Sicherung des Energieangebots begründet liegt

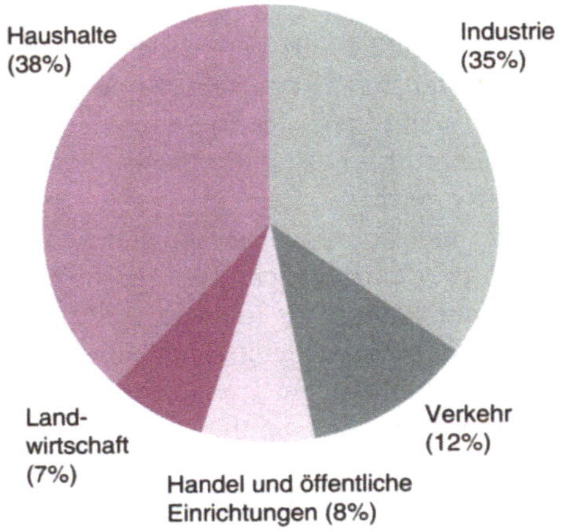

Abbildung 2.5-1
Sektorales Muster der Energienachfrage in Russland, der Ukraine und Usbekistan.
Quelle: modifiziert nach WRI, 2001

(Abb. 2.5-1). Die IEA schätzt, dass die Energienachfrage in diesen Sektoren ab 2010 jährlich um 2,2% zunehmen wird. Die Energienachfrage der Industrie wird zwar ebenfalls steigen, jedoch mit niedrigeren Wachstumsraten (IEA, 2001b).

Die Energienachfrage im Transportsektor wird in der GUS mit jährlichen Wachstumsraten von 3,1% bis 2020 besonders stark zunehmen. Im Jahr 2020 wird der Anteil des Transports am gesamten Erdölverbrauch etwa 53% betragen (IEA, 2001b). In der Sowjetunion machten umweltfreundliche Verkehrsträger wie Bahn und ÖPNV sowohl im Personen- als auch im Güterverkehr im Vergleich zu westlichen Industriestaaten einen weit höheren Anteil am Gesamtverkehrsaufkommen aus. Entsprechend war der Anteil des Verkehrs am Gesamtenergieeinsatz hier weitaus geringer. Seit Mitte der 1990er Jahre steigt der Straßenverkehr jedoch überproportional an: Mangelnde Investitionen in die Infrastruktur von Schienenverkehr und öffentlichem Nahverkehr machen diesen im Vergleich zum Straßenverkehr zunehmend unattraktiv. Zwar kommen in Russland zur Zeit nur 100 Autos auf 1.000 Personen (Deutschland: 510 Autos auf 1.000 Personen; IEA, 2001b), mit den erwarteten steigenden Einkommen ist jedoch mit einem wachsenden Autobestand zu rechnen. Die Auswirkungen der EU-Osterweiterung ist in Kasten 2.5-1 thematisiert.

2.5.3 Subventionierung als Ursache ineffizienter Energienutzung

Angesichts der energiewirtschaftlichen Situation der GUS wäre zu erwarten, dass Maßnahmen zur Senkung der Energieproduktivität sowohl von politischer als auch von unternehmerischer Seite höchste Priorität eingeräumt wird. Produktivitätsgewinne konnten trotz des großen Einsparpotenzials bisher jedoch nur in geringem Umfang realisiert werden. Die Energieproduktivität der GUS-Staaten betrug 1997 rund 100 US-$ pro MWh (Kaufkraftparität) und lag damit fast um den Faktor 7 unter dem Durchschnitt der OECD-Staaten (UN-ECE, 2001). Das bisher ungenutzte Energieeinsparungspotenzial in den GUS-Staaten beläuft sich insgesamt auf jährlich etwa 15–18 EJ oder fast 40% des gesamten Energieeinsatzes. Davon entfallen allein auf Russland und die Ukraine nahezu 90% des Einsparpotenzials. Ungefähr ein Drittel dieses Potenzials liegt im Energie- und Treibstoffsektor selbst, noch höher ist der Anteil der möglichen Einsparungen aber im industriellen Sektor (Russland: 30–37%, Ukraine: 55–59%). Der dritte große Bereich für Energieeinsparungen ist der Gebäudesektor. Der Gebäudebestand der GUS-Staaten ist in der Regel nicht mit Wärme- und Gaszählern ausgestattet. Zudem sind Materialien für den Wärmeschutz überteuert. Insgesamt wird das Einsparpotenzial im Gebäudesektor auf ungefähr 3 EJ oder 16–18% des Gesamtpotenzials geschätzt (UN-ECE, 2001).

Der wohl wichtigste Grund für die fehlende Erschließung des Einsparpotenzials ist die in der überwiegenden Zahl der GUS-Staaten weiterhin praktizierte Subventionierung des Energiekonsums. Die Subventionspolitik ist dabei durch folgende Muster gekennzeichnet:

- Die Energiepreise werden durch rechtliche oder politische Maßnahmen unter den Erzeugungskosten gehalten, da große Teile der Industrie und der Bevölkerung höhere Energiepreise nicht bezahlen können.
- Es erfolgt eine Quersubventionierung der Haushalte zu Lasten der Industrie, indem die Energiepreise im industriellen Sektor ungefähr doppelt so hoch gehalten werden wie für den privaten Konsum, allerdings nicht hoch genug, um Anreize für Effizienzsteigerungen zu setzen.
- Auf Zahlungsrückstände darf aus politischen Gründen nicht mit einem Einstellen der Energieversorgung reagiert werden. Insolvenzverfahren bestehen oder funktionieren nicht. Die Energiewirtschaft hat in der Vergangenheit eine wichtige Rolle bei der Tolerierung fehlender Zahlungsdis-

Kasten 2.5-1

Die Auswirkungen der EU-Osterweiterung auf die europäische Energieversorgung

Der Energiesektor der mittel- und osteuropäischen Staaten befindet sich noch immer in einer Phase der Restrukturierung. Zentrales Ergebnis des Beitritts zur EU wird die Liberalisierung der leitungsgebundenen Energiewirtschaft sein. Damit wird auch in den Beitrittsstaaten der Energieträgermix künftig weniger durch staatliche Vorgaben als durch den Markt bestimmt werden. Als Folge der Liberalisierung wird mit einem starken Rückgang des Kohleanteils (von 55% im Jahr 1990 auf 38% im Jahr 2020 bei „business as usual") und einer Erhöhung des Erdgasanteils (von 15 auf 30% im gleichen Zeitraum) an der Energieversorgung gerechnet. Mit der damit verbundenen Modernisierung von Kraftwerken und Wärmeversorgung wird ein erheblicher Rückgang der Schadstoffbelastung und eine Trendwende bei den nach Jahren wirtschaftlicher Rezession bereits wieder ansteigenden Treibhausgasemissionen erwartet. Die Steigerung der Energieeffizienz wird ein vordringliches Ziel nach dem EU-Beitritt bleiben, zumal hier mit den zur Verfügung stehenden Mitteln die größten Effekte erzielt werden können. Energiepolitisches Ziel vieler künftigen Mitgliedern bleibt aber der Ausbau des Exports nach Westeuropa, der zur Zeit aus technischen Gründen begrenzt ist.

Problematisch bleibt die Frage nach der Zukunft der 22 Kernreaktoren in Mittel- und Osteuropa, die im Durchschnitt rund 30% der Elektrizitätsversorgung bzw. 6% der gesamten Energieversorgung ausmachen. Bisher hat die EU die schrittweise Stilllegung von insgesamt 6 Kraftwerksblöcken der ersten Generation sowjetischer Bauart in Bulgarien, Litauen und der Slowakei vereinbart. Die EU strebt die Stilllegung aller Reaktoren der ersten Generation (weitere 2 Blöcke) sowie die Erhöhung der Sicherheitsstandards für neuere Reaktoren an. Zweifel bestehen jedoch, ob die von der EU zur Verfügung gestellten Mittel (seit 1990 insgesamt 850 Mio. Euro) in ausreichendem Maß zur Finanzierung der erheblichen Kosten von Stilllegungen und sicherheitstechnischen Verbesserungen beitragen. Allein der Bedarf für sicherheitstechnische Maßnahmen in den Beitrittsländern wird für die nächsten 10 Jahre auf 5 Mrd. Euro geschätzt.

Zugleich stellt sich die Frage nach den Auswirkungen auf die CO_2-Bilanzen der mittel- und osteuropäischen Staaten. Sollten die Kernkraftwerke durch Wärmekraftwerke ersetzt werden, ist mit einem Anstieg der CO_2-Emissionen in der Größenordnung der im Kioto-Protokoll vereinbarten Reduktionsziele (in der Regel 8% verglichen mit 1990) zu rechnen. Angesichts des Rückgangs des Bruttosozialprodukts und der zunehmenden Energieproduktivität wäre die Einhaltung der Kioto-Ziele zwar nicht notwendigerweise gefährdet. Das potenzielle Volumen des Emissionsrechtehandels unter dem Kioto-Protokoll und der daraus zu erzielenden Erlöse würde sich jedoch erheblich reduzieren.

Die möglicherweise größte Herausforderung für die Klimaschutzpolitik der EU und ihrer (künftigen) Mitgliedstaaten resultiert aber nicht aus den Entwicklungen im Energiesektor, sondern aus dem durch die EU-Erweiterung angetriebenen Wachstum des Verkehrsaufkommens. Es ist zu erwarten, dass sich durch den Beitritt das Wachstum des Transportvolumens zwischen den Beitrittsstaaten und der heutigen EU auf 10% und die Exporte der Beitrittsstaaten auf 6% jährlich verdoppeln werden, wobei sich der Anteil des Schienenverkehrs vermutlich wie bereits in den letzten Jahren kontinuierlich verringern wird. Hinzu kommt die in den Beitrittsländern bereits im vergangenen Jahrzehnt rasant wachsende Anzahl an privaten Pkw, was sich durch einen EU-Beitritt möglicherweise noch beschleunigen wird. Der Anteil älterer Autos mit ungünstigen Umwelteigenschaften wird auch in Zukunft weit höher liegen als in der heutigen EU.

Quellen: EU-Kommission, 1999b; Matthes, 1999; EU-Kommission, 2000b; Jantzen et al., 2000; IPTS, 2001

ziplin in der Industrie gespielt und dadurch eine Restrukturierung des industriellen Sektors ebenso wie die Zunahme der Energieproduktivität verhindert (EBRD, 2001).

Die Subventionierung verhindert dabei nicht nur die Wirtschaftlichkeit von Energieeinsparmaßnahmen bei Industrie und Privatkonsumenten, sondern führt auch zu mangelnder Liquidität der Energieversorgungsunternehmen, die sich nicht in der Lage sehen, Investitionen für die Reduzierung von Transport- und Wandlungsverlusten aufzubringen. Zugleich fehlt es damit an berechenbaren Marktbedingungen und langfristigen Gewinnaussichten für ausländische Investoren, ohne deren Kapital eine Modernisierung der Energiesysteme angesichts der latenten Finanzkrise der Energiewirtschaft auf absehbare Zeit kaum realisierbar sein dürfte.

2.5.4
Privatisierung, Liberalisierung und (Re)regulierung der Energiewirtschaft

Die Anstrengungen zur Liberalisierung des energiewirtschaftlichen Komplexes in den GUS-Staaten folgen überwiegend dem angelsächsischen Modell. Dieses ist durch die Trennung von Energiebereitstellung, Vertrieb und Netzbetrieb, die Aufspaltung und Privatisierung staatlicher Energieversorgungsunternehmen sowie eine unabhängige Regulierungsbehörde gekennzeichnet. Die Umsetzung der Liberalisierungsbemühungen ist in den einzelnen Staaten unterschiedlich weit: Nur wenige Staaten, wie z. B. Aserbaidschan, haben von Reformen bisher vollständig abgesehen, in weiten Teilen der GUS wurden die verschiedenen Komponenten der Energiewirtschaft in privatrechtliche Gesellschaften umgewandelt. Die Kontrolle über diese Gesellschaften verblieb bisher allerdings weitgehend in den Händen der politischen Elite (in Form staatlicher Beteiligungen bzw. durch Übertragung von Gesellschaftsanteilen an vormals staatliche Akteure des energiewirtschaftlichen Komplexes). Zugleich wurden die Möglichkeiten zur Beteiligung ausländischer Investoren eng begrenzt.

Der Restrukturierungsprozess der Energiewirtschaft könnte beschleunigt werden, wenn Russland in den nächsten Jahren der Welthandelsorganisation (WTO) beitreten sollte. Die Gesetzgebung und Praktiken in den Bereichen der Industriesubventionen, der Besteuerung und der Zollpolitik entsprechen derzeit nicht deren Anforderungen. Es kann davon ausgegangen werden, dass eine Anpassung an die WTO-Bedingungen zu einer höheren Wettbewerbsintensität im Energiesektor und damit zum Abbau bestehender Ineffizienzen beitragen würde. Zugleich würde auch die Attraktivität für ausländische Direktinvestitionen erhöht (EBRD, 2001; CEFIR und Club 2015, 2001).

2.6 Wirtschaftliche und geopolitische Rahmenbedingungen

Die zunehmenden Verflechtungen in einer globalisierten Welt sowie die weltpolitischen Umbrüche seit Anfang der 1990er Jahre haben die Rahmenbedingungen der globalen Energiepolitik fundamental verändert. Zum einen zieht die verstärkte Integration der Weltwirtschaft einen steigenden Energiebedarf für den Transport und Austausch von Waren, Dienstleistungen und Menschen nach sich. Zum anderen ermöglicht das Ende des Kalten Krieges die grenzenlose Erschließung von Energieressourcen – selbst in Regionen, die bisher für die transnationalen Unternehmen des Westens nur schwer oder überhaupt nicht zugänglich waren.

2.6.1 Globalisierung als neue Rahmenbedingung energiepolitischen Handelns

Für den Energiesektor ist die Globalisierung nicht neu. Die Internationalisierung von Märkten und Marktakteuren fand als Erstes im Energiebereich statt und ist dort am weitesten fortgeschritten (Enquete-Kommission, 2001). Weil Gewinnung von Energieträgern, Umwandlung und Einsatz von Energie häufig geographisch weit getrennt sind, hat dieser Sektor schon immer eine treibende Rolle bei der Vertiefung der internationalen Wirtschaftsbeziehungen gespielt. Die Liberalisierung der leitungsgebundenen Energien in zahlreichen Ländern hat den internationalen Handel mit Energie weiter wachsen lassen.

Im Hinblick auf die Wirkungen des Welthandels auf Energieversorgung und -nutzung ist zu berücksichtigen, dass die weltwirtschaftliche Vernetzung den Transfer von Standards für Energieeffizienz, Produkte, Technologien, Produktionsprozesse und Managementsysteme erleichtert. Für diese Dimension der Globalisierung spielen die ausländischen Direktinvestitionen der Industrieländer in den übrigen Weltregionen eine wichtige Rolle. Diese sind in den 1990er Jahren stark angewachsen: Betrugen die globalen ausländischen Direktinvestitionen (Zu- und Abflüsse) im Jahr 1990 2,7% des globalen BSP, so ist die entsprechende Quote elf Jahre später auf mehr als den doppelten Wert (4,3%) geklettert (UNCTAD, 2002).

Die Globalisierung des Welthandels fördert einerseits die Exportmöglichkeiten für Anlagen zur Erzeugung erneuerbarer Energien. Andererseits besteht die Gefahr, dass minderwertige, energieineffiziente Technologien und Produkte, z. B. veraltete Maschinen, Fahrzeuge und Anlagen, in Entwicklungs- und Schwellenländern exportiert werden und so die Energieeffizienz negativ beeinflussen (Enquete-Kommission, 2001).

Neben den wachsenden Warenströmen haben die Transportleistungen von Personen, insbesondere im Flugverkehr, einen unmittelbaren Einfluss auf den Energiesektor. Seit 1968 hat sich die Zahl der Flugtouristen von 131 Mio. auf 693 Mio. im Jahr 2001 mehr als verfünffacht (World Tourism Organization, 2002), bis zum Jahr 2020 werden 1,6 Mrd. Touristen erwartet. Das Nachfragewachstum im Weltluftverkehr beträgt derzeit 4–6% pro Jahr (Lee et al., 2001). Es wird erwartet, dass sich der Anteil des Flugverkehrs am gesamten Passagiertransportvolumen bis 2050 im Vergleich zu 1990 von 9 auf 36% vervierfacht (WBGU, 2002).

Eine weitere energierelevante Erscheinungsform der Globalisierung ist der Transfer westlicher Lebensstile in die weniger industrialisierten Weltregionen, der unter anderem durch global agierende Medienkonzerne und die Unterhaltungsindustrie vorangetrieben wird. Eine charakteristische Folge dieses Transfers ist die Veränderung von Konsumstrukturen, die sich u.a. in der Zunahme des Energieeinsatzes in Privathaushalten, vor allem beim Wohnen (Wohnfläche, Kühlung) und der Ausstattung mit elektrischen Haushalts- und Kommunikationsgeräten zeigt, sich aber auch auf Mobilität und Freizeitverhalten auswirkt.

2.6.2 Geopolitik

Die Verknüpfung zwischen globaler Energieversorgung und Geopolitik betrifft in erster Linie Mineralöl und Erdgas, weil sie in der Erdkruste regional stärker konzentriert vorkommen als Stein- und Braunkohle. Das räumliche Auseinanderklaffen zwischen Energienutzung und Extraktion der Energieträger führt zu einer hohen Abhängigkeit aller Importländer von einer einzigen geographischen Zone: Die so genannte „Rohstoff- und Energie-Ellipse" umfasst den Nahen Osten sowie die Länder des kaukasisch-kaspischen Raums (Abb. 2.6-1). Diese Regionen, die zu den politisch instabilsten der Welt zählen, verfügen über 70% der Welterdölreserven und 65% der Welterdgasreserven (Tab. 2.6-1). Ihre Bedeutung für die globale Energieversorgung fällt aber unterschiedlich aus: Die Ölreserven des Persischen Golfes sollen bei jetziger Förderquote noch rund 90, die der kaspischen Region nur noch 20 Jahre reichen, die Erdgasreserven für 270 bzw. 80 Jahre (Scholz, 2002). Auch die Transportbedingungen sind unterschiedlich. Erdöl aus dem Persischen Golf ist über Pipelines und Tanker seit langem erschlossen und kann weltweit verteilt werden. Wenn man von Flüssiggastankern absieht, benötigt Erdgas hingegen ein bis zum Endverbraucher vernetztes Rohrleitungssystem, das bisher nur bei Entfernungen von bis zu 6.000 km rentabel ist (Müller, 2002).

Tabelle 2.6-1
Regionale Verteilung der Reserven fossiler Energieträger im Jahr 2000.
Quelle: Enquete-Kommission, 2001

Region	Mineralöl [%]	Erdgas [%]	Kohle [%]
Naher Osten	65	35	0
GUS	6	38	23
Nordamerika	6	5	26
Mittel- und Südamerika	9	5	2
Europa	2	4	12
Afrika	7	6	7
Asien/Pazifik	5	7	30
Gesamt	100	100	100

Da die eigenen Öl- und Gasvorräte der Industrieländer – soweit vorhanden – stark schrumpfen, muss der Verbrauch heute durch steigende Importe gedeckt werden. Für das Jahr 2020 wird eine Energieimportabhängigkeit für Deutschland von 75%, für die EU von 70% und für die USA von 62% erwartet (Enquete-Kommission, 2001). Die Erdöl exportierenden Länder haben sich zur OPEC zusammengeschlossen und damit eine starke Verhandlungsposition gewonnen (Kasten 2.6-1).

In Zeiten des Kalten Krieges war für die USA und ihre NATO-Verbündeten die Sicherung der Ölver-

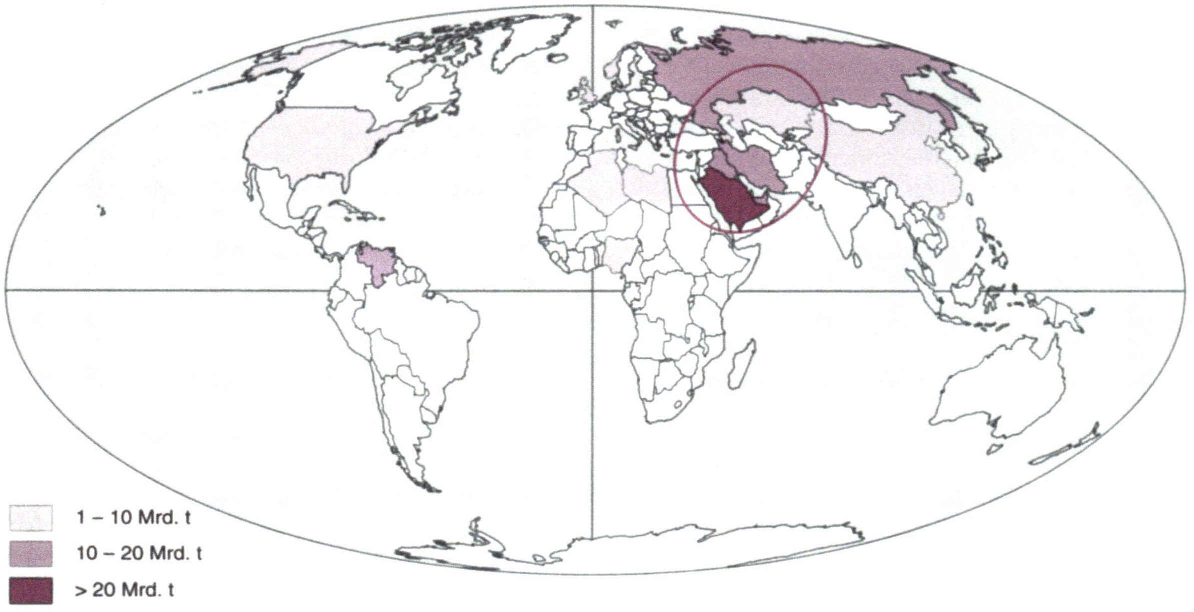

Abbildung 2.6-1
Länder mit Erdölreserven von mehr als 1 Mrd. t. Die regionale Verteilung der Reserven innerhalb der Länder ist nicht dargestellt. Die so genannte „Rohstoff-und-Energie-Ellipse" umfasst rund 70% der Welterdölreserven und rund 40% der Welterdgasreserven.
Quelle: BGR, 2000

Kasten 2.6-1

Die OPEC als energiepolitischer Akteur

Die Organisation Erdöl exportierender Länder (OPEC, Organization of Petroleum Exporting Countries) wurde 1960 von den Staaten Saudi-Arabien, Venezuela, Irak, Iran und Kuwait gegründet. Katar (1961), Indonesien (1962), Libyen (1962), die Vereinigten Arabischen Emirate (1967), Algerien (1969) und Nigeria (1971) traten später bei. Die OPEC bildet heute eine mächtige Schwellenländerallianz auf dem internationalen Energiemarkt. Da die Menge exportierter Energieträger ca. ein Drittel der weltweiten Primärenergienachfrage ausmacht, führt dies zu erheblichen Einflussmöglichkeiten auf die Gestaltung der globalen Energiesysteme. Die 11 Mitgliedstaaten sind nach ihrem Selbstverständnis Entwicklungsländer, die das Ziel verfolgen, Öleinnahmen und Wirtschaftswachstum langfristig zu sichern. Wirtschaftlich und strukturell sind die Öleinnahmen für die OPEC-Staaten von zentraler Bedeutung: Die Ölexporte aller 11 Staaten hatten im Jahr 2000 einen Wert von 254 Mrd. US-$. Verglichen mit einem gemeinsamen BIP von ca. 860 Mrd. US-$ im Jahre 2000 bedeutet dies einen Anteil von ca. 30%. Das Wohlstandsgefälle innerhalb der OPEC ist beträchtlich: Auf der einen Seite steht Nigeria mit 319 US-$ BIP pro Einwohner, auf der anderen Katar mit 24.000 US-$ BIP pro Einwohner. Innerhalb der OPEC-Länder wird die Energiewirtschaft vollständig von Öl und Gas dominiert.

Die OPEC repräsentierte 1998 nur 40% des internationalen Rohölmarktes, besitzt aber 78,5% der weltweiten, bekannten Erdölreserven. Dagegen ist der Marktanteil an den veredelten Produkten der weltweiten Raffinerieproduktion mit nur ca. 10% gering. Die OPEC tritt am internationalen Ölmarkt als Kartell auf. Ihr Einfluss verringerte sich deutlich infolge des Markteintritts der Nicht-OPEC-Staaten Mexiko, Russland, Norwegen, Großbritannien und China, bleibt aber bis heute global ein mächtiger Faktor. Der innere Zusammenhalt der OPEC wird insbesondere durch den Konflikt zwischen Ländern mit hoher Bevölkerung, aber geringen Ölreserven einerseits und den bevölkerungsarmen Ländern mit hohen Ölreserven andererseits in Frage gestellt. Künftig dürften sich für die OPEC-Staaten mehrere ökonomische Herausforderungen gleichzeitig stellen:

- Zunehmende Extraktion von Öl aus Nicht-OPEC-Quellen;
- Neue Entdeckungen durch kleine Produzenten;
- Wachsende Produktionskapazitäten innerhalb der Mitgliedstaaten, insbesondere in Venezuela und Nigeria;
- Nachfrageschwankungen in den Erdöl importierenden Ländern aufgrund ökonomischer Zyklen;
- Größere Konkurrenz innerhalb des Energiemarktes durch den erwarteten größeren Einfluss der Gaslieferungen und -preise;
- Bessere Bohr- und Erkundungstechnologien mit der Folge sinkender operativer Preise. Wenn dadurch Nicht-OPEC-Staaten ihre Ölförderung steigern, verschärft sich die Konkurrenzsituation.

Es ist daher nicht unwahrscheinlich, dass der Einfluss der OPEC auf dem weltweiten Ölmarkt bzw. die Fähigkeit, hohe Ölpreise durchzusetzen, abnehmen wird.

Quellen: Salameh, 2000; IEA, 2001b; OPEC, 2001; Jabir, 2001; Odell, 2001

sorgung aus dem Nahen Osten wichtig. Diesem geostrategischen Ziel diente auch die so genannte „Carter-Doktrin", die US-Präsident Jimmy Carter 1980 verkündete: „Der Versuch einer auswärtigen Macht, die Kontrolle des Persischen Golfes zu übernehmen, würde als Angriff auf die vitalen Interessen der USA betrachtet und mit allen Mitteln einschließlich militärischer Gewalt zurückgewiesen." („State of the Union"-Rede vor dem Kongress, 23. Januar 1980).

Mit dem Zusammenbruch der Sowjetunion verschoben sich die weltpolitischen Konstellationen und geopolitischen Optionen. Das sicherheitspolitische Interesse der neuen GUS-Staaten in Kaukasien und Zentralasien, die Abhängigkeiten von der regionalen Vormacht Russland zu verringern, gaben den USA die Chance, in der Region mit massiver Wirtschafts- und Militärhilfe und nach dem 11. September 2001 im Rahmen der „Allianz gegen den Terror" auch mit Militärstützpunkten Fuß zu fassen. Daneben wenden sich die USA seit den 1990er Jahren auch den ölreichen Regionen in Afrika zu: Westafrika produziert bereits 15% der US-amerikanischen Rohölimporte – innerhalb der nächsten zehn Jahre soll dieser Anteil durch den Ausbau der Produktionsanlagen und den Bau einer Pipeline zwischen dem südlichen Tschad und den Häfen am Atlantik auf 25% steigen (The Economist, 14.09.2002). Der Kaukasus und Westafrika könnten mittel- und langfristig eine wichtige Ergänzung zu den Energieressourcen der Golfregion bilden. Der Krisenherd in Nahost und im Irak, die politische Unwägbarkeit des Iran, die wachsenden innenpolitischen Probleme Saudi-Arabiens und die Gefahr des Terrors islamistischer Fundamentalisten in der Region machen den Persischen Golf als Förderregion zunehmend unattraktiv. Dennoch wird die Golfregion auf absehbare Zeit der wichtigste Öllieferant der USA bleiben.

Zu der geopolitisch begründeten Diversifizierung von Öl- und Gasquellen kommt eine ebenso begründete Diversifizierung der Transportrouten hinzu. Eine Pipeline von Kasachstan durch Russland zum Schwarzmeerhafen Novorossijsk wäre möglichen russischen Pressionen ausgeliefert. Eine Mittelmeerroute vom Kaspischen Meer durch Aserbaidschan, Armenien, Georgien und die Türkei oder über den Iran zum türkischen Mittelmeerhafen Ceyhan würde im ersten Fall durch sehr labile Staatsgebilde und im zweiten Fall durch den Iran führen. Im Vordergrund der derzeitigen Planungen von US-amerikanischen Energiekonzernen steht deshalb aus sicherheitspolitischen Gründen eine Transportroute vom Kaspischen Meer über Turkmenistan, Afghanistan und

Pakistan zum Indischen Ozean – unter der Voraussetzung, dass die USA eine politische und militärische Sicherheitsgarantie geben können. Tatsächlich hat die Weltbank kürzlich Pläne zum Bau einer Gaspipeline von Turkmenistan nach Pakistan bekannt gegeben, die über afghanisches Territorium führen soll (Agence France Press, 2002).

Die energie- und geopolitische Strategie der USA gegenüber der „Rohstoff- und Energie-Ellipse" lässt mehrere Ziele erkennen:

- die Sicherung der Energieversorgung durch die Diversifizierung der Quellen und Transportrouten;
- die Verhinderung einer politischen und militärischen Kontrolle der Fördergebiete und Transportrouten durch konkurrierende Großmächte (Russland und China), durch potenziell feindliche Staaten (Iran) oder auch durch lokale Warlords, die durch terroristische Aktionen die leicht verwundbaren Transportrouten unterbrechen könnten;
- schließlich auch den Aufbau einer Position der Stärke gegenüber potenziellen wirtschaftlichen Konkurrenten.

Als geostrategisch wichtige, sensible Schnittstelle amerikanischer, russischer und chinesischer Interessen birgt der kaukasisch-kaspische Raum erhebliches Potenzial für zwischenstaatliche Konflikte. China bemüht sich um Zugang zu Energiequellen in Kasachstan, ein strategisches Ziel ist der Bau einer Pipeline von Kasachstan nach China (Morse, 1999). Die kriegerischen Auseinandersetzungen um Tschetschenien werden in Verbindung mit den strategischen Planungen Russlands für Ölpipelines gebracht.

Zündstoff bieten auch die großen Öl- und Gasvorkommen im Meeresboden, da die Zugangsrechte umstritten sind (Klare, 2001). So haben sich die fünf Anrainerstaaten des Kaspischen Meers noch nicht über die Verteilung der Förderrechte einigen können. Im südchinesischen Meer streiten sich sieben Staaten über die Zugangsrechte. Ähnlich ungeklärte Eigentumsrechte gelten für Offshore-Gebiete im Persischen Golf, dem Roten Meer, der Timorsee und dem Golf von Guinea.

2.7 Institutionen globaler Energiepolitik

In der Vergangenheit wurde Energiepolitik vor allem als nationalstaatliche Aufgabe wahrgenommen, die der Maxime der Versorgungssicherheit verpflichtet war. Im letzten Jahrzehnt haben drei Faktoren an Bedeutung gewonnen, die eine stärkere Internationalisierung der Energiepolitik fördern:

- die Erkenntnis, dass der globale Klimaschutz internationale Zusammenarbeit erfordert;
- die Liberalisierung des Energiesektors in wichtigen Industrieländern, aber auch in Transformations- und Entwicklungsländern, welche den Handel mit Gütern und Dienstleistungen des Energiesektors intensiviert;
- die Notwendigkeit des globalen Ausbaus der Energieversorgung insbesondere in den Entwicklungsländern, sowohl unter wirtschaftlichen und politischen als auch unter Klimaschutzaspekten.

Diese Entwicklung hat dazu beigetragen, dass sich heute zahlreiche Akteure international mit Energiepolitik befassen (Abb. 2.7-1).

Eine kohärente globale Energiepolitik bedarf der koordinierten Herangehensweise und der Verknüpfung mit verschiedenen anderen Politikbereichen (u. a. Transport, Umwelt- und Entwicklungspolitik). Dies kann international nur durch wirksame und aufeinander abgestimmte Institutionen geschehen. Im Folgenden soll ein Überblick über die bestehenden rechtlichen und institutionellen Grundlagen internationaler Energiepolitik in den Kernbereichen Wissensbasis, Organisation und Finanzierung gegeben werden. Dies soll aufzeigen, ob die Voraussetzungen für eine effektive Energiepolitik auf globaler Ebene bereits vorhanden sind und, falls nicht, wo noch Handlungsbedarf besteht. Der Text beschränkt sich dabei auf die wichtigsten Institutionen und ihre Hauptfunktionen.

2.7.1 Wissensbasis

Das Spektrum wissenschaftlicher Positionen zu Energie- und Klimapolitik ist breit; nicht selten kommen Studien zu widersprüchlichen Ergebnissen. Umso größere Bedeutung kommt daher Institutionen zu, die es sich zur Aufgabe machen, eine internationale wissenschaftliche Bewertung zu liefern, aus der sich politikrelevante Empfehlungen ableiten lassen. Die Erkenntnisse des Zwischenstaatlichen Ausschusses über Klimaänderungen (Intergovernmental Panel on Climate Change, IPCC) werden bei der Entwicklung der globalen Energiepolitik als wichtig anerkannt. Der Ausschuss wurde 1988 von der World Meteorological Organization (WMO) und UNEP gegründet und hat sein Sekretariat bei der WMO in Genf. Die für die Umsetzung des Energieprogramms zuständige Abteilung von UNEP arbeitet eng mit dem unabhängigen UNEP Collaborating Centre on Energy and Environment (UCCEE) zusammen, das sowohl in Forschung und Analyse als auch bei der Unterstützung der Umsetzung nationaler und regionaler Programmaktivitäten tätig ist.

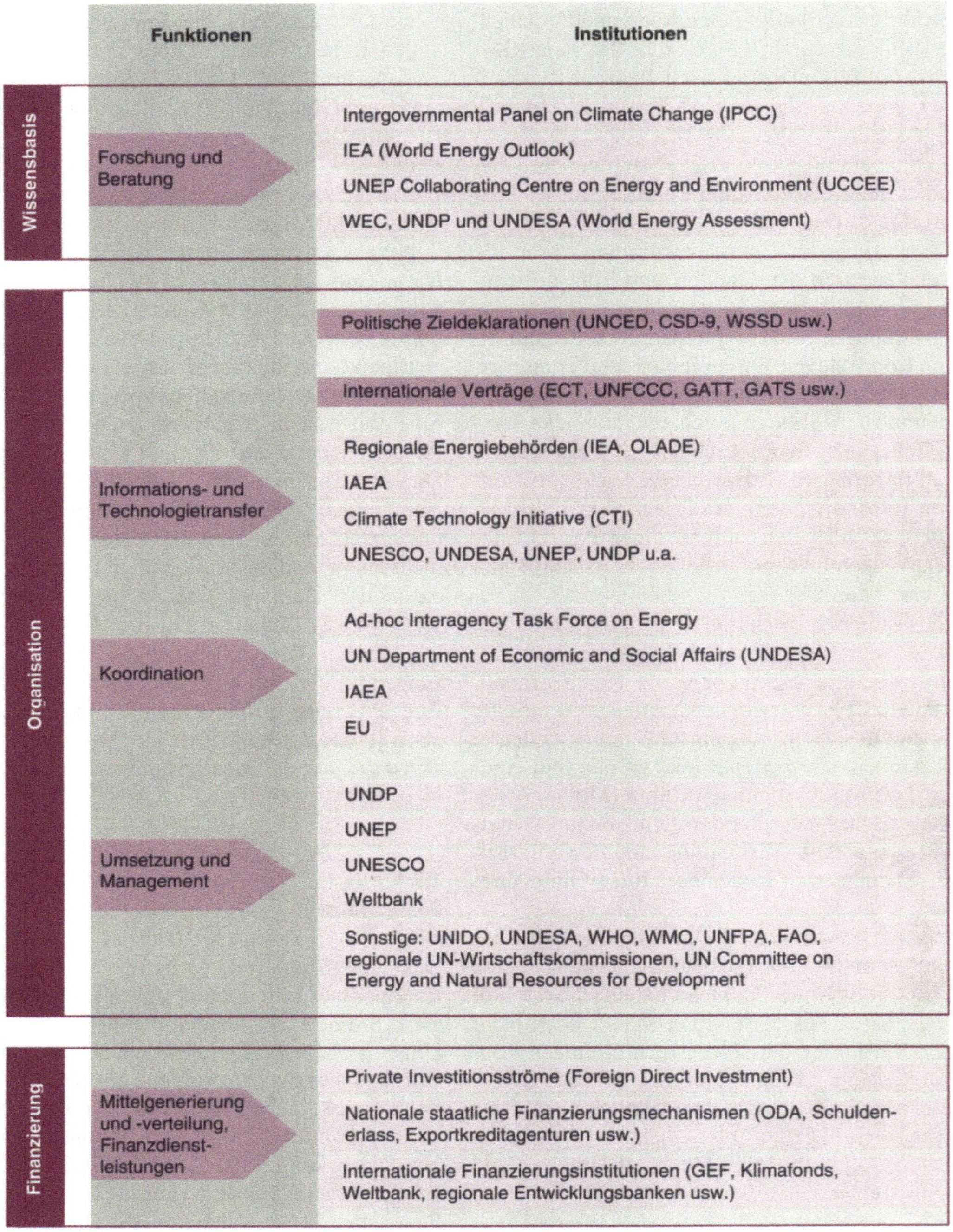

Abbildung 2.7-1
Globale Energiepolitik heute: Die wichtigsten Institutionen und ihre Hauptfunktionen. Abkürzungen siehe Abkürzungsverzeichnis.
Quelle: WBGU

Das UNDP hat zur 9. Sitzung der UN-Kommission für Nachhaltige Entwicklung (CSD) im Jahr 2000 zusammen mit der Abteilung für Wirtschaftliche und Soziale Angelegenheiten des Sekretariats der Vereinten Nationen (UNDESA) und dem World Energy Council (WEC) einen globalen Energiebericht erstellt, das „World Energy Assessment". Eine Kernforderung des Berichts ist der Aufbau einer weltweiten Grundversorgung mit kommerziellen Energiedienstleistungen sowie die Beratung von

Entwicklungsländern bei der Entwicklung und Umsetzung von Energieprojekten.

Der World Energy Outlook, regelmäßig herausgegeben von der Internationalen Energieagentur (IEA), ist weltweit die bedeutendste Quelle für Energiestatistiken und Analysen der Energiebranche und zeigt die Entwicklungen in der globalen Energieversorgung auf. Der neueste Bericht widmet sich dem Zusammenhang zwischen Energie und Armut (IEA, 2002c).

2.7.2 Organisation

Für die globale Energiepolitik sind neben einem wissenschaftlichen Unterbau auch Institutionen notwendig, die Ziele vorgeben, Maßnahmen festlegen und diese umsetzen. Eine besondere Bedeutung kommt hier politischen Zieldeklarationen, internationalen Verträgen und der Arbeit relevanter UN-Organisationen zu.

2.7.2.1 Politische Zieldeklarationen

Nicht nur die Problembeschreibung durch die Wissenschaft, sondern auch die Problembearbeitung im Rahmen internationaler Konferenzen, Deklarationen und Verträge hat in den letzten Jahrzehnten Fortschritte gemacht.

Auf der Konferenz über Umwelt und Entwicklung (UNCED) von Rio de Janeiro 1992 hat sich die Völkergemeinschaft in der Agenda 21 und in der Rio-Deklaration erstmals umfassende und ehrgeizige Ziele für den zeitgleichen Ausbau von menschlicher Entwicklung und Umweltschutz gesetzt. Die Agenda 21 widmet zwar keines ihrer 40 Kapitel explizit den Themen Energie oder Verkehr. Energie taucht aber als Teilabschnitt in Kapitel 9 (Schutz der Erdatmosphäre) und Kapitel 14 (Förderung einer nachhaltigen Landwirtschaft und ländlichen Entwicklung) auf; der Verkehr wird in Kapitel 7 (Förderung einer nachhaltigen Siedlungsentwicklung) und ebenfalls in Kapitel 9 erwähnt.

Die 19. Sondersitzung der Vereinten Nationen in New York hat fünf Jahre nach der UNCED einen besonderen Bedarf für die Unterstützung der Entwicklungsländer beim Aufbau einer nachhaltigen Energieversorgung u. a. durch Technologietransfer und Entwicklungszusammenarbeit festgestellt. Es wurde dringend empfohlen, externe Umweltkosten in die Preisstruktur einzubeziehen sowie Subventionen für nicht nachhaltige Energieträger abzubauen. Ebenso wurde ein erheblicher Bedarf gesehen, die Aktivitäten zum Thema Energie innerhalb der Vereinten Nationen besser zu koordinieren (UN, 1997).

Die UN-Kommission für Nachhaltige Entwicklung (CSD) hat im April 2001 unter dem Titel „Energy for Sustainable Development" Empfehlungen für die globale Energiepolitik verabschiedet. Diese behandeln den Zugang zu Energie, die Energieeffizienz, erneuerbare Energien, fortschrittliche Technologien für fossile Energieträger, Kernkraft, die ländliche Energieversorgung sowie den Verkehr. Als übergreifende Maßnahmen werden vor allem Forschung und Entwicklung, Kapazitätsaufbau, Technologietransfer, Zugang zu Informationen, Mobilisierung finanzieller Ressourcen, die Beseitigung von Marktverzerrungen sowie die Einbeziehung Betroffener genannt (UN-ECOSOC, 2001).

Auf dem Weltgipfel für Nachhaltige Entwicklung (World Summit on Sustainable Development, WSSD) im Jahr 2002 wurde Energie erstmals zu einem eigenständigen Thema erhoben, der Schwerpunkt lag dabei auf erneuerbaren Energien, dem Zugang zu Energie, der Organisation der Energiemärkte und der Energieeffizienz. Die Bilanz fällt aber ernüchternd aus: Aufgrund der Blockadehaltung der USA, Australiens und der OPEC-Staaten gelang es nicht, das Ziel für den Anteil erneuerbarer Energien auf mindestens 15% bis 2010 festzuschreiben. Auch andere Ziele wie z. B. Marktverzerrungen aufzuheben oder die Forschung und Entwicklung von Energieeffizienz zu stärken, sind weder mit Erfolgsindikatoren oder Zeitrahmen versehen, noch rechtlich bindend. Zahlreiche so genannte „Typ-2-Initiativen" wurden aber verabschiedet, in denen Staaten und Unternehmen unter Einbindung von NRO kooperieren. So kündigte die EU an, in einer Koalition aus gleich gesinnten Staaten und Regionen quantifizierbare, zeitgebundene Ziele beim Ausbau erneuerbarer Energien festlegen zu wollen, sowie 700 Mio. Euro aufzubringen, um den Zugang zu verlässlicher, günstiger Energie in Entwicklungsländern zu verbessern. UNEP lancierte das Global Network on Energy for Sustainable Development zur Verbreitung „sauberer" Energietechnologien in Entwicklungsländern. Der deutsche Bundeskanzler hat zu einer Weltkonferenz für Erneuerbare Energien nach Deutschland eingeladen, die 2004 in Bonn stattfinden soll.

2.7.2.2 Internationale Verträge

Von den zahlreichen Verträgen, die sich mit Aspekten internationaler Energiepolitik befassen, sollen hier nur die wichtigsten Abkommen behandelt werden: Der Energie-Charta-Vertrag, die WTO/GATT-

Regelwerke und die Klimarahmenkonvention mitsamt dem Kioto-Protokoll.

Energie-Charta-Vertrag

Der Energie-Charta-Vertrag (Energy Charter Treaty, ECT) ist der bedeutendste internationale Vertrag zwischen Industrieländern, der sich explizit mit Fragen grenzüberschreitender Energiepolitik beschäftigt. Das aus der Europäischen Energie Charta von 1991 hervorgegangene Übereinkommen trat 1998 in Kraft. 46 Staaten, überwiegend aus Europa und Zentralasien, haben das Abkommen ratifiziert (Stand 11.09.2002). Einige wichtige Signatarstaaten haben bisher allerdings noch nicht ratifiziert (Russland, Japan, Norwegen und Australien), andere Staaten wie die USA und Kanada sind nicht beigetreten.

Ziel des ECT ist die Förderung des Wirtschaftswachstums durch Liberalisierung von Investitionen und Handel. Dazu werden die GATT-Bestimmungen auf den Energiesektor ausgeweitet. Für Auslandsinvestitionen und Energietransport wurden Mindeststandards vereinbart. Beide Bereiche sollen, wie auch die Frage des Transits von Energiegütern, in Zukunft verbindlicher ausgestaltet werden (Energy Charter Secretariat, 2000).

Umweltaspekte von Energiepolitik sind allgemein gehalten und als Empfehlungen u. a. in den Bereichen Energieeffizienz, externe Kosten, saubere Technologien, Kooperation bei Umweltstandards enthalten. Sie werden in einem zusätzlichen Umweltprotokoll vertieft, allerdings ohne Rechtsverbindlichkeit (Protokoll zur Energie Charta über Energieeffizienz und verwandte Umweltaspekte – PEEREA).

GATT- und WTO-Regelwerke

Lange Zeit waren die Vertragsstaaten der Welthandelsorganisation bei der Einbeziehung von Energieträgern in das GATT-Regelwerk zurückhaltend, obwohl diese prinzipiell von den Regelungen erfasst wurden. Dies war zum einen auf die Sonderrolle des Energiesektors in Bezug auf die nationale Versorgungssicherheit zurückzuführen, zum anderen auf die fehlende WTO-Mitgliedschaft der OPEC-Staaten, wie auch auf die nationale Regulierung des Energiesektors, insbesondere die staatlichen Energieversorgungsmonopole. Speziell für den Stromsektor kommt hinzu, dass der internationale Handel von Strom in Gründungszeiten des GATT nicht angedacht war, und auch heute üblicherweise nicht als Ware, sondern allenfalls als Dienstleistung gilt, auf die das GATT keine Anwendung findet. Erst mit Abschluss der Uruguay-Runde 1994 wurde eine Reihe von Energieträgern, insbesondere Kohle, Gas und Erdöl sowie teilweise auch Strom, von den Mitgliedstaaten stärker in die Welthandelsordnung einbezogen. Dies ist u. a. mit dem Beitritt verschiedener OPEC-Staaten zur Welthandelsorganisation und der zunehmenden Liberalisierung der Energieversorgungsmärkte zu erklären. Wesentliche Zollreduzierungen für Rohöl, Ölprodukte und andere Energieträger konnten dabei jedoch nicht erreicht werden, wohl aber Handelserleichterungen für petrochemische Produkte wie Plastik (UNCTAD, 2000).

Strom und energienahe Dienstleistungen werden bisher kaum vom GATT-Abkommen erfasst. Die monopolartige Sonderstellung der vertikal hoch integrierten und zumeist staatlichen Energieversorgungsbranche hat den Handel nicht nur weitgehend verhindert, sondern erklärt auch die Zurückhaltung der Staaten bei Marktöffnungszugeständnissen (WTO, 1998). Die neuesten Verhandlungsvorschläge lassen jedoch erwarten, dass der Marktzugang für Energiedienstleistungen zukünftig umfassend erleichtert wird (WTO, 2001).

Das WTO-Sekretariat sieht die Subventionierung der Bereitstellung von Energie und des Energieeinsatzes als wichtigste Barriere für eine Liberalisierung des Energiehandels an. Mit der vollständigen Einbeziehung in das WTO-Regelwerk und der stringenten Anwendung des WTO-Subventionsabkommens würde zur Reduzierung von Subventionen beigetragen und damit zugleich ein wichtiger Beitrag zum Klimaschutz geleistet. Laut WTO könnten durch den Abbau aller Subventionen bis 2010 – bei einer angemessenen umweltpolitischen Flankierung – weltweit ca. 6% der CO_2-Emissionen vermieden werden (WTO, 2001). Aus umweltpolitischer Perspektive ist allerdings unbefriedigend, dass die volle Integration der Energiebranche in die WTO den Spielraum für Subventionen und andere Maßnahmen zur Förderung umweltschonender Technologien einengen würde.

Die energiepolitische Relevanz der WTO-Abkommen geht über die Frage der Anwendbarkeit ihrer Regeln auf den Handel mit Energie, Ölprodukten und energienahen Dienstleistungen hinaus: Neben den Wirkungen ökonomischer Globalisierung auf Energieangebot und -nachfrage (Kap. 2.1.6) sind dies zum einen die Auswirkungen des Übereinkommens über handelsbezogene Aspekte der Rechte des geistigen Eigentums (Trade-Related Aspects of Intellectual Property Rights, TRIPS) zum Schutz geistigen Eigentums und zum anderen das potenziell konfliktträchtige Verhältnis zwischen den flexiblen Mechanismen des Kioto-Protokolls und dem Regelwerk der WTO (Greiner et al., 2001; Kasten 5.3-2).

Klimarahmenkonvention und Kioto-Protokoll

Die Klimarahmenkonvention der Vereinten Nationen (UNFCCC) legt Ziele und Prinzipien sowie

Organe und Prozess der internationalen Klimaschutzpolitik fest. Sie trat 1994 in Kraft und wurde von 184 Staaten der Welt ratifiziert, einschließlich aller großen Industrie- und Entwicklungsländer.

Klimaschutzpolitik bedeutet vor allem eine drastische Reduktion der weltweiten CO_2-Emissionen. Dies ist nur mit einem weit reichenden Umbau der globalen Energiesysteme zu erreichen (Kap. 4). Insofern kommt der UNFCCC eine Schlüsselfunktion für die internationale Energiepolitik zu: Sie ist die treibende Kraft und das bedeutendste weltweite Forum von Staaten, in dem die Schnittstelle von Umwelt- und Energiepolitik diskutiert und maßgebliche Entscheidungen getroffen werden.

Das Kioto-Protokoll der UN-Klimarahmenkonvention wurde 1997 von mehr als 160 Nationen angenommen. Das Protokoll setzt konkrete Minderungspflichten für eine klar definierte Gruppe von Treibhausgasen fest. Es verpflichtet die Industrienationen zu einer Reduktion der Treibhausgasemissionen um insgesamt mindestens 5% bis zu den Jahren 2008–2012 gegenüber 1990. Die Anlage I des Protokolls legt für jedes Industrieland ein genaues Reduktionsziel fest (EU -8%, USA -7%, Japan -6%, Australien +8%, Russland 0%). Die Entwicklungsländer verweisen darauf, dass die Hauptverursacher des Klimawandels (d. h. die Industrieländer) vorangehen sollen, und sind bisher keine quantifizierten Reduktionsverpflichtungen eingegangen.

Das Protokoll erlaubt den Industrieländern bei der Umsetzung eine gewisse Flexibilität. Ein Industrieland, das sein Reduktionsziel übererfüllt, z. B. weil dort die Emissionsreduktion zu geringen Kosten möglich ist, kann seine überschüssigen Reduktionsanteile über den Emissionshandel an ein anderes Land verkaufen, das seine Verpflichtungen nur schwer einhalten kann. Das Industrieland kann aber auch direkt ein Projekt in einem anderen Industrieland durchführen, etwa die Modernisierung eines alten Kraftwerkes, und sich die dabei verminderten Emissionen von Treibhausgasen gutschreiben (Joint Implementation, JI). Emissionsminderungen können aber auch unter bestimmten Auflagen und Regeln von Industrieländern in Entwicklungsländern vorgenommen werden (Clean Development Mechanism, CDM).

Die Vorgaben des Kioto-Protokolls mussten bei weiteren Vertragsstaatenkonferenzen konkretisiert werden. Erst bei der 7. Vertragstaatenkonferenz 2001 gelang es, in Ergänzung der Bonner Vereinbarungen von 2000, den Weg für das rasche In-Kraft-Treten des Kioto-Protokolls zu ebnen. Dies erfordert die Ratifikation von so vielen Vertragsstaaten, dass zusammen mindestens 55% der CO_2-Emissionen von 1990 erfasst werden. Daher ist das In-Kraft-Treten auch ohne die USA und Australien möglich, die mittlerweile das Protokoll ablehnen. Der Vertrag wird voraussichtlich 2003 mit der angekündigten Ratifizierung durch die Russische Föderation wirksam.

Das Kioto-Protokoll ermöglicht den Vertragsstaaten, sich Senken durch Aufforstung, Wiederaufforstung und Entwaldung (afforestation, reforestation, deforestation – ARD) und andere forst- und landwirtschaftliche Maßnahmen anrechnen zu lassen. Für den ersten Anrechnungszeitraum des Kioto-Protokolls (2008–2012) werden für die Staaten mit Reduktionsverpflichtungen Emissionen von 14 Mt Kohlenstoff aus ARD erwartet (Tab. 2.7-1; Schulze et al., 2002), die aber durch die Anrechenbarkeit von etwa 70 Mt Kohlenstoff durch land- und forstwirtschaftliches Management mehr als ausgeglichen werden. Die Dauerhaftigkeit der Bindung von Kohlenstoff in den Böden nachwachsender Wälder bedarf allerdings einer genaueren Untersuchung. Einige Studien deuten darauf hin, dass eine Kohlenstoffspeicherung vorwiegend in der organischen Auflage und im Oberboden erfolgt (Thuille et al., 2000). Unklar bleibt aber, ob eine Speicherung in Form stabiler Humusverbindungen in tieferen Bodenschichten erfolgt, die auch in einem veränderten Klima erhalten bleibt (Kap. 3.6).

Faktisch hat sich das Kioto-Protokoll schon unratifiziert auf die internationale Energiepolitik ausgewirkt. Die EU hat ein Klimaschutzprogramm verabschiedet, in dem Energieeffizienz, erneuerbare Energien, Nachfragesteuerung („demand side management") und auch der Energieeinsatz im Verkehr europaweit geregelt werden. Viele Industrieländer erstellen Klimaschutzprogramme und setzen sie um, was teilweise bereits zu einer stärkeren Gewichtung erneuerbarer Energien in der Energiepolitik geführt hat. Mit dem CDM hat die Klimaschutzpolitik ein Transferinstrument entwickelt, mit dem moderne Technologien der Industrieländer wirkungsvoll in Entwicklungsländern verbreitet werden können.

Auf der 7. Vertragsstaatenkonferenz wurden die Durchführungsregeln des CDM weit gehend festgelegt, so dass mittlerweile die ersten CDM-Projekte angemeldet sind. Die Regeln sehen u.a. eine Vorrangsregelung für bestimmte Kategorien kleiner CDM-Projekte vor. Es ist schwierig vorauszusagen, wie groß die Rolle des CDM als Motor des Kapitaltransfers für saubere Energie von den Industrie- in die Entwicklungsländer sein wird. Dies liegt zum einen daran, dass unklar ist, welchen Anteil ihrer Reduktionsverpflichtung die Industrieländer über den CDM erfüllen werden. So könnte beispielsweise allein die von Russland wegen der wirtschaftlichen Rezession nicht benötigten Emissionsrechte reichen, um die Reduktionsverpflichtungen aller OECD-Länder abzüglich der USA zu decken (Jotzo und Michaelowa, 2002). In diesem Fall würde der CDM

Land/Ländergruppe	Senken gemäß Art. 3.3 (ARD) [Mio. t C]	Senken gemäß Art. 3.4 (Forstmanagement) [Mio. t C]	
		Berichte der Nationen	Anrechenbare Senken
EU (15)	-1	39	5
Russische Föderation	-8	117	33
USA	-7	288	0
Kanada, Island, Japan, Australien, Neuseeland	3	25	26
Osteuropa, Schweiz, Liechtenstein, Monaco, Island	0	31	5
Ukraine	0	7	1
Alle Annex B-Staaten	-13	507	70

Tabelle 2.7-1
Senkenpotenziale einzelner Länder(gruppen) durch Aufforstung und Wiederbewaldung (Art. 3.3 des Kioto-Protokolls) und Forstmanagement (Art. 3.4). Negative Werte bedeuten eine C-Quelle, positive eine Senke.
Quelle: Schulze et al., 2002

kaum eine Rolle spielen. Zum anderen ist unklar, wie sich der CDM in Senken- und Energieprojekte aufteilen wird. Die Beschlüsse von Marrakesch lassen Senkenprojekte im Umfang von 1% der 1990er Emissionen des Investorlandes zu. Weil sich nach der 8. Vertragsstaatenkonferenz andeutet, dass Senkenprojekte wegen ihrer mangelnden Dauerhaftigkeit unattraktiver werden könnten als gemeinhin wegen ihrer geringen Kosten vermutet, ist es unsicher, wie viel in nachhaltige CDM-Energieprojekte investiert werden wird. Einfache Schätzungen halten es für möglich, dass etwa ein Drittel aller Reduktionsverpflichtungen über den CDM erfüllt werden. Davon könnten etwa zwei Drittel Energieprojekte sein. Mit einem möglichen Volumen von etwa 100 Mt C pro Jahr und einem geschätzten Preis von rund 1 US-$ pro t C könnte das gesamte Investitionsvolumen durch den CDM dann jährlich etwa 1–2 Mrd. US-$ betragen (Jotzo und Michaelowa, 2002).

Ob der positive Einfluss der internationalen Klimapolitik auf die Energiepolitik weiter anhalten wird und zum Schrittmacher der Veränderung ausgebaut werden kann, hängt stark vom Verlauf der Klimaverhandlungen der nächsten Jahre ab. Hier geht es insbesondere darum, die Ziele für die Industrieländer angemessen zu verschärfen und die Entwicklungsländer in einer Weise zu beteiligen, die ihnen Raum für Entwicklung lässt, sie aber dabei frühzeitig auf einen energiepolitisch nachhaltigen Pfad lenkt.

2.7.2.3 Operative und koordinierende Tätigkeiten internationaler Organisationen

UN-Organisationen

Auf operativer Ebene sind unter anderem UNEP, UNESCO und UNDP an konkreten Energieprojekten, z. B. zur Förderung erneuerbarer Energien und zur Effizienzsteigerung, beteiligt.

Die Aktivitäten des UNEP zielen auf eine stärkere Nutzung erneuerbarer Energien und die Verbesserung der Effizienz bestehender Energiesysteme. Auf politischer Ebene strebt UNEP eine verbesserte Integration von Umweltaspekten in die Energiepolitik sowie die Verbesserung der Analyse und Planung im Energiesektor an.

Mit seinem Energy and Atmosphere Programme verfolgt UNDP eine integrierte Entwicklungsstrategie, in der vielfältige soziale, wirtschaftliche und ökologische Aspekte des Energiesektors Berücksichtigung finden sollen. Das Programm hat die Aufgabe, nachhaltige Energiepolitik zu förden und die Umsetzung der UNDP-Energieprogramme voranzutreiben.

Mit dem bei der UNESCO angesiedelten World Solar Programme 1996–2005 soll der Einsatz erneuerbarer Energien insbesondere in ländlichen Bereichen, die bisher keinen Zugang zu Elektrizität haben, durch koordinierte Anstrengungen auf nationaler, regionaler und internationaler Ebene gefördert werden. Daneben finanziert UNESCO einzelne Projekte, unterstützt Entwicklungsländer bei der Erschließung von Finanzierungsquellen und berät Staaten bei der Entwicklung rechtlicher Rahmenbedingungen, die die Nutzung erneuerbarer Energien fördern und die Verbreitung der relevanten Technologien unterstützen. Durch die Programme GREET (Global Renewable Energy Education and Training) und IREICS (International Renewable Energy Information and Communication System) wird die UNESCO in Zukunft einen stärkeren Schwerpunkt auf Informations- und Trainingsaufgaben legen (UNESCO, 2001; UN-Ad Hoc Inter-Agency Task Force on Energy, 2001).

Zu den weiteren internationalen Organisationen, die im Bereich nachhaltiger Energiepolitik tätig sind, gehören die regionalen UN-Wirtschaftskommissionen, das UN Committee on Energy and Natural Resources for Development, die United Nations

Industrial Development Organisation (UNIDO), die World Health Organization (WHO), die World Meteorological Organization (WMO), der United Nations Fund for Population Activities (UNFPA), sowie die Food and Agriculture Organization (FAO) sowie die International Atomic Energy Agency (IAEA).

Diese große Anzahl von Organisationen innerhalb der Vereinten Nationen mit Teilaufgaben in der globalen Energiepolitik braucht verbesserte Kommunikation und Koordination. Deshalb wurde 1997 die Ad Hoc Inter-Agency Task Force on Energy eingesetzt, die zusätzlich die Aufgabe hat, Fallstudien sowie eine Übersicht über die Tätigkeiten der verschiedenen UN-Organisationen im Bereich nachhaltige Energieversorgung zu erstellen.

Die Abteilung für Wirtschaftliche und Soziale Angelegenheiten des UN Sekretariats (United Nations Department of Economic and Social Affairs, UNDESA) koordiniert die Energiepolitik mit anderen Politikfeldern der Vereinten Nationen. UNDESA unterstützt gleichzeitig die Arbeit der UN-Kommission für Nachhaltige Entwicklung (CSD). Ebenso fördert UNDESA die Umsetzung einer nachhaltigen Energiepolitik in Entwicklungsländern, z. B. durch ein Programm zur technischen Kooperation, das u. a. von UNDP, GEF und der Weltbank finanziert wird.

Die IAEA spielt eine besondere Rolle, da sie sich ausschließlich mit Kernenergie befasst. Struktur und Statut dieser 1957 gegründeten unabhängigen UN-Organisation sind auf die Förderung und Überwachung der zivilen Nutzung der Kernenergie ausgerichtet. Die politische Lobbyarbeit der etablierten Organisation (Jahresbudget insgesamt etwa 300 Mio. US-$; ca. 2.200 Mitarbeiter) zielt traditionell auf die Stärkung der Kernenergienutzung ab.

Der Wissenstransfer wird u. a. durch die Climate Technology Initiative (CTI) unterstützt, die vor allem Transformationsländern in Osteuropa, den Schwellenländern in Asien und den Entwicklungsländern in Afrika Wissen über Klimaschutztechnologien vermittelt und Kapazitätsaufbau betreibt. Die Initiative wurde auf der ersten UNFCCC-Vertragstaatenkonferenz in Berlin 1995 von 23 IEA/OECD-Ländern und der Europäischen Kommission ins Leben gerufen.

Europäische Union

Eine eigenständige Gemeinschaftszuständigkeit für Energiepolitik besteht in der EU nicht, die rechtlichen Rahmenbedingungen für Energiepolitik und Energiewirtschaft beruhen bisher auf den Binnenmarktregelungen, dem Wettbewerbsrecht und Beihilfenkontrollen sowie Umweltschutzvorgaben. Allerdings treffen sich die Energieminister im EU-Energierat, stimmen die nationalen Energiepolitiken ab und erörtern die von der Kommission vorgeschlagenen Gemeinschaftsmaßnahmen. Diese sind auf die Ziele ausgerichtet, die von der EU für Energiepolitik definiert werden: Wettbewerbsfähigkeit, Versorgungssicherheit und Umweltschutz. Vorrangiges Thema des Energierates ist die Liberalisierung der Strom- und Gasmärkte in der EU zur Schaffung eines Binnenmarktes für leitungsgebundene Energien. Weitere wichtige Themen sind beispielsweise Maßnahmen zur Steigerung der Energieeffizienz und die Förderung erneuerbarer Energien.

Vorstöße der Kommission zur EU-weiten Harmonisierung der Energiepolitiken sind bisher an den Widerständen der Mitgliedstaaten gescheitert. Um Wettbewerbsnachteile ihrer Energiewirtschaften in einem hart umkämpften Markt zu vermeiden, werden sich die Mitgliedstaaten aber voraussichtlich bald dazu veranlasst sehen.

In den Außenbeziehungen der EU nimmt die Energiepolitik heute einen breiten Raum ein: durch Förderprogramme, die Kreditvergaben der Europäischen Investitionsbank und der Europäischen Bank für Wiederaufbau und Entwicklung sowie politische Verträge trägt die EU etwa zur Sicherheit kerntechnischer Anlagen in Mittel- und Osteuropa bei oder unterstützt beispielsweise eine umweltgerechte Energiewirtschaft in den Mittelmeer-Anrainerstaaten.

2.7.3 Finanzierungsstrukturen

Globale Umweltfazilität (GEF)

Die GEF (Global Environmental Facility) soll als Finanzierungsinstrument sechs wichtige Herausforderungen des Globalen Wandels bewältigen helfen: Klimaschutz, Erhalt der biologischen Vielfalt, Schutz der Ozonschicht, Zugang zu sauberem Wasser, Reduzierung persistenter organischer Schadstoffe und Schutz der Böden in Trockengebieten. Die GEF dient als Finanzierungsmechanismus der Klimarahmen- und der Biodiversitätskonvention. Die Desertifikationskonvention hatte seit 1996 zur GEF über die Verknüpfung mit Klimaschutz bzw. den Erhalt der biologischen Vielfalt zunächst nur indirekten Zugang, ab 2003 aber auch direkt. Institutionell wird die GEF von Weltbank, UNDP und UNEP getragen. Nach Abschluss einer dreijährigen Pilotphase stellten 1994 die Geberregierungen, überwiegend aus den Industrieländern, zunächst 2 Mrd. US-$ für den Fonds bereit, für die 2. Phase (1998–2002) noch einmal den gleichen Betrag, für die 3. Phase (2003–2006) wurde eine Auffüllung von 2,92 Mrd. US-$ erreicht. Die GEF ist die wichtigste Einrichtung für die Finanzierung von Projekten zur Verbesserung der Energieeffizienz und Förderung erneuerbarer Energien für Entwicklungsländer. Bis Ende 2000 sind nahezu 570 Mio. US-$ aus Mitteln der GEF und durch Kofinanzierung 2,5 Mrd. US-$ von anderen Institutionen für 48 Projekte im Bereich erneuerbarer Energien in 47 Staaten geflossen. Darüber hinaus fördert die GEF zahlreiche Projekte zur Energieeffizienz. Mit diesen Mitteln sollen in erster Linie Pilotprojekte gefördert werden, welche die Chancen des Einsatzes erneuerbarer Energien oder energieeffizienter Technologien demonstrieren. Bei ihrer Umsetzung wird besonderer Wert auf die begleitende Ausbildung des Personals vor Ort sowie den Aufbau der notwendigen Institutionen gelegt, um die weitere Verbreitung der eingesetzten Technologien zu fördern. Daher unterstützt die GEF bei der Entwicklung und Umsetzung der Projekte auch gezielt die Einbeziehung des privaten Sektors (GEF, 2000; UN-Ad Hoc Inter-Agency Task Force on Energy, 2001).

Kioto-Fonds

Da das Finanzvolumen der GEF für die Etablierung einer nachhaltigen globalen Energieversorgung bei weitem zu gering ist, wurden im Rahmen der Verhandlungen zum Kioto-Protokoll der UNFCCC die so genannten Kioto-Fonds ins Leben gerufen: der Special Climate Change Fund und der Least Developed Countries Fund sollen die Entwicklungsländer bei Anpassungsmaßnahmen an den Klimawandel unterstützen, den Technologietransfer von Nord nach Süd fördern und den Entwicklungsländern, die vom Export fossiler Energieträger abhängig sind, einen wirtschaftlichen Strukturwandel erleichtern.

Der dem Kioto-Protokoll zugeordnete Anpassungsfonds (Adaption Fund) soll Entwicklungsländer unterstützen, die unter Folgen des Klimawandels leiden. Dieser Fonds wird aus einer Abgabe finanziert, die bei der Anwendung des Clean Development Mechanism erhoben wird. Unter der Voraussetzung, dass der CDM in der Praxis funktioniert, könnte er einen wichtigen Finanzierungsmechanismus darstellen.

Allerdings sollte man sich bezüglich der finanziellen Ausstattung dieser Fonds durch öffentliche Mittel und ihrer Wirksamkeit für den Umbau der Energiesysteme keiner Illusion hingeben. Bei allen Fonds werden eher Anpassungsmaßnahmen als Emissionsminderungsmaßnahmen und Technologietransfer im Mittelpunkt stehen. Die EU und einige weitere Staaten erklärten auf der Bonner Klimakonferenz von 2001, ab 2005 jährlich insgesamt 410 Mio. US-$ in diese Fonds einzuzahlen oder bilateral für die genannten Zwecke zur Verfügung zu stellen. Für den Anpassungsfonds und den Special Climate Change Fund sind bis Anfang 2003 noch keine Auffüllungsverhandlungen geführt worden. Nur zum Least Developed Country Fund gibt es erste Ankündigungen der entwickelten Länder, die vermuten lassen, dass dieser Fond auf ein Volumen von mehreren 10 Mio. € jährlich hinauslaufen wird (BMZ, persönl. Mitteilung).

Weltbank

Neben der GEF ist die Weltbank der bedeutendste energiepolitische Akteur im Finanzierungsbereich, vor allem für Entwicklungsländer. Der Energiesektor war seit Gründung der Weltbank einer der wichtigsten Bereiche der Kreditvergabe, auf den lange Zeit bis zu 25% des gesamten Kreditvolumens der Weltbank entfielen. Das Kreditvolumen für Energieprojekte in den Bereichen Elektrizität, fossile Energieträger und Bergbau hat sich jedoch von 1998 bis 2001 nahezu halbiert, verbunden mit einem Rückgang der Zahl der Projekte von etwa 160 auf 110. Als Grund wird u. a. angegeben: der Ersatz von Weltbankkrediten durch Privatinvestitionen, die Übernahme von Krediten durch regionale Entwicklungsbanken sowie die Zurückhaltung von Ländern bei der Reform ihres Energiesektors aufgrund der damit verbundenen Risiken (World Bank, 1993, 2001b).

Als Reaktion auf diese Entwicklung versuchte die Weltbank insbesondere in den 1980er Jahren, stärkeren Einfluss auf die Wirtschaftlichkeit der Energieversorgungsunternehmen zu bekommen. Insgesamt konnte sie das weitere Absinken des Kreditanteils für den Energiesektor in dieser Zeit nicht verhindern, obwohl das laufende Kreditvolumen für den Energiesektor zu Beginn der 1990er Jahre noch immer bei ca. 40 Mrd. US-$ oder 15% des Gesamtvolumens aller Kredite lag. Die Finanzierung des Energiesektors durch die Weltbank nahm im Lauf

Tabelle 2.7-2
Kredite der Internationalen Bank für Wiederaufbau und Entwicklung (IBRD) und der Internationalen Entwicklungsorganisation (IDA), die zur Weltbank gehören, für Kraftwerke und Öl-/Gas-Förderung in den Geschäftsjahren 1990–2001. Anteil am gesamten Kreditvolumen von IBRD und IDA: Kraftwerke 9,2%; Öl-/Gasförderung 2,1%. Quelle: World Bank, 2002b

Region	Kraftwerke [Mrd. US-$]	Öl-/Gasförderung [Mrd. US-$]
Afrika südlich der Sahara	1,92	0,68
Ostasien/Pazifik	10,29	0,93
Europa/Zentralasien	3,69	1,94
Lateinamerika/Karibik	2,01	0,55
Naher Osten	0,71	0,28
Südasien	5,67	1,04
Summe für den Sektor	24,29	5,42

Tabelle 2.7-3
Änderungen der Weltbankpolitik im Energiesektor (Auswahl). Die International Finance Corporation (IFC) ist Teil der Weltbankgruppe und die weltweit größte Kreditquelle für Projekte im Privatsektor von Entwicklungsländern.
Quelle: World Bank, 2001b

Ehemalige Prioritäten	Prioritäten aus jüngerer Zeit	Neue Prioritäten
ÄNDERUNG DER PRIORITÄTEN DER INTERNATIONAL FINANCE CORPORATION		
Finanzierung großer Kraftwerke, die unter garantierten Preisen an ein staatliches Monopol verkaufen	Hinwendung zu Reformen einzelner Sektoren, Umweltschutz und Zugang zu Energie	Unterstützung von Reformen im Energiesektor und Förderung von Wettbewerb Verbesserung des Umweltschutzes bei der Energiebereitstellung Versorgung der Menschen ohne Zugang zu Energie
ÄNDERUNG DER PRIORITÄTEN IN DER FÖRDERUNG DER ÖL- UND GASWIRTSCHAFT		
1970er Jahre: Unterstützung öffentlicher Investitionen 1980er Jahre: Reformen in einzelnen Sektoren, Liberalisierung, Verbesserung der Rahmenbedingungen für private Investitionen sowie aktive Förderung von Privatinvestitionen 1990er Jahre: Reformen im Öl- und Gassektor von Transformationsländern		Stärkere Integration der Aktivitäten in – Umweltschutz (saubere Brennstoffe, Gas) – Soziale Verankerung (best practice, Partnerschaften) – Weitere Reformen (Privatisierung, mehr Wettbewerb) – Governance (Steuerverwaltung, Transparenz) – Finanzierung ausgewählter Sektoren der Privatwirtschaft
ÄNDERUNG DER PRIORITÄTEN IN DER FÖRDERUNG DES BERGBAUS		
Bis 1990: Investitionshilfen und technische Unterstützung für Kredite zur Entwicklung des Bergbauwesens	1991–2000: Förderung besserer Rahmenbedingungen für private Investitionen im Bergbau Privatisierung, Restrukturierung und Schließung von Minen (Polen, Rumänien, Russland, Ukraine)	Nachhaltiger Bergbau Regionale/lokale Entwicklung durch Privatinvestitionen im Bergbau

der 1990er Jahre und vor allem nach der Asienkrise 1997 weiter ab, im Jahr 2001 auf ca. 12 Mrd. US-$ oder ca. 6% des Kreditvolumens (Tab. 2.7-2).

Die Weltbank strebt für die nächsten 10 Jahre folgende weltweite energiepolitische Ziele an:

- Steigerung des Anteils der Haushalte mit Zugang zu moderner Energie von 65% auf 75%;
- Erhöhung des Anteils der Städte mit gesundheitlich unbedenklicher Luftqualität von 15% auf 30%;
- Zudem soll in den nächsten 10 Jahren der Anteil der Entwicklungsländer, in denen industrielle Abnehmer unter mehreren Stromversorgern auswählen können, von 15% auf 40% steigen, und der Anteil derjenigen Staaten, in denen die Energiewirtschaft keine Belastung des Staatshaushalts darstellt, von 34% auf 50% erhöht werden (World Bank, 2001b).

Auch wenn die Konkretisierung der Ziele der Weltbank (Tab. 2.7-3) anhand der genannten Indikatoren begrüßenswert ist, bleibt angesichts der bisherigen Bilanz offen, mit welchen Instrumenten die genannten Ziele erreicht werden sollen. Die rückläufige Nachfrage nach Krediten der Weltbank im Energiesektor deutet darauf hin, dass in den meisten Entwicklungsländern noch immer erhebliche politische Vorbehalte gegen eine Restrukturierung oder gar Privatisierung des Energiesektors bestehen. Daher wird der Erfolg der Weltbank auch weiterhin von der in den Entwicklungsländern verfolgten Energiepolitik abhängen.

ENTWICKLUNGSZUSAMMENARBEIT UND PRIVATE DIREKTINVESTITIONEN

Das international vereinbarte Ziel, 0,7% des BIP für Entwicklungszusammenarbeit (Official Development Assistance, ODA) aufzuwenden, ist weder in Deutschland (0,27%), noch in der EU (<0,3%), noch in den USA (0,1%) erreicht. Von der gesamten ODA kamen 2000 nur 7,9% bzw. 3,76 Mrd. US-$ Infrastrukturprojekten im Energiesektor zugute (OECD, 2001). Im Gegensatz zu den zurückgehenden öffent-

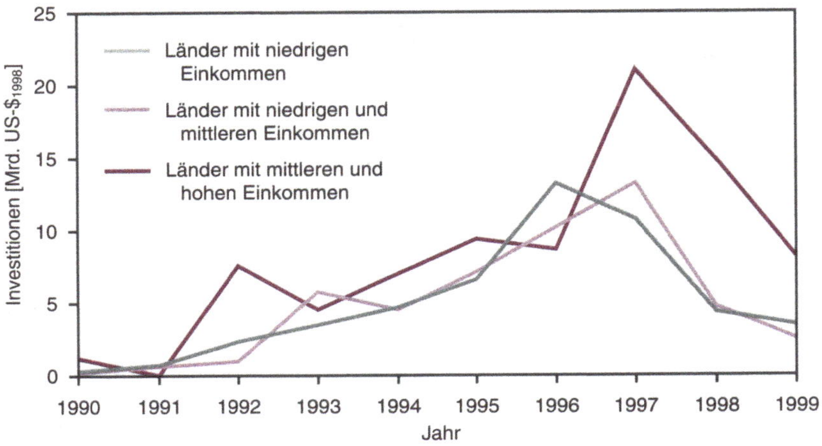

Abbildung 2.7-2
Gesamtinvestitionen in Energieprojekte mit privater Beteiligung in Entwicklungs- und Schwellenländern. Länder mit niedrigem Einkommen: BIP/Kopf$_{1998}$: <760 US-$. Länder mit niedrigem und mittlerem Einkommen: BIP/Kopf$_{1998}$: 761–3.030 US-$. Länder mit mittleren und hohen Einkommen: BIP/Kopf$_{1998}$: 3.031–9.360 US-$. Quelle: Izaguirre, 2000

lichen Beiträgen zur Finanzierung der Entwicklungszusammenarbeit haben sich private Investoren in den 1990er Jahren vermehrt im Energiesektor engagiert. Mehr als 600 Elektrizitätsprojekte mit privater Beteiligung und einem Gesamtinvestitionswert von 160 Mrd. US-$ wurden in den 1990er Jahren in über 70 Entwicklungs- und Schwellenländern durchgeführt (Abb. 2.7-2). Investitionen in Energieprojekte mit privater Beteiligung erreichten 1997 ihren (vorläufigen) Höhepunkt, waren danach aufgrund der Asienkrise und negativer Entwicklungen in Lateinamerika jedoch rückläufig.

Exportkreditagenturen

In den Wirtschaftsbeziehungen zwischen Industrie- und Entwicklungsländern, insbesondere bei Investitionsgütern, spielen die Exportkreditagenturen (Export Credit and Investment Insurance Agencies, ECAs) der OECD-Länder eine wichtige Rolle. Auftrag dieser zumeist staatlichen Institutionen ist die Stärkung der einheimischen Wirtschaft auf ausländischen Märkten. ECAs sichern Ausfuhren in risikoreiche Länder und ausländische Direktinvestitionen durch Bürgschaften, Garantien, Beteiligungen und Kredite gegen Zahlung einer vergleichsweise niedrigen Gebühr ab. Besonders engagiert sind die ECAs im Energiesektor der Entwicklungs- und Transformationsländer. Hier stehen mit fossilen Energieträgern betriebene Kraftwerke und Großstaudämme im Mittelpunkt. Die Stromerzeugung aus Sonne, Wind und Biomasse wird bisher kaum gefördert. Allerdings kann die Exportförderung auch bei der Nutzung fossiler Energieträger positive Wirkung erzielen, wenn Altanlagen durch neue Technologien mit höherem Wirkungsgrad ersetzt werden oder die Energieeffizienz gesteigert wird.

Im Kraftwerksbau der Entwicklungs- und Transformationsländer belief sich das ausländische finanzielle Engagement zwischen 1996–2001 auf 115,6 Mrd. US-$. Davon wurden 50 Mrd. US-$ von Exportkreditagenturen gestützt. Bei der Öl- und Gasförderung erhielten von 97,8 Mrd. US-$ Investitionen 60,6 Mrd. US-$ diese Zusicherung.

Auf Empfängerseite ist eine starke geographische Konzentration zu beobachten. Das Engagement der ECAs erstreckt sich ebenso wie die privaten Investitionen auf wenige Länder, die aber für die künftige Entwicklung der globalen Treibhausgasemissionen von großer Bedeutung sind: China, Indonesien, Indien, Mexiko, Brasilien, die Philippinen und die Türkei. Tabelle 2.7-4 zeigt die Beteiligung der Exportkreditagenturen aus den USA, Japan und Deutschland an Investitionen im Energiesektor der Entwicklungs- und Transformationsländer. Die deutschen Agenturen liegen in ihrem Engagement deutlich hinter denen der USA und Japans.

Die Klimarelevanz außenwirtschaftlicher Fördermaßnahmen hat bisher kaum Beachtung gefunden. Eine Ausnahme ist die Berechnung des Institute for Policy Studies (IPS), wonach die US-amerikanische Exportunterstützung zu Gunsten fossiler Energieträger zwischen 1992 und 1998 zu einer zusätzlichen Emission von 29,3 Mrd. Tonnen CO_2 über den gesamten Lebenszyklus der Projekte führen wird (IPS, 1999).

2.7.4 Fragmentierte Ansätze einer globalen Energiepolitik

Den Vereinten Nationen kommt beim Ausbau der Energieversorgung in Entwicklungsländern eine zentrale Rolle zu. Allerdings ist Energiepolitik momentan auf UN-Ebene kein Arbeitsschwerpunkt. Bereits der kurze Überblick über die Aktivitäten der verschiedenen Einheiten der Vereinten Nationen und ihrer Sonderorganisationen (Kap. 2.7.2) verdeutlicht außerdem, dass eine kohärente Strategie der UN für den Energiebereich nicht zu erkennen ist.

Tabelle 2.7-4
Beteiligung der Exportkreditagenturen von USA, Japan und Deutschland am Kraftwerksbau bzw. Vorhaben im Öl- und Gassektor in Entwicklungs- und Transformationsländern (1996–2001). *KfW* Kreditanstalt für Wiederaufbau, *JBIC* Japanische Bank für Internationale Kooperation, *NEXI* Nippon Export and Investment Insurance, *Exim-Bank* Export-Import Bank, *OPIC* Overseas Private Investment Corporation.
Quelle: Maurer, 2002

Land	Exportkredit-agentur	Kraftwerksbau		Vorhaben im Öl- und Gassektor	
		Gewährleistung/ Versicherung [Mrd. US-$]	Ko-Finanzierung [Mrd. US-$]	Gewährleistung/ Versicherung [Mrd. US-$]	Ko-Finanzierung [Mrd. US-$]
Deutschland	Hermes	1,52	-	0,55	-
	KfW	-	2,20	-	1,00
Japan	JBIC	1,36	2,50	0,34	3,83
	NEXI	1,20	0,10	0,20	0,30
USA	Exim-Bank	3,72	0,50	3,36	0,55
	OPIC	1,40	1,20	0,44	0,20
Gesamt		9,20	6,50	4,89	5,88

Der Versuch, die unterschiedlichen Programme und Projekte durch eine aus Vertretern der verschiedenen Einheiten zusammengesetzte Task Force zu koordinieren, wird nur schwerlich zum Erfolg führen: zum einen verfolgen die verschiedenen Organisationen, Programme und Akteure in der Regel Partikularinteressen, zum anderen ist das Mandat der Task Force unzureichend. Mechanismen, die dazu beitragen könnten, die im Rahmen der CSD gewonnenen Erkenntnisse in politische Vorgaben für die Arbeit der UN umzuwandeln, sind allenfalls in Ansätzen vorhanden. Das Fehlen eines klaren politischen Programms, in dem die Eckpunkte der UN-Strategie zum nachhaltigen Ausbau der Energieversorgung in Entwicklungsländern niedergelegt werden könnten, trägt weiter zur Fragmentierung der energiebezogenen Aktivitäten der verschiedenen UN-Einheiten bei. Hinzu kommt die unzureichende politische Koordination der verschiedenen Einzelstrategien der UN mit den Geberstaaten und den wichtigsten Finanzierungsinstitutionen.

Der Überblick über die bestehenden rechtlichen und institutionellen Grundlagen der internationalen Energiepolitik spiegelt die aktuellen Schwerpunkte und Defizite der Weltpolitik wider (Abb. 2.7-1): Während sich das internationale Wirtschaftsrecht im Energiebereich mit der fortschreitenden Liberalisierung der nationalen Energiemärkte zunehmend ausdifferenziert und den Austausch von Waren und Dienstleistungen erleichtert, bleiben die ökologischen und entwicklungspolitischen Dimensionen einer nachhaltigen Energiepolitik hinter den Erfordernissen zurück. Die Klimarahmenkonvention ist mit dem Kioto-Protokoll als erfolgreicher Einstieg zur Reduzierung der Treibhausgasemissionen zu begrüßen. Für die 2. Verpflichtungsperiode ab 2012 muss eine deutliche Steigerung der Reduktionsverpflichtungen sowie schrittweise eine angemessene Einbindung auch eines Teils der Entwicklungsländer angestrebt werden. Vor allem die institutionelle Fragmentierung, das Fehlen einer übergreifenden politischen Strategie und unzureichende Finanzmittel verhindern dabei einen wirkungsvolleren Einsatz der zur Verfügung stehenden Instrumente.

2.8 Vorläufiges Fazit: Ausgangslage für globale Energiepolitik

- Energie ist von grundlegender Bedeutung für die Entwicklung der Gesellschaft und für die Bekämpfung der Armut. Bevölkerungswachstum, wirtschaftliche und technologische Entwicklungen ließen den Energieeinsatz in den letzten Jahrhunderten und Jahrzehnten weltweit stark anwachsen. Damit war aber eine zunehmende Umweltverschmutzung verbunden.
- Die Verfügbarkeit hochwertiger Energieformen ist global ungleich verteilt. Etwa ein Drittel der Weltbevölkerung, vor allem Menschen in Entwicklungsländern, hat keinen Zugang zu moderner Energie. Für diese Menschen, die oft durch die Verwendung von Holz oder Dung zum Kochen und Heizen großen Gesundheitsrisiken ausgesetzt sind, entstehen schwerwiegende Einschränkungen ihrer Entwicklungsmöglichkeiten.
- Energiesysteme in Industrieländern sollen vor allem drei Eigenschaften besitzen: Versorgungssicherheit, Preisgünstigkeit und Umweltverträglichkeit. Traditionell wurden und werden vielfach fossile und nukleare Energieträger staatlich sub-

ventioniert, die Stromversorgung unterlag einer umfassenden staatlichen Aufsicht. In jüngster Zeit ist eine Abkehr von Subventionen für fossile und nukleare Energieträger, eine Liberalisierung der Märkte für leitungsgebundene Energieversorgung sowie eine verstärkte staatliche Förderung regenerativer Energien festzustellen.

- Transformationsländer in Ost- und Südosteuropa sind durch die Dominanz fossiler Energieträger charakterisiert. Erneuerbare Energien, wie etwa Biomasse, Wind- und Solarenergie spielen trotz hoher Potenziale eine geringe Rolle. Die Konjunkturschwäche der beiden letzten Jahrzehnte ließ die Energieproduktion zurückgehen. Dringend notwendige Investitionen zur Instandhaltung und Modernisierung des Energiesektors wurden nicht mehr getätigt, wodurch die Effizienz der Anlagen auf ein sehr niedriges Niveau sank. Als wesentliche Gründe für die Ineffizienz sind die Subventionierung der Energienutzung sowie die enge Verflechtung von politischen und wirtschaftlichen Interessen im Energiesektor zu nennen.
- Energiesysteme in Entwicklungs- und Schwellenländern besitzen kein einheitliches Muster. Es gibt starke Disparitäten zwischen Kontinenten, Ländern, Regionen, städtischen und ländlichen Gebieten und Landschaftstypen. Allerdings ist generell ein Anstieg der kommerziellen Energienachfrage mit zunehmender Urbanisierung sowie ein Anstieg der Energienachfrage mit steigendem Pro-Kopf-Einkommen zu beobachten. Durch die begrenzten finanziellen Mittel und die zögerliche Ausweitung des Energieangebots sind dem Anstieg der Energienutzung allerdings Grenzen gesetzt. Die Energiepolitiken der meisten Schwellen- und Entwicklungsländer sehen weder Effizienzstrategien noch Investitionen in regenerative Energieträger vor. Vielmehr wird zur Deckung des größten Teils des Energiebedarfs auf fossile Energieträger gesetzt.
- Globale Energiepolitik wird durch zunehmende wirtschaftliche und technische Verflechtungen maßgeblich beeinflusst. So wird etwa der Transfer energieeffizienter Standards und Technologien erleichtert. Andererseits führen der weltweit hohe Transport von Gütern und Personen sowie der Transfer westlicher Lebensstile in weniger industrialisierte Weltregionen zu einem Anstieg der globalen Energienachfrage.
- Eine global koordinierte Energiepolitik ist bei den UN-Organisationen und der Weltbank erst ansatzweise vorhanden. Die institutionelle Fragmentierung und unzureichende Finanzierungsmechanismen erschweren die Energiewende in Richtung Nachhaltigkeit.
- Viele Entwicklungsländer befinden sich erst im Aufbau eines tragfähigen, kommerziellen Energiesystems. Da sie auf ein größeres Portfolio technischer Optionen zurückgreifen können als dies bei Industrieländern auf gleicher Entwicklungsstufe der Fall war, besteht die Chance, Anforderungen an ein nachhaltiges Energiesystem schon im Aufbau zu berücksichtigen (Goldemberg, 1996; Murphy, 2001). So könnte etwa durch Investitionen in regenerative Energiesysteme eine Stromversorgung schnell und kosteneffizient in die Fläche gebracht werden. Dafür ist aber vor allem eine konsequente Umsteuerung der privaten Direktinvestitionen wie auch der staatlichen Kredite und Bürgschaften notwendig, um die Pfadabhängigkeit fossiler Energienutzung auch in den Entwicklungsländer zu überwinden.

Technologien und nachhaltige Potenziale 3

3.1 Einleitung

Die Diskussion einer Transformation des globalen Energiesystems soll technologische Optionen aufzeigen und vielversprechende, auch wenig bekannte Lösungen vorstellen. Auf allen Ebenen von der Primärenergiegewinnung bis hin zur Energiedienstleistung stehen verschiedenste Technologien zur Auswahl, deren Einsatz und Zusammenstellung unter Nachhaltigkeitsaspekten zu bewerten sind. Der Beirat beginnt seine Analyse mit der Untersuchung der zur Verfügung stehenden Energiequellen und -träger. Für fossile, nukleare und erneuerbare Energien werden die nachhaltig realisierbaren Potenziale dargestellt (Definitionen in Kasten 3.1-1), die Konversionstechnologien beschrieben und die Umwelt- und Sozialfolgen bewertet. Außerdem werden die derzeitigen und zukünftigen Kosten der Technologien diskutiert. Während konventionelle Energieformen sich durch Verknappung langfristig verteuern werden, ist für erneuerbare Energien der gegenteilige Trend einer kontinuierlichen Kostenreduktion absehbar. Eine entsprechende Bewertung darf sich daher nicht auf die Gegenwart beschränken. Aus einer solchen Analyse ergeben sich die Rahmenbedingungen, unter denen der exemplarische Pfad des WBGU (Kap. 4) für eine nachhaltige Transformation der Energiesysteme abgeleitet werden kann.

Neben einer nachhaltigen Nutzung der zur Verfügung stehenden Energiequellen ist der Einsatz möglichst effizienter Technologien bei allen Wandlungsprozessen von der Primär- zur Nutzenergie sowie beim Endnutzer selbst unerlässlich. Für den Einsatz fluktuierender erneuerbarer Energiequellen ist eine Diskussion von Technologien zum Fluktuationsausgleich bzw. zur Energiespeicherung essenziell. Das Kapitel teilt die entsprechende Darstellung auf in die Teilaspekte verteilte Kraft-Wärme-Kopplung, Energieverteilung/-transport und -speicherung sowie nachfrageseitige Energieeffizienz. Im Anschluss daran werden die Potenziale einer Dekarbonisierung des Energiesystems durch sichere und langfristige Kohlenstoffspeicherung („Sequestrierung") untersucht. Abschließend wird ein Ausblick auf nachhaltige Lösungen für den Energieeinsatz im Verkehrssektor gegeben.

3.2 Energieträger

3.2.1 Fossile Brennstoffe

3.2.1.1 Potenziale

Heute bestimmen die Energieträger Erdöl, Kohle und Erdgas bei der Bereitstellung von Wärme, elektrischer Energie und Treibstoffen weltweit die Energiesysteme. Diese fossilen Energieträger decken weltweit 90% des Primärenergieverbrauchs (40% Erdöl, 27% Kohle und 23% Erdgas; BGR, 1998). Hinsichtlich ihrer ökonomischen und technologischen Förderbarkeit wird zwischen Reserven, Ressourcen und weiteren Vorkommen unterschieden (BGR, 1998; Nakicenovic et al., 1998):

- *Reserven* sind bekannte Vorkommen, die mit großer Genauigkeit erfasst und heute aus technologischer und ökonomischer Sicht jederzeit abbaubar sind.
- *Ressourcen* sind nachgewiesene oder mit gewisser Unsicherheit als vorhanden eingeschätzte Vorkommen, die mit heutiger Technologie und unter den heutigen ökonomischen Verhältnissen noch nicht förderbar sind, die jedoch als potenziell förderbar gelten.
- *Weitere Vorkommen* können weder als Reserven noch als Ressourcen klassifiziert werden. Sie werden geologisch vermutet, aber das Ausmaß der Vorkommen und die technologischen und ökonomischen Bedingungen ihrer Förderbarkeit sind noch sehr unsicher.

Kasten 3.1-1

Potenzial-Definitionen

Zur Diskussion der Potenziale verschiedener Energieträger werden meist folgende Begriffe zugrundegelegt: theoretisches Potenzial, technisches Potenzial und wirtschaftliches Potenzial. Der Beirat sieht die Notwendigkeit, zudem die Begriffe des Wandlungspotenzials und des nachhaltig nutzbaren Potenzials einzuführen. Im Rahmen dieses Gutachtens werden dabei folgende Definitionen unterschieden:

Theoretisches Potenzial
Das theoretische Potenzial bezeichnet die physikalische Obergrenze der aus einer bestimmten Quelle zur Verfügung stehenden Energie. Im Fall der Sonnenenergie wäre dies die gesamte, auf die jeweils betrachtete Fläche einfallende solare Strahlung. Dieses Potenzial berücksichtigt also insbesondere keine Flächennutzungseinschränkungen. Die Wirkungsgrade der Konversionstechnologien bleiben unberücksichtigt.

Wandlungspotenzial
Das Wandlungspotenzial ist technologiespezifisch definiert und leitet sich über den Jahreswirkungsgrad der jeweiligen Umwandlungstechnologie aus dem theoretischen Potenzial ab. Das Wandlungspotenzial ist somit kein scharf definierter Wert, weil der Wirkungsgrad einer Technologie vom technischen Fortschritt abhängt.

Technisches Potenzial
Das technische Potenzial leitet sich aus dem Wandlungspotenzial ab, indem zusätzlich Einschränkungen bzgl. der für die Energiegewinnung realistischerweise zur Verfügung stehenden Flächen berücksichtigt werden. Die bei der Flächenauswahl zugrundegelegten Kriterien werden in der Literatur nicht einheitlich gehandhabt. Technische, strukturelle und ökologische Restriktionen sowie gesetzliche Vorgaben werden teilweise hierbei berücksichtigt. Die Höhe des technischen Potenzials der verschiedenen Energiequellen ist demnach ebenfalls kein scharf definierter Wert, sondern von zahlreichen Randbedingungen und Annahmen abhängig.

Wirtschaftliches Potenzial
Dieses Potenzial bezeichnet den unter den ökonomischen Rahmenbedingungen (zu einem bestimmten Zeitpunkt) wirtschaftlich nutzbaren Anteil des technischen Potenzials. Für Biomasse werden hierunter beispielsweise jene Mengen verstanden, die in Konkurrenz mit anderen Produkten und Landnutzungen wirtschaftlich erschließbar sind. Die ökonomischen Rahmenbedingungen sind insbesondere durch politische Maßnahmen deutlich beeinflussbar.

Nachhaltig nutzbares Potenzial
Dieses Potenzial einer Energiequelle berücksichtigt alle Dimensionen der Nachhaltigkeit. Hierzu müssen in der Regel verschiedene ökologische und sozioökonomische Aspekte gegeneinander abgewogen und bewertet werden. Die Abgrenzung des nachhaltig nutzbaren Potenzials ist unscharf, da je nach Autor auch beim technischen oder wirtschaftlichen Potenzial bereits ökologische Aspekte berücksichtigt werden. Der Beirat entwirft einen exemplarischen Transformationspfad des globalen Energiesystems (Kap. 4) auf der Basis der nachhaltig nutzbaren Potenziale, deren Aktivierung innerhalb gegebener Zeit als realistisch eingeschätzt wird.

Im Kapitel 3.2 werden die Potenziale der Energieträger und -quellen unter einem globalen Blickwinkel untersucht und diskutiert. Insbesondere wurden für dieses Gutachten globale Karten des Wandlungspotenzials für folgende Technologien berechnet:

- photovoltaische Module (ohne optische Konzentration);
- solarthermische Kraftwerke;
- Solarkollektoren zur Wärmeerzeugung;
- Windenergiekonverter.

Auf Basis dieser Karten kann die räumliche Verteilung der prinzipiell gewinnbaren technisch nutzbaren Energie abgeschätzt werden. Die Berechnung wurde in einem globalen Raster mit einer Auflösung von 0,5 ° geographischer Länge und Breite durchgeführt. Die resultierenden Potenziale werden als mittlere Leistungsdichte pro Bodenfläche oder pro geneigter Modul-/Konverterfläche angegeben, so dass sie immer die Dimension „Leistung pro Fläche" haben.

Die Summe aus Reserven und Ressourcen wird als Gesamtressource bezeichnet. Aus Ressourcen können Reserven werden, z. B. wenn der Preis für Brennstoffe steigt oder die Förderkosten durch technischen Fortschritt sinken. Weitere Vorkommen können bei technologischem Fortschritt langfristig zumindest teilweise in die Kategorie Ressourcen eingeordnet werden und damit die Gesamtressource vergrößern. Die Unterscheidung zwischen Ressourcen und weiteren Vorkommen ist wesentlich weniger scharf als diejenige zwischen Reserven und Ressourcen (UNDP et al., 2000).

Der kumulierte globale Energieeinsatz betrug von 1860–1998 13.500 EJ (UNDP et al., 2000). In den heutigen Reserven ist ein Wert von mindestens gleicher Größenordnung gespeichert (Tab. 3.2-1). Betrachtet man zusätzlich die als Ressourcen klassifizierten Lagerstätten, dann verzwanzigfacht sich das gespeicherte Energievolumen. Die optimistischen Annahmen werden vor allem mit großen Vorkommen nicht konventioneller Öl- und Gasvorkommen begründet. Diese unterscheiden sich dadurch von konventionellen Vorkommen, dass sie in wesentlich geringeren Konzentrationen vorkommen, ungewöhnliche oder höchste technologische Anforderungen an die Förderung stellen, aufwändige Konversionsverfahren benötigen oder große ökologische Auswirkungen haben (z. B. Ölschiefer, Ölsände und Schwerstöle sowie Flözgas, Erdgas in dichten Speichern und Gashydrate; Nakicenovic et al., 1998). Bei hohen Ölpreisen ist ein Teil dieser nicht konventionellen Vorkommen (etwa Ölsände) bereits heute wirtschaftlich ausbeutbar und wird deshalb schon den Reserven zugeordnet (Tab. 3.2-1).

Die Kohlevorkommen machen den größten Anteil bei den fossilen Reserven aus. Sie würden

Tabelle 3.2-1
Reserven, Ressourcen und weitere Vorkommen fossiler Energieträger nach verschiedenen Autoren. *k* konventionell (Erdöl mit bestimmter Dichte, freies Erdgas, Erdölgas, *nk* nicht konventionell (Schweröl, Schwerstöl, Ölsände und -schiefer, Flözgas, Aquifergas, Erdgas in dichten Speichern, Gashydrate). Die weiteren Vorkommen werden geologisch vermutet, ihre wirtschaftliche Ausbeutung ist zur Zeit aber völlig ungewiss. Zum Vergleich: Im Jahr 1998 betrug der globale Primärenergiebedarf 402 EJ (UNDP et al., 2000).
Quellen: Tabelle

Energieträger	Brown, 2002	IEA, 2002c	IPCC, 2001a		Nakicenovic et al., 1998		UNDP et al., 2000		BGR, 1998	
	[EJ]									
GAS										
Reserven	5.600	6.200	k	5.400	k	5.900	k	5.500	k	5.300
			nk	8.000	nk	8.000	nk	9.400	nk	100
Ressourcen	9.400	11.100	k	11.700	k	11.700	k	11.100	k	7.800
			nk	10.800	nk	10.800	nk	23.800	nk[a)]	111.900
Weitere Vorkommen				796.000		799.700		930.000		
ÖL										
Reserven	5.800	5.700	k	5.900	k	6.300	k	6.000	k	6.700
			nk	6.600	nk	8.100	nk	5.100	nk	5.900
Ressourcen	10.200	13.400	k	7.500	k	6.100	k	6.100	k	3.300
			nk	15.500	nk	13.900	nk	15.200	nk	25.200
Weitere Vorkommen				61.000		79.500		45.000		
KOHLE										
Reserven	23.600	22.500		42.000		25.400		20.700		16.300
Ressourcen	26.000	165.000		100.000		117.000		179.000		179.000
Weitere Vorkommen				121.000		125.600				
Gesamtressource (Reserven + Ressourcen)	*180.600*	*223.900*		*212.200*		*213.200*		*281.900*		*361.500*
Gesamte Vorkommen				*1.204.200*		*1.218.000*		*1.256.000*		

[a)]einschließlich Gashydrate

genügen, um den voraussichtlichen Energiebedarf bis weit über 2100 hinaus zu decken. Bei derzeitiger Technologie, also vom Einsatz der Kohleverflüssigung abgesehen, ist Kohle als Energielieferant für den schnell wachsenden Verkehrssektor ohne Bedeutung. In erster Linie liegen ihre Wachstumsprognosen daher hinter denen von Öl zurück. Der Kohleanteil am fossilen Energiemix wird nach den meisten Szenarien (Kap. 4) bis 2100 abnehmen.

Bei gleich bleibendem gegenwärtigen Verbrauch würden die Gasreserven die Nachfrage noch rund 60 Jahre decken. Werden auch die Ressourcen berücksichtigt, verlängert sich die Reichweite auf 170–200 Jahre (IEA, 2002c). Da aber der Gasverbrauch von allen fossilen Energieträgern die steilsten Wachstumsraten aufweist und von 2000–2030 eine Verdopplung des Verbrauchs erwartet wird (IEA, 2002c), könnten die Gasreserven schneller erschöpft sein. Eine potenziell sehr große Quelle für Methan stellen die Gashydratlagerstätten im Meeresboden und in Permafrostböden dar, die meist zu den weiteren Vorkommen gerechnet werden. Könnten sie ausgebeutet werden, würde die fossile Ressourcenbasis um ein Vielfaches vergrößert. Die Nutzbarkeit der Methanhydratvorkommen wird im Moment allerdings zurückhaltend bewertet. Weder gibt es abgesicherte wissenschaftliche Aussagen über die Mächtigkeit der Vorkommen noch attraktive technische Vorschläge zu ihrer Förderung (UNDP et al., 2000), hier ist noch Grundlagenforschung notwendig.

3.2.1.2
Technik / Konversion

Zentrale Großkraftwerke prägen derzeit die Stromversorgung in den Elektrizitätsnetzen der Industrieländer. Bezogen auf die in Deutschland im Jahr 1999 gesamte installierte elektrische Leistung von ca. 119.000 MW beträgt der Anteil zentraler Kraftwerke

(Anlagen >100 MW) rund 80%. Davon entfallen auf Kohlekraftwerke ca. 52.000 MW und auf Erdgaskraftwerke ca. 16.000 MW. Im Einsatz sind bei der Kohlekonversion heute überwiegend klassische Dampfkraftwerke (DKW) und bei Erdgas kombinierte Gas- und Dampfkraftwerke (GuD; Hassmann, persönl. Mitteilung, 2000). Beide Kraftwerkstypen werden in der Grund- und Mittellast zur Stromerzeugung ohne Wärmeauskoppelung eingesetzt, daher ist ein hohes Potenzial durch Effizienzsteigerung gegeben. Bei dieser Betriebsweise verhält sich die CO_2-Emission proportional zum elektrischen Wirkungsgrad, wobei der Mittelwert der deutschen, fossil befeuerten Kraftwerke bei ca. 39% liegt. Bereits nachgewiesene elektrische Wirkungsgrade von über 45% bei Kohlekraftwerken und von fast 60% bei GuD-Erdgas-Kraftwerken zeigen, dass hier ein deutliches Reduktionspotenzial für CO_2-Emissionen vorhanden ist. Neben den „klassischen" Kraftwerken werden weitere Typen entwickelt, die eine Nutzung von Kohle auch in Gasturbinen ermöglichen sollen, wobei die Wirkungsgrade deutlich erhöht und Emissionen stark zurückgehen können (Tab. 3.2-2).

3.2.1.3
Umwelt- und Sozialfolgen

ANTHROPOGENE KLIMAVERÄNDERUNGEN
Die weltweiten CO_2-Emissionen aus der Nutzung von Erdöl, Kohle und Erdgas betrugen 1990 ca. 6,0 Gt C (IPCC, 2001a), woran die Verbrennung von Erdöl mit 44% den größten Anteil hatte. Hinzu kamen noch 1,8 Gt C_{eq} Methan- und 2,5 Gt C_{eq} Lachgasemissionen, vor allem aus der Landwirtschaft (IPCC, 2000a). In den vergangenen 100 Jahren hat sich die mittlere Lufttemperatur in Oberflächennähe und der unteren Atmosphäre um 0,6 ± 0,2 °C erhöht. Bis 2100 wird ohne klimapolitische Maßnahmen mit einer globalen Erwärmung zwischen 1,4 und 5,8 °C gerechnet. Diese Erwärmung führt zu erhöhter atmosphärischer Feuchte und häufig auch höherem Niederschlag, zu Änderungen der atmosphärischen

Tabelle 3.2-2
Entwicklungslinien moderner fossiler Kraftwerke.
Quelle: Hassmann, persönl. Mitteilung, 2002

Brennstoff	Anlage	Leistung [MW]	Nettowirkungsgrad [%]	CO_2-Emissionen [g CO_2/kWh]	Geschätzte Kosten [€/kW]	Stand F&E Bemerkungen	Zeithorizont
Kohle	Dampfkraftwerk mit hohen bzw. höchsten Dampfzuständen 350 bar/700 °C	700–900	>50	168	>700	um 2010 geplant, Werkstoffentwicklung	um 2010
	Kombikraftwerk (Gas- und Dampfturbine) mit zirkulierender Druckwirbelschicht (2. Generation)	700–800	54–55	150	650–700	Heißgasreinigung, robuste Gasturbine	nach 2010
	Kombikraftwerk mit Druck-Kohlevergasung (IGCC)	400–500	>45	184	ca. 1.000	Niedrige Verfügbarkeit	Demonstrationsanlagen bereits realisiert
	Kombikraftwerk mit Druckkohlenstaubfeuerung	400	54–55	150	>750	Heißgasreinigung, robuste Gasturbine	nach 2015
Erdgas	Fortschrittliche kombinierte Gas- und Dampfturbinen-Kraftwerke (GuD)	400	>60	80	ca. 500	Entwicklungsbedarf: Verdichter, Gasturbine niedrig, NO_X-Brenner, Werkstoffentwicklung für katalytische Verbrennung, heiße Teile (Brennkammerauskleidung, Übergangsstücke, Schaufeln, Schaufelkühlung), Verdichter	ab 2005

und ozeanischen Zirkulation, zu Meereis- und Schneeschmelze sowie Meeresspiegelanstieg (IPCC, 2001a). Durch die prognostizierte Verschiebung der Klimaregionen und durch häufigere Wetterextreme wie Überschwemmungen und Dürren werden negative ökologische und soziale Folgen erwartet (IPCC, 2001b). Bei empfindlichen Ökosystemen sind die Schäden teils sogar schon nachweisbar (Kap. 4.3.1.2). Das Risiko einer irreversiblen Schädigung von Ökosystemen steigt mit zunehmender Erwärmung und steigender Erwärmungsrate (IPCC, 2001b).

Seit 25 Jahren nehmen wetterbedingte Schäden zu, wobei große jährliche Schwankungen festzustellen sind. Die steigenden ökonomischen Folgekosten von Überschwemmungen und Dürren können in vielen Regionen gut gemessen werden (IPCC, 2001b; Münchner Rückversicherung, 2001; Swiss Re, 2001). Nach Schätzungen des Internationalen Roten Kreuzes waren hiervon in den vergangenen 26 Jahren ca. 2,5 Mrd. Menschen betroffen (IFRC-RCS, 2001). Die meisten Schäden waren in den 1990er Jahren zu verzeichnen, dem wärmsten Jahrzehnt seit Beginn der Aufzeichnungen von Wetterdaten (Milly et al., 2002; Münchner Rückversicherung, 2001). In den Jahren 2000 und 2001 war eine deutlich höhere Zahl der global von Dürren Betroffenen (176 bzw. 86 Mio. gegenüber 20 Mio. im Jahr 1998), ein Rückgang an Überschwemmungen (62 bzw. 34 Mio. Menschen gegenüber 290 Mio. im Jahr 1998) und ein gleich bleibende Zahl bei den von Stürmen Betroffenen (15 bzw. 29 Mio. gegenüber 26 Mio.) zu verzeichnen (CRED, 2003). Ein Zusammenhang zwischen zunehmenden Unwetterfolgen und dem beobachteten Klimawandel ist wahrscheinlich.

Infolge des Klimawandels drohen den Entwicklungsländern aufgrund ihrer geographischen Lage und unzureichenden Anpassungsfähigkeiten große Schäden (IPCC, 2001b), die bis zur Auslöschung einzelner Staaten durch steigenden Meeresspiegel reichen können. Diese Länder haben bisher kaum Präventions- und Nothilfestrukturen entwickelt.

Luftverschmutzung

Die Emissionen von Benzol, Ruß und anderen Teilchen aus industriellen Verbrennungsprozessen, Kraftwerken und dem Verkehr führen zu zahlreichen ökotoxischen Wirkungen. Stickoxide, Kohlenwasserstoffe und Kohlenmonoxid verändern zudem die Oxidationskapazität der Atmosphäre, wodurch regional nicht nur mehr bodennahes Ozon entstehen kann, sondern die Reinigungskraft der Atmosphäre insgesamt verändert wird. Die bei Verbrennungsprozessen in großen Mengen emittierten Stick- und Schwefeloxide nehmen zusammen mit Ammoniak aus der Massentierhaltung eine Schlüsselposition bei der Veränderung biogeochemischer Kreisläufe durch den Menschen ein. Diese Vorläufersubstanzen für Säuren werden in der Atmosphäre chemisch umgewandelt und durch „sauren Regen" in die Böden eingetragen. Während Entschwefelungs- und Entstickungsanlagen dieses Problem in Industrieländern erfolgreich mindern konnten, stehen Maßnahmen in Entwicklungs- und Schwellenländern meist noch aus.

Belastungen durch Förderung und Transport fossiler Brennstoffe

Die Gewinnung fossiler Energieträger beeinflusst die Böden: Zum einen werden vor allem beim Kohle- und Erztagebau große Bodenvolumina bewegt, wodurch die Morphologie der Böden geändert wird und Setzungserscheinungen der Landoberfläche auftreten. Zum anderen entstehen erhebliche Auswirkungen auf hydrologische Prozesse wie den Abfluss, die Sedimentbelastung von Flüssen und den Grundwasserspiegel, mit möglichen Folgewirkungen für Böden und Ökosysteme. In fast allen Industrieländern ist die Zwischenlagerung der Böden beim Tagebau inzwischen gesetzlich vorgeschrieben.

Vor allem Ölleckagen führen bei Förderung und Transport zu schweren ökologischen Schäden. In Westsibirien liefen zwischen 1980 und 1990 jährlich schätzungsweise 2,8 Mio. t Erdöl aus und zerstörten 55.000 km^2 des Permafrostökosystems (Stüwe, 1993). Zwischen 1967 und 2002 wurden 22 große Tankerhavarien (Ölverlust > 10.000 t) gezählt, bei denen über 2,4 Mio. t Erdöl in das Meer gelangten (Greenpeace, 2002) und große ökologische Schäden auslösten. Jährlich werden zudem ca. 520.000 t Öl durch die Reinigung von Tankern und illegales Abpumpen von Maschinenölen in die Meere gespült. Dies ist das Doppelte der natürlichen Öleinträge durch Quellen im Meeresboden. Bei der Offshore-Ölförderung gelangen weitere 57.000 t pro Jahr in die Meere (Feldmann und Gradwohl, 1996).

Wirkungen auf die menschliche Gesundheit

Die Nutzung von fossilen Brennstoffen und Holz zur Energieerzeugung ist eine der Hauptquellen der Luftverschmutzung, etwa durch NO_X, SO_2, CO, polyaromatische Kohlenwasserstoffe oder Formaldehyd. Diese Substanzen stellen für viele Menschen eine gesundheitliche Belastung dar (Kap. 4.3.2.7). Aber auch Stäube, darunter Bodenteilchen, Mineralasche oder kleine Partikel gefährden die Gesundheit. Mehr als 1,1 Mrd. Menschen sind Konzentrationen von Aerosolteilchen ausgesetzt, die oberhalb der Richtlinien der WHO liegen (UNDP et al., 2000). Besonders schwerwiegend ist die Belastung der Bevölkerung in den großen Städten, vor allem in den rasch wachsenden Megastädten Asiens, Afrikas und Lateinamerikas.

Luftverschmutzung löst eine Reihe akuter und chronischer Krankheiten aus wie z. B. Atemwegserkrankungen (Asthma, Lungenirritationen und -krebs) und Erkrankungen des Herz-Kreislaufsystems. Nach Aussage der Weltgesundheitsorganisation (WHO, 2000, 2002b)

- gibt es einen direkten Zusammenhang zwischen Mortalitätsraten und der täglichen Exposition mit Aerosolteilchen. Jährlich sterben 0,8 Mio. Menschen an den Folgen städtischer Luftverschmutzung;
- wird die Lebenserwartung in einer Bevölkerung, die hohen Konzentrationen von Partikeln in der Luft ausgesetzt ist, erheblich verringert;
- müssen in stark belasteten Regionen 30–40% der Asthmafälle und 20–30% aller Atemwegserkrankungen der Luftverschmutzung zugerechnet werden.

3.2.1.4
Bewertung

Die Folgen der Förderung, des Transports und vor allem der Nutzung fossiler Energieträger betreffen heute jeden Menschen auf der Erde. Viele erkranken direkt durch das Einatmen von Luftschadstoffen, alle sind dem Klimawandel mit zunehmenden Extremwetterereignissen ausgesetzt. Auch die Ökosysteme nehmen schweren Schaden, von Ölkatastrophen aus Tankerunfällen bis hin zur Versauerung von Binnengewässern.

Am schwersten wiegen die Folgen des Klimawandels, die bei ungemindert fortgesetzter Nutzung fossiler Brennstoffe zu befürchten sind (Kap. 4.3.1.2). Die vorhandenen Reserven fossiler Energieträger werden nicht annähernd ausgenutzt werden können, da die Emissionen von Kohlendioxid wegen ihrer Klimawirksamkeit begrenzt werden müssen und einer Speicherung von Kohlendioxid aus technischen und ökonomischen Gründen enge Grenzen gesetzt sind (Kap. 3.6). Um eine Stabilisierung der Kohlendioxidkonzentration gemäß Art. 2 der UN-Klimarahmenkonvention zu erreichen und zu erhalten, müssen die anthropogenen Emissionen langfristig – im Zeitraum von Jahrhunderten – auf ein so niedriges Niveau zurückgehen, dass sie durch persistente natürliche Senken aufgenommen werden können. Diese werden als sehr gering eingeschätzt (weniger als 0,2 Gt C pro Jahr, im Vergleich zu 6,3 Gt C pro Jahr Emissionen aus fossilen Brennstoffen und Zement, gemittelt über die 90er Jahre; IPCC, 2001a). Daher muss aus Sicht des WBGU langfristig eine Abkehr von den fossilen Energieträgern erfolgen. Dieses Ziel bis 2100 zu erreichen, ist allerdings unrealistisch und für eine Stabilisierung der CO_2-Konzentration auch nicht notwendig.

Kurzfristig sind bessere Umweltstandards, umweltschonendere Abbau-, Transport- und Nutzungstechniken wichtige Elemente des Umweltschutzes. Erforderlich sind das rechtzeitige Umsteuern zu zukunftsfähigen Brückentechnologien (z. B. der Substitution von Kohle und Erdöl durch Erdgas), die Investition in erhöhte Effizienz bei Energieumwandlung und Endnutzung sowie längerfristig die Substitution fossiler durch erneuerbare Energieträger (Kap. 4).

3.2.2
Kernenergie

3.2.2.1
Potenziale

KERNSPALTUNG

Bei der Spaltung schwerer Atomkerne wird Energie frei. Einige der schweren chemischen Elemente eröffnen dabei die Möglichkeit einer kontrollierten Kettenreaktion, die die Freisetzung sehr großer Energiemengen aus kleinen Spaltstoffmengen erlaubt. In Kernkraftwerken wird daraus zunächst Wärme und schließlich Elektrizität gewonnen. Die heutige Kerntechnik basiert auf Uran als spaltbarem Material, wobei das nur zu 0,7% im Natururan enthaltene radioaktive Isotop U-235 als Brennstoff eingesetzt wird. Im Kernreaktor wird daraus unter Neutronenbeschuss auch das ebenfalls spaltbare Plutonium gebildet. Die in einem üblichen Kernreaktor freigesetzte Bindungsenergie der Atomkerne stammt daher aus der Spaltung von Uran und Plutonium. Um eine umfassende Abschätzung des Potenzials der Kernenergie vorzunehmen, muss neben Uran und Plutonium auch Thorium betrachtet werden, weil auch dessen spontane Spaltung eine Kettenreaktion auslösen kann, wozu allerdings andere als die derzeit verwendeten Reaktortypen benötigt würden.

Derzeit werden weltweit in 440 Kernkraftwerken (hauptsächlich Leichtwasser-Reaktoren, LWR) mit einer installierten elektrischen Leistung von 354 GW bei einer mittleren Nutzungsdauer (bezogen auf Vollzeitbetrieb mit Nennleistung) von etwa 80% jährlich 2,5 PWh elektrische Energie erzeugt, das sind 17% der weltweiten Stromerzeugung. Aus 22 t (Natur)uran werden etwa 1 TWh Strom gewonnen (UNDP et al., 2000), was zu einem jährlichen Bedarf von rund 55.000 t Natururan führt. Die Nutzung der Kernspaltungsenergie ist in ihrer heutigen Form also durch die natürlichen Uranvorkommen auf der Erde beschränkt. Die weltweit 3,2 Mio. t Uranreserven (Kilopreis unter 130 US-$; UNDP et al., 2000) werden bei gegenwärtigem Verbrauch knapp 60 Jahre reichen. Berücksichtigt man auch die vermuteten Ressourcen, so steigt das weltweite Vorkommen auf ca. 20 Mio. t, also auf etwa 360 Jahre Reichweite bei gegenwärtigem Verbrauch. Dies entspräche einer Stromproduktion von etwa 3.200 EJ. Diese Reichweite ließe sich erheblich steigern, wenn es gelänge, das in Meerwasser gelöste Uran zur Energiegewinnung zu nutzen (Urankonzentration 3 mg pro t, insgesamt ca. 4,5 Mrd. t). Die großtechnische Anwendbarkeit entsprechender Extraktionsverfahren wurde jedoch noch nicht bewiesen. Die Thoriumreserven und -ressourcen werden unter Auslassung nicht näher quantifizierter Vorkommen in China und in der GUS auf rund 4,5 Mio. t geschätzt.

Plutonium kommt in der Natur praktisch nicht vor, entsteht jedoch im Uran-Kernreaktor. Durch Wiederaufarbeitung kann es z. B. in Mischoxid (MOX)-Brennelementen wieder als Reaktorbrennstoff eingesetzt werden, wodurch sich rund ein Drittel des verwendeten Natururans ersetzen lässt. Ebenso kann Plutonium aus Kernwaffen dem zivilen Brennstoffkreislauf wieder zugeführt werden, so dass sich auch hier Verlängerungen der Reichweiten ergeben.

Die oben diskutierten Reichweiten ließen sich bei Einsatz von Brütertechnologien stark erhöhen. Diese werden jedoch derzeit nirgendwo beherrscht. Der zugrundeliegende Prozess ist die Bildung spaltbaren Plutoniums aus dem stabilen Uran-Isotop U-238. Auf diese Weise kann 50- bis 100-mal mehr Energie aus 1 kg Natururan gewonnen werden. Neben den ungelösten technologischen Problemen muss in diesem Zusammenhang allerdings auch das besondere Proliferationsrisiko bei der Erzeugung solch großer Mengen Plutoniums betont werden (Kap. 3.2.2.3).

KERNFUSION

Bei der Fusion leichter Atomkerne wird Energie frei. Während der „Fusionsreaktor" der Sonne normalen Wasserstoff verwendet, ist für entsprechende technologische Prozesse auf der Erde die Verschmelzung der Wasserstoffisotope Deuterium und Tritium zu Helium vorgesehen. Für eine hypothetische künftige Nutzung der Kernfusion zur Deckung eines weltweiten Strombedarfs in Höhe des derzeitigen Gesamtbedarfs von 15 PWh pro Jahr würden pro Jahr etwa 600 t Deuterium und 900 t Tritium an Fusionsbrennstoffen sowie 2.000 t Lithium zum Erbrüten von Tritium benötigt. Die Deuteriumvorräte im Meerwasser (33 g pro t) würden bei Deckung des gegenwärtigen Stromverbrauchs durch Kernfusion einige Milliarden Jahre reichen, die Lithiumvorräte in der Erdkruste (im Mittel 170 g pro m^3 Gestein) einige tausend Jahre, aber bei Nutzung des im Meerwasser gelösten Lithiums einige Millionen Jahre. Die theoretischen Potenziale der Kernfusion sind daher nahezu unbegrenzt. Da die Kraftwerke – wenn überhaupt – frühestens in der zweiten Hälfte unseres Jahrhunderts zur Verfügung stehen werden und zudem ein ebenfalls beträchtliches Gefährdungspotenzial absehbar ist (s. unten), ist es nach Ansicht des WBGU nicht zu verantworten, zukünftige Energiestrategien heute auch nur teilweise auf der Kernfusion basieren zu lassen.

3.2.2.2 Technik/Konversion

KERNSPALTUNG

88% der weltweit installierten Kernkraftwerksleistung entfallen auf Leichtwasserreaktoren, wobei drei verschiedene Reaktortypen besonders hervorzuheben sind: Druckwasserreaktor, Siedewasserreaktor und der russische graphitmoderierte Siedewasser-Druckröhrenreaktor (RBMK; Tab. 3.2-3). Diese Typen erreichen heute elektrische Wirkungsgrade von 30–35% (Wärme zu Strom). Unter anderem sind folgende Steigerungen der Wirtschaftlichkeit und Sicherheit geplant:

- Bei wassergekühlten Reaktoren geht es vor allem um die Einführung so genannter passiver Sicherheitssysteme.
- Bei gasgekühlten Reaktoren geht es darum, die Sicherheitseigenschaften keramisch beschichteter Brennstoffpartikel auszunutzen und bei weit höheren Betriebstemperaturen höhere Wirkungsgrade sowie Prozesswärmenutzung zu realisieren.

Die bis vor wenigen Jahren noch von einigen Ländern verfolgte Weiterentwicklung des Brutreaktors wurde inzwischen aus Sicherheits- und Kostengründen weitgehend eingestellt.

KERNFUSION

Um die Energie liefernden Verschmelzungsreaktionen zwischen den beiden Wasserstoff-Isotopen Deuterium und Tritium auszulösen, müssen Temperatur und Dichte des Brennstoffs bestimmte Werte überschreiten (Hamacher und Bradshaw, 2001). Weltweit werden dabei zwei Konzepte verfolgt: magnetischer Einschluss des Brennstoffs und Trägheitsfusion. Im ersteren Fall schließen starke Magnetfelder den Brennstoff als heißes Plasma ein und halten ihn von den Wänden fern. Bei der Trägheitsfusion werden kleine Brennstoffkügelchen durch Beschuss mit Teilchen oder durch elektromagnetische Wellen zur Implosion gebracht.

	2000	2020	2050
Wichtigste Technologie	LWR	LWR, HTR	auch schnelle kritische und unterkritische Anlagen
Wirkungsgrad [%]	30–35	40–45	60 (mit nuklearem GuD-Zyklus)
Hochaktive und langlebige mittelaktive Abfälle. [mg/kWh]	9–11	2,4	0,5 (mit weitgehender Abtrennung und Transmutation von Actiniden)
Produktionskosten [€-Cent/kWh]	3–5	< 4	k. A.
Leistungsbereich [MW_{el}]	1.000–1.500	150–1.500	(150–1.500)

Tabelle 3.2-3
Heutige und mögliche Weiterentwicklung der Kernspaltungstechnologien. „Schnell" meint hier energiereiche „schnelle" Neutronen. „Unterkritische" Reaktoren benötigen zur Aufrechterhaltung einer Kettenreaktion eine externe Neutronenzufuhr. *LWR* Leichtwasserreaktor. *HTR* Hochtemperaturreaktor. Quelle: Kröger, persönl. Mitteilung, 2002

Am weitesten fortgeschritten ist in der EU derzeit das Gemeinschaftsexperiment JET. Hier konnten 1997 mit 12 MW über etwa eine Sekunde bereits erhebliche Fusionsleistungen erzielt und 65% der zur Aufheizung des Plasmas verbrauchten Leistung per Fusion zurückgewonnen werden (Keilhacker et al., 1999). Beim nächsten großen Schritt der weltweiten Fusionsforschung (IAEA, 1998, 2001), dem internationalen Experimentalreaktor ITER, soll erstmals deutlich mehr Fusionsleistung erzeugt werden als zur Erhitzung des Plasma aufgewendet werden muss. Nach Auswertung des ITER-Experiments könnte in rund 25 Jahren mit dem Bau eines ersten Prototyp-Fusionskraftwerks begonnen werden, mit kommerziellen Kraftwerken wäre in etwa 50 Jahren zu rechnen (Bosch und Bradshaw, 2001). Die elektrische Leistung solcher Fusionskraftwerke wird nach ersten heutigen Studien 1–2 GW betragen. Der Wirkungsgrad der Stromerzeugung könnte bei wassergekühlten Kraftwerken wahrscheinlich 33% betragen und bei Helium gekühlten Kraftwerken zwischen 38–44% liegen. Die Kosten der Fusion lassen sich, da noch keine Pilotanlagen existieren, heute nur mit extrem hohen Unsicherheiten angeben.

3.2.2.3 Umwelt- und Sozialfolgen

Sicherheit und gesellschaftspolitische Akzeptanz

Der WBGU hat in seinem Gutachten 1998 die Kerntechnik zu den Technologien gezählt, die bei den globalen Umweltrisiken im Grenzbereich zwischen Normal- und Verbotsbereich liegen (WBGU, 1999). Die Zahl der jährlich weltweit ans Netz gehenden Kernkraftwerke erreichte in den Jahren 1984 und 1985 mit über 30 den bisherigen Höhepunkt. Schon vor dem Unfall von Chernobyl 1986 gab es Länder, die die Atomkraft aus grundsätzlichen Erwägungen als inakzeptabel erachteten. In Österreich verhinderte 1978 ein Volksentscheid einen Einstieg in diese Technologie. Nach dem Unfall von Chernobyl wuchs die Skepsis der Bevölkerung gegenüber der Kernkraft. Daraufhin ging die Zahl der weltweit jährlich ans Netz gehenden Reaktoren stetig zurück, in einigen Ländern wurde der Ausstieg aus der nuklearen Energietechnologie beschlossen (z. B. Deutschland, Belgien, Schweden).

Wirtschaftlichkeit

In liberalisierten Märkten sind es private Investoren, die die Erzeugungsseite des Stromsektors bestimmen. Für sie wird Kernenergie aus mehreren Gründen zunehmend unattraktiv:

- Das Verhältnis von Kapital- zu Betriebskosten ist bei Kernkraft ungünstiger als bei anderen konventionellen Energieträgern (verzögerte Rendite). Analysen zeigen, dass von wenigen Ausnahmen abgesehen Strom aus Kernkraftwerken in OECD-Ländern wegen der hohen Kapitalkosten teurer ist als der aus Kohle- oder Gaskraftwerken (IEA, 1998; COM, 2000).
- Die hohen absoluten Investitionskosten machen eine Vielzahl von Vertragsparteien notwendig, die zu komplexen Investitions- und Verwaltungsstrukturen führen. Die Sicherheitsbestimmungen erfordern lange Genehmigungsfristen für die Industrie.
- Wenn sich die Betreiber von Kernkraftwerken ähnlich wie die Betreiber von fossilen Anlagen gegen alle auftretenden Risiken versichern müssten, könnte dies zu extrem hohen finanziellen Belastungen für die Betreiber führen.

Entwicklungsländer

Bisher ist die Kernkraft in Entwicklungsländern aus folgenden Gründen kaum genutzt worden:

- Die häufig dezentrale Versorgungsstruktur passt nicht zu dem zentralisierten Versorgungssystem, das für die Kernenergienutzung wegen der Kraftwerksgrößen im Gigawatt-Bereich derzeit charakteristisch ist.
- Bau, Wartung und Betrieb kerntechnischer Anlagen erfordern strenge sicherheitstechnische Vorgaben, gutes Management und Kontrolle. Die

Weltbank und EU-Kommission stellten fest, dass Entwicklungsländer in der Regel signifikante Probleme haben, diese Voraussetzung zu erfüllen (World Bank, 1991; COM, persönl. Mitteilung, 2002).

- Bei typischerweise angespannten Staatshaushalten sind Kernkraftwerke nur schwer finanzierbar (COM, persönl. Mitteilung, 2002).

Endlagerung

Wie sicher eine Endlagerstätte im Hinblick auf die Lagerung nuklearer Abfälle ist, kann heute nur schwer festgestellt werden. Eines der Hauptprobleme der Endlagerung nuklearen Abfalls ist die extrem lange Zeitspanne, über die ein sicherer Abschluss gewährleistet sein muss. Plutonium-239 hat beispielsweise eine Halbwertszeit von 24.000 Jahren, wobei die Halbierung der Strahlung noch keinesfalls das Ende der Lagerung bedeutet. Nach 10 Halbwertszeiten ist die Radioaktivität erst auf 0,1% abgefallen. Die strahlenden Elemente mit Atomgewichten über dem des Urans (Transurane) müssen ca. 1 Mio. Jahre sicher gelagert werden. Der Beirat ist der Auffassung, dass eine einmalige Einlagerung über diese langen Zeitspannen keinen sicheren Abschluss von der Biosphäre garantieren kann.

Durch Beschuss mit Teilchen aus Beschleunigern könnten die Abfälle prinzipiell in kurzlebigere radioaktive Isotope verwandelt werden, wodurch die sichere Endlagerung von Atommüll nur für deutlich geringere Zeitabschnitte notwendig wäre. Da dieser Prozess in der technischen Anwendung unter Umständen mehr Energie freisetzt als die Teilchenbeschleuniger benötigen, ist ein nahezu Nachwärme freies Spaltkraftwerk ohne die Gefahr einer Kettenreaktion denkbar. Eine entsprechende Technologie ist im Pilotmaßstab allerdings noch nicht nachgewiesen.

Wiederaufbereitung

Derzeit gibt es drei große kommerzielle Anlagen zur Wiederaufbereitung abgebrannter Kernbrennstoffe: La Hague (Frankreich), Windscale-Sellafield (Großbritannien) und Chelyabinsk-Ozersk (Russland). Diese Anlagen verarbeiten ca. 25% der weltweit abgebrannten Brennstäbe. Bei der Wiederaufbereitung sind mehrfach Strahlungsmengen freigesetzt worden, die über den zulässigen Grenzen liegen (EU-Parlament, 2001). Die entsprechende Technologie kann heute nicht als sicher beherrscht angesehen werden.

Proliferation und Terrorismus

Die Konstruktion von Atomwaffen benötigt wenig Know-how (UNDP et al., 2000). Das Hauptproblem bei der Herstellung solcher Waffen besteht in der Verfügbarkeit waffenfähigen Plutoniums oder hochangereicherten Urans. Beide fallen auch bei der zivilen Nutzung der Kernenergie an, beispielsweise im Rahmen der Wiederaufarbeitung. Zudem ist die Kernforschung eine weitere potenzielle Plutoniumquelle. In den G8-Staaten gibt es derzeit etwa 430 t Plutonium, weitere ca. 800 t sind in abgebrannten Brennelementen vorhanden (ISIS, 2000). Da nur ein Viertel der abgebrannten Brennelemente der Wiederaufarbeitung zugeführt wird, kommen jährlich etwa 10 t Plutonium hinzu. Für den Bau einer Atombombe werden dagegen nur ca. 6 kg Plutonium benötigt (Froggart, 2002). Das Problem der Entsorgung waffenfähigen Materials beschäftigt regelmäßig die G8-Staaten, ohne dass bisher eine Lösung gefunden bzw. deren Finanzierung zugesagt werden konnte.

Um die Verbreitung von militärischen Nukleartechnologien und spaltbarem Material zu unterbinden und zu kontrollieren, wurde 1968 der Atomwaffensperrvertrag unterzeichnet. 182 Staaten haben diesen bisher ratifiziert, wozu allerdings nicht die Nuklearwaffen besitzenden Länder Indien, Pakistan und Israel zählen. Nordkorea erklärte im Januar 2003 seinen Ausstieg aus dem Vertrag. Die Internationale Atomenergieorganisation führt die Kontrollen durch, ohne, laut eigener Aussage, ihrem Kontrollauftrag gerecht werden zu können (IAEA, 2001). Die IAEA-Datenbank zum Schwarzhandel von Nuklearmaterial verzeichnete seit 1993 weltweit mehr als 550 Fälle, wovon 16 Fälle Plutonium oder angereichertes Uran betrafen. Über die entsprechende Dunkelziffer ist nichts bekannt, eine vollständige Erfassung gestohlenen spaltbaren Materials erscheint unmöglich (UNDP et al., 2000). Bestehende Sicherheits- und Registrierungsniveaus variieren, ohne dass es einen bindenden internationalen Standard gibt.

Nach den Anschlägen des 11. September 2001 rückten auch potenzielle terroristische Angriffe auf Kernkraftwerke in das politische Bewusstsein, obwohl es bereits seit 1972 angedrohte und/oder durchgeführte Anschläge in Argentinien, Russland, Litauen, Frankreich, Südafrika und Südkorea gab (Bunn, 2002; WISE, 2001). Untersuchungen und Tests zeigen, dass Kernkraftwerke z. B. durch Verkehrsflugzeuge, aber auch durch innere Sabotage oder Überfall in hohem Maß verwundbar sind (Bunn, 2002).

Ausblick auf die spezifischen Risiken der Kernfusion

Da es noch keine Pilotanlagen bzw. realisierten Fusionskraftwerke gibt, ist ein Ausblick auf die Risiken dieser Technologie sehr schwierig. Die Untersuchungen zu den Umweltauswirkungen der Fusion konzentrieren sich derzeit im Wesentlichen auf die möglichen Risiken und Auswirkungen der radioaktiven Inventare eines Kraftwerks, also den radioaktiven Brennstoffbestandteil Tritium sowie die Radioisotope in der Brennkammerwand, die durch nukleare Reaktionen zwischen Wandmaterialien und den bei der Fusion frei werdenden Neutronen entstehen (Cook et al., 2001; Raeder et al., 1995).

Die Auswirkungen von Störfällen werden wegen des geringen Energieinventars wahrscheinlich auf das Kraftwerksinnere beschränkt bleiben. Menge und Toxizität der radioaktiven Stoffe, die in einem Fusionskraftwerk erzeugt werden, hängen stark von der zuvor gewählten Zusammensetzung der Materialien ab. In ihren Eigenschaften unterscheiden sich Kernfusions- und Kernspaltungsabfälle erheblich. Dies zeigt sich am deutlichsten im Abklingverhalten der Radiotoxizität – einem Maß für die biologische Gefährlichkeit der Stoffe. Im Fall der Kernspaltung bleibt die Radiotoxizität eines Großteils der erzeugten Abfälle über viele Jahrhunderte nahezu konstant. Dagegen fällt die Radiotoxizität der Fusionsabfälle bereits in den ersten 100 Jahren um drei bis vier Größenordnungen ab. Eine sichere Endlagerung größerer Mengen radioaktiven Abfalls über hunderte von Jahren wäre jedoch auch hier unerlässlich.

3.2.2.4 Bewertung

Das theoretische Potenzial der Kernenergie ist zwar groß. Weil die Nutzung aber mit inakzeptablen Risiken verbunden ist, empfiehlt der WBGU, bestehende Kernkraftwerke mit dem Ende der derzeitigen Betriebsgenehmigungen auslaufen zu lassen und keine weiteren mehr zu bauen.

Das Gefährdungspotenzial von Fusionskraftwerken scheint ebenfalls beträchtlich zu sein. Da diese Kraftwerke – wenn überhaupt – frühestens in der zweiten Hälfte unseres Jahrhunderts zur Verfügung stehen, empfiehlt der Beirat, Fusionskraftwerke für die Energiewende nicht zu berücksichtigen.

Das nachhaltige Potenzial der Kernenergie wird vom Beirat daher mit Null angenommen. Wegen der bestehenden Pfadabhängigkeiten wird ein realistisches weltweites Ausstiegsszenario diesen Wert aber kaum vor 2050 erreichen können. Dabei wird davon ausgegangen, dass die derzeit im Bau befindlichen Kernkraftwerke in Asien sowie Mittel- und Osteuropa noch ans Netz gehen. Der maximale Beitrag der Kernenergie zur weltweiten Stromversorgung könnte im Zeitraum 2010–2020 bei 12 EJ pro Jahr liegen (Tab. 4.4-1).

3.2.3 Wasserkraft

3.2.3.1 Globale Potenziale

Heute sind weltweit 45.000 große Staudämme in Betrieb, davon etwa 300 „Megastaudämme" (ICOLD, 1998). Nahezu alle großen Staudämme haben neben Hochwasserschutz, Wasserspeicherung, Bewässerungslandwirtschaft und Verbesserung der Schifffahrtswege auch Elektrizitätsgewinnung als eines der wesentlichen Ziele (WCD, 2000). Kleine Wasserkraftwerke erfordern höhere Investitionskosten pro installierter Leistung, daher werden 97% des Stroms aus Wasserkraft von großen Wasserkraftwerken mit mehr als 10 MW Leistung geliefert (UNDP et al., 2000). Das theoretische Wasserkraftpotenzial der Erde wird auf ca. 150 EJ pro Jahr geschätzt. Davon können ca. 50 EJ pro Jahr als technisches Potenzial und ca. 30 EJ pro Jahr als wirtschaftliches Potenzial eingestuft werden (Horlacher, 2002; Tab. 3.2-4). Andere Autoren kommen zu ähnlichen Schätzungen (UNDP et al., 2000; IPCC, 2001c). Das globale wirtschaftliche Potenzial der Wasserkraft ist bisher zu ca. einem Drittel ausgenutzt, wobei sich der Grad der Ausnutzung zwischen den Ländern und Regionen erheblich unterscheidet. Große Wasserkraftpotenziale sind noch in Afrika, Asien und Südamerika vorhanden, während sie in Nordamerika und Mitteleuropa (auch in Deutschland) weitgehend ausgenutzt sind. Es gibt Prognosen, nach denen sich die installierte Leistung in 50 Jahren auf weltweit über 1.400 GW mehr als verdoppeln ließe (Horlacher, 2002). Megaprojekte mit einer Leistung von über 10 GW werden dabei die Ausnahme sein. Die Mehrheit der neuen Projekte wird im mittleren Leistungsbereich von 0,1–1 GW liegen.

3.2.3.2 Technik

Die bei Wasserkraftanlagen verwendete Technik ist ausgereift und gilt als äußerst zuverlässig. Entweder wird durch das Aufstauen eines Gewässers die zur Wasserkraftnutzung erforderliche Fallhöhe erreicht, oder es wird bei geringem Gefälle eine hohe Abflussmenge direkt durch Turbinen geleitet (Laufwasserkraftwerke). Wasserkraftanlagen benötigen sehr hohe Investitionen für den Bau, haben jedoch dafür eine hohe Lebensdauer (≥100 Jahre), niedrige Betriebskosten, einen geringen Wartungsaufwand und einen sehr hohen Wirkungsgrad. Das Betriebs-

Tabelle 3.2-4
Potenziale der Wasserkraft nach Kontinenten. Erläuterungen zu den Definitionen der unterschiedlichen Potenziale s. Kasten 3.1-1.
Quelle: Horlacher, 2002

Region	theoretisches Potenzial [EJ/a]	technisches Potenzial [EJ/a]	wirtschaftliches Potenzial [EJ/a]	bereits genutztes Potenzial [EJ/a]	derzeit installierte Leistung [GW]	im Bau oder geplant [GW]
Afrika	14,0	6,8	4,0	0,3	20,6	76,8
Asien	69,8	24,5	13,0	2,9	241	223
Australien	2,2	1,0	0,4	0,2	13,3	0,9
Europa	11,6	3,7	2,8	2,1	176	10
Nord- und Mittelamerika	22,7	6,0	3,6	2,5	158	16
Südamerika	22,3	9,7	5,8	1,9	111,5	50,2
Welt	143	51,7	29,5	9,9	720	377

mittel Wasser ist erneuerbar und kostenlos. Kraftwerke mit Stauseen haben eine schnelle Einsatzbereitschaft (z. B. 1 GW in ca. 5–10 min) und können somit zur Spitzenstromerzeugung und zum Ausgleich extremer Laständerungen in einem elektrischen Versorgungsnetz verwendet werden (Kap. 3.4.3). Mit Wasserspeicheranlagen (Pumpspeicherwerke) können große Energiemengen bei nur geringen Verlusten gespeichert werden.

3.2.3.3 Umwelt- und Sozialfolgen

Wichtige Motivation für wasserbauliche Großprojekte ist die zunehmende Nachfrage nach Elektrizität und Bewässerungslandwirtschaft, häufig gekoppelt mit dem Wunsch nach effektiver Hochwasserkontrolle und dem Ausbau der Schifffahrtswege. In der Tat haben viele große Dämme diese Erwartungen erfüllt und erhebliche sozioökonomische Vorteile und wichtige Beiträge für die Entwicklung gebracht, die aber häufig ungenügend mit den ökologischen und sozialen Nachteilen abgewogen worden sind (WCD, 2000).

Wirkungen auf Ökosysteme

Große Staudämme lösen oft komplexe Nebeneffekte auf Landschaften und Ökosysteme aus (WCD, 2000; McCully, 1996; Pearce, 1992). Zunächst verursacht ein Stausee den direkten Verlust von Landflächen und ihren Ökosystemen. Außerdem haben die Sperrung eines Flussabschnitts und Umwandlung in ein stehendes Gewässer weit reichende hydrologische und ökologische Folgen. Die Speicherung oder Umleitung von Wasser durch den Damm verändert das Abfluss- und Sedimentregime in Quantität, Qualität und Dynamik auf drastische Weise.

Stauseen wirken als Sedimentfallen, so dass weltweit jährlich 0,5–1 % der Speicherkapazität der Stauseen durch Versandung verloren gehen (Mahmood, 1987). Unterhalb des Damms ist die Sedimentmenge verringert und die Sedimentdynamik verändert, was nicht nur die Ökologie des Flussbetts selbst negativ beeinflusst, sondern auch an der Flussmündung erhebliche Schäden durch Küstenerosion verursachen kann (z. B. Nil: Stanley und Warne, 1993; Indus: Snedacker, 1984). Auch andere wichtige Faktoren (Nährstoffe, Temperatur und Wasserchemie) werden verändert, so dass die negativen ökologischen Auswirkungen flussabwärts weithin spürbar sind. Insgesamt sind Dämme ein wesentlicher Faktor für die weltweite Gefährdung der biologischen Vielfalt der Süßwasserfauna und -flora (McAllister et al., 2000).

Emissionen von Treibhausgasen

Die einfache These der Klimafreundlichkeit von Wasserkraft lässt sich nicht bei allen Projekten aufrecht erhalten, denn durch den Abbau von Biomasse im Stausee gelangen die Treibhausgase Kohlendioxid und Methan in die Atmosphäre (WCD, 2000). Durch eine Aufstauung werden häufig naturnahe Wälder, die eine Senke für Treibhausgase bilden können, durch einen Stausee ersetzt, der eine Emissionsquelle darstellt, aber durch Sedimentbildung auch Kohlenstoff speichern kann (Raphals, 2001). Diese gegenläufigen Effekte sind stark abhängig u. a. vom Klima, der Geländetopographie sowie den Klimabilanzen der überfluteten Ökosysteme und des entstehenden Stausees. Bei einem flachen, tropischen Stausee z. B. können die Emissionen größer sein als bei einem fossilen Kraftwerk gleicher Leistung (Fearnside, 1995, 1997; IPCC, 2001b), während bei tiefen Stauseen in hohen geographischen Breiten oder wenn die überfluteten Ökosysteme stark Treibhausgase emittiert haben, die fossile Option deutlich klimaschädlicher sein dürfte (Svensson, 1999). Für die

Beurteilung der Klimawirkung von Wasserkraftwerken müssten für jeden Einzelfall die langfristigen Treibhausgasbilanzen vor und nach der Überflutung miteinander verrechnet und dabei auch die Sekundäreffekte berücksichtigt werden (z. B. durch Umsiedlung ausgelöste Rodung, veränderte Kohlenstoffflüsse oberhalb und unterhalb des Damms; WCD, 2000). Das Erstellen von vollständigen Klimabilanzen von Wasserkraftprojekten bleibt eine wichtige Forschungsaufgabe für die Zukunft.

Technologierisiken

Staudämme können brechen, was durch plötzliches Freiwerden großer Wassermassen zu vielen Opfern und schweren Schäden führen kann. Die bisher schwerste Staudammkatastrophe ereignete sich während eines Taifuns im August 1975 in Henan, China. 62 Staudämme wurden zerstört, allein durch den Bruch des Banqiao-Damms wurden 500 Mio. m^3 Wasser freigesetzt, Dörfer und kleine Städte ausgelöscht. Mehr als 200.000 Menschen verloren ihr Leben (McCully, 1996). 2,2% aller vor 1950 gebauten Dämme haben versagt, während bei den später gebauten Dämmen dieser Anteil mit unter 0,5% deutlich niedriger liegt (WCD, 2000). Da bei der Planung von Dämmen meist vom bisherigen langjährigen Mittel der klimatischen und hydrologischen Verhältnisse ausgegangen wurde, kann der globale Klimawandel durch veränderte extreme Niederschlagsereignisse zusätzliche Sicherheitsrisiken mit sich bringen. Weitere Risiken liegen im vorsätzlichen Zerstören von Staudämmen bei militärischen Konflikten oder durch Terrorismus.

Wirkungen auf die menschliche Gesundheit

Durch den Stausee und angeschlossene Bewässerungsprojekte werden große Flächen mit stehendem Wasser bedeckt. Dies führt in den Tropen zu einem erhöhten Risiko für an Wasser gebundene Infektionskrankheiten (Nash, 1993). Nach dem Bau tropischer Staudämme treten häufig erheblich erhöhte Infektionsraten von Bilharziose auf, z. B. stiegen beim Akosombo-Damm in Ghana die Raten bei Kindern von unter 10% auf 90% (1966–69; McCully, 1996). Malaria, Enzephalitis, Rift-Valley-Fieber, Filariosen, Vergiftungen durch Toxine aus giftigen Blaualgen und durch aus dem überfluteten Boden gelöstem Quecksilber sind weitere Beispiele für lebensbedrohliche direkte Gesundheitsfolgen (WCD, 2000; McCully, 1996). Es müssen aber auch die indirekten Konsequenzen durch die schlechtere Wasserqualität des stehenden Gewässers (Diarrhö) und Mangelernährung als Folge der Zerstörung gesellschaftlicher Lebenszusammenhänge, durch die Überflutung fruchtbarer Böden und die Umsiedlung der lokalen Bevölkerung bei der Bewertung berücksichtigt werden (Lerer und Scudder, 1999). Im günstigen Fall können Stauseen die Wasserversorgung verbessern sowie Bewässerungslandwirtschaft und Fischerei ermöglichen, was sich positiv auf die Ernährungssicherheit auswirkt.

Soziale und gesellschaftliche Folgen

Wasserkraft liefert etwa 19% des weltweiten Stromangebots und ist somit derzeit die bei weitem größte erneuerbare Energiequelle für die Stromproduktion. In 24 Ländern trägt sie mit mehr als 90% zur Stromversorgung bei. Beim Bau der meisten großen Wasserkraftwerke gab es zwar Kosten- und Zeitüberschreitungen, aber die geplanten elektrischen Leistungen und die ökonomische Profitabilität wurden in der Regel erreicht (WCD, 2000).

Großstaudämme bringen aber auch Verlierer hervor, vor allem die unter Zwang und teils erheblicher Verletzung der Menschenrechte umgesiedelte Bevölkerung. Im 20. Jahrhundert waren davon 30–80 Mio. Menschen betroffen und das 21. Jahrhundert beginnt ähnlich: der Drei-Schluchten-Damm in China wird mehr als 1,1 Mio. Menschen vertreiben, der Pa-Mong-Damm (Laos und Thailand) 500.000 Menschen (WCD, 2000; UNDP et al., 2000). Häufig haben die betroffenen Bevölkerungsgruppen weder adäquate Kompensation für die erlittenen Vermögenseinbußen noch geeignete landwirtschaftliche Ersatzflächen erhalten, erst Recht nicht, wenn sie weit entfernt flussabwärts siedeln. Nicht monetär zu erfassen ist der Verlust an kulturellen und religiösen Werten sowie an sozialem Zusammenhalt und gesellschaftlicher Identität. Dies trifft besonders die indigenen Gemeinschaften, deren Kultur und Lebensstil in der Tradition verwurzelt und sehr eng mit dem Standort und seinen natürlichen Ökosystemen verknüpft ist (McCully, 1996). Die Analyse von Fallstudien belegt, dass Partizipation der betroffenen Menschen bei bisherigen Staudammprojekten kaum eine Rolle spielte, Entschädigungszahlungen meist unzureichend waren und die angesprochenen sozialen Effekte in den Planungen der Dammkonstrukteure regelmäßig unberücksichtigt blieben (WCD, 2000).

Nachhaltigkeit von Wasserkraft

Zwangsumsiedlung, mangelnde Partizipation, ungerechte Verteilung der ökonomischen Vorteile und negative ökologische Konsequenzen der Dammbauten schaffen gesellschaftliches Konfliktpotenzial (Bächler et al., 1996). Als Reaktion nahm in den letzten Jahrzehnten der politische Widerstand gegen Staudämme zu (UNDP et al., 2000), was nicht ohne Einfluss auf Kreditgeber und internationale Institutionen blieb. Es setzte langsam ein Umdenken und schließlich ein offener Diskussionsprozess ein. Zum Beispiel überprüfte die Weltbank, die einen erheblichen Anteil an der Finanzierung vieler großer Dammbauten in Entwicklungsländern hatte, im Nachhinein die von ihr mit finanzierten Projekte. Die Umwelt- und Sozialverträglichkeit neuerer Projekte hat heute bei den multilateralen Finanzierungsinstitutionen einen wesentlich höheren Stellenwert.

Für alle wasserbaulichen Projekte sollte die Einhaltung international vereinbarter Leitlinien der Nachhaltigkeit (z. B. Weltbank, OECD) dafür sorgen, dass sie ökologisch und sozial verträglich umgesetzt werden. Wasserkraftprojekte sind demnach immer dann zu meiden, wenn alternative, nachhaltigere und langfristig nicht erheblich teurere Energieoptionen entwickelt werden können. Diese internationalen Leitlinien stehen nicht unbedingt in Einklang mit der oft weniger anspruchsvollen nationalen Gesetzgebung, die häufig zum Nachteil der betroffenen Bevölkerung und des Naturschutzes angewandt wird. So wurde z. B. die Hälfte der großen Staudämme ohne Beachtung der Umweltfolgen für die stromabwärts liegenden Ökosysteme gebaut (Dixon et al., 1989).

Auf internationaler Ebene fand die Nachhaltigkeitsdiskussion in den Analysen und Empfehlungen der World Commission on Dams ihren vorläufigen Höhepunkt (WCD, 2000). Die Kommission hat es in diesem schwierigen Umfeld vermocht, durch das Zusammenführen von Repräsentanten mit unterschiedlichen Interessen auf internationaler Ebene in einem ergebnisoffenen und konsensualen Prozess eine Grundlage für die Bewertung von großen Staudammprojekten zu erarbeiten (WCD, 2000). Das Ergebnis ist beeindruckend: auch wenn einige Staaten (z. B. China, Indien, Türkei) und Akteure (z. B. International Commission on Large Dams – ICOLD, International Hydropower Association – IHA, International Commission on Irrigation and Drainage – ICID; Varma et al., 2000) nicht mit allen Ergebnissen einverstanden sind, haben der Bericht der Kommission und die dort enthaltenen Empfehlungen insgesamt ein positives Echo hervorgerufen. Es mangelt häufig weder an Problembewusstsein noch an Leitlinien für Nachhaltigkeit, sondern an den institutionellen Rahmenbedingungen. Daher ist die kohärente Anwendung der Nachhaltigkeitsleitlinien in der Praxis nur selten in zufrieden stellender Weise möglich. Folgende Voraussetzungen sind zu erfüllen, wenn im Laufe der kommenden Jahrzehnte ein zunehmender Teil der ökonomisch attraktiven Projekte nachhaltig geplant und durchgeführt werden soll:

- *Naturschutz sicherstellen:* Ein weltweites Schutzgebietssystem zur Erhaltung des Naturerbes (Kap. 4.4.1.3; WBGU, 2000) sollte garantieren, dass von den unterschiedlichen Typen von Flussökosystemen (inklusive ihrer Einzugsgebiete) jeweils ein bestimmter Anteil unberührt, d. h. vor allem frei fließend bleibt. Die bisherigen Erfahrungen zeigen, dass besonders im Einzugsbereich möglicher zukünftiger Wasserkraftprojekte rasch ein vorsorglicher Schutz ökologisch wertvoller Gebiete erfolgen muss, da anderenfalls – allen Leitlinien zum Trotz – vorzeitig „Tatsachen" in Form von Abholzung usw. geschaffen werden könnten.
- *Wissenschaftliche Basis schaffen:* Oft fehlen ökologische, soziale und andere orts- und fallspezifische Grunddaten für Nachhaltigkeitsanalysen und den Vergleich mit alternativen Optionen. Erhebliche Investitionen in eine bessere wissenschaftliche Datenbasis über die kommenden 5–15 Jahre sind daher eine zentrale Voraussetzung für den nachhaltigen Ausbau der Wasserkraft (Kap. 6.3.1). Diese Datenbasis sollte unabhängig von Einzelprojekten auf der Basis der Einzugsgebiete von unabhängigen regionalen Forschungszentren erarbeitet werden (z. B. INPA im Amazonasgebiet oder ICIMOD im Himalaya; von Bieberstein Koch-Weser, 2002).
- *Teilnahme der betroffenen Bevölkerung sicherstellen:* Durch detaillierte Vorarbeiten und Partizipation der betroffenen Bevölkerung können viele negative Auswirkungen mit Vorsorge- und Kompensationsmaßnahmen eingedämmt werden. Bisherige Konsultationen kranken oft daran, dass sie die Besorgnisse, Forderungen oder Proteste Betroffener an die Öffentlichkeit bringen, ohne dass diese von Projektleitung oder Regierungsstellen wirklich berücksichtigt würden.
- *Institutionelle Mängel vor Ort beheben:* Eine stärkere Vertrauensbasis und bessere Akzeptanz lassen sich durch ein effizientes Mediations- und Gerichtsbarkeitssystem schaffen. Umweltverträglichkeitsprüfungen (UVP) dürfen nicht erst nachträglich zur Rechtfertigung des Projekts durchgeführt werden, sondern müssen vor der Festlegung zu Gunsten einer bestimmten Projektoption ausgewertet werden. Die zuständigen Regierungsbehörden der Entwicklungsländern müssen in der Lage sein, die UVP auf hohem technischen Niveau und mit ausreichender Ortskenntnis prüfen und hinterfragen zu können. Daher sind weiterhin erhebliche Investitionen in den Aufbau von Kapazitäten notwendig. Für grenzübergreifende Einzugsgebiete sollten länderübergreifende Regionalinstitutionen zur Wasserkraftentwicklung geschaffen werden. Diese könnten bei der Analyse regionaler Standortalternativen helfen, die auch indirekte und kumulative Auswirkungen (z. B. Serien von Projekten an einem Fluss) im Blick haben.

3.2.3.4 Bewertung

Es sind keineswegs alle Dammbauprojekte negativ zu beurteilen (WCD, 2000). Die Umsetzung der in Kap. 3.2.3.3 vorgestellten Empfehlungen kann zusätzliches nachhaltiges Potenzial der Wasserkraft zugänglich machen, was allerdings ein hohes Maß an langfristiger, internationaler Zusammenarbeit und die enge Integration von Entwicklungspolitik, Exportfinanzierung und Energieplanung (z. B. Weltbank, Regionalbanken und Exportkreditagenturen) voraussetzt.

Allgemeine Angaben über das weltweite nachhaltige Potenzial von Wasserkraft können kaum gewagt werden, da sie von vielen Faktoren und der Entwicklung der oben genannten wissenschaftlichen und institutionellen Rahmenbedingungen abhängen. Es bleibt zwar ein großes technisches Wasserkraftpotenzial (Kap. 3.2.3.1; Tab. 3.2-4; Horlacher, 2002), die Realisierung in den kommenden Jahrzehnten im Sinn der Nachhaltigkeit ist aber nur in Ausnahmefällen verantwortbar (von Bieberstein Koch-Weser, 2002).

Der Beirat schätzt die nutzbaren Potenziale insgesamt geringer ein als andere Quellen (z. B. UNDP et al., 2000), da die fehlenden Voraussetzungen für die Anwendung international anerkannter Nachhaltigkeitskriterien den Spielraum stark einengen. Die meisten der wirtschaftlich attraktiveren, weniger kontroversen Projekte sind bereits in der Vergangenheit realisiert worden. So sind z. B. in Nordamerika und Mitteleuropa (auch in Deutschland) kaum zusätzliche nachhaltig nutzbare Potenziale vorhanden. Außerdem werden zukünftige Wasserkraftprojekte wegen der zu Recht gestiegenen Anforderungen an Umwelt- und Sozialverträglichkeit deutlich schwieriger umzusetzen sein. Viele der verbleibenden Projektoptionen befinden sich in schwer zugänglichen Tropenwald- oder Bergregionen, wo die Komplexität der Ökosysteme (Südamerika, Südostasien, Afrika), die Verletzlichkeit indigener Bevölkerungen (Kolumbien, Brasilien, Laos, Vietnam) oder geologische Risiken (Himalaya) große Herausforderungen darstellen. Andere Projektoptionen befinden sich in dicht besiedelten Regionen, wo große Umsiedlungsprogramme erforderlich wären (Indien, China, Südbrasilien).

Wenn während der nächsten 10–20 Jahre die notwendigen Rahmenbedingungen (Investitionen in Forschung, Institutionen, Kapazitätsaufbau usw.) geschaffen werden, könnte bei entsprechender Umsicht nach und nach etwa ein Drittel des heute genutzten Potenzials zusätzlich zugänglich gemacht werden, das sind insgesamt ca. 12 EJ pro Jahr bis 2030. Nur bei Erfüllung der oben genannten Voraussetzungen könnte sich der Wert bis 2100 auf ca. 15 EJ pro Jahr steigern lassen (Tab. 4.4-1).

3.2.4 Bioenergie

3.2.4.1 Potenziale moderner Bioenergie

Nach Angaben der Weltbank beträgt der Anteil traditioneller Biomassenutzung derzeit 7,2% des globalen Primärenergieeinsatzes. In den Entwicklungsländern werden durchschnittlich 35% der Energie aus Biomasse gewonnen, in manchen Ländern Afrikas sogar bis zu 90%. Rund 2,4 Mrd. Menschen hängen zur Energieversorgung ausschließlich von traditioneller Biomassenutzung ab (IEA, 2002c). Hierzu zählt der Einsatz von Brennholz, Holzkohle und Dung zum Kochen und Heizen in privaten Haushalten. Die Verwendung traditioneller Biomasse vorwiegend in den ärmsten Ländern sowie ihre Nachteile für Umwelt und Gesundheit sind der Grund für ihren schlechten Ruf als veraltete Energiequelle. Dennoch bietet Biomasse für die zukünftige Energiegewinnung ein erhebliches Potenzial, das effizienter und weitgehend frei von gesundheitlichen Wirkungen genutzt werden könnte.

Formen energetisch nutzbarer Biomasse und Technologien

Unter energetisch nutzbarer „moderner" Biomasse versteht man folgende Komponenten:

- landwirtschaftliche Reststoffe (z. B. Stroh, Dung, Reisspelzen), soweit ohne Nährstoffverluste der Ackerböden verwertbar;
- Waldrest- und Schwachholz, soweit es nicht aus ökologischen Gründen im Wald verbleiben muss oder aus ökonomischen Gründen anderweitig verwendet wird;
- Industrierestholz und Gebrauchtholz (ebenfalls unter ökonomischen Restriktionen);
- speziell zum Zweck der Energiegewinnung angebaute ein- oder mehrjährige Energiepflanzen.

Die Möglichkeiten der energetischen Nutzung von Biomasse hängen vom Spektrum der eingesetzten Bioenergieträger ab. Neben der Verbrennung von Biomasse zur Erzeugung von Wärme und/oder Strom befinden sich verschiedene weitere Technologien im Versuchsstadium bzw. auf dem Weg zur Marktfähigkeit. Erprobt wird auch die Weiterentwicklung der Stromerzeugung durch Vergasung fester Biomasse sowie eine Kopplung mit der Wasserstoffwirtschaft.

Technische und wirtschaftliche Potenziale der Biomassenutzung in Deutschland

Tabelle 3.2-5 fasst die technischen und wirtschaftlichen Potenziale von Biomasse für eine energetische Nutzung in Deutschland zusammen. Anhand der detaillierten Erhebung für Deutschland soll das Prinzip erläutert werden, nach dem die Potenziale auf europäischer und globaler Ebene erhoben wurden.

Flächenverteilung

Die Fläche Deutschlands von 35,7 Mio. Hektar ist aufgeteilt in landwirtschaftlich genutzte Flächen (53,5%), Wald (29,4%), Siedlungen (12,3%) und sonstige Flächen (4,7%) (Statistisches Bundesamt, 2002). Naturschutzgebiete (ohne Wattenmeerflächen) machen 2,6% der Landesfläche aus, Nationalparke und Biosphärenreservate weitere 6,4% (BfN, 2002). Da sich ein Teil der Naturschutzgebiete mit den Kernzonen der Biosphärenreservate und Nationalparke überschneidet, beziffert die European Environment Agency den Anteil der geschützten Landbiotope an der Gesamtfläche mit 8,3% (Moss et al., 1996). Angestrebt wird durch die Novellierung des Bundesnaturschutzgesetzes die Einrichtung eines Biotopverbundsystems, das mindestens 10% der Landesfläche umfassen soll.

2 Mio. ha Stilllegungsflächen (Kaltschmitt et al., 2002), d. h. vorübergehend nicht der Nahrungsmittelproduktion dienende Agrarflächen, könnten entweder als Anbauflächen für Energiepflanzen, als Naturschutzflächen oder als Aufforstungsflächen zur Kohlenstoffspeicherung gemäß Kioto-Protokoll verwendet werden. Je nach Nutzungsform ergeben sich dabei unterschiedliche technische und wirtschaftliche Potenziale der Bioenergieerzeugung bzw. der Einsparung von Kohlendioxidemissionen.

Potenziale der Forstwirtschaft

In Deutschland werden vom Holzzuwachs mit 40,3 Mio. t Trockenmasse pro Jahr (UN-ECE und FAO, 2000) nur knapp 17 Mio. t als Derbholz stofflich genutzt. Für die energetische Nutzung stünden damit 9,6 Mio. t Waldrestholz, 7 Mio. t Schwachholz und 6,6 Mio. t ungenutzter Zuwachs zur Verfügung (Tab. 3.2-5). Aus waldbaulichen und ökonomischen Gründen beträgt das wirtschaftlich und nachhaltig nutzbare Potenzial bei Schwach- und Waldrestholz nur ca. 10 Mio. t pro Jahr. Hinzu kommen etwa 8,2 Mio. t an Industrieholz und Gebrauchtholz. Es scheint nicht profitabel zu sein, die 0,2 Mio. t Landschaftspflegeholz zu bergen. Auch die energetische Verwertung des ungenutzten Zuwachses ist aus ökologischer Sicht abzulehnen. So stehen von 31,7 Mio. t nur ca. 18 Mio. t Trockenmasse pro Jahr als wirtschaftlich nutzbares Potential zur Verfügung. Das wird sich auch bis 2030 kaum ändern, da ein zunehmender Bedarf für die stoffliche Verwertung (Papier, Verpackungen usw.) zu erwarten ist. Das Energiepotenzial holzartiger Biomasse sinkt damit auf ca. 340 PJ pro Jahr, äquivalent zu ca. 6,8 Mio. t Kohlenstoff. Berücksichtigt man die Nährstoffversorgung der Wälder, dann ist es langfristig nicht nachhaltig, Reisholz und dünne Äste energetisch zu nutzen. Das ökologisch nachhaltige Potenzial liegt deshalb ca. 20% unter dem wirtschaftlichen Potenzial.

Potenziale der Landwirtschaft

In der Landwirtschaft kann mit einem nachhaltigen Energiepotenzial von 315 PJ pro Jahr (entsprechend 6 Mio. t Kohlenstoff pro Jahr) gerechnet werden. 10% des Mähguts von Dauergrünland, 20% des Strohs, Exkremente und verschiedene Abfälle könnten energetisch genutzt werden (z. B. für die Biogasproduktion; Kaltschmitt et al., 2002). Je nach Energieträger gäbe es ein zusätzliches Energiepotenzial von 100–420 PJ pro Jahr (1,8–8 Mio. t Kohlenstoff), wenn Stilllegungsflächen für Energiepflanzen genutzt würden. Die hohe Spannbreite ergibt sich aus unterschiedlichen Zuwächsen und dem Aufwand für die Kultivierung energetisch nutzbarer Pflanzen. Bei der Bewertung dieses Potenzials ist jedoch zu berücksichtigen, dass die derzeitige Praxis der Flächenstilllegung durch eine langfristige ökologische Flächenstilllegung ersetzt werden soll, die keine Möglichkeit der Förderung der Energiepflanzenerzeugung mehr bietet (EU-Kommission, 2002).

Subventionen, betriebliche Flexibilität und andere Gründe führen dazu, dass die Landwirte den Anbau einjähriger Pflanzen bevorzugen, die den Einsatz von Pestiziden und Dünger erforderlich machen. Da mehrjährige Pflanzen bei geringerem Düngerverbrauch, ohne Pestizideinsatz und bei geringer Bodenbearbeitung höhere Energieerträge liefern, sind sie aber vorzuziehen (Börjesson et al., 1997). Für einjährige Arten liegt das ökologisch nachhaltige Potenzial ca. 30% unter dem wirtschaftlichen Potenzial.

Bioenergie könnte in Deutschland maximal ca. 11% der energiebedingten Kohlendioxidemissionen aus dem Jahr 2000 kompensieren sowie 7–9% der Energienachfrage decken (technische Potenziale; Tab. 3.2-6).

Potenziale der Biomassenutzung und Kohlenstoffspeicherung in der EU

Die Unsicherheit bei der Schätzung der technischen Potenziale der Biomassenutzung in der Europäischen Union (EU-15) ist selbst für eine Region mit guter statistischer Dokumentation groß. Die Potenzialabschätzungen reichen von 4.300 bis zu 10.100 PJ pro Jahr, mit einem Median bei 5.700 PJ pro Jahr und einem Mittelwert bei 6.100 ± 1.900 PJ pro Jahr. Die

Tabelle 3.2-5
Technisches und wirtschaftliches Bioenergiepotenzial Deutschlands. Die C-Äquivalente geben an, welche Menge an klimawirksamen Emissionen (Kohlendioxid, Lachgas, Methan, jeweils ausgedrückt in C) gegenüber der Nutzung fossiler Energieträger vermieden wurde (bezogen auf den aktuellen Brennstoffmix Deutschlands). Gesamtfläche Deutschlands: 35,7 Mio. ha. Das wirtschaftliche Potenzial bezieht sich auf das Jahr 2001.
Quellen: Kaltschmitt et al., 1997; Hanegraaf et al., 1998; Freibauer, 2002; Kaltschmitt et al., 2002

	Fläche	nutzbare Menge		Biogas	Heizwert	Energiepotenzial	C-Äquivalente
	[Mio. ha]	[Mio. t_{TG}/a]	[t/ha/a]	[Mio. m³/a]	[MJ/kg]	[PJ/a]	[Mio. t/a]
			TECHNISCHES POTENZIAL				
Wald	10,5						
Waldrestholz		9,6	0,9		18,6	179	3,6
Schwachholz		7,0	0,7		18,6	130	2,6
Zuwachs Stamm		6,6	0,6		18,6	123	2,5
Industrieholz		3,1			18,6	58	1,2
Gebrauchtholz		4,3–6,0			18,6	80–112	1,6–2,4
Landschaftspflege	0,4	0,2	0,5		18,6	4	0,1
Summe Energieholz	*10,9*	*30,8–32,5*				*573–605*	*11,5–12,1*
Landwirtschaft							
Dauergrünland	5,1						
Wiesen	4,1	0,9–1,4	0,2–0,3	750–1.100	17,7	16–24	0,3–0,5
Sonstige	1,0						
Ackerland	11,8						
Getreide, Mais, Raps	8,1	7,6	0,9		17,0	130	2,5
Anderes Ackerland	3,7	0,8–1,5	0,1–5,0				
Andere LW-Flächen	2,2						
Summe Landwirtschaft	*19,1*	*9,3–10,5*		*750–1.100*		*146–154*	*2,8–3,0*
Siedlungen und Sonstige							
Siedlungen	4,4						
Sonstige	1,7						
Landschaftspflege		0,4–0,9		280–560	14,2	6–12	0,2
Exkremente		15,5		4.500	6,2	97	1,8
Siedlungsabfälle		1,5		580	8,3	13	0,2
Industrieabfälle		0,5–1,0		300–375	12,5	6–12	0,2
Klär-/Deponiegas		2,0		2.450–3.050	18,8	35–41	0,7
Summe Abfälle		*20–21*		*8.110–9.065*		*156–174*	*3,1*
Stilllegungsfläche[a]	2						
Kurzumtriebswälder	2	18	9,0		18,5	333	>6,4
Energiegräser	2	24	12,0		17,6	422	7,5–8,1
Getreideganzpflanzen	2	20	10,0		17,0	340	3,3–6,5
Rapsöl	2				37,3	102	1,8
Summe Energiepflanzen	2	*18–24*	*9,0–12,0*			*102–422*	*1,8–8,1*
Gesamtsumme		*77–88*		*8.860–10.165*		*977–1.355*	*18,9–25,8*
			WIRTSCHAFTLICHES POTENZIAL				
Wald		*18,2*				*339*	*6,8*
Waldrestholz		6,5			18,6	121	2,4
Schwachholz		3,5			18,6	65	1,3
Industrieholz		3,1			18,6	58	1,2
Gebrauchtholz		5,1			18,6	95	1,9
Landwirtschaft u. Abfälle		*29–35*				*315*	*6,0*
Grünland		1,1			17,6	20	0,4
Stroh		7,6			17,0	130	2,5
Biogas		20,5		8.588		165	3,1
Energiepflanzen		*18–24*			*17,0–18,6*	*102–422*	*1,8–8,1*
Gesamtsumme		*65–77*				*756–1.076*	*14,6–20,9*

[a] alternative Nutzungen

Tabelle 3.2-6
Zusammenfassung der technischen und wirtschaftlichen Potenziale für die energetische Nutzung von Biomasse und die Speicherung von Kohlenstoff in Deutschland. Zum Vergleich der Energieeinsatz in Deutschland in den Jahren 1990 und 2000. Quellen: Kaltschmitt et al., 1997; Hanegraaf et al., 1998; Freibauer, 2002; Kaltschmitt et al., 2002

	Energiebilanz [PJ/a]		Kohlenstoffbilanz [Mio. t C_{eq}/a]		Anteil an Emissionen [% C_{eq}]	
Energieeinsatz 1990	17.402		330		100	
Energieeinsatz 2000	14.278		270		82	
	technisch	wirtschaftlich	technisch	wirtschaftlich	technisch	wirtschaftlich
Bioenergie	977–1.355	756–1.076	19,2–26,3	14,6–20,9	5,8–8,0	4,4–6,3
Forstwirtschaft	573–605	339	11,5–12,1	6,8	3,5–3,6	2,1
Landwirtschaft	302–328	315	5,9–6,1	6,0	1,8–1,9	1,8
Energiepflanzen	102–422	102–422	1,8–8,1	1,8–8,1	0,6–2,5	0,6–2,5
C-Speicherung			14,8	11	4,5	2,8–2,9
Forstwirtschaft			8,5	8,5	2,6	2,6
Aufforstung			1,2	0,0	0,4	0,0
Landwirtschaft			5,1	0,5–1	1,5	0,2–0,3
Gesamt			*34–41*	*26–32*	*10–13*	*7,2–9,1*

folgenden Betrachtungen beziehen sich auf Kaltschmitt et al., 2002 (mit Ergänzungen), dessen Wert mit 5.200 PJ pro Jahr unterhalb des Mittelwerts der Schätzungen aus der Literatur (Hall und House, 1995; EU-Kommission, 1998; AEBIOM, 1999; Grassi, 1999; Ministry of Trade and Industry, 1999; FNR, 2000; fesa, 2002) liegt, dem Medianwert jedoch nahe kommt.

Die technischen und wirtschaftlichen Potenziale der Bioenergie sowie der C-Speicherung durch veränderte Bewirtschaftungsmethoden in der EU sind in Tab. 3.2-7 dargestellt. Das technische Bioenergiepotenzial der EU beträgt 5.225 PJ pro Jahr, womit 8,6% des Energieeinsatzes des Jahres 2000 (60.926 PJ; Eurostat, 2002) gedeckt werden könnten. Das gesamte C-Einsparungspotenzial durch die Nutzung von Bioenergieträgern und die Schaffung von Senken durch veränderte Bewirtschaftungsmethoden liegt bei ca. 160 Mio. t C-Äquivalenten (14% der energiebedingten Emissionen des Jahres 1990). Das wirtschaftliche Potenzial liegt wesentlich unter diesem Wert, da Senkenkapazität und Bioenergie teilweise um die gleichen Flächen konkurrieren. Auch ökologische Restriktionen wie das vermehrte Auftreten von Lachgasemissionen bei reduziertem Pflügen schränken das Potenzial weiter ein (Freibauer et al., 2002). Bei nachhaltiger Nutzung von 60% des technischen Potenzials erreicht der Anteil der Bioenergie mit 3.134 PJ pro Jahr nur 5,1% des Primärenergieeinsatzes (Jahr 2000). Das wirtschaftliche Senkenpotenzial läge bei 119 Mio. t C oder 10,3% der Emissionen.

Die energetische Nutzung von Biomasse ersetzt etwa die gleiche Menge an fossilem Kohlenstoff wie die durch Bewirtschaftungsmaßnahmen mögliche Kohlenstoffspeicherung. Dabei wurde die Anrechenbarkeit der Speicherung im Kioto-Folgeprozess durch das Bonner Abkommen 2001 begrenzt. Der Zuwachs der Wälder in der EU beträgt 164 Mio. t Kohlenstoff pro Jahr, 103 Mio. t davon werden gefällt (UN-ECE und FAO, 2000), und die verbleibenden 60 Mio. t Kohlenstoff pro Jahr werden als Volumenzuwachs in der Biomasse gespeichert. Diese Menge kann aus betrieblichen Gründen nicht zur energetischen Nutzung geerntet werden, sondern ist dem Speicher zuzuordnen. Der tatsächliche Effekt der Forstwirtschaft liegt damit sogar 30% höher als geschätzt (60 Mio. t C gegenüber 39,4 Mio. t C; Tab. 3.2-7).

Die Anrechnung der Speicherung durch Management ist für der Kohlenstoffbilanz der Erde von außerordentlicher Bedeutung, weil es der einzige Mechanismus ist, über den die Kohlenstoffvorräte in den Böden geschützt werden. Mit 1.500–2.000 Gt ist eine außerordentlich große Menge Kohlenstoff in den Böden der terrestrischen Ökosysteme gespeichert, die ca. 300 Jahre Emissionen durch Nutzung fossiler Brennstoffe bei derzeitigem Verbrauch entspricht. Da dieser Kohlenstoff durch Bewirtschaftungsmaßnahmen teilweise freigesetzt werden kann, muss der Schutz dieser Vorräte ein vorrangiges Ziel zur Erhaltung unserer Lebensgrundlagen und Klimabedingungen sein (Kap. 3.6).

Globale Potenziale der Bioenergie

Der WBGU geht von einem global nachhaltig nutzbaren Bioenergiepotenzial von rund 100 EJ pro Jahr aus (Tab. 3.2-8). 40% kommen aus forstwirtschaftlichen Rückständen und Nebenprodukten, 17% aus landwirtschaftlichen Abfällen und etwa 7% aus der

	Heizwert [MJ/kg]	Menge [Mio. t_{TG}/a]	Energiepotenzial [PJ/a]	C-Äquivalente [Mio. t C_{eq}/a]	Fläche [Mio. ha]
ENERGIEPOTENZIAL					
Forstwirtschaft		*171,6*	*3.192*	*63,8*	113
Waldrest-/Brennholz	18,6	44,5	828	16,6	
Schwachholz	18,6	25,0	465	9,3	
Industrierestholz	18,6	67,0	1.246	24,9	
Altholz	18,6	26,8	498	10,0	
Landschaftspflegeholz	18,6	8,3	154	3,1	
Landwirtschaft		*63,8*	*1.098*	*20,3*	*74*
Stroh	17,2	53,2	915	16,9	36
Nebenprodukte/Abfälle	17,0	10,6	183	3,4	38
Energiepflanzen	*17,7*	*52,8*	*935*	*17,8*	*7,4*
Summe (technisch)		*288*	*5.225*	*101,9*	
Summe (wirtschaftlich)			*3.134*	*61,1*	
SENKENPOTENZIAL					
ARD-Bilanz				*1,4*	*7,4*
Management Forst				*39,4*	*108*
Management Agrar				*16,4–19,1*	*74*
Summe				*57,2–59,9*	
Gesamtes Einsparpotenzial				*119,6*	

Tabelle 3.2-7
Technische Potenziale der Biomassebereitstellung für energetische Nutzung nach Stoffgruppen in der EU. Im Basisjahr 1990 wurden 1.157 Mio. t C aus fossiler Brennstoffen freigesetzt. Die C-Äquivalente bezeichnen die klimawirksamen Emissionen (CO_2, N_2O, CH_4), die gegenüber der Nutzung fossiler Energieträger vermieden wurden. Die ARD-Bilanz gibt das Senkenpotenzial aus Aufforstung (*A*fforestation), Wiederaufforstung (*R*eforestation) und Entwaldung (*D*eforestation) an.
Quellen: Freibauer et al., 2002; Kaltschmitt et al., 2002; Schulze et al., 2002

Verbrennung von Dung. Energiepflanzen spielen mit weiteren 36% eine wichtige Rolle.

Um das Potenzial der Energiepflanzen zu ermitteln, muss die maximale Anbaufläche bekannt sein. Dabei sind Nutzflächen zur Nahrungsmittelproduktion bei wachsender Weltbevölkerung sowie Schutzflächen zur Bewahrung der biologischen Vielfalt und der Ökosystemfunktionen zu berücksichtigen. Wüsten (19%) und Hangflächen in Gebirgen mit mehr als 30% Neigung (11%) kommen ebenfalls nicht in Frage (FAO Land and Plant Nutrition Management Service, 2002).

Der Anteil landwirtschaftlicher Nutzfläche an der globalen Landfläche beträgt rund 12,5%, davon werden 26,5% als Weiden genutzt. Wald wächst auf etwa 30%. Weist man 20% als Schutzfläche bei Wäldern und natürlichen Grasländern aus, blieben global maximal 10% für den Biomasseanbau übrig. Um die Nachhaltigkeit einer solchen Nutzung überprüfen zu können, muss das Potenzial für die einzelnen Kontinente getrennt betrachtet werden (Tab. 3.2-9). Dabei fällt auf, dass im asiatischen Raum die vorhandenen Bioenergiepotenziale bereits heute übernutzt werden.

Das errechnete technische Potenzial für Energiepflanzen erfordert eine Fläche von 322 Mio. Hektar, also etwa 2,5% der Landoberfläche, wenn in Industrieländern und in Lateinamerika moderate Erträge für Bioenergiepflanzen von ca. 6–7 t Trockengewicht pro Hektar und Jahr erzielt werden sollen. In Afrika sind Erträge dieser Größenordnung wegen magerer Böden und kleinbäuerlich organisierter Landwirtschaft vielerorts nur beim Anbau schnell wachsender Bäume wie beispielsweise *Euka-*

Tabelle 3.2-8
Globales technisches Potenzial biogener Festbrennstoffe. Da die Potenzialabschätzung vorsichtig vorgenommen wurde, können die angegebenen Werte als nachhaltig betrachtet werden.
Quellen: FAO, 2002; Kaltschmitt et al., 2002

	Fläche	Tierzahl	Nutzbarer Ertrag		Gesamtmenge	Technisches Potenzial
	[Mio. ha]	[Mio. Stück Vieh]	[t_{TG}/ha/a]	[t/Stück Vieh/a]	[Mio. t_{TG}/a]	[PJ/a]
Forstwirtschaft	4.173		0,5		2.237	41.600
Landwirtschaft	1.505		0,7		994	17.200
Energiepflanzen	322		6,6		2.113	37.400
Dung		1.599		0,8	1.220	7.600
Summe						*103.800*

Tabelle 3.2-9
Geographische Aufteilung der technischen Energiepotenziale biogener Festbrennstoffe.
Quelle: Kaltschmitt et al., 2002

	Europa	Ehemalige UdSSR	Asien	Afrika	Naher Osten	Nordamerika	Lateinamerika	Summe
	Summe Energiepotenzial [PJ/a]							
Holz	4.000	5.400	7.700	5.400	400	12.800	5.900	41.600
Halmgut	1.600	700	9.900	900	200	2.200	1.700	17.200
Energiepflanzen	2.600	3.600	1.100	13.900	–	4.100	12.100	37.400
Dung	700	300	2.700	1.200	100	800	1.800	7.600
Summe	8.900	10.000	21.400	21.400	700	19.900	21.500	103.800
Derzeitige Nutzung	2.000	500	23.200	8.300	–	3.100	2.600	39.700
	[Mio. ha]							
Fläche Energiepflanzen	22	32	10	124	0	36	108	332

lyptus denkbar, da sie in Abhängigkeit von der Niederschlagsmenge Erträge von 0,5–30 t, im Mittel 8,5 t pro Hektar und Jahr bringen, während Getreideerträge bei unter 2 t pro Hektar und Jahr liegen (Marrison und Larson, 1996; FAO, 2002).

Neben Energiepflanzen tragen land- und forstwirtschaftliche Reststoffe wesentlich zum globalen Potenzial der Bioenergie bei. Auch hier ist eine nachhaltige Nutzung Voraussetzung für die Potenzialberechnung. Die Hochrechnung nutzt FAO-Daten zu Landnutzung, landwirtschaftlicher Produktion und Holzproduktion (FAO, 2002).

Bewertung

Im Vergleich mit bisherigen Abschätzungen des globalen Bioenergiepotenzials liegen die Werte des WBGU niedrig. Eine Ursache ist die Berücksichtigung konkurrierender Landnutzungsansprüche. So gibt der IPCC (2001c) für 2050 als globales Bioenergiepotenzial 396 EJ pro Jahr an und sieht dabei in Afrika und Lateinamerika sehr hohe Anteile von 16% bzw. 32% der gesamten Landfläche für den Anbau von Energiepflanzen vor. Gegenwärtig sind in Lateinamerika 30% der Fläche Weideland, und diese Zahl wird aufgrund steigenden Fleischkonsums nicht zurückgehen. Die notwendige Ackerfläche wird sich laut IPCC sogar auf 15% erhöhen, 9% des Kontinents bestehen aber aus ariden Gebieten. Um die Werte des IPCC zu erreichen, müsste sich also die natürliche Waldfläche Südamerikas von gegenwärtig 46% auf etwa 16% verringern, was aus Sicht des Naturschutzes keinesfalls als nachhaltig bezeichnet werden kann (WBGU, 2000). Eine ähnliche Argumentation gilt für Afrika.

Bezüglich der Erträge geht der IPCC von rund 15 t pro ha und Jahr aus. Dies entspricht in etwa den Werten für Zuckerrohr von 19,5 t pro ha und Jahr (Kheshgi et al., 2000). Für Chinaschilf (*Miscanthus*) werden je nach Anbauregion und Bodenverhältnissen 2–44 t pro ha und Jahr angenommen (Lewandowski et al., 2000), für Switchgrass (*Panicum virgatum*) 4–34,6 t pro ha und Jahr (Paine et al., 1996; Sanderson et al., 1996). Die Erträge holziger Energiepflanzen in den gemäßigten und nördlichen Breiten werden für Pappeln mit 7–10 t pro ha und Jahr (Hanegraaf et al., 1998; Kheshgi et al., 2000), für Weiden mit 4,7–12 t pro ha und Jahr angegeben (Tahvanainen und Rytkönen, 1999; Goor et al., 2000). Nur wenige Autoren gehen bei Weiden von Erträgen über 15 t pro ha und Jahr aus (Boman und Turnbull, 1997). Für viele Regionen sind die vom IPCC angesetzten Erträge also zu hoch. Dies gilt insbesondere für die kleinbäuerliche Landwirtschaft Afrikas. Daher wurden vom WBGU nur mittlere Trockenmasseerträge von 6–7 t pro ha und Jahr angenommen.

Auch andere Autoren errechnen bei vergleichbarer Flächenverteilung ein Bioenergiepotenzial von 350–450 EJ pro Jahr (Fischer und Schrattenholzer, 2001). Das Potenzial landwirtschaftlicher Rückstände ist bei ihnen mit 35 EJ pro Jahr doppelt so hoch, weil für die Entnahme pro Flächeneinheit doppelte Werte angenommen wurden. 1,2 t pro ha und Jahr landwirtschaftlicher Rückstände sind zwar in den gemäßigten Breiten realistisch, nicht aber in den Tropen, wo die Bodenstruktur durch eine hohe Kohlenstoffzufuhr in den Boden stabilisiert werden muss. Während der WBGU etwa 0,5 t pro ha und Jahr an erschließbaren forstwirtschaftlichen Rückständen annimmt und dabei ökologischen und ökonomischen Restriktionen Rechnung trägt (keine Nutzung in Urwäldern, keine Nutzung in schlecht erschlossenen Regionen), gehen Fischer und Schrattenholzer (2001) von 1,4 t pro ha und Jahr energetisch nutzbarer forstlicher Biomasse aus. Diese mag in Wirtschaftswäldern der gemäßigten Zonen gerechtfertigt sein, für tropische und boreale Regionen erscheint der Wert zu hoch. Bei den Energiepflanzen sind die von Fischer und Schrattenholzer angenommenen mittleren Erträge von 4,7 t pro ha und Jahr moderat, die Einbeziehung der globalen Graslandfläche in eine energetische Nutzung würde jedoch ökologische Prinzipien verletzen (WBGU, 2000).

3.2.4.2 Umwelt- und Sozialfolgen traditioneller Biomassenutzung in Entwicklungsländern

Wirkungen auf die natürliche Umwelt
Biomasse wird insbesondere in Trockengebieten wie dem Sahel oder in den Steppen Asiens knapp (BMZ, 1999), da hier mehr entnommen wird als nachwächst. In Asien werden jährlich 1.700 PJ aus nicht nachhaltiger Holznutzung gewonnen, etwa 20% der aus Biomasse genutzten Energie. Auch in Afrika und Lateinamerika liegt der nicht nachhaltig gewonnene Anteil bei 30% bzw. 10% (Kaltschmitt et al., 1999). Die nicht nachhaltige Biomassenutzung zerstört Wälder, degradiert Böden, mindert die biologische Vielfalt und schädigt die Wasserressourcen.

Wirkungen auf die menschliche Gesundheit
Weltweit sterben nach Schätzungen der UN jährlich 1,6 Mio. Menschen an den Folgen von Luftverschmutzung in Innenräumen (WHO, 2002b). Den gesundheitsschädlichen Wirkungen der traditionellen Biomassenutzung ist etwa die Hälfte der Weltbevölkerung ausgesetzt, überwiegend Frauen und Kinder (Bruce et al., 2000; Tab. 3.2-10). Die besondere Gefährdung liegt in unvollständigen Verbrennungsprozessen von Holz oder Dung in traditionellen, technisch unzureichenden Kochherden, deren Emissionen von Ruß- und Schwebstoffen sowie Kohlenmonoxid gesundheitsverträgliche Werte erheblich überschreiten (UNDP et al., 2000). Vor allem die kleinen Partikel (am gefährlichsten sind Teilchen von einem Durchmesser <2,5 µm), SO_X, NO_X, O_3 und polyzyklische aromatische Kohlenwasserstoffe bergen Gesundheitsrisiken. Die Anfälligkeit für akute Atemwegsinfektionen liegt bei Kindern, die Rauch und Abgasen der Biomasseverbrennung ausgesetzt sind, erheblich höher als bei Kindern in Haushalten mit moderner Brennstoffnutzung (Behera et al., 1998; Smith et al., 2000). Bei Müttern und Kindern erhöht sich zudem das Risiko, an chronisch obstruktiven Lungenerkrankungen, Lungenkrebs, Tuberkulose, Asthma oder ischämischen Herzerkrankungen zu erkranken (Smith et al., 2000; Smith, 2000; Kasten 3.2-1).

3.2.4.3 Bewertung

Der Beirat schätzt das globale moderne Bioenergiepotenzial auf etwa 100 EJ pro Jahr, die sich zu 20% aus der Nutzung landwirtschaftlicher Reststoffe sowie zu jeweils etwa 40% aus forstwirtschaftlichen Reststoffen und Energiepflanzen ergeben. Ein derartiger Ausbau ist aber nur innerhalb von Jahrzehnten erreichbar (Tab. 4.4-1). Das langfristige Potenzial der traditionellen Biomassenutzung liegt bei etwa

Stufen im Brennstoffzyklus	Mögliche gesundheitliche Wirkungen
Produktion	
Dungbrennstoff	Infektionen
Holzkohle	Vergiftung durch Kohlenmonoxid, Verbrennungen/Traumata
Sammlung von Brennstoffen	Verringerte Kinderfürsorge Verminderte Zeit zur Zubereitung der Lebensmittel Verschlechterung der Ernährung der Familie
Verbrennung	
Rauch (akute Wirkungen)	Entzündung der Bindehaut Reizung/Entzündung der oberen Luftwege Akute Atemwegsinfektionen Positive Wirkung: Fernhalten von Insekten, Spinnen usw.
Rauch (chronische Wirkungen)	Lungenkrebs Chronische obstruktive pulmonale Krankheiten, chronische Bronchitis Tuberkulose *Cor pulmonale*
Toxische Gase (z. B. Kohlenmonoxid)	Vergiftung Fötus: geringes Geburtsgewicht, Schädigung
Hitze	Verbrennungen (akute Wirkung) Linsentrübung (chronische Wirkung)

Tabelle 3.2-10
Gefährdung der Gesundheit bei verschiedenen Abschnitten im Brennstoffzyklus von Biomasse. *Cor pulmonale* Rechtsherzinsuffizienz durch chronische Lungenerkrankung.
Quelle: WHO, 2002a, c

Kasten 3.2-1

Biomasseöfen machen krank – Beispiel Indien

Drei Viertel der indischen Haushalte (etwa 650 Mio. Menschen) sind auf Biomasse angewiesen, mit der 85–90% des Energiebedarfs gedeckt werden. Diese Energiequelle stellt vor allem für Frauen und Kinder wegen mangelhafter Verbrennungstechnik eine große Gefährdung der Gesundheit durch Emissionen dar. In Indien sind die Gesundheitsrisiken durch Verschmutzung von Innenraumluft auch in den großen Städten weit größer als durch Verschmutzung der Außenluft (Abb. 3.2-1 und Kap. 4.3.2.7). Schätzungen ergeben, dass etwa 500.000 frühzeitige Todesfälle bei Frauen und Kindern unter 5 Jahren auf die Nutzung fester Brennstoffe in Haushalten zurückzuführen sind. Das entspricht 5–6% der nationalen Krankheitsbelastung und übersteigt damit die weitaus häufiger erwähnten Risiken des Rauchens oder der Malaria.

In Indien fördern staatliche und private Programme die Einführung verbesserter Öfen. Im Jahre 1992 waren schätzungsweise 7,6 Mio. effiziente Öfen in Haushalten im Gebrauch.

Quellen: Terivision, 2002; Smith, 2000; UNDP et al., 2000; Murray und Lopez, 1996.

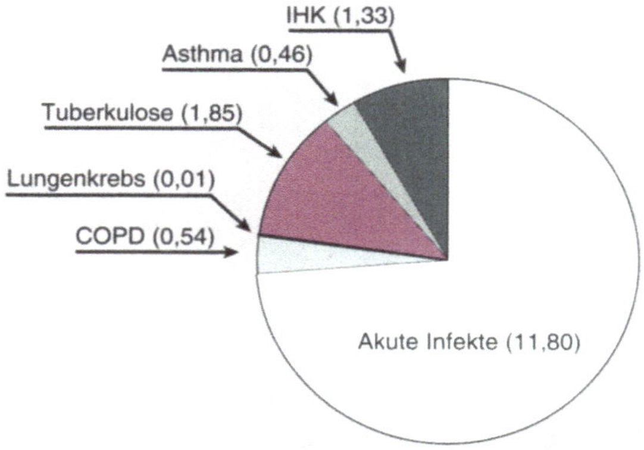

Abbildung 3.2-1
Geschätzte Verteilung der jährlichen Gesundheitsbelastung in DALYs (Disability Adjusted Life Years), die auf Luftverschmutzung der Innenräume durch Kochen in Indien zurückzuführen ist. *COPD* chronische obstruktive Atemwegserkrankungen; *IHK* ischämische Herzkrankheiten (z. B. Herzinfarkt).
Quelle: Smith, 2000

5 EJ pro Jahr. Die WBGU-Abschätzung berücksichtigt die Nachhaltigkeit der Biomassenutzung, z. B. die Nichtumwandlung natürlicher Ökosysteme zum Anbau von Energiepflanzen oder eine ausreichende Nährstoffrückführung in Wald- und Ackerböden stärker als vergleichbare Studien. Sie liegt daher deutlich niedriger als andere aktuelle Potenzialabschätzungen, wie sie beispielsweise durch den IPCC (2001c) oder von Fischer und Schrattenholzer (2001) vorgelegt wurden.

3.2.5 Windenergie

3.2.5.1 Potenziale

Für die Berechnung des Potenzials der Windenergienutzung an Land und auf See wird ein fortschrittlicher Multimegawatt-Windenergiekonverter angenommen (Abb. 3.2-2). Die bei der Berechnung des Wandlungspotenzials zugrunde gelegten Windgeschwindigkeiten entstammen meteorologischen Daten, aus denen der Wert für die entsprechende Nabenhöhe interpoliert wurde. Hierbei wurde über einen 14-jährigen Zeitraum gemittelt (1979–1992). Zur Berechnung eines globalen technischen Potenzials (Kasten 3.1-1) müssen jedoch neben dem Wandlungspotenzial verschiedene weitere Einschränkungen berücksichtigt werden. So wurden beispielsweise Stadtgebiete, Waldflächen, Feuchtgebiete, Schutzgebiete, Gletscher und Sanddünen bei der Berechnung ausgeschlossen. Landwirtschaft hingegen wurde nicht als mit der Windenergie konkurrierende Landnutzung angesehen. Daneben kann jedoch auch die Geländeform aufgrund der herrschenden Windverhältnisse (z. B. Schlucht, Kessel) oder der Geländesteigung (Problem der Fundamentierung) den Einsatz von Windkraftanlagen verbieten. Ebenso müssen gewisse Mindestabstände beispielsweise zu Siedlungsgebieten eingehalten werden. Im Offshore-Bereich werden Meerestiefen über 40 m derzeit ausgeschlossen. Auch die mittlere jährliche Meereisbedeckung und ein regional unterschiedlicher Mindestküstenabstand (0–12 Seemeilen) wurden berücksichtigt. Sowohl für Offshore- als auch für Onshore-Anwendungen wurden kleinräumige Ausschlusskriterien (kleinere Schutzgebiete, Infrastrukturflächen, militärische Sperrgebiete usw.) durch einen Korrekturfaktor berücksichtigt, der sich aus der jeweiligen Bevölkerungsdichte ableitet. Unter Zugrundelegung der sich aus diesen Ansätzen ergebenden Flächenrestriktionen ergibt sich das Integral für das globale technische Potenzial zu 1.000 EJ pro Jahr für land- und seegestützte Anwendungen. Der Beirat hält 10–15% dieses technischen Potenzials für nachhaltig nutzbar und empfiehlt etwa 140 EJ pro Jahr als langfristig erreichbaren Beitrag der Windenergie zu einer nachhaltigen Energieversorgung.

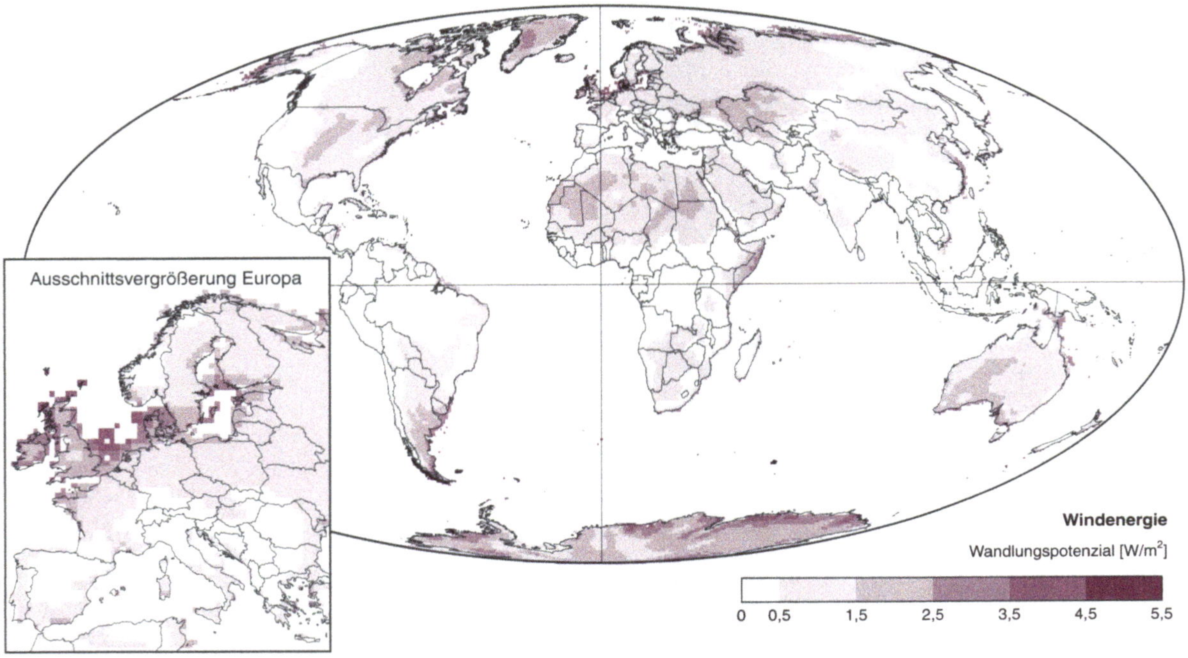

Abbildung 3.2-2
Globale Verteilung des Wandlungspotenzials der Windenergie auf Landflächen und Offshore bis zu einer Tiefenlinie von 40 m. Das Wandlungspotenzial ist aus dem theoretischen Potenzial abgeleitet und berücksichtigt den prognostizierten Jahreswirkungsgrad eines Multimegawatt-Windenergiekonverters im Jahr 2050 (vgl. Kasten 3.1-1). Ökonomische und Flächenrestriktionen sind in der Darstellung nicht berücksichtigt. Die Auflösung der Berechnung beträgt 0,5*0,5°, entsprechend etwa 50*50 km.
Quelle: Kronshage und Trieb, 2002

3.2.5.2
Technik / Konversion

Windkraftanlagen wandeln die kinetische Energie bewegter Luft in mechanische Rotationsenergie und anschließend in Elektrizität um. Dem Wind kann dabei maximal knapp 60% seiner Leistung entzogen werden (Dwinnell, 1949).

Der weltweite Markt für Windenergieanlagen gliedert sich derzeit in zwei grundlegend verschiedene Einsatzgebiete: Während in Asien sehr kleine, dezentrale Anlagen als Batterieladestationen zehntausendfach verbreitet sind, kommt der Windenergie unter quantitativen energiewirtschaftlichen Gesichtspunkten insbesondere auf dem Gebiet der netzgebundenen Großturbinen globale Bedeutung zu.

Im Gegensatz zu traditionellen Windmühlen, die nach dem Widerstandsprinzip arbeiten, nutzen moderne Rotoren das vom Flugzeugflügel bekannte Auftriebsprinzip. Neben dem Rotor bestehen die Großanlagen im Wesentlichen aus Generator und Turm. Von den verschiedenen Ausführungen hat sich mittlerweile der auf einem Stahlrohrturm montierte, horizontal gelagerte Dreiflügler durchgesetzt. In der Regel ist ein mechanisches Getriebe zwischen Rotorachse und Generator erforderlich, um die Drehzahl des Rotors an die erforderliche Generatordrehzahl anzupassen. Mittlerweile hat sich jedoch auch eine getriebelose Generatortechnik am Markt etabliert. Die Nennleistungen der netzgebundenen Anlagen sind in den letzten 30 Jahren von typischerweise 30 kW auf mittlerweile bis zu 3 MW angestiegen, 5 MW sind für Offshore-Anwendungen projektiert.

Aufgrund fluktuierender Windgeschwindigkeit liegt die mittlere jährliche Leistung der Windturbinen nur bei 20–25% der Nennleistung (Offshore über 30%): Allgemein gilt, dass die in Wind enthaltene Leistung der dritten Potenz der Luftgeschwindigkeit proportional ist. Moderne Anlagen beginnen etwa ab 3 m pro Sekunde Windgeschwindigkeit mit der Energieproduktion. Ab etwa 25 m pro Sekunde werden die Anlagen abgeregelt, um Schäden zu vermeiden. Da die mittlere Windgeschwindigkeit in Rotorhöhe eine wichtige Kenngröße für den Ertrag von Windkraftanlagen ist, hat sie wesentlichen Einfluss auf die Stromgestehungskosten. Diese liegen heute unter Berücksichtigung der Betriebs- und Wartungskosten an geeigneten Standorten in Deutschland zwischen 5,5 und 13 €-Cent pro kWh (BMU, 2002b).

Gute Standorte an Land können bei verstärkter Windenergienutzung knapp werden, so dass bereits erste Windparks auf See in Erprobung sind. Während sich die entsprechende Volllaststundenzahl in der Nordsee auf bis zu 4.000 Stunden pro Jahr erhöhen kann, verdoppeln sich in etwa auch die Installationskosten. In der Summe werden Offshore-Anwendungen also nicht in erster Linie wegen eines möglichen Preisvorteils angestrebt, sondern um geeignete neue Standorte zu erschließen. Die in diesem Zusammenhang für Deutschland weitgehend konfliktarm realisierbare installierte Leistung wird auf bis zu 25 GW geschätzt.

Während einer 20-jährigen Nutzungsdauer lässt sich mit einer Windkraftanlage je nach Standort bis zu etwa 80-mal soviel Energie gewinnen, wie für ihre Herstellung, Nutzung und Entsorgung derzeit verbraucht wird (Bundesverband Windenergie, 2001). Folglich können die Anlagen ihren Energieaufwand zur Errichtung der Anlage bereits in etwa drei Monaten wieder einspielen. Wie bei vielen anderen Formen der Nutzung erneuerbarer Energien fallen auch hier die Emissionen von Treibhausgasen nicht beim Betrieb der Anlage an, sondern infolge des Energieaufwands bei Herstellung und Entsorgung. Dabei ist der gemittelte CO_2-Ausstoß pro kWh Windstrom vom Strommix im Herstellungsland der Anlage abhängig. Je weiter der Transformationsprozess hin zu einer nachhaltigen Energieversorgung fortgeschritten ist, desto geringer werden die spezifischen CO_2-Werte sein. Von einer expliziten Angabe wird hier daher abgesehen.

3.2.5.3 Umwelt- und Sozialfolgen

Beim Thema Windenergie rufen im Wesentlichen die folgenden Punkte gelegentlich Bedenken wegen möglicher Umwelt- und Sozialfolgen hervor:

- *Landverbrauch:* Einerseits zählt die Windenergie heute zu den ökonomisch günstigsten Formen erneuerbarer Energiegewinnung, andererseits ist sie durch vergleichsweise geringe Energiedichten gekennzeichnet. Der Gewinn signifikanter Energiemengen ist daher mit der Nutzung großer Landflächen verbunden, typischerweise 0,06–0,08 km^2 pro MW (EUREC Agency, 2002). Es besteht jedoch kein Grund, mit Windkraftanlagen bebaute Landfläche nicht weiterhin auch landwirtschaftlich zu nutzen, so dass der tatsächlich Landverbrauch für die Anlagen (z. B. Fundamente, Zufahrtsstraßen) mit 1 % der oben angegebenen Fläche sehr klein ist.
- *Lärmbelästigung:* Die von Windkraftanlagen hervorgerufenen akustischen Störungen entstehen durch mechanische Quellen und Strömungsgeräusche. Beide Komponenten sind jedoch durch moderne Techniken (akustisch optimierte Rotorprofile, Direktantrieb des Generators, moderate Umdrehungsfrequenz) erfolgreich reduziert worden. Wenn ausreichender Abstand zu Siedlungen eingehalten wird, stellen die Geräuschemissionen heutiger Windkraftanlagen daher kein Problem mehr dar.
- *Optische Belästigung:* Gelegentlich wird der Anblick von Windkraftanlagen als störend empfunden. Während dieser subjektive Effekt schwierig zu quantifizieren ist, stellt er doch eines der Haupthindernisse für den Ausbau der Windenergie dar. Zudem werden Schattenwurf und Reflexionen zu den optischen Beeinträchtigungen gezählt. Dies kann jedoch bei sorgfältiger Auswahl der Standorte und angepasster Technologie (z. B. matte Lackierungen) weitgehend vermieden werden.
- *Naturschutz bei Offshore-Anlagen:* Umweltauswirkungen der Windenergienutzung auf See sind derzeit Gegenstand intensiver ökologischer Begleitforschung (BMU, 2002c). So sind u. a. Lage und Größe eines Windparks, Schallemissionen und Auswirkungen der Energieübertragung auf Vögel, Meeressäugetiere und Fische zu untersuchen. Konkurrierende Nutzungen des Meeres durch beispielsweise Fischerei, Militär, Ölindustrie und Schifffahrt sind zu bewerten.

3.2.5.4 Bewertung

Strom aus Windenergie kann bereits heute unter den gegebenen energiepolitischen Randbedingungen preisgünstig bereitgestellt werden. Die Umweltrelevanz der Technologie (Ressourcenverbrauch, Treibhausgasemissionen, Materialrecycling) ist positiv zu beurteilen. Der Beirat befürwortet daher einen weiteren zügigen Ausbau dieser erneuerbaren Energiequelle. Hierbei kann nur ein gewisser Anteil des berechneten globalen technischen Potenzials als nachhaltig nutzbar angesehen werden. Der Beirat empfiehlt daher global etwa 140 EJ pro Jahr als langfristig erreichbaren Beitrag der Windenergie zu einer nachhaltigen Energieversorgung.

3.2.6 Solarenergie

3.2.6.1 Potenziale

Die Wandlungspotenziale der Solarenergienutzung wurden für vier verschiedene Technologien berechnet:

- zentrale solarthermische Kraftwerke mit optischer Konzentration (Abb. 3.2-3);
- zentrale Photovoltaik-Kraftwerke ohne optische Konzentration (Abb. 3.2-4);
- dezentrale photovoltaische Module ohne optische Konzentration (Abb. 3.2-5);
- thermische Solarkollektoren (Abb. 3.2-6).

Für die Photovoltaik wird dabei, ohne Festlegung auf eine bestimmte Technologie, im Jahr 2050 ein Jahressystemwirkungsgrad von 25% angenommen. Bei den solarthermischen Anlagen wurde in den Potenzialkarten die Kraft-Wärme-Kopplung nicht berücksichtigt. Für Solarkollektoren zur Wärmeerzeugung wird für 2050 ein Jahreswirkungsgrad von 40% als erreichbar angesehen. Auf Basis dieser Wandlungspotenziale wurden bei Beachtung von Flächenrestriktionen zudem technische Potenziale berechnet (vgl. Kasten 3.1-1 zu den Potenzialdefinitionen). Hierbei ergeben sich für jede der betrachteten Konversionstechnologien Werte, die in dem jeweiligen Sektor einem Vielfachen aller Zukunftsprojektionen des menschlichen Energieeinsatzes entsprechen. Die globalen technischen Potenziale können vor diesem Hintergrund als quasi unbegrenzt bezeichnet werden. Charakteristisch für den jährlichen Solarenergiefluss ist seine weitgehende Gleichverteilung über die stärker bewohnten Gebiete der Erde. Diese vorteilhafte Eigenschaft wird auf den Karten, die Technologien ohne optische Konzentration betreffen, deutlich. In höheren Breiten sind allerdings die jahreszeitlichen Schwankungen beträchtlich, so dass zu deren Ausgleich weitere Technologien eingesetzt werden müssen.

3.2.6.2 Technik / Konversion

Photovoltaik

Photovoltaische Zellen („Solarzellen") wandeln Licht direkt in elektrische Energie um. Solarzellen bestehen derzeit aus mehreren übereinander liegenden Schichten verschiedenartiger halbleitender Materialien. Für die Anwendung werden sie elektrisch in Serie geschaltet und in Modulen verkapselt. Auf diese Weise werden technisch gut handhabbare elektrische Spannungen erreicht. Die Verkapselung schützt die Halbleiterelemente vor Umwelteinflüssen und garantiert somit eine hohe technische Lebensdauer. Photovoltaische Module werden bei Bedarf elektrisch zu Modulfeldern verschaltet und über eine Anpassungselektronik mit Verbrauchern oder dem elektrischen Netz gekoppelt. Bei nicht netzgekoppelten Anlagen wird in der Regel ein Speicherelement (z. B. Akkumulator) in das System integriert.

Seit der Entwicklung der ersten Solarzelle im Jahr 1954 dominiert kristallines Silizium als Ausgangsstoff die Zellenherstellung. Aufgrund der notwendigen hohen Reinheit des Materials sind Solarzellen bei derzeitiger Zellendicke recht teuer. Zahlreiche alternative Technologien werden entwickelt, um Materialeinsatz und Kosten deutlich zu reduzieren (Luther et al., 2003; Tab. 3.2-11).

Für langfristige globale Strategien ist bei der Bewertung der Zelltechnologien neben Wirkungsgrad und Preis auch die Verfügbarkeit der Ausgangsstoffe zu bedenken. Dabei ist Silizium als zweithäufigstes Element der Erdkruste unkritisch, während andere Elemente, wie Indium und Tellur, die in einigen Dünnschichttechnologien eingesetzt werden, bei hoher Produktion knapp werden könnten.

Weiterhin zu bedenken ist die energetische Amortisationszeit der Anlagen. Moderne netzgekoppelte Systeme produzieren die zu ihrer Herstellung notwendige Energie in Mitteleuropa in etwa drei Jahren. Dieser Zeitraum ist kurz im Vergleich zur gesicherten technischen Lebensdauer der Anlagen von gut 20 Jahren (Pehnt et al., 2003). Dabei ist zu berücksichtigen, dass heutige Anlagen hinsichtlich ihrer energetischen Amortisationszeit nicht optimiert worden sind.

Wie bei der Windenergie fallen auch bei der Photovoltaik die Emissionen von Treibhausgasen nicht beim Betrieb der Anlage sondern bei Herstellung und Entsorgung an. Der mittlere CO_2-Ausstoß pro kWh Solarstrom ist daher vom Strommix des Herstellungslands der Anlage abhängig (Kap. 3.2.5.2).

Weil Solarzellen in Modulen verschaltet und diese wiederum zu Systemen beliebiger Größe kombiniert werden können, gibt es für die Photovoltaik ein extrem breites Feld möglicher Anwendungen. Netzferne Kleinstanlagen liefern typischerweise einige zehn Watt, netzgebundene Großkraftwerke können bis in den MW-Bereich hinein ausgelegt sein. Während Photovoltaiksysteme in netzfernen ländlichen Gebieten bereits heute in der Regel kostengünstiger als eine Ausweitung des zentralen Netzes sind, ist die Photovoltaik im Vergleich zu konventionellen Großkraftwerken in ausgedehnten Netzen bei weitem noch nicht wettbewerbsfähig. Im Rahmen des exem-

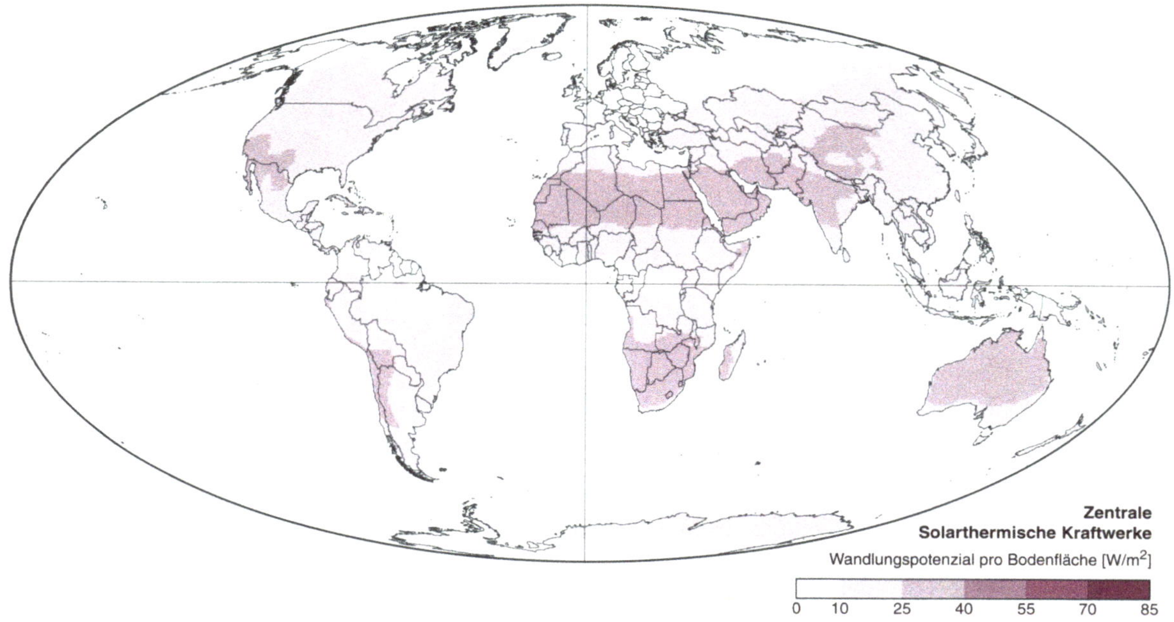

Abbildung 3.2-3
Globale Verteilung des flächenspezifischen Wandlungspotenzials für die Energiekonversion mittels solarthermischer Kraftwerke mit optischer Linearkonzentration. Die angegebenen Leistungsdichten beziehen sich auf die eingesetzte Bodenfläche. Die entsprechend des heutigen Status definierten Jahressystemwirkungsgrade sind wie bei den photovoltaischen Kraftwerken vom Breitengrad abhängig, weil die aktive Kollektorfläche pro Bodenfläche infolge von Abschattung zu den Polen hin abnimmt. Kraft-Wärme-Kopplung wurde nicht berücksichtigt. Die Auflösung der Berechnung beträgt 0,5*0,5°, entsprechend etwa 50*50 km. Zur Definition der verschiedenen Potenziale s. Kasten 3.1-1.
Quelle: Kronshage und Trieb, 2002

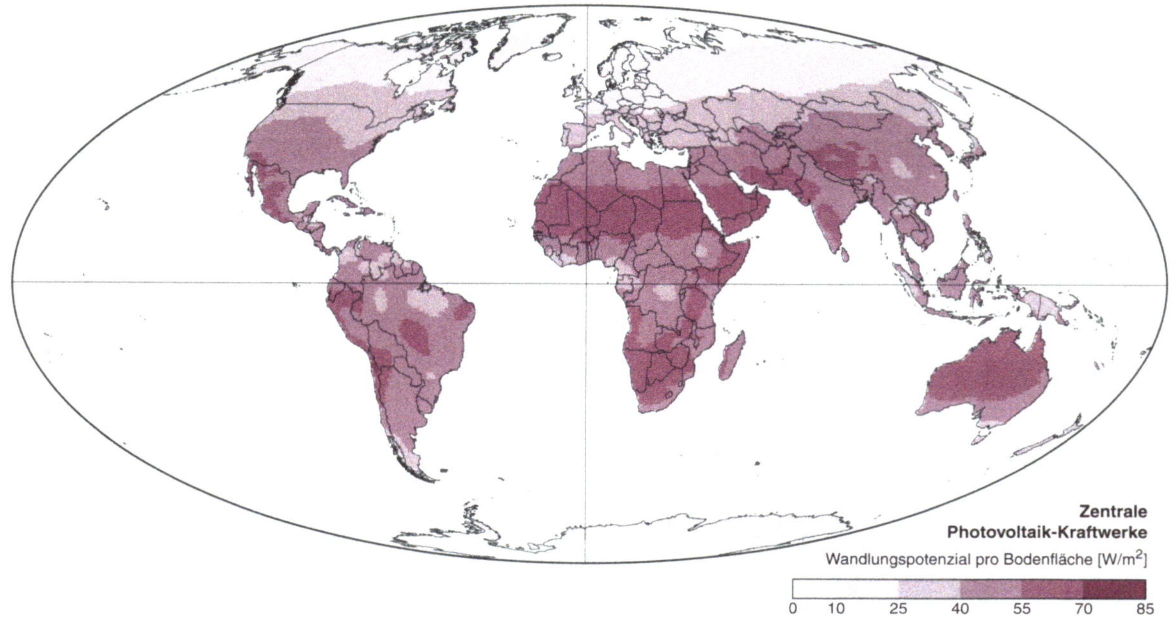

Abbildung 3.2-4
Globale Verteilung des flächenspezifischen Wandlungspotenzials für die Energiekonversion mittels zentraler Photovoltaik-Kraftwerke ohne optische Konzentration. Die angegebenen Leistungsdichten beziehen sich auf die eingesetzte Bodenfläche. Die entsprechend des Status 2050 definierten Jahressystemwirkungsgrade sind wie bei den solarthermischen Kraftwerken vom Breitengrad abhängig, weil infolge von Abschattung die aktive Modulfläche pro Bodenfläche zu den Polen hin abnimmt. Die Auflösung der Berechnung beträgt 0,5*0,5°, entsprechend etwa 50*50 km. Zur Definition der verschiedenen Potenziale s. Kasten 3.1-1.
Quellen: Wirkungsgradabschätzung: WBGU; technische Umsetzung der Karte: Kronshage und Trieb, 2002

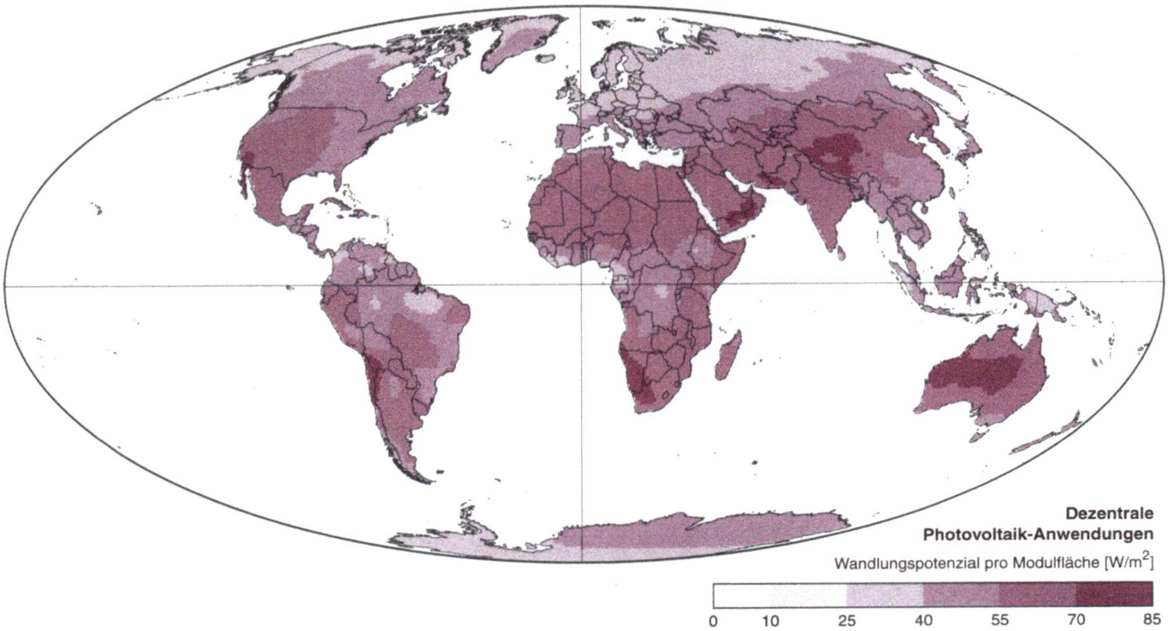

Abbildung 3.2-5
Globale Verteilung des flächenspezifischen Wandlungspotenzials für die dezentrale solarelektrische Energiekonversion mittels optisch nicht konzentrierender Photovoltaikmodule. Die angebenen Leistungsdichten beziehen sich nicht auf die horizontale Erdoberfläche sondern auf die geneigte Modulfläche. Für das den Karten zugrunde liegende Jahr 2050 wird ein Jahressystemwirkungsgrad von 25% angenommen. Die Auflösung der Berechnung beträgt 0,5*0,5°, entsprechend etwa 50*50 km. Zur Definition der verschiedenen Potenziale s. Kasten 3.1-1.
Quellen: Wirkungsgradabschätzung: WBGU; technische Umsetzung der Karte: Kronshage und Trieb, 2002

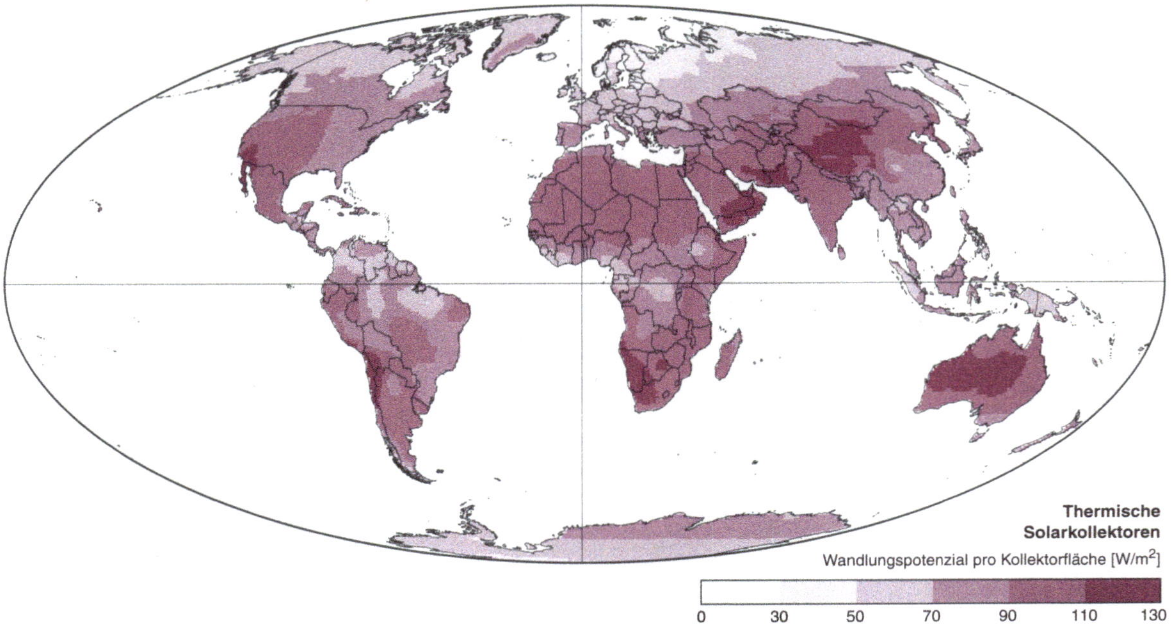

Abbildung 3.2-6
Globale Verteilung des flächenspezifischen Wandlungspotenzials für die dezentrale Energiekonversion mittels thermischer Solarkollektoren. Die angebenen Leistungsdichten beziehen sich nicht auf die horizontale Erdoberfläche sondern auf die geneigte Kollektorfläche. Für das den Karten zugrunde liegende Jahr 2050 wird ein Jahressystemwirkungsgrad von 40% angenommen. Die Auflösung der Berechnung beträgt 0,5*0,5°, entsprechend etwa 50*50 km. Zur Definition der verschiedenen Potenziale s. Kasten 3.1-1.
Quelle: Kronshage und Trieb, 2002

Tabelle 3.2-11
Zukünftige Entwicklung der Photovoltaik. Wegen der hohen Modularität dieser Technologie können Anwendungen verschiedenster Anforderung realisiert werden. Deshalb wird erwartet, dass die technische Vielfalt photovoltaischer Stromerzeugung erhalten bleibt. Die Energiekosten sind im Wesentlichen umgekehrt proportional zur jährlichen solaren Einstrahlung (Abb. 3.2-3).
Quelle: WBGU

	2000	2020	2050
Wichtigste marktbeherrschende Technologien	Kristalline Silizium-Solarzellen	Kristalline Si- und Dünnschichtsolarzellen. Tandemsolarzellen für PV-Kraftwerke mit optischer Konzentration Organische und Farbstoffsolarzellen	Dünnschicht-Solarzellen (auch Si), Tandemsolarzellen, Organische und Farbstoffsolarzellen, neue Konzepte
Modulwirkungsgrad [%]	14–15	Si Wafer Module: 18–20 Dünnschicht: 15 Organisch usw.: 10 Tandem: 40	k. A.
Kosten [€/kWh]	~0,6 (Standort mit 1.000 Volllaststunden)	~0,14 (Standort mit 1.300 Volllaststunden)	~0,06 (Standort mit 1.300 Volllaststunden)
Leistungsbereich	W–MW	W–MW	W–MW

plarischen WBGU-Szenarios (Kap. 4) werden für netzgebundene Anlagen im Jahr 2020 Installationspreise von jeweils etwa 1 € pro Watt für das Modul sowie die restlichen Systemkomponenten für realistisch gehalten. Dies entspricht nur etwa einem Drittel der heutigen Investitionskosten. Damit ergäben sich für 2020 im globalen Mittel etwa 12 €-Cent Stromkosten pro kWh. Die Kosten sind abhängig von der geographischen Breite und in tropischen Trockengebieten nur etwa halb so hoch wie in Europa. 2020 wird für kristallines Silizium eine Massenproduktion im 10 GW-Maßstab erwartet. Für verschiedene Dünnschichttechnologien sollte bis dahin die Massenproduktion erreicht sein (Lux-Steiner und Willeke, 2001). Auch zukünftig werden unterschiedliche Solarzellentechnologien parallel Verwendung finden, wobei neben den Kosten der Anwendungsbereich, das regionale Einsatzgebiet und die technologische Verfügbarkeit die spezielle Auswahl bestimmen werden.

Mittel- und langfristig können weitere Technologien zur Kostensenkung und Erschließung neuer Einsatzgebiete beitragen, die heute im Labor entwickelt werden:

- photovoltaische Kraftwerke im Leistungsbereich von einigen 100 kW bis MW mit optischer Konzentration kombinieren kostengünstige Konzentratoren (z. B. Fresnel-Linsen) mit hocheffizienten Solarzellen (Abb. 3.2-7);
- Solarzellen aus u. a. organischen Verbindungen, Farbstoffsolarzellen.

Die grundlagenorientierte Forschung arbeitet außerdem an visionären Photovoltaikkonzepten, deren Potenzial noch nicht abgeschätzt werden kann (Kap. 6). Tabelle 3.2-12 fasst heute erzielte Wirkungsgrade typischer Technologien zusammen.

Solarthermische Stromerzeugung

In solarthermischen Kraftwerken wird direktes Sonnenlicht mit optischen Elementen auf einen Absorber konzentriert, die absorbierte Strahlungsenergie erhitzt ein Wärmeübertragungsmedium. Diese Wärmeenergie kann anschließend zum Antrieb weitgehend konventioneller Kraftmaschinen, wie Dampfturbinen oder Stirlingmotoren, eingesetzt werden. Solarthermische Kraftwerke sind daher eng mit der klassischen Kraftwerkstechnik verwandt, wobei anstelle fossiler Brennstoffe Sonnenenergie genutzt wird. Alle bisher gebauten solarthermischen Anla-

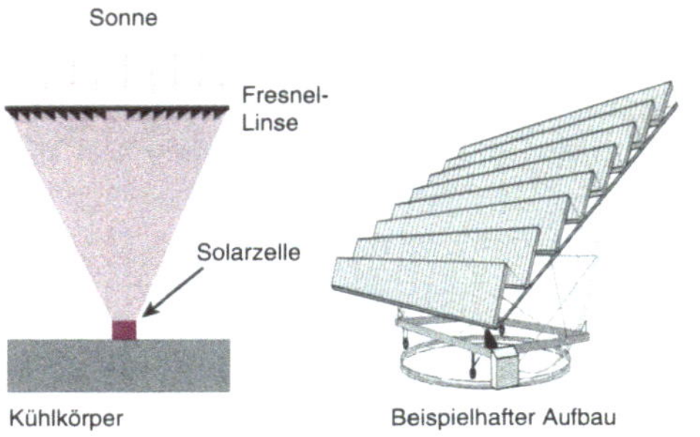

Abbildung 3.2-7
Schema zukünftiger solarer Kraftwerke auf der Basis optisch konzentrierender Photovoltaik. Die Solarstrahlung wird durch kostengünstige Linsen auf eine sehr kleine Solarzellenfläche konzentriert (links). Die Konzentrationsfaktoren könnten dabei den Wert 1.000 erreichen. Die Modulsysteme müssen dem Sonnenstand nachgeführt werden (rechts). Es ist zu erwarten, dass Mehrkosten, die durch Optik und Mechanik der Nachführung entstehen, durch Einsparungen und Wirkungsgradsteigerungen bei den Halbleitersolarzellen wettgemacht werden. Kraftwerke mit dieser Technologie könnten bereits in naher Zukunft zur Spitzenlastbereitstellung (z. B. hervorgerufen durch elektrische Kühlanlagen) eingesetzt werden.
Quelle: WBGU

Zelltechnologie	W/D	Wirkungsgrad im Labor [%]	Wirkungsgrad des Flachmoduls [%]
einkristallines Silizium	W	24,7	13–15
multikristallines Silizium	W	19,8	12–14
amorphes Silizium (inkl. Si-Ge-Tandem)	D	13,5	6–9
Kupfer-Indium/Gallium-Diselenid	D	18,9	(8–11)
Cadmiumtellurid	D	16,5	(7–10)
III-V Konzentratorzellen (inkl. Tandem und Tripel)	W und D	33,5	(25)
Kristalline Dünnschicht-Siliziumzelle	D	19,2	
Organische und Farbstoff-solarzellen	D	2–11	

Tabelle 3.2-12
Wirkungsgrade von Solarzellen im Labor und im Flachmodul. Zahlen in Klammern bezeichnen Werte aus Pilot- oder ersten kommerziellen Produktionen. *W* Wafertechnologie, *D* Dünnfilmtechnologie. Quellen: Green et al., 2002; UNDP et al., 2000; Hein et al., 2001; Hebling et al., 1997

gen basieren auf einer starken Konzentration des Sonnenlichts, so dass ihr Einsatz nur in Gegenden mit hohem Anteil direkter Sonnenstrahlung sinnvoll ist. Drei verschiedene Technologien wurden bereits realisiert:

- *Parabolrinnenkraftwerke:* In parabolisch geformten linearen Reflektoren, die der Sonne einachsig nachgeführt werden, wird die Sonnenstrahlung auf einen rohrförmigen Lichtabsorber fokussiert, der in der Regel ein spezielles Öl als Wärmeübertragungsmedium enthält. Das auf etwa 350–400 °C erhitzte Öl erzeugt anschließend in einem Wärmetauscher Dampf für eine weitgehend klassische Dampfturbine. Die Systeme sind leicht auf relativ große Leistungen auszulegen und haben derzeit typischerweise Nennleistungen von 30–80 MW. In Kalifornien liefern solche Kraftwerke bereits seit mehr als 10 Jahren Strom bei einer installierten Gesamtleistung von etwa 350 MW. Eine weitere deutliche Kostenreduktion könnte sich durch die Direktverdampfung von Wasser in den Absorberröhren ergeben (Abb. 3.2-8).
- *Solarturmkraftwerke:* Ein großes Feld beweglicher Spiegel fokussiert das Sonnenlicht auf einen Empfänger, der auf einem Turm montiert ist. Dort wird der Wärmeträger (Wasser, Salz, Luft) auf 500–1.000 °C erhitzt. Aufgrund der hohen Nutztemperaturen kann die Energie prinzipiell auch direkt in eine Gasturbine bzw. in ein modernes GuD-Kraftwerk eingekoppelt werden. Für Turmkraftwerke sind Nennleistungen um 200 MW geplant, die etwa einen Faktor 10 über derzeitigen Pilotanlagen liegen.
- *Paraboloidkraftwerke:* Bei diesem System werden der Sonne nachgeführte Parabolspiegel eingesetzt, in deren Brennpunkt ein Medium auf 600–1.200 °C erhitzt werden kann. Die Anlagen sind in der Regel eher klein (einige 10 kW Nennleistung). Sie bieten sich daher für dezentrale Anwendungen an. Die Wärmeenergie wird in Kraftmaschinen in mechanische und schließlich in elektrische Energie umgewandelt. Diese Technologie befindet sich in der technischen Erprobung.

Allgemein werden Systeme mit hohen Arbeitstemperaturen angestrebt, da dann die Umwandlung von Wärme in Elektrizität in thermodynamischen Maschinen höhere Wirkungsgrade erlaubt (Tab. 3.2-13).

Eine wesentliche Erweiterung für die solarthermische Kraftwerkstechnik liegt in der mittelfristigen Wärmespeicherung (Stunden, Tage). Mit geschmolzenen Salzen als Speicher hat diese Technologie bereits bewiesen, dass solarthermische Anlagen, die rund um die Uhr Strom produzieren, ohne konventionelle Zufeuerung realisierbar sind.

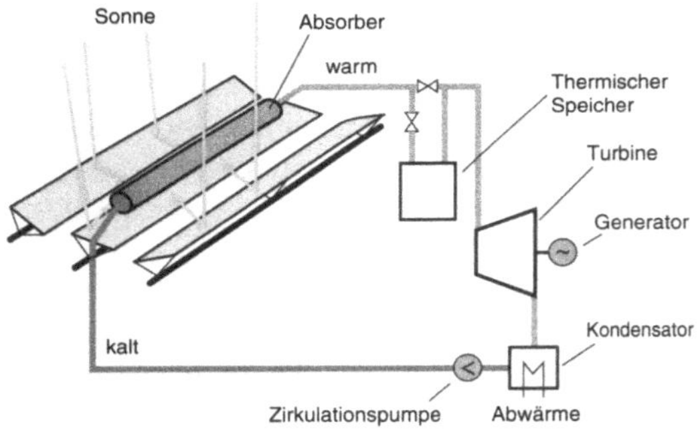

Abbildung 3.2-8
Schema eines zukünftigen solarthermischen Rinnenkraftwerks. Das Solarfeld ist in diesem Beispiel als Fresnel-Konzentrator aufgebaut, bei dem die erforderliche Parabolform als segmentiertes Reflektorfeld aus kleineren ebenen Glasspiegeln realisiert wird. Im Gegensatz zu heute üblichen Anlagen wird in Zukunft vermutlich Wasser als Wärmeträgermedium direkt in den Absorberrohren verdampft. Dadurch werden voraussichtlich geringere Kosten erreicht und Probleme mit Wärmeträgerölen vermieden. Der in der Abbildung eingezeichnete thermische Speicher soll einen Betrieb des Kraftwerks auch nach Sonnenuntergang ermöglichen.
Quelle: WBGU

Tabelle 3.2-13
Wirkungsgrade, Kosten, Leistungsbereich und Besonderheiten solarthermischer Kraftwerke im reinen Solarbetrieb. Der Begriff „Parabolrinnen" umfasst hier auch die auf Fresnel-Kollektoren basierenden Systeme(Abb. 3.2-8). Die Angaben zum Wirkungsgrad beziehen sich auf den elektrischen Jahressystemwirkungsgrad pro Aperturfläche und pro direkter Einstrahlung senkrecht auf die Konverterfläche („direct normal incidence", DNI)
Quelle: WBGU

	2000	2020	2050
Wichtigste Technologien	Parabolrinnen	Parabolrinnen und Solarturm	Parabolrinnen und Solarturm
Wirkungsgrad elektr. [%]	14	20–25	25–30
Kosten [€/kWh]	0,14–0,2	~0,07–0,14	~0,06
Charakteristik		Integrierter Wärmespeicher für mehrere Stunden	Integrierter Wärmespeicher für mehrere Stunden
Leistungsbereich	Mehrere 10 MW	Mehrere 10–100 MW	Mehrere 10–100 MW

Die enge Verwandtschaft solarthermischer Anlagen mit konventionellen Kraftwerken erlaubt die Integration von fossiler Feuerung und Solarthermie in so genannten Hybridkraftwerken. Die Erweiterung bestehender fossiler Kraftwerke um eine solarthermische Zusatzeinheit wird in einstrahlungsstarken Regionen als ein wichtiger kurz- und mittelfristiger Markt für erneuerbare Energien angesehen.

Ebenso ist die Kombination solarthermischer Kraftwerke mit thermischer Biomasseverwertung denkbar. Dies ermöglicht den kontinuierlichen Betrieb von Kraftwerken im Multi-Megawatt-Bereich ausschließlich auf der Basis erneuerbarer Energien.

Solarthermische Kraftwerke können außerdem in Kraft-Wärme-Kopplung betrieben werden, indem neben elektrischer Energie beispielsweise Trinkwasser aus einer Meerwasserentsalzungsanlage (z. B. über thermische Destillationsprozesse) gewonnen wird. In Kraft-Wärme-Kopplung sind solare Wirkungsgrade von bis zu 85% denkbar.

Langfristig erscheinen die Konzepte der Parabolrinnen oder der Solartürme vielversprechender als die kleinerer Paraboloidkraftwerke, da letztere gegenüber der Photovoltaik die Nachteile zweier verschleißbehafteter mechanischer Systeme (optische Nachführung des Paraboloids, thermodynamische Maschine) aufweisen. Bei großen Kraftwerken in sonnenreichen Gebieten stellen Parabolrinnen und Solartürme die derzeit mit Abstand kostengünstigste Möglichkeit zur Nutzung der Sonnenenergie zur Stromerzeugung dar. Aufgrund der unterschiedlichen Eigenschaften ist zu erwarten, dass beide Technologieoptionen je nach Rahmenbedingungen (Kraftwerksgröße, Infrastruktur, lokaler Strombedarf, Möglichkeiten des Stromferntransports, Einstrahlungsbedingungen usw.) breiten Einsatz finden werden.

Solarwärme

Solarkollektoren setzen die Strahlung der Sonne in Wärme um. Typische Anwendungen, bei denen in der angegebenen Reihung das Temperaturniveau der benötigten Wärme steigt, sind Schwimmbadheizungen, Brauchwassererwärmung, Raumheizung und Prozesswärmebereitstellung. Je höher das angestrebte Temperaturniveau, desto komplexer der einzusetzende Kollektor, da ein höherer Aufwand zur Vermeidung von Wärmeverlusten betrieben werden muss. Man unterscheidet im Wesentlichen die folgenden Typen thermischer Kollektoren:

- *Kollektoren mit unabgedecktem Absorber:* In dieser einfachsten Ausführung eines Solarkollektors fließt ein Wärmeträger (z. B. Wasser) durch nicht abgedeckte, schwarze Kunststoffmatten. Die Wärmeverluste durch Konvektion und Wärmeleitung sind groß, so dass keine hohen Temperaturen erreicht werden können. Wegen der geringen Kosten sind diese Kollektoren zur Erwärmung von Schwimmbädern etabliert.
- *Flachkollektoren:* Bei diesem Kollektortyp werden Wärmeverluste meist durch zwei Maßnahmen verringert. Zum einen ist der Absorber zur Sonne hin mit einer Glasscheibe und auf der Rückseite mit Dämmmaterial isoliert. Zum anderen werden optisch selektive Absorber eingesetzt, die im sichtbaren und nahen infraroten Spektralbereich stark absorbieren und im Wärmestrahlungsbereich (thermisches Infrarot) nur wenig abstrahlen. Dadurch erhöhen sich die erzielbaren Temperaturen im Vergleich zum unabgedeckten Absorber deutlich. Flachkollektoren werden derzeit in erster Linie bei der Brauchwassererwärmung eingesetzt, wobei in Deutschland typischerweise etwa 60% des jährlichen Wärmebedarfs solar gedeckt werden: Während im Sommer eine vollständige Deckung erzielt wird, wird das solar vorgewärmte Wasser im Winter konventionell nacherhitzt. In

zunehmendem Umfang werden thermische Kollektoren in so genannten Kombianlagen auch zur Heizungsunterstützung eingesetzt.

- *Vakuumröhrenkollektoren:* Bei diesen Kollektoren sorgt eine Vakuumisolierung dafür, dass die Wärmeverluste durch Leitung und Konvektion der in gläsernen Röhren liegenden Absorber fast gänzlich unterbunden werden. So wird auch im Winter ein guter Wirkungsgrad mit hohen Temperaturen erreicht. Derartige Kollektoren eignen sich besonders für höhere geographische Breiten, Winterbedingungen und Prozesswärmeanwendungen. Wegen der hermetischen Kapselung des Absorbers werden sie aber auch in großem Maßstab bei der Brauchwassererwärmung in Ländern mit geringer entwickelter technischer Infrastruktur angewandt.

Die in einer Solarkollektoranlage gesammelte Wärmeenergie wird in der Regel in einen Speicher überführt, damit die Unterschiede zwischen Wärmenachfrage und -angebot für einige Tage ausgeglichen werden können. Speicher, die Wärme aus den Sommermonaten sogar bis in den Winter hinein bereithalten können, wurden in Pilotanlagen bereits erfolgreich getestet. Da Wärmeverluste mit dem Verhältnis aus Oberfläche zu Volumen ansteigen, müssen saisonale Speicher (soweit sie auf der Nutzung sensibler Wärme basieren) vergleichsweise groß sein, was ihre Einbindung in ein Nahwärmeversorgungsnetz notwendig macht.

Die Modularität von Solarkollektoren erlaubt ihren Einsatz prinzipiell in allen erforderlichen Leistungsbereichen. Die Wärmekosten liegen für einen typischen Standort in Deutschland heute bei 3–7 €-Cent pro MJ (BMU, 2002b), für sonnenreichere Standorte entsprechend niedriger. Die in thermischen Solarkollektoren verwendeten Materialien sind in der Regel umweltverträglich und können zudem nahezu vollständig wiederverwertet werden.

KÜHLEN MIT SONNENENERGIE

Kühlung und Gebäudeklimatisierung sind ideale Anwendungen von Solarenergie, da der Bedarf zeitlich mit dem Energieangebot weitgehend zusammenfällt. Zwei Methoden können verwendet werden: Zum einen kann Solarstrom für den Betrieb einer konventionellen Kompressionskältemaschine eingesetzt werden. Zum anderen kann Solarwärme über Sorptions- oder Adsorptionsverfahren zum Antrieb thermodynamischer Kühlprozesse eingesetzt werden. Hybridkühlsysteme mit solarer und konventioneller Energieversorgung können über die Hälfte der für den Betrieb einer konventionellen Anlage benötigten Primärenergie einsparen.

Für Schwellen- und Entwicklungsländer in niederen geographischen Breiten sind solare Kühltechnologien eine interessante Alternative: Die Raumkühlung ist mit erheblichem Energiebedarf verbunden. Außerdem kommen solare Kühltechnologien den meist dezentralen Energiestrukturen in diesen Ländern entgegen. Kühl- und Klimatisierungstechnologien bei Nutzung der Sonnenwärme können in vielen Einsatzbereichen und Weltregionen zukünftig stark an Bedeutung gewinnen.

3.2.6.3 Umwelt- und Sozialfolgen

Mögliche Umweltbeeinträchtigungen einer photovoltaischen Energietechnologie ergeben sich durch den Herstellungsprozess und die im Endprodukt verwendeten Materialien. Während die Herstellung durch geeignete Verfahren prinzipiell umweltschonend gehandhabt werden kann, lassen sich Umweltrisiken für einige Dünnschichttechnologien nicht vollständig ausschließen. Prinzipiell könnten bei Unfällen (z. B. Bränden) oder Beschädigung der Solarmodule Schadstoffe freigesetzt werden. Beim Einsatz dieser Technologien ist ein sicheres Recycling wesentlich. Bei Verwendung von Silizium für Solarzellen bestehen keine derartigen Gefahren. Solarthermische Kraftwerke sind unbedenklich, solange umweltverträgliche Wärmeträgermedien verwendet werden. Das Gleiche gilt für Solarkollektoren. Die Potenzialkarten in Kapitel 4 zeigen außerdem, dass eine Versorgung Europas mit Sonnenenergie bei Energieimport aus angrenzenden strahlungsreichen Weltregionen einfacher als eine autonome Energieversorgung verwirklicht werden kann (Abb. 4.4-5). Der Aufbau entsprechender Infrastruktur in den Ländern des Maghrebs und des Nahen Ostens sowie der Übertragungsleitungen nach Europa wäre sowohl politisch-strategisch als auch entwicklungspolitisch von Bedeutung.

3.2.6.4 Bewertung

Sonnenenergie ist die Quelle für solare Elektrizität sowie für Warmwasserbereitung, Heizung und Raumkühlung. Für alle Anwendungsbereiche stehen Technologien zur Verfügung, die teilweise heute aber noch kostenreduzierende Lernprozesse durchlaufen und durch weitere Forschung und Entwicklung verbessert werden müssen. Eine engagierte Ausbaurate muss mittelfristig gesichert werden, damit solare Technologien ausreichend kostengünstig zur Verfügung stehen, wenn der Ausbau anderer erneuerbarer Energieformen an die Grenzen der nachhaltig nutzbaren Potenziale stößt. Im Gegensatz zu allen anderen Formen erneuerbarer Energien sind die technischen und auch die nachhaltig nutzbaren Potenziale der Sonnenenergie vor dem Hintergrund aller Zukunftsprojektionen menschlichen Energieeinsatzes praktisch unbegrenzt.

3.2.7 Erdwärme

3.2.7.1 Potenziale

Die Energiequelle für oberflächennahe Anwendungen der Bodenwärme z. B. in Wärmepumpen ist die Sonne. Wenn Anlagen die Wärme tiefergelegener Schichten nutzen, zapfen sie dagegen Wärmequellen der Erde an: einmal die thermische Energie aus den Zeiten der Entstehung unseres Planeten, überwiegend aber die Energie aus dem Zerfall radioaktiver Elemente. Die sehr hohen Temperaturen im Erdinneren (wahrscheinlich um 5.000 °C) verursachen einen kontinuierlichen Wärmestrom von ca. 0,1 Watt pro m² in Richtung Oberfläche durch die Erdkruste hindurch. In Gebieten geothermischer Anomalien, z. B. in Vulkangebieten, kommen hohe Temperaturen bis nahe an die Erdoberfläche vor. Unter 100 °C eignet sich diese geothermische Wärme nur zu Heizzwecken, darüber aber auch zur Stromerzeugung.

Allgemeine Potenzialangaben sind schwierig: Während die oberflächennahe Nutzung der Erdwärme prinzipiell überall möglich ist, bleibt die so genannte hydrothermale Nutzung an heiße Thermalwässer gebunden. Die Nutzung der Wärme in trockenen, tiefen Gesteinen befindet sich noch in der Entwicklung.

Schätzungen zufolge erreichen die innerhalb der nächsten 10–20 Jahre ökonomisch nutzbaren Reserven die Höhe des derzeitigen globalen Primärenergieeinsatzes (UNDP et al., 2000). Um die Nachhaltigkeit der globalen Erdwärmenutzung nicht zu gefährden, sollte allerdings nicht mehr Erdwärme abgeschöpft werden als der natürliche Wärmestrom der Erde nachliefert. Das entsprechende regional verfügbare Potenzial ist oft nicht bekannt. Wegen noch offener Fragen zur technischen Umsetzung sowie zu verschiedenen Nachhaltigkeitsaspekten bei der Nutzung (z. B. ungeklärte Entsorgung großer Mengen Abwärme infolge geringer Konversionswirkungsgrade bei Niedertemperaturprozessen) setzt der Beirat ein realistisch umsetzbares nachhaltiges Potential von 30 EJ pro Jahr bis 2100 an.

3.2.7.2 Technik / Konversion

Tiefes, heisses Gestein oder heisse Sedimente

Beim so genannten Hot-Dry-Rock-Verfahren werden Bohrungen niedergebracht, durch die kaltes Wasser in die Tiefe gepresst und das erhitzte Wasser wieder gefördert wird. Voraussetzung sind trockene heiße Gesteinsschichten mit Rissen und Spalten für den Wärmeaustausch mit Wasser. Mit diesem Verfahren können vergleichsweise hohe Temperaturen von etwa 100–180 °C erreicht werden. An anderen Standorten wird Wasser durch die Poren heißen Sedimentgesteins gepresst, wobei sich aber nur Temperaturen um 100 °C erreichen lassen.

Die auf beide Arten gewonnene Wärme kann in Nah- und Fernwärmenetze eingespeist werden oder in der Industrie als Prozesswärme dienen. Je höher die Temperatur, umso effezienter wird aber auch die Stromerzeugung. Während bei Temperaturen über 150 °C Wasserdampf direkt in angepassten konventionellen Dampfturbinen zur Stromerzeugung genutzt werden kann, müssen für niedrigere Temperaturen in der Regel so genannte Binäranlagen verwendet werden. Hierbei wird die Wärmeenergie des Wassers in einem Wärmetauscher auf eine weitere Flüssigkeit übertragen. Die elektrischen Wirkungsgrade solcher Anlagen liegen je nach Temperatur der geothermischen Wärme bei nur 10–16%, bei Temperaturen von ca. 80 °C aber auch darunter (BMU, 2002b). Entsprechend viel Abwärme kann lokal genutzt bzw. muss entsorgt werden. Die derzeit prognostizierten Kosten der Stromerzeugung variieren zwischen 7–15 €-Cent pro kWh_{el}. Wegen der Konstanz des geothermischen Wärmeflusses eignen sich geothermische Kraftwerke mit einigen Megawatt Leistung vor allem für den Grundlastbetrieb.

Hydrothermale Systeme

Im Gegensatz zu trockenen und heißen Gesteinen ist an anderen Stellen bereits Dampf oder heißes Wasser im Untergrund vorhanden, das man über Bohrungen fördern und direkt zum Heizen oder für die Stromproduktion einsetzen kann. Über eine zweite Bohrung sollte es wieder in die Tiefe gebracht werden, um den Wasserkreislauf aufrecht zu erhalten und die Belastung der Oberflächengewässer durch den hohen Gehalt an Mineralien zu verhindern. Bei Temperaturen zwischen 40–120 °C wird die Erdwärme aus Thermalwässern bisher nur zur Gebäude- und Wasserheizung genutzt.

Oberflächennahe Erdwärme

Die Schlüsseltechnologie zur Nutzung oberflächennaher Erdwärme ist die Wärmepumpe. Sie fördert

Wärme unter Einsatz zusätzlicher Energie von einem niedrigen auf ein höheres Temperaturniveau. In der Regel wird dem Boden durch Wärmetauscher, die in 1–2 m Tiefe verlegt werden, Erdwärme im Temperaturbereich von 5–10 °C entzogen.

Alle Wärmepumpen brauchen zum Betrieb hochwertige Energie, deren Berücksichtigung für die energetische Bewertung unerlässlich ist. Dies geschieht mit der so genannten „Arbeitszahl", die das Verhältnis von eingesetzter Energie (z. B. Strom, Gas) zur Nutzenergie (genutzte Heizwärme) beschreibt. Da im konventionellen Kraftwerk nur etwa ein Drittel der Primärenergie in Strom überführt wird, sollte eine strombetriebene Wärmepumpe beim heutigen Energiemix eine Jahresarbeitszahl deutlich größer 3,6 haben. Bei allen anderen Wärmepumpen, bei denen in der Energiebilanz keine Abwärmeverluste in Kraftwerken auftreten, ist schon eine Arbeitszahl von 1,1 ausreichend. Derzeitige Prototypen und Kleinprodukte thermisch angetriebener Wärmepumpen (Erdgas) erreichen Jahresarbeitszahlen von 1,3. Bei elektrisch angetriebenen Kompressionswärmepumpen werden Arbeitszahlen von über 3,6 erreicht.

In Verbindung mit Wärmepumpen kann das Erdreich als Wärmespeicher genutzt werden, wenn die gleichen Anlagen im Sommer zur Kühlung/Klimatisierung dienen. In diesem Fall wird die beim Kühlprozess anfallende Abwärme im Erdreich gespeichert, wodurch die Temperatur für den winterlichen Heizbetrieb angehoben werden kann.

3.2.7.3
Umwelt- und Sozialfolgen

Bei aus der Tiefe geförderten heißen Wässern ist eine Reinjektion notwendig, weil sie nicht nur Mineralien, sondern auch Schwefelwasserstoff, Ammoniak, Stickstoff, Schwermetalle und Kohlendioxid enthalten. Die entsprechende Technologie ist vorhanden. Bei der Stromerzeugung mit thermodynamischen Maschinen auf der Basis leichtflüchtiger Arbeitsmittel sollte das eingesetzte organische Medium ungiftig sein und kein wesentliches Treibhauspotenzial besitzen. Aufgrund niedriger Vorlauftemperatur und geringer Umwandlungswirkungsgrade fällt bei geothermischen Stromerzeugung zudem lokal eine große Menge Abwärme an, die entsorgt werden muss.

Bei elektrischen Wärmepumpen ist die Gesamtenergiebilanz kritisch zu betrachten. Ebenso müssen die Niedertemperatur-Wärmequellen sorgfältig ausgewählt werden: Eine starke Abkühlung von Grundwasser sollte vermieden werden, aber aus durch Abwärme belasteten Flüssen kann ein Wärmeentzug durchaus ökologisch sinnvoll sein.

3.2.7.4
Bewertung

Erdwärme hat ein großes technisches Potenzial und steht im Gegensatz zu Sonnen- und Windenergie kontinuierlich zur Verfügung. Das nachhaltig nutzbare Potenzial wird vom Beirat dennoch bis 2100 nur sehr vorsichtig auf 30 EJ pro Jahr eingeschätzt.

Bei Nutzung von Erdwärme aus großer Tiefe auf hohem Temperaturniveau sind Stromerzeugung, Nutzung für Nah- und Fernwärmenetze und Kombination beider möglich. Für niedrige Temperaturniveaus kommen hingegen nur thermische Anwendungen in Frage. Der Beirat empfiehlt, die entsprechenden Technologien weiter zu entwickeln und den Ausbau zu fördern. Bei Wärmepumpen zur Nutzung oberflächennaher Wärme sollte dabei auf ausreichend hohe Arbeitszahlen geachtet werden.

3.2.8
Andere erneuerbare Energien

Neben den bisher beschriebenen Technologien zur Nutzung erneuerbarer Energiequellen, von deren großskaligem Einsatz in einem nachhaltigen Energiesystem ausgegangen werden kann, gibt es andere Ansätze zur Energiekonversion erneuerbarer Energiequellen.

Als marine Energiequellen werden in erster Linie Gezeiten- und Wellenenergie genannt. Unter bestimmten geomorphologischen Bedingungen, die eine Strömung einengen und dadurch beschleunigen, kann die Wassergeschwindigkeit durch Gezeitenströmung für eine Gewinn bringende energetische Nutzung ausreichen. Wegen der im Vergleich zu Luft deutlich höheren Dichte des Wassers genügt hierzu eine viel niedrigere Strömungsgeschwindigkeit als bei der Windenergie. Schon ab etwa 1 m pro Sekunde Gezeitenströmung erscheint die Nutzung lohnend. Zudem kann in Ästuaren und Flussmündungen der Tidenhub mehr als 2 m betragen, der in Gezeitenkraftwerken für den Betrieb von Turbinen genutzt werden kann. Wellenenergie entsteht durch die Wechselwirkung von Meeresoberfläche und Wind. Die Energiedichte nimmt allerdings mit der Annäherung an die Küste ab. Daher besteht die technische Herausforderung darin, Anlagen für küstenferne Standorte zu entwickeln. Vielfältige Konzepte sind bereits angedacht, manche werden erprobt.

In vielen Prozessen der chemischen, petrochemischen oder verwandter Industrien werden fossile

Energieträger nicht nur als Ausgangsstoffe für Produkte sondern teilweise auch energetisch genutzt. Um energetische und nicht energetische Verwendungen fossiler Energieträger zu entkoppeln, kann die Sonne die Energiefunktion an vielen Stellen direkt übernehmen. Für Prozesse bei hohen Temperaturen können beispielsweise technische Konzepte angewendet werden, die denen solarthermischer Kraftwerke (Kap. 3.2.6.2) ähneln.

Sonnenlicht kann aber auch in photochemischen und -katalytischen Anwendungen eingesetzt werden, bei denen heute künstliche Lichtquellen dominieren. Die photochemische Synthese flüssiger Energieträger ist prinzipiell denkbar. In Ergänzung dazu sind auch der Photosynthese verwandte Membransysteme sowie photochemische und -biologische Wasserstoffherstellung vielversprechende Ansätze für die zukünftige Nutzung der Sonnenenergie.

Im Forschungskapitel (Kap. 6.3.1) werden Energiekonversionskonzepte angesprochen, die sich nach Ansicht des Beirates im Laufe von 10–20 Jahren zu marktreifen Technologien entwickeln können. Insgesamt schätzt der Beirat das Potenzial dieser noch im Entstehen befindlichen Energiewandlungsverfahren vorsichtig auf 30 EJ pro Jahr im Jahr 2100.

3.3 Kraft-Wärme-Kopplung

3.3.1 Technologie und Effizienzpotenziale

In Anlagen mit Kraft-Wärme-Kopplung (KWK) wird aus dem eingesetzten Brennstoff nicht nur Strom erzeugt, sondern gleichzeitig auch die Abwärme z. B. für Heizzwecke genutzt. Sie erreichen daher einen hohen Gesamtnutzungsgrad des eingesetzten Brennstoffs, der bei gut ausgelegten Anlagen bei 80–90% liegen kann. KWK ist somit eine wichtige Technologie für die Einsparung von Primärenergie.

KWK-Anlagen können überall eingesetzt werden, wo neben der Stromerzeugung Bedarf an Niedertemperaturwärme (bis ca. 120 °C) oder Prozesswärme (bis ca. 200 °C) vorhanden ist. Es gibt eine große Bandbreite von KWK-Technologien in einem Leistungsbereich von etwa 1 kW_{el} bis zu mehreren 100 MW_{el} (Tab. 3.3-1). Die im KWK-Betrieb erreichbaren Stromnutzungsgrade reichen derzeit von 15% für kleinere Dampfturbinen bis zu 45% in hocheffizienten Motor-/Generatorsystemen und können zukünftig auf 60–65% ansteigen, z. B. bei Kombinationskraftwerken mit ausgereiften Brennstoffzellen. Dementsprechend variiert die Stromkennzahl (Energieverhältnis von Strom zu Nutzwärme) zwischen 0,20 und 1,50, langfristig sogar bis zu 2,50. Hohe Stromkennzahlen sind für den Einsatz von Vorteil, da tendenziell der Wärmebedarf typischer Versorgungsobjekte relativ zum Stromverbrauch sinkt. Zudem verbessern sie die Wirtschaftlichkeit der Anlagen, da Stromerlöse meist höher sind als Wärmeerlöse.

Als Brennstoff können fossile Träger, z. B. Kohle, Öl oder Gas genutzt werden, aber auch Brennstoffe (später auch Wasserstoff) aus regenerativen Quellen. Dampfturbinen und Stirlingmotoren können auch feste Brennstoffe (z. B. Kohle, Holz) nutzen, alle anderen Technologien benötigen aber flüssige oder gasförmige Brennstoffe, teilweise mit hohem Anspruch an ihre Reinheit. Bei Brennstoffzellen kommt die externe oder interne Erzeugung von Wasserstoff aus wasserstoffhaltigen Brennstoffen hinzu. Der eigentliche Energiewandler ist also nur ein Teil des Gesamtsystems, das im Hinblick auf Nutzungsgrade und Kosten immer als Ganzes betrachtet werden muss.

KWK-Anlagen sind in der Regel primärenergetisch effizienter als die getrennte Bereitstellung von Strom und Nutzwärme. Die Höhe der realistisch erreichbaren Energieeinsparung und der damit verknüpften CO_2-Reduktion hängt dabei sehr stark von Größe und Bauart der KWK-Anlage, ihrer Auslegung, den Vergleichssystemen und den eingesetzten Brennstoffen ab. Typische Werte für die Primärenergieeinsparung von KWK-Anlagen liegen bei 15–30%, was einer CO_2-Reduktion bis zu 50% entspricht, wenn Erdgas-KWK mit getrennter Erzeugung von Strom und Wärme aus Kohle verglichen wird. Bei Gutschrift der vermiedenen zusätzlichen Wärmeerzeugung liegen typische spezifische CO_2-Emissionen der KWK (mit Erdgas) bei 0,19–0,25 kg pro kWh_{el} (Nitsch, 2002). Je höher der Gesamtnutzungsgrad und die Stromkennzahl einer KWK-Anlage sind, desto höher fallen ihre energetischen und ökologischen Vorteile aus; längerfristig sind also die entsprechenden Technologien (GuD-Anlagen, Brennstoffzellen, sehr effiziente Motoren) vorteilhafter.

3.3.2 Einsatzmöglichkeiten

Im Prinzip kann mit KWK ein sehr hoher Anteil des Raumheizungs- und Warmwasserbedarfs (ca. 65%) und des industriellen Prozesswärmebedarfs (bis zu 80% der Mitteltemperaturwärme) gedeckt werden. Auch zur Kühlung, Lufttrocknung, Klimatisierung und zur Meerwasserentsalzung (z. B. durch solarthermische Kraftwerke in Ländern mit hoher Sonnenein-

Tabelle 3.3-1
Überblick über die technischen Daten von Systemen mit kompletter Kraft-Wärme-Kopplung (KWK). Werte in Klammern sind zukünftig erreichbare Maximalwerte des Stromnutzungsgrads. *HKW* Heizkraftwerk, *BHKW* Blockheizkraftwerk, *GuD* Gas- und Dampfkraftwerk, *PAFC* phosphorsaure Brennstoffzelle, *PEMFC* Brennstoffzelle mit Protonenaustauschermembran, *MCFC* Schmelzkarbonatbrennstoffzelle, *SOFC* keramische Festoxidbrennstoffzelle.
Quelle: Nitsch, 2002 und WBGU

Technologien	Leistung [MW]	Elektrischer Nutzungsgrad [%]	Stromkennzahl	Technischer Status und Potenziale
Dampfturbinen-HKW	1–150	15–35	0,20–0,50	ausgereifte Technik
Gasturbinen-HKW	0,5–100	25–35 (40)	0,30–0,60	noch Entwicklungspotenziale
GuD-HKW	20–300	40–55 (60)	0,60–1,20	noch Entwicklungspotenziale
Motoren-BHKW	0,005–20	25–45 (50)	0,40–1,00	noch Entwicklungspotenziale, speziell bei kleinen Leistungen
Ottomotoren	0,005–1	25–37 (45)	0,40–0,80	
Dieselmotoren	0,05–20	35–45 (50)	0,60–1,00	
Mikrogasturbinen	0,02–0,5	20–30 (35)	0,30–0,50	noch deutliche Entwicklungspotenziale, beginnender Markteintritt
Stirlingmotoren	0,001–0,05	30–35 (45)	0,30–0,60	noch Entwicklungspotenziale, beginnender Markteintritt
Brennstoffzellen	0,001–20	30–50 (60)	0,80–1,50	noch hohe Entwicklungspotenziale
PAFC	0,1–0,2	35–40	0,80–1,00	
PEMFC	0,001–0,2	30–40 (50)	0,80–1,00	
MCFC	0,1–10	45–50 (55)	1,00–1,40	
SOFC	0,001–20	40–45 (60)	1,00–1,50	

strahlung) kann die KWK-Technologie eingesetzt werden.

Im Siedlungsbereich reichen die Möglichkeiten der KWK von der Versorgung von Ein- und Mehrfamilienhäusern sowie von Büro- und Gewerbegebäuden über Gebäudeensembles bis hin zu ganzen Wohnsiedlungen und/oder Gewerbegebieten. Zusätzliche Optionen der KWK ergeben sich durch die effektivere Nutzung der vorhandenen Fernwärmeversorgungsnetze und den Ersatz von Heizwerken durch Heizkraftwerke.

In der Industrie steht die Modernisierung „traditioneller“ KWK im Vordergrund, z. B. der Ersatz von Dampf- bzw. einfachen Gasturbinen durch Motor-, GuD- und mittelfristig Brennstoffzellenanlagen, aber auch die Ausweitung für Prozesswärmeerzeugung. Insbesondere dezentrale KWK-Anlagen (Motoren, Gas- und Mikrogasturbinen, Stirling-Motoren, Brennstoffzellen) entwickeln sich technisch und ökonomisch rasch weiter, so dass der Anwendungsbereich für KWK ständig erweitert wird.

Derzeit stellt die KWK in Deutschland 165 TWh Wärme pro Jahr (11% des gesamten Wärmebedarfs) und 72 TWh Strom pro Jahr (13% der Bruttostromerzeugung mit einer Stromkennzahl von 0,43) bereit. Sie vermeidet derzeit rund 30 Mio. t CO_2 pro Jahr gegenüber getrennter Erzeugung von Elektrizität und Wärme. Damit liegt Deutschland im Mittelfeld europäischer Länder. Außereuropäisch ist die KWK eher gering verbreitet. Das theoretische Nutzungspotenzial der KWK in Deutschland beläuft sich mit etwa 500 TWh_{el} Strom bzw. rund 110 GW_{el} installierter Leistung jedoch auf das Siebenfache des heutigen Anteils und entspricht damit nahezu der gesamten heutigen Stromerzeugung. Für diese Rechnung sind ein deutlicher Rückgang des Nutzwärmebedarfs auf ca. 60% des heutigen Niveaus und die weitere technologische Entwicklung der KWK-Technologien mit entsprechender Steigerung der mittleren Stromkennzahl auf rund 1,0 angenommen worden (Nitsch, 2002). Bis 2030 kann von einem relativ sicher umsetzbaren Gesamtpotenzial von rund 200 TWh KWK-Strom pro Jahr und 280 TWh Nutzwärme pro Jahr ausgegangen werden, also einer Verdreifachung des heutigen Wertes bei einer mittleren Stromkennzahl von 0,7. Dazu wären rund 20.000 MW_{el} zusätzliche KWK-Leistung erforderlich, wovon etwa zwei Drittel auf dezentrale Anlagen (<10 MW_{el}) entfallen. Das mobilisierbare CO_2-Reduktionspotenzial liegt bei rund 80 Mio. t CO_2 pro Jahr und entspricht rund 7% der deutschen Emissionen im Referenzjahr 1990.

3.3.3 Wirtschaftlichkeit

Aus Sicht der Strombereitstellung arbeitet eine KWK–Anlage dann wirtschaftlich, wenn die Mehraufwendungen für Wärmeauskopplung und verringerte Stromerzeugung gegenüber konventionellen Kraftwerken durch die Erlöse aus dem Verkauf von Wärme mindestens kompensiert werden. Für heutige größere KWK-Anlagen auf Turbinen- und Motorbasis liegen die so ermittelten Stromgestehungskosten bei 3,5 €-Cent pro kWh_{el} und für kleinere Anlagen bei 6 €-Cent pro kWh_{el}.

Aus volkswirtschaftlicher Sicht ist ihre Wirtschaftlichkeit bereits heute gegeben, erst Recht dann, wenn man die externen Kosten einbezieht. Wie schon in der Vergangenheit ist zudem mit einem weiteren Rückgang der Investitions- und Betriebskosten insbesondere von kleineren KWK-Anlagen zu rechnen. Wird dagegen auf der Basis kurzfristiger Grenzkosten verglichen – also auf aktuell niedrige Strombezugskosten des derzeitigen, teilweise abgeschriebenen Kraftwerksparks bezogen – so ist eine Wirtschaftlichkeit von KWK-Anlagen nur in günstigen Ausnahmefällen gegeben. Die wirtschaftlichen Probleme der bestehenden KWK-Anlagen werden fast ausschließlich durch sinkende Strompreise als Folge der Liberalisierung der Strommärkte verursacht. Die weiteren Marktchancen für KWK-Anlagen hängen somit stark von den energiepolitischen Rahmenbedingungen (z. B. KWK-Gesetz) ab.

Für neue KWK-Systeme wie Brennstoffzellen, Stirlingmotoren und Mikrogasturbinen existieren bei der Einführung ähnlichen Hemmnisse. Um eine breite Marktakzeptanz zu erreichen, müssen sie zunächst mindestens das Kostenniveau der heute bereits eingesetzten KWK-Systeme erreichen, d. h. für Brennstoffzellen-KWK-Anlagen Systemkosten um 1.000–1.200 € pro kW_{el}. Dies bedeutet eine notwendige Kostenreduktion um rund eine Größenordnung. Wenn man die Lernkurven vergleichbarer dezentraler Technologien betrachtet, dürfte dies bei größerem Marktvolumen durchaus erreichbar sein.

3.3.4 Bewertung

Wegen ihrer energetischen und ökologischen Vorteile bei gleichzeitiger Wirtschaftlichkeit insbesondere bei Berücksichtigung externer Kosten ist die KWK-Technologie ein unverzichtbarer Bestandteil jeder Effizienzstrategie für die Transformation von Energiesystemen. Insbesondere die modernen KWK-Technologien fügen sich dabei sehr günstig in den sich abzeichnenden Trend zu einer stärkeren Vernetzung und „Dezentralisierung" der Energieversorgung ein.

Der Ausbau der Kraft-Wärme-Kopplung ist somit eine bedeutende Einzelmaßnahme zur Effizienzsteigerung des Energiesystems auf der Versorgungsseite. Während aus volkswirtschaftlicher Sicht ihre Wirtschaftlichkeit bereits gegeben ist, sind die derzeitig am Markt herrschenden Bedingungen schwierig. Der Beirat empfiehlt daher, den Ausbau der KWK durch eine Verbesserung der energiepolitischen Rahmenbedingungen stärker zu fördern.

3.4 Energieverteilung, -transport und -speicherung

3.4.1 Grundlegende Eigenschaften von Elektrizitätsversorgungsstrukturen

Die regionalen Strukturen der globalen Energieversorgung weisen große Unterschiede auf, da Energienachfrage und -angebot von zahlreichen lokalen Faktoren abhängen. Es lassen sich zusammenhängende dicht besiedelte und ausgedehnte dünn besiedelte Regionen unterscheiden. Während erstere oft über großflächige Strom- und Gasnetze verfügen, wird für letztere meist ein dezentraler Ansatz über Inselnetz- und Einzelhausversorgungen verfolgt (netzferne Konzepte; Kap. 3.4.2). Die Qualität der Energieversorgung muss sich bei den beiden grundlegend verschiedenen Konzepten nicht notwendigerweise unterscheiden. Versorgungsstrategien für großflächig vernetzte Regionen verdienen besonderes Augenmerk, da hier der mit Abstand größte Anteil der Energie eingesetzt wird (Kap. 3.4.3).

In Stromnetzen müssen Erzeugung und Verbrauch elektrischen Stroms zu jedem Zeitpunkt gleich groß sein. Übersteigt die Erzeugung den aktuellen Verbrauch, steigen Frequenz und Spannung im Netz, liegt sie darunter, sinken sie. Wird nicht gegengesteuert, können an das Netz angeschlossene Geräte beschädigt werden. Zur Steuerung von Stromnetzen ist daher die Kenntnis sowohl der statistischen als auch der determinierten Anteile von Erzeugung und Verbrauch entscheidend, wobei sich charakteristische Tages- und Jahresgänge beobachten lassen. Da das Netz aus mehreren Spannungsebenen aufgebaut ist, müssen die Lastgänge auf allen Ebenen berücksichtigt werden, denn selbst bei ausgeglichener Bilanz auf der Höchstspannungsebene könnte sonst z. B. ein Teilnetz auf Mittelspannungsebene überlastet werden. Mit der zunehmenden Bedeutung fluktuierender regenerativer Energiequellen wie Windkraft und Photovoltaik tritt zusätzlich auch auf der Angebotsseite eine dynamische Größe auf. Für die bestmögliche Abstimmung zwischen fluktuierender Energiebereitstellung und -nachfrage bieten sich mehrere Strategien an:

- Anpassung der Energienachfrage an das Energieangebot (Lastmanagement);
- Veränderung der Strukturen auf der Erzeugerseite mit dem Ziel, die Stromerzeugung der Energienachfrage anzupassen;
- großflächige Vernetzung von Energieerzeugern und -verbrauchern, um über statistische Ausgleichseffekte eine Anpassung von Erzeugung und Bedarf zu erreichen;
- Speicherung von Energie.

3.4.2 Versorgungsstrategien für Elektrizitätsinseln

Insbesondere in den ländlichen Regionen der Entwicklungsländer fehlt neben zahlreichen Grundgütern wie sauberem Trinkwasser oder Telekommunikation auch die Versorgung mit Energiedienstleistungen (Kap. 2.4). Ein Netzausbau in diesen Regionen ist in vielen Fällen unrealistisch, da der zu erwartende geringe Stromverbrauch der Nutzer bei gleichzeitig weiter räumlicher Verteilung in keinem Verhältnis zu den hohen Kosten einer Netzerweiterung steht. Daher muss die Versorgung mit Strom ebenso wie auch die mit anderen Energiedienstleistungen vorzugsweise dezentral erfolgen.

Die Technologien zur dezentralen Stromversorgung („Elektrizitätsinseln") lassen sich in zwei Kategorien einteilen: isolierte Systeme für einzelne Nutzer sowie Inselnetze für größere Nutzergruppen wie z. B. Dörfer. Zur Stromerzeugung werden Diesel-, Biomasse-, Wind-, Photovoltaik- oder Kleinst-Wassergeneratoren eingesetzt, die zur optimalen Anpassung und damit zur Kostenreduktion auch kombiniert werden können. Isolierte Systeme für individuelle Nutzer müssen meist nur sehr kleine Energiebedürfnisse befriedigen, für die in erster Linie die Photovoltaik geeignet ist, da sie angepasste Generatorgrößen bietet und ohne wartungsintensive Mechanik betrieben werden kann. Die typische technologische Umsetzung eines Individualsystems ist unter dem Begriff „Solar-Home-System" bekannt. Ein solches System umfasst üblicherweise ein Photovoltaik-Modul, eine Batterie und einen Laderegler. Während kleinere Systeme auf Gleichspannung ausgelegt sind und beispielsweise mehrere Fluoreszenzlampen und ein Radio versorgen, können größere Anlagen Wechselstrom liefern und damit sogar Farbfernseher und andere Haushaltsgeräte versorgen. Ein großes Hindernis bei der Einführung solcher Systeme ist die relativ hohe Anfangsinvestition bei gleichzeitig fehlendem Mikrokreditwesen. Vielfach konzentriert man sich daher auf Modelle, bei denen ein Investor beim Kunden ein System installiert, das nur gegen Gebühr Strom liefert (so genannte „Fee-for-service-Konzepte"). Insgesamt sind die sozioökonomischen Barrieren einer solchen Individualversorgung oft größer als die technischen. Berechnet man die Kosten heute eingesetzter Technologien (Primärbatterien, Petroleumlampen, Dieselgeneratoren) über die Lebensdauer regenerativ versorgter Systeme, dann sind Photovoltaik, Wasser oder Wind in der Regel bereits heute die wirtschaftlich bessere Wahl. Eine weitere Individualanwendung mit großer Verbreitung sind photovoltaische Pumpsysteme. Bei diesen Systemen wird durch verbesserte landwirtschaftliche Produktion häufig zusätzliches Einkommen geschaffen.

Unter bestimmten Voraussetzungen (z. B. ausreichend kleiner Häuserabstand) kann es günstiger sein, anstelle von Individualsystemen Inselnetze für größere Nutzergruppen aufzubauen. Wegen der insgesamt höheren Stromnachfrage sind hier bei der Auswahl des Stromgenerators größere Freiheiten gegeben. Zudem kann man ein Inselnetz bereits so konstruieren, dass bei Erweiterung des nationalen Netzverbunds auch die Insel als ganzes angeschlossen werden kann.

3.4.3 Versorgungsstrategien innerhalb von Elektrizitätsnetzen

3.4.3.1 Die fluktuierende Energienachfrage in Elektrizitätsnetzen

Die Stromnachfrage in ausgedehnten Stromnetzen wie dem Europäischen Verbundnetz setzt sich aus einer großen Zahl von Verbrauchern unterschiedlicher Leistungsabnahme und unterschiedlichen Zeitverhaltens zusammen. Die meisten Verbraucher nutzen einen zeitlich vorhersagbaren Anteil: Strom für das Kochen oder Licht wird zu bestimmten Tageszeiten gebraucht. Die genauen Zeitpunkte des Ein- und Ausschaltens sind zwar nicht vorhersagbar, aber durch die große Anzahl räumlich verteilter Stromverbraucher verwischen diese statistischen Schwankungen zu relativ glatten Tages- und Jahresgängen.

Die Verbrauchsmuster sind zwischen Ländern, Regionen oder Klimazonen unterschiedlich. So wird der Tagesgang in heißen Ländern erheblich durch den Einsatz von Klimaanlagen beeinflusst. Die Stromnachfrage in Deutschland ist durch einen hohen Bedarf während des Tages und in den Abendstunden gekennzeichnet. Man kann erkennen, dass eine Leistungsnachfrage etwas unterhalb der Hälfte des Tageshöchstwerts nie unterschritten wird („Grundlast"). Zur Deckung der schwankenden

Nachfrage wird die heutige Stromversorgung durch eine Kombination von im Zeitverhalten trägen Grundlastkraftwerken (z. B. Kohle, Laufwasser) im Verbund mit zusätzlichen, schneller regelbaren Anlagen wie Gas- und Pumpspeicherkraftwerken gewährleistet. Insgesamt müssen genügend Kraftwerke zur Deckung der Spitzenlast bereit stehen. Da sie aber nicht die ganze Zeit Strom erzeugen, ist die Leistungsbereitstellung ein Kostenfaktor. Deshalb wurde in den letzten Jahrzehnten durch Steuerung der Energienachfrage (Lastmanagement bei großen Verbrauchern in der Industrie, billiger Nachtstrom usw.) zunehmend das Verhältnis von Spitzenlast zu Grundlast verkleinert.

3.4.3.2 Das fluktuierende Energieangebot aus erneuerbaren Energiequellen

Das Angebot erneuerbarer Energiequellen wie Wind und Sonne ist starken Schwankungen unterworfen. Welche Zeitbereiche dabei relevant sind, hängt von der erzeugten Endenergieform (Strom oder Wärme) und ihrer Speicherbarkeit ab. Aufgrund der eingeschränkten Transportierbarkeit von Wärme ist ein Ausgleich des Tagesganges durch großräumige Vernetzung für die Wärmeversorgung nicht möglich. Hier wird deshalb auf die im Vergleich zu Strom viel einfacheren lokalen Speichermöglichkeiten zurückgegriffen. Bei der Elektrizität können die Fluktuationen im Sekunden-/Minutenbereich, im Stundenbereich und im jahreszeitlichen Gang getrennt betrachtet werden.

FLUKTUATION IM SEKUNDEN-/MINUTENBEREICH

In diesem Zeitbereich treten bei Windkraft und Solarenergie zufällige Schwankungen durch Wolkenzug und Böen auf. Diese statistischen Schwankungen sind aber bei räumlich verteilten Anlagen nicht miteinander korreliert: vernetzt man viele Anlagen, gleichen sich diese kurzfristigen Fluktuationen aus (Abb. 3.4-1). Daher sind in gut ausgebauten bidirektionalen Netzen in diesem Zeitbereich keine Probleme zu erwarten. Auch extreme Schwankungen, z. B. durch Notabschaltungen bei Sturm, sind technisch beherrschbar. Die in den Netzen verbleibenden Variationen der Stromproduktion aus Wind und solaren Quellen müssen durch gut regelbare Kraftwerke (Gasturbinen, Pumpspeicheranlagen usw.) ausgeglichen werden.

FLUKTUATION IM STUNDENBEREICH

Die Leistungsabgabe von solaren Energieanlagen hängt über den Sonnenstand von der Tageszeit ab, so dass gut vorhersagbare Schwankungen in Stundenbereich entstehen. Der Anteil der Zeit, in der Strom aus Solarenergie zur Verfügung steht, kann durch eine Vernetzung in Ost-West-Richtung vergrößert werden (Abb. 3.4-2).

Durch den Einsatz solarthermischer Kraftwerke zur Stromerzeugung kann diese Zeitspanne noch weiter ausgedehnt werden. Diese Kraftwerke können nach Sonnenuntergang mit thermischen Zwischenspeichern einen Nachlauf von gut 5 Stunden ermöglichen (Nitsch und Staiß, 1997). Der Einsatz solcher Kraftwerke ist insbesondere in den westlichen Teilen eines vernetzten Gebietes sinnvoll, für Europa also etwa in Spanien.

Die Windgeschwindigkeit zeigt keinen ausgesprochenen Tagesgang. Im Mittel ist sie bei starker Bewölkung höher als bei schwacher, so dass Sonnen- und Windenergieangebot negativ korrelieren. Damit ergeben sich im Stundenbereich durch eine Kombination von Wind- und Solarenergiekonvertern Ausgleichseffekte.

JAHRESZEITLICHE SCHWANKUNG

Die aus Sonnenenergie zu gewinnende Leistung ändert sich mit der Jahreszeit und dem Breitengrad. In Äquatornähe und in hohen Breiten beeinflussen Regenzeiten bzw. starke Bewölkung den Jahresgang zusätzlich. Bei der Stromversorgung können diese Effekte prinzipiell durch großräumige Nord-Süd-Vernetzung kompensiert werden (Abb. 3.4-3).

Die Jahreszeitenschwankung des Windkraftangebots ist stärker lokal geprägt und schlechter prognostizierbar als die Sonneneinstrahlung. Das Wasserkraftangebot zeigt in den meisten Regionen einen deutlichen Jahresgang (z. B. durch Regenzeiten), der teilweise durch Speicherung in Stauseen ausgeglichen werden kann. Für die Energiegewinnung aus Biomasse ist wegen der guten Lagerbarkeit eine Abhängigkeit von der Jahreszeit kaum gegeben.

3.4.3.3 Strategien zur Abstimmung von Energieangebot und -nachfrage

Eine wesentliche Herausforderung an eine Energieversorgung auf der Basis erneuerbarer Energiequellen ist die Deckung der fluktuierenden Nachfrage durch ebenfalls fluktuierende Quellen. Im Folgenden werden entsprechende Instrumente beschrieben, die jeweils an die regionalen Besonderheiten angepasst werden müssen.

STROMTRANSPORT UND -VERTEILUNG

Die angebotsseitigen Schwankungen (Kap. 3.4.3.2) legen es nahe, Strombereitstellungstechnologien und Regionen großräumig zu vernetzen, um zu jeder

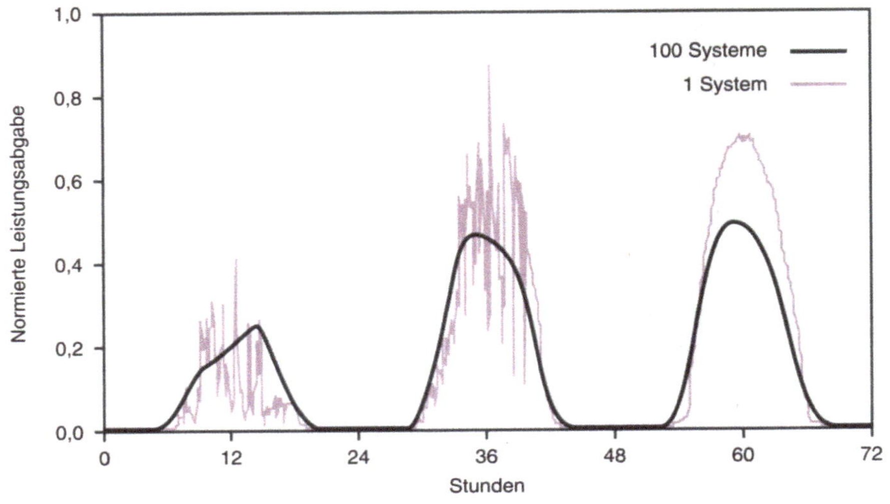

Abbildung 3.4-1
Ausgleich der Fluktuation bei der Photovoltaikstromerzeugung durch Vernetzung vieler Anlagen. Vergleich zwischen einer stark schwankenden Einzelanlage und dem Mittelwert von 100 räumlich getrennten Anlagen gleicher Leistung.
Quelle: Wiemken et al., 2001

Tages- und Jahreszeit ein der Nachfrage möglichst entsprechendes Energieangebot zu realisieren. Die Transportierbarkeit elektrischer Energie eröffnet die Möglichkeit, auch weit auseinanderliegende Regionen mit zeitlich verschobenen Energieproduktions- und -verbrauchsmustern zu verbinden.

Um unterschiedliche regionale Versorgungsstrategien zu identifizieren, ist es sinnvoll, zwischen der großräumigen globalen Vernetzung von Regionen und der feinmaschigen Vernetzung für die örtliche Bevölkerung zu unterscheiden: Es ist denkbar, dass große Strommengen in Gebieten produziert werden können, die auf lange Sicht kein eigenes feinmaschiges Netz aufweisen werden. Die Energie könnte von dort ohne all zu große Verluste in hoch industrialisierte Zentren transportiert werden. Beim Transport von Solarstrom durch Hochspannungsgleichstromübertragung von Nordafrika nach Mitteleuropa über eine Strecke von ca. 3.300 km würden z. B. Übertragungsverluste von etwa 10% auftreten. Letztlich sind sogar trans- und interkontinentale Vernetzungen bis hin zu einem „Global Link" insbesondere bei Durchbrüchen in der technologischen Entwicklung (z. B. Supraleitung) denkbar.

STEUERUNG DER STROMNACHFRAGE, LASTMANAGEMENT

Mit geeigneten Anreizen und Technologien lässt sich die Lastkurve an die vorhandene Angebotsstruktur anpassen (Kap. 3.4.3.1). Durch solche Maßnahmen würden sich bei einem steigenden Anteil regenerativer Quellen die Übertragungsverluste und der Bedarf an Speichern reduzieren lassen. Die Potenziale sind derzeit schwer einzuschätzen, dürften aber mindestens bei etwa 20% des Strombedarfs im Winter und etwa 10% im Sommer bzw. 10% des Haushaltsstrombedarfs liegen. Sie lassen sich vor allem durch lastabhängige Tarife erreichen, die auf der Ver-

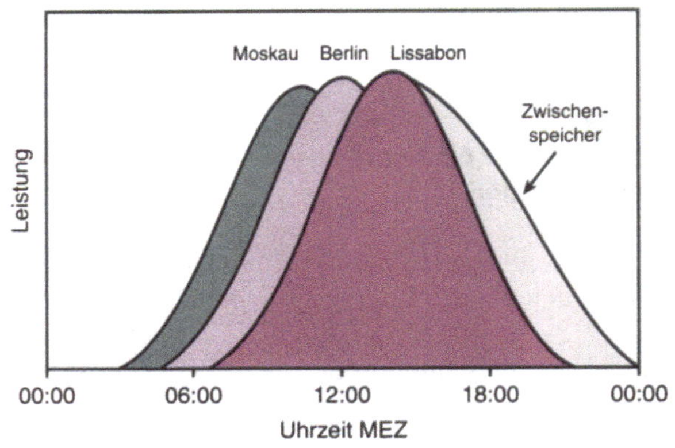

Abbildung 3.4-2
Solarenergieangebot in Europa als Funktion der Tageszeit und des Ortes. Bei solarthermischen Kraftwerken kann die tägliche Betriebsdauer durch thermische Zwischenspeicher verlängert werden.
Quelle: Quaschning, 2000

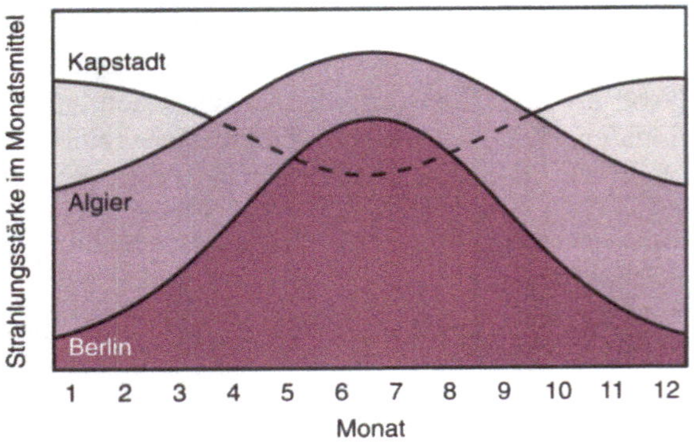

Abbildung 3.4-3
Jahresgänge der Bestrahlungsstärke der Sonne auf der Nord- und Südhalbkugel für Algier, Berlin und Kapstadt.
Quelle: Quaschning, 2000

braucherseite technisch z. B. mit Hilfe von Tarifampeln oder -schaltern eingeführt werden könnten. Dadurch würden Anreize für „intelligente“ Geräte entstehen (z. B. Kühlschränke oder Elektroautos), die automatisch Elektrizität nur bei niedrigen Tarifen beziehen.

ENERGIESPEICHERUNG

Transport und direkter Verbrauch von Strom in ausgedehnten Netzen dürfte auch langfristig kostengünstiger bleiben als die Speicherung, so dass diese auf ein Mindestmaß beschränkt bleiben sollte. Selbst bei optimiertem Lastmanagement wird aber ab einem Anteil fluktuierender erneuerbarer Energiequellen im Stromnetz von etwa 50% erwartet, dass im Tages- und Jahresverlauf Überschuss- oder Mangelsituationen auftreten und somit zusätzliche Energiespeicher notwendig werden. Für die Ansprechgeschwindigkeiten, Leistungen und Speicherkapazitäten gibt es eine Reihe unterschiedlicher technischer Lösungen. Man kann die Technologien grob einteilen in eher flinke Speicher großer Leistung (z. B. Kondensatoren, Schwungräder, Supraleiterspeicher) und eher träge Speicher großen Energieinhalts (z. B. Pumpspeicherkraftwerke, Druckluftspeicher, elektrochemische Speicher). Aus Kostengründen sind heute für eine großskalige Netzunterstützung bei mittel- bis langfristiger Energiespeicherung Pumpspeicherkraftwerke am vorteilhaftesten. Als zukünftige Speichersysteme werden vor allem elektrochemische Redoxsysteme, insbesondere unter Einsatz von Wasserstoff, entwickelt.

SYNERGIEN VON STROM UND WÄRME

Die Stromnachfrage ist in nördlichen Breiten im Jahresgang mit der Wärmenachfrage korreliert. Eine Energieversorgung, die maßgeblich durch die Nutzung von Sonnenenergie geprägt ist, hat im Winter mit einer Verknappung des Stromangebotes zu rechnen. Ist die Stromerzeugung durch Windkraft dominiert, dann ist in den Wintermonaten eher mit Stromüberschüssen zu rechnen. Durch die Verwendung von Wärmepumpen kann der Stromverbrauch mit dem Wärmebedarf gekoppelt werden, so dass ein höherer Wärmebedarf durch das höhere Stromangebot gedeckt werden kann.

Strom- und Wärmenachfrage lassen sich aber auch durch eine größere Wärmespeicherkapazität entkoppeln. So können z. B. Regelungsreserven im Stromnetz als KWK-Anlagen ausgelegt werden. Die überschüssige Wärme kann gespeichert und so die Gesamteffizienz erhöht werden. Über Wärmepumpen können zudem auch potenzielle Stromüberschüsse für die Speicherung von Wärme genutzt werden.

3.4.4 Wasserstoff

3.4.4.1 Grundlagen

Wasserstoff ist seit langem ein wichtiger, universell einsetzbarer Grundstoff in der Metallurgie und für die Synthese chemischer Verbindungen. In der Vergangenheit fand er in Deutschland zudem als wesentliche Komponente des sog. Stadtgases breite energetische Anwendung. Das heute verbrauchte Volumen an Wasserstoff entspricht etwa einem Fünftel des weltweiten Erdgasverbrauchs. Aus energetischer Sicht ist der Einsatz von Wasserstoff dennoch bisher vernachlässigbar. Seine Bedeutung für die Transformation des Energiesystems beruht darauf, dass zu seiner Herstellung im Wesentlichen nur Wasser und Energie notwendig sind und bei seiner Nutzung nahezu keine Schadstoffe entstehen. Eine Wasserstofftechnologie gestattet die Langzeitspeicherung von Energie in großem Umfang, und ein Transport des energiereichen Gases ist leicht möglich. In Kombination mit erneuerbaren Energiequellen hat Wasserstoff daher das Potenzial, neben elektrischer Energie zukünftig als zentraler Sekundärenergieträger in einem nachhaltigen Energiesystem zu dienen.

3.4.4.2 Herstellung

Es gibt zwei wesentliche Pfade der Wasserstoffherstellung: die Gewinnung aus organischen Stoffen (fossile Rohstoffe oder Biomasse) sowie die Zerlegung von Wasser durch den Einsatz von Strom (Elektrolyse). Aus Kohlenwasserstoffen (z. B. Erdgas, Öl, Kohle, Biomasse) kann in Reformierungsverfahren großtechnisch Wasserstoff hergestellt werden. Die Wärme für die teils hohen Reaktionstemperaturen (850–2.000 °C) wird dabei durch partielle Verbrennung der Rohstoffe gewonnen. Etwa 60% des Energieinhalts bei Kohle und bis zu 85% bei Erdgas kann in chemische Energie des Wasserstoffs überführt werden. Durch Einsatz von Hochtemperatursolarwärme ließe sich die Energiebilanz des Prozesses langfristig noch verbessern. Die Wasserstofftechnologie eröffnet insbesondere eine effiziente Option zur Nutzung von Biomasse: Da durch die Vergasung ein wasserstoffhaltiges Synthesegas zur Verfügung steht, das etwa 75% der in der Biomasse gespeicherten chemischen Energie enthält, sind bei Nutzung effizienter Energiewandler (z. B. Brennstoffzellen)

Gesamtwirkungsgrade der Stromerzeugung von bis zu 40% denkbar.

Neben der Biomassekonversion ist bei den erneuerbaren Energien die Wasserelektrolyse der wichtigste Weg zur Erzeugung von Wasserstoff ohne Nebenprodukte und Schadstoffemissionen. Alle erneuerbaren Energiequellen, die zur Stromerzeugung genutzt werden können, sind damit auch zur Herstellung von Wasserstoff nutzbar. Ein besonderer Vorteil der Wasserelektrolyse ist ihre Fähigkeit, auch das schwankende Stromangebot aus regenerativen Quellen effizient ausgleichen zu können (Kap. 3.4.3.2). Die derzeit größten Elektrolyseanlagen weisen Anschlussleistungen von 150 MW_{el} auf. Während die alkalische Elektrolyse bei Umgebungsdruck seit langem kommerziell genutzt wird und entsprechend ausgereift ist, befinden sich fortgeschrittenere Konzepte noch in der Entwicklung, z. B. die Hockdruckelektrolyse. Tabelle 3.4-1 stellt die wichtigsten Wasserstoffherstellungsverfahren einander gegenüber. Sie enthält auch diejenigen Daten, die zum Zeitpunkt der Markteinführung von Wasserstoff gemäß des exemplarischen Transformationspfads des WBGU (etwa ab 2020, Kap. 4) maßgebend sein dürften. Die Wirkungsgrade aller Verfahren, mit Anlagenbau und Rohstoffbeschaffung, liegen mit Werten von gut 60% (zukünftig knapp 70%) eng beieinander.

Ein wesentliches Unterscheidungsmerkmal der Herstellungsverfahren ist die Leistung pro Anlage. Konversionsanlagen für Erdgas haben aus Kostengründen eine möglichst große Leistung pro Einheit, bei der Biomassevergasung begrenzt dagegen der Transportaufwand des primären Energieträgers die Anlagengröße. Die Elektrolyse kann als modulare Technik sowohl dezentral, also verbrauchernah (z. B. an Tankstellen), als auch zentral errichtet werden und sich somit der Leistung der stromerzeugenden Anlage anpassen.

Bei Stromkosten von beispielsweise 4 €-Cent pro kWh wären längerfristig Wasserstoffkosten um 7–8 €-Cent pro kWh erreichbar (Nitsch, 2002). Aus Erdgas erzeugter Wasserstoff ist demgegenüber mit etwa 4 €-Cent pro kWh heute noch um den Faktor 2 kostengünstiger, allerdings wird bei diesem Herstellungspfad zwangsläufig CO_2 an die Atmosphäre abgegeben. Wasserstoff, der mit regenerativer Elektrizität erzeugt wird, hat aus ökonomischer Sicht den prinzipiellen Nachteil, dass er wegen seiner Herstellung aus Strom teurer sein muss als der Strom selbst.

3.4.4.3
Speicherung und Verteilung

Wasserstoff kann wie Erdgas komprimiert oder verflüssigt sowie in Flüssiggas- und Druckbehältern gespeichert und transportiert werden. Hinzu kommt die Möglichkeit, Wasserstoff z. B. an Metallhydride anzulagern und so drucklos zu speichern. Energiewirtschaftlich von Bedeutung wird vermutlich langfristig die Speicherung sehr großer Wasserstoffmengen zum täglichen und saisonalen Leistungsausgleich werden. Hier stehen mit Untertagespeichern wie leeren Salzkavernen oder Gas- und Öllagerstätten

Tabelle 3.4-1
Eckdaten ausgewählter Verfahren zur Wasserstoffherstellung, heute und ab 2020.
[1] entspricht rund 12 t/h Holz; [2] ohne Bereitstellung des regenerativen Stroms, jedoch mit Verlusten bei Transport über 3.000 km als Hochspannungsgleichstrom.
Quellen: WBGU unter Nutzung von Nitsch, 2002; Pehnt, 2002; Dreier und Wagner, 2000; Winter und Nitsch, 1989; BMBF, 1995; DLR und DIW, 1990

	Dampfreformierung von Erdgas		Vergasung von Biomasse		Wasserelektrolyse (Modul)	
	heute	>2020	heute	>2020	heute	>2020
H_2-Produktion						
[m^3/h]	100.000	100.000	13.000	13.000	500	500
[MW_{H2}]	300	300	40	40	1,5	1,5
Lieferleistung Rohstoff [MW]	405	385	55[1]	53[1]		
Strombedarf [MW]	1,5	1,5	3,0	2,8	2,1	2,0
Prozessnutzungsgrad [%]	74	78	73	76	73	77
Wasserbedarf [m^3/h]	58	58	28	28	0,4	0,4
Arbeitsdruck [bar]	30	30	50	50	30	100
Nutzungsgrad bzgl. gasförmigen Wasserstoffs frei Verbraucher [%]	64	68	60	66	63[2]	67[2]
Investitionskosten [€/kW_{H2}]	350	350	ca. 700	ca. 500	1.000	ca. 700

bewährte Technologien der Erdgasinfrastruktur zur Verfügung. Wegen der geringeren Energiedichte von Wasserstoff liegen die Speicherkosten etwa doppelt so hoch wie für Erdgas. Angesichts ihres geringen Anteils an den Gesamtkosten wirkt sich dies aber insgesamt nur gering aus. Für den mobilen Einsatz sind neben der Verflüssigung – die allerdings rund ein Drittel des Energieinhalts des Wasserstoffs benötigt – insbesondere Verbundstoffhochdruckbehälter mit bis zu 700 bar Druck von Interesse. Der für den mobilen Einsatz von Wasserstoff deutlich höher anzusetzende Speicheraufwand im Vergleich zu Benzin und Diesel, wird neben den höheren spezifischen Kraftstoffkosten den Trend zu deutlich sparsameren Fahrzeugen stark unterstützen.

Bei der Bewertung der zur Nutzung von Wasserstoff notwendigen Infrastruktur muss berücksichtigt werden, dass Wasserstoffherstellung und -nutzung eng mit der Stromversorgung verknüpft sein werden, weil Elektrolyseure dezentral und angepasst an Verbrauchsschwerpunkte (z. B. Blockheizkraftwerke mit Nahwärmenetzen, Tankstellen, Industriebetriebe) angeordnet werden können. Zudem liegt ein großer Vorteil von Wasserstoff als Energieträger darin, dass auch die vorhandene Erdgasinfrastruktur für Transport und Verteilung genutzt werden kann. Für den Betrieb reiner Wasserstoffnetze liegen schon langjährige Erfahrungen vor. Insgesamt sind auf der Basis der gut ausgebauten Erdgasinfrastruktur günstige Voraussetzungen für einen langfristig angelegten kontinuierlichen Übergang zu Wasserstoff als Energieträger für die stationäre Nutzung gegeben.

Für den längerfristig erforderlichen Ferntransport von Energie über mehrere 1.000 km steht mit der Hochspannungsgleichstromübertragung eine bewährte Technologie zur Verfügung. Erst mit der großskaligen Etablierung einer regenerativen Wasserstoffwirtschaft, in der dann sehr große Energiemengen transportiert würden, wäre ein Pipelinetransport erforderlich und wirtschaftlich attraktiv. Eine typische Pipeline, z. B. aus Nordafrika, hätte bei einem Durchmesser von 1,6–1,8 m eine Leistung von etwa 23 GW H_2, womit rund 10% des derzeitigen Endenergiebedarfs Deutschlands bereitgestellt werden könnten (Nitsch, 2002). Die Transportkosten belaufen sich bei diesen Abmessungen und einer Transportentfernung von 3.000 km auf ca. 1,5 €-Cent pro kWh H_2 (Winter und Nitsch, 1989). Dieser Wert berücksichtigt Energieverluste von 15% durch Kompression und Transport des Gases. Eine weitere Ferntransportoption ist der Transport verflüssigten Wasserstoffs in Tankschiffen. Während der Tankertransport selbst sehr kostengünstig ist und dabei nur geringe Verluste auftreten, sind für die Verflüssigung von Wasserstoff bei -253 °C rund 10 kWh Strom pro kg H_2 notwendig. Der Gesamtsystemwirkungsgrad von etwa 75% für gasförmigen Wasserstoff sinkt damit für flüssigen Wasserstoff auf rund 60%. Falls Wasserstoff jedoch in flüssiger Form genutzt werden soll (z. B. als Treibstoff), sind die großtechnische Verflüssigung und der Tankertransport dennoch eine interessante Option.

3.4.4.4
Nutzung von Wasserstoff

Wasserstoff ist in seinen Nutzungsmöglichkeiten dem Erdgas sehr ähnlich. Alle gängigen Energiewandler (Flammenbrenner für Heizungen, Industrie- und Kraftwerkskessel und zum Antrieb von Turbinen; Verbrennung in Motoren) können nach moderaten Anpassungen auch mit Wasserstoff bzw. wasserstoffreichen Gasgemischen betrieben werden.

Auch die Verbrennung von Wasserstoff in Motoren ist Stand der Technik mit dem Benzinbetrieb vergleichbaren Wirkungsgraden. Die als Schadstoffe einzig entstehenden Stickoxide können durch Optimierung des Verbrennungsvorgangs sehr niedrig gehalten werden (Kap. 3.4.4.5). Sowohl im stationären (Motoren-BHKW) als auch im mobilen Einsatz würde Wasserstoff, selbst beim ausschließlichen Einsatz „konventioneller" Nutzungstechniken, die Probleme der lokalen Schadstoffemissionen weitgehend beseitigen, da im Abgas weder Kohlenmonoxid, Schwefeldioxid, Kohlenwasserstoffe, Bleiverbindungen noch Rußpartikel enthalten sind. Auch die reine H_2/O_2-Verbrennung ist von Interesse, bei der direkt (d. h. ohne Wärmetauscher) Heißdampf entsteht, der unter Zumischung von weiterem Wasser konditioniert werden kann. Diese Technologie ist für die Bereitstellung von Prozessdampf in der Industrie und zur Erzeugung von Spitzenlaststrom geeignet.

Wasserstoff kann aber auch mit Techniken genutzt werden, die für Kohlenwasserstoffe weniger gut geeignet sind oder deren vorherige Reformierung erforderlich machen. Das bekannteste Verfahren ist die Brennstoffzellentechnologie. Daneben ist jedoch auch die katalytische Verbrennung zu nennen, die bei Temperaturen unter 500 °C abläuft und nur noch minimale NO_X-Emissionen aufweist. Sie erlaubt die Konstruktion offener katalysatorbelegter Heizflächen z. B. für Raumheizung mit „Nullemission".

Die Brennstoffzelle ist ein wichtiger Baustein einer auf regenerativen Wasserstoff gestützten Energiewirtschaft, da sie Wasserstoff direkt, effizient und emissionsfrei in Strom und Nutzwärme wandeln kann. Brennstoffzellen sind im Leistungsbereich weniger Watt (portable Systeme) über Anlagen im kW-Bereich (kleine und mittelgroße Blockheizkraftwerke) bis mehreren MW (Heizkraftwerke) als

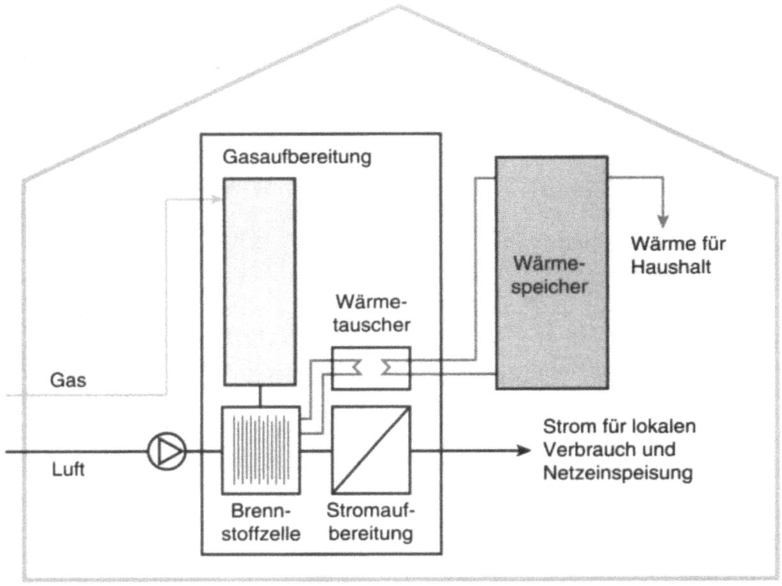

Abbildung 3.4-4
Prinzipbild eines Hausenergiesystems auf Wasserstoffbasis. Solche Häuser können auch an ein Wasserstoffnetz angeschlossen werden. Die dezentrale Gasreformierung und -reinigung entfallen in diesem Fall.
Quelle: WBGU

Pilot- und Demonstrationsanlagen und in Kleinserien verfügbar. Sie arbeiten bei Temperaturen von 80–800 °C (Abb. 3.4-4). Auch Kombikraftwerke mit Brennstoffzellenvorschaltstufe im 50–100 MW-Bereich sind bereits projektiert. Intensive Entwicklungen laufen in der Automobilindustrie, um Brennstoffzellen als emissionsfreie Antriebsaggregate für Fahrzeuge serienreif zu machen. Die in kommerziellen Systemen kurzfristig als erreichbar angesehenen Stromwirkungsgrade liegen zwischen 45% (für PEMFC; langfristig wahrscheinlich bis über 60%) und 55–60% (für MCFC, SOFC). In Verbindung mit Kombianlagen werden Wirkungsgradpotenziale bis zu 70% gesehen (Tab. 3.3-1). Bemerkenswert ist, dass aufgrund ihrer modularen Bauweise diese Wirkungsgrade auch bei kleinen Leistungen im kW-Bereich erreichbar sind, wodurch sich Brennstoffzellen sehr gut für effiziente, dezentrale Kraft-Wärme-Kopplungssysteme mit hohem Gesamtnutzungsgrad eignen (Kap. 3.3). Die bisher im Praxisbetrieb nachgewiesenen Wirkungsgrade liegen allerdings noch um 5–10% unter diesen Zielwerten.

Für eine kurzfristige Wettbewerbsfähigkeit von Brennstoffzellen sind neben weiteren technologischen und systemtechnischen Fortschritten auch die energiepolitischen Rahmenbedingungen deutlich zu verbessern, vor allem bei der Kraft-Wärme-Kopplung. Nur so lassen sich die technische Weiterentwicklung und die mit der Markteinführung verbundenen Vorleistungen absichern.

Die Entwicklung von Energiewandlern führt zu einer wachsenden Bedeutung effizienter Systeme kleinerer Leistung. Was bei den regenerativen Energietechnologien schon vor gut einem Jahrzehnt begonnen hat, setzt sich derzeit bei Blockheizkraftwerken, Mikrogasturbinen, Stirlingmotoren und Brennstoffzellen fort. Auch Kraftwerke werden als GuD-Anlagen mit deutlich kleineren Leistungen bis maximal 200 MW projektiert. Fortschritte in der Elektronik und Computertechnologie erlauben die Kombination einer immer größeren Anzahl kleinerer Einheiten zu verteilten Kraftwerken. Der liberalisierte Energiemarkt honoriert derartige Entwicklungen, weil mit diesen Anlagen flexibel und mit überschaubarem Investitionsvolumen auf die Anforderungen des Marktes reagiert werden kann.

3.4.4.5
Potenzielle Umweltschädigungen durch Wasserstoff

Bei der Verbrennung von Wasserstoff ist darauf zu achten, dass die hohen Flammentemperaturen nicht zu erhöhten NO_X-Emissionen führen. Entsprechende technische Lösungen stehen aber bereits zur Verfügung, da die Optimierung des Verbrennungsvorgangs wegen des Fehlens anderer Schadstoffe auf die Minimierung von NO_X konzentriert werden kann.

Das Wasserstoffmolekül ist ein natürlicher Bestandteil der Atmosphäre mit einer Konzentration von rund 0,5 ppm in Bodennähe. Wenn Wasserstoff in großem Umfang genutzt wird, kann die Konzentration in der Atmosphäre durch Lecks erhöht werden, wodurch chemische Reaktionen ausgelöst werden, die indirekt die Konzentration des Treibhausgases Methan ansteigen lassen könnten. Erste Abschätzungen ergaben allerdings, dass gegenwärtig anthropogener Wasserstoff die Methankonzentration nur unwesentlich beeinflusst (IPCC, 2001a). Selbst bei 50%igem Ersatz fossiler Brennstoffe durch H_2-Brennstoffzellen und weniger als 3% Leckage entstünde keine zusätzliche Quelle, die über die bisherige Wasserstoffquelle (flüchtige organische Verbindungen einschließlich Methan) hinausginge (Zittel und Altmann, 1996). Angesichts bestehender Unsicherheiten sollten diese Probleme in die Forschungsaufgaben der Atmosphärenchemie integriert werden. Auch der Wasserstoffabbau in den Böden müsste untersucht werden.

3.4.5
Elektrizität versus Wasserstoff: Bewertung

Die grundsätzlichen Effizienz- und Kostenverhältnisse bei der Herstellung regenerativen Stroms und regenerativen Wasserstoffs mittels Elektrolyse sind in Tabelle 3.4-2 zusammengestellt. Gasförmiger Wasserstoff in Mitteleuropa enthält noch etwa 65% der Energie des solaren Stroms am Bereitstellungsort. Bei flüssigem Wasserstoff stehen dem Nutzer noch etwas mehr als 50% der ursprünglichen Energie des Solarstroms zur Verfügung.

Aus heutiger Sicht stellt die Elektrolyse die neben der Biomassereformierung günstigste Wandlungstechnik für regenerative Energien aus Wasserstoff dar. Regenerativer Wasserstoff als Energieträger wird somit weniger effizient und zudem kostspieliger als regenerativer Strom bereitgestellt. Er wird also nur dann in der Energiewirtschaft von Bedeutung sein, wenn er energetisch und ökonomisch sinnvolle Einsatzgebiete neben dem aus Nutzersicht universell einsetzbaren Energieträger Elektrizität findet. Hauptargument für die Einführung einer Wasserstofftechnologie wird in diesem Zusammenhang seine gute Speicherbarkeit sein.

Die meisten Energiedienstleistungen (Heizung, Warmwasser, Prozesswärme, Antriebskraft, Licht und Kommunikation) können durch Nutzwärme und Elektrizität bereitgestellt werden, die aus erneuerbaren Energiequellen gewonnen werden. Beide sind kostengünstiger als regenerativer Wasserstoff. Nur wenn aus technischen oder strukturellen Gründen die direkte Nutzung von Strom und Wärme nicht möglich ist (z. B. im Verkehr; zu hohes momentanes Angebot an regenerativem Strom), ist der Einsatz von Wasserstoff sinnvoll. Der Gewinn an Speicher- bzw. Einsatzfähigkeit muss dann gegenüber den zusätzlichen Kosten und Wandlungsverlusten abgewogen werden. Dies gilt sowohl für Einzelanwendungen (Nischenmärkte) als auch für das Energiesystem insgesamt.

Die energiewirtschaftliche Bedeutung von Wasserstoff liegt also in der Möglichkeit, die Nutzungsgrenzen von erneuerbaren Energiequellen zu erweitern. Dies setzt selbstverständlich zunächst eine wesentlich stärkere direkte Nutzung dieser Energiequellen voraus. Die Bedeutung von Wasserstoff ist also unmittelbar mit der Intensität und Kontinuität einer Gesamtstrategie zur Erschließung von erneuerbaren Energiequellen verknüpft. Aus den energetischen Funktionen, der Speicherfähigkeit und der Transportfähigkeit von Wasserstoff lassen sich verschiedene Einsatzfelder ableiten:

- die Speicherung großer Mengen fluktuierenden Stroms aus erneuerbaren Quellen, wenn sehr hohe regenerative Anteile erreicht werden und konventionelles Lastmanagement oder Speicherung nicht mehr ausreichen;
- der Transport von Energie über größere Entfernungen bis hin zu interkontinentalen Distanzen;
- die Forderung nach Nullemission entweder in lokalen Bereichen oder im gesamten Energiesystem (CO_2-freies Energiesystem). Dies erfordert eine entsprechende Energieversorgung von Nutzern auch in Bereichen, die für Strom nicht oder nur schwer zugänglich sind (z. B. Verkehr, speziell Luftverkehr; Anteile des industriellen Hochtemperaturwärmebedarfs).

Bis zu einem Anteil von etwa 50% erneuerbarer Energieträger an der Gesamtstromerzeugung können die Angebotsfluktuationen durch große Verbundnetze und die Kombination verschiedener regenerativer Energien sowie durch Lastmanagement beim Nutzer und (thermische) Energiespeicherung beispielsweise in solarthermischen Kraftwerken ausgeglichen werden. Bei einer höheren Durchdringung der Netze mit Strom aus erneuerbaren Energiequellen ist aller Voraussicht nach die großmaßstäbliche Einführung von Technologien zur Speicherung hochwertiger Energie unumgänglich.

Tabelle 3.4-2
Relative Effizienz- und Kostenverhältnisse zwischen regenerativem Strom (Erzeugung = 1,0) und regenerativem Wasserstoff für fortschrittliche Technologien.
Quelle: Nitsch, 2002

	Nutzungsgrad		Kosten	
	Nur Herstellung	Einschließlich Langstreckentransport	Nur Herstellung	Einschließlich Langstreckentransport
Strom	1	0,9	1	1,5
H_2, gasförmig	0,75	0,65	1,65	1,90
H_2, flüssig	0,6	0,52	2,5	4

Wasserstoff kann diese Aufgabe erfüllen. Er hat zudem den Vorteil, dass derzeit Erdgas an Bedeutung gewinnt und als fossile „Übergangsenergie" bei einer Transformation des Energiesystems in Richtung regenerative Energien und Wasserstoff dienen kann. Dies ist günstig angesichts der Infrastrukturinvestitionen, die oft die Einführung neuer Energieträger erschweren. Neben dem Aufbau dezentraler Wasserstoffnetze kann die vorhandene Erdgasinfrastruktur vorzüglich für die Einspeisung von Wasserstoff genutzt werden.

3.5 Steigerung der Energieeffizienz

Der heutige Energieeinsatz der Industriestaaten weist in den verschiedenen Umwandlungsstufen und im Nutzenergieeinsatz noch erhebliche Energieverluste auf:

- etwa 25–30% im Umwandlungssektor von der Primärenergie bis zur Endenergie;
- im Mittel etwa ein Drittel bei der Wandlung von Endenergie zu Nutzenergie, mit hohen Verlusten von etwa 80% bei den Antriebssystemen von Straßenfahrzeugen;
- etwa 30–35% durch unnötig hohen Nutzenergiebedarf z. B. bei Gebäudeklimatisierung und industriellen Hochtemperaturprozessen (Abb. 3.5-1).

Theoretisch könnte der Energiebedarf je Energiedienstleistung um mehr als 80–85% des heutigen Energiebedarfs reduziert werden (Jochem, 1991). Dieses Potenzial wurde in der Schweiz im Rahmen der Überlegungen zu nachhaltiger Entwicklung zur Grundlage der technologischen Vision einer „2000-Watt-Gesellschaft", die bis etwa Mitte dieses Jahrhunderts erreichbar sein könnte (ETH-Rat, 1998).

Neben technischen Gesichtspunkten der Energie- und Materialeffizienz sowie einer Kreislaufwirtschaft muss jedoch auch die Nachfrage nach Energie- und Materialdienstleistungen diskutiert werden, die sich mit zunehmendem Einkommen, höherer Ressourceneffizienz und dem Wandel zur Wissensgesellschaft ändert. Die Frage ist hier, ob langfristig auch Suffizienz (Selbstgenügsamkeit) in materiellen Dingen (einschließlich der Mobilität) in einer postindustriellen Gesellschaft notwendig wird. Eine stagnierende Weltwirtschaft ist dadurch nicht zu befürchten, weil das Wachstum an immateriellen Gütern (z. B. Dienstleistungen) keineswegs eingeschränkt wäre.

3.5.1 Effizienzsteigerungen in Industrie und Gewerbe

Das allgemeine Ziel der Effizienzsteigerung lässt sich technologisch wie folgt differenzieren:

- erheblich verbesserte Wirkungsgrade bei den beiden Umwandlungsstufen Primärenergie/Endenergie und Endenergie/Nutzenergie, häufig mit neuen Technologien, z. B. Kraft-Wärme- und Kraft-Kälte-Kopplungsanlagen, Brennstoffzellentechnik, Substitution von Brennern durch Wärmepumpen (Williams, 2000);
- erheblich verminderter Nutzenergiebedarf pro Energiedienstleistung durch Niedrigenergiegebäude, Substitution thermischer Produktionsprozesse durch physikalisch-chemische oder biotechnologische, leichtere Bauweisen bewegter Teile und Fahrzeuge, Rückspeisung bzw. Speicherung von Bewegungsenergie (Levine et al., 1995; IPCC, 2001b);
- Minderung der Leerlaufverluste, also des Endenergieeinsatzes, der während der Lebenszeit der Geräte und Anlagen auftritt, ohne einer Dienstleistung zu dienen. Dies kann u. a. durch Minderung der Leerlaufzeiten und -leistung erfolgen, indem effizientere Techniken eingesetzt und das Nutzerverhalten beeinflusst werden;
- verstärktes Wiederverwerten energieintensiver Werkstoffe sowie erhöhte Materialeffizienz durch verbesserte Konstruktionen oder Werkstoffeigenschaften mit deutlich verminderter Primärmaterialnachfrage je Werkstoffdienstleistung (Angerer, 1995);
- intensivere Nutzung langlebiger Investitions- und Gebrauchsgüter durch Maschinen- und Geräteverleih, Car-Sharing und andere produktbegleitende Dienstleistungen (Stahel, 1997);
- die räumliche Anordnung neuer Industrie- und anderer Siedlungsgebiete nach Exergiegesichtspunkten (Kashiwagi, 1995) sowie eine bessere Durchmischung von Siedlungsfunktionen zur Vermeidung motorisierter Mobilität.

Grundsätzlich lassen sich die Möglichkeiten, den Energiebedarf der industriellen Produktion bei weiterhin ansteigendem Bedarf nach Energiedienstleistungen zu vermindern, in fünf Kategorien unterscheiden, von denen lediglich zwei thermodynamisch begrenzt sind (Jochem, 1991).

Verbesserung der Effizienz der Energiewandler

Energiewandlersysteme (z. B. Brenner, Turbinen, Motoren usw.) können technisch etwa durch hitzebeständigere Materialien, bessere Regelung usw. verbessert werden. Auch bieten beispielsweise die Sub-

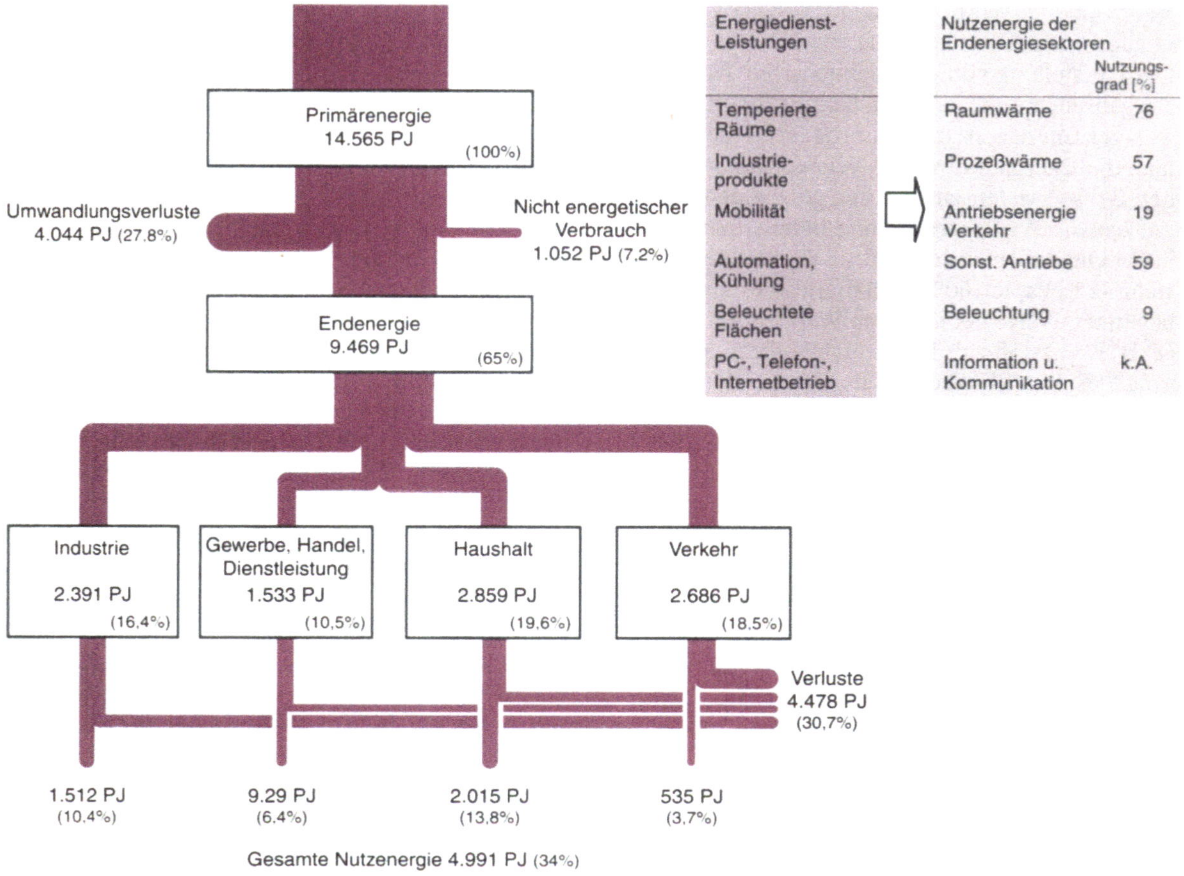

Abbildung 3.5-1
Energieverluste im Energienutzungssystem Deutschlands im Jahr 2001. Dieses Jahr erforderte einen Primärenergieeinsatz von 14.565 PJ. Nach den Umwandlungsverlusten und nicht energetischem Verbrauch ging die verbliebene Endenergie von 9.469 PJ an die Verbrauchssektoren. Die dortige Umwandlung in Wärme, mechanische Energie usw. führte zu erheblichen Verlusten von insgesamt 4.478 PJ. Der Kasten zeigt den Nutzungsgrad bei der Umwandlung von End- in Nutzenergie bei verschiedenen Energiedienstleistungen. Letztlich wurden 4.991 PJ oder 34% des Primärenergieeinsatzes in Nutzenergie überführt.
Quelle: IfE/TU München, 2003

stitution von Brennern durch Gasturbinen im Mitteltemperaturprozessbereich, der Einsatz von Wärmetransformatoren und die Ansiedlung von neuen Industriegebieten mit kaskadenförmiger Nutzung der Wärme weitere Potenziale (Stucki et al., 2002; Kashiwagi, 1995).

Verminderung des Nutzenergiebedarfes durch Prozessverbesserungen und -substitutionen

Prozessverbesserungen und -substitutionen bieten erhebliche Möglichkeiten der Energieeffizienzsteigerung. Beispiele sind:

- Substitution des Walzens von Metallen einschließlich der Zwischenwärmöfen durch endabmessungsnahes Gießen und in fernerer Zukunft durch Sprühen von geformten Blechen in ihre Endform;
- Substitution thermischer Trennverfahren durch Membran-, Adsorption- oder Extraktionsverfahren, die in der Nahrungsmittel- und pharmazeutischen Industrie bereits angewendet werden;
- der Einsatz neuer enzymatischer oder biotechnologischer Verfahren zur Synthese, zum Färben oder Stofftrennen; die Verbesserung mechanischer Trocknungsverfahren oder Ergänzung/Kombination durch neue Prinzipien (z. B. Ultraschall, Impulsverfahren);
- die Substitution der Verfahren zur Wärmebehandlung durch solche mit höherer Zielgenauigkeit und Steuerungsfähigkeit (z. B. elektrische Ultrakurzerhitzung durch Mikrowellen, Laserverfahren);
- Rückspeisung von Bremsenergie in das Stromnetz durch eine entsprechende Leistungselektronik.

Verstärktes Wiederverwerten und verbesserte Materialeffizienz
Die Herstellung von energieintensiven Werkstoffen aus gebrauchten Materialien benötigt häufig deutlich weniger Energie als die Neuproduktion, selbst wenn man die Energie für die Recyclingprozesse mitrechnet. Bei seit vielen Jahrzehnten genutzten Werkstoffen hat die Wiederverwertung bereits heute relativ hohe Quoten erreicht (z. B. in Deutschland: Rohstahl: 42%, Papier: 60%, Behälterglas: 81%); dagegen liegen die Werte bei jüngeren Werkstoffen niedriger (z. B. Kunststoffe: 16%). Durch weitere Ausschöpfung des Recyclingpotenzials könnte der gesamte industrielle Energiebedarf um mindestens 10% reduziert werden (Angerer, 1995). Hinzu kommen die Potenziale durch einen geringeren Werkstoffbedarf je Werkstoffdienstleistung, die durch veränderte Werkstoffeigenschaften und konstruktive Änderungen des Produkts (z. B. dünnere Verpackungsmaterialien, Schäume, dünnere Oberflächenaufbauten) ausgeschöpft werden können (Enquete-Kommission, 2002).

Substitution von Werkstoffen und Materialien durch weniger energieintensive Werkstoffe
Durch Werkstoffsubstitution eröffnen sich erhebliche Energieeinsparpotenziale. Über Werkstoffe und ihre Substitution wird heute in erster Linie aufgrund von Kosten, Werkstoff- und Nutzungseigenschaften sowie des Werkstoffimages und bestehender Modetrends entschieden. Ein möglichst geringer Gesamtenergiebedarf bzw. niedrige Gesamtemissionen sollten künftig verstärkt angestrebt werden. Biogene und biotechnologisch herstellbare Werkstoffe und Produkte (z. B. Holz, Flachs, Stärke, natürliche Fette und Öle) können so zu interessanten Alternativen werden.

Intensivere Nutzung von Gebrauchsgütern
Auch durch eine intensivere Nutzung von Gebrauchsgütern lassen sich Material- und Energieeffizienz verbessern. Der Begriff der Parallelwirtschaft („Nutzen statt besitzen“) beschreibt die Idee, Güter aus einem Pool mehreren Nutzern zugänglich zu machen. Bekannte Beispiele dafür sind die Vermietung von Maschinen für Bau- und Landwirtschaft, elektrischen Werkzeugen, Reinigungsmaschinen, Pkw (Car-Sharing) oder Fahrrädern. So kann eine geringere Gütermenge die gleichen gesellschaftlichen Bedürfnisse befriedigen (Fleig, 2000).

Das in diesen fünf Optionen liegende Energieeinsparpotenzial ist noch unzureichend untersucht und künftige technologische Entwicklungen sind ohnehin nur schwer prognostizierbar. Insgesamt wird das gesamte technische Energieeinsparpotenzial auf über 50% des heutigen industriellen Energiebedarfs geschätzt (Jochem und Turkenburg, 2003).

3.5.2 Effizienzsteigerungen und Solarenergienutzung in Gebäuden

Eine Diskussion von Effizienzgewinnen beim Energieeinsatz in Gebäuden muss den global sehr unterschiedlichen Rahmenbedingungen gerecht werden, denn ökonomische, soziale und naturräumliche Einflüsse (z. B. Bautraditionen, verfügbare Materialien, Bevölkerungsdichte, Familienstrukturen und vor allem das Klima) führen zu verschiedenen Bauweisen. Sogar in einem einzelnen Land führen die Gegensätze arm/reich, Stadt/Land und Altbau/Neubau dazu, dass Effizienzgewinne im Gebäudesektor aus verschiedenen Blickwinkeln diskutiert werden müssen.

Raumheizung
In hohen Breiten und dann vor allem bei kontinentalem Klima wird für die Raumheizung der größte Teil des häuslichen Energieeinsatzes benötigt, so dass die verbesserte Wärmedämmung der Gebäude einen Schwerpunkt der Maßnahmen bilden muss. Derzeit sind beispielsweise Vakuumdämmungen in der Entwicklung, die bei gleicher Dicke bis zu 10fach besser isolieren als die üblichen Dämmstoffe und für die Altbausanierung besonders interessant sind. Ein weiteres Beispiel für einen innovativen Ansatz ist transparente Wärmedämmung, die an den Außenwänden von Gebäuden aufgebracht wird. Während das Sonnenlicht das Material durchdringen kann und auf der dahinterliegenden dunklen Wand absorbiert wird, kann die freiwerdende Wärme durch das Dämmmaterial nicht mehr entweichen und trägt somit zur Heizung des Gebäudes bei.

Weitere Stichworte zur technischen Effizienzsteigerung sind effiziente Gasbrennwertkessel, Verzicht auf elektrische Widerstandsheizung sowie Anschluss an Fern- und Nahwärmenetze oder Blockheizkraftwerke. Energieeffiziente Gebäude benötigen insgesamt eine Wärmeversorgungstechnik, die den verbleibenden geringen Wärmebedarf effizient und kostengünstig deckt. So werden Kleinstwärmepumpen in Zukunft an Bedeutung gewinnen, da sie die vorhandene Strominfrastruktur nutzen und als Massenprodukte kostengünstig angeboten werden können; auch Kleinst-BHKW mit Brennstoffzellentechnik können in Zukunft interessant werden (Kap. 3.4.4.4).

Verbesserte ökonomische Anreize haben ebenfalls große Potenziale. In Osteuropa konnte allein durch die Einführung einer individuellen Kostenabrechnung bei Fernwärme der Bedarf um bis zu

20% gesenkt werden. Ähnlich groß ist das Potenzial bei der Umstellung von manueller Kontrolle der Fernwärmenetze auf automatische Regelung.

Fenster

Beim solaren und energieeffizienten Bauen wird eine neuartige Hülle für ein Gebäude angestrebt, die Energie-, Licht-, Schall- und Stoffaustausch an Jahreszeiten und Nutzerwünsche angepasst regelt. Besonders wichtig sind dabei die Fenster, wobei sich zwei verschiedene Anforderungen gegenüberstehen: Während man zur Beleuchtung und (insbesondere im Wohnungsbau) zur Wärmegewinnung möglichst viel Sonnenlicht durch ein Fenster in einen Raum gelangen lassen möchte, muss zur Bewahrung des Raumklimas gleichzeitig der Wärmeabfluss durch ein Fenster minimiert werden. Beispielsweise können in einem Mehrscheibensystem die einander zugewandten Glasflächen so beschichtet werden, dass sichtbares Licht in den Raum gelangen kann, infrarote Wärmeabstrahlung jedoch weitgehend unterdrückt wird. Eine moderne Dreifachverglasung kann durch Verwendung selektiver Beschichtungen und Füllung mit schwerem Edelgas die Wärmeverluste durch ein Fenster auf das sehr niedrige Niveau von ca. 0,5 W pro m^2 und K senken (K-Wert = Wärmedämmvermögen eines Fensters). Vakuumfenster können zukünftig noch zu einem weiteren Fortschritt führen.

Um Überhitzung im Sommer zu vermeiden, können im Fenster optische Schaltfunktionen implementiert werden, die die optischen Eigenschaften eines Fensters steuern, ohne seine wärmetechnischen Eigenschaften signifikant zu beeinflussen und ohne konventionelle Abschattungsmechanismen (z. B. Lamellen) zu verwenden. Die technische Entwicklung geht zu Beschichtungen, deren optische Eigenschaften in weiten Bereichen reversibel verändert werden können (z. B. elektrochrome oder gaschrome Verglasung).

Brauchwassererwärmung

Die Sonnenenergie ist für die Brauchwassererwärmung wegen der dabei angestrebten verhältnismäßig niedrigen Temperatur hervorragend geeignet (Kap. 3.2.6.2). Wird komplementär noch fossile oder elektrische Energie eingesetzt, stellen der Gasbrennwertkessel oder die Wärmepumpe wie bei der Raumheizung eine energetisch sehr günstige Lösung dar. Eine gute Wärmedämmung von Rohren und Boilern sowie Vorrichtungen zum Wassersparen zählen zu den einfachen und ökonomischen, aber leider nicht selbstverständlichen Maßnahmen.

Raumkühlung

In vielen Ländern wird im Sommer oder ganzjährig die Raumluft gekühlt. Der weltweite Trend zur Verstädterung wirkt dabei verstärkend. Bei gleicher Temperaturdifferenz zur Außenluft ist der Energieeinsatz zum Kühlen höher als zum Heizen, auch weil sehr oft schlecht wärmegedämmte Gebäude gekühlt werden. Vorschläge zur Effizienzsteigerung sind:

- *Gebäude:* Die Technologien für Klimaanlagen können verbessert werden, insbesondere sind automatisierte Komplettlösungen für gewerblich genutzte Gebäude mit zahlreichen vernetzten Einzelkomponenten interessant. Kontrollierte Be- und Entlüftung in Kombination mit Wärmetauschern und Wärme- oder Kältespeichern bietet erhebliches Potenzial. Die Möglichkeiten zur aktiven Gebäudekühlung mit Sonnenenergie wurden in Kap. 3.2.6.2 dargestellt. Zudem lassen sich Konzepte zur passiven Kühlung einsetzen, mittels derer im Sommer mittlerer Breiten auch ohne Kältemaschinen ein angenehmes Raumklima erreicht wird. Geeignet sind beispielsweise die Nachtlüftung und die Betonkernkühlung mit Erdsonden oder Wärmepumpen. Ein innovativer Weg führt über die Verwendung mikroverkapselter Phasenwechselmaterialien, mit denen leichte Bauten „thermisch schwer" gemacht werden können. Hierbei werden die am Tag anfallenden Wärmelasten durch das Schmelzen der Materialien bei nahezu konstanter Temperatur gespeichert und zeitverzögert nachts wieder an die Außenluft abgegeben.
- *Städtebau:* Mehr Grünanlagen und eine bessere Durchlüftung von Gebäudeagglomerationen beeinflussen das Stadtklima positiv. In Analogie zur Nahwärme könnten Nahkältenetze mit effizienten zentralen Kühleinrichtungen sinnvoll sein. Analog zur KWK bietet sich hier eine Kraft-Kälte-Kopplung über angepasste thermodynamische Wärmetransformatoren an.

Kochen

In Industrieländern sollte Strom beim derzeitigen Energiemix nicht zum Kochen genutzt werden, da die Nutzung von Gas energetisch vorteilhafter ist. In Entwicklungsländern sind Flüssiggas- oder Kerosinkocher den traditionellen Kochstellen mit Holz und Holzkohle als Brennstoff vorzuziehen (Kap. 3.2.4).

Beleuchtung

Eine gute Nutzung des Tageslichts kann in Bürogebäuden sowohl Energie bei der künstlichen Beleuchtung einsparen als auch den Arbeitskomfort erhöhen. Tageslichtsysteme versuchen daher, den Helligkeitsunterschied zwischen fensternahen und -fernen Raumteilen zu verringern und die natürliche

Beleuchtung so zu verbessern, dass weniger Kunstlicht benötigt wird. Diese Maßnahme reduziert den Strombedarf für Beleuchtung und die damit einhergehende Wärmeentwicklung, die dann auch nicht durch zusätzliches Kühlen kompensiert werden muss. Wo dies nicht möglich ist, sollten anstelle von Glühlampen die bis zu 5fach effizienteren Fluoreszenzlampen eingesetzt werden. In Entwicklungsländern ist der mit der Elektrifizierung verbundene Übergang von der Kerosinlampe zur Fluoreszenzlampe anzustreben.

Sonstige elektrische Geräte

Wie alle Endenergieformen sollte auch Strom möglichst effizient genutzt werden. Obwohl entsprechende Geräte in der Anschaffung oft höhere Kosten verursachen, wird dies in der Regel durch einen geringeren Verbrauch über die Gerätelebensdauer kompensiert. Insbesondere die Leerlaufverluste der Geräte sind problematisch. Vor allem die Geräte der Unterhaltungs- und Kommunikationselektronik werden beim Ausschalten per Fernbedienung nicht vom Stromnetz getrennt, sondern bleiben mit reduziertem Stromverbrauch in einem Ruhezustand („Standby"). Eine komfortable Option zur Vermeidung dieses unnötigen Stromverbrauches stellen Automatikausschalter dar, die zwischen Gerät und Steckdose geschaltet werden und im Standby das jeweilige Gerät vom Netz trennen. Zur weiteren Verbreitung sparsamer elektrischer Haushaltsgeräte sollte zudem beim Kauf leicht erkennbar sein, ob sich ein Gerät durch einen niedrigen Stand-by-Verbrauch auszeichnet oder sogar gänzlich vom Stromnetz trennen lässt.

Bei Haushaltsgroßgeräten (z. B. Spül- und Waschmaschinen, Kühlschränke) konnten verpflichtende EU-Effizienzkennzeichnungen den Stromverbrauch der erhältlichen Geräte spürbar senken. Gezielte Information der Verbraucher kann zudem auch ohne jede technische Investition die Effizienz der Energienutzung deutlich erhöhen. So verbrauchen beispielsweise Kühlschränke deutlich weniger Energie, wenn sie kühl und gut belüftet aufgestellt werden, und mechanische Schleudern brauchen viel weniger Strom als Wärmetrockner, um nasser Wäsche Wasser zu entziehen.

Abbau struktureller Hindernisse

Im Gebäudebereich sollten auch strukturelle Barrieren abgebaut werden: z. B. werden Architekten in der Regel nur nach dem Wert des errichteten Gebäudes und nicht nach dessen Effizienz bezahlt. Als Ansprechpartner des Bauherren kommt Architekten und Installateuren eine große Aufgabe in der Energieberatung zu, für die sie entsprechend ausgebildet werden müssen. Aufmerksamkeit verdient zudem das so genannte Vermieter-/Mieter-Dilemma, denn ersterer ist zur Investition in verbesserte Dämm- und Heizungstechnik oft nicht motiviert, weil er die Investitionskosten nicht vollständig auf die Miete umlegen kann, der Mieter jedoch den Nutzen geringerer Energiekosten hat. Der Mieter dagegen wird derartige Investitionen nicht tätigen, weil sich die Kosten in einer vergleichsweise kurzen Mietzeit nicht amortisieren werden.

3.6 Kohlenstoffspeicherung („Sequestrierung")

Kohlendioxid kann der Atmosphäre auf drei Wegen entzogen werden: durch die natürlichen Vorgänge der Aufnahme in die Biosphäre und der Lösung und Sedimentierung im Meerwasser sowie durch die menschliche Aktivität des technischen Kohlenstoffmanagements. Unter technischem Kohlenstoffmanagement werden die Abscheidung von CO_2 vor oder nach dem Verbrennungsprozess fossiler Energieträger, die Umwandlung in die flüssige oder feste Phase, der Transport zu Lagerstätten und die dauerhafte Einlagerung (Sequestrierung) in geeigneten geologischen Speicherformationen oder in der Tiefsee zusammengefasst (Reichle et al., 1999; Ploetz, 2002).

3.6.1 Technisches Kohlenstoffmanagement

Die technische Abscheidung von CO_2 kann mit hoher Ausbeute an punktförmigen Emissionsquellen wie Kohle- und Gaskraftwerken, Zementfabriken, Stahlwerken und Ölraffinerien erfolgen. Grundsätzlich lassen sich bei der CO_2-Abscheidung zwei Prozesstypen unterscheiden:

- die Rauchgaswäsche, bei der CO_2 mittels Ab- oder Adsorption, Membranen oder Destillationsverfahren aus dem Rauchgasstrom entfernt wird;
- die Abscheidung vor der Verbrennung, bei der zunächst aus Kohle oder Erdgas durch Kohlevergasung bzw. Dampfreformierung ein wasserstoffreiches Synthesegas erzeugt wird, aus dem das CO_2 vor dem Verbrennungsprozess entfernt wird.

Durch die CO_2-Abscheidung und Lagerung wird der Wirkungsgrad von Kraftwerken verringert. Hauptursache ist der Energieaufwand für die Regeneration von Absorptions-, Trenn- und Lösungsmitteln, für deren Herstellung bzw. Entsorgung sowie für den Transport des CO_2 (Tab. 3.6-1).

Die geschätzten Kosten für die Abscheidung des CO_2 einschließlich der Komprimierung (Verflüssigung) für den Transport machen etwa drei Viertel der

Tabelle 3.6-1
Effizienz der CO_2-Rückhaltung und Wirkungsgradeinbuße bei unterschiedlichen Abscheidungsverfahren. Quelle: Göttlicher, 1999

Prozess	CO_2-Rückhaltung [%]	Wirkungsgradverlust bei Stromerzeugung [%]
CO_2-Abtrennung aus Synthesegasen nach CO-Umwandlung (aus Kohlevergasung oder Dampfreformierung von Erdgas	90	7–11
CO_2-Aufkonzentration im Abgas (meistens durch Verbrennung in einer Atmosphäre aus Sauerstoff und rezirkuliertem Rauchgas)	~100	7–11
CO_2-Abtrennung aus Rauchgasen	k. A.	11–14
Kohlenstoffabtrennung vor der Verbrennung	k. A.	18
CO_2-Rückhaltung in Kraftwerken mit Brennstoffzellen	k. A.	6–9

Gesamtkosten der Speicherung sowohl im Ozean als auch in geologischen Formationen aus (Reichle et al., 1999; Grimston et al., 2001). Sie sind daher der kostenbestimmende Faktor. Hendricks und Turkenburg (1997) nennen für ein Standardkraftwerk Abscheidungskosten von 100–250 € pro Tonne C, für einen Gas-/Dampfturbinenkombiprozess mit integrierter Kohlevergasung weniger als 100 € pro Tonne C.

Schätzungen künftiger Potenziale der CO_2-Sequestrierung konzentrieren sich derzeit auf die Speicherkapazität. Sie dürfte weniger durch die technische Machbarkeit als durch die Wirtschaftlichkeit im Vergleich zu anderen CO_2-Minderungsstrategien sowie die gesellschaftliche wie auch politische Akzeptanz bestimmt sein. Es wird geschätzt, das sich beim großtechnischen Einsatz der geologischen Sequestrierung die Stromkosten für den Endverbraucher um 40–100% erhöhen könnten (Grimston et al., 2001).

Bisherige Potenzialabschätzungen erscheinen in nationalen Forschungsprogrammen als mittel- und langfristige Ziele. So nennt das amerikanische Federal Energy Technology Center (FETC) das Ziel, die Kosten für die CO_2-Sequestrierung um den Faktor 10–30 bis zum Jahr 2015 zu senken. Ab 2050 sollen etwa die Hälfte der erforderlichen Emissionsreduktionen (bezogen auf ein 550 ppm-Stabilisierungsszenario für CO_2) durch CO_2-Sequestrierung erzielt werden. Allerdings geht das US Department of Energy nicht davon aus, dass die Sequestrierung vor 2015 überhaupt im großtechnischen Maßstab einsatzfähig ist (US-DOE, 1999).

Lagerung in geologischen Formationen

Ziel der CO_2-Speicherung ist es, das Treibhausgas für möglichst lange Zeiträume der Atmosphäre zu entziehen. Dazu muss das CO_2 nach der Abscheidung an Orten gelagert werden, die vom Kontakt mit der Atmosphäre isoliert werden können. Als Speicheroptionen kommen tiefe geologische Formationen wie Salzstöcke, tiefe Kohleflöze, ausgeförderte und aktive Gas- und Ölfelder sowie tiefe (saline) Aquifere in Frage. Bei der Bewertung der Speicher muss allerdings zwischen Permanentspeichern und solchen unterschieden werden, in die CO_2 nur als zusätzliche wirtschaftliche Maßnahme eingepresst wird. So dient die Einpressung von CO_2 in tiefe, nicht abbaubare Kohleflöze der Methangewinnung (Bachu, 2000). CO_2 reduziert auch die Zähflüssigkeit des Öls, weshalb es weltweit in der Ölförderung zur Verbesserung der Ausbeute eingesetzt wird. Allerdings ist dabei die Verweilzeit mit einigen Monaten bis Jahren für so sequestriertes CO_2 gering (Bachu, 2000). Daher sind beide Optionen hinsichtlich ihrer Kohlenstoffbilanz kritisch zu bewerten. Bei den Abschätzungen des weltweiten Speicherpotenzials wird meist der theoretisch verfügbare Speicher angegeben (Tab. 3.6-2), nicht jedoch das technische oder ökonomische Potenzial. Die Angaben variieren stark, zumal auch erst wenige systematische Untersuchungen der Speicherkapazitäten vorliegen.

Tabelle 3.6-2
Vergleich verschiedener geologischer Speicheroptionen.
EOR Enhanced Oil Recovery, *EGR* Enhanced Gas Recovery.
Quellen: Parson und Keith, 1998; IPCC, 2001c; Herzog, 2001

Speicheroption	Geschätzte Kapazität [Gt C]	Relative Kosten	Speicher-integrität	Technische Machbarkeit
Aktive Ölquellen (EOR)	klein	sehr niedrig	gut	hoch
Tiefe Kohleflöze (EGR)	40–300	niedrig	unbekannt	unbekannt
Erschöpfte Öl- und Gasreservoire	200–500	niedrig	gut	hoch
Tiefe Aquifere, Kavernen/Salzstöcke	100–1.000	sehr hoch	gut	hoch

Wenn große Mengen CO_2 unter Tage gelagert werden, besteht das Risiko, dass das Gas durch Auftreten von Leckagen freigesetzt wird. Da CO_2 schwerer ist als Luft, könnte sich an der Austrittsstelle in Bodennähe ein CO_2-See bilden, in dessen Umfeld alle Lebewesen ersticken würden (Holloway, 1997). Der Speicherpermanenz kommt daher hohe Bedeutung zu. Als sichere Speicher sind bisher nur erschöpfte Gas- und Ölfelder anzusehen, in kleinerem Umfang auch Salzkavernen. Für die tiefen Aquifere ist die Sicherheit der Speicher bisher unbekannt, es wird aber vermutet, dass sie über eine hohe Speicherintegrität verfügen. Pilotanwendungen wie die im Sleipner-Feld in der Nordsee scheinen das zu bestätigen (Baklid et al., 1996; Torp, 2000). Bisher existieren aber keine Sicherheits- und Überwachungsrichtlinien oder Kriterien für Anforderungen an die Speicherqualität (Gerling und May, 2001).

Lagerung im Meer

Die Nutzung des Ozeans als sehr großen CO_2-Speicher, mit einer geschätzten Kapazität für anthropogenes CO_2 von weit mehr als 1.000 Gt C (IPCC, 2001c; Herzog, 2001), ist nach heutigem Kenntnisstand mit hohen Risiken sowohl bezüglich der Speicherdauer als auch bezüglich der Umweltwirkungen behaftet. Die Speicherdauer hängt vom Eintragungsort und den vorherrschenden Meeresströmungen sowie von der Einbringtiefe ab. Modellierungen ergeben, dass CO_2 in größere Tiefen eingebracht werden muss, um ein schnelles Entweichen in die Atmosphäre zu verhindern. Ab 950 m Ausbringtiefe könnte CO_2 an günstigen Eintragungsorten längerfristig (Größenordnung 1.000 Jahre) im Ozean verbleiben (Drange et al., 2001).

Durch die Einleitung wird der CO_2-Partialdruck erhöht und gleichzeitig der pH-Wert des Meerwassers erniedrigt. Die biologischen Konsequenzen sind bis heute zwar unzureichend untersucht, geben aber Anlass zu Besorgnis. Nachgewiesen sind signifikante Änderungen in der Struktur mikrobieller Lebensgemeinschaften, die Hemmung von Stoffwechselprozessen und eine deutliche Empfindlichkeit mariner Lebensgemeinschaften gegenüber einer Absenkung des pH-Wertes. Eine Störung des Säure-Base-Gleichgewichts aufgrund der Absenkung des pH-Wertes kann zur Auflösung kalkhaltiger Skelette sowie zu Stoffwechseländerungen führen, die Wachstum und Aktivität der Organismen verringern können (Nakashiki und Oshumi, 1997; Seibel und Walsh, 2001). Beobachtet wurde auch Atemnot bei Fischen (Tamburri et al., 2000). Die Kosten für die Lagerung von CO_2 im Meer (einschließlich Abscheidung und Transport) werden heute mit 30–90 US-$ pro t CO_2 angegeben (Hendriks et al., 2001; DeLallo et al., 2000).

3.6.2 Potenziale der Speicherung als Biomasse

Kohlenstoffspeicherung in terrestrischen Ökosystemen

Die terrestrischen Ökosysteme speichern gegenwärtig etwa 460–650 Gt Kohlenstoff in der Vegetation und 1.500–2.000 Gt C im Boden (Abb. 3.6-1; IPCC, 2000a, 2001a). 30–50% des Kohlenstoffs liegen in leicht abbaubarer Form vor, d. h. dass bei fehlender Vorsorge etwa 700 Gt Kohlenstoff durch Landnutzungsänderungen kurzfristig freigesetzt werden könnten. Andererseits könnten nach Modellrechnungen diese Speicher bis zum Jahr 2050 um etwa 70 Gt C in Wäldern und weitere 30 Gt C in landwirtschaftlich genutzten Böden anwachsen (IPCC, 2001c). Die terrestrische Biosphäre kann trotz ihrer beachtlichen Senkenleistung die anthropogenen Treibhausgasemissionen einschließlich der Emissionen aus der Landnutzung nur zu einem kleinen Teil ausgleichen – wie die steigende CO_2-Konzentration der Atmosphäre belegt. Durch Zunahme der Biomasse in den Wäldern Nordamerikas und Europas wurden seit Beginn der 1990er Jahre etwa 10% der globalen Emissionen aufgenommen (IPCC, 2001c). Die Analyse der Kohlenstoffflüsse gesamter Kontinente zeigt, dass beispielsweise die sibirischen Urwälder der Atmosphäre einen großen Teil der CO_2-Emissionen Russlands und der EU durch eine intensivierte Photosynthese wieder entziehen (Schulze, 2002).

Natürliche Ökosysteme können entgegen der Hypothese des ökologischen Gleichgewichts (Odum, 1969) und trotz relativ konstanter Stammbiomasse große Mengen CO_2 binden (Schulze et al., 1999). Primärwälder fungieren innerhalb des Klimasystems als wichtige CO_2-Senken, sind aber zunehmend durch menschliche Eingriffe bis hin zur völligen Vernichtung bedroht. Ihr Schutz hätte sowohl für den Klimaschutz als auch den Naturschutz positive Auswirkungen.

Das Verhalten der natürlichen Kohlenstoffspeicher in den Böden ist unter dem Einfluss einer Temperaturerhöhung gegenwärtig nur schwer abschätzbar, da sich die Klimaeffekte in den Tropen anders auf die Höhe der Vorräte auswirken werden als in borealen Zonen. Schwerwiegender als mögliche Effekte des Klimawandels erscheinen jedoch die Auswirkungen anthropogener Landnutzungsänderungen auf die Kohlenstoffvorräte der Böden. Gemäß IPCC (2000a, 2001a) wurden in den 1980er und 1990er Jahren 1,6–1,7 Gt C pro Jahr aus terrestrischen Ökosystemen freigesetzt. Auch wenn es gelingt, den Verbrauch fossiler Brennstoffe stark einzuschränken, könnte ein fehlender Schutz der

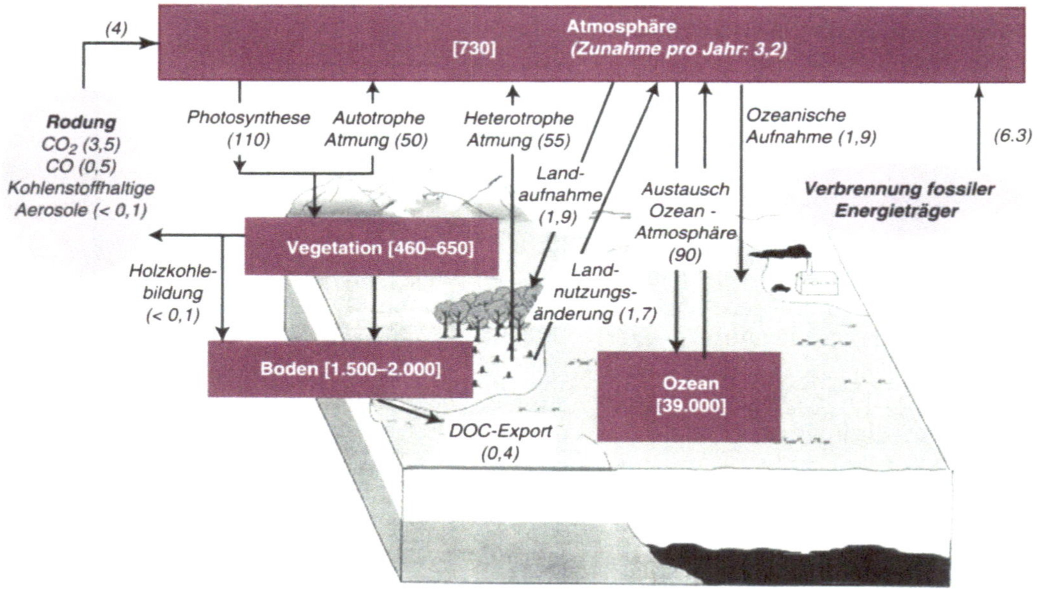

Abbildung 3.6-1
Globale Kohlenstoffvorräte und -flüsse in der Vegetation, dem Boden, den Ozeanen und der Atmosphäre. Alle Werte in Gt Kohlenstoff (Vorräte: *eckige Klammern*) bzw. Gt Kohlenstoff pro Jahr (Flüsse: *runde Klammern und kursiv*).
Quelle: verändert nach Ciais et al., 2003.

Bodenkohlenstoffvorräte die Anstrengungen zum Schutz der Atmosphäre zunichte machen. Eine Möglichkeit zur Förderung der Kohlenstoffspeicherung bietet ein verändertes Management land- und forstwirtschaftlich genutzter Ökosysteme, das auf Kohlenstoffspeicherung ausgelegt ist. Forstliche Maßnahmen umfassen beispielsweise die Vermeidung von Kahlschlag sowie eine naturnahe Bewirtschaftungsweise. In der Landwirtschaft bestehen jedoch hohe Unsicherheiten sowohl über die geeigneten Flächen als auch über die Höhe und Dauerhaftigkeit der erzielbaren Speicherung. Ein verändertes Management landwirtschaftlicher Böden (z. B. veränderte Pflügetechniken) könnte mit verstärkten Lachgasemissionen und einem höheren Düngereinsatz verbunden sein und damit zu einer Freisetzung von Kohlendioxid führen (Freibauer et al., 2002).

Kohlenstoffspeicherung in marinen Ökosystemen

Einzellige Algen in den Weltmeeren (Phytoplankton) sind etwa für die Hälfte der globalen Kohlenstofffixierung durch Photosynthese verantwortlich. In einigen Meeresgebieten ist das Wachstum des Phytoplanktons durch Mangel des Mikronährstoffs Eisen stark eingeschränkt, z. B. im subarktischen Nordostpazifik, im äquatornahen Pazifik und im Südlichen Ozean. Verschiedene Ozeandüngungsexperimente haben nachgewiesen, dass durch die Zugabe von Eisen lokal und kurzfristig eine Algenblüte ausgelöst werden kann (Martin et al., 1994; Boyd et al., 2000).

Watson et al. (2000) gehen bei der Abschätzung der Speicherdauer davon aus, dass stetig Eisen zugeführt werden müsste, um einen dauerhaften Entzug von CO_2 aus der Atmosphäre zu erzielen. Falls das zusätzliche Phytoplankton nicht absinken, sondern in oberflächennahen Gewässern verbleiben würde, käme der Kohlenstoff innerhalb eines Jahres in die Atmosphäre zurück. Trotz der großen Unsicherheiten existieren bereits kommerzielle Projekte (Markels und Barber, 2001).

Das globale Potenzial der biologischen marinen CO_2-Sequestrierung ist auf die Ozeangebiete mit Defiziten an Mikronährstoffen begrenzt, wie etwa im Südlichen Ozean. Da im Südlichen Ozean Tiefenwasser gebildet wird, das die Auftriebsgebiete in den Tropen speist, könnte dort ein nährstoffärmeres Auftriebswasser zu Einbußen in der Primärproduktion führen. Damit wäre die Eisendüngung in der Gesamtbilanz ein Nullsummenspiel. Durch Eisendüngung sind zudem schwerwiegende Folgen für die marinen Ökosysteme zu erwarten (Chisholm et al., 2001): Reduktion der Artenvielfalt und -zusammensetzung in den Phytoplanktongesellschaften, Zunahme Toxin produzierender Cyanobakterien sowie Eutrophierung und verstärkter Sauerstoffverbrauch in den tieferen Ozeanschichten mit der Folge anoxischer Abbauprozesse, wodurch Treibhausgase wie Methan oder Lachgas freisetzt werden können.

3.6.3 Bewertung

Grundsätzlich sind alle Optionen des Kohlenstoffmanagements weniger nachhaltig als Maßnahmen zur Emissionsreduktion durch Effizienzsteigerung und Substitution fossiler Brennstoffe: Aus den stabilen fossilen Speichern gelangt Kohlenstoff in einen Kreislauf, der mit mehr oder weniger großem Risiko auch in die Atmosphäre führt und dort seine Treibhauswirkung entfaltet. Fossile Energieträger werden jedoch in vielen Ländern noch über Jahrzehnte die dominante Energiequelle bilden (Kap. 4). Daher liefert die End-of-pipe-Technologie der Kohlenstoffspeicherung (Sequestrierung) eine Option für den Klimaschutz, um zu hohe Emissionen insbesondere in diesem Jahrhundert zu verhindern. Kriterien zur Bewertung der einzelnen Optionen des Kohlenstoffmanagements sind die Speicherdauer und -sicherheit sowie die Umweltauswirkungen.

Der Beirat sieht in der geologischen Speicherung ein vorübergehend nutzbares Potenzial zum Entfernen von CO_2 aus der Atmosphäre, unter der Voraussetzung, dass die Speicherintegrität gewährleistet und die Rückhaltezeit hinreichend groß ist (>1.000 Jahre). Das ist bei heutigem Erkenntnisstand für die Speicherung in ausgeförderten und aktiven Gas- und Ölfeldern sowie in Salzkavernen der Fall. Der WBGU schätzt das nachhaltige Potenzial hierfür vorsichtig mit etwa 300 Gt C ab. Das größere technische Potenzial der CO_2-Speicherung in salinen Aquiferen (mehr als 1.000 Gt C), bewertet der WBGU beim jetzigen Kenntnisstand als nicht nachhaltig, da weder die Langfristigkeit und Sicherheit der Speicherung noch die Vermeidung schädlicher Umweltwirkungen hinreichend nachgewiesen sind. Hier ist weitere Forschung notwendig.

In der Speicherung im Ozean – sowohl durch Injektion in die Tiefsee als auch durch Eisendüngung – sieht der WBGU wegen der ökologischen Risiken und wegen der Unsicherheiten in Bezug auf die Langfristigkeit der Speicherung (insbesondere bei der Eisendüngung) kein nachhaltiges Potenzial.

Die terrestrische Biosphäre leistet einen wichtigen Beitrag zur Stabilisierung der atmosphärischen Kohlendioxidkonzentration. Dieser Speicher ist aber kaum erweiterbar, da die natürlichen Ökosysteme wie Primärwälder und Feuchtgebiete in ihrer Fläche begrenzt sind und zudem durch menschliche Eingriffe häufig gestört werden. Deshalb stellt die Schaffung zusätzlicher Senken keine Alternative zur Vermeidung fossiler Emissionen dar.

3.7 Energie für den Verkehr

Dem Verkehr kommt aufgrund seines hohen Anteils an der Energienachfrage eine entscheidende Rolle für die Transformation der Energiesysteme zu. Die Herausforderung besteht darin, Mobilität möglich zu machen und gleichzeitig den Verbrauch fossiler Brennstoffe zu senken. Neben Vermeidung und Verlagerung von Verkehr geben Konzepte der Transporteffizienz entscheidende Impulse für die politische Debatte um nachhaltige Entwicklung und Klimaschutz. In der EU und in Japan werden inzwischen die Trends zur Effizienzsteigerung sichtbar: sparsamere Flugzeugtriebwerke, die Marktreife des 3-Liter-Autos und die beginnende Serienproduktion von Brennstoffzellenfahrzeugen zeigen, dass die Industrie bereits wirtschaftliche Potenziale sieht.

3.7.1 Technologieoptionen für den Straßentransport

Der Weg zum umweltverträglichen Straßentransport ist durch eine Vielzahl von Optionen für effiziente und regenerative Antriebs- und Kraftstoffsysteme charakterisiert, ein „Königsweg" ist allerdings noch nicht erkennbar (Wancura et al., 2001). Von den Technologien, für die in den nächsten 30 Jahren der breite Markteinsatz zu erwarten ist, werden nur wenige eine Entlastung von Umwelt und Klima erzielen können. Bei einigen werden sogar zusätzliche Treibhausgasemissionen erwartet, etwa bei der Herstellung von Methanol aus Steinkohle oder der Gewinnung von Wasserstoff in konventionellen Kraftwerken (ETSU, 1998).

Fahrzeuge mit Brennstoffzellen

Bei Fahrzeugen mit Hybrid-Brennstoffzellen-Antrieb ist eine nahezu 100%ige Emissionsreduktion für Treibhausgase und Luftschadstoffe möglich. Der gasförmige oder flüssige Energieträger erzeugt in einer elektrochemischen Oxidation Strom, wobei als Abfallprodukt nur Wasser und Wärme entstehen. Der Antrieb erfolgt dann durch einen Elektromotor, auch in Kombination mit Batteriesystemen. Als Brennstoffe sind bisher Wasserstoff, Methanol und Benzin im Einsatz. Wasserstoff kann aus Erdgas oder über die Elektrolyse von Wasser gewonnen werden, wobei der Strom aus fossilen oder regenerativen Quellen stammen kann (Kap 3.4.4). Der hohe Wasserstoffanteil von aus Erdgas gewonnenem Methanol und von Benzin lässt sich direkt in der Brennstoffzelle abspalten und nutzen.

Die Schwachstelle bei dieser Technik ist bisher der hohe Energieeinsatz für die Bereitstellung des Brennstoffs. Im günstigsten Fall wird eine ca. 50%ige Senkung der CO_2-Emissionen im Lebenszyklus eines Brennstoffzellenautos im Vergleich zum durchschnittlichen Diesel- und Benzinfahrzeug abgeschätzt (Bates et al., 2001). Außerdem ist die Speicherung des Wasserstoffs im Pkw noch nicht wirtschaftlich gelöst. Bei breiter Anwendung der Brennstoffzellen und hohem Anteil regenerativer Energieträger in der Produktion können die meisten Schadstoffe zu über 90% reduziert werden (IABG, 2000b).

Erdgas

Die Erdgasnutzung im Verkehr ist eine aus Umweltsicht positiv zu bewertende Brückentechnologie auf dem Weg von fossilen Brennstoffen zu regenerativen Lösungen (Kap. 3.2.1). Erdgas kann im Vergleich zu Benzin und Diesel die Treibhausgasbilanz verbessern und die städtische Luftverschmutzung verringern. Die weitere Verbreitung durch Ausbau der Gastankstellennetze und Fahrzeugumrüstungen sollte vor allem in belasteten Städten und Regionen gefördert werden. Bi-fuel-Technologien kombinieren die Nutzung von zwei Kraftstoffen (z. B. Erdgas und Benzin) in einem Fahrzeug und stellen so bei noch unvollständiger Flächendeckung des Gasangebots eine wichtige Übergangsoption bereit (Halsnaes et al., 2001).

Hybridantriebe und Batterien

Hybridantriebe kombinieren Elektro- und Verbrennungsmotoren und werden derzeit für Pkw, Busse und kleine Lkw getestet. Es wird eine Verdopplung der Primärenergieeffizienz bei Hybridantrieben mit elektrischen Motoren erwartet (Johansson und Ahman, 2002). Moderne Batterie- und Speichertechnologien sind außerdem für das gesamte Energiesystem strategisch bedeutsam und speziell in der Kombination mit dem Brennstoffzellenantrieb unerlässlich (Kap. 3.4; IABG, 2000b; Halsnaes et al., 2001). Fahrzeuge mit Hybridantrieb und Elektrofahrzeuge benötigen weitere technische Verbesserungen bei den Batterienkapazitäten, dem Ladevorgang und den Ladestationen, bevor eine breite Markteinführung einsetzen kann (Fischedick et al., 2002).

Effizienzsteigerung konventioneller Fahrzeuge

Die Entwicklung effizienterer Antriebstechnologien ist heute eine Standardstrategie aller europäischen Automobilhersteller. Intensiv wird zur Zeit die Erhöhung der Effizienz bei den Verbrennungsvorgängen erforscht (z. B. Integration keramischer Bauteile, neue Zündungssysteme, variables Ventilmanagement, verbesserte Turbolader; Halsnaes et al., 2001). Im Vergleich zu 1995 konnte bei Dieselmotoren bereits eine Kraftstoffeinsparung und damit Senkung des emittierten CO_2 pro km um 20% erreicht werden. Eine Senkung der Energie- und Umweltkosten um weitere 50% wird als machbar eingeschätzt (Johansson und Ahman, 2002). Der Vorteil optimierter konventioneller Antriebssysteme ist die Möglichkeit der raschen Markteinführung. Die Fahrzeuge werden aber auch durch Bauweise und Design bewusst so verändert, dass für die gleiche Mobilitätsdienstleistung weniger Energie benötigt wird. Diese Effizienzpotenziale sind jedoch weit geringer als bei den Antriebs- und Kraftstofftechnologien. Die CO_2-Vermeidung durch die bisher erreichte Gewichtsreduzierung liegt bei maximal 6%, der verringerte Rollwiderstand spart nur 1% (Bates et al., 2001).

Antriebssysteme mit regenerativen Treibstoffen

Regenerative Treibstoffe wie Biogas, Biodiesel, Ethanol, Methanol aus Restholz und Wasserstoff werden zur Zeit am Markt eingeführt. Sie haben nur teilweise niedrigere Umwelt- und Energiekosten, aber die Preise liegen höher (z. B. für Wasserstoff aus Wind- oder Solarstrom), weshalb eine Subventionierung zur Markteinführung mittelfristig erforderlich sein wird.

3.7.2 Effizienzgewinne durch Informationstechnologie und Raumplanung

Die Informationstechnologie hat den Verkehrssektor bereits revolutioniert, so dass Personen und Güter heute erheblich effizienter bewegt werden können (Golob und Regan, 2001). Insbesondere der Gütertransport besitzt aber im Zeitalter weltweit wachsender Warenströme weiteres Potenzial für erhebliche Effizienzsteigerungen. So könnte das außerörtliche Lkw-Verkehrsaufkommen durch den Einsatz von Telematik im Flottenmanagement kurzfristig um bis zu 8% reduziert werden (Kämpf et al., 2000). Das gesamte Reduktionspotenzial durch Effizienzmaßnahmen wird im Straßengütertransport auf über 60% geschätzt (IPCC, 2001c). Da dieser in Deutschland nur ca. 5% aller CO_2-Emissionen ausmacht, wird hierdurch allerdings bei gleich bleibender Gesamtfahrleistung eine Minderung von maximal 2–3% der bundesdeutschen CO_2-Emissionen zu erzielen sein. Das beste kurzfristige Ergebnis (10–15% Effizienzsteigerung) wird von einer elektronischen Gebührenerhebung erwartet (ETSU, 1998).

Die Investitionen in Telematik und Informationssysteme werden derzeit vor allem durch den Wunsch nach verbessertem Verkehrsfluss und weniger durch Umweltaspekte motiviert. Problematisch ist der beobachtete Nebeneffekt der Telematik: als Folge des verbesserten Verkehrsflusses könnte das Verkehrsaufkommen weiter steigen und so die erreichten Emissionsminderungen wieder kompensiert werden.

Bei den Ansätzen der Multimodalität und des „Kombi-Verkehrs" werden mit Hilfe der Informationstechnologie die Übergänge zwischen Straße, Bahn, öffentlichem Personennahverkehr und Binnenschiff erleichtert. Ziel aller Ansätze der Förderung multimodaler Infrastruktur ist es, Nachfrage und Attraktivität umweltfreundlicher Verkehrsträger zu erhöhen. Das weltweite Potenzial einer Effizienzsteigerung durch den Ausbau multimodaler Infrastrukturen ist sehr groß. In diesem Zusammenhang ist insbesondere die Nutzung der Bahn durch politische Vorgaben attraktiver zu gestalten (Kap. 5.2.4.1). Derzeit hat die Bahn eine schwache Wettbewerbsposition gegenüber dem Auto. Das Schienennetz ist unzureichend in die Fläche ausgebaut. Auch ist ihr Angebot preislich und umsteigetechnisch wenig attraktiv. Vor allem die Bewohner kleinerer Städte können die Bahn nur beschränkt nutzen.

Moderne Konzepte der Raum-, Stadt und Verkehrsplanung gehen weit über technische Effizienzverbesserungen hinaus und können eine Nettosenkung der Verkehrsleistung pro Kopf oder pro Tonne Güter erzielen. Neue Siedlungen werden heute so gebaut, dass Verkehr von vornherein vermieden wird, weil eine Nutzungsmischung für kurze Wege sorgt oder eine gute Anbindung an den öffentlichen Personennahverkehr und eine hohe Einwohnerdichte zu einer guten Auslastung führen. Diese Konzepte sind bisher kaum umgesetzt und bieten weltweit ein hohes Potenzial für höhere Energieeffizienz im Transport.

3.7.3 Nachhaltigkeit und externe Effekte des erhöhten Energiebedarfs für den Transport

Der Straßentransport verursacht nicht nur die bekannten Umweltwirkungen fossiler Brennstoffe (Kap. 3.2.1) sondern auch viele andere negative „externe Effekte" (Unfälle, Flächenversiegelung, Lärm usw.; UNEP, 2002). Die Emissionen aus dem Luftverkehr sind besonders klimawirksam, da sie in typischen Reiseflughöhen nicht nur über den CO_2-Effekt, sondern auch durch Ozon- und Kondensstreifenbildung zum Treibhauseffekt beitragen. Eine umfassende Bewertung der unterschiedlichen Verkehrstechnologien aus Nachhaltigkeitssicht fehlt allerdings bis heute (Enquete-Kommission, 1995). Um zu vermeiden, dass neue Technologien ohne Beachtung von Umweltbelangen erarbeitet werden, empfiehlt der Beirat die Evaluierung der Optionen zukünftiger Verkehrstechnologie unter Einbindung von Fachleuten der Sektoren Klima, Energie, Ökologie und Städtebau.

Regenerativen Kraftstoffen wie Biodiesel (Methylester), Ethanol und Methanol aus Biomasse wird zwar großes technologisches Potenzial zugeschrieben, sie müssen aber in ihrer Umwelt- und insbesondere Klimabilanz durchaus kritisch betrachtet werden. Werden sie in konventioneller Landwirtschaft erzeugt, kann die Emission von Treibhausgasen (N_2O, CH_4) während der Produktion die Wirkung der CO_2-Emissionsminderung biogener Kraftstoffe u. U. sogar völlig kompensieren. Daher kann ihre Herstellung nur sinnvoll sein, wenn nachhaltige landwirtschaftliche Methoden angewandt werden, ausreichend Fläche zur Verfügung steht und insgesamt eine positive Klimabilanz erreicht wird (IPCC, 2000a). Angesichts der Markteinführung von Biotreibstoffen und -ölen ist es sinnvoll, integrierte Forschung entlang der Kette „Anbaumethode – industrielle Aufbereitung – Treibstoffnutzung" zu fördern, um die Bedingungen ihrer nachhaltigen Produktion und Verwendung definieren zu können.

3.7.4 Bewertung

Eine Energiewende im Verkehr ist vor allem durch Effizienzsteigerung existierender Technologien (z. B. verbesserte Motoren, Kraftstoffe) und verstärkte Nutzung regenerativer, umweltverträglicherer Energiequellen für den Antrieb zu erreichen. Angesichts der Flächenallokationsprobleme (Kap. 3.2.4; Kap. 4.3.1.3) und der mit 1% nur geringen natürlichen Umwandlungsrate von Sonnenenergie in Biomasse empfiehlt der Beirat, die Technologieoption „biogene Kraftstoffe" nur eingeschränkt zu verfolgen und die derzeitige Förderung zu reduzieren. Die Förderprioritäten sollten vor allem bei Brennstoffzellenantrieben, Erdgas- und Hybridfahrzeugen, Telematik und Multimodalität gesetzt werden. Der Treibstoff Erdgas hat im Vergleich zu Benzin und Diesel ökologische Vorteile vor allem für Klima und Luftqualität. Daher sollte seine Verbreitung als Brückentechnologie gefördert werden. Langfristig bietet der Brennstoffzellenmotor bei Anwendung von Brennstoffen aus Solar- oder Windkraft eine interessante Lösung im Sinn der nachhaltigen Entwicklung.

3.8 Zusammenfassung und Bewertung

In Kap. 3 wurden die nachhaltig nutzbaren Potenziale fossiler, nuklearer und erneuerbarer Energiequellen und -träger unter Berücksichtigung der entsprechenden Konversionstechnologien nach Analyse der Umwelt- und Sozialfolgen abgeschätzt.

Bei *fossilen Brennstoffen* erscheint die Ressourcenbasis – ohne Berücksichtigung möglicher geopolitischer Entwicklungen – ausreichend, um noch über das kommende Jahrhundert hinaus einen weltweit wachsenden Energiebedarf befriedigen zu können. Dies erscheint allerdings aus Klimaschutzgründen nicht akzeptabel (Kap. 3.2.1). In der geologischen *Speicherung von Kohlendioxid* sieht der WBGU nur ein begrenztes Potenzial von – vorsichtig geschätzt – etwa 300 Gt C bei Nutzung ausgeförderter Öl- und Gaskavernen. Die weiteren Optionen zur CO_2-Speicherung hält der WBGU beim jetzigen Kenntnisstand nicht für nachhaltig nutzbar (Kap. 3.6).

Der WBGU bewertet die Nutzung der *Kernenergie* als nicht nachhaltig, da sie mit intolerablen Risiken verbunden ist (z. B. Proliferation, Terrorismus, fehlende sichere Endlagerung). Auch bei der Kernfusion sieht der Beirat derzeit keine Potenziale für eine Nutzung im Rahmen eines nachhaltigen Energiesystems. Diese Technologie würde nicht rechtzeitig für den Transformationsprozess zur Verfügung stehen und zudem ebenfalls mit beträchtlichen Gefährdungen einhergehen (Kap. 3.2.2).

Die derzeit noch in vielen Entwicklungsländern vorherrschende Nutzung *traditioneller Biomasse* bewertet der WBGU nicht als nachhaltig, weil sie u. a. erhebliche Gefahren für die Gesundheit mit sich bringt (Kap. 3.2.4.2).

Die nachhaltigen Potenziale der *Wasserkraft* schätzt der Beirat mit 15 EJ pro Jahr (in 2100) vergleichsweise vorsichtig ein, da vor allem in vielen Entwicklungsländern kaum die Voraussetzungen gegeben sind, um den zu Recht gestiegenen Anforderungen an Umwelt- und Sozialverträglichkeit gerecht zu werden (Kap. 3.2.3).

Große nachhaltige Potenziale für die Zukunft liegen jedoch bei den neuen erneuerbaren Energiequellen: Sonnenenergie, Windkraft, moderne Biomassenutzung, Erdwärme und andere. Während die nur begrenzt ausbaubaren Quellen (z. B. Windkraft, Bioenergie) bereits heute oft konkurrenzfähige Preise aufweisen, sind die praktisch unbegrenzt ausbaubaren Quellen (z. B. Photovoltaik, solarthermische Kraftwerke) heute betriebswirtschaftlich noch vergleichsweise teuer. Zum Durchlaufen kostenreduzierender Lernprozesse auf dem Gebiet der solarelektrischen Energiekonversion muss eine engagierte Ausbaurate mittelfristig gesichert werden. Nur dann werden die quasi unbegrenzt ausbaubaren Technologien ausreichend kostengünstig zur Verfügung stehen, wenn der Ausbau anderer erneuerbarer Energieformen an die Grenzen der nachhaltig nutzbaren Potenziale stößt.

Der Beirat schätzt das globale nachhaltige Potenzial der *Bioenergie* auf etwa 100 EJ pro Jahr. Dies liegt deutlich niedriger als andere aktuelle Potenzialerhebungen, weil die aus Nachhaltigkeitsbetrachtungen herrührenden Limitierungen der Biomassenutzung vom Beirat stärker gewichtet wurden (Kap. 3.2.4). Strom aus *Windenergie* kann bereits heute umweltfreundlich und in manchen Fällen betriebswirtschaftlich preisgünstig bereitgestellt werden. Das nachhaltig nutzbare Potenzial wird vom Beirat auf ca. 140 EJ pro Jahr geschätzt (Kap. 3.2.5). Das nachhaltig nutzbare Potenzial der *Sonnenenergie* ist mit Blick auf alle Prognosen menschlichen Energieeinsatzes lediglich durch das aus technologischen und ökonomischen Gründen begrenzte Wachstum der installierten Leistung limitiert, nicht aber durch das Angebot (Kap. 3.2.6; Abb. 4.4-5). Bis zum Ende des Jahrhunderts könnte die Leistung auf über 1.000 EJ pro Jahr gesteigert werden (Tab. 4.4-1). Die *Geothermie* hat bis 2100 ein vom Beirat wegen der technologischen Unsicherheiten vorsichtig geschätztes nachhaltiges Potenzial von 30 EJ pro Jahr (Kap. 3.2.7). Neben den oben genannten Formen der Nutzung regenerativer Energie darf erwartet werden, dass in der Zukunft derzeit noch nicht vorhersehbare technische Entwicklungen zur Erschließung *anderer erneuerbarer Energiequellen* oder neuartiger Konversionstechnologien führen werden (Kap. 3.2.8). Der Beirat trägt dieser Erwartung Rechnung durch die Berücksichtigung eines zugehörigen nachhaltig nutzbaren Potenzials von 30 EJ pro Jahr in 2100 (Tab. 4.4-1).

Der Beirat betont die großen Potenziale zur *Erhöhung der Effizienz* bei Wandlungsprozessen entlang der gesamten Kette des Energiesystems, z. B. durch Ausbau der Kraft-Wärme-(/Kälte)Kopplung (Kap. 3.3). Darüber hinaus bestehen große Potenziale zur Effizienzsteigerung bei der Nutzung von Endenergie sowie an zahlreichen weiteren Stellen in Industrie, Gewerbe und Gebäuden (Kap. 3.5).

Fragen des Transports, der Verteilung und der Speicherung von Energie werden bei zunehmender Nutzung fluktuierender erneuerbarer Energiequellen eine immer größere Rolle spielen. Hier gibt es erhebliche technische Entwicklungspotenziale etwa zur Gestaltung der Stromnachfrage und der zunehmenden Vernetzung der Stromproduktion bis hin zu einem weltweiten Verbund (Kap. 3.4). Langfristig kann Wasserstoff als Energieträger und zur Speicherung eine entscheidende Rolle spielen. Ein

Übergang zu einer Wasserstoffwirtschaft ist durch die verstärkte Nutzung von Erdgas und den damit verbundenen Aufbau geeigneter Infrastruktur möglich (Kap. 3.4.4).

Für den Verkehrssektor sieht der Beirat mittelfristig die zentralen Herausforderungen bei Effizienzsteigerungen existierender Technologien sowie in neuen Mobilitätskonzepten. Der Brennstoffzellenantrieb im Rahmen einer Wasserstoffwirtschaft wird als vielversprechende Langfristoption gesehen, während der großmaßstäbliche Einsatz biogener Kraftstoffe nur eingeschränkt befürwortet wird.

Die vom Beirat vorgenommene Abschätzung nachhaltig nutzbarer Potenziale der weltweit zur Verfügung stehenden Energieträger zeigt, dass die derzeitigen globalen Energiesysteme, die im wesentlichen auf fossilen Energieträgern und auf Kernenergie sowie in Entwicklungsländern auf der Nutzung traditioneller Biomasse beruhen, einer langfristig angelegten Transformation bedürfen. Diese globale Energiewende in Richtung Nachhaltigkeit muss vor allem auf den starken Ausbau erneuerbarer Energieträger sowie auf Effizienzsteigerungen setzen (Kap. 4). Die Analyse der nachhaltig nutzbaren Potenziale zeigt, dass langfristig die Sonnenenergie das zentrale Element der globalen Energieversorgung werden muss.

Ein exemplarischer Pfad für eine nachhaltige Transformation der Energiesysteme

4

4.1
Ansatz und Methode zur Ableitung eines exemplarischen Transformationspfads

In den ersten Kapiteln dieses Gutachtens wurden die Ausgangslage (Kap. 2) sowie die technischen und nachhaltigen Potenziale der derzeitigen globalen Energiequellen (Kap. 3) diskutiert. Das heutige globale Energiesystem ist als nicht nachhaltig zu bezeichnen, weil es insbesondere durch seine Wirkung auf das Klima die Lebensgrundlagen der Menschheit gefährdet, durch Luftverschmutzung und nicht nachhaltige Nutzung von Biomasse erhebliche Gesundheitsprobleme verursacht und derzeit noch etwa 2 Mrd. Menschen keinen Zugang zu modernen Energieformen haben.

Ansatz

In Kapitel 4 wird eines von vielen möglichen Szenarien zur Transformation der derzeitigen Energiesysteme hin zu einer nachhaltigen Energiezukunft abgeleitet. Die Betonung liegt hierbei auf „möglich". Es sind viele Entwicklungen denkbar, die die gegenwärtigen weltweiten Energiesysteme nachhaltig umgestalten würden. Insofern ist das in diesem Kapitel abgeleitete Szenario nicht präskriptiv zu verstehen, sondern als Illustration. An ihm soll gezeigt werden, dass die globale Energiewende technologisch und ökonomisch machbar ist.

Methode

Zur Ableitung eines Transformationspfads verwendet der Beirat das schon früher genutzte Prinzip der normativen Setzung von Leitplanken (WBGU, 1997; Toth et al., 1997; Petschel-Held et al., 1999; Bruckner et al., 1999). Dies beruht auf der Vorstellung, mögliche zukünftige Entwicklungen durch Leitplanken einzugrenzen. Leitplanken liefern also Kriterien, die ein Szenario notwendigerweise erfüllen muss, wenn es nachhaltig sein soll (Abb. 4.1-1). Das Einhalten der Leitplanken ist eine notwendige, wenn auch keine hinreichende Bedingung für die Nachhaltigkeit eines Pfads, da sich Leitplanken etwa durch neue Kenntnisse verändern oder ganz neue Leitplanken hinzukommen können. Der Beirat verfolgt diesen Ansatz, weil es generell schwierig ist, nachhaltige Zukünfte positiv zu definieren. Es ist leichter, den Bereich abzugrenzen, der als inakzeptabel erkannt wird. Innerhalb des nachhaltigen Bereichs existieren unter den genannten Einschränkungen keine weiteren Vorgaben an ein Zukunftsszenario. Dieses kann dort beliebige Verläufe annehmen. Solange es dabei mit keiner Leitplanke kollidiert, bleibt es nachhaltig.

Der Leitplankenansatz zur Auswahl nachhaltiger Szenarien gleicht einem Filter, der eine Reihe plausibler Zukunftsszenarien auf ihre Verträglichkeit gegenüber einem Satz von Leitplanken überprüft. Gleichzeitig werden im Rahmen eines Modellansatzes Simulationsrechnungen durchgeführt, die nachhaltige Pfadverläufe ermitteln. Die Leitplanken werden vom WBGU formuliert (Kap. 4.3). Mit der Filtermethode erhält man letztlich nicht nur einen einzigen gangbaren Pfad, sondern beschränkt lediglich die Vielfalt möglicher Zukünfte.

Aus den Leitplanken können auch die Felder für mögliche Maßnahmen hergeleitet werden, mit denen das System entweder aus dem Verbotsbereich in den nachhaltigen Bereich geführt werden kann oder von einem gegenwärtig noch im nachhaltigen Bereich verlaufenden Kollisionskurs mit einer Leitplanke umgesteuert werden kann (Abb. 4.1-1). Solche Maßnahmen werden in Kapitel 5 diskutiert.

Abbildung 4.1-2 konkretisiert die Analysephilosophie des Leitplankenkonzepts am Beispiel des Klimasystems. Dabei wird die Leitplankenmethode wie folgt angewendet:

1. Zunächst wird ein Grundbestand an Zukunftsszenarien vorgestellt (Kap. 4.2).
2. Der WBGU wählt ein Szenario aus (Kap. 4.2.6), das bezüglich der Wandelbarkeit seiner Strukturen hin zu weniger energieintensiven Produkten und Dienstleistungen konservativ ist. Wenn die Transformation zur Nachhaltigkeit an so einem Bezugsszenario demonstriert werden kann, dann gilt der Nachweis auch für Szenarien, die hinsichtlich dieser Strukturen weniger konservativ sind.

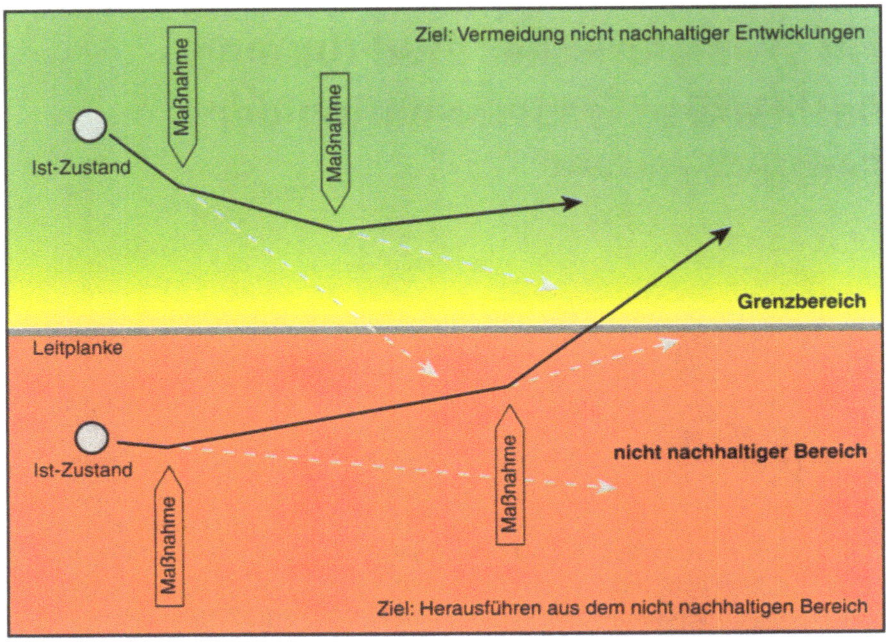

Abbildung 4.1-1
Zusammenhang von Leitplanken, Maßnahmen und zukünftiger Systementwicklung. Die Abbildung zeigt mögliche Zustände eines Systems bezüglich seiner Nachhaltigkeit, aufgetragen über der Zeit. Der momentane Zustand eines Systems relativ zur Leitplanke (Ist-Zustand) kann im grünen Bereich liegen („nachhaltiger Bereich" nach bestem derzeitigen Kenntnisstand), oder im roten „nicht nachhaltiger Bereich". Wenn sich ein System im nicht nachhaltigen Bereich befindet, muss es durch geeignete Maßnahmen so gesteuert werden, dass es „durch" die Leitplanke in den nachhaltigen Bereich hinein kommt. Von dieser Seite aus ist die Leitplanke also durchlässig. Befindet sich ein System im nachhaltigen Bereich, gibt es zunächst keine weiteren Vorgaben. Das System kann sich im freien Spiel der Kräfte entwickeln. Erst wenn das System sich von der nachhaltigen Seite aus auf Kollisionskurs mit einer Leitplanke befindet, müssen Maßnahmen ergriffen werden, um eine Verletzung der Leitplanke zu verhindern. Von dieser Seite aus ist die Leitplanke also undurchlässig. Da die Leitplanken sich durch künftigen Wissensfortschritt verändern können, ist das Einhalten der derzeitigen Leitplanken kein hinreichendes, sondern nur ein notwendiges Kriterium für Nachhaltigkeit.
Quelle: WBGU

3. Dann werden die Leitplanken vorgestellt und das ausgewählte Szenario einer Leitplankenprüfung unterzogen (Kap. 4.3). Dabei zeigen sich bestimmte Probleme dieses Szenarios. Insbesondere verletzt es die Klimaleitplanke (Kap. 4.3.1.2), ebenso wie alle anderen im ersten Schritt untersuchten Grundszenarien.
4. Daraufhin wird das ausgewählte Szenario so modifiziert, dass es die Leitplanken einhält. Das Ergebnis ist ein exemplarischer Transformationspfad (Kap. 4.4).
5. Schließlich erfolgen Simulationen mit einem anderen, neu entwickelten Modellkonzept, um den exemplarischen Pfad zu untermauern. Dazu werden unter Vorgabe der Klimaleitplanke kosteneffektive Pfade bestimmt und Handlungsspielräume bei Vorgabe verschiedener Leitplanken ausgelotet. Anhand dieser zusätzlichen Analysen werden die Eigenschaften des exemplarischen Transformationspfads diskutiert (Kap. 4.5).

4.2 Energieszenarien für das 21. Jahrhundert

Aus den vielen verfügbaren Energieszenarien wählt der WBGU die IPCC-Szenarien als Grundlage für seine Analyse aus. Der Fokus auf das Klimaproblem entspricht den Prioritäten des Beirats. Die IPCC-Szenarien zeichnen sich dadurch aus, dass sie von der internationalen Wissenschaftlergemeinschaft anerkannt sind und auf konsistenten Annahmen über die Antriebskräfte von Treibhausgasemissionen beruhen.

4.2.1 SRES-Szenarien als Ausgangsbasis

Die Analyse möglicher langfristiger Entwicklungen des Energiesystems stützt sich auf verschiedene vom IPCC (2000b, 2001c) entwickelte Szenariogruppen: Die im IPCC-Sonderbericht entwickelten Emissionsszenarien ohne klimapolitische Maßnahmen (im Folgenden „SRES-Szenarien" genannt; Special Report on Emission Scenarios, SRES; IPCC, 2000b) dienen als Referenzszenarien für die darauf aufbauenden IPCC-Klimaschutzszenarien („Post-SRES-Szenarien"; IPCC, 2001c). Die SRES-Szenarien zeigen die große Bandbreite plausibler zukünftiger Entwicklungen, die verursacht wird durch die Unsicherheit über die Antriebskräfte, ihrer Wechselwirkungen sowie der Mechanismen, die in verschiedenen Modellen nachgebildet werden (IPCC, 2000b).

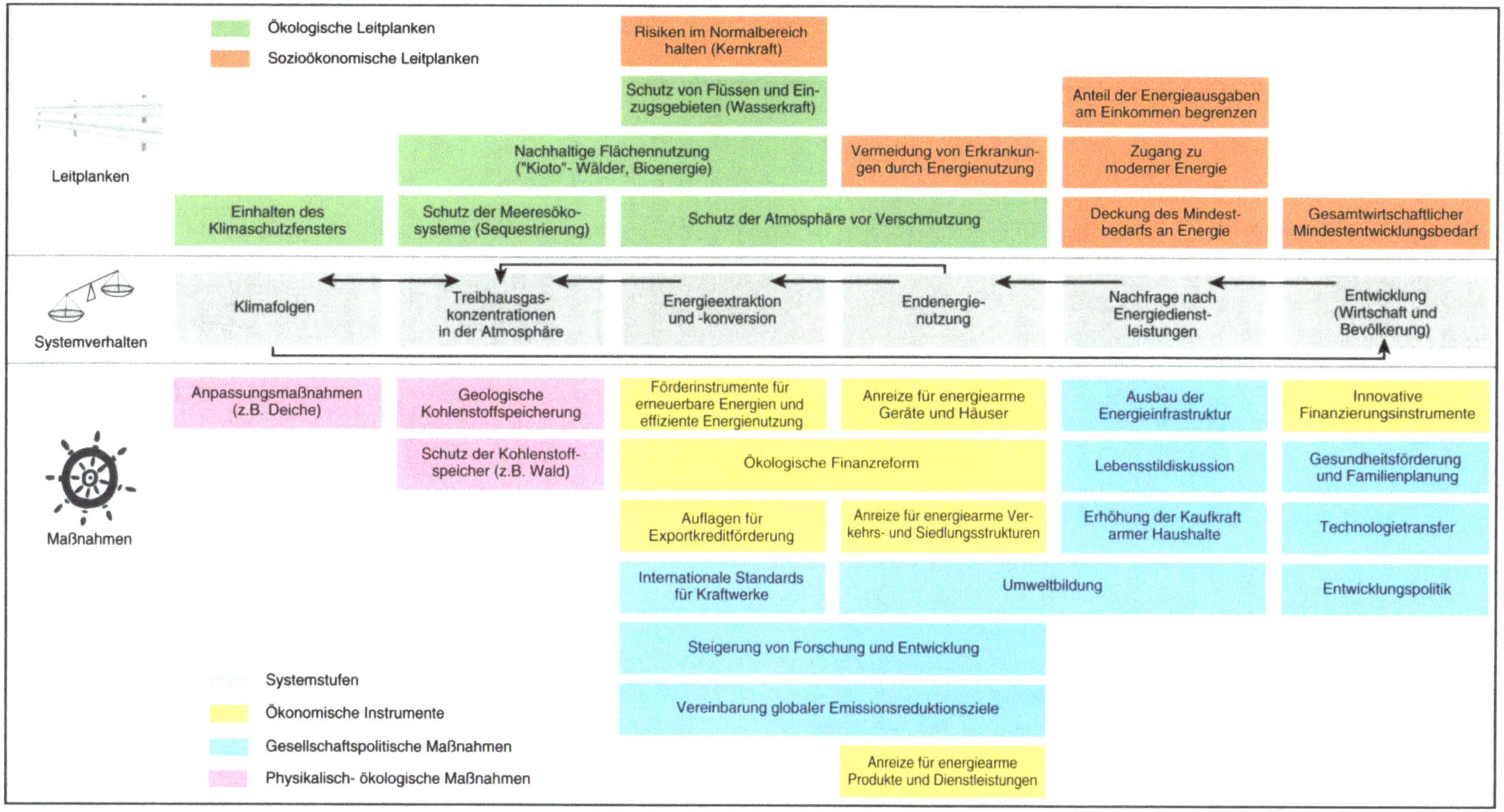

Abbildung 4.1-2
Anwendung des Leitplankenkonzepts am Beispiel des gekoppelten Systems Energie/Klima und einige daraus abgeleitete Maßnahmen für einen nachhaltigen Umbau der Energiesysteme. Die oberste Zeile enthält die ökologischen und sozioökonomischen Leitplanken, die der WBGU normativ für das Klima-Energie-System vorgibt (Kap. 4.3). Die mittlere Zeile stellt das Systemverhalten des gekoppelten Systems Energie/Klima dar. Relevante Kausalwirkungen sind durch *Pfeile* wiedergegeben. Durch den Bedarf nach wirtschaftlicher Entwicklung und wegen des Bevölkerungswachstums steigt die Nachfrage nach Energiedienstleistungen, was vermittelt über die Energienutzung und die notwendige Ressourcenförderung und -konversion zu erhöhten Konzentrationen von Treibhausgasen in der Atmosphäre führt. Die Klimafolgen wirken über Rückkopplungen auf die globale Entwicklung und andere Stationen in der Kette zurück. So kann die globale Erwärmung zusätzliche Treibhausgasemissionen verursachen, z. B. durch das Auftauen von Permafrostböden oder zunehmende Waldbrände, oder die Nachfrage nach Energiedienstleistungen beeinflussen (z. B. mehr Heizung oder Kühlung). Um die Leitplanken einhalten zu können, müssen verschiedene Zielgrößen durch Maßnahmen umgesteuert werden (Abb. 4.1-1). So wirken sich beispielsweise Technologietransfer, Anreizpolitiken oder internationale Standards für Kraftwerke und geologische Kohlenstoffsequestrierung auf die verschiedenen Stationen in der Kette zwischen Menschen und Klimafolgen aus.
Quelle: WBGU

Viele der Szenarien gehen von sehr starken umwelt- oder sozialpolitischen Eingriffen aus, was sie von herkömmlichen Business-as-usual-Szenarien unterscheidet.

Die insgesamt 40 Szenarien wurden in vier Familien gruppiert. Alle Szenarien einer Familie haben eine charakteristische „Geschichte" (storyline), also eine Beschreibung der Beziehungen zwischen Einflussfaktoren und ihrer Entwicklung. Die vier Familien lassen sich vereinfacht in zwei Dimensionen unterscheiden: Die erste Dimension unterscheidet eine Welt mit starker Ausrichtung auf Wirtschaftswachstum (A) von einer Welt, die auf Nachhaltigkeit ausgerichtet ist (B). In der B-Welt werden umweltpolitische Maßnahmen etwa zur Luftreinhaltung berücksichtigt, nicht jedoch Maßnahmen, die spezifisch auf den Klimaschutz ausgerichtet sind (beispielsweise CO_2-Steuern). Die zweite Dimension erlaubt die Unterscheidung zwischen einer Welt zunehmender ökonomischer Konvergenz und sozialer und kultureller Interaktion zwischen den Regionen (Globalisierung, 1) von einer Welt mit stärkerer Betonung regionaler Unterschiede und lokaler Lösungen (Regionalisierung, 2).

Es ergeben sich vier Szenariofamilien: A1 (Hohes Wachstum), B1 (Globale Nachhaltigkeit), A2 (Regionalisierte Wirtschaftsentwicklung), B2 (Regionale Nachhaltigkeit).

4.2.2 Grundannahmen der SRES-Szenarien

A1-Welt: Hohes Wachstum

Die A1-Storyline weist folgende Charakteristika auf: starke Marktorientierung, anhaltendes Wirtschaftswachstum (weltweit etwa 3% jährlich, entsprechend dem Wachstum der letzten 100 Jahre), starke Betonung von Investition und Innovation in Bildung, Technologie und Institutionen, rasche Einführung neuer, effizienter Technologien, zunehmende Mobilität und zunehmende soziale und kulturelle Interaktionen sowie Konvergenz zwischen Regionen (etwa in Bezug auf das Pro-Kopf-Einkommen). Die heute in Industriestaaten beobachteten demographischen Entwicklungen (sehr niedrige Fertilitätsraten, hohe Alterung) werden wegen der in der A1-Welt angenommenen globalen Konvergenz langfristig auch auf die Entwicklungsländer übertragen. Dies führt nach einem Anstieg der Bevölkerung auf etwa 9 Mrd. Menschen ab 2050 zu einer Abnahme auf etwa 7 Mrd. in 2100. Diese Bevölkerungsentwicklung liegt im unteren Bereich der existierenden Projektionen, aber noch über der niedrigsten UN-Projektion (IPCC, 2000b).

Die Energieproduktivität steigt jährlich um etwa 1,3% – schneller als im Mittel der letzten 100 Jahre. Allerdings gibt es wegen der niedrigen Energiepreise wenig Anreize für eine effiziente Endenergienutzung, so dass der Primärenergieeinsatz sehr hoch ist und Motorisierung und Zersiedelung weltweit stark ansteigen. Die Szenarien übertragen quasi die ökonomische Entwicklung Japans und Südkoreas nach dem 2. Weltkrieg bzw. Chinas in den letzten Jahren auf alle Entwicklungsländer (Roehrl und Riahi, 2000). Insofern sind sie in Bezug auf das Wirtschaftswachstum und die globale Konvergenz der Pro-Kopf-Einkommen sehr optimistische Szenarien.

Innerhalb der A1-Szenariofamilie wurden je nach angenommener Technologieentwicklung vier verschiedene Pfade unterschieden: Der kohleintensive Pfad A1C, der öl- und gasintensive Pfad A1G, der Pfad A1T mit einem hohem Anteil nicht fossiler Energieträger und schließlich der mittlere Pfad A1B, für den ähnlich schnelle Fortschritte für alle Energieträger bzw. Technologien angenommen werden. Anhand dieser Unterscheidung wird der Einfluss der Technologieentwicklung bei sonst gleichen Antriebskräften (insbesondere gleicher wirtschaftlicher Entwicklung) sichtbar (Kap. 4.2.5).

B1-Welt: Globale Nachhaltigkeit

Die B1-Szenarien gehen von der gleichen Bevölkerungsentwicklung und einem ähnlich starken Wirtschaftswachstum wie die A1-Szenarien aus. Auch hier wird eine Konvergenz der Entwicklungen in den verschiedenen Regionen angenommen („Globalisierung"). Einkommensdisparitäten schließen sich ebenso rasch wie in den A1-Szenarien.

Die B1-Welt unterscheidet sich jedoch von der A1-Welt durch ein starkes soziales und Umweltbewusstsein – sie wird von de Vries et al. (2000) als „wohlhabend, gerecht und grün" charakterisiert. Die Welt ist durch hohe Effizienzsteigerungen auch im Energiebereich gekennzeichnet. Produktions- und Einkommenszuwächse werden in hohem Maß für den Ausbau sozialer Institutionen, Umverteilungsmaßnahmen und Umweltschutz verwendet. Wirtschaftsstrukturen verändern sich zügig in Richtung auf eine Dienstleistungs- und Informationsgesellschaft, in der Materialien sparsam eingesetzt werden. Saubere und effiziente Technologien werden rasch eingeführt. Auch vollzieht sich ein Wertewandel in Richtung auf nicht materielle Einstellungen.

Die Energienachfrage ist somit – trotz starken Wirtschaftswachstums – niedrig und beträgt im Jahr 2100 nur etwa ein Viertel derjenigen in den A1-Szenarien. Die Energieintensität nimmt im Mittel um etwa 2% jährlich über die nächsten 100 Jahre ab, was im Vergleich zur historische Rate von 1% jährlich eine sehr schnelle Steigerung ist, die insbesondere durch hohe Energiepreise erzielt wird. Ein hoher Einkommenstransfer und hohe Steuern prägen diese Welt. Globalisierung und Liberalisierung sind mit einer starken internationalen Nachhaltigkeitspolitik verbunden. Forschung und Entwicklung werden intensiv gefördert. Städte entwickeln sich kompakt und mit hohem Anteil an nicht motorisiertem Verkehr. Zusätzlich wird der Urbanisierungstrend gebremst. Selbst ohne klimapolitische Maßnahmen führen diese Entwicklungen zu geringen Treibhausgasemissionen, weil sie bezüglich des Klimaschutzes bereits sehr effektiv sind.

A2-Welt: Regionalisierte Wirtschaftsentwicklung

Die A2-Welt ist heterogen, da die Regionen ihre nationalen, kulturellen und religiösen Identitäten bewahren wollen und unterschiedliche Entwicklungspfade einschlagen (Sankovski et al., 2000). Es bilden sich getrennte wirtschaftliche Regionen aus. Das Wirtschaftswachstum ist deshalb geringer als in anderen Szenariofamilien, ebenso die Geschwindigkeit technologischer Entwicklungen. Technologien verbreiten sich zögerlicher, Handelsströme sind niedriger als in A1-Szenarien. Auch das Pro-Kopf-Einkommen konvergiert nicht so stark wie in den A1- oder B1-Szenarien. Es wird ein sehr hohes Bevölkerungswachstum (15 Mrd. Menschen in 2100) zugrunde gelegt, da im Unterschied zu A1- und B1-Szenarien die Fertilitätsmuster nicht konvergieren. Die Energieproduktivität steigt nur um 0,5–0,7% jährlich, die Energienachfrage ist hoch, wenn auch nicht so hoch wie in den A1-Szenarien. Die Energiesysteme der A2-Welt sind sehr heterogen. Der Energieträgermix in den einzelnen Regionen hängt stark von der Ressourcenverfügbarkeit ab.

B2-Welt: Regionale Nachhaltigkeit

Die B2-Storyline beschreibt eine Zukunft, in der lokalen und regionalen Lösungen für eine nachhaltige Entwicklung eine große Rolle zukommt. Internationale Institutionen und Strukturen nehmen dagegen an Bedeutung ab. Umweltschutz wird betont, allerdings nur auf nationaler und regionaler Ebene. Das Bevölkerungswachstum ist geringer als in A2-Szenarien (etwa 10 Mrd. Menschen im Jahr 2100). Das Wirtschaftswachstum ist moderat, die Technologieentwicklung weniger ausgeprägt als in der B1- oder A1-Welt. Viele Projektionen entsprechen den heutigen Trends, etwa in Bezug auf das Bevölkerungs- und Wirtschaftswachstum oder die Steigerung der Energieproduktivität. Die Energienachfrage ist niedriger als in den A1- und A2-Szenarien, aber höher als in der B1-Szenarien. Auch der derzeitige Trend abnehmender Forschungs- und Entwicklungsinvestitionen setzt sich fort.

4.2.3 Emissionen in den SRES-Szenarien

Die Emissionen von Treibhausgasen und Schadstoffen variiert stark zwischen und innerhalb der Szenariofamilien. Die höchsten CO_2-Emissionen weisen die fossilintensiven Wachstumsszenarien A1C und A1G auf. Aber auch A2-Szenarien haben sehr hohe Emissionen: Zwar ist das Wirtschaftswachstum weniger stark, aber die langsamere Technologieentwicklung führt zu einer geringeren Minderung der Kohlenstoff- und Energieintensität. A1B- und auch B1-Szenarien weisen dagegen etwa ab 2050 eine Wende in Richtung Emissionsminderung auf. Dies ist zum einen auf die Trendwende in der Bevölkerungsentwicklung zurückzuführen, zum anderen auf die Verbesserung der Produktivität. Diese Trends gleichen das Wirtschaftswachstum mehr als aus. Die A2- und B2-Szenarien zeigen dagegen stetig wachsende CO_2-Emissionen. Die geringsten CO_2-Emissionen aller Szenarien weisen B1- sowie A1T-Szenarien auf. Beiden gemeinsam ist eine schnelle Entwicklung nicht fossiler Technologien, sie unterscheiden sich aber stark im Energieeinsatz.

Die Szenarien variieren auch in Bezug auf die Landnutzung und ihre Änderung: Der Trend zur Abnahme der globalen Waldflächen wird in den meisten Szenarien umgekehrt, besonders in B1- und B2-Szenarien. Methan- und Lachgasemissionen sind in A1- und B1-Szenarien wegen des angenommenen geringeren Bevölkerungswachstums und der Bevölkerungsabnahme nach 2050 sowie der gesteigerten Produktivität in der Landwirtschaft weit geringer als in den A2- und B2-Szenarien. Schwefelemissionen sind generell niedriger als in früheren Projektionen, weil angenommen wird, dass die Belastung durch lokale und regionale Luftverschmutzung weit früher zu einer Emissionsminderung führen wird.

Die global gemittelte bodennahe Temperatur steigt nach diesen Modellrechnungen von 1990 bis 2100 um 1,4–5,8 °C (IPCC, 2001a). Die Schwankungsbreite ergibt sich aus den Unsicherheiten sowohl über das Klimasystem als auch die sozioökonomischen Antriebskräfte. Selbst die B1- und A1T-Szenarien mit den geringsten Emissionen verletzten die Leitplanke des WBGU-Klimafensters (Kap. 4.3). Im Folgenden werden deshalb die IPCC-Klimaschutzszenarien dargestellt, die auf diesen SRES-Szenarien aufbauen.

4.2.4 IPCC-Klimaschutzszenarien („Post-SRES"-Szenarien)

Im 3. IPCC-Sachstandsbericht wurden mögliche Pfade zum Erreichen verschiedener Stabilisierungsziele für die CO_2-Konzentration der Atmosphäre (zwischen 450 ppm und 750 ppm CO_2-Konzentration) auf der Basis der SRES-Szenarien als Referenzszenarien entwickelt (IPCC, 2001c). Die Annahmen zu den wesentlichen Antriebskräften (Bevölkerung, Wirtschaftswachstum, Nachfrage nach Energiedienstleistungen) entsprechen den jeweiligen SRES-Szenarien. Zusätzlich wurde als Bedingung die Stabilisierung der CO_2-Konzentration bis spätestens 2150 vorgegeben. Allerdings werden nur die energiebedingten Treibhausgasemissionen reduziert: CO_2-Emissionen aus Landnutzungsänderung sowie die Emission anderer Treibhausgase (soweit nicht energiebedingt) bleiben die gleichen wie im Referenzszenario.

Selbst für ein Stabilisierungsniveau von 450 ppm bleibt die erwartete globale Erwärmung im 21. Jahrhundert nur für mittlere bis niedrige Werte der Klimasensitivität unterhalb der WBGU-Leitplanke (globale Erwärmung von weniger als 2 °C verglichen mit vorindustriellen Werten; Kap. 4.3.1.2). Im langfristigen Gleichgewicht ist selbst bei schwacher Klimasensitivität mit einer globalen Erwärmung zu rechnen, die über die vom WBGU-Klimafenster gesetzten Grenzen hinausgeht (IPCC, 2001d). Soll die WBGU-Leitplanke des Klimafensters eingehalten werden, kommen deshalb nur Stabilisierungsniveaus von 450 ppm oder niedriger in Betracht. Es liegen allerdings keine Post-SRES-Stabilisierungsszenarien mit niedrigeren Zielniveaus vor. Andere Szenarien (z. B. Azar et al., 2001) zeigen jedoch, dass etwa durch starken Einsatz von Biomasse in Verbindung mit Kohlenstoffspeicherung Stabilisierungsniveaus von 350 ppm erreicht werden können. Der WBGU will mit der Auswahl eines 450 ppm-Szenarios nicht die Aussage treffen, dass dies ein sicheres Niveau der Konzentration von Treibhausgasen im Sinn von Artikel 2 UNFCCC sei. Für die Einhaltung des WBGU-Klimafensters ist vielmehr eine Analyse integrierter Klimaschutzstrategien (nicht nur der Energiepolitik) und die Entwicklung damit konsistenter Szenarien notwendig.

Vorhandene Szenarien machen aber deutlich (IPCC, 2001d): Um Stabilisierungsniveaus von 450 ppm CO_2 oder darunter zu erreichen, muss der ansteigende Trend der globalen Emissionen sehr schnell – innerhalb von 10–20 Jahren – umgekehrt werden, danach ist eine zügige Minderung auch über die folgenden Jahrzehnte notwendig. Berücksichtigt man zusätzlich die langen Investitionszyklen etwa von Kraftwerken und Transportnetzen, so folgt daraus, dass die nächsten 10–20 Jahre das entscheidende Zeitfenster für die Transformation der Energiesysteme bilden.

4.2.5 Technologiepfade in der A1-Welt

Die A1-Szenarien zeigen die unterschiedlichen technologischen Pfade, die bei gleichen ökonomischen, sozialen, politischen und demographischen Antriebskräften denkbar sind. Für alle kann eine Stabilisierung auf 450 ppm erreicht werden, was allerdings mit sehr unterschiedlichen Energiestrategien sowie Kosten und Risiken verbunden ist.

4.2.5.1 Vergleich der Energiestrukturen und Klimaschutzstrategien

Im Folgenden werden die A1-450-Stabilisierungsszenarien und ihre jeweiligen Referenzpfade innerhalb der A1-Szenariogruppe genauer untersucht. Dabei wird auf die Quantifizierung durch das dynamische Optimierungsmodell MESSAGE, gekoppelt mit dem makroökonomischen Modell MACRO zurückgegriffen (Messner und Schrattenholzer, 2000). MESSAGE minimiert die aggregierten Kosten der Energieproduktion bei gegebener Nachfrage nach Energiedienstleistungen (die vom makroökonomischen Modell vorgegeben wird) und berechnet auf dieser Basis einen kostenoptimalen Energieträgermix. Dabei wird in den hier analysierten Szenarien die Veränderung der Nachfrage, die sich aus Maßnahmen zur Begrenzung der CO_2-Emissionen ergeben (beispielsweise durch eine CO_2-Steuer), nicht berücksichtigt. Der Primärenergieeinsatz nimmt deshalb in den Stabilisierungsszenarios bezogen auf das jeweilige Referenzszenario nicht ab. In den Stabilisierungsszenarien mit starkem Einsatz fossiler Energieträger steigt der Primärenergiebedarf sogar stark an. Dies ist auf den Einsatz der energieintensiven Kohlendioxidabtrennung für die Kohlenstoffspeicherung zurückzuführen (Kap. 3.6.1; Tab. 3.6-1).

Abhängig von den Annahmen über die technologischen Pfade in den Referenzszenarien unterscheiden sich die Entwicklungspfade für die Energiesysteme in den A1-Szenarien bei gleichem Stabilisierungsziel. Dies verdeutlicht die Pfadabhängigkeit, die mit der Bevorzugung bestimmter Technologien in den einzelnen Referenzszenarios verbunden ist. So nimmt im A1T-Pfad der Anteil der Solarenergie aufgrund klimapolitischer Maßnahmen zu, während im „ausgewogenen" A1B-Szenario sowie im kohleintensiven A1C-Szenario der Anteil der Kernenergie stark zunimmt (Roehrl und Riahi, 2000).

Kohle und Kernenergie intensiver Pfad: A1C

Die A1C-Szenarien sind durch die Nutzung Schadstoff reduzierter Kohletechnologien charakterisiert, die ohne zusätzliche klimapolitische Maßnahmen zu sehr hohen Treibhausgasemissionen führen, aber – vom Problem der Klimaänderung abgesehen – umweltfreundlich sind. Sie beruhen auf der Annahme, dass die konventionellen Öl- und Gasreserven schnell abnehmen, so dass stark in kostenintensive neue Kohletechnologien investiert wird (Kohlevergasung und -verflüssigung, Hochtemperatur-Brennstoffzellen). Aber auch die Kernenergie wird weiterentwickelt (etwa die Uran-Extraktionstechnologien), da insbesondere in Regionen mit geringen Kohlevorkommen intensiv auf Kernenergie gesetzt wird. Im Jahre 2100 ist Kohle im A1C-Referenzpfad mit einem Anteil von 47% an der Primärenergie der Hauptenergieträger. Der Kernenergieanteil beträgt 18%. Wegen der hohen Nachfrage nach Kohle, die nicht in allen Regionen mit heimischer Kohle befriedigt werden kann, entwickelt sich ein intensiver globaler Methanolhandel, da Methanol (aus Kohle gewonnen) insbesondere im Transportsektor benötigt wird. Wichtigste Klimaschutzmaßnahmen zum Erreichen des 450-ppm-Stabilisierungsziels sind Kohlenstoffspeicherung und erhöhte Effizienz. Aber auch die Kernenergie muss bei diesen Szenarien stark ausgebaut werden.

Öl- und gasintensiver Pfad: A1G

Charakteristisch für die A1G-Szenarien ist die Nutzung der unkonventionellen Öl- und Gasressourcen, inklusive der Ölschiefer und Ölsande sowie der Methanhydrate (Kap. 3.2). Es wird ein rascher technologischer Fortschritt bei den Extraktions- und Konversionstechnologien für Öl und Gas angenommen. Der globale Handel mit Öl und Gas nimmt stark zu; neue Gaspipelines werden ab 2010 bzw. 2020 gebaut. Der Primärenergiebedarf ist wegen des Energiebedarfs für Extraktion und Gastransport besonders hoch. Im Jahre 2100 ist im A1G-Referenzpfad Gas der Hauptenergieträger (Anteil von 45% an der Primärenergie), gefolgt von erneuerbaren Energieträgern (25%) und Öl (14%). Aber auch die Kernenergie hat einen hohen Anteil (12%). Selbst diese öl- und gasintensiven Szenarien nutzen im 21. Jahrhundert mit einem kumulierten Verbrauch von etwa 34.000 EJ Öl und 59.000 EJ Gas nur einen Bruchteil der fossilen Vorkommen aus (Nakicenovic und Riahi, 2001). Es wird angenommen, dass ein kleiner Teil der heute als zusätzliche Vorkommen bewerteten Vorkommen bereits im 21. Jahrhundert förderbar ist (Tab. 3.2-1).

Auch hier sind Kohlenstoffspeicherung und erhöhte Effizienz die wichtigsten Klimaschutzmaßnahmen zum Erreichen des Stabilisierungsziels von 450 ppm CO_2. Dabei spielt die Reinjektion von CO_2 in Öl- und Gasfelder eine wichtige Rolle. Allerdings wird deutlich, dass im 22. Jahrhundert drastische Strukturveränderungen notwendig würden, da die Kapazitätsgrenzen für die Reinjektion in Gasfelder erreicht werden.

Gemischter Pfad: A1B

Die A1B-Szenarien („balanced technology") gehen von der Annahme aus, dass sich alle Technologien gleichmäßig entwickeln. Es wird somit keine so starke Pfadabhängigkeit angenommen wie in den anderen A1-Szenarien: Eine koordinierte globale Strategie der Forschung, Entwicklung und Anwendung von Technologien führt zur regional differenzierten Spezialisierung auf verschiedene Technologien. In A1B-Szenarien wird zur Kohlendioxidstabilisierung sowohl auf Kohlenstoffspeicherung als auch auf eine verstärkte Entwicklung nicht fossiler Energieträger und Konversionstechnologien gesetzt, insbesondere neue Kernreaktoren, Wasserstoff-Brennstoffzellen im Transportsektor sowie zusätzliche Wasserkraftanlagen. Wasserstoff wird überwiegend aus erneuerbaren Energiequellen gewonnen.

Forcierte Entwicklung nicht fossiler Energieträger: A1T

Die A1T-Szenarien zeichnen sich durch eine schnelle Entwicklung solarer und nuklearer Technologien sowie den Einsatz einer Wasserstofftechnologie im großen Maßstab aus. Voraussetzung hierfür sind sehr große und zielgerichtete Investitionen in Forschung, Entwicklung und Anwendung dieser Technologien, etwa in neue, „inhärent sichere" Kernenergietechnologien (z. B. Hochtemperaturreaktor) und erneuerbare Energien. Auch höhere Investitionen in Energieeffizienz werden angenommen, so dass bei gleicher Nachfrage nach Energiedienstleistungen die Nachfrage nach Endenergie geringer ist als in den anderen A1-Szenarien. Im Mittel nimmt die Energieproduktivität um 1,4% jährlich zu. 2100 machen erneuerbare Energien und Kernenergie 86% der Primärenergieträger aus.

In den A1T-Szenarien sind wegen der ohnehin schon geringen CO_2-Emissionen nur wenige Reduktionsmaßnahmen notwendig, um das 450-ppm-Stabilisierungsziel zu erreichen. Von der Kohlenstoffspeicherung wird deshalb nur maßvoll Gebrauch gemacht. Hier sind die Fortschritte in der Technologie ähnlich wie in den A1B-Szenarien, wenn auch die Abkehr vom fossilen Pfad noch deutlicher wird. Das A1T-450-Szenario illustriert somit die Entwicklung hin zu einer Wasserstoffwirtschaft. Der Wasserstoff wird mit Kernreaktoren und erneuerbaren Energieträgern (etwa Solarthermie) gewonnen. Die Kohlenutzung läuft zum Ende des Jahrhunderts aus. Die Nutzung der Kernenergie (Hochtemperaturreaktoren) wird geringfügig gesteigert, ebenso die Nutzung von Wasserstoff-Brennstoffzellen im Transport.

4.2.5.2
Rolle der Kohlenstoffspeicherung

Da die CO_2-Speicherung kostenintensiv ist (Kap. 3.6.1), wird sie in den Referenzszenarien ohne klimapolitische Maßnahmen nicht eingesetzt, abgesehen von der Reinjektion in Öl- und Gasfelder. Allerdings wird sie in allen A1-Post-SRES-Stabilisierungsszenarien genutzt, wenn auch in sehr unterschiedlichem Ausmaß (Tab. 4.2-1). Die Zahlen sind mit den Abschätzungen für Potenziale zur Kohlenstoffspeicherung in Öl- und Gasfeldern (200–500 Gt C) sowie in tiefen Aquiferen (100 bis über 1.000 Gt C) zu vergleichen (Kap. 3.6), die allerdings mit großen Unsicherheiten behaftet sind. Die fossil intensiven Pfade A1C-450 und A1G-450, aber auch der „mittlere" Pfad A1B-450 übersteigen die vom WBGU gesetzte Leitplanke von 300 Gt C als Obergrenze für die Kohlenstoffspeicherung im 21. Jahrhundert bei weitem (Kap. 4.3). In den Szenarien A1C-450 und A1G-450 ist die erforderliche CO_2-Sequestrierung größer als die für eine geologische Speicherung abgeschätzten Potenziale, so dass eine Speicherung im Tiefenwasser des Ozeans notwendig wäre. Die anthropogene Kohlenstoffspeicherung im Ozean bewertet der WBGU als nicht nachhaltig (Kap. 3.6.3).

4.2.5.3
Vergleich der Kosten

Abbildung 4.2-1 zeigt, wie die Energiesystemkosten von der technologischen Entwicklung in den Referenzszenarien und vom Stabilisierungsziel abhängen (Roehrl und Riahi, 2000). Die Energiesystemkosten sind als Summe der Investitions-, Betriebs- und Wartungskosten definiert, einschließlich der Kosten für die Verteilung sowie für die Umwelttechnologie. Obwohl das Modell MESSAGE die Energiesystemkosten bei ihrer Minimierung mit einem Satz von 5% diskontiert, sind sie in Abbildung 4.2-1 nicht diskontiert dargestellt worden.

Es fällt auf, dass die Kostendifferenzen zwischen Referenzszenario und zugehörigen Stabilisierungsszenarios meist geringer sind als die Kostendifferenzen zwischen den einzelnen Referenzszenarien. Beispielsweise ist die Differenz zwischen den Kosten der fossilintensiven Pfade (A1G, A1C) und dem stark auf nicht fossile Technologien beruhendem A1T-Pfad weit größer als die Kosten der Stabilisierung auf 450 ppm etwa für den ausgewogenen Pfad A1B oder für den A1T-Pfad. Der fossile Pfad ist also ein inhärent teurer Pfad. Der Hauptgrund für die hohen Kosten ist die Festlegung auf teilweise veraltete Energiestrukturen (Pfadabhängigkeit), in denen vergleichsweise geringe Lerneffekte zu erwarten sind. Hinzu kommen steigende Kosten der Ressourcenextraktion, weil unkonventionelle Ressourcen abgebaut werden müssen (Kap. 3.2.1). Im kohleintensiven Pfad muss ein großer Teil des zukünftigen Bedarfs an flüssigen Treibstoffen aus Kohleverflüssigung oder durch Methanolerzeugung bereitgestellt werden, was nur unter hohen Kosten möglich ist.

Für den kohleintensiven Pfad, dessen Referenzszenario schon die höchsten Kosten aufweist, sind die zusätzlichen Kosten, die für eine Stabilisierung der Kohlendioxidkonzentration auf 450 ppm anfallen, besonders hoch. Die Festlegung auf einen kohleintensiven Pfad führt also nicht nur zu einem langfristig teureren Energiesystem, sondern verursacht bei

Tabelle 4.2-1
Gesamte gespeicherte CO_2-Menge für den Zeitraum 1990–2100 in ausgewählten A1-Szenarien (Referenz- und 450 ppm CO_2-Stabilisierungsszenarien). *EOR* Enhanced Oil Recovery, *EGR* Enhanced Gas Recovery (Kap. 3.6.1). *A1C* kohleintensiver Pfad, *A1G* öl- und gasintensiver Pfad, *A1B* gemischter Pfad, *A1T* starke Entwicklung nicht fossiler Technologien, *450* Stabilisierung auf 450 ppm CO_2.
Quelle: Roehrl und Riahi, 2000

Szenario	A1B	A1B-450	A1G	A1G-450	A1 C	A1C-450	A1T	A1T-450
	[Gt C]							
EOR + EGR	28	98	171	366	0	63	29	69
Andere Speicherung	0	762	0	1.148	0	1.492	0	148
Summe	28	860	171	1.514	0	1.555	29	217

Abbildung 4.2-1
Gesamte (nicht diskontierte) Energiesystemkosten (1990–2100) aufgetragen gegen die kumulierten CO_2-Emissionen für die Referenz- und Stabilisierungsszenarien (Stabilisierungsniveaus 750, 650, 550 und 450 ppm CO_2). Jeder Punkt entspricht einem Szenario.
A1C kohleintensiver Pfad, *A1G* öl- und gasintensiver Pfad, *A1B* gemischter Pfad, *A1T* starke Entwicklung nicht fossiler Technologien.
Quelle: Roehrl und Riahi, 2000

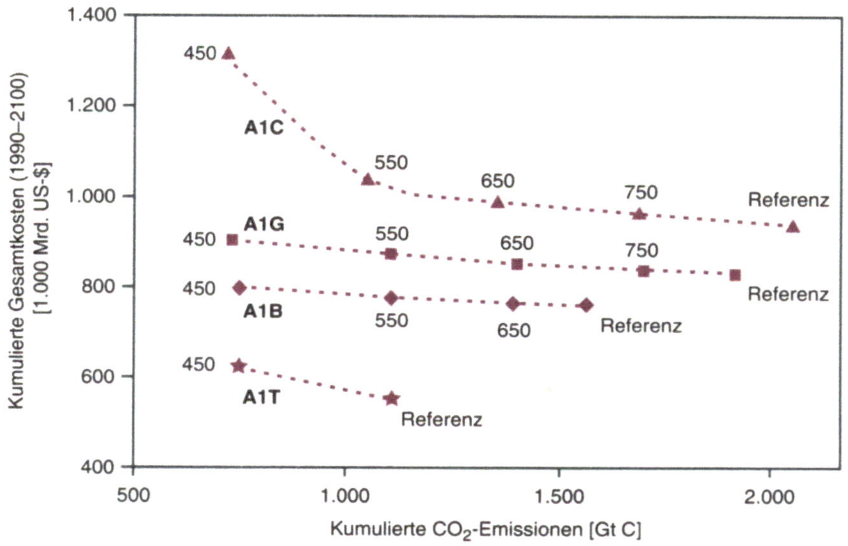

einem Stabilisierungsziel von 450 ppm auch sehr hohe CO_2-Reduktionskosten.

Allerdings sind Forschungs- und Entwicklungsausgaben und darüber hinausgehende volkswirtschaftliche Anpassungskosten ebenso wie Ausgaben für die Entwicklung und Anschaffung von Endnutzungsgeräten (etwa Fahrzeuge, Fertigungsanlagen, Haushaltsgeräte) in den hier dargestellten Energiesystemkosten nicht enthalten. Die Ausgaben für Forschung und Entwicklung sind für das A1T-Szenario höher als in den anderen Szenarien. So erreicht die Forschungsintensität des Energiesektors (also der Anteil der Ausgaben für Forschung und Entwicklung am Umsatz) im A1T-Szenario im Zeitraum 1990–2050 global gemittelte Werte zwischen 4–13%, je nachdem wie stark Forschungs- und Entwicklungsausgaben die Technologiekosten beeinflussen (Riahi, persönl. Mitteilung). Die extrem forschungsintensive Pharmaindustrie weist zum Vergleich heute eine Forschungsintensität von etwa 10% auf (Kap. 2.3.1). Im kohle- und nuklearintensiven Szenario A1C dagegen erreicht die global gemittelte Forschungsintensität im gleichen Zeitraum nur einen Wert von etwa 0,3%. Dies entspricht der derzeitigen Forschungsintensität des Energiesektors in den OECD-Ländern. Die – entgegen dem derzeitig abnehmenden Trend – massive Steigerung der Forschungs- und Entwicklungsausgaben im Energiesektor auf 8.000–25.000 Mrd. US-$$_{1990}$ für den Zeitraum 1990–2050 ist eine notwendige Voraussetzung für die in den A1T-Szenarien erreichten Kostenreduktionen für Technologien zur Nutzung erneuerbarer Energieträger. Die Mehrausgaben für Forschung und Entwicklung im Vergleich zu den A1C-Szenarien, wo nur etwa 1.000 Mrd. US-$$_{1990}$ aufgewendet werden, werden wegen der Kostenreduktionen und den damit weit geringeren Investitionskosten mindestens ausgeglichen. Die Investitionskosten betragen im gleichen Zeitraum für die A1T-Szenarien etwa 51.000 Mrd. US-$, für die A1C-Szenarien jedoch etwa 73.000 Mrd. US-$. Dennoch liegen selbst in den A1C-Szenarien die Investitionskosten nur bei maximal 1,7% des BIP. Noch größer ist der Unterschied in den gesamten Energiesystemkosten: Diese betragen für die A1C-Szenarien im gleichen Zeitraum etwa 230.000 Mrd. US-$, in den A1T-Szenarien dagegen nur etwa 190.000 Mrd. US-$. Neben dem starken Marktwachstum sind höhere Ausgaben für Forschung und Entwicklung in den nächsten Dekaden die Voraussetzung für die Realisierung der vergleichsweise sehr hohen angenommenen Lernraten (Kostensenkung pro Verdopplung der installierten Leistung: 26% für solare Photovoltaik, 11% für Windenergie, 10% für Biomasseverstromung, 8% für Kernenergie, 10% für Erdgas-Brennstoffzellen; Riahi, 2002).

Für die Transformation der Energiesysteme sind nicht nur die kumulierten Kosten entscheidend, sondern auch ihre Entwicklung im Zeitverlauf (Abb. 4.2-2). So zeigen sich die Kostenvorteile des nicht fossilen Pfads A1T gegenüber anderen Pfaden beim Vergleich der nicht diskontierten energiespezifischen Energiesystemkosten erst nach mehr als 20 Jahren. Der Kostenvorteil des nicht fossilen Klimaschutzpfads im Vergleich zum kohleintensiven Referenzpfad macht sich erst ab etwa 2040 bemerkbar. Allerdings ist der kohleintensive Klimaschutzpfad A1C-450 von Beginn an teurer als die anderen Pfade, weil dort wegen der hohen Emissionen im Referenzpfad teure Maßnahmen, beispielsweise Sequestrierung, notwendig sind (Roehrl und Riahi, 2000).

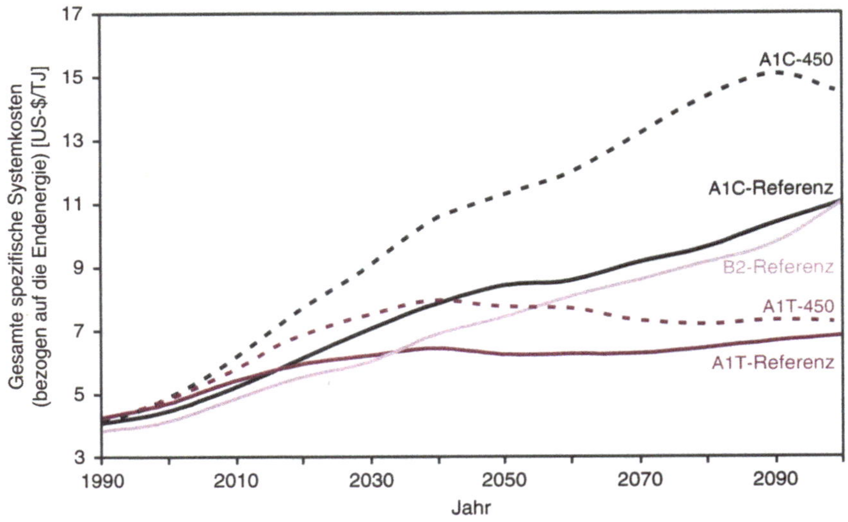

Abbildung 4.2-2
Spezifische (nicht diskontierte) Systemkosten (bezogen auf Endenergie) für die A1C- und A1T-Referenzszenarien sowie für die A1C- und A1T-450-Stabilisierungsszenarien. Zusätzlich zum Vergleich der Kostenpfad für das B2-Referenzszenario. Für die Investitionsentscheidungen in MESSAGE werden zukünftige Kosten mit 5% diskontiert. Für diese Abbildung wurde keine Diskontierung vorgenommen, um die Entwicklung der Kosten in der Zeit nicht verzerrt darzustellen.
Quellen: Roehrl und Riahi, 2000; Riahi, 2002

Das macht die Gefahr einer Pfadabhängigkeit deutlich, wo der fossile, insbesondere kohleintensive Pfad nur noch unter sehr hohen Kosten eingehalten werden kann. Die von Anfang an hohen Kosten des kohleintensiven Klimaschutzpfads A1C-450 lassen die politische Durchsetzbarkeit ehrgeiziger klimapolitischer Maßnahmen in einer Welt, die einen solchen Pfad einschlägt, fraglich erscheinen.

4.2.5.4
Umweltauswirkungen

Abbildung 4.2-3 zeigt die jährlichen Emissionen von Kohlendioxid, Methan, Schwefeldioxid sowie den Temperaturverlauf für die kohleintensiven sowie die nicht fossilen Pfade, sowohl für die jeweiligen Referenzszenarien als auch für die 450-ppm-Stabilisierungsszenarien.

Es wird deutlich, dass der nicht fossile Klimaschutzpfad weit geringere Schwefeldioxidemissionen verursacht als der kohlenstoffintensive Pfad. Im kohlenstoffintensiven Pfad steigen sie trotz der erheblichen Investitionen in schadstoffarme Kohletechnologien innerhalb der nächsten Jahrzehnte auf fast das Doppelte des heutigen Werts, um erst dann abzunehmen (Abb. 4.2-3b). Wegen der abkühlenden Wirkung der Sulfataerosole führt das bei gleichem CO_2-Stabilisierungsziel zu einer zunächst geringeren Erwärmung im fossilen Pfad, trotz der höheren Methanemissionen.

4.2.6
Auswahl eines Szenarios zur Entwicklung eines exemplarischen Pfads

Aus Sicht des WBGU beschreiben die A2-Szenarien eine Entwicklung, für die schwer vorstellbar ist, dass sie in den nachhaltigen Bereich geführt werden kann. Die Kombination aus fehlender globaler Konvergenz, der damit verbundenen langsamen Technologieentwicklung und geringen Effizienzsteigerung sowie Dekarbonisierung zusammen mit dem Fehlen einer generellen umweltpolitischen Ausrichtung macht etwa das Einhalten von Klimaschutzzielen innerhalb des WBGU-Klimafensters äußerst schwer und teuer, wenn nicht gar unmöglich.

Ein B2-Szenario käme durchaus für die Entwicklung eines beispielhaften Pfads in die Nachhaltigkeit in Frage, auch wenn es in Bezug auf die sozioökonomischen Leitplanken (Kap. 4.3) den nachhaltigen Bereich später erreicht als die von starker Konvergenz geprägten A1- und B1-Szenarien. Da jedoch kein B2-Szenario mit einem Energiesystemmodell, das die notwendige technologische Detailgenauigkeit aufweist, mit Stabilisierung der CO_2-Konzentration auf 450 ppm vorliegt (Morita et al., 2000), hat der Beirat die B2-Szenarien aus pragmatischen Gründen nicht für die weitere Untersuchung ausgewählt.

Da eine Welt der globalen Konvergenz (A1- und B1-Szenarien) schneller in den durch die vom WBGU entwickelten sozioökonomischen Leitplanken (Kap. 4.3) definierten nachhaltigen Bereich führt, böte sich das B1-450-Stabilisierungsszenario wegen seiner Ausrichtung sowohl auf soziale als auch auf Umweltverträglichkeit als Grundlage für einen nach WBGU-Kriterien modifizierten Pfad an. Es erscheint dem Beirat jedoch ratsamer, die Möglich-

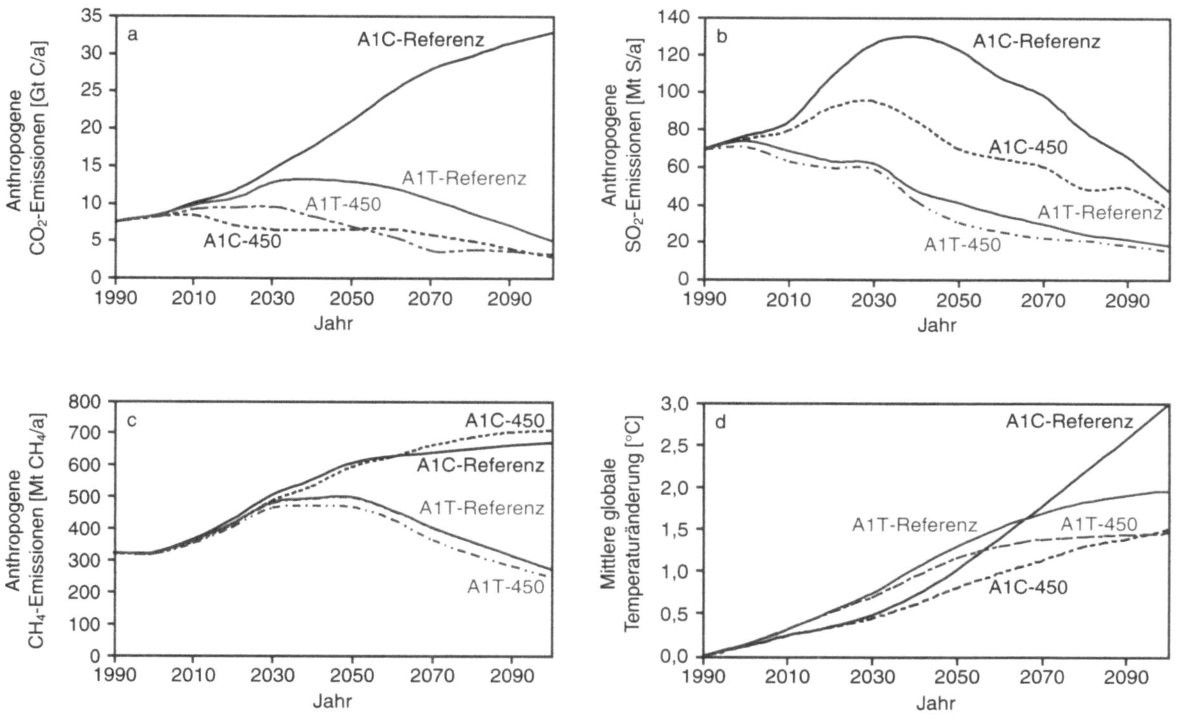

Abbildung 4.2-3
Umweltauswirkungen für einen Pfad mit starkem Ausbau nicht fossiler Technologien (*A1T, rot*) und einen kohleintensiven Pfad (*A1C, schwarz*), bei gleichen Annahmen zur Bevölkerungs- und Wirtschaftsentwicklung. Dargestellt sind jeweils die Auswirkungen für den Referenzpfad (*durchgezogene Linie*) und das Stabilisierungsszenario (Stabilisierung der Kohlendioxidkonzentration auf 450 ppm, *gestrichelte Linie*). Die Stabilisierung im kohleintentiven Pfad A1C ist nur mit umfangreicher Sequestrierung möglich.
a) Anthropogene Kohlendioxidemissionen.
b) Anthropogene Schwefeldioxidemissionen.
c) Anthropogene Methanemissionen.
d) Globale mittlere Erwärmung (bezogen auf 1990) bei einer angenommenen Klimasensitivität von 2,5 °C.
Quelle: Riahi, 2002.

keit einer Energiewende auf der Basis eines Szenarios zu zeigen, das von einem starken Wachstum der Primärenergienachfrage ausgeht. Damit wird die Möglichkeit eines Strukturwandels hin zu weniger energieintensiven Produkten und Dienstleistungen oder einer Änderung von Präferenzen, Konsumgewohnheiten und Lebensstilen vorsichtiger eingeschätzt.

Die fossil- und kernenergieintensiven Pfade der A1-Szenarien (globale Konvergenz, hohes Wachstum, schnelle Technologieentwicklung) erweisen sich aus WBGU-Sicht als nicht nachhaltig, selbst wenn die sozioökonomischen Mindestvorgaben (Kap. 4.3.2) und eine Stabilisierung der Kohlendioxidkonzentration auf 450 ppm CO_2 erreicht werden können. Diese Stabilisierung ist nur mit umfangreicher Sequestrierung möglich, so dass am Ende des 21. Jahrhunderts die Grenzen der Speicherkapazität in geologischen Formationen erreicht werden. Vielleicht müsste sogar auf die vom Beirat als nicht nachhaltig bewertete Speicherung im Tiefenwasser der Ozeane zurückgriffen werden. Die Leitplanke für die maximal zu tolerierende Nutzung der Kohlenstoffspeicherung (Kap. 4.3.1.2) wird in diesen Szenarien mehrfach verletzt. Außerdem erschweren diese Pfade die Transformation des Energiesystems für zukünftige Generationen, da sie im 22. Jahrhundert voraussichtlich nicht fortgeführt werden können. Auch der hohe Anteil der Kernenergie ist aus Sicht des WBGU nicht nachhaltig. Schließlich sind die Energiesystemkosten für diese fossil-nuklearen Szenarien sehr hoch. Eine Stabilisierung der CO_2-Konzentration auf 450 ppm scheint nur mit sehr hohen Kosten möglich. Auch sind – bei gleichem Stabilisierungsniveau der Kohlendioxidkonzentration in der Atmosphäre – die Umweltauswirkungen der fossilen Pfade durch die Emission anderer Schadstoffe (etwa SO_2) deutlich stärker als im nicht fossilen Pfad, obwohl erhebliche Investitionen in die Entwicklung emissionsärmerer Kraftwerke angenommen werden.

Da selbst der A1B-Pfad mit einer ausgewogenen Technologiemischung für eine Stabilisierung auf 450 ppm in einem für den Beirat nicht akzeptablem Maß auf geologische Speicherung angewiesen ist, benutzt der WBGU für die Entwicklung eines exemplarischen Pfads das Post-SRES-Szenario A1T mit 450 ppm Stabilisierungsziel, weil es mit Modifikationen alle Leitplanken einhalten kann. Es vermeidet eine Vertiefung der Abhängigkeit von fossilen Technologien, weist niedrige Emissionswerte auf und geht von anhaltendem Wirtschaftswachstum und einer ökonomischen Konvergenz der Länder sowie einer starken Technologieentwicklung aus.

Mit dieser Auswahl ist keine Aussage darüber getroffen, welche der SRES-Welten der WBGU für die wahrscheinlichste hält. Im Gegenteil: Da der A1-Welt optimistische Annahmen, insbesondere in Bezug auf den raschen Abbau der Divergenz zwischen reichen und armen Ländern sowie auf ein geringes Bevölkerungswachstum zugrunde liegen, hängt die Realisierung eines (modifizierten) A1T-450-Pfads nicht nur von energiepolitischen sondern auch von wirtschafts- und entwicklungspolitischen Maßnahmen ab. Für robuste Schlussfolgerungen wäre es daher sinnvoll, auch einen entsprechenden Pfad in der B2-Welt zu untersuchen. Dazu wäre jedoch die Neuentwicklung eines entsprechenden technologieaufgelösten Klimaschutzszenarios in der B2-Welt notwendig.

4.3 Leitplanken für die Transformation der Energiesysteme

Leitplanken sind quantitativ definierbare Schadensgrenzen, deren Verletzung heute oder in Zukunft intolerable Folgen mit sich brächte, so dass auch große Nutzenvorteile diese Schäden nicht ausgleichen könnten (WBGU, 2000). Der Beirat stellt im folgenden Leitplanken zum Schutz der natürlichen Lebensgrundlagen und zur Operationalisierung sozialethischer Ziele des Leitbilds „nachhaltige Entwicklung" vor (ökologische Leitplanken, Kap. 4.3.1; sozioökonomische Leitplanken, Kap. 4.3.2). Sie zeigen konkrete Grenzen auf, die bei der Energienutzung gesetzt werden müssen, um nachhaltig zu leben (Kasten 4.3-1). Szenarien für die Energiezukunft können an diesen Leitplanken auf Nachhaltigkeit getestet werden. Leitplanken sind keinesfalls im Sinn von Zielen zu verstehen, weil es sich nicht um anzustrebende Werte oder Zustände handelt, sondern um die absoluten Minimalanforderungen, die man im Sinn der Nachhaltigkeit stellen muss. Es lassen sich aber dennoch konkrete Ziele aus dem Leitplankenkonzept ableiten (Kap. 5).

Wenn die Leitplanken eingehalten werden, bedeutet das nicht, dass damit alle sozioökonomischen Missstände oder ökologischen Schäden abgewendet werden können. Auch berücksichtigen globale Leitplanken nicht, dass sich die Auswirkungen des Globalen Wandels regional und sektoral deutlich unterscheiden können. Außerdem können die vom Beirat genannten Leitplanken nur Vorschläge sein, denn die Festlegung nicht tolerierbarer Belastungen kann nicht allein der Wissenschaft überlassen werden, sondern sollte – unterstützt durch wissenschaftliche Expertise – in einem weltweiten demokratischen Entscheidungsprozess erfolgen (WBGU, 1997; Kasten 4.3-2).

4.3.1 Ökologische Leitplanken

4.3.1.1 Schutz der Biosphäre

Die fünf „biologischen Imperative", die der WBGU in früheren Gutachten als allgemeine Grundsätze formuliert hat (WBGU, 2000), bilden die Basis für einen nachhaltigen Umgang mit der Biosphäre und damit auch mit Energie. Dazu zählen:

- Bewahrung der Integrität von Bioregionen;
- Sicherung biologischer Ressourcen;
- Erhalt von Biopotenzialen für die Zukunft;
- Bewahrung des globalen Naturerbes;
- Erhalt der Regelungsfunktionen der Biosphäre.

Auf dieser normativen Grundlage werden im Folgenden ökologische Leitplanken definiert.

4.3.1.2 Klimaschutzfenster

Die globale Klimaänderung ist wesentlich vom gegenwärtigen Energiesystem mit verursacht und wird nicht ohne Folgen für die Ökosysteme und die menschliche Zivilisation bleiben (Kap. 3.2.1). Im Folgenden wird daher eine Leitplanke für den Klimaschutz hergeleitet, die intolerable ökologische wie sozioökonomische Klimawirkungen ausschließen soll.

Definition der Leitplanke

Der Beirat hat das Klimafenster bereits in früheren Gutachten begründet (WBGU, 1995, 1997). Die Festlegung der intolerablen Erwärmung orientiert sich dabei an den Belastungsgrenzen der Gesellschaft und der beobachteten Schwankungsbreite im jünge-

Kasten 4.3-1

Leitplanken nachhaltiger Energiepolitik

Ökologische Leitplanken

KLIMASCHUTZ
Eine Temperaturänderungsrate über 0,2 °C pro Jahrzehnt und eine mittlere globale Temperaturänderung über 2 °C gegenüber dem Wert vor der Industrialisierung sind intolerable Werte einer globalen Klimaänderung.

NACHHALTIGE FLÄCHENNUTZUNG
10–20% der weltweiten Landfläche sollten dem Naturschutz vorbehalten bleiben. Nicht mehr als 3% sollten für den Anbau von Bioenergiepflanzen bzw. für terrestrische CO_2-Speicherung genutzt werden. Dabei ist eine Umwandlung natürlicher Ökosysteme zum Anbau von Bioenergieträgern grundsätzlich abzulehnen. Bei Nutzungskonflikten muss die Sicherung der Nahrungsmittelversorgung Vorrang haben.

SCHUTZ VON FLÜSSEN UND IHREN EINZUGSGEBIETEN
Wie bei den Landflächen, so sollten auch etwa 10–20% der Flussökosysteme inklusive ihrer Einzugsgebiete dem Naturschutz vorbehalten sein. Dies ist ein Grund dafür, warum die Wasserkraft – nach Erfüllung der notwendigen Rahmenbedingungen (Investitionen in Forschung, Institutionen, Kapazitätsaufbau usw.) – nur in Grenzen ausgebaut werden kann.

SCHUTZ DER MEERESÖKOSYSTEME
Der WBGU hält die Nutzung des Ozeans zur Kohlenstoffspeicherung nicht für tolerierbar, weil die ökologischen Schäden groß sein könnten und das Wissen über die biologischen Folgen zu lückenhaft ist.

SCHUTZ DER ATMOSPHÄRE VOR LUFTVERSCHMUTZUNG
Kritische Belastungen durch Luftschadstoffe sind nicht tolerierbar. Als erste Orientierung für eine quantitative Leitplanke kann festgelegt werden, dass die Belastungen nirgendwo höher sein dürfen, als sie heute in der EU sind, auch wenn dort die Situation noch nicht bei allen Schadstoffen zufrieden stellend ist. Eine endgültige Leitplanke muss durch nationale Umweltstandards und multilaterale Umweltabkommen definiert und umgesetzt werden.

Sozioökonomische Leitplanken

ZUGANG ZU MODERNER ENERGIE FÜR ALLE MENSCHEN
Der Zugang zu moderner Energie sollte für alle Menschen gewährleistet sein. Dazu muss der Zugang zu Elektrizität sichergestellt und die Nutzung gesundheitsschädigender Biomasse durch moderne Brennstoffe ersetzt werden.

DECKUNG DES INDIVIDUELLEN MINDESTBEDARFS AN MODERNER ENERGIE
Der WBGU erachtet folgende Endenergiemengen als Minimum für den elementaren individuellen Bedarf: Spätestens ab 2020 sollten alle Menschen wenigstens 500 kWh pro Kopf und Jahr an Endenergie und spätestens ab 2050 wenigstens 700 kWh zur Verfügung haben. Bis 2100 sollte der Wert auf 1.000 kWh steigen.

BEGRENZUNG DES ANTEILS DER ENERGIEAUSGABEN AM EINKOMMEN
Arme Haushalte sollten maximal ein Zehntel ihres Einkommens zur Deckung des elementaren individuellen Energiebedarfs ausgeben müssen.

GESAMTWIRTSCHAFTLICHER MINDESTENTWICKLUNGSBEDARF
Zur Deckung des gesamtwirtschaftliche Mindestenergiebedarf pro Kopf (für indirekt genutzte Energiedienstleistungen) sollte allen Ländern mindestens ein Bruttoinlandsprodukt pro Kopf von etwa 3.000 US-$\$_{1999}$ zur Verfügung stehen.

RISIKEN IM NORMALBEREICH HALTEN
Ein nachhaltiges Energiesystem sollte auf Technologien beruhen, deren Betrieb im „Normalbereich" der Umweltrisiken liegt. Die Kernenergie kollidiert mit diesen Anforderungen insbesondere durch intolerable Unfallrisiken und ungeklärte Abfallentsorgung sowie wegen der Risiken durch Proliferation und Terrorismus.

ERKRANKUNGEN DURCH ENERGIENUTZUNG VERMEIDEN
Die lokale Luftverschmutzung in Innenräumen durch Verbrennung von Biomasse und in Städten durch Nutzung fossiler Energieträger verursacht weltweit schwere Gesundheitsschäden. Die hierdurch verursachte Gesundheitsbelastung sollte in allen WHO-Regionen jeweils 0,5% der gesamten Gesundheitsbelastung der Region (gemessen in DALYs, „disability adjusted life years") nicht überschreiten.

ren Quartär, das unsere heutige Umwelt geprägt hat. Sie soll die natürliche Umwelt als Existenzgrundlage für den Menschen und die belebte Umwelt bewahren und bildet somit eine wichtige Grundlage für die Umsetzung der Klimarahmenkonvention, in der das Ziel gesetzt wird, „die Stabilisierung der Treibhausgaskonzentrationen in der Atmosphäre auf einem Niveau zu erreichen, auf dem eine gefährliche anthropogene Störung des Klimasystems verhindert wird. Ein solches Niveau sollte innerhalb eines Zeitraums erreicht werden, der ausreicht, damit sich die Ökosysteme auf natürliche Weise den Klimaänderungen anpassen können, die Nahrungsmittelerzeugung nicht bedroht wird und die wirtschaftliche Entwicklung auf nachhaltige Weise fortgeführt werden kann" (Art. 2, UNFCCC).

Neuere Bewertungen des IPCC (2001a) bestärken den Beirat, am WBGU-Klimafenster als Leitplanke gegen intolerable Klimaänderungen festzuhalten. Demnach sind eine Temperaturänderungsrate von 0,2 °C pro Jahrzehnt und mehr sowie eine mittlere globale Temperaturänderung von 2 °C und mehr gegenüber dem Wert vor der Industrialisierung nicht mehr zu vertreten. Dabei ist auch die Form des WBGU-Klimafensters zu beachten (Abb. 4.3-1), denn die maximal tolerable Temperaturänderungsrate nimmt bei Annäherung an die maximal tolerable absolute Temperatur ab, d. h. das Klimafenster ist nicht „eckig". Im Folgenden wird die Leitplanke genauer begründet.

Kasten 4.3-2

Konkretisierung von Leitplanken durch Völkerrecht?

Eine verbindliche Konkretisierung von Leitplanken einer nachhaltigen Energiepolitik kann international vor allem durch das Völkerrecht geschaffen werden. Dabei ist zunächst an verbindliche Grundsätze und Ziele in völkerrechtlichen Übereinkommen zu denken. Vorstellbar ist jedoch auch, dass sich Leitplanken bereits aus dem Völkergewohnheitsrecht ergeben. Politische Absichtserklärungen, Resolutionen und andere Vereinbarungen des „soft law" können auch ohne rechtliche Bindung zur Konkretisierung völkerrechtlicher Grundsätze beitragen.

Das bisher wichtigste Instrument für die Konkretisierung einer nachhaltigen Energiepolitik ist das Rahmenübereinkommen der Vereinten Nationen zu Klimaveränderungen (UNFCCC) mit dem Kioto-Protokoll. Laut Zielvorgabe des Kioto-Protokolls muss in den Industrie- und Transformationsstaaten zwischen 2008 und 2012 eine Reduktion der Treibhausgasemissionen um durchschnittlich 5% gegenüber 1990 erreicht werden. Dies kann aber nur als ein erster Schritt auf dem Weg zur Festlegung langfristiger verbindlicher Klimaleitplanken angesehen werden.

Auch aus diesem Grund wird immer häufiger diskutiert, ob staatliche Verpflichtungen nicht schon aus dem Völkergewohnheitsrecht und hier insbesondere aus dem völkergewohnheitsrechtlichen Prinzip des Verbots grenzüberschreitender Umweltbeeinträchtigungen abgeleitet werden können. Tuvalu, die Malediven und Kiribati, die durch den klimabedingten Meeresspiegelanstieg in ihrer Existenz bedroht sind, haben eine Klage gegen verschiedene Industriestaaten vor dem Internationalen Gerichtshof vorbereitet. Daher wird die Frage nach der völkerrechtlichen Haftung der Industriestaaten für künftig zu erwartende Schäden in Entwicklungsländern und insbesondere den am stärksten gefährdeten kleinen Inselstaaten stärker als bisher diskutiert. Bisher waren Staaten eher zurückhaltend, Haftungsansprüche gegenüber anderen Ländern geltend zu machen. Meist werden diplomatische Lösungen bevorzugt, oder es werden internationale Instrumente zur Begründung einer grenzüberschreitenden zivilrechtlichen Haftung entwickelt. Angesichts des Ausmaßes der Klimaschäden und der völlig unzureichenden finanziellen Ausstattung des Anpassungsfonds zum Kioto-Protokoll könnten besonders stark betroffene Staaten künftig stärker Ansprüche der Staatenverantwortlichkeit geltend machen. Auch eine Zunahme zivilrechtlicher Klagen gegen Großemittenten ist zu erwarten.

Neben vielen praktischen Problemen ist die Durchsetzung von Ansprüchen der Staatenverantwortlichkeit mit rechtlichen Fragen verbunden, die nicht eindeutig zu beantworten sind. Dazu gehören etwa Reichweite und Anwendungsbereich des Prinzips des Verbots grenzüberschreitender Umweltbeeinträchtigungen sowie die Frage, ob die Klimakonvention und das Kioto-Protokoll zwischenstaatliche Haftungsansprüche möglicherweise ausschließen und welche Handlungen eine Staatenverantwortlichkeit für Klimaschäden überhaupt begründen könnten. Hier, wie auch bei der zivilrechtlichen Haftung, besteht noch erheblicher Forschungsbedarf.

Während das Kioto-Protokoll für den ersten Verpflichtungszeitraum 2008–2012 zu einer Konkretisierung der Leitplanke „Klimaschutz" geführt hat, haben die sozioökonomischen Leitplanken (Kap. 4.3.2) bisher kaum Eingang in rechtlich verbindliche Instrumente gefunden.

Die fehlende Entwicklung, Harmonisierung und Konkretisierung von Leitplanken für eine nachhaltige globale Energiepolitik und die mangelnde Einbeziehung energierelevanter Entwicklungsziele in die Klimaschutzpolitik ist ein Defizit der bisherigen internationalen Energiepolitik. Der WBGU empfiehlt die Entwicklung einer Weltenergiecharta als ersten Schritt hin zur Umsetzung einer nachhaltigen Energiepolitik. Um die Widerstände gegen das – zunächst unverbindliche – Abkommen zu überwinden, wird es von zentraler Bedeutung sein, die Staatengemeinschaft von dem Mehrwert einer solchen globalen Energiestrategie zu überzeugen (Kap. 5.3.2.2).

Quellen: WBGU, 2001b; Tol und Verheyen, 2001

Verschiebung der Klimazonen

Die Klimarahmenkonvention soll u. a. sicherstellen, dass die Ökosysteme sich auf natürliche Weise an den Klimawandel anpassen können (Art. 2 UNFCCC). Die Auswirkungen des Klimawandels auf die Ökosysteme der Erde sind derzeit zwar nur unzureichend geklärt, aber es kann als gesichert gelten, dass die geographische Ausdehnung der Schäden an Ökosystemen mit der Rate der Klimaveränderung und ihrer absoluten Höhe zunimmt und mit Verlust biologischer Vielfalt verbunden ist (IPCC, 2001a). Bei zu raschen oder zu großen Klimaverschiebungen werden mehrere der biologischen Imperative verletzt. Eine Gefährdung einzelner besonders empfindlicher Ökosysteme (z. B. Korallenriffe, tropische Wälder, Feuchtgebiete) ist ab einer Temperaturerhöhung von 1–2 °C zu erwarten und teils heute bereits sichtbar (Kasten 4.3-3).

Bei einer globalen Erwärmung um mehr als 2 °C könnten sich viele natürliche Systeme grundlegend verändern, was mit starken zusätzlichen Treibhausgasemissionen verbunden wäre (IPCC, 2001a). Auch das Risiko extremer Klimaereignisse nimmt dann stark zu. Ab einer Temperaturerhöhung von 3,5–4 °C sind für die meisten Regionen der Erde negative Einflüsse auch für anthropogene Ökosysteme zu erwarten (IPCC, 2001a).

Die Verschiebung der Klimazonen löst Migration von Tieren und Pflanzen aus. Verkehrswege und anthropogene Landnutzung (Landwirtschaft, Siedlungsgebiete usw.) behindern diese Anpassung (WBGU, 2000), so dass der Verlust von Ökosystemen und Arten zu befürchten ist.

Thermohaline Zirkulation

Die thermohaline Zirkulation des Ozeans ist von großer Bedeutung für den globalen Wasser- und

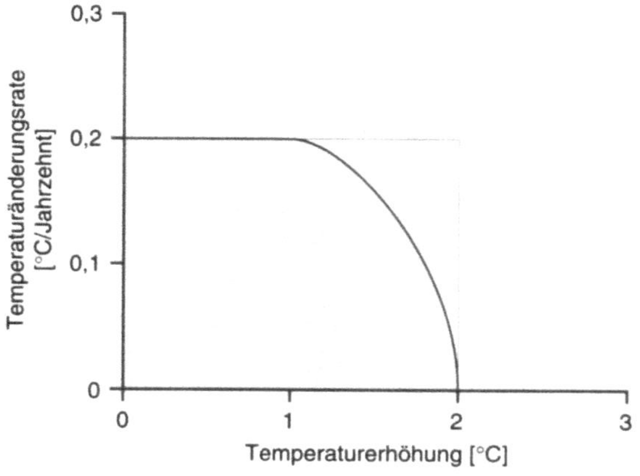

Abbildung 4.3-1
Das WBGU-Klimaschutzfenster. Dargestellt ist die tolerable Änderungsrate der Temperatur in Abhängigkeit von der bereits erreichten Temperaturzunahme. Mit zunehmender Annäherung an die maximale Temperaturerhöhung um 2 °C gegenüber dem vorindustriellen Wert sinkt die vertretbare Änderungsrate.
Quelle: WBGU, 1995

Wärmehaushalt. Sie wird durch das Absinken kalten salzreichen Wassers vor allem in der Labrador- und Grönlandsee aber auch dem Weddell-Meer angetrieben. Das kalte Wasser strömt in der Tiefe südwärts durch den Atlantik, während als Ausgleich warmes Oberflächenwasser aus tropischen Regionen u. a. durch den Golfstrom nach Norden transportiert wird. Werden bestimmte Schwellen der Klimaerwärmung überschritten, wären sowohl ein Ausfall regionaler Komponenten (z. B. in der Labradorsee oder in der Grönlandsee) als auch ein kompletter Zusammenbruch der Zirkulation denkbar. Die ausgelösten Veränderungen könnten plötzlich einsetzen und wären über einen Zeitraum von Jahrhunderten nicht mehr umkehrbar (IPCC, 2001a). Das Klima West- und Nordeuropas könnte sich innerhalb weniger Jahrzehnte um etwa 4 °C abkühlen – mit unabsehbaren Folgen für die Ökonomie und Ökologie Europas. Der Zusammenbruch der thermohalinen Zirkulation kann bei Einhalten der oben definierten Klimaleitplanke mit hoher Wahrscheinlichkeit ausgeschlossen werden (WBGU, 1999).

Anstieg des Meeresspiegels

Der Anstieg des mittleren Meeresspiegels ist Folge einer durch die Treibhausgasemissionen verursachten Temperaturerhöhung. Im 20. Jahrhundert betrug der absolute mittlere Meeresspiegelanstieg bereits 10–20 cm (IPCC, 2001a), etwa das Zehnfache des gemittelten Anstiegs während der letzten 3.000 Jahre. Dabei ist die große Trägheit des Klimasystems zu berücksichtigen: die vom Menschen bereits heute verursachten Emissionen und die dadurch verursachte thermische Expansion des Meerwassers werden den Meeresspiegel erst in Jahrhunderten auf einem neuen Niveau stabilisieren lassen. Wenn man das Abschmelzen der Inlandgletscher wie in Grönland berücksichtigt, sind die Zeitkonstanten noch erheblich länger.

Nach Meinung des WBGU muss das Abschmelzen des Grönlandeises auf jeden Fall verhindert werden, da ein solcher Prozess einen Anstieg des mittle-

Kasten 4.3-3

Gefährdung der Korallen durch Klimawandel

Durch den Temperaturanstieg in der Deckschicht der tropischen Meere werden bereits heute die Korallenriffe bedroht. Bei Temperaturen über 30 °C verlieren Korallen zunehmend die mit ihnen in Symbiose lebenden Algen (Zooxanthellen), was zu vermindertem Skelettwachstum und verringerter Reproduktionsfähigkeit und Stressresistenz führt. Riffe sind wesentliche Träger biologischer Vielfalt: Obwohl sie weniger als 1% des Meeresgrundes bedecken, lebt in ihnen ein Drittel der bekannten marinen Arten. Sie haben zudem wichtige Nutzungsfunktionen, z. B. für Küstenschutz, Fischerei und Tourismus. Da viele Riff-bildende Korallen nahe an ihrer oberen Temperaturgrenze leben, führt schon ein geringfügiger Anstieg der Wassertemperatur zu einem verstärkten Ausbleichen. Dieses Phänomen wird mit dem Klimawandel zunehmen und ist bereits heute während eines El Niño zu beobachten. Eine Erholung der Korallen ist bei kurzen Zeiträumen zwischen El-Nino-Ereignissen kaum mehr möglich. Die Folge ist der Verlust unersetzlichen Naturerbes mit seinen Biopotenzialen. Modellrechnungen deuten an, dass die Temperaturtoleranz Riff-bildender Korallen innerhalb der nächsten Jahrzehnte überschritten wird.

Korallenriffe sind außerdem durch den Meeresspiegelanstieg gefährdet. Gesunde Riffe können ein vertikales Höhenwachstum von bis zu 100 mm pro Jahrzehnt erreichen, was an der oberen Grenze des von IPCC abgeschätzten Meeresspiegelanstiegs von 20–90 mm pro Jahrzehnt liegt. Wegen der vielen zusätzlichen anthropogenen Stressfaktoren ist es aber fraglich, ob das derzeitige Korallenwachstum ausreicht, um den vorhersehbaren Meeresspiegelanstieg ausgleichen zu können. Einer der Gründe ist, dass die Riffe als Folge des Anstiegs der atmosphärischen CO_2-Konzentration in der Atmosphäre und Deckschicht des Ozeans einer Abnahme des Calciumcarbonatgehalts des Meerwassers ausgesetzt sind. Dies reduziert die Wuchsraten der Korallenriffe und erschwert somit die Anpassung an den steigenden Meeresspiegel.

Eine Leitplanke von maximal 2 °C mittlerer globaler Erwärmung ist wahrscheinlich bereits zu hoch angesetzt, um das Überleben vieler Korallenriffe zu sichern.

Quellen: Gattuso et al., 1999; Hoegh-Guldberg, 1999; IPCC, 2001a; Coles, 2001

ren Meeresspiegels um einige Meter über viele Jahrtausende bewirken würde (IPCC, 2001a). Nach Modellrechnungen liegt hierfür die kritische Temperaturerhöhung über Grönland bei etwa 3 °C. Die lokale Erwärmung über Grönland ist um etwa einen Faktor 1,3–3,1 höher als die globale Erwärmung (IPCC, 2001a). Rechnet man beispielsweise mit einem Verstärkungsfaktor von 2, so könnte bereits eine globale Erwärmung um etwa 1,5 °C zu einem irreversiblen Abschmelzen des gesamten Grönlandeises führen.

Die vom Beirat nicht mehr akzeptierte mittlere globale Erwärmung von 2 °C gegenüber dem vorindustriellen Wert entspricht über die kommenden 100 Jahre einem absoluten Meeresspiegelanstieg von 0,25–1 m (je nach Modell; IPCC, 2001a). Es ist also wahrscheinlich, dass die vom Beirat in einem früheren Sondergutachten diskutierte Obergrenze von 15–25 cm mittlerem Meeresspiegelanstieg bereits in diesem Jahrhundert deutlich überschritten wird (WBGU, 1997). Laut Szenario A1T-450 (Kap. 4.2.5) wird bei einer Klimasensitivität (das ist die globale Erwärmung bei Verdopplung des vorindustriellen CO_2-Gehalts der Luft) von 2,5 °C der Anstieg bis 2100 bei etwa 50 cm liegen. Bereits dieser Anstieg wird mit sozialen Härten, erheblichen Kosten für die Anpassung der Küsteninfrastruktur und mit Verlusten wertvoller Küstenökosysteme verbunden sein (IPCC, 2001a).

Diese neueren Erkenntnisse bestärken die Richtigkeit des WBGU-Klimafensters. Der Beirat betont, dass diese Leitplanke das Risiko des Abschmelzens des Grönlandeises nicht vollständig ausschließen kann. Außerdem wäre die Existenz einiger kleiner Inselstaaten gefährdet und die Anzahl der durch Sturmfluten gefährdeten Menschen würde deutlich steigen.

Neben dem absoluten Anstieg ist auch die Geschwindigkeit des Meeresspiegelanstiegs von Bedeutung, da die Anpassungsfähigkeit der Menschen und Ökosysteme bei einem schnelleren Anstieg abnimmt und große sozioökonomische wie ökologische Schäden in Küstenregionen vorauszusehen sind. Die Geschwindigkeit des Anstiegs ist dabei abhängig vom absoluten Anstieg, denn der Verlauf des Meeresspiegelanstiegs ist bei unterschiedlichen Stabilisierungskonzentrationen und Modellen für das 21. Jahrhundert sehr ähnlich (IPCC, 2001a). Da das Verhältnis von der maximalen zur durchschnittlichen Steigung des Meeresspiegelanstiegs konstant zu sein scheint, lässt sich eine Leitplanke für die Geschwindigkeit des Meeresspiegelanstiegs in eine Leitplanke für den absoluten Temperaturanstieg umrechnen. Würde eine Leitplanke von 50 mm pro Dekade postuliert, so wäre diese beim A1T-450-Szenario nur knapp verletzt. Eine geringfügig niedrigere Stabilisierungskonzentration würde die Leitplanke voraussichtlich einhalten. Da das WBGU-Temperaturfenster also die Geschwindigkeit des Meeresspiegelanstiegs bereits begrenzt, scheint eine eigene Leitplanke nicht notwendig.

Ökonomische Anpassungsfähigkeit

Eine grobe Abschätzung (WBGU, 1995, 1997) ergab, dass ab einer Temperaturänderung von 0,2 °C pro Dekade bereits derart hohe Klimafolgekosten entstünden, dass die Anpassungsfähigkeit von Volkswirtschaften überschrittten würde und es zu intolerablen wirtschaftlichen und sozialen Verwerfungen käme. Somit ist das WBGU-Klimafenster auch aus ökonomischen Gründen einzuhalten.

Ernährungssicherheit

Der Klimawandel hat erheblichen Einfluss auf die landwirtschaftlichen Ökosysteme und somit auf die Ernährungssicherheit (IPCC, 2001b). Global gesehen wird sich der Klimawandel nicht negativ auf die Nahrungsmittelproduktion auswirken, da sowohl Temperaturerhöhung als auch zunehmende Niederschläge in einigen „Gewinnerregionen" die Verluste in den „Verliererregionen" kompensieren können. Bei einer Erhöhung von 2 °C wird global sogar mit einer Zunahme der Getreideproduktion von 3–6% gerechnet (Fischer et al., 2001). Dabei sind die Gewinner überwiegend Industrie- oder Transformationsländer, die durch ihre Lage in kälteren Regionen vom Temperaturanstieg profitieren würden (u. a. Kanada und Russland). Die Verlierer finden sich dagegen in den Entwicklungsländern, vor allem in Afrika südlich der Sahara und in Lateinamerika (Fischer et al., 2002). Dabei sind allerdings Effekte wie zunehmende Extremwetterereignisse und sich verschärfende Bodendegradation noch nicht berücksichtigt, so dass die „Gewinner" lediglich zu „weniger Betroffenen" werden könnten. Selbst die Zunahme nur kurzzeitig andauernder Temperaturextreme durch eine globale Klimaänderung könnte bei Nutzpflanzen bereits zu großflächigen Ernteausfällen führen (IPCC, 2001d). Ein Klimawandel um 2 °C würde zwar keine akute globale Lebensmittelkrise auslösen, aber voraussichtlich das bereits bestehende globale Ungleichgewicht der Nahrungsmittelversorgung auf inakzeptable Weise verschärfen.

Menschliche Gesundheit

Bei den Auswirkungen des Klimawandels auf die menschliche Gesundheit ist zu erwarten, dass die negativen Effekte die positiven überwiegen werden (IPCC, 2001b). Eine Zunahme von Extremereignissen wie Hitzewellen, extremen Stürmen oder Fluten würde das Risiko von Infektionskrankheiten besonders in Entwicklungsländern vergrößern. So könnte z. B. der Temperaturanstieg die Ausbreitung von Infektionskrankheiten in Gebiete bewirken, in denen das Immunsystem der Einwohner nicht angepasst ist (IPCC, 2001b). Die Datenlage erlaubt derzeit allerdings nicht, die Konsequenzen des Klimawandels auf die Gesundheit realistisch zu modellieren. Eine Aussage über die noch zu tolerierende Grenze des Klimawandels in Bezug auf Gesundheit kann daher derzeit nicht getroffen werden.

Prüfung der Leitplanke

Das vom WBGU als Grundlage für seinen Transformationspfad ausgewählte Basisszenario A1T-450 (Kap. 4.2.6) läuft leicht aus dem Klimafenster hinaus, wenn eine Klimasensitivität von 2,5 °C angenommen wird (Abb. 4.3-2). Die Stabilisierung bei 450 ppm reicht also nicht aus, um die Leitplanke unter allen möglichen Werten der Klimasensivität einzuhalten.

Diese Aussage ist allerdings mit weiteren Unsicherheiten behaftet:

- *Rundung:* Die Rundung des Klimafensters am rechten oberen Rand ist bisher wissenschaftlich nicht quantitativ definiert, sondern reflektiert lediglich allgemeine systemtheoretische Überlegungen (WBGU, 1995).
- *Absolut versus relativ:* Die absolute Erwärmungsobergrenze von 2 °C wird für eine Klimasensitivität von 2,5 °C in diesem Jahrhundert knapp eingehalten. Die Erwärmungsraten überschreiten zwischen 2010 und 2030 die zulässige Obergrenze von 0,2 °C pro Jahrzehnt.

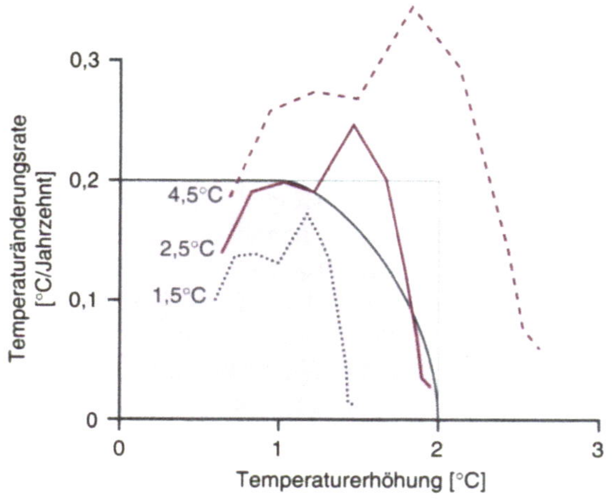

Abbildung 4.3-2
Das A1T-450-Szenario im Klimafenster bei sehr unterschiedlicher Empfindlichkeit des Klimasystems (1,5 °C, 2,5 °C und 4,5 °C Klimasensitivität). Die Klimasensitivität ist die Erwärmung bei Verdopplung des vorindustriellen CO_2-Gehalts der Luft.
Quelle: WBGU, unter Verwendung von Daten von IIASA

- *Klimasensitivität:* Die Klimasensitivität ist eine sehr schwer abschätzbare Variable, aber zentral für die weitere Debatte (Abb. 4.3-2; Kap. 4.5.2.1). Der IPCC (2001a) gibt als Bandbreite möglicher Werte 1,7–4,2 °C für die Klimasensitivität an, die aus Klimamodellrechnungen mit sieben verschiedenen gekoppelten Atmosphäre-Ozean-Land-Modellen folgt. Der IPCC verzichtet auf die Festlegung eines wahrscheinlichsten Wertes und betont, dass die Klimasensitivität auch außerhalb des angegebenen Bereichs liegen kann (IPCC, 2001a).
- *Klimamodellierung:* Es gibt noch weitere Faktoren, die beachtet werden müssen: die Reaktion der Kohlenstoffreservoire auf die Klimaänderung, die Klimawirkung von Aerosolen (direkte und indirekte Effekte; Kap. 4.5) und troposphärischem Ozon, Kondensstreifen und anderen Eiswolken als Folge des Flugverkehrs sowie die Auswirkungen des Kioto-Protokolls. Die ersten Faktoren sind naturwissenschaftlicher Natur und verstärken bzw. schwächen (Aerosole) die mittlere globale Erwärmung. Das Kioto-Protokoll ist in dem A1T-450-Szenario indirekt enthalten und bewirkt eine Minderung der Treibhausgasemissionen der Industrieländer. Da aber mit dem Ausstieg der USA und der Anrechnung von Kohlenstoffsenken im Protokoll gegenwärtig eher nur von einer Stabilisierung der Emissionen der Industrieländer ausgegangen werden muss, führt auch diese Unsicherheit eher zu einer Unterschätzung der Erwärmung.

Das A1T-450-Szenario liegt also bei der angenommenen Klimasensitivität von 2,5 °C im Grenzbereich des Klimaschutzfensters, teilweise auch vorübergehend außerhalb. Das Szenario ist daher bei einer Stabilisierungskonzentration von 450 ppm keineswegs als „sicher" im Sinn von Artikel 2 der UNFCCC zu verstehen. Die Unsicherheit bezüglich der Klimasensitivität wirkt sich dabei viel stärker aus als einige Gigatonnen zusätzlich emittierten CO_2. Nach dem Vorsorgeprinzip muss also zum A1T-450-Szenario eine deutlich verstärkte Klimaschutzpolitik auch außerhalb des Energiesektors hinzu kommen, um daraus ein nachhaltiges Szenario zu entwickeln.

Die *geologische CO_2-Speicherung* in erschöpften oder noch genutzten Öl- und Gasfeldern hat ein nachhaltig nutzbares Potenzial, das allerdings derzeit nicht genau zu beziffern ist, aber insgesamt in der Größenordnung von hunderten Gt C liegen dürfte. Zur Prüfung der vorliegenden Szenarien wird in erster Näherung eine Leitplanke von 300 Gt C angenommen (Kap. 3.6). Die Gesamtsumme der geologischen Speicherung von Kohlenstoff zwischen 1990 und 2100 liegt beim A1T-450-Szenario mit 226 Gt C unterhalb dieser Leitplanke. Bei der geologischen

Speicherung in tiefen salinen Aquiferen ist das Potenzial erheblich größer, die Unsicherheit über Machbarkeit und Umweltfolgen allerdings auch. Angesichts des unzureichenden Wissensstands und möglicherweise erheblicher Folgen für die Ökosysteme lehnt der WBGU eine Anwendung ab, bevor nicht eine eingehende Technologiefolgenanalyse stattgefunden hat (Kap. 3.6).

4.3.1.3 Nachhaltige Flächennutzung

Der Beirat hat in einem früheren Gutachten erste Überschlagsrechnungen vorgenommen, wie eine nachhaltige Nutzung der Biosphäre für heutige und kommende Generationen gewährleistet werden kann (WBGU, 2000). Demnach sollten 10–20% der weltweiten terrestrischen Biosphäre durch ein weltumspannendes Netzwerk von Schutzgebieten gesichert werden. Da dabei aber nach Biomen, Ländern, Regionen usw. differenziert werden sollte, kann es auch Regionen geben, für die ein weit höherer Anteil Naturschutzvorrangfläche angemessen ist; bei anderen Regionen könnten 2–5% bereits ausreichen.

Die Bevölkerungszunahme verschärft zusätzlich den Nutzungskonflikt zwischen Land- bzw. Forstwirtschaft und dem Naturschutz. In den bevölkerungsreichen Regionen Südasiens werden bereits 85% der potenziellen Anbaufläche zur Nahrungsmittelproduktion genutzt, dennoch ist die landwirtschaftliche Fläche pro Kopf kleiner als für die Ernährungssicherung erforderlich (WBGU, 2000). Der IPCC rechnet für das 21. Jahrhundert mit einer Zunahme der landwirtschaftlichen Nutzfläche um weltweit ca. 30%, wobei die Spannweite von 7,5% in entwickelten Ländern bis 96% in Afrika reicht (IPCC, 2001b).

Definition der Leitplanke

Zur Vermeidung von Konflikten um Flächen ist es notwendig, Grenzen für den Anbau von Bioenergiepflanzen bzw. für terrestrische CO_2-Speicherung zu definieren. Dazu sind die beiden folgenden Punkte zu beachten:

- Die Produktion von Bioenergieträgern und die terrestrische CO_2-Speicherung dürfen die Umsetzung des WBGU-Flächenziels von 10–20% für den Naturschutz nicht gefährden. Da die derzeitige weltweite Schutzfläche insgesamt nur 8,8% beträgt (Gebiete der Kategorien I-VI; Green und Paine, 1997), ist eine Umwandlung natürlicher Ökosysteme in Anbauflächen für Bioenergieträger grundsätzlich abzulehnen;
- Die Produktion von Nahrungsmitteln muss Vorrang vor der Produktion nachwachsender Energieträger bzw. vor Speicherung haben.

Auf Basis dieser Grundsätze kann die maximale Anbaufläche von Bioenergiepflanzen abgeschätzt werden, die global bzw. in bestimmten Regionen zur Verfügung stehen sollte. Als globale Leitplanke empfiehlt der WBGU, höchstens 3% der terrestrischen Erdoberfläche für derartige Energiezwecke zur Verfügung zu stellen. Durch Anbau von Bioenergiepflanzen könnten auf dieser Fläche jährlich etwa 45 EJ Primärenergie gewonnen werden. Eine detaillierte Betrachtung einzelner Kontinente ist wegen der unterschiedlichen lokalen Bedingungen aber unumgänglich, um Nutzungskonflikte mit der Nahrungsmittel- und Holzproduktion sowie dem Schutz natürlicher Ökosysteme zu vermeiden. In Tabelle 4.3-1 finden sich die Vorschläge des Beirats für regionale Leitplanken. Vor der Umsetzung muss allerdings sichergestellt sein, dass die Forderung nach einem weltweiten Schutzgebietsnetzwerk realisiert worden ist (WBGU, 2000).

Begründung der Leitplanke

Kaltschmitt et al. (2002) geben als potenzielle Anbaufläche für Energiepflanzen in der Europäische Union 10% der Ackerfläche (7,4 Mio. ha) an, vor allem bedingt durch den Rückgang landwirtschaftlicher Nutzflächen (Kap. 3.2.4.2). Geht man für Gesamteuropa davon aus, dass in Zukunft jeweils 10% des Ackerlands und 10% des Weidelands für Energiepflanzen zur Verfügung stehen, so erhält man eine Fläche von ca. 22 Mio. ha bzw. 4,5% der Landfläche als Leitplanke (Tab 4.3-1).

In Asien stehen wegen der lokal bereits nachgewiesenen Übernutzung von Biomasseressourcen (Kaltschmitt et al., 1999) nur geringe Flächen zur Verfügung. Für Australien liegen keine Abschätzungen vor, angesichts der großen Wüsten- und Halbwüstenflächen sind die Möglichkeiten zum Anbau von Energiepflanzen sehr begrenzt.

Die Abschätzung von Marrison und Larson (1996) für Afrika berücksichtigt eine Zunahme des Ackerlandes um das 2,4fache und eine gleich bleibende Fläche von Wäldern und Naturlandschaften. Schneider et al. (2001) schätzen für Südamerika, dass ein Anteil von 16% der Landfläche für den Anbau von Bioenergiepflanzen in Frage kommen würde (extensives Grasland, degradierte Böden), ohne dass natürliche Ökosysteme umgewandelt werden müssten. Da ihr Untersuchungsgebiet Nordostbrasilien jedoch im Staat Maranhao nur geringe Anteile an tropischen Regenwäldern umfasst, diese aber im restlichen Lateinamerika in stärkeren Maß vertreten sind, wird die Leitplanke für den gesamten Subkontinent auf

Tabelle 4.3-1
Potenzielle Fläche für Energiepflanzen sowie ihre regionale Verteilung und die aus ihnen jährlich zu gewinnende Energiemenge. Die Energiemenge errechnet sich aus einem mittleren Ertrag von 6,5 t/ha/a und einem Heizwert der Biomasse von 17,6 MJ/kg. Die Prozentanteile beziehen sich auf die Gesamtflächen der jeweiligen Kontinente. Quelle: Zusammenstellung WBGU

Region	Potenzielle Fläche		Quelle	WBGU-Leitplanke		
	[Mio. ha]	[%]		[Mio. ha]	[%]	[EJ/a]
Europa	22	4,5	Kaltschmitt et al., 2002	22	4,5	2,5
Asien und Australien	37	0,7	IPCC, 2001c	29	0,5	3,3
Afrika	111	3,8	Marrison und Larson, 1996	111	3,8	12,7
Lateinamerika	323	16	Schneider et al., 2001; nur Brasilien	165	8	18,8
Nordamerika	101	5,9	Cook et al., 1991; nur USA	67	3,6	7,7
Welt	595	4,6		394	3,0	45,0

8% der Fläche angenommen, um so den Schutz der tropischen Primärwaldreste zu gewährleisten.

40% der von Cook et al. (1991) für die USA angegebenen Bioenergie-Anbauflächen sind nicht mehr genutzte landwirtschaftliche Flächen, die anderen 60% kommen zu etwa gleichen Anteilen aus Wiesen, Weiden und Wäldern. Schließt man die Umwidmung von Wäldern aus und reduziert wegen bestehender Bedarfsunsicherheiten die in Frage kommenden Wiesen und Weiden um jeweils die Hälfte, so erhält man eine mögliche Anbaufläche von 61 Mio. ha. Addiert man zu diesem Wert 10% für Kanada, so kommt man zu einer maximal nutzbaren Fläche für Nordamerika von 67 Mio. ha oder 3,6% der Landfläche.

Leitlinien für die Grenzen der Biomassenutzung

Energiepflanzen: Auf allen Flächen, die nach Abwägung verschiedener Nutzungen zum Anbau von Biomasse als Energieträger oder zur Kohlenstoffspeicherung verwendet werden können, muss der Anbau nachhaltig und ökologisch sinnvoll sein. Der Einsatz von Düngern und Pestiziden muss daher möglichst gering gehalten werden und die Bodenbearbeitung muss schonend sein, um Erosion zu minimieren. Diese Forderungen sind beim Anbau mehrjähriger Gräser und schnell wachsender Bäume einfacher umzusetzen als beim intensiven Anbau einjähriger Energiepflanzen (Graham et al., 1996; Paine et al., 1996; Zan et al., 2001). Außerdem sollte beim Anbau von Energiepflanzen in Plantagen ein Minimum an Arten- und genetischer Vielfalt sowie struktureller Diversität innerhalb der Flächen gewahrt bleiben. Sie sollten sich zudem in die umgebende Landschaft integrieren.

Nutzung von Reststoffen: In der Landwirtschaft ist darauf zu achten, dass die Nutzung von Stroh und anderen Reststoffen langfristig den Erhalt der Bodenstruktur, die Nährstoffrückführung und den Anteil an organischer Bodensubstanz nicht gefährdet. Je nach Nährstoffversorgung und Bodenstruktur sind unterschiedliche Entnahmemengen möglich, die auf armen tropischen Böden (z. B Oxisols, Ultisols) gegen Null gehen, auf reicheren Böden jedoch durchaus bei 1–2 t pro ha und Jahr liegen können. Legt man ein globales Mittel von 0,7 t pro ha und Jahr sowie einen Heizwert von 17,6 MJ pro kg zugrunde, so ergibt sich bei einer landwirtschaftlichen Nutzfläche von weltweit 1.500 Mio. ha ein Potenzial von 18 EJ pro Jahr.

Auch die Nutzung forstlicher Reststoffe darf die Nährstoffrückführung nicht beeinträchtigen. Außerdem ist zu beachten, dass eine ausreichende Menge an Totholz im Wald verbleibt. Für europäische Verhältnisse kann von ca. 1,5 t pro ha und Jahr an nachhaltig nutzbarem Waldenergieholz ausgegangen werden. Angesichts der Unzugänglichkeit und Schutzwürdigkeit weiter Teile der borealen und tropischen Wälder erscheint es sinnvoll, global von etwa einem Drittel des europäischen Werts auszugehen, d.h. nicht mehr als 0,5 t pro ha und Jahr zu entnehmen. Dies ergibt bei einer globalen Waldfläche von 4.170 Mio. ha und einem Heizwert für Holz von 18,6 MJ pro kg ein nachhaltiges Potenzial von 39 EJ pro Jahr.

Insgesamt erhält man also durch den Anbau von Energiepflanzen (ca. 45 EJ pro Jahr), durch die Nutzung landwirtschaftlicher Reststoffe (18 EJ pro Jahr) und forstwirtschaftlicher Reststoffe (39 EJ pro Jahr) ein nachhaltig nutzbares Potenzial moderner Biomasse von ca. 100 EJ pro Jahr. Hinzu kommen weitere 5–7 EJ pro Jahr aus der traditionellen Nutzung von Rinderdung zur Energiegewinnung (Kap. 3.2.4.2).

CO_2-Speicherung in terrestrischen Ökosystemen

Auch für die Speicherung von Kohlenstoff in biologischen Senken muss eine nachhaltige Zuweisung der Flächen gewährleistet sein. Ziele der Nahrungsmittelproduktion und des Naturschutzes dürfen nicht gefährdet werden. Die verstärkte Nutzung von Biomasse als erneuerbarer Energieträger konkurriert mit der Kohlenstoffspeicherung auf gleicher Fläche. Da es ein zentrales Ziel des Beirats ist, den Anteil an erneuerbarer Energie zu erhöhen, ist die energetische Nutzung der Biomasse auf den in Frage kommenden Flächen einer reinen Kohlenstoffspeicherung durch Aufforstung von „Kioto-Wäldern" vorzuziehen. In den bestehenden Wäldern ist aber der Schutz der Vorräte vorrangig, denn der CO_2-Anstieg in der Atmosphäre, der durch die Vernichtung ihrer Kohlenstoffvorräte ausgelöst würde, ist größer als die CO_2-Einsparung, die durch die im Kioto-Protokoll im ersten Verpflichtungszeitraum angerechneten Maßnahmen erreicht werden kann. Für die zukünftigen Verpflichtungszeiträume ist deshalb über eine angemessene Verpflichtung auch zum Schutz natürlicher Vorräte nachzudenken.

PRÜFUNG DER LEITPLANKE

Im A1T-450-Szenario stellt die moderne Bioenergie im Jahr 2050 etwa 205 EJ an Primärenergie. Zur Erzeugung der notwendigen Biomasse sieht das Szenario große Flächen für den Anbau von Bioenergieträgern vor, die sowohl global als auch auf den einzelnen Kontinenten die WBGU-Leitplanke für eine nachhaltige Biomassenutzung überschreiten (Tab. 4.3-2). Das Szenario setzt einen Energieertrag von 112 GJ pro ha und Jahr voraus (entspricht etwa 6,6 t pro ha und Jahr bei einem Heizwert von 17,6 MJ pro kg), der durchaus realistisch scheint.

Die Herkunft der Flächen zum Anbau von Energiepflanzen bleibt bei diesem Szenario unklar. Die Flächen für Wälder, Grasländer und Ackerbau ändern sich im betrachteten Zeitraum nur unwesentlich, während die Flächen, die unter der Kategorie „other" zusammengefasst werden, bis zum Jahr 2100 von 3.805 auf 3.253 Mio. ha abnehmen. Nimmt man an, dass es sich dabei neben Wüsten, Gebirgen und bebauten Flächen vorwiegend um aride und semiaride Gebiete handelt, dann stellt sich die Frage, ob auf diesen Flächen die Erträge möglich sind, die für die Bioenergiegewinnung vorausgesetzt werden. Ein nachhaltiges Szenario wird mit deutlich geringeren Mengen an Energie aus Biomasse auskommen müssen.

4.3.1.4
Biosphärenschutz in Flüssen und ihren Einzugsgebieten

Ähnlich wie bei der terrestrischen Flächennutzung gibt es auch für Süßwasserökosysteme (Seen, Flüsse) und ihre Einzugsgebiete Grenzen der nachhaltigen Nutzung. Für den Energiebereich ist vor allem die Nutzung der Wasserkraft von großer Bedeutung, denn Staudämme haben zahlreiche ökologische Auswirkungen, die sich nicht nur auf den Standort des Kraftwerks beschränken (Kap. 3.2.3.3). 46% der 106 großen Einzugsgebiete der Welt sind durch mindestens einen Staudamm verändert (Revenga et al., 1998), was sich bereits heute zu einem erheblichen negativen Einfluss auf die aquatischen Ökosysteme summiert. Oft sind auch Menschen betroffen (etwa durch Zwangsumsiedlungen), die sich mit Lebensstil und Traditionen ihrem Fluss angepasst hatten. Aus diesen Gründen muss der Ausbau von Wasserkraft im Rahmen einer nachhaltigen Entwicklung begrenzt werden.

NACHHALTIGKEIT VON WASSERKRAFT

Eine einfache absolute und globale Leitplanke für die Nachhaltigkeit von Wasserkraftprojekten kann nicht angegeben werden, weil zu viele Faktoren zusammenspielen (Kap. 3.2.3.3). Im Folgenden sollen aber Rahmenbedingungen aufgeführt werden, deren Einhaltung beim Bau von Wasserkraftwerken unerlässlich sind (Kap. 3.2.3.4).

- *Naturschutz:* Wie bei den Landflächen, so sollte auch ein bestimmter Teil (etwa 10–20%) der Flussökosysteme inklusive ihrer Einzugsgebiete dem Naturschutz vorbehalten sein. Besonders im Einzugsbereich möglicher zukünftiger Wasserkraftprojekte muss rasch ein vorsorglicher Schutz ökologisch besonders wertvoller Gebiete erfolgen (Kap. 3.2.3.4).

Szenarioregion	Landfläche und Anteil an der Gesamtfläche				WBGU-Leitplanke
	Hohe Schätzung		Niedrige Schätzung		
	[Mio. ha]	[%]	[Mio. ha]	[%]	[%]
Europa	144	29,4	129	26,2	4,5
Asien	589	12,1	494	10,2	0,5
Australien	186	21,9	147	17,4	0,5
Afrika	288	9,7	241	8,1	3,8
Lateinamerika	266	13,2	225	11,2	8
Nordamerika	353	18,9	294	15,7	3,6
Welt	1.826	14,0	1.529	11,7	3

Tabelle 4.3-2
A1T-450-Szenario: Geschätzter Anteil der Anbaufläche von Bioenergiepflanzen im Jahr 2050 an der gesamten Landfläche im Vergleich zu den vom WBGU aufgestellten Leitplanken.
Quelle: WBGU

- *Grundsätze für wasserbauliche Großprojekte:* Für alle wasserbaulichen Projekte sollten die bestehenden, internationalen Richtlinien für Nachhaltigkeit (Weltbank, OECD) Anwendung finden. Auch die World Commission on Dams hat in einem weltweiten Diskussionsprozess wichtige Grundlagen erarbeitet (WCD, 2000). Die Umsetzung der Richtlinien auf nationaler Ebene setzt den Aufbau technischer und institutioneller Kompetenz sowie langfristige Verantwortlichkeiten voraus. Außerdem müssen zur Erarbeitung von Nachhaltigkeitsanalysen zunächst die wissenschaftlichen Grundlagen geschaffen werden. Die Forschung muss für die spezifischen Einzugsgebiete und losgelöst von konkreten Projekten von unabhängigen regionalen Zentren betrieben werden (Kap. 6.3.1). Sie können auch die Grundlage für den Vergleich regionaler Standortalternativen schaffen und indirekte und kumulative Auswirkungen (z. B. eine Serie von Projekten an einem Fluss) im Blick haben (Kap. 3.2.3.3).

Definition der Leitplanke
Wenn während der nächsten 10–20 Jahre die notwendigen Rahmenbedingungen (Investitionen in Forschung, Institutionen, Kapazitätsaufbau usw., Kap. 3.2.3) geschaffen werden, könnte bei entsprechender Umsicht bis 2030 nach und nach etwa ein Drittel des heute genutzten Potenzials zusätzlich zugänglich gemacht werden (Stromproduktion von insgesamt ca. 12 EJ pro Jahr). Nur bei Erfüllung der oben genannten Voraussetzungen könnte sich der Wert bis 2100 auf ca. 15 EJ pro Jahr steigern lassen.

Prüfung der Leitplanke
Das A1T-450-Szenario sieht bei der Wasserkraft einen Ausbau von heute ca. 9,5 EJ auf 35 EJ in 2100 vor, d. h. mehr als eine Verdreifachung. Dieser Wert überschreitet die vom WBGU gesetzte Leitplanke um ein Mehrfaches.

4.3.1.5 Schutz der Meeresökosysteme

Die marine Biosphäre wird bereits von den konventionellen Energiesystemen beeinträchtigt, etwa durch Ölverschmutzung, Aufheizen von Flussmündungen und Küstengewässern oder Verklappen von Atommüll. Im Zusammenhang mit dem Umbau der globalen Energiesysteme werden heute neue Energietechniken diskutiert, die für die Meere ebenfalls erhebliche Umweltfolgen haben könnten. Daher ist zu entscheiden, welche dieser Techniken nicht nachhaltig sind. Diese Abschätzung ist schwierig, weil die Ökosysteme der Meere vergleichsweise wenig erforscht und somit die Folgen von Eingriffen schwer zu beurteilen sind. Daher muss dem Vorsorgeprinzip besondere Bedeutung eingeräumt werden. Da es nicht möglich ist, eine generelle Leitplanke für den Meeresschutz zu definieren – sie müsste zu sehr im Allgemeinen bleiben – werden hier die in Frage kommenden Toleranzgrenzen jeweils für die einzelnen Techniken betrachtet.

Definition der Leitplanke
Für die Kohlenstoffspeicherung im Ozean werden zwei Optionen diskutiert: die Lösung in Meerwasser und die Speicherung in marinen Ökosystemen (Kap. 3.6). Durch Injektion von Kohlendioxid in die Tiefsee wird der CO_2-Partialdruck erhöht und gleichzeitig der pH-Wert des Meerwassers erniedrigt. Die biologischen Konsequenzen sind bis heute unzureichend untersucht. Auch bei der Eisendüngung etwa im Südlichen Ozean sind schwerwiegende Folgen für die marinen Ökosysteme zu befürchten. Bei beiden Optionen bestehen erhebliche Unsicherheiten in Bezug auf die Langfristigkeit der Speicherung. Der WBGU empfiehlt daher, unter Beachtung des Vorsorgeprinzips beide Optionen nicht für ein nachhaltiges Energiesystem zu verwenden.

Nutzung von Offshore-Windkraft
Grundsätzlich kann die Windenergie nicht nur als eine erneuerbare, sondern auch als eine umweltschonende Form der Energieerzeugung betrachtet werden. Durch die Entwicklung der küstennahen Offshore-Technik hat die Windenergie ein großes neues Potenzial, wodurch ihre Entwicklung voraussichtlich noch weiter beschleunigt wird. Der Aufbau großer Windenergieparks vor den Küsten hat aber möglicherweise unerwünschte Folgen für die marine Biosphäre (z. B. Vogelschutz), die derzeit in Forschungsprojekten überprüft werden (Kap. 3.2.5). Auf wissenschaftlicher Grundlage müssen Richtlinien zum Umgang mit dieser Technologie entwickelt werden, um die Umweltfolgen zu minimieren. Bei der Ausweisung von Flächen zur Energiegewinnung durch Offshore-Windparks sind z. B. Gebiete mit bestehendem naturschutzrechtlichem Status ebenso auszuschließen wie Flächen, die von der Habitatrichtlinie der EU betroffen sein könnten sowie wichtige Vogelbrut- oder -zuggebiete. Auch bei der Offshore-Windenergienutzung gibt es also Konkurrenz um Flächen: Anforderungen der Schifffahrt, der Ölindustrie, der Fischerei, des Naturschutzes usw. müssen in der Planung miteinander vereinbart werden. Die vorliegende Datengrundlage reicht für die Definition einer allgemein gültigen Leitplanke nicht aus.

4.3.1.6
Schutz der Atmosphäre vor Luftverschmutzung

Die ökologischen Wirkungen der Atmosphärenverschmutzung sind vielfältig. Die bei Verbrennung fossiler Brennstoffe und von Biomasse entstehenden Emissionen an Stickoxiden (NO_X) und Schwefeloxiden (SO_X) nehmen eine Schlüsselstellung bei der Veränderung biogeochemischer Kreisläufe durch den Menschen ein. Sie führen zu Belastungen in Böden, terrestrischen Ökosystemen und Gewässern und sind z. B. eine Ursache von Waldschäden. Bodennahes Ozon, das aus den Emissionen von NO_X und Kohlenwasserstoffen bei Sonnenschein in einer Smogreaktion gebildet wird, erhöht die Atmung der Pflanzen bei gleichzeitiger Reduktion der Biomassebildung und verstärkter Anfälligkeit für Schädlinge und Krankheiten (Percy et al., 2002). Durch die Reduktion der Biomassebildung wird die Senkenwirkung der Biosphäre geschwächt und der anthropogene Treibhauseffekt verstärkt. Die Emission von flüchtigen organischen Verbindungen, Ruß und anderen Schwebeteilchen sowie Schwermetallen und persistenten organischen Verbindungen aus Verbrennungsprozessen führt zu direkten toxischen, aber auch ökotoxischen Wirkungen, wenn diese Stoffe in Ökosysteme gelangen und sich in den Organismen anreichern.

VERSUCH EINER LEITPLANKENDEFINITION
Kritische Belastungen („Critical Loads and Levels") sind naturwissenschaftlich begründete Obergrenzen für unterschiedliche Schadstoffe und verschieden empfindliche Rezeptoren (Ökosysteme, Teilökosysteme, Organismen bis hin zu Materialien). Diese Belastungsgrenzen müssen vorrangig rezeptornah und wirkungsbezogen formuliert werden (UBA, 1996; SRU, 1994). Als Zahlenwert wird diejenige Rate der Ablagerung bestimmt, bei deren Unterschreitung nach derzeitigem Kenntnisstand keine Schäden für Rezeptoren zu erwarten sind. Die Festlegung und Überprüfung der Obergrenzen ist aufwändig und komplex, weil für jeden Schadstoff räumlich hoch aufgelöste Kartierungen der verschiedenen Rezeptoren (z. B. Ökosystem- oder Bodentypen) und der Schadstoffbelastung vorgenommen werden müssen. Dieses Konzept wird durch das Genfer Luftreinhalteübereinkommen von 1979 umgesetzt, das aber bisher auf Europa und Nordamerika beschränkt blieb. Daher lässt sich auf dieser Grundlage keine globale Leitplanke ableiten.

Als Hilfskonstruktion für die Leitplanke für weltweite Emissionen könnte als Kriterium herangezogen werden, dass der Eintrag anderswo keinesfalls höher sein darf als er heute in Europa ist. Da die Situation in Europa aber nicht bei allen Schadstoffen zufrieden stellend ist, kann dies nur eine absolute Minimalforderung sein. Dies bedeutet auch eine Reihe problematischer Annahmen, z. B. Ähnlichkeit der regionalen Verteilung von Schadstoffen, Vernachlässigung der Im- und Exporte von Schadstoffen oder die vergleichbare Empfindlichkeit von Ökosystemen oder Bodentypen. Regionale Leitplanken könnten durch Vereinbarung von nationalen Umweltstandards bzw. multilateralen Umweltabkommen auf der Grundlage des Critical-Loads-Konzepts festgelegt und umgesetzt werden. Setzt man die gleiche Menge genutzter Energiedienstleistungen voraus, so ist zu vermuten, dass eine konsequente Anwendung des Stands der Technik in Kraftwerken, Haushalten und Verkehr das Einhalten einer solchen Leitplanke ermöglichen würde.

PRÜFUNG LEITPLANKE
Um eine vorläufige Abschätzung zu erreichen, wurden die SO_X-Emissionen pro Fläche in den verschiedenen Regionen errechnet, was ein sehr grobes Maß für die Umweltfolgen der Emissionen ergibt. Dabei werden erhebliche Fehler in Kauf genommen, z. B. wird der Transport von Schadstoffen über Ländergrenzen hinweg oder auf See nicht berücksichtigt. Die Prüfung ergibt, dass im A1T-450-Szenario vor allem Ostasien (China, Korea und Nachbarn) sowie Osteuropa unter hohen Belastungen leiden. In der zweiten Hälfte des 21. Jahrhunderts wird in diesem Szenario die Leitplanke überall eingehalten, weil die Technik für die Vermeidung dieser Emissionen bereits vorhanden ist und zunehmend auch in den „kritischen" Regionen angewandt wird, in denen ein starkes Wachstum der Energienachfrage zu erwarten ist. Ein schnellerer Umbau in Richtung erneuerbare Energien würde die Einhaltung der Leitplanken beschleunigen.

4.3.2
Sozioökonomische Leitplanken

4.3.2.1
Schutz der Menschenrechte

Bei der Formulierung energiepolitischer Transformationsstrategien orientiert sich der WBGU auch an menschenrechtlichen Imperativen, also allgemein gültigen Grundsätzen gesellschaftlicher Systeme. Zur Konkretisierung und Operationalisierung sozialethischer Ziele des Leitbilds nachhaltige Entwicklung kann auf völkerrechtlich kodifizierte Normen, wie die Konventionen zu Menschenrechten und Arbeitsrecht, und auf universelle Gerechtigkeitsprinzipien, etwa zur Gleichverteilung des globalen Umweltraums, zurückgegriffen werden.

Individuellen Grundbedarf an Energie decken

Zu den Zielen einer nachhaltigen Transformation der Energiesysteme muss nach Auffassung des Beirates gehören, weltweit allen Haushalten den Zugang zu moderner Energie zu ermöglichen. Dieses Ziel wird durch den Pakt über wirtschaftliche, soziale und kulturelle Rechte (Sozialpakt) unterstützt. In Art. 11 des Sozialpaktes erkennen die Vertragsstaaten das Recht jedes Menschen auf einen angemessenen Lebensstandard sowie auf eine stetige Verbesserung der Lebensbedingungen für sich und seine Familie an.

Bestandteil dieses Rechts ist auch die angemessene Unterbringung, die u. a. den Zugang zu Energie zum Kochen, Heizen und für Beleuchtung umfasst (CESCR, 1991). Zugleich ergibt sich aus der Verbindung mit Art. 12 des Sozialpakts, dem Recht auf Gesundheit, dass eine angemessene Wohnung ihre Bewohner vor Gesundheitsrisiken schützen muss. Demnach ist die traditionelle Nutzung von Biomasse als Brennstoff immer dann nicht mit dem Sozialpakt vereinbar, wenn dadurch die Luft in den Innenräumen gesundheitsgefährdend verschmutzt wird (Kap. 3.2.3, 4.3.2.7). Die Energieversorgung muss so gestaltet werden, dass Frauen und Männer gleichermaßen in vertretbarer Weise belastet und die besonderen Schutzrechte von Kindern (Kinderrechtskonvention) gewahrt werden. Konkrete Hinweise auf einen verpflichtenden Zeitrahmen, innerhalb dessen die Grundversorgung mit Energie gewährleistet werden muss, können dem Sozialpakt nicht entnommen werden.

Energiebezogene Grundlagen des Rechts auf Entwicklung sichern

Da die ausreichende Versorgung mit Energie eine wichtige Voraussetzung für wirtschaftliche und soziale Entwicklung ist (Kap. 2.2), könnte aus dem „Recht auf Entwicklung" ein kollektiver Rechtsanspruch auf diejenige Energiemenge abgeleitet werden, die Entwicklung ermöglicht und fördert. Die UN-Generalversammlung verabschiedete 1986 eine Deklaration, in der das „Recht auf Entwicklung" den Status eines „universellen und unveräußerlichen Rechts und integralen Bestandteils der grundlegenden Menschenrechte" erhielt. Auf der UN-Menschenrechtskonferenz in Wien 1993 gaben auch die westlichen Staaten ihre Vorbehalte gegenüber dieser Deklaration auf. In Art. 4 Abs. 1 der völkerrechtlich unverbindlichen Deklaration von 1986 wurde den Staaten die Verpflichtung auferlegt, „einzeln und gemeinschaftlich Maßnahmen zur Aufstellung internationaler Entwicklungspolitiken zu ergreifen, die darauf gerichtet sind, die volle Verwirklichung des Rechts auf Entwicklung zu erleichtern". Ungeklärt bleibt aber, was Entwicklung im Einzelnen bedeuten soll wie auch die Frage ob und welche konkreten Leistungen aus diesem „Recht auf Entwicklung" abgeleitet werden können. Nur Art. 8 enthält einen Zielkatalog für „die Chancengleichheit für alle beim Zugang zu Grundressourcen, Erziehung, Gesundheitsdiensten, Nahrung, Unterkunft, Arbeit und einer gerechten Einkommensverteilung". Ein Rechtsanspruch auf ausreichende Energieversorgung könnte deshalb allenfalls aus der Forderung nach „Chancengleichheit für alle beim Zugang zu Grundressourcen" abgeleitet werden.

Ein „Recht auf Entwicklung", das nicht eingeklagt werden kann, ist zwar wenig wert. Dennoch könnte es – in Verbindung mit Art. 11 des Sozialpakts – auch einen menschenrechtlich begründeten Anspruch auf eine ausreichende Versorgung mit Energie unterstützen, weil dies nicht nur für die Entwicklung von Landwirtschaft und Industrie, sondern auch für die „stetige Verbesserung der Lebensbedingungen" notwendig ist. Und dieser Rechtsanspruch ist auch im Völkerrecht unumstritten.

4.3.2.2 Zugang zu moderner Energie für alle Menschen

Zu den elementaren Energiedienstleistungen zählen Beleuchtung, gekochtes Essen, erträgliches Raumklima, Kühlung von Lebensmitteln und Transport (UNDP et al., 2000), aber auch der Zugang zu Informationen und Kommunikation sowie die Erleichterung einfacher handwerklicher und landwirtschaftlicher Arbeiten. Zur Sicherstellung dieser Energiedienstleistungen ist nach Auffassung des WBGU der Zugang zu modernen Energieformen notwendig, weil die Verwendung traditioneller Biomasse insbesondere für Kochen und Heizen sowohl ein Entwicklungshemmnis als auch ein Gesundheitsproblem ist und überwunden werden muss (Kap. 3.2.4.2, 4.3.2.7). Darüber hinaus ist die Versorgung mit Strom von großer Bedeutung. Elektrizität ermöglicht neben Beleuchtung, Kühlung und der Unterstützung haushalts- und handwerklicher Tätigkeiten den Zugang zu Kommunikation, wodurch Bildungschancen eröffnet und Partizipationsmöglichkeiten erweitert werden.

Aus Kapitel 2.2 wird deutlich, dass die heutige Situation noch weit von dieser Zielvorstellung entfernt ist: Bei der Fortschreibung der aktuellen Trends wird es z. B. in Südasien mehr als 40 Jahre dauern, bis allen Haushalten der Zugang zu Strom angeboten werden kann, in Afrika südlich der Sahara etwa doppelt so lange (IEA, 2002c). Berücksichtigt man zusätzlich die zu erwartende Bevölkerungsentwicklung, dürfte der Zeitraum noch länger sein. Diese Perspektive ist nach Ansicht des WBGU nicht zu tolerieren. Zusätzliche Anstrengungen müssen unternommen werden, um den Zugang zu moderner Energie sicherzustellen.

Definition der Leitplanke

Als Mindestanforderung an die Nachhaltigkeit der Energiewende rät der WBGU, dass der Zugang zu moderner Energie schrittweise für die gesamte Weltbevölkerung gewährleistet werden sollte. Dies betrifft insbesondere die Umstellung gesundheitsschädigender Biomassenutzung zum Kochen und Heizen auf moderne Energieträger (Kap. 3.2.4.2) sowie diejenigen Energiedienstleistungen, die vom Zugang zu Elektrizität abhängen. Aus dieser Leitplanke leitet der WBGU Ziele ab, die in Kapitel 7.3.1 konkretisiert werden.

Prüfung der Leitplanke

Das Testszenario A1T-450 bietet nicht die erforderlichen Daten, um diese Leitplanke quantitativ prüfen zu können. Da es sich aber um ein Szenario mit hohem Wirtschaftswachstum handelt, scheint das Erreichen der Leitplanke binnen einiger Jahrzehnte durchaus realisierbar. Der World Energy Council hält sogar die Elektrifizierung aller momentan nicht elektrifizierten Haushalte binnen 20 Jahren für möglich (WEC, 2000). Angesichts des jüngeren Erfolgs Chinas, durchschnittlich 6 Mio. Menschen pro Jahr in entfernteren ländlichen Gegenden an das Stromnetz anzuschließen (Chen et al., 2002), sollte weltweit das Zehnfache machbar sein, vor allem, wenn zunächst Insellösungen (z. B. Dorfstromversorgungssysteme) geschaffen werden.

4.3.2.3 Individueller Mindestbedarf an moderner Energie

Definition der Leitplanke

Um den individuellen Mindestbedarfs der Weltbevölkerung an moderner Energie zu decken, empfiehlt der Beirat (folgende Angaben beziehen sich auf Endenergie):

- spätestens ab 2020 sollten alle Menschen wenigstens 500 kWh pro Kopf und Jahr zur Verfügung haben;
- spätestens ab 2050 sollten alle Menschen wenigstens 700 kWh pro Kopf und Jahr zur Verfügung haben;
- spätestens bis 2100 sollten alle Menschen wenigstens 1.000 kWh pro Kopf und Jahr zur Verfügung haben.

Der WBGU schätzt den absoluten individuellen Mindestbedarf an Energie auf ca. 450 kWh pro Kopf und Jahr (in einem 5-Personen-Haushalt; Tab. 4.3-3) bzw. 500 kWh pro Kopf und Jahr (in einem 2-Personen-Haushalt). Der Wert liegt damit in dem Intervall von 300–700 kWh pro Kopf und Jahr, das auch in der Literatur meist angegeben wird. Nach Meinung einzelner Autoren des WEC sind sogar 1.000 kWh pro Kopf und Jahr der adäquate Mindestbedarf (WEC, 2000). 450 bzw. 500 kWh pro Kopf und Jahr können nur ein absolutes Minimum darstellen, da Heizen, Transport und die Unterstützung haus- und subsistenzwirtschaftlicher Tätigkeiten unberücksichtigt bleiben. Außerdem ist das in den Berechnungen unterstellte Effizienzniveau zwar wünschenswert und grundsätzlich umsetzbar, möglicherweise müssen aber Abstriche gemacht werden. Andererseits könnte der technische Fortschritt künftig ermöglichen, dass langfristig der oben genannte Grundbedarf mit weniger Primärenergie gedeckt werden kann. Im Folgenden wird die Leitplanke genauer begründet.

Energiedienstleistung	Erläuterungen	Bedarf an Endenergie [kWh pro Kopf und Jahr]
Trinkwasser	Elektrische Pumpe für 5 l pro Kopf und Tag	2
Beleuchtung	5 h am Tag mit 20 W pro Haushalt	7
Information, Kommunikation	Kommunikationsgeräte (Radio, TV u.a.) 5 h mit 50 W pro Haushalt	18
Kühlung	0,4 kWh pro Tag und Haushalt, besonders für Lebensmittel	29
Zwischensumme		56 (Elektrizität)
Kochen	1,5 gekochte Mahlzeiten pro Tag	400 (Brennstoff)
Summe		456

Tabelle 4.3-3
Mindestbedarf an Endenergie pro Kopf. Die Unterschreitung muss als nicht nachhaltig eingestuft werden. Grundlage der Berechnung ist ein 5-Personen-Haushalt.
Quellen: WBGU; G8 Renewable Energy Task Force, 2001

Begründung der Leitplanke

Die Ermittlung eines Mindestbedarfs an Energie pro Kopf ist mit erheblichen Problemen normativer wie methodisch-technischer Art behaftet. U. a. müssen klimatisch-geographische Aspekte ebenso berücksichtigt werden wie kulturelle, demographische und sozioökonomische Faktoren. Ferner müssen bei der Überführung der Energiedienstleistungen in die benötigten Energiemengen Annahmen über die eingesetzten Technologien getroffen werden. Daher gibt es in der Literatur kaum differenzierte Angaben über solch einen Mindestbedarf.

Trotz dieser Probleme erscheint die Ableitung vertretbar (Tab. 4.3-3), da dieser Mindestbedarf nicht als Ziel definiert wird, sondern als absolutes Minimum, dessen Verfehlung als nicht nachhaltig eingestuft werden muss. In Tabelle 4.3-3 werden effiziente Technologien vorausgesetzt, die dem momentanen Stand der Technik entsprechen.

Bedarf an elektrischer Energie

Der individuelle Mindestbedarf an elektrischer Energie zur Sicherstellung einer Grundversorgung für Beleuchtung, Kühlung von Lebensmitteln und Kommunikation liegt demnach bei ca. 60 kWh pro Kopf und Jahr für den Fall eines 5-Personen-Haushalts. Für 2-Personen-Haushalte, deren Zahl auch in Entwicklungsländern zunimmt, müsste unter der Annahme eines etwas niedrigeren Haushaltsbedarfs, wie z. B. ein kleinerer Kühlschrank, ca. 100 kWh pro Kopf und Jahr angesetzt werden.

Die Studie der G8 Renewable Energy Task Force (2001) ist eine der wenigen, die den Grundbedarf an elektrischer Energie quantitativ aufgeschlüsselt hat. Sie kommt zu ähnlichen Ergebnissen. Eine chinesische Untersuchung unterscheidet zwischen niedrigem, mittlerem und hohem Grundbedarf eines 4-Personen-Haushalts und setzt den Bedarf für China auf umgerechnet 37, 94 bzw. 668 kWh pro Kopf und Jahr fest (Chen et al., 2002). Anders als in Tabelle 4.3-3 ist allerdings Kühlung im niedrigen und mittleren Grundbedarf nicht enthalten, und zum hohen Grundbedarf wird eine Waschmaschine und eine Tiefkühltruhe gerechnet.

Der World Energy Council (WEC) schätzt den momentanen Elektrizitätsverbrauch der Menschen in Entwicklungsländern, die Zugang zu elektrischem Strom haben, auf durchschnittlich 1.300 kWh pro Kopf und Jahr. Im Fünftel mit dem niedrigsten Einkommen und Stromzugang liegt der Durchschnitt bei 340 kWh pro Kopf und Jahr (WEC, 2000). Würden die eingesetzten Technologien durch effizientere ersetzt, könnte dieser Stromverbrauch sogar mehr als den Mindestbedarf decken.

Energiebedarf zum Kochen und Heizen

Der Energiebedarf zum Kochen und Heizen ist getrennt von den anderen Energiedienstleistungen zu betrachten, da hierfür keine Elektrizität eingesetzt werden muss. In den Entwicklungsländern werden rund 0,15 EJ aus Biomasse zum Kochen verwendet (IEA, 2001b; G8 Renewable Energy Task Force, 2001). In Tabelle 4.3-3 wird angenommen, dass zum Grundbedarf des Menschen durchschnittlich 1,5 gekochte Mahlzeiten pro Tag zählen (Grupp et al., 2002). Bei Einsatz sehr effizienter Gaskocher ergibt sich ein Energiebedarf von 700–750 Wh pro gekochter Mahlzeit und somit ein Bedarf von rund 400 kWh pro Kopf und Jahr.

Der WBGU hat das Heizen von Räumen bei der Ermittlung des individuellen Grundbedarfs in Tabelle 4.3-3 nicht aufgenommen. Dafür sprechen vor allem zwei Gründe: Zum einen hängt die Notwendigkeit zum Heizen und die Menge der hierfür verwendeten Energie von den jeweiligen klimatischen und baulichen Bedingungen ab, die inter- und intranational so stark divergieren, dass eine Aussage über einen durchschnittlichen Heizbedarf nicht sinnvoll ist. Zum anderen ist in einem Großteil der Länder mit niedriger Elektrifizierungsrate und hohem Anteil traditioneller Biomassenutzung das Heizen von Wohnräumen kaum notwendig. Im Einzelfall kann der Energiebedarf für das Heizen jedoch sehr hoch sein. Zum Beispiel werden für das Beheizen eines Raums mit 20 m^2 selbst in einem Niedrigenergiehaus in Deutschland rund 800 kWh pro Jahr benötigt.

Energiebedarf für Transport

Es besteht ein Mindestbedarf an Mobilität, weil Schulen, medizinische Einrichtungen und Märkte für jedermann unter zumutbaren Bedingungen erreichbar sein müssen. Dieser Mindestbedarf variiert vermutlich noch stärker als in den zuvor behandelten Bereichen, weil z. B. Infrastruktur und Entfernungen sehr unterschiedlich sind. Die Umrechnung des Grundbedarfs an Transportdienstleistungen in Energieeinheiten ist kaum möglich, da pauschale Annahmen über das Transportmittel (Kfz, Fähre, Fahrrad, Tier usw.) nicht getroffen werden können. Daher ist Energie für Mobilitätserfordernisse in Tabelle 4.3-3 nicht enthalten. Gleichwohl sollte eine „weiche", d.h. rein qualitative Mobilitätsleitplanke mitgedacht werden.

Abbau der Disparitäten in der Energieversorgung

Die Unterschiede in der Deckung des Mindestenergiebedarfs pro Kopf können sowohl zwischen den Ländern als auch zwischen den Bevölkerungsgruppen innerhalb eines Landes sehr groß sein. Die Disparitäten zwischen den am besten und den am schlechtesten ausgestatteten Personengruppen sind oft so groß, dass letztere nicht in zufrieden stellender Weise am ökonomischen, politischen oder kulturellen Leben teilnehmen können. Daher empfiehlt der Beirat, die absolute Leitplanke „Individueller Mindestbedarf an moderner Energie" durch relative Untergrenzen zu ergänzen. Dies gilt nicht zuletzt deshalb, weil – ähnlich wie im Zusammenhang mit Armut – nicht nur die tatsächliche, sondern auch die wahrgenommene Verfügbarkeit von Energiedienstleistungen bedeutsam ist. Eine absolute quantitative Leitplanke für die intra- wie international noch vertretbaren Disparitäten lässt sich hingegen nicht pauschal herleiten. Außer normativ-ethischen und technisch-methodischen Schwierigkeiten stehen dem u. a. klimatische und soziokulturelle Unterschiede zwischen den Regionen und Ländern entgegen. Analysen zeigen allerdings, dass die gegenwärtigen Disparitäten zwischen den Ländern bzw. Regionen weit von dem entfernt sind, was der WBGU als nachhaltig einstuft. Dies gilt auch dann, wenn Extremwerte nicht in die Berechnung aufgenommen werden. Insofern sieht der Beirat als realistische Mindestbedingung vor, dass im Szenario die derzeitigen Disparitäten spürbar reduziert werden.

Dynamisierung der Leitplanke

Der Mindestbedarf an Energie ist ebenso wie das soziokulturelle Existenzminimum (Mindesthaushaltseinkommen) keine vom Systemzustand unabhängige Größe. Aus diesem Grund erscheint eine Dynamisierung der Leitplanke „Individueller Mindestbedarf an moderner Energie" geboten. Damit wird auch dem Disparitätenaspekt der Leitplanke implizit Rechnung getragen. Wenn Einkommen und Energienutzung in den Entwicklungsländern ansteigen (Leitplanke „Gesamtwirtschaftlicher Mindestentwicklungsbedarf pro Kopf"; Kap. 4.3.2.5), verlangt die hier zugrunde gelegte Verteilungsnorm einer relativen Untergrenze, dass die Energiemenge, die den „energieärmsten" Haushalten zur Verfügung steht, ebenfalls ansteigt.

Prüfung der Leitplanke

Geht man von der Energiemenge aus, die den unteren 10% der Bevölkerung pro Kopf zur Verfügung stehen, so können im A1T-450-Szenario die angestrebten Leitplanken nahezu überall eingehalten werden. Ausnahmen sind in 2020 der Mittlere Osten/Nordafrika und Südasien, wo die Werte knapp verfehlt werden.

4.3.2.4 Begrenzung des Anteils der Energieausgaben am Einkommen

Der Beirat hält es für gerade noch zumutbar, wenn arme Haushalte maximal ein Zehntel ihres Einkommens zur Deckung ihres elementaren Energiebedarfs (500 kWh pro Kopf und Jahr) ausgeben müssen. Damit wäre gegenüber der aktuellen Situation in armen Entwicklungsländern ein deutlicher Fortschritt erzielt. Dennoch wäre der Ausgabenanteil damit immer noch rund 6-mal so hoch wie in Industrieländern.

Definition der Leitplanke

Der Beirat schlägt als Leitplanke vor, dass die Ausgaben zur Deckung des elementaren individuellen Energiebedarfs maximal 10% des Haushaltseinkommens betragen sollen.

Begründung der Leitplanke

Die Festlegung einer quantitativen Leitplanke, welche den maximalen Anteil des Einkommens beschreibt, den ein Haushalt zur Deckung des Mindestbedarfs an Energiedienstleistungen aufwenden sollte, ist ebenfalls mit erheblichen normativen und methodischen Problemen behaftet. Mit solch einem Prozentsatz trifft man z. B. unmittelbar auch Annahmen darüber, welcher Anteil für die übrigen Bedürfnisse angemessen ist. Außerdem muss das unterschiedliche Einkommen der Haushalte berücksichtigt werden.

Eine Annäherung an einen Leitplankenwert erlauben Schätzungen über den heute ausgegebenen Anteil. Verschiedene Studien sehen übereinstimmend den Anteil in der OECD bzw. den Industrieländern bei ca. 2% (G8 Renewable Energy Task Force, 2001; World Bank, 2002a). Für die Entwicklungsländer liegen nur wenige Fallstudien vor (LSMS, 2002; World Bank, 2002a). Allgemeiner Eindruck ist, dass Menschen in Ländern ohne „modernen" Energiezugang einen deutlich höheren Anteil ihres Einkommens für Energie ausgeben als die Menschen in Ländern oder Gebieten mit gesichertem Zugang. Die Schätzungen über den Anteil am verfügbaren Einkommen, der für Energie von armen Bevölkerungsgruppen in Entwicklungsländern ausgegeben wird, schwanken zwischen 10% und 33%, je nach Energiedienstleistungen, Art und Größe der betrachteten Gruppe (ESMAP, 1998, 1999; World Bank, 2002a). Die Energieausgaben für das Kochen sind darin oft nicht enthalten. Sie sind, wenn Brennmaterial unentgeltlich gesammelt wird, in vielen ländlichen Gegenden zwar sehr niedrig, aber dennoch mit zum Teil hohen „Kosten", d. h. Belastungen wie Zeitaufwand und Gesundheitsschäden verbunden (Kap. 2.6, 3.2.4).

Bei schätzungsweise 1,2 Mrd. Menschen, die heute unter der Armutsgrenze von 1 US-$ pro Tag leben, bedeutet die 10%-Leitplanke, dass es diesen Menschen möglich sein muss, höchstens 37 US-$ pro Jahr für die Deckung ihres elementaren Energiebedarfs auszugeben. Für weitere 1,6 Mrd. Menschen (1–2 US-$ pro Tag) liegt der zumutbare Betrag bei 37–73 US-$ pro Jahr. Unter der extrem vereinfachten Annahme, dass das Einkommen und seine Verteilung unverändert bleiben und alle der ca. 2,8 Mrd. Ärmsten genau 365 US-$ pro Jahr zur Verfügung haben, dürfte ihnen für die ersten 500 kWh pro Jahr nicht mehr als durchschnittlich 7,3 US-Cent pro kWh (Strom bzw. Brennstoff) in Rechnung gestellt werden. Die dann notwendige Quersubventionierung oder die sozialen Transfers („Heiz- und Stromgeld") nimmt mit wachsendem Einkommen der Armen ab. Hier sollte sich auch der einkommensschaffende Effekt des Zugangs zu moderner und bezahlbarer Energie beschleunigend auswirken.

Prüfung der Leitplanke

Während das A1T-450-Szenario nicht die Daten liefert, die zur Prüfung dieser Leitplanke notwendig sind (z. B. Strompreise, Einkommen bzw. Konsum), kann das Szenario B1-450 dafür herangezogen werden. Es wird angenommen, dass der durchschnittliche private Konsum in den armen Schichten zunächst dem privaten Einkommen gleichzusetzen ist. Dann wird über die Verteilung der Einkommen in den ärmsten Entwicklungsländern ein Schätzwert für das Einkommen der ärmsten 10% der Bevölkerung errechnet. Da von diesem Wert maximal 10% für 500 kWh pro Kopf und Jahr zur Verfügung stehen, lässt sich ein noch tolerierbarer Strompreis errechnen und mit dem Preis im Szenario vergleichen. Diese Rechnung ist mit vielen Unsicherheiten behaftet, so sind z. B. die Strompreise innerhalb eines Landes sehr unterschiedlich: In ländlichen Räumen, in denen Strom mit Dieselgeneratoren produziert wird, liegt der Preis erheblich höher als in Städten. Unterschiedliche Subventionspraktiken verzerren die Werte zusätzlich. Das Ergebnis der Berechnung für das B1-450-Szenario zeigt, dass die Einhaltung der Leitplanke ab Mitte dieses Jahrhunderts gewährleistet werden kann. Da das A1T-450-Szenario aber höhere Wirtschaftswachstumsraten und damit Einkommenszuwächse aufweist, wird die Lage dort eher besser sein. Der WBGU hält es aus diesen Gründen für realistisch, dass die Leitplanke spätestens ab 2050 eingehalten werden kann.

4.3.2.5 Gesamtwirtschaftlicher Mindestentwicklungsbedarf pro Kopf

Der gesamte Bedarf eines Menschen an Energie muss auch die indirekt genutzten Energiedienstleistungen umfassen, die für Herstellung und Vertrieb aller vom Menschen verbrauchten privaten und öffentlichen Güter eingesetzt werden. Hierzu zählen z. B. auch Transportdienstleistungen, die aus methodischen Gründen bei der Ermittlung des individuellen Energiebedarfs (Leitplanke „Individueller Mindestbedarf an moderner Energie"; Kap. 4.3.2.3) nicht berücksichtigt sind. Ein brauchbarer Indikator für die Summe der erstellten Waren und Dienstleistungen ist das Bruttoinlandsprodukt, obwohl er verschiedene Mängel aufweist und zum Beispiel den informellen Sektor sowie Familien- und ehrenamtliche Arbeit nur unzureichend erfasst. Der Beirat ist sich bewusst, welche normativen Probleme mit einem Mindestwert für den Indikator BIP pro Kopf und Jahr verbunden sind. Da jedoch dieser Grenzwert nicht als Ziel, sondern als Leitplanke definiert wird, dessen Unterschreitung als nicht sozial und ökonomisch nachhaltig angesehen wird, schlägt der Beirat dennoch die folgende Definition vor.

Definition der Leitplanke

Jedes Land soll ein Bruttoinlandsprodukt von mindestens 2.900 US-$ pro Kopf und Jahr (in Preisen von 1999) erreichen.

Begründung der leitplanke

Die Leitplanke wurde wie folgt ermittelt: es wurde nach den 10 der 70 ärmsten Länder gesucht, die einen relativ hohen Wert des Human Development Index (HDI) und des einkommensbereinigten HDI mit einem niedrigen Wert des Human Poverty Index kombinieren (Tab. 4.3-4).

Die 10 ausgewählten Länder weisen einen bereinigten HDI von 0,7–0,8 sowie einen HPI von 11–29 auf. Sie gehören somit trotz des relativ niedrigen BIP zu den Ländern, die UNDP in den mittleren Bereich menschlicher Entwicklung einordnet und sie zählen zu der Hälfte der Entwicklungsländer mit einem HPI<30 (UNDP, 2002a). Unter ihnen befinden sich lateinamerikanische und asiatische, aber keine afrikanischen Länder. Das BIP pro Kopf und Jahr der 10 Länder wurde arithmetisch gemittelt. Das Ergebnis ist ein Wert von 2.900 US-$ pro Kopf und Jahr, der nach Überlegungen des WBGU die Untergrenze darstellt, bei der ein menschenwürdiges Leben möglich erscheint. 60 Länder mit insgesamt 2,2 Mrd. Einwohnern erreichten diesen Wert im Jahr 1999 nicht. In 21 Ländern mit insgesamt 375 Mio. Einwohnern lag der Indikator sogar unter 1.000 US-$.

Tabelle 4.3-4
Indikatoren ausgewählter Niedrigeinkommensländer mit akzeptablen Erfolgen sowohl im Bereich Entwicklung als auch bei der Armutsvermeidung. *HDI* Human Development Index, *HPI* Human Poverty Index, *BIP* Bruttoinlandsprodukt. Die Durchschnittswerte wurden als ungewichtetes arithmetisches Mittel berechnet.
Quellen: UNDP, 2002a; World Bank, 2002a

Land	BIP pro Kopf (1999)	HDI (1999)	HDI um Einkommensindex bereinigt	HPI (1999)	Bevölkerung (1999)	Einsatz kommerzieller Energie (1997)	Einsatz kommerzieller Energie/ BIP (1997)	Traditionelle Energie (1997)
	[PPP US-$/ Kopf/a]				[Mio.]	[kWh/Kopf]	[kWh/ PPP US-$]	[% des Gesamteinsatzes]
Vietnam	1.860	0,68	0,78	29,1	77,1	6.044	2,9	37,8
Nicaragua	2.279	0,64	0,69	23,3	4,9	6.394	2,9	42,2
Honduras	2.340	0,63	0,69	20,8	6,3	6.171	2,6	54,8
Bolivien	2.355	0,65	0,71	16,4	8,1	6.354	3,0	14
Indonesien	2.857	0,68	0,74	21,3	209,3	8.039	2,5	29,3
Ecuador	2.994	0,73	0,81	16,8	12,4	8.271	2,7	17,5
Sri Lanka	3.279	0,74	0,81	18,0	18,7	4.478	1,5	46,5
Jamaika	3.561	0,74	0,81	13,6	2,6	18.003	5,3	6
China	3.617	0,72	0,78	15,1	1.264,8	10.521	3,0	5,7
Guayana	3.640	0,70	0,76	11,4	0,8	–	–	–
Durchschnitt	*2.878*	*0,69*	*0,76*	*18,6*		*8.253*	*2,9*	*28,2*
ZUM VERGLEICH:								
Entwicklungsländer	3.530	0,65	0,68		4.609,8		2,7	16,7
Polen	8.450	0.83	0,87		38,6	31.564	3,6	0,8
Portugal	16.064	0.87	0,89		10	23.792	1,7	0,9
Deutschland	23.742	0.92	0,93		82	49.080	2,1	1,3
USA	31.872	0.93	0,92		280,4	93.682	3,0	3,8
Osteuropa und GUS	6.290	0,78	0,82		398,3		5,6	1,2
OECD	22.020	0,90	0,90		1.122		2,5	3,3

Grundsätzlich ließe sich aus dem Primärenergieeinsatz der 10 ausgewählten Länder auch ein gesamtwirtschaftlicher Mindestbedarf an Energie pro Kopf und Jahr ableiten. Nimmt man Jamaika angesichts seines extrem hohen Verbrauchs aus der Betrachtung heraus, liegt der Pro-Kopf-Einsatz an kommerzieller Energie in den verbleibenden 9 Ländern bei 4.500–10.500 kWh pro Kopf und Jahr und einem Mittel von 7.500 kWh pro Kopf und Jahr (Tab. 4.3-4).

Alternativ könnte die Untergrenze von 2.900 US-$ pro Kopf und Jahr auch unmittelbar für die Herleitung des gesamtwirtschaftlichen Mindestenergiebedarfs herangezogen werden. Nimmt man die mittlere Primärenergie, die alle Länder mit einem BIP von 2.600–3.200 US-$ pro Kopf und Jahr für die Herstellung eines Produkts im Wert von 1 US-$ im Jahr 1998 benötigten, folgt ein gesamtwirtschaftlicher Mindestbedarf an Primärenergie von 7.250 kWh pro Kopf und Jahr. Schließlich könnte auch auf die durchschnittliche Energieintensität der OECD-Länder zurückgegriffen werden (Tab. 4.3-4). Da diese ebenfalls bei 2,5 kWh pro US-$ liegt, gelangt man zu einem identischen Ergebnis.

Allerdings wird der Energieeinsatz durch traditionelle Biomassenutzung, der in fast allen Entwicklungsländern eine signifikante Rolle spielt (Tab. 4.3-4), mangels verfügbarer Daten mit diesem Wert nur unzureichend erfasst. Seine vollständige Berücksichtigung dürfte den Durchschnittswert um mindestens 1.000 kWh pro Kopf und Jahr erhöhen.

Angesichts der großen Spannbreite der Energieintensität, des schwierigen sektoralen und geographischen Vergleichs der Volkswirtschaften sowie des unterschiedlich hohen Anteils an traditioneller Energie verzichtet der Beirat darauf, eine „harte", quantitative Leitplanke für den Mindestenergieeinsatz zu setzen.

Es wird lediglich geprüft, ob und ab welchem Zeitpunkt die verschiedenen Szenarien es ermöglichen, weltweit einen Energiebedarf von 7.250 kWh pro Kopf und Jahr zu realisieren. Unter der Annahme einer jährlichen Effizienzsteigerung um 1,4% (bis 2040) und 1,6% (ab 2040) läge die Grenze im Jahr 2020 bei ca. 5.400 kWh pro Kopf und Jahr und im Jahr 2050 bei nur noch ca. 3.500 kWh pro Kopf und Jahr.

PRÜFUNG DER LEITPLANKE

Um diese Leitplanke einzuhalten, müssen alle Länder ein Pro-Kopf-Einkommen von 2.900 US-$ (1999) überschreiten. Dies ist im A1T-450-Szenario bereits ab 2020 der Fall, allerdings liegen diese Daten nur für vier Weltregionen vor. In der Länderbetrachtung könnte es bis 2050 durchaus ein Problem darstellen, die oben genannte Energiemenge zur Verfügung zu stellen, was wegen der fehlenden Daten allerdings im Szenario nicht geprüft werden kann.

Aus dieser Leitplanke folgt z. B. im Jahre 2020 bei ca. 7,6 Mrd. Menschen je nach Effizienzsteigerung ein weltweiter Primärenergieeinsatz von 104–137 EJ. Da heute bereits weltweit 400 EJ genutzt werden und der Primärenergieeinsatz bis 2020 im A1T-450-Szenario auf 650 EJ wächst, wirft die Leitplanke wohl kaum ein grundsätzliches Energiemengenproblem auf, sondern allenfalls Verteilungsprobleme.

4.3.2.6 Technologierisiken

DEFINITION DER LEITPLANKE

Ein nachhaltiges Energiesystem soll auf Technologien beruhen, deren Betrieb über die gesamte Kette von den verschiedenen Primärenergieträgern bis zum Endverbraucher und eventuellen Abfällen im „Normalbereich" der Umweltrisiken liegt. Der „Normalbereich" ist im Unterschied zum Grenz- und Verbotsbereich dabei wie im WBGU Jahresgutachten „Strategien zur Bewältigung globaler Umweltrisiken" definiert (WBGU, 1999).

Bei Förderung und Transport fossiler Brennstoffe und beim Betrieb fossiler Kraftwerke kann es ungewollt oder durch Sabotage zu Unfällen kommen. Da diese räumlich und zeitlich begrenzt sind, können sie zum Normalbereich der Umweltrisiken gezählt werden (WBGU, 1999). Die Risiken der Emissionen sind durch andere Leitplanken begrenzt (CO_2: Leitplanke Klimaschutz; andere Emissionen: Leitplanke Atmosphärenschutz). Andere erneuerbare Energieträger („kleine" Wasserkraft, Wind, verschiedene Formen von Solarenergie, Biomasse, Erdwärme usw.) sind wegen ihrer ungefährlichen Primärenergieträger im Normalbereich der Umweltrisiken fern der Risikoleitplanke angesiedelt. Wasserkraftwerke mit großen Staudämmen zählen auch im Normalbetrieb zum Grenzbereich der Umweltrisiken und können daher mit der Leitplanke kollidieren (WBGU, 1999; Kap. 3.2.3.3). Dies gilt insbesondere für die Gefährdung durch Terrorismus.

KERNENERGIE

Die derzeitige Nutzung der Kernenergie (von der Extraktion des Urans bis zur Wiederaufbereitung) ist mit Freisetzung radioaktiver Strahlung verbunden und somit ein Umweltrisiko. Bei der Kernenergie gibt es vor allem zwei Bereiche, die mit der Risikoleitplanke kollidieren: Normalbetrieb und Abfallentsorgung sowie Proliferation und Terrorismus (Kap. 3.2.2).

1. *Normalbetrieb und Abfallentsorgung:* Die Risiken im Normalbetrieb von Kernkraftwerken sind zum Grenzbereich der Umweltrisiken zu zählen (WBGU, 1999). Ein Beispiel international festgelegter Grenzwerte für Strahlenbelastungen sind die OSPAR-Grenzwerte für die Einleitung in die Meere. Sie sehen Hintergrundwerte der Schadstoffkonzentration von nahe Null für synthetische Substanzen vor. Die Einleitung flüssiger radioaktiver Schadstoffe bei der Wiederaufarbeitung von Kernbrennstoffen in den Anlagen von Sellafield und La Hague führte für beide Anlagen regional zur Überschreitung der Grenzwerte (EU-Parlament, 2001). Weiterhin gibt es für eine akzeptable Strahlendosis pro Mensch und Jahr den Richtwert der Internationalen Strahlenschutzkommission (ICRP, 1991). Bei der Wiederaufbereitung von Kernbrennstoffen wurde auch dieser Grenzwert in der Region um die Anlagen um ein Mehrfaches überschritten (EU-Parlament, 2001). Die in Europa heute praktizierte Wiederaufarbeitung von Kernbrennstoffen überschreitet die international vereinbarten Grenzwerte. Aufgrund der in Kapitel 3.2.2 diskutierten Situation bei der angestrebten Endlagerung der Abfälle ist der Beirat der Auffassung, dass auch die Abfallentsorgung zum Grenzbereich gezählt werden muss.
2. *Proliferation und Terrorismus:* Aufgrund der ungelösten Probleme (Kap. 3.2.2) ordnet der WBGU sowohl die Proliferation als auch den Nuklearterrorismus dem Risikotypus geringer bis mittlerer Eintrittswahrscheinlichkeit bei hohem Schadensausmaß zu. Dieser liegt an der Grenze zwischen Grenz- und Verbotsbereich und steht daher in Konflikt mit der Risikoleitplanke.

Da man bis heute weit davon entfernt ist, den sicheren Betrieb von Kernkraftwerken, die langfristig ungefährliche Lagerung von Atommüll sowie die Nichtweitergabe bzw. Vermeidung von Zweckentfremdung radioaktiven Materials für terroristische Zwecke weltweit garantieren zu können, rät der Beirat, langfristig von der Nutzung der Kernkraft abzusehen.

PRÜFUNG DER LEITPLANKE

Da das A1T-450-Szenario einen großen Anteil Kernenergie enthält, verstößt es gegen diese Leitplanke.

4.3.2.7 Gesundheitsfolgen der Energienutzung

Der Sozialpakt formuliert Gesundheit als fundamentales Menschenrecht (Art. 12), aber ebenso das Recht auf einen angemessenen Lebensstandard (Art. 11) und meint damit auch den Zugang zu Energie, z. B. um zu kochen und zu heizen (Leitplanke Zugang zu moderner Energie). In vielen Ländern und Regionen der Erde ergibt sich daraus ein Spannungsverhältnis, weil keine „saubere" oder der Nutzungsform angepasste Energie zur Verfügung steht. Die dort eingesetzten Energieträger können die menschliche Gesundheit erheblich belasten. Insgesamt werden ca. 25–33% der Gesundheitsbelastung auf Umweltrisikofaktoren zurückgeführt (Smith et al., 1999), aber es ist schwierig, zwischen der Gewinnung und dem Einsatz von Energie auf der einen Seite und Gesundheitsschäden auf der anderen Seite eindeutige Kausalketten zu bilden. Neben den grundsätzlichen Risiken, die beim Umgang mit Energie nicht zu vermeiden sind, sind es vor allem zwei Bereiche, deren Gesundheitsfolgen nachgewiesen sind und die dem Beirat für die Definition von Leitplanken global relevant scheinen:

1. Die lokale Luftverschmutzung in Städten und in Innenräumen wird weltweit als einer der wichtigsten Risikofaktoren für Gesundheitsschäden und Mortalität genannt (vor allem bei Atemwegserkrankungen; Michaud et al., 2001; WHO, 2002b). Verursacher sind Emissionen aus der Verfeuerung fossiler Brennstoffe oder von Biomasse (Kap. 3.2.1, 3.2.4). Die Technik der Verbrennung (vom Drei-Steine-Herd bis zum modernen emissionsarmen Kraftwerk) ist dabei ganz entscheidend für das Ausmaß der Gesundheitsfolgen.
2. Radioaktive Strahlung ist gesundheitsschädlich, so dass die Nutzung der Kernenergie (von der Extraktion des Uran bis zur Wiederaufbereitung und Endlagerung) immer mit Gesundheitsrisiken verbunden ist (Kap. 3.2.2).

Zur Formulierung von Gesundheitsleitplanken im Sinn tolerierbarer Grenzen der Gesundheitsbelastung (Morbidität) als Folge von Energiegewinnung und -nutzung können DALYs (**D**isability **A**djusted **L**ife **Y**ears) herangezogen werden. DALYs sind ein in verringerter Lebenszeit ausgedrücktes Maß für die Gesundheitsbelastung. Sie setzen sich zusammen aus Lebensjahren, die mit Gesundheitseinschränkungen oder Krankheit gelebt werden müssen und den Lebensjahren, die durch vorzeitigen Tod verloren gehen (Murray und López, 1996). Dieser Indikator wird allerdings wegen der Gewichtung des Alters und bestimmter Krankheiten kritisiert, weil dadurch bestimmte Gesundheitsfolgen über- bzw. unterbewertet werden können (z. B. UNDP, 2002b). Dennoch sind DALYs im Moment das beste zur Verfügung stehende Maß für standardisierte und vergleichbare Aussagen. Die WHO hat im World Health Report 2002 bereits begonnen, konkrete Risikofaktoren bestimmten Gesundheitsfolgen und -belastungen zuzuordnen und den verursachten Anteil in Form von DALYs zu quantifizieren, so auch für Luftverschmutzung in Städten und Rauch in Innenräumen (WHO, 2002b).

Definition der Leitplanke

Bei Verfeuerung fossiler Brennstoffe und von Biomasse entsteht Luftverschmutzung durch Gase und Partikel, die erhebliche gesundheitliche Risiken für die exponierte Bevölkerung birgt (Abb. 4.3-3).

Städtische Luftverschmutzung verursacht vor allem in den rasch wachsenden Megastädten in Entwicklungs- und Transformationsländern erhebliche Gesundheitsbelastungen, an deren Folgen jährlich 0,8 Mio. Menschen sterben (Kap. 3.2.1.3). Nahezu die Hälfte der weltweit 7,9 Mio. DALYs, die der städtischen Luftverschmutzung zuzurechnen sind, belasten die Bevölkerung in der westlichen Pazifikregion und in Südostasien (insbesondere China).

Rauch in Innenräumen durch Verfeuerung fester Brennstoffe in Haushalten (vor allem von Biomasse) ist eine noch größere Gefährdung, die jährlich ca. 2 Mio. Menschen vor allem in Entwicklungsländern das Leben kostet (Kap. 3.2.4.2; UNDP, 2002a). Von den durch Innenraumluftverschmutzung verursachten DALYs sind jeweils ca. ein Drittel Afrika und Südostasien zuzuordnen. In Indien ist die Krankheitsbelastung durch Verschmutzung der Innenraumluft sogar größer als durch Rauchen oder Malaria (Kasten 3.2-1).

Bereits heute werden für städtische Luftverschmutzung und Verschmutzung der Innenraumluft in großen Teilen der Welt Werte unter 0,5% Anteil an den regionalen DALYs erreicht (Abb. 4.3-3). Der Beirat schlägt daher als Leitplanke vor, dass der Anteil der regionalen DALYs, welcher durch beide Risikofaktoren verursacht wird, für alle WHO-Regionen und -Subregionen auf unter 0,5% gesenkt werden soll.

Dazu ist der Ausstieg aus den gesundheitsschädigenden Formen der traditionellen Biomassenutzung und die Entwicklung und Umsetzung entsprechender Alternativen notwendig, was eine große Herausforderung darstellt (Bereitstellung sauberer Brennstoffe, verbesserte Verbrennungs- und Belüftungstechnik; Kasten 2.4-1; Kap. 5.2.3.2). Zur Einhaltung der Leitplanke kann man Grenzwerte für Luftschadstoffe festlegen. Die WHO evaluiert seit den 1950er Jahren die gesundheitlichen Folgen der Emission von Luftschadstoffen, hat 1987 die „Air Quality Guidelines for Europe" formuliert und später auf die globale

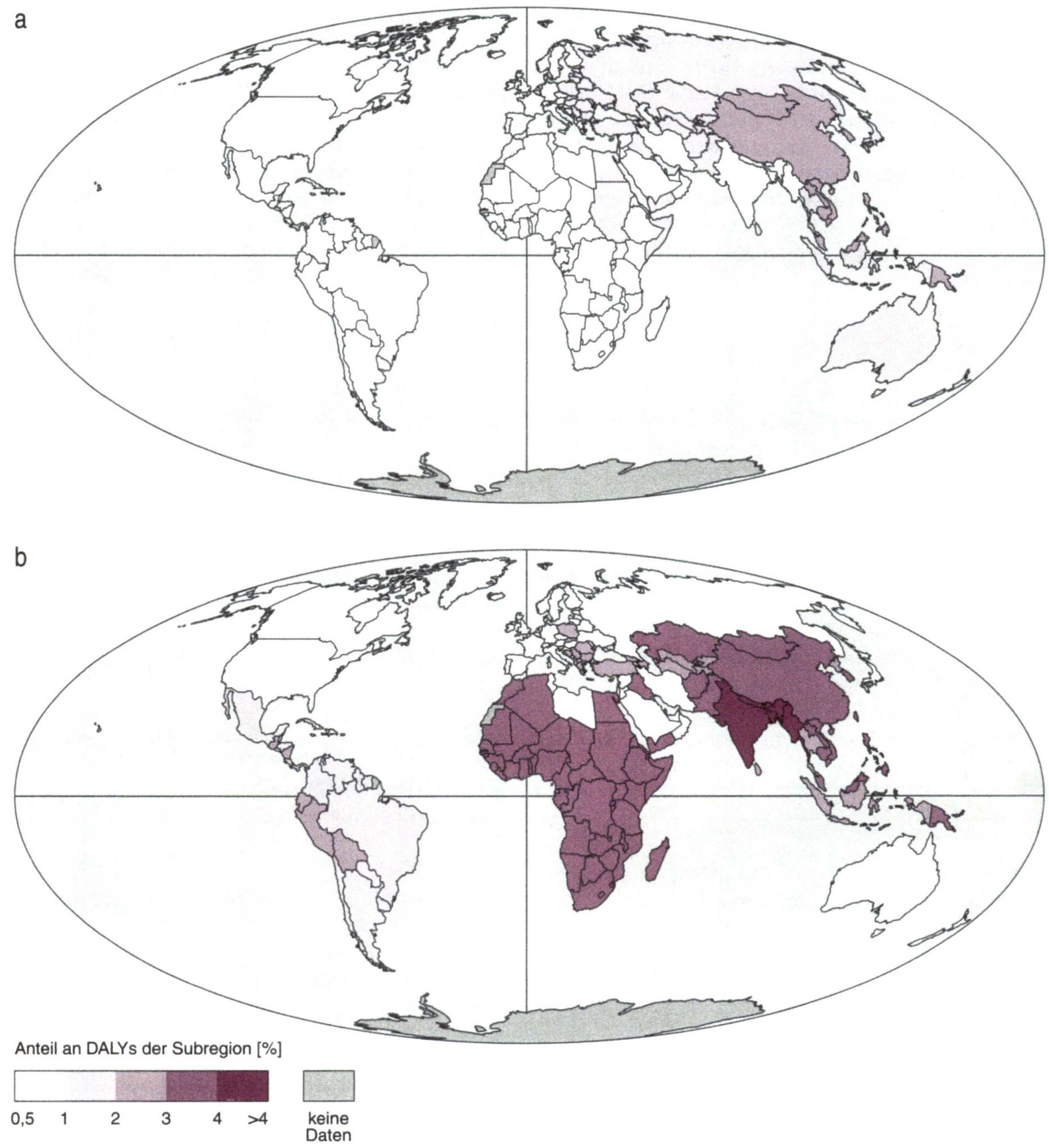

Abbildung 4.3-3
Der lokalen Luftverschmutzung zugerechnete Gesundheitsbelastung. Als Indikator wird der prozentuale Anteil an den DALYs der jeweiligen Subregion verwendet. Werte über 0,5% liegen jenseits der von WBGU vorgeschlagenen Leitplanke und sind *rot* gefärbt.
a) Gesundheitsbelastung durch Luftverschmutzung in Städten.
b) Gesundheitsbelastung durch Rauch in Innenräumen.
Quelle: WHO, 2002b

Ebene ausgeweitet (WHO, 1999). Sie schlagen Leitlinien und Grenzwerte für Luftschadstoffe wie Ozon, Kohlenmonoxid, flüchtige organische Verbindungen, Stickoxide, Schwefeloxide und kleine Schwebeteilchen vor und können als Grundlage für die Formulierung nationaler Standards dienen. Es ist Aufgabe der Länder, auf der Basis der Vorarbeiten der WHO entsprechend angepasste nationale Emissionsstandards für die Verbrennung fossiler Brennstoffe bzw. von Biomasse festzulegen und deren Einhaltung zu überwachen.

Prüfung der Leitplanke

Die Szenarien geben keine Werte für DALYs an, so dass eine direkte Prüfung der Leitplanke nicht möglich ist. Huynen und Martens (2002) stellen in einer Übersicht von 31 Szenarien fest, dass die Gesundheit nur in 14 Szenarien angemessen beschrieben wird und nur 4 Szenarien soziokulturelle, ökonomische und ökologische Faktoren als Antriebskräfte für die Entwicklung von Gesundheit berücksichtigen. Das A1T-450-Szenario hält die Leitplanke zum Atmosphärenschutz in der zweiten Hälfte des Jahrhunderts überall ein (Kap. 4.3.1.6) und verzichtet bis 2100 weitgehend auf die Verwendung traditioneller Biomasse. Die im Szenario angenommenen hohen Wachstumsraten lassen somit eine Umsetzung der hier gegebenen Empfehlungen bis 2050 als machbar erscheinen.

4.4 Ein exemplarischer Transformationspfad für die Energiewende zur Nachhaltigkeit

4.4.1 Ansatz und Methode

Im vorhergehenden Kapitel wurde das A1T-450-Szenario daraufhin geprüft, ob es mit den Leitplanken verträglich ist. Dabei zeigte sich, dass dieses Szenario verschiedene Leitplanken verletzt, wie z. B. die Risikoleitplanke mit dem Ausbau der Kernenergie oder die ökologischen Leitplanken mit dem sehr ehrgeizigen Ausbau der Biomassenutzung. Auch die Klimaschutzleitplanke wird bei mittlerer Klimasensitivität verletzt. Dennoch ist das A1T-450-Szenario als Ausgangspunkt für die Empfehlungen des WBGU wertvoll, da hier gleichzeitig eine Stabilisierung der Kohlendioxidkonzentration in der Atmosphäre bei dynamischem Wirtschaftswachstum ohne tief greifende Änderung der Konsumgewohnheiten erreicht wird (Kap. 4.2). Das Szenario weist Spielraum für weitere Klimaschutzmaßnahmen durch zusätzliche Steigerung der Energieproduktivität auf, die eine weitere Reduktion der Emissionen auf Werte möglich erscheinen lassen, mit denen die Klimaleitplanke eingehalten werden könnte.

Aus diesem Grund wird in diesem Kapitel ein modifiziertes A1T-450-Szenario entwickelt, das die Einhaltung aller Leitplanken gewährleisten soll. Das modifizierte Szenario stellt die technologische, angebotsseitige Ausprägung eines exemplarischen Transformationspfads dar. Mit exemplarisch ist gemeint, dass die technologischen Details des Pfads nicht die einzig mögliche Lösung für einen Transformationspfad zu einem nachhaltigen globalen Energiesystem darstellen. So könnte z. B. der Energieträgermix unter den erneuerbaren Energien anders aufgeteilt sein. Auch müssten weniger Primärenergie und weniger fossile Energieträger einsetzt werden, wenn nicht von einem Szenario mit ausgesprochenem Energiehunger ausgegangen würde, sondern von einem Pfad mit stärkerer Berücksichtigung von Maßnahmen zur Minderung der Energienachfrage (z. B. B1-Szenario, Kap. 4.2). Daher gilt der exemplarische Pfad als „Existenzbeweis“ dafür, dass auch bei starkem Wachstum des Energiebedarfs ein Umbau des globalen Energiesystems in mit den Leitplanken verträglicher Weise durchführbar ist. Andere Pfade könnten dies aber ebenfalls leisten.

4.4.2 Modifikation des Szenarios A1T-450 zum exemplarischen Pfad

In diesem Abschnitt werden die vom WBGU vorgenommenen Modifikationen am A1T-450-Szenario vorgestellt und diskutiert, bevor dann in Kapitel 4.4.3 der exemplarische Pfad im Überblick vorgestellt wird. Alle Parameter, die in diesem Kapitel nicht erwähnt werden, bleiben im exemplarischen Pfad gegenüber dem A1T-450-Szenario unverändert.

Da das A1T-450-Szenario auf einer Reihe sich bedingender Annahmen beruht, kann es nicht beliebig modifiziert werden, ohne inkonsistent zu werden. Insbesondere müssen alle Grundannahmen bezüglich des Wirtschaftswachstums, der Investitionen, des technischen Fortschritts, des Verhältnisses Industrieländer–Entwicklungsländer, der internationalen Kooperation, der Bevölkerungsentwicklung usw. beibehalten werden. Deswegen hat sich der WBGU auf die technologische Modifikation des Szenarios beschränkt. Die Energiewirtschaft des A1T-450-Szenarios erhält bis 2100 eine starke Wasserstoffkomponente, die die Hälfte des globalen Energieeinsatzes abdeckt. Um vor diesem Hintergrund die Verträglichkeit des exemplarischen Pfads mit dem A1T-450-Szenario zu gewährleisten, werden u. a. die Verhältnisse Elektrizität/Wärme/Wasserstoff sowie fossiler/nicht fossiler Anteil des Energieeinsatzes möglichst identisch beibehalten. Da aus Wasserstoff und Elektrizität jederzeit effizient Wärme bereitgestellt werden kann und nur die umgekehrte Umwandlung verlustreicher ist, genügt hierzu der Nachweis, dass im exemplarischen Pfad zu jeder Zeit mindestens soviel Elektrizität und Wasserstoff wie im A1T-450-Szenario bereitgestellt werden kann. Dieser Nachweis ist nicht trivial und wurde im Rahmen detaillierter Rechnungen erbracht, die hier allerdings nicht im Einzelnen ausgeführt werden sollen.

Generell ist anzumerken, dass die A1T-Szenarien 1997 starten. Die Werte für das Jahr 2000 sind also im A1T-450-Szenario bereits Projektionen. Im exemplarischen Pfad werden dagegen für 2000 die beobachteten Werte verwendet.

Methode zur Bilanzierung der Primärenergie

Die gemeinsame Darstellung verschiedener Energieformen und -quellen in einem globalen Mengengerüst stellt ein prinzipielles Problem dar, weil über einige Konversionspfade direkt hochwertige Endenergie bereitgestellt wird (z. B. Strom oder Wasserstoff aus Sonnenenergie), während andere Konversionspfade entsprechende Endenergieformen über einen Wärmezwischenschritt generieren (z. B. fossile Kraftwerke). Im Folgenden wird in Anlehnung an die Welt der SRES-Szenarien bei der Darstellung des Energiegerüsts die „direkte äquivalente Methode" verwendet: Für Kernenergie und alle erneuerbaren Energien, die direkt Elektrizität oder Wasserstoff als Endenergie liefern (Wind, Wasserkraft, Photovoltaik, andere erneuerbare Energieträger), entsprechen die angegebenen Werte der hochwertigen Endenergie. Für Energieformen, die erst über den Umweg der Wärmeerzeugung in Strom oder Wasserstoff als Energieträger veredelt werden können (z. B. fossile Brennstoffe, Biomasse, Geothermie), entspricht die angegebene Energiemenge dem thermischen Primärenergieäquivalent. In der Darstellung der Szenarien werden die beiden Energiebewertungen ohne Korrektur addiert.

Erneuerbare Energien und Kernenergie

Folgende Modifikationen bezüglich der erneuerbaren Energien und der Kernenergie wurden vom WBGU am A1T-450-Szenario vorgenommen:

- *Kernenergie:* Die aus Kernenergie bereit gestellte Energiemenge für das Jahr 2000 basiert im exemplarischen Pfad auf realen Zahlen der IEA. Für das Jahr 2010 wurde der A1T-450-Wert übernommen. In Abwandlung des A1T-450 läuft die Nutzung der Kernenergie jedoch im exemplarischen Pfad bis zum Jahr 2050 aus. Ersatz für Strom oder Wasserstoff aus Kernenergie wird über erneuerbare Energieträger und zeitlich begrenzt auch durch Erdgas geschaffen.
- *Wasserkraft:* Der Einstiegswert für 2000 wurde von der IEA übernommen. Danach wird die Kapazität moderat ausgebaut, wobei schließlich 15 EJ pro Jahr (im Vergleich zu 35 EJ pro Jahr im A1T-450) erreicht werden.
- *Biomasse:* Der Einstiegswert für das Jahr 2000 beruht auf Schätzungen (Kaltschmitt et al., 2002). Dieser Wert ist mit nennenswerten Unsicherheiten behaftet, liegt aber dicht bei den Schätzungen des A1T-450. Die Aufteilung zu etwa gleichen Teilen in moderne/traditionelle Nutzung wird in Anlehnung an das A1T-450-Szenario übernommen. Langfristig wird die traditionelle Biomassenutzung in ähnlicher Weise zurückgefahren wie im A1T-450; dabei bleibt ab 2050 eine Restenergieerzeugung von 5 EJ pro Jahr dauerhaft bestehen (gegenüber 0 in A1T-450). Da davon auszugehen ist, dass diese Energiemenge dann auch ohne Luftverschmutzung in Häusern genutzt werden kann, ist diese Modifikation mit der Leitplanke „Gesundheit" kompatibel. Die moderne Biomassenutzung wird ähnlich zu A1T-450 hochgefahren, langfristig aber weniger stark ausgebaut und schließlich auf 100 EJ pro Jahr begrenzt (im Vergleich zu 260 EJ pro Jahr in A1T-450).
- *Windenergie:* Der Einstiegswert der Windenergie wurde aus realen Daten zur weltweit installierten Kapazität abgeleitet (BTM Consult, 2001). Bis 2020 wird ein jährliches Wachstum von 26% angesetzt (Verzehnfachung pro Dekade), das dann abflacht. Insgesamt wird die Windkraft erheblich stärker ausgebaut als im A1T-450. Der Endausbau auf 135 EJ pro Jahr liegt aber dennoch deutlich unter dem in Kapitel 3 abgeleiteten technischen Potenzial der Windenergie.
- *Solarstrom:* Dem Startwert der solaren Stromerzeugung für das Jahr 2000 liegen reale Daten zugrunde. Danach wird angenommen, dass sich die Stromerzeugung aus den solaren Quellen (verteilte Photovoltaik, photovoltaische und solarthermische Kraftwerke) bis 2040 jeweils pro Dekade verzehnfacht. Die aggregierte Wachstumskurve solarer Stromerzeugung schneidet sich kurz vor dem Jahr 2050 mit den Werten des A1T-450, die nach Ansicht des Beirats in den davor liegenden Jahren auf einem unrealistisch hohen Niveau liegen. Gegen 2100 gleicht sich der exemplarische Pfad dann langsam wieder dem A1T-450 an. Potenzialobergrenzen (Kap. 3) werden bis 2100 bei weitem nicht erreicht.
- *Solarwärme:* Im exemplarischen Pfad wird die thermische Nutzung der Solarenergie („Solarwärme") ähnlich der A1T-450-Daten erhöht. Der A1T-450-Wert für das Jahr 2000 ist schwer zu bele-

gen, da die solare Brauchwassererwärmung im Jahr 1998 global tatsächlich wesentlich tiefer lag. Die Beiträge der aktiven und insbesondere passiven Nutzung der Solarwärme sind jedoch nur schwierig abzuschätzen, so dass der A1T-450-Wert trotz der bestehenden Bedenken übernommen wurde.

- *Geothermie:* Diese Energieform wird im A1T-450 nicht gesondert ausgewiesen. Der WBGU hält jedoch das Potenzial der Geothermie sowohl mit Blick auf thermische Anwendungen als auch zur Stromproduktion für so bedeutsam, dass er eine eigene Kategorie einrichtet. Bei der Strom-/Wärme-Verteilung wurde die Annahme zugrunde gelegt, dass die Hälfte der Primärenergie thermisch genutzt wird (Heizen, Kühlen, Prozesswärme) und die andere Hälfte zur Stromerzeugung eingesetzt wird. Die entsprechenden Wirkungsgrade sind hier kleiner als jene fossiler Kraftwerke, da geothermische Wärme meist auf einem vergleichsweise geringen Temperaturniveau vorliegt. Der Einstiegswert für das Jahr 2000 wurde aus dem World Energy Assessment übernommen (UNDP et al., 2000).
- *Andere erneuerbare Energien:* Hier wurden Primärenergiebeiträge angesetzt, die deutlich optimistischer als die des A1T-450 sind. Der WBGU ist der Auffassung, dass die Entwicklung neuer Technologien zur Nutzung erneuerbarer Energiequellen bei weitem noch nicht abgeschlossen ist. Beispiele solcher bereits heute diskutierten Technologien sind Solarchemie (Erzeugung speicherbarer Energieträger), Gezeiten- und Wellenenergie sowie der Photosynthese verwandte Energiekonversion mit Hilfe künstlicher Membransysteme.

Fossile Energien

Diese sind entscheidend für die CO_2-Emissionen und damit für die Klimaleitplanke. Sie wurden nur in sehr geringem Ausmaß modifiziert. Für das Jahr 2000 wurde der reale Energieeinsatz in den exemplarischen Pfad aufgenommen. Die entsprechenden Daten beruhen auf aktuellen Statistiken der US-Regierung (US-DOE, 2002). Ab 2010 bis 2050 wurden die Beiträge der einzelnen fossilen Quellen nahezu unverändert aus A1T-450 übernommen. Lediglich der vorübergehende Strom-Engpass zu Beginn des Jahrhunderts, der sich durch die vergleichsweise vorsichtigere Nutzung von Biomasse und Wasserkraft ergibt, wird durch einen zusätzlichen, zeitlich befristeten Einsatz von Gaskraftwerken gedeckt. Dies führt vorübergehend zu einem geringfügigen Anstieg des Energiebedarfs gegenüber dem A1T-450-Szenario. Das Gas muss ausreichend Elektrizität liefern, um die entsprechenden Ausfälle bei den nicht fossilen Energien zu kompensieren. Dies resultiert in etwa 17 Gt C zusätzlichen CO_2-Emissionen des exemplarischen Pfads gegenüber A1T-450 im Zeitraum bis 2050, wenn man einen 50%igen Kraftwerkswirkungsgrad ansetzt.

In der zweiten Jahrhunderthälfte konnten die fossilen Energieträger dagegen insgesamt etwas niedriger als im A1T-450-Szenario angesetzt werden, da dann auch der Energiebedarf durch stärkere Effizienzsteigerung sinkt. Zunächst wird er dabei im fossilen und nicht fossilen Sektor gleichermaßen reduziert. Damit ergibt sich eine Reduktion der energiebezogenen CO_2-Emissionen von etwa 24 Gt C zwischen 2050 und 2100, die den erhöhten Gasverbrauch in der ersten Jahrhunderthälfte überkompensiert.

Energieproduktivität

Ab 2040 wird eine Verbesserung der Energieproduktivität gegenüber dem A1T-450-Szenario angenommen. Während seit Beginn der Industrialisierung eine Verbesserung der Energieproduktivität um etwa 1% im jährlichen globalen Mittel erzielt worden ist, setzen die A1T-Szenarien etwa 1,3% pro Jahr an. Szenarien, die an diesem Punkt noch ehrgeizigere Annahmen treffen, veranschlagen sogar 2% pro Jahr (B1; Kap. 4.2). Im exemplarischen Pfad werden ab 2040 1,6% pro Jahr Steigerung angenommen. Diese ist noch konsistent mit den Annahmen der A1-Welt, weil das A1T-450-Szenario Maßnahmen zur Minderung der Energienachfrage, etwa über Preisanreize, kaum berücksichtigt und somit noch Spielraum für die Annahme einer weiteren Steigerung der Energieproduktivität lässt, ohne dass – wie in der B1-Welt – ein Werte- und Strukturwandel hin zu weniger energieintensiven Produkten und Dienstleistungen der Wirtschaft vorausgesetzt werden müssten. Damit wird im Jahr 2100 eine Reduktion des Energieeinsatzes von 22% gegenüber dem A1T-450-Szenario erzielt.

Kohlendioxid-Speicherung („Sequestrierung“)

Diese kann unterschieden werden in Kohlendioxidspeicherung bei fossilen und bei Biomassekraftwerken.

- *Kohlendioxid-Speicherung bei fossilen Kraftwerken:* Im A1T-450-Szenario werden bis 2100 insgesamt etwa 218 Gt C gespeichert, im Jahr 2100 noch mit einer Rate von 1,7 Gt C pro Jahr. Da der Beirat eine zeitliche Begrenzung der Kohlendioxid-Speicherung wegen der begrenzten Kapazität der Endlagerstätten für wichtig hält, wird die Speicherung im exemplarischen Pfad zeitlich so verteilt, dass sie bis Ende des 21. Jahrhunderts beendet wird. Da im A1T-450-Szenario allerdings bereits der wesentliche Teil des in Kraftwerken anfallenden Kohlenstoffs gespeichert wird, ist der Spielraum für entsprechende Umverteilungen sehr gering und die kumulierte Menge gespeicherten Kohlenstoffs muss im exemplarischen Pfad gegenüber dem A1T-450-Szenario leicht abgesenkt werden.

- *Kohlendioxid-Speicherung bei Biomassekraftwerken:* An Biomassekraftwerken sowie an Anlagen zur Herstellung von Synthesegas (Wasserstoff) aus Biomasse kann der in Biomasse enthaltene Kohlenstoff in Form von CO_2 aus dem Abgas abgetrennt und der Speicherung zugeführt werden. Netto wird dadurch der Atmosphäre Kohlendioxid entzogen. Die entsprechende Technologie wird im exemplarischen Pfad ab 2040 eingeführt und ausgebaut, wobei in den Dekaden zwischen 2060 und 2080 in Anlagen mit Speicherung jährlich 25 EJ Energie aus Biomasse angesetzt werden. Gegen Ende des Jahrhunderts kann aus dieser Technologie wieder ausgestiegen werden. Bei einem angenommenen Wirkungsgrad der Speicherung von 70% liefert dieser Zeitverlauf gegenüber dem A1T-450-Szenario eine zusätzliche Einsparung von etwa 21 Gt C bei den CO_2-Emissionen. Die Kohlenstoffspeicherung im exemplarischen Pfad ist in Abbildung 4.4-1 derjenigen in A1T-450 gegenübergestellt.

GESAMTE CO_2-EMISSIONEN

Unter Berücksichtigung aller oben diskutierten Modifikationen verlaufen die energiebedingten CO_2-Emissionen im exemplarischen Pfad im Vergleich zum A1T-450-Szenario wie in Abbildung 4.4-2 vorgestellt. Die Unterschiede sind vergleichsweise gering. Unter Einbeziehung der unverändert übernommenen nicht energiebezogenen CO_2-Emissionen resultieren beide Szenarien in kumulierten CO_2-Emissionen von knapp 650 Gt C bis 2100. Auch die zeitliche Verteilung der Emissionen ist in beiden Szenarien sehr ähnlich. Selbst wenn man die in diesem Kapitel diskutierten Unsicherheiten berücksichtigt, gelten daher alle Aussagen bezüglich der globalen Erwärmung, die sich bei der Prüfung der Klimaleitplanken für A1T-450 ergaben, auch für den exemplarischen Pfad. Zum Vergleich sind die CO_2-Emissionen eines anderen Pfads angegeben („MIND"), der aus einer weiteren Modellrechnung abgeleitet wurde (Kap. 4.5)

4.4.3
Der Technologiemix des exemplarischen Pfads im Überblick

Mit den diskutierten Modifikationen wird die Verteilung der Energienachfrage auf Energieträger im exemplarischen Pfad in Tabelle 4.4-1 dargestellt. Tabelle 4.4-2 gibt einen Überblick über die CO_2-Emissionen sowie die CO_2-Speicherung. Abbildung 4.4-3 zeigt die Verteilung der Energienachfrage auf Energieträger im exemplarischen Pfad. Wegen der Unsicherheiten für langfristige Projektionen sind in der Abbildung vom Zeitraum 2050–2100 nur die letzten Jahre dargestellt. Die Projektion für das Jahr 2100 zeigt die überragende Bedeutung der Sonnenenergie in diesem Szenario.

Wesentlich für den exemplarischen Pfad ist nicht nur die Befriedigung der Energienachfrage durch

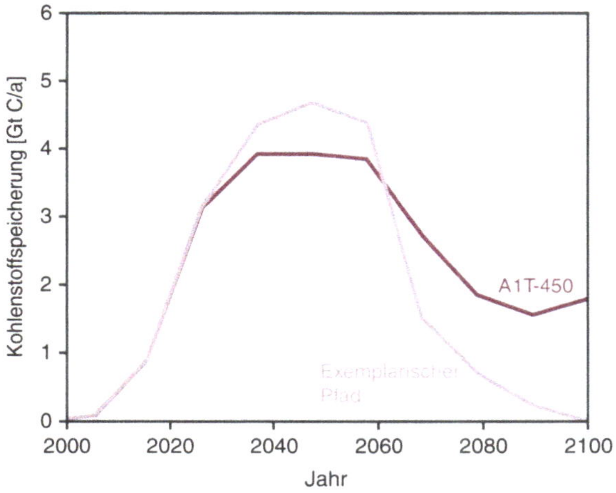

Abbildung 4.4-1
Kohlenstoffspeicherung im A1T-450-Szenario und im exemplarischen Pfad.
Quelle: WBGU und Riahi, 2002

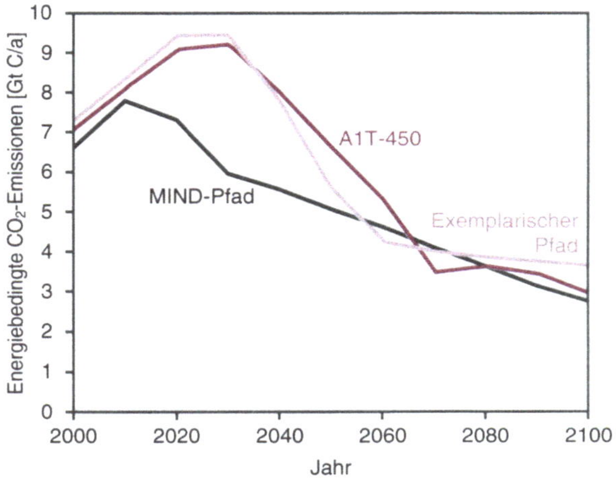

Abbildung 4.4-2
Energiebedingte CO_2-Emissionen im A1T-450-Szenario, im exemplarischen Pfad und dem durch das Modell MIND berechneten UmBAU-Pfad.
Quelle: WBGU und Riahi, 2002 sowie Edenhofer et al., 2002

Tabelle 4.4-1
Globale Energienachfrage im exemplarischen Pfad, aufgeschlüsselt nach Energieträgern. Die angegebenen Werte wurden mit der Direktäquivalentmethode berechnet (Kap. 4.4.2).
Quelle: WBGU

	2000	2010	2020	2030	2040	2050	2100
				[EJ]			
Öl	164	171	187	210	195	159	52
Kohle	98	111	138	164	126	84	4
Gas	96	138	196	258	310	306	165
Kernenergie	9	12	12	6	3	0	0
Wasserkraft	9	10	11	12	12	12	15
Biomasse, traditionell	20	17	12	8	7	5	5
Biomasse, modern	20	48	75	87	100	100	100
Wind	0,13	1,3	13	70	135	135	135
Solarstrom	0,01	0,06	0,6	6	63	288	1.040
Solarwärme	3,8	9	17	25	42	43	45
Andere erneuerbare Energien	0	0	2	4	10	15	30
Geothermie	0,3	1	3	10	20	22	30
Gesamt	420	519	667	861	1.023	1.169	1.620

einen bestimmten Energieträgermix, sondern auch die angenommene, im Vergleich zum A1T-450-Szenario höhere Steigerung der Energieproduktivität. Eine solche Steigerung kann z. B. durch eine preisinduzierte Minderung der Energienachfrage, die zur Effizienzsteigerung sowohl bei der Energiekonversion als auch bei der Endenergienutzung führt, aber auch beispielsweise durch sektoralen Strukturwandel und veränderte Siedlungs- und Verkehrsstrukturen sowie verändertes Konsumverhalten erreicht werden. Dadurch kann insgesamt soviel Energieeinsatz vermieden werden, dass dieser Bereich zu einer tragenden Säule des exemplarischen Pfads wird (Abb. 4.4-4).

4.4.4 Fazit: Die globale Energiewende ist möglich

Im vorigen Abschnitt konnte das Bezugsszenario A1T-450 durch den WBGU konsistent so modifiziert werden, dass es alle Leitplanken einhält (zur Klimaleitplanke Kap. 4.5.2). Das Ergebnis ist ein exemplarischer Transformationspfad, der demonstriert, dass auch in einer Welt mit stark wachsendem Energiehunger eine Transformation der globalen Energiesysteme zur Nachhaltigkeit möglich ist. Dieser Pfad hat einige wesentliche Eigenschaften, die hier hervorgehoben werden sollen.

Der exemplarische Pfad weist hohe Wachstumsraten sowohl beim Energieeinsatz (Verdreifachung bis 2050) als auch bei der wirtschaftlichen Entwicklung auf (Versechsfachung bis 2050). Er besteht aus drei Säulen: Den auslaufenden fossilen Energien, den ansteigenden erneuerbaren Energien und der wachsenden Energieproduktivität. Die erneuerbaren Energien übernehmen ab der Jahrhundertmitte den größten Anteil an der Energiebereitstellung. Im exemplarischen Pfad beträgt ihr Anteil in 2050 etwa 50% und 2100 fast 90%. Um dieses Ziel zu erreichen, sind während mehrerer Jahrzehnte gewaltige Steigerungsraten von knapp 30% jährlich notwendig. Dies

Tabelle 4.4-2
CO_2-Emissionen und CO_2-Speicherung im exemplarischen Pfad.
Quelle: WBGU

	2000	2010	2020	2030	2040	2050	2060	2070	2080	2090	2100
						[Gt C]					
Jährliche Energie bezogene CO_2-Emissionen	7,3	8,4	9,4	9,5	7,8	5,6	4,3	4,0	3,9	3,7	3,6
Jährliche Energie bezogene CO_2-Sequestrierung	0	0,1	0,9	3,0	4,1	4,5	4,2	1,5	0,7	0,3	0
Jährliche nicht Energie bezogene CO_2-Emissionen (z. B. Abholzung)	1,1	1,1	0,3	0,2	0,2	0,1	0,1	0,1	0,1	0,1	0,1
Gesamt	8,4	9,5	9,8	9,7	8,0	5,7	4,4	4,1	4,0	3,8	3,8

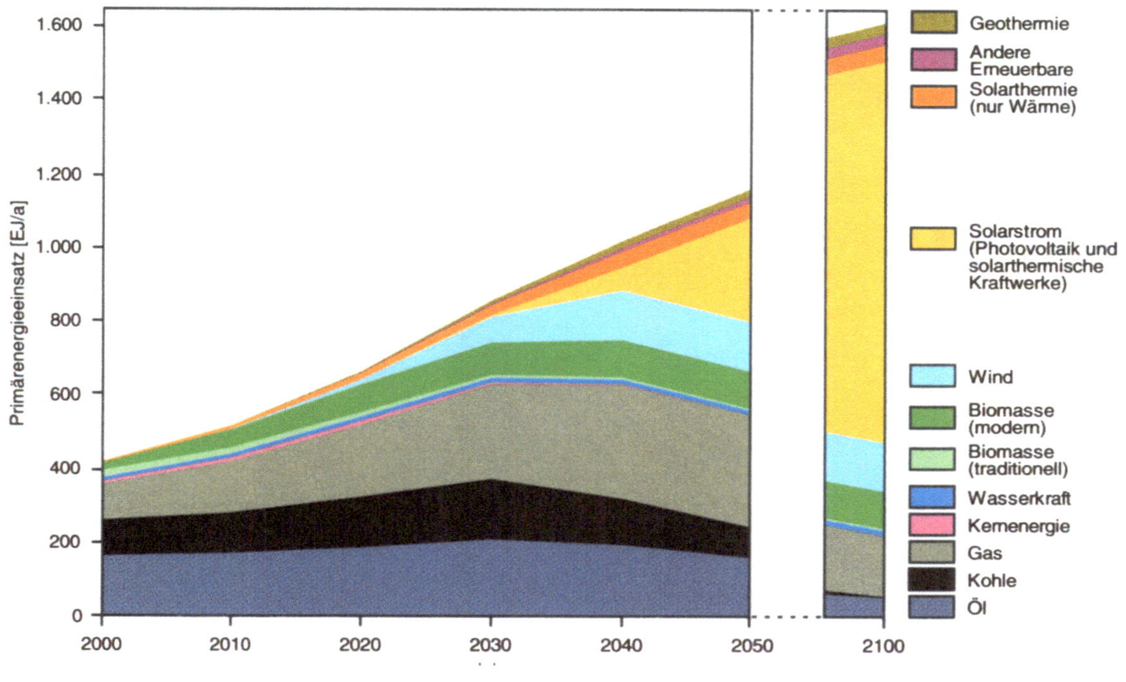

Abbildung 4.4-3
Energieeinsatz nach Energieträgern für den exemplarischen Transformationspfad. Dieser Pfad demonstriert, dass der nachhaltige Umbau der globalen Energiesysteme technologisch möglich ist. Ein anderer Technologiemix bei den erneuerbaren Energien könnte dies ebenfalls leisten.
Quelle: WBGU

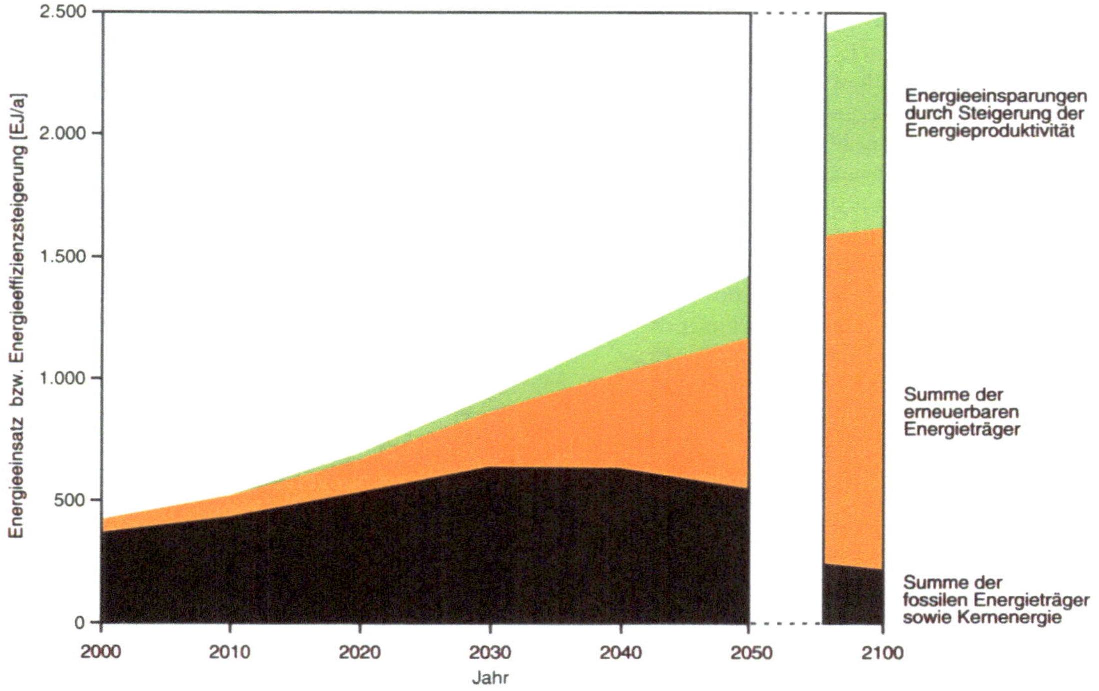

Abbildung 4.4-4
Energieeffizienzsteigerung im exemplarischen Pfad. Ab 2040 werden für den exemplarischen Pfad 1,6% jährliche Steigerung der Energieproduktivität angenommen, gegenüber einem historischen Trend von 1% jährlich.
Quelle: WBGU

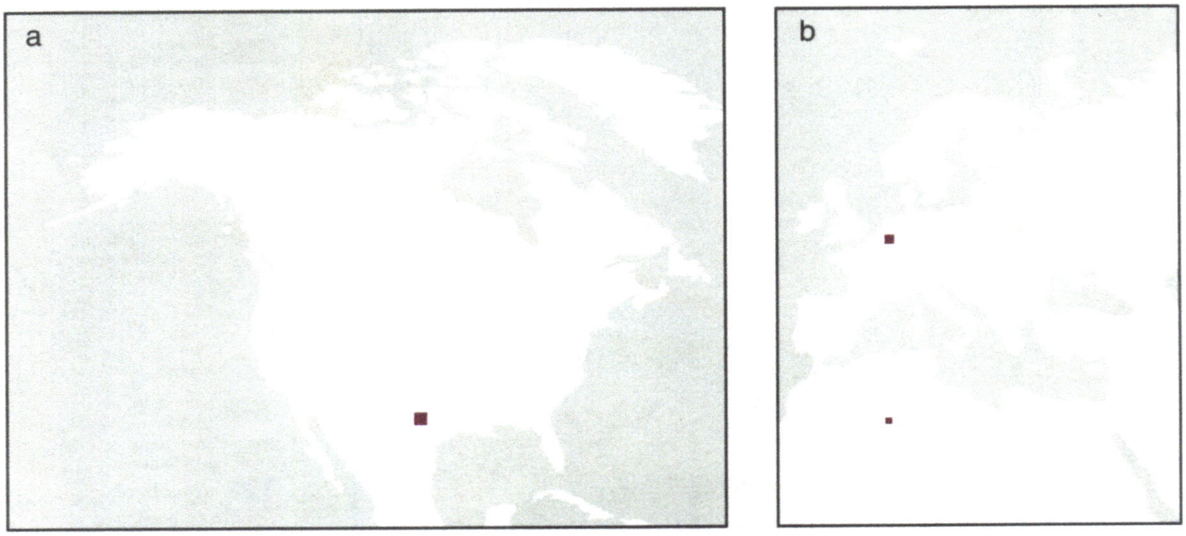

Abbildung 4.4-5
Visualisierung des Flächenbedarfs für Solarstrom. Die Quadrate veranschaulichen die Flächen, die zur Produktion des Solarstroms notwendig wären, der im exemplarischen Pfad für 2050 veranschlagt ist. (a) für Nordamerika benötigte Flächen, bei Erzeugung in Texas (100% Erzeugung in Solarkraftwerken). (b) für Westeuropa benötigte Flächen, wobei zwei Drittel des Solarstroms in Mitteleuropa gewonnen werden (oberes Quadrat; Einstrahlungswerte von Belgien, 25% Erzeugung in Solarkraftwerken, 75% dezentral), ein Drittel in der Sahara (unteres Quadrat; Einstrahlungswerte von Algerien, 100% Erzeugung in Solarkraftwerken). Die Regionen Westeuropa (WEU) und Nordamerika (NAM) sind definiert wie in Nakicenovic et al., 1998. Der Berechnung liegen die technischen Potenziale zugrunde. Die Leitungsverluste wurden pauschal mit 10% berücksichtigt.
Quelle: WBGU

liegt aber auch im Bereich des Möglichen, wie zuletzt die Zuwachsraten bei Wind- und Sonnenenergie in einigen Ländern demonstriert haben. Eine wichtige Eigenschaft des exemplarischen Pfads ist das erhebliche Wachstum der Solarenergie. In Abbildung 4.4-5 wird der Flächenbedarf veranschaulicht, der zur Deckung des im exemplarischen Pfad für Westeuropa und Nordamerika prognostizierten Solarstroms notwendig wäre, wenn alle Solarkraftwerke auf einem Ort konzentriert würden. Dies ist allerdings nicht vorgesehen; tatsächlich würden die Anlagen stark dezentral genutzt, auch in den mittleren Breiten und in den Industrieländern. Ein globales Energiesystem, das wesentlich auf Solarstrom beruht, erfordert im Vergleich zu Siedlungen und bisheriger Infrastruktur keine unvertretbar großen Flächen, zumal die Nutzung in ariden Gebieten kaum mit anderen Nutzungsformen konkurriert und Doppelnutzungen etwa auf Dächern oder Verkehrsflächen möglich sind.

Die rasante technologische Entwicklung im exemplarischen Pfad vollzieht sich im zugrunde liegenden Szenario dadurch, dass weltweit und insbesondere in den Entwicklungsländern die Wirtschaft rasch wächst und genügend Mittel für die Transformation zur Verfügung stellt. Weniger energiehungrige Pfade lassen bei entsprechenden Rahmenbedingungen für Wirtschafts- und Technologieentwicklung wahrscheinlich noch mehr Spielraum für die Transformation zu. Das bestätigt die wichtigste Aussage des exemplarischen Transformationspfads: Die nachhaltige Transformation der globalen Energiesysteme ist machbar.

4.5 Diskussion des exemplarischen Pfads

In diesem Kapitel soll der zuvor abgeleitete exemplarische Pfad detaillierter untersucht werden. Dazu gehört insbesondere die Diskussion um die Unsicherheiten und die Kosten dieses Pfads. Um diese Diskussion führen zu können, werden in Kapitel 4.5.1 mit einem endogen arbeitenden Modell alternative Modellrechnungen vorgenommen, um den Handlungsspielraum für den Umbau des Energiesystems unter Beachtung definierter Leitplanken auszuleuchten. Der exemplarische Pfad wird danach in Kapitel 4.5.2 vor allem bezüglich der Einhaltung der Klimaleitplanke diskutiert.

4.5.1 Das MIND-Modell

Um die Ergebnisse des Kapitels 4.4 makroökonomisch zu untermauern, nutzt der WBGU ein innovatives Modellkonzept, welches eine Konsistenzprüfung des exemplarischen Pfads ermöglicht. Dazu wird das Modell MIND (*M*odel of *In*vestment and Technological *D*evelopment; Edenhofer et al., 2002) verwendet. MIND ist ein endogenes Energiesystemmodell, welches an ein Klimamodell gekoppelt ist.

Der im Kapitel 4.4 abgeleitete exemplarische Pfad beruht stark auf den Annahmen des A1T-450-Szenarios (Kap. 4.2). Diese betreffen u.a. Bevölkerungsentwicklung, Wirtschaftswachstum, Entwicklung des Energiebedarfs und technologischen Fortschritt, die exogen vorgegeben sind.

Ein alternativer Ansatz besteht darin, zentrale Variablen wie Wirtschaftswachstum, Energiebedarf sowie Effizienz- und Produktivitätssteigerungen endogen, d. h. innerhalb des Modellrahmens, zu bestimmen. Im Gegensatz zum MESSAGE-Modell, mit dem die Rechnungen zum A1T-Szenario durchgeführt wurden, sind in MIND nur wenige Rahmendaten und ein Satz plausibler Entscheidungskriterien für die dynamische Optimierung vorgegeben. Zwar liefert MIND keine regionale und auch keine technikspezifische Auflösung, jedoch ermöglicht dieser alternative Zugang weitere Plausibilitätstests des exemplarischen Pfads. MIND ist ein globales Modell und ermöglicht die Bewertung langfristiger Handlungsoptionen für den Klimaschutz bezüglich der erforderlichen Investitionen sowie der technologischen Entwicklungsdynamik. Es ermöglicht insbesondere eine kritische Überprüfung der Hypothese, die Kosten eines Umbaus seien viel zu hoch und stünden in keinem Verhältnis zum Nutzen.

Dem Modell werden im wesentlichen nur Bevölkerungsentwicklung, Lernkurven für Technologien und Verfügbarkeit von Kohle, Öl und Gas vorgegeben. Die zukünftigen Entwicklungen, wie z. B. die Nachfrage bei fossilen und erneuerbaren Energieträgern sowie der Konsum, werden vom Modell endogen berechnet. Wie in der wirtschaftlichen Wachstumstheorie üblich, wird ein Investor angenommen, der versucht, den Pro-Kopf-Konsum von Produkten und Dienstleistungen über die Zeit hinweg zu maximieren (Ramsey, 1928). Die Emissionspfade werden auf der Basis eines endogenisierten technischen Fortschritts bestimmt, denn die technologische Entwicklung ist ein Prozess, welcher entscheidend durch ökonomische Aktivitäten mitbestimmt wird. Dies gilt insbesondere dann, wenn Knappheiten Innovationen hervorrufen wie z. B. eine Ölkrise (Ruttan, 2000; Goulder und Mathai, 2000). MIND berücksichtigt zudem Effekte, die durch Rationalisierungsmaßnahmen und Lernen induziert werden, z. B. durch wachsende Produktionsmengen oder durch eine Ressourcenverknappung. Des weiteren verwendet der WBGU in MIND keine Kosten-Nutzen-Analysen, wie sie in der Klimaökonomie üblich sind (z. B. Nordhaus und Boyer, 2000). Der Grund liegt darin, dass es dem WBGU äußerst schwierig erscheint, Klimaschäden angemessen zu monetarisieren.

MIND enthält drei unterschiedliche Energiesektoren, die aggregiert betrachtet werden: erneuerbare Energien, Energiegewinnung aus fossilen Brennstoffen und Extraktion fossiler Brennstoffe. Der fossile Energiemix wird nicht explizit modelliert, sondern es wird der zeitliche Verlauf des Kohlenstoffgehalts des fossiler Energiemixes aus dem exemplarischen Pfad übernommen. Die fossilen Primärenergieträger werden in MIND im fossilen Energiesektor zu Endenergie umgewandelt. Die Umwandlungseffizienz kann dabei durch die Substitution von Primärenergie durch Kapital endogen verändert werden. Zur Endenergie aus fossilen Quellen wird die Energie aus nicht fossilen Quellen addiert. Dieser Ansatz entspricht der direkten Äquivalentmethode, die auch für den exemplarischen Pfad angewandt wurde. Mit erneuerbaren Energieträgern sind in MIND die „neuen" erneuerbaren Energieträger bezeichnet, d.h. diejenigen, die sich in der Zukunft noch technologisch entwickeln können (beispielsweise Sonnenenergie, Wind, moderne Biomasse). Auch sie werden aggregiert modelliert. Die konventionellen erneuerbaren Energieträger wie traditionelle Biomasse und Wasserkraft werden in MIND nicht explizit modelliert. Die aus diesen Quellen und der Kernkraft gewonnene Energiemenge wird aus dem exemplarischen Pfad übernommen (Kap. 4.4). Das gleiche gilt für die Emissionen der anderen Treibhausgase (Methan, Lachgas, CO_2 aus Landnutzungsänderung und die fluorierten Gase) und die Kohlenstoffspeicherung in geologischen Formationen. Damit ist gewährleistet, dass alle Faktoren, die von MIND nicht modelliert werden, mit denen des exemplarischen Pfads übereinstimmen. MIND berechnet unterschiedliche Szenarien für den BAU- („business as usual") und UmBAU-Fall. Für den BAU-Fall werden kosteneffektive Pfade ohne Beschränkungen berechnet, während im UmBAU-Fall zusätzlich die Einführung der vom Beirat definierten Klimaleitplanke erfolgt. Schließlich werden Korridore zukünftiger Emissionspfade berechnet, die mit der Klimaleitplanke verträglich und unter Entwicklungsaspekten ökonomisch vertretbar sind.

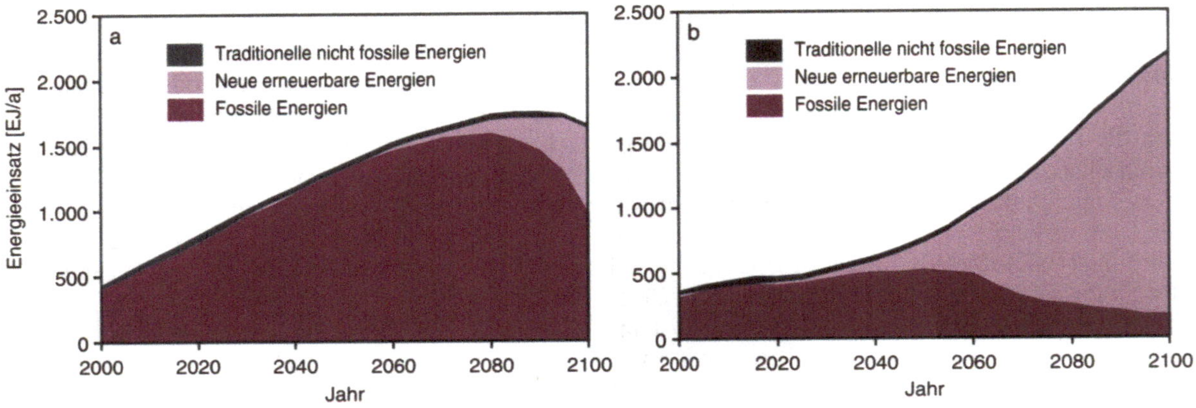

Abbildung 4.5-1
Energieeinsatz im MIND-Modell in den Fällen (a) BAU und (b) UmBAU unter Beachtung der Klimaleitplanke, jeweils aufgeteilt in fossile, neue erneuerbare und traditionelle nicht fossile Energien. Bei BAU sinkt der Energieeinsatz zum Ende des 21. Jahrhunderts leicht, weil dann die Verknappung fossiler Ressourcen wirksam wird. Durch die massive Einführung erneuerbarer Energieträger steigt aber nach 2100 auch hier der Energieeinsatz wieder an (hier nicht gezeigt). Da MIND ab 1995 rechnet, weichen bereits im Jahr 2000 die Werte im UmBAU und im BAU-Fall voneinander ab, weil die Investoren im UmBAU-Fall ihre Entscheidungen bereits unter Berücksichtigung der Klimaleitplanke treffen.
Quelle: Edenhofer et al., 2002

Ergebnisse von MIND

Abbildung 4.5-1 zeigt die Ergebnisse der MIND-Simulationen für die Entwicklung des Primärenergieeinsatzes und dessen Aufteilung in erneuerbare und fossile Energien. Im BAU-Fall werden neue erneuerbare Energien erst zu Beginn des 22. Jahrhunderts ökonomisch rentabel, weil dann die höheren Explorations- und Förderkosten für Kohle, Öl und Gas zu massiven Investitionen in erneuerbare Energien führen (Abb. 4.5-1a). Die Modellrechnungen zeigen aber auch, dass unter diesen Bedingungen mit einem Anstieg der globalen Mitteltemperatur von mehr als 4°C gerechnet werden muss (Abb. 4.5-2c). Das Klimaproblem löst sich also nicht allein durch die Verknappung der fossilen Ressourcen. Daher werden in einem zweiten Fall UmBAU-Szenarien unter Setzung der Klimaleitplanke untersucht.

Trotz des unterschiedlichen Ansatzes im Vergleich zum A1T-450-Szenario kommt MIND im UmBau-Szenario (Abb. 4.5-1b) zu ähnlichen Energiebedarfsentwicklungen bei fossilen und erneuerbaren Energien wie der exemplarische Pfad (Abb. 4.4-3). Weiterhin zeigt sich, dass erneuerbare Energien unter einem solchen Szenario erheblich früher volkswirtschaftlich rentabel werden. Durch die Modellsimulationen kann also die Machbarkeit des exemplarischen Pfads nachgewiesen werden.

Die Ergebnisse machen deutlich, dass im Vergleich zum BAU-Pfad die CO_2-Emissionen im UmBAU-Fall massiv gesenkt werden können (Abb. 4.5-2a,b). Die Klimaleitplanke kann aber nur dann eingehalten werden, wenn im Verlauf der nächsten 100 Jahre ca. 200 Gt C in sicheren geologischen Formationen sequestriert werden (Abb. 4.5-2b,c). Im Vergleich zum exemplarischen Pfad enthält der UmBAU-Pfad insgesamt von 2000–2100 etwa 100 Gt C weniger; damit steigt für das UmBAU-Szenario der atmosphärische Gehalt an CO_2 auf nicht mehr als 410 ppm (im Jahr 2100) an.

Notwendige Investitionen

MIND bestätigt als gekoppeltes Klima-/Energiesystemmodell, dass Emissionsziele glaubhaft angekündigt werden müssen, wenn sich die Erwartungen der Kapitalgeber so verändern sollen, dass sie in einen Umbau des Energiesystems investieren. Können Investoren damit rechnen, dass die Politik die Lizenzen für Emissionen in die Atmosphäre langfristig verknappen wird, z. B. durch Zertifikatehandel oder auch durch Umweltqualitätsziele, geht dies bereits heute in das Investitionskalkül ein.

Für den UmBAU-Fall berechnet MIND von 2000–2100 kumulierte Investitionen in das globale Energiesystem von 330.000 Mrd. US-$, für den BAU-Fall 300.000 Mrd. US-$. Diese Angaben sind nur schwer mit empirischen Investitionsdaten der letzten Jahre zu überprüfen, da die Abschätzung zukünftiger globaler Investitionen große Unsicherheiten aufweist (UNDP et al., 2000).

Die MIND-Simulationen zeigen, dass im Jahr 2000 im BAU-Fall Investitionen von 3,9% des weltweiten BIP (Extraktion, aber ohne F&E) in den fossilen Energiesektor erfolgen. Der World Energy Assessment Report von UNDP et al. (2000) weist hierfür nur einen Anteil von 1–1,5% aus. Allerdings schätzt auch UNDP diese Quote als zu niedrig ein (in der Diskussion sind ca. 3%), weil die Kapitalkosten deutlich unterschätzt werden. MIND wird mit einer

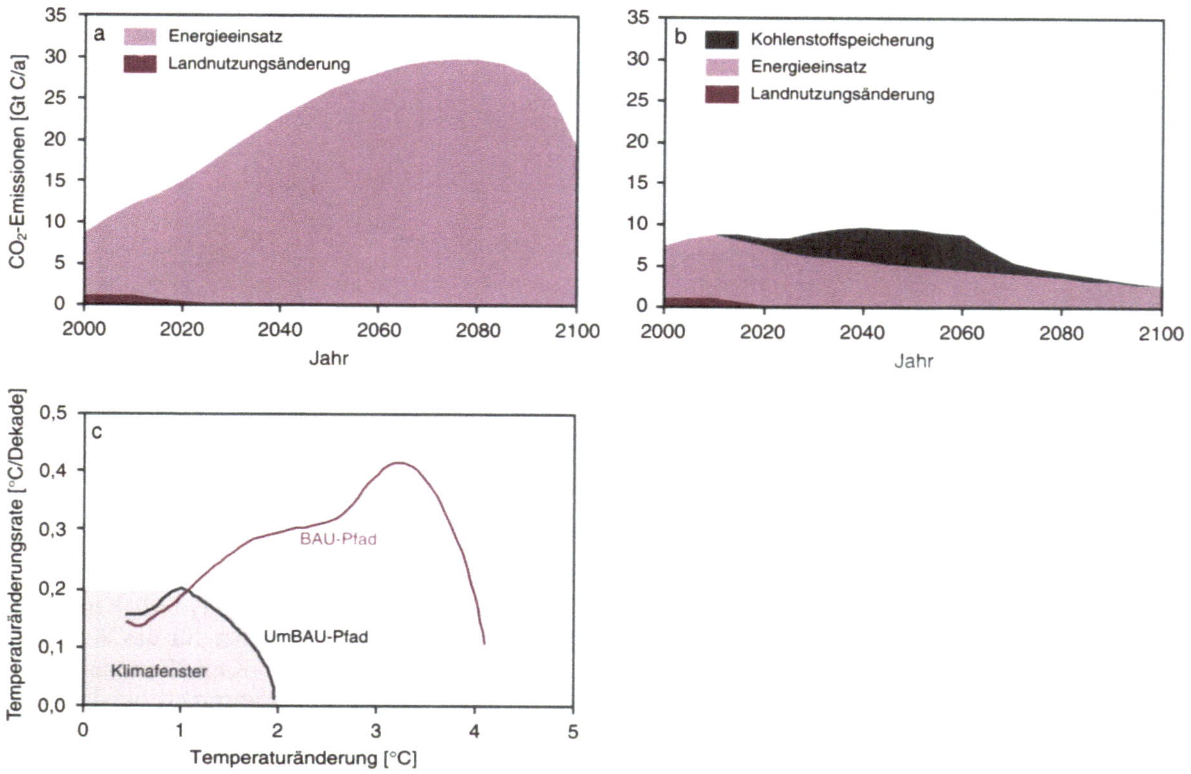

Abbildung 4.5-2
CO_2-Emissionen im MIND-Modell für den Fall (a) BAU- und (b) UmBAU. Im UmBAU-Fall sind zusätzlich die durch Speicherung vermiedenen CO_2-Emissionen dargestellt. Abbildung (c) zeigt Klimafenster und Temperaturentwicklung für die Jahre 2000–2100 für die beiden Szenarien (BAU *rot*, UmBAU *schwarz*). Da MIND ein Optimierungsmodell ist, verläuft im UmBAU-Fall die Temperaturentwicklung in Teilen direkt entlang der Grenze des Klimafensters. Es wurde eine Klimasensitivität von 2,5 °C Erwärmung bei Verdopplung der vorindustriellen CO_2-Konzentration angenommen. Die tatsächlichen Emissionen sind durch die Summe aus *roter* und *hellroter* Fläche gegeben. Die extrahierten Ressourcen werden durch die Summe aus *schwarzer* und *hellroter* Fläche gekennzeichnet. Da für MIND das Startjahr 1995 ist, weichen bereits im Jahr 2000 die Werte für UmBAU und BAU voneinander ab, weil die Investoren im UmBAU-Szenario für ihre Entscheidungen die Klimaleitplanke bereits zu berücksichtigen haben.
Quelle: Edenhofer et al., 2002

relativ hohen Investitionsquote initialisiert, weil diese mit den in diesem Report genannten Kapitalkosten annähernd konsistent ist.

Unabhängig von diesen Unsicherheiten zeigen die MIND-Rechnungen, dass im Business-as-usual-Fall in erneuerbare Energien erst investiert wird, wenn die fossilen Ressourcen versiegen. Im UmBAU-Fall kommt es frühzeitig zu einer Verhaltensänderung der Investoren; die Klimaleitplanke kann ohne schwerwiegende volkswirtschaftliche Verluste eingehalten und die Transformation der globalen Energiesysteme wesentlich beschleunigt werden. Mit Beginn der Umbauphase entstehen zwar leichte Konsum- und Einkommensverluste (weniger als 4% Veränderung), aber nach Abschluss der Umbauphase (nach 2100) aufgrund steigender Skalenerträge sogar Wohlfahrtsgewinne (Abb. 4.5-3a). Die zugrunde liegenden Lernkurven müssen dabei historische Raten nicht übersteigen. Dabei wurden über den relevanten Zeitraum (2000–2100) für die erneuerbaren Energien aggregierte Lernkurven mit konstanter Lernrate angenommen. Dies beinhaltet auch die Annahme, dass neue Technologien auf den Markt kommen, deren Durchschnittskosten durch „learning by doing" gesenkt werden können. Sensitivitätsanalysen zeigen aber, dass sich die Ergebnisse auch bei Lernkurven mit abnehmender Lernrate qualitativ nicht ändern. Ein Umbau zur Nachhaltigkeit ist ohne große volkswirtschaftliche Verluste möglich, wenn der erneuerbare Energiesektor seine historisch erzielten Lernraten fortschreiben kann (Abb. 4.5-3b).

Zulässige Emissionskorridore

Im Rahmen des Szenariokalküls werden, wie in Kapitel 4.1 beschrieben, nicht nur kosteneffektive Pfade hinsichtlich der Einhaltung einer Klimaleitplanke untersucht, sondern es erfolgt auch eine Ana-

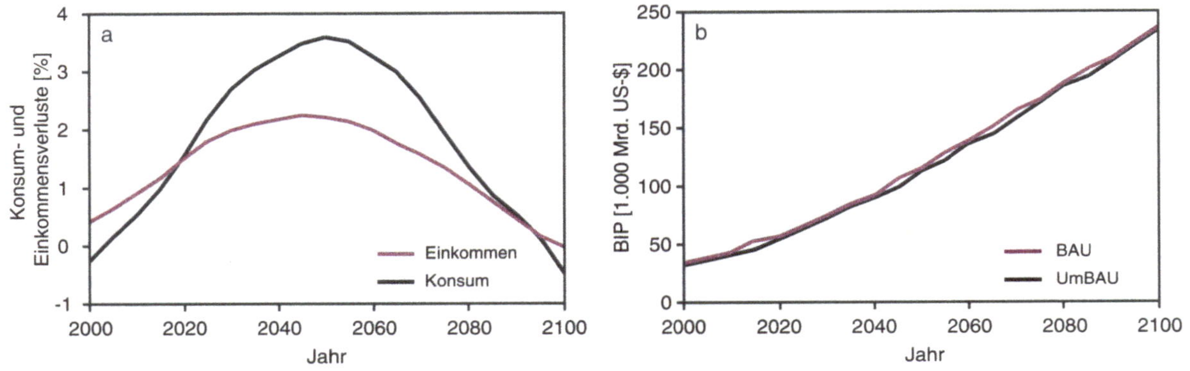

Abbildung 4.5-3
(a) Prozentuale Verluste an Konsum und Einkommen für das UmBAU Szenario im Vergleich zum BAU Szenario: Einkommen (*rot*), Konsum (*schwarz*). (b) Entwicklung des globalen BIP im BAU (*rot*) und UmBAU-Fall (*schwarz*).
Quelle: Edenhofer et al., 2002

lyse, welcher Spielraum diese Vorgabe dem von MIND definierten ökonomischen System für die Extraktion fossiler Ressourcen und den damit verbundenen Emissionen noch belässt. Fragen in diesem Kontext lassen sich durch den Fensteransatz (Tolerable Windows Approach: WBGU, 1995; Toth et al., 1997; Petschel-Held et al., 1999; Bruckner et al., 1999) beantworten. Der Fensteransatz stellt ein Verfahren zur Bestimmung von Emissionskorridoren bereit (Leimbach und Bruckner, 2001). Emissionskorridore stellen die Menge aller Emissionswerte in der Zeit dar, die von einem mit den Leitplanken verträglichen Emissionspfad angenommen werden können. Im Rahmen des Fensteransatzes erfolgt keine Optimierung des ökonomischen Systems, so dass neben der Klimaleitplanke noch sozioökonomische Leitplanken eingeführt werden, um den Raum zulässiger Emissionszukünfte (Kap. 4.3) sinnvoll zu begrenzen. Hierfür wurde eine Untergrenze für das Wachstum des durchschnittlichen Pro-Kopf-Konsums gefordert, um dem Entwicklungsanspruch der Entwicklungsländer Rechnung zu tragen. Zudem wurde eine zu starke Verknappung des Produktionsfaktors Energie ausgeschlossen.

Abbildung 4.5-4 zeigt leitplankenverträgliche Korridore für die Emissionen und die Ressourcenextraktion. Der Unterschied in den Korridoren ergibt sich vor allem aus der Sequestrierung eines Teils der energiebedingten CO_2-Emissionen. Zusätzlich führen landnutzungbedingte Emissionen zu einem weiteren Unterschied. Innerhalb der Korridore werden jeweils die kosteneffektiven Pfade gezeigt

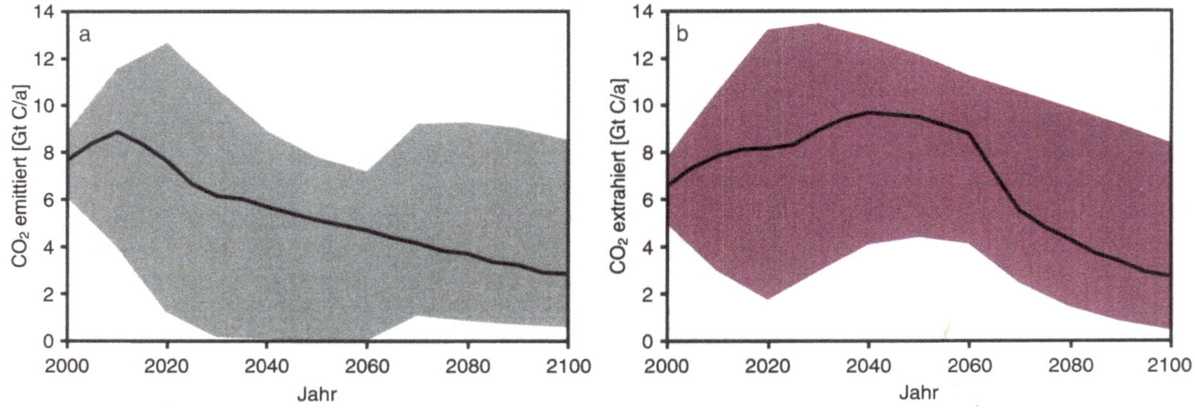

Abbildung 4.5-4
Korridore für (a) CO_2-Emissionen mit Berücksichtigung der CO_2-Speicherung sowie (b) Ressourcenextraktion. Die Korridore wurden unter Vorgabe des Klimafensters und sozioökonomischer Leitplanken berechnet. Außerhalb der Korridore befindet sich der nicht nachhaltige Bereich. Allerdings sind nicht alle Pfade innerhalb der Korridore unbedingt nachhaltig. So verletzt ein Pfad, der ständig an der Obergrenze des Korridors verläuft, das Klimafenster. Die Einhaltung des Korridors stellt eine notwendige, aber nicht hinreichende Bedingung für die Einhaltung der Leitplanken dar.
Quelle: Edenhofer et al., 2002

(UmBAU-Pfade), die die Klimaleitplanke einhalten. Da diese innerhalb der Korridore liegen, erfüllen sie auch die beiden anderen gesetzten Leitplanken. Zudem liegen die Pfade im oberen Teil der Korridore, d.h. es sind im Rahmen der sozioökonomischen Leitplanken sogar noch drastischere Emissionsreduktionen möglich. Das von MIND modellierte ökonomische System ist also flexibel genug, durch einen frühen Umbau des Energiesystems den Anteil fossiler Energieträger an der Energieproduktion ausreichend schnell zurückzufahren, um Klimaschutz auch unter Berücksichtigung der wirtschaftlichen Entwicklung sicherzustellen.

MIND berechnet also einen Klimaschutzpfad, der bei einer mittleren Klimasensitivität im Klimafenster bleibt und dennoch Politiker nicht vor unlösbare Allokationsprobleme stellt. Damit wird der vom WBGU verwendete exemplarische Pfad bestätigt. Allerdings benötigt dies eine massive Erhöhung der Investitionen in den erneuerbaren Energiesektor. Das Zusammenspiel von Fördermaßnahmen – zur Beschleunigung des Lernens – und langfristiger Emissionsbegrenzung für den Klimaschutz ermöglicht eine effektive Steuerung des Umbaus in eine nachhaltige Zukunft.

4.5.2 Der exemplarische Pfad: Bedeutung, Unsicherheiten und Kosten

In diesem Abschnitt wird der exemplarische Pfad aus Kapitel 4.4 diskutiert. Dabei stehen die Unsicherheiten bezüglich der zulässigen Emissionsmengen und die Finanzierbarkeit des Pfads im Vordergrund.

4.5.2.1 Unsicherheiten bei den erlaubten Emissionsmengen

Der exemplarische Pfad enthält kumuliert von 2000 bis 2100 etwa 100 Gt C mehr CO_2-Emissionen, als der Pfad, der vom MIND-Modell im UmBAU-Szenario berechnet wurde. Allerdings zeigt die Diskussion in Kapitel 4.4.2, dass der exemplarische Pfad den zur Reduktion von CO_2-Emissionen vorhandenen Spielraum ausreizt. So wären beispielsweise eine angenommene stärkere Erhöhung der Energieproduktivität nicht mehr konsistent mit der zugrunde liegenden A1-Welt, mehr CO_2-Speicherung widerspräche der Forderung nach Auslaufen der Speicherung bis 2100 und ein schnelleres Hochfahren der erneuerbaren Energien ist nicht möglich. Im Folgenden soll gezeigt werden, wie empfindlich alle Szenarien bezüglich der Unsicherheiten der Klimasensitivität sind, was in Kapitel 4.3.1.2 bereits qualitativ diskutiert wurde.

KLIMASENSITIVITÄT DES EXEMPLARISCHEN PFADS
Kriegler und Bruckner (2003) haben mit einem Energiebilanz-Klimamodell ermittelt, wie viel kumulierte Kohlenstoffemissionen ein reines CO_2-Emissionsszenario, dass den Nettostrahlungsantrieb von Aerosolen und anderen Treibhausgasen vernachlässigt, in den Jahren 2000–2100 maximal enthalten darf, um eine Erwärmung von nicht mehr als 2 °C gegenüber der vorindustriellen Epoche zu verursachen. Sie kommen zu den in Tabelle 4.5-1 aufgeführten Ergebnis.

Deutlich ist zu sehen, dass die zulässigen Emissionen zwischen den beiden Extremwerten der Klimasensitivität um mehr als 1.500 Gt C auseinander liegen können, mehr als die gesamten kumulierten Emissionen des exemplarischen Pfads (650 Gt C). Um diese Werte näherungsweise auf den exemplarischen Pfad beziehen zu können, der auch andere Treibhausgase und Aerosole enthält, müssen die relativen Unterschiede zwischen den zulässigen Emissionen auf die Kohlendioxidemissionen des exemplarischen Pfads übertragen werden. Ein Abschätzung ergibt, dass der exemplarische Pfad bei einer angenommenen Klimasensitivität von etwa 2,2 °C das Klimafenster einhalten würde.

Die in Tabelle 4.5-1 angenommenen Klimasensitivitäten spiegeln in ihrer Bandbreite den Stand des heutigen Wissens wider (IPCC, 2001a). Dabei ist zu betonen, dass aufgrund der hohen Unsicherheiten insbesondere bei den indirekten und Rückkopplungseffekten im Klimasystem der IPCC keinen Wert mehr als den wahrscheinlichsten ausweist. Dennoch lässt sich feststellen, dass ein Wert von 2,2 °C in der vom IPCC angegeben Spanne liegt und damit ein plausible Annahme ist. Neuere Studien versuchen

Tabelle 4.5-1
Zulässige kumulierte CO_2-Emissionen von 2000–2100 für eine absolute Erwärmung unter 2 °C gegenüber vorindustriellen Werten in Abhängigkeit von der Klimasensitivität. Der IPCC gibt die Spannbreite der Klimasensivität mit 1,5–4,5 °C an (IPCC, 2001a). Zum Vergleich: der exemplarische Pfad erhält kumuliert von 2000–2100 rund 650 Gt C.
Quelle: nach Kriegler und Bruckner, 2003

Angenommene Klimasensitivität [°C]	Zulässige kumulierte CO_2-Emissionen [Gt C]
1,5	1.780–1.950
2,5	850–910
3,5	530–560
4,5	ca. 380

die Klimasensitivität aus Vergleichen zwischen Modellsimulationen und empirischen Daten über Wahrscheinlichkeitsdichtefunktionen zu rekonstruieren und diskutieren dabei auch Klimasensitivitäten, die 4,5 °C deutlich überschreiten (Andronova und Schlesinger, 2001; Forest et al., 2002; Knutti et al., 2002). Für eine genauere Abschätzung der Klimasensitivität besteht dringender Forschungsbedarf (Kap. 6.1).

Ein weiteres Ergebnis lässt sich aus Tabelle 4.5-1 ableiten: Wenn der exemplarische Pfad nicht bei einer Klimasensitivität von 2,2 °C, sondern bei etwa 3 °C die absolute Klimaleitplanke erfüllen müsste, würde die zulässige kumulierte Emission um etwa 200 Gt C schrumpfen. Eine Klimasensivität von 3 °C spiegelt im Rahmen der Diskussion ebenfalls eine plausible Annahme wider, die deswegen in ihren Konsequenzen diskutiert werden soll. Es stellt sich dabei die Frage, wie der dann größere Minderungsbedarf für Treibhausgasemissionen realisiert werden könnte. In Tabelle 4.5-2 sind verschiedene Optionen aufgeführt, wie im exemplarischen Pfad noch mehr Emissionen vermieden werden könnten.

Die 200 Gt C könnten durch Kohlenstoffspeicherung, in der Landwirtschaft und durch eine schnellere Erhöhung der Energieproduktivität eingespart werden. Dabei ist festzustellen, dass Einsparungen in der Landwirtschaft schwierig zu erschließen sein werden. So zeigen erste Studien zu Methanemissionen aus Reisfeldern und zum Einsatz stickstoffhaltigen Düngers, dass Emissionsreduktionspotenziale entweder einen Eingriff in die Anbautechnik erfordern (Mitra et al., 1999; Bharati et al., 2001) oder limitiert bzw. schwer umsetzbar und zum Teil auch teuer sind (Scott et al., 2002). Daher ist ein großes Potenzial, wie in Tabelle 4.5-2 angegeben, sehr schwer zu erreichen.

Wenn in der Landwirtschaft nur wenig reduziert werden kann, müssten die fehlenden 200 Gt C hauptsächlich durch raschere Erhöhung der Energieproduktivität bzw. durch erhöhte Speicherung erreicht werden. Etwa 100 Gt C könnten zusätzlich gespeichert werden, ohne die WBGU-Leitplanke zur sicheren Speicherung in geologischen Formationen zu verletzen. Dazu dürfte allerdings im exemplarischen Pfad die CO_2-Speicherung gegen 2100 nicht auf Null abfallen.

Etwa 200 Gt C können durch schnellere Erhöhung der Energieproduktivität erreicht werden. Der hier genannte Wert von 2,5% Steigerung pro Jahr wird dabei in der Literatur als Grenze des möglichen angesehen (Hoffert et al., 1998). Es ist dabei zu betonen, dass solche Raten der Energieproduktivitätssteigerung von 2% (B1-Szenarien) oder gar 2,5% nur erzielt werden können, wenn gleichzeitig die technische Effizienz stark steigt und, wie im Szenario B1 dargestellt (Kap. 4.2), sich ein Strukturwandel hin zu weniger energieintensiven Produkten und Dienstleistungen vollzieht, einschließlich der Änderung von Siedlungs- und Verkehrsstrukturen sowie von Lebensstilen. Diese zusätzliche Produktivitätssteigerung des Energiesektors erfordert starke Anreize zur Minderung der Energienachfrage.

Unsicherheitsfaktoren und Optionen im exemplarischen Pfad	Äquivalent weltweit erlaubter Treibhausgasemissionen, kumuliert (2000–2100)	Kommentar
Änderung der angenommenen Klimasensitivität von 2,2 °C auf 3 °C	Exemplarischer Pfad hätte zusätzlich etwa 200 Gt C_{eq} zu viel	Der IPCC gibt als Spanne der Klimasensivität 1,5–4,5 °C an
Landwirtschaft: 50% Reduktion der CH_4 und N_2O Emissionen in der Landwirtschaft	Brächte Ersparnis von etwa 200 Gt C_{eq}	50% ist sehr viel. Ob überhaupt eine Emissionsstabilisierung erreichbar ist, kann kaum abgeschätzt werden
Speicherung bis zur von der WBGU-Leitplanke begrenzten Höchstmenge (300 Gt C statt 200 Gt C)	Brächte Ersparnis von etwa 100 Gt C_{eq}	Dabei würde im exemplarischen Pfad die CO_2-Speicherung bis 2100 nicht auf Null abfallen
Erhöhung der Energieproduktivitätsrate von 1,3% p.a. auf 2% p.a.	Brächte Ersparnis von etwa 120 Gt C_{eq}	Entspricht dem Übergang von der A1-Welt zur B1-Welt in den SRES-Szenarien
Erhöhung der Energieproduktivitätsrate von 1,3% p.a. auf 2,5% p.a.	Brächte Ersparnis von etwa 220 Gt C_{eq}	2,5% p.a. Steigerung könnte die Obergrenze des Möglichen sein

Tabelle 4.5-2
Klimasensitivität und mögliche Potenziale für Reduktionen der Treibhausgasemissionen im exemplarischen Pfad.
Quelle: WBGU

4.5.2.2
Kosten des exemplarischen Transformationspfads und Finanzierbarkeit

Für eine Energiewende zur Nachhaltigkeit ist ein Transformationsprozess über 100 oder mehr Jahre notwendig. Wollte man die kumulierten Kosten der Energiewende berechnen, müsste man die Entwicklung von Investitions-, Forschungs-, Betriebsmittel- und Wartungskosten nicht nur für den exemplarischen Pfad, sondern auch die Kosten des BAU-Pfads und anderer Vergleichsszenarien voraussagen können. Es liegt auf der Hand, dass Preisentwicklungen, z. B. für Primärenergieträger, nicht über einen Jahrhundertzeitraum hinweg hinreichend zuverlässig geschätzt werden können. Gleiches gilt für zukünftige, heute noch unbekannte Basisinnovationen in der Energiewandlung und -nutzung sowie die bei ihrer Anwendung auftretenden Kosten bzw. Kosteneinsparungen. Sie können mit dem üblicherweise angewandten Konzept der Skaleneffekte und der Lernkurven nicht hinreichend erfasst werden.

Hinzu kommen große Schwierigkeiten bei der Ermittlung und Monetarisierung der externen Kosten der Energiewende und alternativer Energiepfade. Auch wenn keine genauen Angaben über die Höhe externer Kosten gemacht werden können, sind Vergleiche möglich. Der exemplarische Pfad zeigt etwa, dass ein Umstieg auf erneuerbare Energieträger sowohl lokale als auch globale Umweltschäden reduziert. Der fossil-nukleare Pfad führt hingegen zu massiven Umweltbelastungen, insbesondere durch den Klimawandel. Der Klimawandel wiederum verursacht volkswirtschaftliche Schäden und Anpassungskosten. Die externen Kosten des exemplarischen Pfads durch Gesundheitsschäden sind ebenfalls niedriger. Der exemplarische Pfad birgt gegenüber dem fossilen Pfad außerdem das Potenzial für eine „Sonnendividende". Damit sind Einsparungen bei den energiepolitisch motivierten Verteidigungsausgaben gemeint, deren Notwendigkeit durch den Umstieg auf erneuerbare Energieträger abnimmt, da die Importabhängigkeit von fossilen Energieträgern sinkt. Es wird geschätzt, dass allein die energiepolitisch motivierten Verteidigungsausgaben der USA ca. 33 Mrd. US-$ jährlich betragen (Hu, 1997). Dazu kämen außerdem vermiedene Ausgaben gegen Nuklearterrorismus.

Aufgrund der Unsicherheiten und Unwägbarkeiten bei der Kostenermittlung verzichtet der WBGU auf eine quantitative Abschätzung der gesamten Kosten. Da jedoch die Frage der Finanzierbarkeit der Energiewende und damit die Höhe der erforderlichen Investitionen von unmittelbar praktischen Interesse ist, werden die Daten der Modellläufe herangezogen, um eine grobe Vorstellung über die Investitionen zu geben, die bei der Umsetzung des exemplarischen Pfads auftreten können. Das MIND-Modell berechnet für den Zeitraum 2000–2100 kumulierte Investitionen in das globale Energiesystem in Höhe von 300.000 Mrd. US-$ für BAU und 330.000 Mrd. US-$ für UMBAU. Das Ausgangsszenario für den exemplarischen Pfad A1T-450 erfordert nach den Berechnungen von IIASA im gleichen Zeitraum kumuliert etwa 190.000 Mrd. US-$, während der Kohle intensive und nukleare Wachstumspfad A1C-450 etwa 500.000 Mrd. US-$ Investitionen erfordern würde. Der exemplarische Transformationspfad weist insgesamt weniger Energiebedarf als das A1T-450-Szenario auf. Die fossilen Energien und die Speicherung von Kohlenstoff sind in beiden Szenarien fast identisch, dagegen enthält der exemplarische Pfad weniger Kernenergie, Wasserkraft, Solarthermie und Biomasse und benötigt daher voraussichtlich bei diesen Energien auch weniger kumulierte Investitionen. Nur bei der Windkraft und der Steigerung der Energieproduktivität werden die kumulierten Investitionen diejenigen des A1T-450-Szenarios überschreiten. Der Beirat geht anhand eigener Überlegungen davon aus, dass sich bei Berücksichtigung aller relevanten Kosten die Modifikationen des A1T-450-Szenarios zum exemplarischen Pfad finanziell annähernd ausgleichen könnten. Die vorliegenden Schätzungen beziehen sich auf Szenarien mit einem sofortigen Einstieg in die Energiewende. Würde die Energiewende um einige Jahrzehnte verschoben, stiegen die Investitionskosten und, gleich bleibende Bedingungen vorausgesetzt, die Transformationskosten aufgrund der Verfestigung der Pfadabhängigkeit jedoch beträchtlich. Der Beirat ist sich bewusst, dass der exemplarische Pfad mit der starken Anschubhilfe für neue erneuerbare Energien kurzfristig teurer ist als ein Pfad, in dem zunächst auf die Ausschöpfung der kostengünstigsten Treibhausgasreduktionspotenziale zurückgegriffen würde. Allerdings sollte der exemplarische Pfad langfristig kostengünstiger sein, weil nur er die notwendigen solaren Energieversorgungskapazitäten in einigen Jahrzehnten zur Verfügung stellt, die zur Abwendung größerer Treibhausschäden notwendig sind. Aus all dem folgt:

- Angaben über die Kosten des Umbaus des globalen Energiesystems sind mit großen Unsicherheiten behaftet. Unterschiedliche Modelle beziffern die kumulierten Investitionskosten für den Zeitraum von 2000 bis 2100 auf mehrere 100.000 Mrd. US-$;
- Auf der Grundlage modifizierter Modellergebnisse können für den exemplarischen Pfad von 2000 bis 2100 kumulierte Investitionen zwischen 190.000–330.000 Mrd. US-$ abgeschätzt werden;

- Der exemplarische Pfad erfordert langfristig bis 2100 deutlich niedrigere Investitionen als ein Kohle intensiver und nuklearer Pfad und wendet außerdem erheblichen volkswirtschaftlichen Schaden ab.

Für die Finanzierbarkeit der Transformation ist jedoch weniger die absolute Höhe der über 100 Jahre kumulierten Investitionen ausschlaggebend, sondern

1. die relative Höhe der erforderlichen Energieinvestitionen (z. B. gemessen am Bruttoinlandsprodukt);
2. die Zuwachsrate, mit der die Investitionen kurz- bis mittelfristig gesteigert werden müssen.

Sowohl bei den IIASA-Szenarien als auch im MIND-Modell ist ein starker, langfristig anhaltender Anstieg der Energieinvestitionsquote (Energieinvestitionen im Verhältnis zum BIP) nicht erforderlich. Die Investitionen in den Energiesektor überschreiten niemals das 2fache des heutigen Anteils am BIP.

Von größerer Bedeutung für die Einschätzung der Finanzierbarkeit ist der zweite Faktor, also die Rate, mit der die Investitionen in einem gegebenen Zeitraum gesteigert werden müssen. Die Investitionen in den notwendigen Umbau des Energiesystems müssen überwiegend von privaten Akteuren getätigt werden. Private Investitionen erfolgen auf der Basis von Renditeüberlegungen. Daher kann es auch keine absolute Leitplanke für die Höhe der Investitionen in das Energiesystem geben, z. B. in der Form eines maximalen Anteils am BIP. Eine Änderung der von der Politik gesetzten Rahmenbedingungen für Investitionen kann die Renditeaussichten für Investitionen in Energieeffizienz und erneuerbare Energien wesentlich verbessern. Jedoch führt eine Änderung der Rahmenbedingungen zu einer Umlenkung von Kapitalströmen, die besonders für diejenigen Wirtschaftssektoren problematisch ist, aus denen Kapital abgezogen wird. Dies kann zu erheblichen Anpassungsschwierigkeiten in wirtschaftlicher und sozialer Hinsicht führen. Das wirtschaftliche Wachstumspotenzial würde geschwächt, insbesondere wenn dieser Prozess abrupt und innerhalb eines kurzen Zeitraums erfolgt. Eine Verdopplung der Investitionen in den Energiesektor innerhalb weniger Jahre könnte die Anpassungsfähigkeit von Volkswirtschaften daher übersteigen. Innerhalb von ein bis zwei Dekaden hingegen ist eine Verdopplung ohne signifikante Reibungsverluste möglich. Die historische Entwicklung zeigt, dass sich in anderen, ähnlich großen Sektoren die Investitionsquoten (Sektorinvestitionen im Verhältnis zum BIP) binnen eines Jahrzehnts sogar gelegentlich mehr als verdoppelt haben, ohne dass nennenswerte volkswirtschaftliche Verwerfungen auftraten.

Um die Finanzierbarkeit und damit die wirtschaftliche Machbarkeit der Energiewende nicht zu gefährden, ist eine langfristige Transformationsstrategie erforderlich (Kap. 5), die das Anpassungspotenzial des marktwirtschaftlichen Mechanismus nicht beeinträchtigt, sondern für die Transformation nutzt. Eine Voraussetzung dafür ist Planungssicherheit für die wirtschaftlichen Akteure. Ihnen müssen für einen Zeitraum von mindestens 10–20 Jahren verlässliche energiepolitische Rahmenbedingungen garantiert werden. Können sich die Akteure an Zwischenzielen und Instrumenten im Sinn eines Transformationsfahrplans (Kap. 7) orientieren, wird sich das Investitionsverhalten entsprechend anpassen. Daher ist es für den WBGU eine unabdingbare Voraussetzung, dass die Politik keine weitere Zeit verstreichen lässt und eindeutige Signale in Richtung einer Energiewende setzt. Dies muss national und international geschehen. Unter diesen Bedingungen einer Transformationsstrategie ist der Beirat der Überzeugung, dass der ausgewählte nachhaltige Pfad finanzierbar und ohne signifikante wirtschaftliche Einbußen begehbar ist. Zwar lassen sich im Einzelnen kurzfristige Anpassungskosten nicht vermeiden, aber durch den richtigen Instrumentenmix minimieren (Kap. 5). Insgesamt wird die konsequente, langfristig orientierte Umsetzung der Energiewende die gesellschaftliche Wohlfahrt steigern und neue Wohlfahrtspotenziale erschließen.

4.6 Fazit

Aus der Analyse von Szenarien zur langfristigen Entwicklung der Energiesysteme (Kap. 4.2) und der Entwicklung eines mit den WBGU-Leitplanken (Kap. 4.3) konsistenten exemplarischen Pfads (Kap. 4.4, 4.5) ergeben sich eine Reihe von Schlussfolgerungen, die auch Grundlage für die in Kapitel 5 entwickelten Handlungsempfehlungen sind.

- Globale Kooperation und Konvergenz, sowohl wirtschaftlich als auch politisch, erleichtern eine für die Transformation notwendige schnelle Technologieentwicklung und -diffusion. Hohes Wirtschaftswachstum kann dann in Verbindung mit einer starken Minderung der Energie- und Kohlenstoffintensität zu einer nachhaltigen Energieversorgung führen. Heutige Entwicklungsländer können davon profitieren: durch ein rasches Aufschließen an die Entwicklung in den Industrieländern, Technologie- und Kapitaltransfer sowie die Chance, die sich aus dem Export hochwertiger Energieprodukte ergibt. So kann insbesondere auch frühzeitig das Ziel erreicht werden, allen Menschen einen Zugang zu modernen, sauberen Energieformen zu ermöglichen. Dies erfordert allerdings nicht nur energiepolitische, sondern auch entwicklungs- und wirtschaftspolitische Maßnahmen.

- Nur mit verbindlichen CO_2-Reduktionsvorgaben und den damit verbundenen Preissignalen und anderen Anreizen können Energiestrukturen schnell genug so transformiert werden, dass sie Minimalanforderungen an einen Klimaschutz erfüllen können. Bis 2050 ist gegenüber 1990 eine Minderung der globalen CO_2-Emissionen um mindestens 30% notwendig, wobei die Industrieländer ihre Emissionen um etwa 80% reduzieren und die Entwicklungsländer ihren Anstieg der Emissionen auf etwa 30% beschränken müssen.
- Flankierend zur Energiepolitik sind Maßnahmen zur Minderung nicht energiebedingter Emissionen (etwa aus der Landwirtschaft) sowie zum Schutz natürlicher Kohlenstoffvorräte notwendig.
- Auch wenn der WBGU hier einen exemplarischen Pfad auf der Basis einer Stabilisierung der CO_2-Konzentration in der Atmosphäre auf 450 ppm entwickelt hat, bedeutet dies angesichts der Unsicherheiten bezüglich der Antriebskräfte und der Klimaentwicklung nicht, dass dieses Stabilisierungsniveau als sicher gelten kann. Unter Vorsorgegesichtspunkten empfiehlt der WBGU deshalb, sich die Option niedrigerer Stabilisierungsziele für CO_2 offen zu halten.
- Ein fossil-nuklearer Pfad ist selbst bei Einhaltung der Klimaschutzziele mit wesentlich höheren, für den WBGU intolerablen Risiken sowie mit weitaus größeren Umweltbelastungen verbunden und zudem mittel- und langfristig deutlich teurer als ein Pfad, der – wie der vom WBGU exemplarisch entwickelte – auf regenerative Energieträger und Steigerung der Energieeffizienz setzt. Aus dem exemplarischen Pfad lassen sich folgende Empfehlungen ableiten: der Anteil der erneuerbaren Energieträger sollte bis 2050 weltweit etwa 50% Prozent, bis 2100 etwa 85% betragen. Die Energieproduktivität sollte langfristig um jährlich 1,6% steigen. Die Kohlenutzung sollte zum Ende des Jahrhunderts auslaufen, die Kernenergienutzung bereits 2050.
- Wegen der langen Investitionszyklen etwa von Kraftwerken oder Transportnetzen stellen die nächsten 10–20 Jahre das entscheidende Zeitfenster für die Transformation der Energiesysteme hin zu einem nachhaltigen Pfad dar. Wird diese Chance genutzt, ist die Transformation mit nur geringen Einkommensverlusten möglich. Eine Vertiefung der Pfadabhängigkeit von den heutigen fossil-nuklearen Energiesystemen kann damit vermieden werden. Außerdem können Entwicklungsländer nicht nachhaltige Technologien überspringen.
- Die Transformation gelingt nur dann, wenn ein verstärkter Kapital- und Technologietransfer von Industrie- in Entwicklungsländer stattfindet. Allerdings müssen Industrieländer dazu die Technologieentwicklung zu Energieeffizienz und erneuerbaren Energieformen deutlich verstärken, etwa durch Steigerung und Umlenkung der Forschungs- und Entwicklungsausgaben, Markteinführungsstrategien, Preisanreize und den Aufbau geeigneter Infrastruktur. Dadurch können die zunächst hohen Kosten der Energiewende reduziert und rasch Marktreife erreicht werden, was wiederum den Transfer in die Entwicklungsländer erleichtert.
- Kurz- und mittelfristig müssen diejenigen erneuerbaren Energiequellen zügig ausgebaut werden, die heute technisch beherrscht und relativ preiswert sind. Das sind insbesondere Windkraft und Biomassenutzung, eingeschränkt auch die Wasserkraft. Da ihr nachhaltiges Potenzial begrenzt ist (Kap. 3), droht ihr engagierter Ausbau allerdings bereits in der ersten Hälfte dieses Jahrhunderts an seine Grenze stoßen.
- Langfristig kann der steigende Primärenergiebedarf nur durch eine entschiedene Sonnenenergienutzung gedeckt werden, die das mit weitem Abstand größte langfristige Potenzial besitzt. Dieses Potenzial kann nur erschlossen werden, wenn eine Verzehnfachung pro Dekade schon jetzt und auch langfristig sichergestellt wird.
- Die Nutzung fossiler Energieträger, die auch in den nächsten Jahrzehnten weiter notwendig ist, muss möglichst so erfolgen, dass Effizienzpotenziale ausgeschöpft werden und Infrastrukturen und Kraftwerkstechnologien leicht auf erneuerbare Energieträger umgerüstet werden können. Besonders die effiziente Nutzung von Gas etwa in Brennstoffzellen und bei Kraft-Wärme-Kopplung kann eine wichtige Brückenfunktion hin zu einer Wasserstoffwirtschaft darstellen.
- Um das weltweite Potenzial der Solarenergie nutzen und regionale Schwankungen ausgleichen zu können, ist langfristig der Aufbau globaler Energietransportnetze notwendig („Global Link").
- Auch eine im Vergleich zu fossilen Szenarien maßvolle Speicherung von Kohlendioxid in geologischen Formationen (Öl- und Gaskavernen), aber nicht im Ozean, wird bei stark ansteigender Primärenergienachfrage als Übergangstechnologie in diesem Jahrhundert notwendig sein. Bei der nachhaltigen Nutzung von Biomasse durch Vergasung und Speicherung des dabei anfallenden Kohlendioxids ergibt sich sogar die Möglichkeit, eine Kohlendioxidsenke zu schaffen.

- Neben einer veränderten Angebotsstruktur der Energieversorgung ist eine Strategie zur Steigerung der Energieproduktivität weit über historische Trends hinaus erforderlich – von heute etwa 1% auf im langjährigen globalen Mittel mindestens 1,6% jährlich. Das bedeutet, dass innerhalb von 60–70 Jahren mindestens eine Vervierfachung der globalen Energieproduktivität notwendig ist. Bis 2050 sollte eine Verdreifachung angestrebt werden. Dies erfordert Maßnahmen (wie beispielsweise Preisanreize) zur Erhöhung der Effizienz und Minderung der Energienachfrage sowohl bei der Energiekonversion als auch bei der Endenergienutzung, aber auch beispielsweise eine auf veränderte Verkehrs- und Siedlungsstrukturen abzielende Infrastrukturpolitik.

5 Die WBGU-Transformationsstrategie: Wege zu global nachhaltigen Energiesystemen

5.1 Kernelemente einer Transformationsstrategie

In den bisherigen Kapiteln dieses Gutachtens wurde deutlich gemacht, welchen Anforderungen global nachhaltige Energiesysteme genügen müssen. Heutige und künftige Generationen sollen über diejenigen Ressourcen und Güter verfügen, die sie für die Befriedigung ihrer Bedürfnisse benötigen, ohne dass Umweltveränderungen die natürlichen Lebensgrundlagen der Menschheit gefährden oder inakzeptable gesellschaftliche Entwicklungen eintreten. Der nicht nachhaltige Bereich wurde durch die ökologischen und die sozioökonomischen Leitplanken in Kapitel 4.3 dieses Gutachtens definiert. Bewegt man sich innerhalb des durch die verschiedenen Leitplanken aufgespannten Raums an Handlungsmöglichkeiten, besteht die Chance, dass künftige Generationen über ähnliche Gestaltungsspielräume wie die heutige verfügen können. Der WBGU-Transformationsstrategie hin zu global nachhaltigen Energiesystemen liegen somit zwei zentrale Ziele zugrunde:

Ziel 1: Natürliche Lebensgrundlagen schützen (Einhaltung der ökologischen Leitplanken);

Ziel 2: Zugang zu moderner Energie weltweit für alle Menschen sichern (Einhaltung der sozioökonomischen Leitplanken).

Die Berechnungen in Kapitel 4 ergeben, dass nicht jede beliebige Entwicklung der Energiesysteme mit den eben genannten Anforderungen vereinbar ist. Mit dem exemplarischen Pfad wurden eine mögliche nachhaltige Entwicklung skizziert und Kernelemente einer globalen, nachhaltigen Energiestrategie entwickelt. Die Schlussfolgerungen in Kapitel 4.6 weisen folgende zentrale Handlungsfelder aus: die Klimapolitik, die Entwicklung und Anwendung neuer Technologien, die Einbindung der Entwicklungsländer sowie eine verstärkte Kooperation und Konvergenz auf globaler Ebene und eine kohärentere Politik. Dabei ist zu beachten, dass die nächsten 10–20 Jahre die entscheidende Gelegenheit für einen Umbau der Energiesysteme bieten – in dieser Zeit müssen die Weichen für die Transformation gestellt werden. Der WBGU konzentriert sich mit seinen Empfehlungen daher auf diesen Zeitraum.

Die Herleitung des exemplarischen Transformationspfads verdeutlicht, dass bis 2020 der Anteil erneuerbarer Energien am globalen Energiemix von derzeit unter 13% auf mindestens 20% erhöht werden sollte, um bis 2050 einen Anteil von über 50% zu erreichen. Eine zielführende Maßnahme stellt die politische Festlegung von Mindestquoten für erneuerbare Energien dar, die stufenweise erhöht werden sollten (Kasten 5.2-1). Um den gesamten globalen Energiemix zu erfassen, sollten sich idealerweise alle Staaten zu verbindlichen Quoten verpflichten. Da das nachhaltige Ausbaupotenzial der einzelnen erneuerbaren Energien sehr unterschiedlich ist, sind nach Energieträgern differenzierende Teilquoten anstrebenswert. Unter ökonomischen Gesichtspunkten ist die langfristige Flexibilisierung der zu vereinbarenden Länderquoten hin zu einem System handelbarer Quoten wünschenswert. Das heißt, dass ein Land seine Quote nicht ausschließlich im Inland erfüllen müsste, sondern sich alternativ einen Teil der quotierten Menge „grüner" Energie aus Ländern anrechnen lassen kann, die ihre Quote übererfüllen.

Eine andere Frage ist, mit welchen konkreten Maßnahmen der Anteil erneuerbarer Energien erhöht und eine Transformation der heute existierenden Energiesysteme in global nachhaltige Systeme gelingen kann. Dies soll im Folgenden gezeigt werden. Nationale Maßnahmen (Kap. 5.2) müssen dabei durch eine kohärente Politik und effektive Institutionen auf der internationalen Ebene unterstützt und ergänzt werden (Kap. 5.3). Bei der Auswahl von Maßnahmen orientiert sich der WBGU an bestimmten Leitprinzipien (Kasten 5.1-1).

5.2 Handlungsempfehlungen für die Länderebene

Um den teilweise sehr unterschiedlichen Rahmenbedingungen in den einzelnen Ländergruppen gerecht zu werden, wird bei den nun folgenden Empfehlun-

Kasten 5.1-1

Leitprinzipien für die WBGU-Transformationsstrategie

- *Gutes Regierungshandeln fördern:* Um die globale Energiewende auch in den am wenigsten entwickelten Ländern einzuleiten, ist eine Stärkung ihrer Handlungsfähigkeit erforderlich. Denn Planungssicherheit, funktionierende staatliche Strukturen und Märkte sind eine wichtige Voraussetzung für die Einwerbung ausländischer Direktinvestitionen und die Dauerhaftigkeit und Wirksamkeit entwicklungspolitischer Maßnahmen.
- *Gemeinsame aber differenzierte Verantwortung wahrnehmen:* Der Klimawandel ist wesentlich eine Folge der heutigen Energienutzung in den Industrieländern. Er wird jedoch stärker in den Entwicklungsländern zu spüren sein. Daraus ergibt sich für die Industrieländer die Verpflichtung, nicht nur selbst die Energiewende einzuleiten, sondern den Entwicklungsländern dabei auch finanzielle und technische Unterstützung zu geben.
- *Vorsorgeprinzip befolgen:* Die globale Energiewende ist ein Suchprozess, der angesichts ständig wachsender Erkenntnisse und Rahmenbedingungen kontinuierlich neu justiert werden muss. Dabei kommt es im Sinn des Vorsorgeprinzips darauf an, die Leitplanken nicht nachhaltiger Entwicklung nicht zu verletzen.
- *Subsidiaritätsprinzip beachten:* Das Subsidiaritätsprinzip erfordert, dass die Kompetenz für zu lösende Aufgaben zunächst grundsätzlich auf der unteren Ebene liegen soll. Die nächsthöhere Ebene ist erst dann legitimiert, wenn sie nachweisen kann, dass sie energiepolitische Strategien effizienter umsetzen und finanzieren kann.
- *Regionale Ansätze verfolgen:* Regionale Ansätze (Clublösungen) können die politische Durchsetzbarkeit einer Transformation erleichtern. Erfolgreiche Clublösungen sind Anreiz für andere Staaten oder regionale Staatenorganisationen und sollten daher gefördert werden.
- *Gleiche Wettbewerbsbedingungen für alle Energieträger schaffen:* Die fossile und nukleare Energieerzeugung wird noch immer erheblich subventioniert. Externe Kosten des fossilen und nuklearen Energiesystems sind zudem nur zu einem Bruchteil internalisiert. Die Schaffung gleicher Wettbewerbsbedingungen für alle Energieformen, insbesondere auch bei Forschung und Entwicklung, ist daher eine Grundvoraussetzung für die Entfaltung marktwirtschaftlicher Impulse zur Transformation der Energiesysteme.
- *Liberalisierung nachhaltig gestalten:* Die Liberalisierung der Energiemärkte schafft in vielen Fällen die Voraussetzung für die Nutzung ökonomischer Potenziale. Es sollten jedoch auch die besonderen Bedingungen im ländlichen Raum der am wenigsten entwickelten Länder berücksichtigt werden – hier geht es zunächst darum, die Versorgung sicherzustellen. Liberalisierung muss mit einer staatlichen Rahmensetzung verbunden sein, damit sich die neu geschaffenen Energiemärkte unter Einhaltung von Nachhaltigkeitskriterien entwickeln.
- *Transformationspotenziale zügig erschließen:* Zur Erleichterung der politischen Durchsetzbarkeit sind anfangs und vor allem in Entwicklungs-, Schwellen- und Transformationsländern die kostengünstigen Transformationspotenziale zu erschließen, z. B. Effizienzsteigerungen, parallel dazu auch Technologien, die anfangs nicht kostengünstig sind. Durch die so eingesparten Mittel können z. B. erneuerbare Energien gezielt gefördert werden.
- *Gesellschaftliche und wirtschaftliche Kräfte nutzen:* Durch die Einbindung privater Akteure können Katalysatoren für die Transformation gewonnen werden. Die Energiewirtschaft verfügt über das notwendige Kapital und teilweise das entsprechende Wissen. Zu diesem Zweck muss der Staat geeignete Rahmenbedingungen schaffen: international z. B. durch Öffnung der Märkte und Harmonisierung des internationalen Wettbewerbsrechts und national z. B. durch Vermeidung von Wettbewerbsverzerrungen und Beseitigung von Markthemmnissen.

gen nach Industrie-, Entwicklungs-, Schwellen- und Transformationsländern unterschieden.

5.2.1 Ökologische Finanzreformen

Gegenstand ökologischer Finanzreformen sind die Finanzbeziehungen von Staat und Bürgern, die nach Nachhaltigkeitskriterien ausgestaltet werden sollen. Auf der Einnahmenseite steht bisher die Besteuerung nicht erneuerbarer Energien im Mittelpunkt der Diskussion. Aber auch andere Umweltabgaben, Steuervergünstigungen und generell die Durchforstung des Steuersystems nach ökologisch unerwünschten Fehlanreizen sind Bestandteil einer ökologischen Reform des Einnahmensystems. Auf der Ausgabenseite des Staates sind es Beihilfen an Wirtschaftssektoren und einzelne Unternehmen sowie Forschungssubventionen, aber auch Transfers an private Haushalte, die unter Umweltgesichtspunkten geprüft und gegebenenfalls neu ausgerichtet werden müssen. Nicht zuletzt ist die allgemeine Umweltorientierung staatlicher Ausgaben und Programme (z. B. durch eine umweltfreundliche Beschaffung und ein Umweltmanagement öffentlicher Einrichtungen) Bestandteil einer ökologischen Ausgabenreform (Burger und Hanhoff, 2002). Im Folgenden konzentriert sich der WBGU auf die Besteuerung nicht erneuerbarer Energieträger und den Abbau umweltschädlicher Subventionen als zwei zentrale Elemente ökologischer Finanzreformen.

5.2.1.1 Internalisierung externer Kosten bei fossiler und nuklearer Energie

Die Grundidee

Zentrales Hemmnis für die Schaffung global nachhaltiger Energiesysteme ist die unzureichende Internalisierung externer Effekte der fossilen und nuklearen Energiekette von der Förderung bis zur Nutzung. Fossile und nukleare Energie sind daher für den einzelnen Verbraucher preiswerter als erneuerbare Energiequellen, deren externe Effekte aber viel geringer sind. Hierdurch entstehen den erneuerbaren Energiequellen nachteilige Wettbewerbsverzerrungen.

Eine vollständige Internalisierung externer Kosten würde weltweit den wesentlichsten Beitrag zur Schaffung gleicher Wettbewerbsbedingungen der verschiedenen Energieformen darstellen. Nur unter gleichen Wettbewerbsbedingungen können erneuerbare Energiequellen und Effizienzsteigerungen rentabler als bisherige Energieformen sein. Dadurch wären Chancen für eine rasche Energiewende zur Nachhaltigkeit gegeben.

Eine ökologische Steuerreform wird im Wesentlichen mit zwei Effekten begründet:

1. *Der ökologische Lenkungseffekt durch die Besteuerung nicht erneuerbarer Energieträger:* Durch eine Besteuerung fossiler Brennstoffe erhöht sich deren Preis, die Nachfrage bei ansonsten gleichen Marktbedingungen sinkt, und sie werden durch andere Energieträger ersetzt. Außerdem gibt es einen Anreiz zur Steigerung der Energieeffizienz sowie zur technologischen Entwicklung bei erneuerbaren Energien.
2. *Der fiskalische Effekt durch Verwendung der Einnahmen:* Streng genommen sind die Einnahmen nur ein Nebeneffekt, der für den Internalisierungsansatz unwesentlich ist. Wird der „richtige" Steuersatz gewählt, ist die Allokationsverzerrung beseitigt. Bei ökologischen Steuerreformen geht es jedoch nicht um die isolierte Einführung einer einzelnen Schadstoffabgabe, sondern darum, andere Einnahmen durch eine effizientere Umweltabgabe zu ersetzen.

Hintergrund dieser Idee ist die These der „doppelten Dividende" (Goulder, 1995): Neben umweltpolitischen Lenkungswirkungen (erste Dividende) kann auch eine Steigerung der Effizienz der nationalen Steuersysteme (zweite Dividende) herbeigeführt werden. Die zweite Dividende basiert darauf, dass durch das Steueraufkommen verzerrende und damit Effizienz mindernde Abgaben, wie z. B. die Einkommensteuer oder Sozialabgaben, aufkommensneutral gesenkt werden. Sind die Verzerrungen der zu senkenden Steuer größer als die Verzerrungen durch eine Umweltabgabe (etwa Substitutionseffekte im Vorleistungsbereich), würde man eine doppelte Dividende erzielen. In der Praxis führt jedoch etwa eine Entlastung des Faktors Arbeit durch eine Senkung der Lohnnebenkosten nur unter bestimmten Annahmen über die Arbeits- und Gütermärkte zu einer doppelten Dividende (SRW, 1998; Wissenschaftlicher Beirat beim Bundesministerium der Finanzen, 1997). Aufgrund dieser Unsicherheit schließt sich der Beirat der Meinung des Sachverständigenrats für Umweltfragen an, dass auf nationaler Ebene die Besteuerung fossiler Energieträger nicht durch die zweite Dividende, sondern allein durch die ökologische Lenkungswirkung gerechtfertigt ist (SRU, 2002).

Prinzipiell können mit handelbaren Emissionsrechten (Zertifikaten), d. h. einer Mengenlösung, die gleichen ökologischen Ziele erreicht werden wie mit Steuern; allerdings sind Zertifikate nicht für alle Schadstoffe und nicht für alle Emittenten praktikabel. Daher dominiert vor allem auf nationaler Ebene meist die Diskussion einer ökologisch orientierten Besteuerung. In der globalen und europäischen Klimapolitik rückt jedoch vermehrt der Zertifikatsansatz in den Vordergrund. Damit das zunehmende Nebeneinander von Mengen- und Steuerlösungen weder die nationale noch die internationale Umwelt- und Energiepolitik blockiert, ist künftig insbesondere in der internationalen Klimapolitik stärker auf die Kompatibilität von nationalen mit internationalen Instrumenten zu achten.

Konkrete Schritte

Vor dem Hintergrund der oben erläuterten Grundidee empfiehlt der WBGU der Bundesregierung folgende Maßnahmen:

- *Ökologische Lenkungsanreize durch Besteuerung nicht erneuerbarer Energieträger stärken:* Unter Klimaschutzaspekten müssen die Braun- und Steinkohle am höchsten besteuert werden, gefolgt von Heizöl, Benzin und Erdgas. Für die dynamischen Innovationsanreize ist es entscheidend, dass die Abgabensätze stetig in kleinen Schritten erhöht werden, damit die Akteure Energiepreiserhöhungen langfristig in ihren Entscheidungen berücksichtigen können. Ökologisch bedenkliche Ausnahmeregeln für energieintensive Branchen sind schrittweise abzubauen. In hochintegrierten Wirtschaftsräumen wie der EU ist ein gemeinsames Vorgehen essenziell und langfristig auch global anzustreben.
- *Ökologisch effektiven und ökonomisch effizienten Instrumentenmix umsetzen:* Die Weiterentwicklung ökologischer Steuerreformen sollte sich an dem im Rahmen des Kioto-Protokolls bzw. EU-

weit geplanten CO_2-Zertifikatehandel orientieren (Kap. 5.2.4.1). Dabei ist sicherzustellen, dass es unter diesen beiden Systemen zu keiner finanziellen Doppelbelastung kommt. Dies bedeutet, dass stationäre Großemittenten, die in den Zertifikatehandel eingegliedert werden, keiner Ökosteuer bzw. anderer aus Klimaschutzgründen erhobenen Abgabe unterliegen sollten. Voraussetzung für eine Freistellung von der Ökosteuer wäre allerdings, dass die mit dem Zertifikatehandel erzielten Emissionsreduktionen mindestens denen aus der Ökosteuer entsprechen. Freiwillige Selbstverpflichtungen sieht der WBGU als ein ergänzendes und integrierbares, aber nicht als ein alternatives Klimaschutzinstrument zu CO_2-Abgaben und Zertifikaten an.

- *Einnahmenverwendung:* Der WBGU spricht sich dafür aus, das Aufkommen aus nationalen CO_2-Abgaben und anderen Umweltabgaben grundsätzlich in den allgemeinen Haushalt fließen zu lassen und ebenso wie andere Einnahmen nach Maßgabe der parlamentarischen Prioritätensetzung zu verwenden. Im Sinn einer umfassenden ökologischen Steuerreform ist eine parallele Absenkung von rein fiskalisch motivierten Steuern zu empfehlen, die hohe Allokations- und Wachstumsverluste hervorrufen. Eine vorübergehende Zweckbindung eines Teils des Aufkommens aus der Besteuerung nicht erneuerbarer Energien zugunsten der Forschung, Entwicklung und Kommerzialisierung erneuerbarer Energien hält der Beirat jedoch für gerechtfertigt, solange die externen Kosten im Energiebereich nicht vollständig durch adäquate Abgaben- oder Mengenlösungen erfasst sind und Subventionen für nicht nachhaltige Energieträger und -nutzungsformen fortbestehen.

Abschließend sei darauf hingewiesen, dass ökologische Finanzreformen vor allem für Industrieländer von zentraler Bedeutung sein dürften. So wichtig die Internalisierung der externen Kosten fossiler und nuklearer Energieformen auch für Entwicklungs-, Schwellen- und Transformationsländer prinzipiell ist, werden hier kurz- bis mittelfristig ökologische Finanzreformen an den vielfach unzureichenden staatlichen Fiskalsystemen scheitern. Der WBGU empfiehlt daher, darauf hinzuwirken, dass ökologische Finanzreformen auf lange Sicht auch in diesen Ländergruppen greifen können.

5.2.1.2 Abbau von Subventionen für fossile und nukleare Energie

Die Grundidee

Wenn Energiesubventionen nicht als Ausgleich für einen externen Nutzen gezahlt werden, führen sie zu verzerrten Energiepreisen. Der WBGU sieht daher in den meisten offenen und verdeckten Energiesubventionen eine der wichtigsten Barrieren für die Transformation der Energiesysteme. Energiesubventionen tragen wesentlich zur Pfadabhängigkeit des traditionellen Energiesystems bei. Bei der fossilen Energie ist vor allem an Kohle- und Preissubventionen für Öl und Gas zu denken, durch die Energiepreise künstlich niedrig gehalten werden. Bei der Kernenergie fließen die Subventionen eher indirekt, beispielsweise befreien Staaten ihre Atomindustrie von einer hundertprozentigen Haftpflicht und zahlen in einen Risiko-Absicherungsfonds ein.

Eine Aufhebung derartiger Subventionen hätte zwei wünschenswerte Effekte: Einerseits ist ein ökologischer Lenkungseffekt zu erwarten. Durch die Preiserhöhung ist die Nutzung fossiler Brennstoffe aus Sicht von Energieproduzenten und -konsumenten weniger attraktiv. Andererseits ist mit einem fiskalischen Effekt zu rechnen. Staatliche Budgetmittel werden frei und können für andere, gerade auch energiebezogene Zwecke eingesetzt werden, wie etwa verstärkte Forschung bei erneuerbaren Energien und Effizienz.

Es wird geschätzt, dass jährlich weltweit etwa 240 Mrd. US-$ an Subventionen im Energiebereich vergeben werden. Dabei entfallen auf die OECD-Länder etwa 80 Mrd. US-$ (van Beers und de Moor, 2001). Die staatlichen Energiesubventionen in den Entwicklungsländern machten mit 50 Mrd. US-$ mehr als die gesamten Mittel der öffentlichen Entwicklungszusammenarbeit aus (DFID, 2002). In diesen Angaben sind die nicht internalisierten externen Effekte noch ausgeklammert (sog. Schattensubventionen), weil ihre exakte quantitative Berechnung äußerst schwierig ist. Trotz dieser Quantifizierungsprobleme sollten im Rahmen qualitativer Analysen die externen Kosten stets berücksichtigt werden, da sie von hoher Relevanz für energiepolitische Entscheidungen sind.

Durch den Abbau dieser Subventionen können große Einsparpotenziale erschlossen werden. Bei einem vollständigen Abbau von verzerrenden Energiesubventionen hat die IEA in einer Studie für einzelne Nicht-OECD-Länder durchschnittliche Effizienzgewinne in Höhe von 0,7% des BIP berechnet. Darüber hinaus würde ein zu erwartender Rückgang des Energieeinsatzes von durchschnittlich 13% zu einer Verringerung der CO_2-Emissionen um 16% führen (IEA, 1999).

Der Abbau von Subventionen bzw. eine Reform der Subventionspolitik bringt volkswirtschaftliche Vorteile. Dennoch können die Widerstände erheblich sein, weil Subventionen immer verteilungspolitische Effekte aufweisen. Betroffene Wirtschaftszweige werden daher versuchen, eine für sie nachteilige Reform der Subventionspolitik zu verhindern. Um diese Widerstände zu reduzieren, sollte die Subventionspolitik stufenweise nach festen Zeitplänen reformiert werden. Dies lässt ausreichend Anpassungsspielraum. Mit Blick auf die politische Durchsetzbarkeit könnte ein Teil der frei werdenden Mittel für die Abfederung sozialer Wirkungen des ausgelösten Strukturwandels genutzt werden.

Förderlich für die Reform der bisherigen Subventionspraxis in vielen Entwicklungs- und Transformationsländern können zwei Entwicklungen auf der internationalen Ebene sein:

1. *Beitritt zur WTO:* Der Beitritt zur Welthandelsorganisation ist für viele dieser Länder wie beispielsweise Russland ein wichtiges politisches Ziel. Ein wesentlicher Streitpunkt bei den Verhandlungen zu einem WTO-Beitritt sind die weit unter dem Weltmarktniveau liegenden Inlandspreise für Öl, Gas und Strom. Wird ein WTO-Beitritt weiter verfolgt, dürfte dies auch die Reform der Subventionspolitik vorantreiben.
2. *Internationaler Klimaschutz:* Die Verpflichtung zur Reduktion von CO_2-Emissionen kann der Auslöser marktwirtschaftlicher Umstrukturierung des Energiesektors zur Erhöhung der Energieproduktivität sein. Durch die Einführung von Marktpreisen für die Energienutzung würden in vielen Transformationsländern Anreize zur Produktivitätssteigerung geschaffen. Insofern ist der Abbau von Subventionen unter Klimaschutzauflagen doppelt sinnvoll – für den Staatshaushalt und für die Erfüllung der Reduktionspflichten.

Konkrete Schritte

Der WBGU empfiehlt der Bundesregierung die Umsetzung folgender, aufeinander aufbauender Maßnahmen:

- Erstellung einer umfassenden Dokumentation generell umweltschädlicher Subventionen und insbesondere von Subventionen für fossile und nukleare Energie. Diese Dokumentation könnte z. B. im Rahmen des regelmäßig veröffentlichten Subventionsberichts erfolgen. Es sollten nicht nur direkte Zahlungen, sondern auch Steuerermäßigungen aufgeführt werden. Ein solcher Bericht über die ökologischen Wirkungen von Subventionen sollte zusätzlich zumindest einen qualitativen Eindruck über Schattensubventionen (externe Effekte) vermitteln.
- Die Bundesregierung sollte den Abbau von Energiesubventionen für fossile und nukleare Energie auf nationaler Ebene weiter vorantreiben und sich zunächst auf EU- bzw. OECD-Ebene – und danach auch auf globaler Ebene – für einen international koordinierten Abbau bzw. für die Reform von Energiesubventionen einsetzen. Dabei ist insbesondere an den Abschluss eines multilateralen Energiesubventionsabkommens zu denken (Kap. 5.3.5.1). Aus klimapolitischen Gründen ist es besonders wichtig, dass die Bundesregierung auf der EU-Ebene ihren Widerstand gegen ein Auslaufen der staatlichen Beihilfen für den Steinkohlebergbau aufgibt und das Ziel des Abbaus der Kohlesubventionen bis zum Jahr 2010 unterstützt. Dies entspräche auch dem in Marrakesch gefassten Beschluss, der die in Anlage II FCCC genannten Länder (im Wesentlichen die OECD-Länder) auffordert, Subventionen zugunsten von Treibhausgase emittierenden Sektoren auslaufen zu lassen (UNFCCC, 2002).
- Langfristig sind alle Energiesubventionen abzubauen, mit Ausnahme der Förderung der Grundlagenforschung bei innovativen Energietechnologien, regenerativen Energien und der rationellen Energienutzung, weil diese Leistungen vom Markt erfahrungsgemäß nicht in ausreichendem Maß erbracht werden. Hierzu sollte auch Forschung im Zusammenhang mit der Endlagerung radioaktiver Abfälle bzw. generell mit dem Abbau von Kernkraftwerken gehören.

Es wurde bereits darauf hingewiesen, dass ein konsequenter Abbau aller staatlicher Subventionen für fossile und nukleare Energien die Kernenergie aus einzelwirtschaftlicher Sicht voraussichtlich nicht mehr rentabel macht (Kap. 3.2.2). Ein Subventionsabbau ermöglicht das Einhalten der in Kapitel 4 beschriebenen Leitplanken. Deutschland hat den Ausstieg aus der Kernenergie bereits eingeleitet. Der Beirat empfiehlt, diesen Weg weiterzugehen. Außerdem sollte Deutschland in verschiedenen Politikbereichen versuchen, Einfluss auf andere Industrieländer, aber auch auf Entwicklungs-, Schwellen- und Transformationsländer zu nehmen, um einen stufenweisen Ausstieg aus der Kernenergie weltweit durchzusetzen.

Gerade für die zuletzt genannten Ländergruppen dürfte der Erfolg solcher Bemühungen vor allem von der Verfügbarkeit nachhaltiger Alternativen der Energieversorgung abhängen. Fördermaßnahmen für erneuerbare Energien, fossile Energien mit reduziertem Schadstoffausstoß und insbesondere höhere Effizienz bei Bereitstellung, Verteilung und Nutzung von Energie (Kap. 5.2.2) sowie Maßnahmen zur Förderung moderner Energieformen und effizienter Energienutzung in Entwicklungs-, Schwellen- und Transformationsländern (Kap. 5.2.3) sind daher von zentraler Bedeutung.

5.2.1.3 Fazit

Ökologische Finanzreformen sind eine wichtige Komponente im Maßnahmenbündel zur Transformation von Energiesystemen hin zu globaler Nachhaltigkeit. An oberster Stelle muss dabei die Internalisierung externer Kosten fossiler und nuklearer Energieformen stehen, da sie eine wichtige Voraussetzung dafür ist, dass nachhaltige Energieformen, die heutzutage in der Regel durch sehr viel geringere negative Externalitäten, aber höhere Marktpreise gekennzeichnet sind, eine Durchsetzungschance bekommen. Als Instrumente zum Nachteilsausgleich bieten sich Abgaben für fossile und nukleare Energieformen wegen ihrer ökologischen Lenkungswirkungen und gegebenenfalls eine vorübergehend zweckgebundene Verwendung der resultierenden Einnahmen an. In den OECD-Ländern sollte bis 2020, langfristig global, eine ökologische Finanzreform realisiert werden.

Neben der Internalisierung erscheint ein Abbau der nach wie vor vorhandenen Subventionen für fossile und nukleare Energieträger unverzichtbar. Fossile und nukleare Energieformen sollen also nicht mehr gefördert, sondern sogar – im Ausmaß der negativen Externalitäten – fiskalisch belastet werden. Ökologische Finanzreformen werden zu einer Verteuerung fossiler und nuklearer Energieträger führen und damit deren Anteil am globalen Energiemix zurückdrängen. Der Anteil erneuerbarer Energien wird folglich ansteigen. Dieser Anstieg wird jedoch deutlich unter der angestrebten Erhöhung auf 20% bzw. 50% liegen. Der WBGU empfiehlt daher einen aktiven Ausbau erneuerbarer Energien. Während ökologische Finanzreformen zunächst vor allem in Industrieländern verwirklicht werden dürften, sind die im nächsten Kapitel behandelten Maßnahmen auch in Entwicklungs-, Schwellen und Transformationsländern umsetzbar.

5.2.2 Fördermaßnahmen

5.2.2.1 Förderung erneuerbarer Energien

DIE GRUNDIDEE

Erneuerbare Energien decken weltweit bisher nur einen geringen Anteil des Primärenergiebedarfs. In den Ländern der OECD wird ihr Anteil auf 4% geschätzt, vor allem aus Wasserkraft und Windenergie (Kap. 2.3). Direkte Fördermaßnahmen für regenerative Energien können z. B. staatliche Direktzahlungen an die betreffenden Akteure, die Befreiung von Steuerlasten, eine staatliche Finanzierung von Forschung und Entwicklung oder von Maßnahmen zur Markteinführung sein. In den Industrieländern sind unterschiedliche Fördermaßnahmen zu finden (Tab. 5.2-1). Die derzeit schwächste Form der Förderung existiert in den USA, wo Ausgaben für F&E-Projekte zur Kommerzialisierung erneuerbarer Energien mit Steuergutschriften für Kraftwerksbetreiber, die erneuerbare Energien einsetzen, kombi-

Tabelle 5.2-1
Übersicht der politischen Instrumente für den Umweltschutz einzelner Industrieländer. *X* vorhanden, *P* in Planung.
Quelle: modifiziert nach Espey, 2001

	Preissteuerung			Mengensteuerung				Förderprogramme	
	Subventionen für erneuerbare Energien	Besteuerung fossiler Energieträger	Einspeisevergütungen	Politische Zielvorgaben in Form quantitativer Ziele	Emissionshandel	Ausschreibungen	Quotenmodell	Staatliche F&E	Markteinführung
Deutschland	X	X	X	X				X	X
Dänemark	X	X	X	X	X		P	X	
Frankreich	X	X	X	X		X		X	X
Großbritannien	X	X		X	X	X	P	X	X
Niederlande	X	X	X	X			X	X	X
Schweden	X	X	X	X		P	P	X	X
Spanien	X		X	X				X	
USA	X			X	X		P	X	
EU (Rahmensetzung)	X			X	P			X	X

niert werden (IEA, 2002b). Die Staaten der EU greifen stärker in die liberalisierten Energiemärkte ein. Neben F&E-Förderprogrammen nutzen sie vor allem Maßnahmen der Preis- und Mengensteuerung.

Im Rahmen der Preissteuerung werden erneuerbaren Energien bisher überwiegend direkt subventioniert. In einigen Staaten der EU, so auch in Deutschland, werden zusätzlich so genannte Einspeisevergütungen gezahlt. Bei diesen bestimmt der Staat zunächst eine Annahmepflicht der Netzbetreiber für Elektrizität aus erneuerbaren Energieträgern. Für die Einspeisungen wird anschließend gesetzlich oder in freien Verträgen zwischen Erzeuger und Netzbetreiber eine über dem Marktpreis liegende Vergütung für den Strom vereinbart. Je nach Energieträger werden unterschiedliche Vergütungssätze vereinbart, die sich im Wesentlichen an den Kostennachteilen der erneuerbaren Energieträger gegenüber konventioneller Energie orientieren. Da die Kosten regenerativer Energienutzung durch technischen Fortschritt und realisierte Skalenerträge langfristig sinken werden, sind die Vergütungen in der Regel zeitlich degressiv ausgestaltet.

Annahmepflicht und Einspeisevergütungen kommen einer Quersubventionierung innerhalb des Energieversorgungssektors gleich. Sie stellen Mehrkosten für die Netzbetreiber bzw. Energieversorger dar, die sie weitgehend auf die Endverbraucher überwälzen. Daraus resultieren höhere Verbraucherpreise, die zu ressourcenschonenderer, geringerer Nachfrage führen können. In Deutschland, Spanien, Dänemark und Frankreich hat das System der Einspeisevergütungen zu kontinuierlich höheren Nutzung erneuerbarer Energien geführt. In den vergangenen Jahren haben sich Belgien, Luxemburg und Österreich dem Konzept angeschlossen.

Kritisch beurteilt wurde eine preisorientierte Förderpolitik für regenerative Energiequellen hingegen lange Zeit von Seiten der EU (EU-Kommission, 1998). Die Kommission argumentiert, dass die Verbraucher auf einem vollständig liberalisierten europäischen Strommarkt den Anbieter mit den günstigsten Endpreisen auswählen werden, und dass dies eher ein Anbieter aus Ländern ohne kostentreibende Einspeisevergütung sein dürfte. Im Konkurrenzkampf mit ausländischen Anbietern wäre eine Überwälzung der höheren Energiekosten der heimischen Versorger nicht mehr möglich. Deshalb befürwortet die EU-Kommission eine Förderung von regenerativen Energiequellen über eine Mengensteuerung (EU-Kommission, 1999a), auch wenn bis zu einer für 2005 anvisierten Harmonisierung der Fördermechanismen Maßnahmen der Preissteuerung weiter mit den geltenden Beihilferegelungen der EU vereinbar sind und sich die EU gegenwärtig mit Kritik an den Einspeisevergütungen zurückhält (EU-Kommission, 2001d).

Einfachstes Modell einer mengenbasierten Förderung ist die Vorgabe von Quoten für die Energiebereitstellung aus erneuerbaren Energiequellen (Kasten 5.2-1). Das Modell verpflichtet alle Energieversorger bzw. Netzbetreiber, einen bestimmten, gesetzlich festgelegten Mindestanteil der Wärme- oder Stromerzeugung aus erneuerbaren Energien durch Eigenerzeugung oder Zukauf zu decken. Auch staatliche Ausschreibungen bestimmter einzuspeisender Energiemengen aus erneuerbarer Energien sind denkbar. Bei diesem Verfahren schreibt der Staat festgelegte Einspeisemengen aus bestimmten Energiequellen aus, wobei in der Regel der günstigste Investor den Zuschlag erhält. Durch den Wettbewerb auf der Erzeugerebene garantiert das Ausschreibungsverfahren, dass vor allem die Produzenten bzw. Erzeugungstechnologien zum Zuge kommen, die in kürzester Zeit die Kostenbarriere des Marktzugangs überwinden könnten.

In jüngster Zeit wird innerhalb der EU über handelbare Quoten und Green Energy Certificates für den Einsatz regenerativer Energien diskutiert. Grundlage des in den Niederlanden und neuerdings auch in Dänemark praktizierten Modells ist die staatliche Festlegung einer Mindestmenge oder eines Mindestanteils (Quote) an Strom oder Wärme aus erneuerbaren Energieträgern, die flexibel erfüllbar ist (Kasten 5.2-1). Handelbare Quoten und Green Energy Certificates sorgen für eine flexible und kosteneffiziente Umsetzung der staatlichen Quotenvorgabe. Die Erzeugungskapazitäten werden dort ausgebaut, wo dies am kostengünstigsten möglich ist. Allerdings werden heute noch teure Technologien, die in Zukunft aber in entscheidendem Umfang benötigt werden, hierdurch nicht gezielt gefördert. Hierfür wäre eine komplementäre staatliche Subventionierung erforderlich.

Konkrete Schritte

Einen Königsweg zur Erhöhung des Anteils regenerativer Energien durch direkte Fördermaßnahmen gibt es nicht. Die Notwendigkeit, staatliche Forschungsmittel und Forschungsförderung deutlich auszubauen, ist als einzige Maßnahme weitgehend unumstritten. Angesichts des hohen Anteils, den erneuerbare Energieträger in global nachhaltigen Energiesystemen bereits in wenigen Jahrzehnten einnehmen sollen und ihres gegenwärtig sehr geringen Anteils, hält es der WBGU für unumgänglich, die Förderung staatlicher sowie privater Forschung und Entwicklung bei regenerativen Energien rasch und massiv zu stärken (Kap. 6).

Nach Auffassung des Beirats sollte die Bundesregierung zusätzlich sowohl mengen- als auch preisba-

Kasten 5.2-1

Quoten, handelbare Quoten, Green Energy Certificates

Mengenvorgaben für den Einsatz erneuerbarer Energieträger
Ausgangspunkt ist ein Ausbauziel bzw. Mindestziel, das für die Nutzung erwünschter Energieformen vorgegeben wird. Die Vorgabe kann ein absoluter Wert oder eine Quote (z. B. 10% der Stromerzeugung) sein, die in einem bestimmten Zeitraum umgesetzt werden müssen.

Nationale und internationale Quoten
Die deutsche Bundesregierung hat das Ziel formuliert, den Anteil erneuerbarer Energien an der Elektrizitätsversorgung zu verdoppeln, was auf eine nationale Zielvorgabe von 12,5% bis 2010 hinausläuft. Die Europäische Union hat als Richtwert das Ziel, den Anteil erneuerbarer Energien an der Energieversorgung von 6% (2001) auf 12% zu steigern und speziell bei der Elektrizitätsversorgung auf 22% bis 2010 anzuheben. Diese EU-Gesamtquote wird für die einzelnen Mitgliedsstaaten in Teilquoten aufgeteilt. Auf welche Weise die einzelnen Staaten die Quote erreichen, ist ihnen bisher grundsätzlich freigestellt. Mehrere Staaten haben sich auch hier für Mengenvorgaben entschieden (Tab. 5.2-1 für die Europäische Union).

Quoten versus handelbare Quoten
Innerhalb eines Landes werden zumeist Energieversorger oder -erzeuger verpflichtet, eine Quote der bereitgestellten Energie aus (bestimmten) regenerativen Energieformen zu gewinnen. Dieses in Industrieländern relativ weit verbreitete Konzept wird als Portfolio-Modell bezeichnet. Durch ein Herunterbrechen der gesamten Mengenvorgabe auf die einzelnen Verpflichteten ist die Zielvorgabe für jeden einzelnen Akteur quantifiziert. Weiterhin ist eine Überprüfung des Zielerreichungsgrades in der Regel ohne größere Schwierigkeiten möglich. Allerdings sind starre Quotenvorgaben nur eingeschränkt ökonomisch effizient.

Da für die Erfüllung der Quote unterschiedliche Kosten bei den Energieversorgern und -erzeugern anfallen, ist es zur Kostenminimierung empfehlenswert, die Quoten durch einen Handel zu flexibilisieren. Muss etwa ein Stromproduzent in einem festgelegten Zeitraum eine bestimmte Menge Elektrizität aus erneuerbaren Energien erzeugen, hätte er die Wahl zwischen eigener Erzeugung oder dem Zukauf „grünen Stroms" durch einen anderen Stromerzeuger. Im Ergebnis werden somit diejenigen Erzeuger „grünen Strom" produzieren, die dies am kostengünstigsten können, während Erzeuger mit höheren Produktionskosten ihnen die erzeugte Elektrizität abkaufen. Die Gesamtquote würde bei handelbaren Quoten somit gegenüber dem Modell des Portfolio-Standards zu niedrigeren Gesamtkosten erreicht.

Bisher werden handelbare Quotenmodelle vorwiegend auf nationaler Ebene praktiziert. Allerdings existieren vereinzelte Modellprojekte für die Erprobung des internationalen Handels mit Quoten für erneuerbare Energien.

Green Energy Certificates
Grundkonzept
Das Modell der Green Energy Certificates stellt eine Weiterentwicklung flexibilisierter, handelbarer Quoten dar. Voraussetzung sind auch hier einzelne Quoten bzw. absolute Mengen, die der Einzelne erfüllen muss. Im Unterschied zu handelbaren Quoten muss der Verpflichtete jedoch die Energie nicht selbst erzeugen oder im physischen Sinn kaufen, vielmehr genügt zum Nachweis der Quotenerfüllung der Besitz einer entsprechenden Menge von Green Energy Certificates. Dies sind Bescheinigungen, die ein Erzeuger „grüner" Energie jeweils als Nachweis für die Herstellung einer bestimmten Menge Elektrizität (etwa 1 MWh) durch eine staatlich kontrollierte Ausgabeinstanz erhält. Für ein System handelbarer Green Energy Certificates kommen außer Energieversorgern und -erzeugern auch Endverbraucher in Betracht. Bei einer freien Handelbarkeit der Zertifikate entsteht ein neuer Markt, der auch als ökologischer Dienstleistungsmarkt bezeichnet wird.

Preisbildung und ökonomische Effizienz
Der Preis auf dem herkömmlichen Markt für Elektrizität bestimmt sich weiterhin durch einen reinen Preiswettbewerb. Die Erzeuger „grüner" Elektrizität können Kostennachteile durch die zusätzlichen Einnahmen auf dem sachlich getrennten Zertifikatsmarkt kompensieren. Die Zertifikatsanbieter werden mindestens den Preis fordern, der sich aus der Differenz der Erzeugungskosten für „grünen" Strom und dem Marktpreis für Strom ergibt. Zum Zuge kommen die effizientesten Anbieter „grünen" Stroms. Kostenferne Marktpreise, etwa durch Preisabsprachen oder Missbrauch marktbeherrschender Erzeugungsunternehmen, sind nicht zu erwarten, weil die nachfragenden Energieversorger auch selbst „grünen" Strom erzeugen können, um entsprechende Zertifikate zu erwerben.

Der Vorteil gegenüber handelbaren Quoten besteht vor allem in höherer Transparenz und niedrigeren Vertragskosten. Außerdem können Verbraucher besser eingebunden werden, z. B. auch freiwillige Nachfrager (Umweltschutzverbände, umweltbewusste Privathaushalte).

Strategien für marktferne Technologien
Dem Vorteil der ökonomischen Effizienz kann in der Praxis der Nachteil entgegenstehen, dass die Spezialisierung auf die kostengünstigste Erzeugung bzw. Energieform jeweils nur die marktnahen Energieträger fördert, nach gegenwärtigem Stand der Technik etwa Wind- oder Wasserkraft. Damit würden marktferne, aber zukunftsträchtige Energieträger aus diesem Fördersystem ausgeschlossen werden. Daraus ließe sich folgern, dass für solche Technologien eigene Quoten vorgegeben und Zertifikatsmärkte etabliert werden müssten – etwa ein Zertifikatsmarkt für Stromeinspeisungen aus Geothermie. Gerade das ist aber bei neuesten Technologien nicht sinnvoll, da das Marktvolumen von angebotenen und nachgefragten Zertifikaten zu gering wäre, um einen funktionsfähigen Markt zu bilden. Daher kann auf eine Anschubfinanzierung marktferner Energien (z. B. staatliche Subventionierung, Einspeisevergütungen) nicht verzichtet werden. Sobald Technologien eine gewisse Marktreife erreicht haben, ist der Übergang zu Quoten und einem für diesen Energieträger abgegrenzten Markt für Green Energy Certificates denkbar.

Tabelle 5.2-2
Vergleich des Ausbaus an Windenergiekapazitäten bei verschiedenen Fördermodellen im Jahr 2000.
Quelle: modifiziert nach Gsänger, 2001

Fördermechanismen	Land	Installierte Kapazität Ende 1999 [MW]	Installierte Kapazität Ende 2000 [MW]	Wachstumsrate [%]	Installierte Leistung [W/Kopf]	Installierte Leistung pro Oberfläche [kW/km²]
Preissteuernd (Einspeisevergütungen)	Deutschland	4.443	6.113	38	74,51	17,12
	Spanien	1.542	2.535	64	64,39	5,02
	Dänemark[a)]	1.771	2.282	29	430,48	52,95
Mengensteuernd (Ausschreibungen, Quoten)	Großbritannien	344	406	18	6,88	1,67
	Irland	73	93	27	25,10	1,32
	Frankreich[b)]	22	60	173	1,02	0,11

[a)]Das hohe Kapazitätsniveau an Windenergie ist in Dänemark vorwiegend auf vorherige staatliche Mindestpreisregelungen zurückzuführen.
[b)]Frankreich ist 2000 zu einem Modell der Preissteuerung ähnlich den deutschen Einspeisevergütungen übergegangen. Die überaus hohe Wachstumsrate ergibt sich durch besondere staatliche Subventionen für Windenergie (Förderprogramm EOLE 2000).

sierte Förderalternativen, und insbesondere einen stufenweisen – d. h. nach Energieträger und Technologie differenzierenden – Übergang zu Quotenregelungen prüfen. Als Anschubfinanzierung für erneuerbare Energien sind Einspeisevergütungen eine der besonders sinnvollen Optionen, insbesondere um marktferne Technologien zu fördern. Nach bisherigen Erfahrungen scheinen Einspeisevergütungen und Subventionen, die differenzierte Vergütungssätze erlauben, zum Ausgleich der Kostennachteile erneuerbarer Energieträger wirksamer zu sein als Quoten. Dafür spricht das Beispiel der zu Beginn der 1990er Jahre noch marktfernen Windkraft (Tab. 5.2-2). Zwar könnten alternativ auch für jeden einzelnen Energieträger Quoten festgelegt werden (Deutsche Bank Research, 2001). Dagegen sprechen bei jungen Technologien aber unter anderem die hohen Kosten der technischen Umsetzung und eine unzureichende Austauschbarkeit der Green Energy Certificates. Deutschland sollte die bisherige Praxis der Einspeisevergütungen mit schrittweise sinkenden Vergütungssätzen bei relativ marktfernen Energieträgern bzw. Technologien daher beibehalten.

Einschränkend muss jedoch angemerkt werden, dass die Ergebnisse in Tabelle 5.2-2 weniger aus der grundsätzlichen Überlegenheit von Einspeisevergütungen folgen, sondern vielmehr aus der konkreten Ausgestaltung der jeweiligen Instrumente: Die Ausgestaltung der Quotenmodelle für erneuerbare Energien ist oft wenig ehrgeizig, während die Sätze für Einspeisevergütungen relativ hoch sind. Dies lässt vermuten, dass sich eine Förderung über den Preis besser durchsetzen lässt als über Mengenvorgaben.

Wenn der Marktanteil einer Technologie zum Einsatz erneuerbarer Energien erkennbar ausgebaut und die Technologie an Marktreife gewonnen hat, sollte die direkte Förderpolitik für erneuerbare Energien auf Quoten umgestellt werden, um die Allokations- und Innovationsfunktion wettbewerblicher Steuerung bei erneuerbaren Energien besser zu nutzen. Langfristig erscheint der Übergang zu einem Modell von Green Energy Certificates für „grünen“ Strom aus marktnahen erneuerbaren Energieträgern möglich und sinnvoll, zumal bei dessen Internationalisierung weitere Effizienzgewinne zu erwarten sind. Der Zeitpunkt des Übergangs von Preisinstrumenten wie Einspeisevergütungen zu handelbaren Quoten dürfte sich im Wesentlichen nach dem erwarteten Volumen des Quotenmarkts richten. So ist zu erwarten, dass Wind- und Wasserkraft vergleichsweise schnell einen großen Anteil an der Elektrizitätserzeugung bereitstellen, während dies etwa bei Photovoltaik oder Geothermie nicht absehbar ist. Gleichwohl wird die Politik zur Förderung innovativer erneuerbarer Energietechnologien auf die parallele Subventionierung noch länger nicht verzichten können. Zum einen sind Forschungsergebnisse durch marktwirtschaftlichen Wettbewerb nur unzureichend zu erwarten, zum anderen werden sich in der mindestens 50-jährigen Transformationsphase neue zukunftsträchtige Technologien abzeichnen, die mangels Marktreife und -größe nicht durch Quotenmodelle gefördert werden können. Damit ist für die erfolgreiche Markteinführung erneuerbarer Energien kein alleiniger Fördermechanismus zu verfolgen, sondern vielmehr ein Nebeneinander verschiedener Mechanismen, die der jeweiligen Marktreife einzelner regenerativer Energieträger am ehesten gerecht wird. Vor diesem Hintergrund empfiehlt der WBGU,

Kasten 5.2-2

Renewable Energy Certification System (RECS)

Teilnehmer des RECS können Stromanbieter (Erzeuger, Händler, Netzbetreiber usw.), staatliche Institutionen, Verbände, Dienstleister und Haushalte sein. Bisher sind etwa 170 Organisationen Mitglied im RECS-System. Unter ihnen befinden sich fast alle EU-Länder, Norwegen und die Schweiz. Kooperationen bestehen mit Australien, Japan, Neuseeland und den USA. Die Teilnehmer verpflichten sich zur Annahme der sog. Basic Commitments, die Handelsinstitutionen und -ablauf definieren. Eine gewichtige Rolle kommt den nationalen „Issuing Bodies" zu, die Zertifikate ausgeben und den Handel überprüfen. Zertifikate werden an akkreditierte Erzeuger für Strom ausgegeben, der nicht mit fossilen oder nuklearen Energieträgern erzeugt wurden. Details über die Erzeugung werden bei der Akkreditierung überprüft und in nationalen Datenbanken festgehalten. Die Zertifikate des Issuing Body sind in Einheiten zu 1 MWh Elektrizitätserzeugung ausgestellt. Um zu verhindern, dass die erzeugte Elektrizität doppelt zertifiziert wird, enthalten die Zertifikate Angaben über den Standort der Produktionsanlage, die Erzeugungsform, das Ausgabedatum des Zertifikats sowie eine Identifikation des Zertifizierers. Die Vernetzung der Datenbanken der „Ausgabeorgane" bildet die informationstechnische Grundlage des Handelssystems. Jeder Erzeuger besitzt ein Konto in den Datenbanken und erhält die Zertifikate dort für jede in das allgemeine Versorgungsnetz eingespeiste MWh gutgeschrieben. Die Erzeuger können die Zertifikate auf einem Markt anbieten. Marktgegenseite sind in der Regel Anbieter von „grünen" Produkten, private Haushalte (in den Niederlanden), aber auch umweltbewusste Stromabnehmer, die einen Nachweis des Ursprungs bzw. der Erzeugungsform fordern. Schließlich könnten Energieversorger, die bestimmte Festquoten durch erneuerbare Energien einhalten müssen (Portfoliostandards) zum Nachweis der Quotenerfüllung auf die Zertifizierung zurückgreifen. Transaktionen zwischen den Marktpartnern müssen an den Issuing Body gemeldet werden. Er kontrolliert und gleicht die Angaben der einzelnen Teilnehmer ab. Ein Zertifikat wird entwertet, sobald es den Kunden eines „grünen" Produkts erreicht hat oder im Beispiel der Niederlande gegen Steuergutschriften eingetauscht wurde. Bis Mitte 2002 wurden mit dem RECS System Zertifikate im Volumen von mehr als einer TWh Strom gehandelt.

Quellen: RECS, 2002; Groscurth et al., 2000

- Markteinführungsstrategien (z. B. zeitlich begrenzte Subventionen, Einspeisevergütungen, Quoten) fortzusetzen und auszubauen. Bis ein nennenswertes Marktvolumen erreicht wird (oder sich eine Technologie als nicht zukunftsfähig erweist), zählen Einspeisevergütungen mit einer zeitlichen Degression der Vergütungssätze zu den besonders sinnvollen Optionen.
- Mittelfristig sollten vermehrt Quotenregelungen zum Zuge kommen und in absehbarer Zeit ein europaweites System handelbarer Quoten und Green Energy Certificates für Strom aus erneuerbaren Energieträgern eingeführt werden. Für die konkrete Ausgestaltung und Übertragung handelbarer Quoten auf die globale Ebene bedarf es intensivierter Forschung.

Einem internationalen Einsatz dieser Zertifikate steht bisher u. a. die Inkompatibilität der nationalen Systeme entgegen. Um zu zeigen, dass ein internationaler Austausch bzw. Handel mit Green Energy Certificates möglich ist, entstand auf Initiative europäischer Stromversorger das Zertifikatssystem RECS (Renewable Energy Certification System), das in einer Testphase von 2001 bis Ende 2002 erprobt wird (Kasten 5.2-2). Die Teilnahme an RECS erfolgt bisher auf freiwilliger Basis. Anreize zur Teilnahme ergeben sich für Unternehmen aus Imagegründen, für private Haushalte (Beispiel Niederlande) aber auch durch Steuergutschriften für von ihnen erworbene Zertifikate. Nach Ablauf der Testphase soll das RECS-System weiter institutionalisiert werden. Es erscheint wünschenswert, dass die richtungweisende Initiative zur Förderung eines internationalen Handels mit Zertifikaten als Vorreiter für eine globale Lösung weiter ausgebaut wird. Der Beirat empfiehlt, dass verstärkt deutsche Institutionen der RECS-Initiative beitreten sollten, um ihre Vorstellungen und Anliegen in das Handelssystem mit einzubringen.

Für einzelne Länder sind die Zeitpunkte und Ausgestaltungsformen des Übergangs von preis- auf mengengesteuerte Fördersysteme für erneuerbare Energien entsprechend den spezifischen Rahmenbedingungen festzulegen. Hier ist allerdings noch sozialwissenschaftlicher Forschungsbedarf zur Identifikation optimaler Strategien gegeben (Kap. 6.2).

Um erneuerbare Energien in den Entwicklungs- und Schwellenländern über ihr aktuelles Marktvolumen hinaus auszubauen, ist eine breitenwirksame Einführung und Förderung entsprechender Technologien erforderlich. Der WBGU empfiehlt der Bundesregierung, die Entwicklungszusammenarbeit sowohl auf der technischen wie auch auf der finanziellen Seite entsprechend auszurichten. Sinnvoll erscheinen dabei insbesondere Ausbildungsprogramme und Demonstrationsprojekte im Energiebereich, die Förderung von Vermarktungsprogrammen für erneuerbare Energien und andere Maßnahmen, die geeignet sind, die Nachfrage nach erneuerbaren Energien zu verstärken (Kap. 5.2.3).

Der Erfolg erneuerbarer Energien wird in den Transformationsländern davon abhängen, ob die marktwirtschaftliche Reform des Energiesektors konsequent fortgeführt wird. Diese würde Subventionen für fossile und nukleare Energie abschaffen und falsche Marktsignale korrigieren. Ein stabiler und zuverlässiger marktwirtschaftlicher Ordnungsrahmen für den Energiesektor und entsprechende Qualitäten der öffentlichen Verwaltung sind dabei von zentraler Bedeutung. Der Einsatz marktwirtschaftlicher Instrumente wie einer Ökosteuer oder eines Zertifikatehandels könnte dann Anreize für die Stärkung regenerativer Energien setzen.

Die osteuropäischen EU-Beitrittskandidaten erfüllen bereits wichtige institutionelle Voraussetzungen, um Instrumente zur Förderung erneuerbarer Energieformen einsetzen zu können. Eine frühzeitige Anbindung an den geplanten EU-Zertifikatehandel wäre empfehlenswert, um die ökonomischen Kostensenkungspotenziale umfassend auszuschöpfen. Anders ist jedoch die Instrumentenfrage in den GUS-Staaten zu bewerten. Aufgrund des immer noch hohen Reformbedarfs und der unzureichenden Kapazitäten bei Unternehmen und öffentlicher Verwaltung bestünde sogar die Gefahr, dass eine Einführung dieser Instrumente gegenteilige Wirkung hätte (Bell, 2002).

5.2.2.2 Förderung fossiler Energien mit verringerten Emissionen

Die Grundidee

Kurz- oder mittelfristig kann auf fossile Energien nicht verzichtet werden. Ein Verzicht wird erst dann möglich sein, wenn erneuerbare Energien die entstehende Versorgungslücke füllen können. Um Versorgungssicherheit zu wahren, andererseits aber die Abhängigkeit vom fossilen Pfad zu verringern, sollte auf zwei Dinge geachtet werden: Zum einen sollten möglichst wenig Neuinvestitionen für fossile Energieträger getätigt werden. Zum anderen sollten die Investitionen im fossilen Bereich wie auch diejenigen Neuinvestitionen, die im Hinblick auf die sozioökonomischen Leitplanken unverzichtbar erscheinen, für Energien eingesetzt werden, die weniger Emissionen aufweisen und sich in eine flexible Infrastruktur einpassen. Ein vorübergehender Ausbau fossiler Energien kann dadurch so konzipiert werden, dass mittel- und langfristig die neu geschaffenen Anlagen, beispielsweise Kraftwerke oder auch Leitungsnetze, auch mit erneuerbaren Energieträgern betrieben werden können. Eine Erhöhung des Erdgasanteils könnte zu der gewünschten Flexibilität führen, wenn beispielsweise Anlagen, die zunächst mit Erdgas betrieben werden, zu einem späteren Zeitpunkt auch mit biogenem Gas oder Wasserstoff funktionieren würden.

Konkrete Schritte

Der vorübergehende Ausbau fossiler Energien mit verringerten Emissionen ist insbesondere in Entwicklungs-, Schwellen- und Transformationsländern wichtig, in denen kurz- und mittelfristig, insbesondere bei starkem wirtschaftlichen Wachstum, oft keine nennenswerten Alternativen für die Energieversorgung zur Verfügung stehen. Russland hat beispielsweise vor, den erwarteten Anstieg der Energienachfrage durch eine verstärkte Nutzung der Kohlevorkommen zu decken, um die Abhängigkeit vom Erdgas zu reduzieren (IEA, 2002a). Eine solche Entwicklung ist dann weniger kritisch, wenn es gelingt, die zusätzliche Nutzung von Kohle technisch so zu realisieren, dass die Emissionen gesenkt werden. Mindestens in der Übergangsphase muss es darum gehen, moderne Technologie zur Nutzung fossiler Energieträger in die Transformations- und Entwicklungsländer zu transferieren. Hier kommt der Entwicklungszusammenarbeit direkt oder auch indirekt (etwa in Form von Exportkreditgarantien) eine wichtige Bedeutung zu. Als vorteilhaft könnten sich in diesem Zusammenhang auch die flexiblen Kioto-Mechanismen (Joint Implementation und Clean Development Mechanism) erweisen, die Industrieländern einen Anreiz für den Transfer emissionsarmer Technologien für fossile Energieträger in Entwicklungs- und Transformationsländer geben.

Probleme könnten vor allem in Entwicklungsländern entstehen, wenn ein Land mit Kohlevorkommen und -kraftwerken auf Erdgas umstellen möchte und damit auf Gasimporte angewiesen wäre, die es nicht bezahlen kann. Finanzielle und technische Unterstützung sollte daher den Ausbau emissionsarmer Techniken zur Nutzung fossiler Energien in diesen Ländern begleiten (Kap. 5.2.3).

Die Ablösung der Nutzung traditioneller Biomasse zum Kochen scheint mittelfristig am ehesten durch Flüssiggas realisierbar zu sein. Selbst wenn alle 2,4 Mrd. Menschen, die derzeit an Energiearmut leiden, zu Flüssiggas wechselten, würde dies nur ca. 2% der weltweiten Emissionen ausmachen (Smith, 2002). Brasilien hat bereits in 94% aller Haushalte die Verwendung von Biomasse zum Kochen durch Flüssiggas ersetzt. Während hier 40 kg Flüssiggas pro Kopf und Jahr verbraucht werden, sind es in China und Indien noch 10 kg, in Afrika südlich der Sahara aber weniger als 1 kg (Reddy, 2002). Flüssiggas ist nach Ansicht des Beirats als Ersatz für die gesundheits- und umweltgefährdende Nutzung der Biomasse besonders geeignet, weil es eine verfügbare und schnell einsetzbare Technologie ist und den späteren Übergang hin zu regenerativen Energieträgern erschließt. Langfristig ist die Produktion von Flüssiggas aus Biomasse anzustreben.

5.2.2.3 Förderung der Effizienz bei der Bereitstellung, Verteilung und Nutzung von Energie

DIE GRUNDIDEE

Bei der Bereitstellung, der Verteilung und der Nutzung von Energie bestehen große Effizienzpotenziale, zu deren Ausschöpfung verschiedene Techniken bereit stehen: die technisch effiziente und kostengünstige Bereitstellung von Energiedienstleistungen, die Vermeidung von Transportverlusten bei netzgebundenen Energietransporten über große Distanzen und die rationelle Energienutzung durch den Kunden (Kap. 3.5). In Industrieländern gibt es auf der Nachfrageseite ungenutzte Effizienzpotenziale von bis zu 60% (Enquete-Kommission, 2002). In den Entwicklungs-, Schwellen- und Transformationsländern dürften hier noch erheblich höhere Effizienzpotenziale liegen.

EFFIZIENTE BEREITSTELLUNG VON ENDENERGIE

Anreize für eine effizientere Energiebereitstellung lassen sich vor allem durch die Liberalisierung der Energiemärkte schaffen. Zentrale Elemente sind dabei die Abschaffung von Investitionsaufsicht, Demarkations- und Konzessionsverträgen, die Trennung von Elektrizitätserzeugung und Netzbetrieb und eine Beschränkung der Rolle des Staates auf die Rahmensetzung. Bei der leitungsgebundenen Stromversorgung können die Kunden durch eine Liberalisierung der Elektrizitätsmärkte den Stromanbieter frei wählen und so Einfluss auf die Erzeugungsstruktur bzw. die -technologie ausüben. Es ist davon auszugehen, dass eine Liberalisierung prinzipiell zu Strukturveränderungen bei den Elektrizitätsanbietern führen wird. Nur diejenigen Anbieter werden mittel- und langfristig auf dem Markt bleiben, die Strom ökonomisch effizient produzieren. Tatsächlich waren in der EU bis vor kurzem sinkende Strompreise zu beobachten. Kritiker einer Liberalisierung befürchten jedoch eine wettbewerbsbeschränkende Unternehmenskonzentration auf dem Strommarkt (Kainer und Spielkamp, 1999). So stellen etwa in Deutschland die vier größten Unternehmen den überwiegenden Anteil der Stromversorgung. Eine solche Konzentration ist jedoch keineswegs zwingend. Liberalisierung bedeutet ja gerade eine Marktöffnung, durch die sich die Anbieterzahl auch erhöhen kann. So kann z. B. seit der Liberalisierung ein verstärkter Markteintritt von Anbietern „grünen Stroms" beobachtet werden.

Als Folge der Liberalisierung sind auch langfristige Strukturveränderungen bei der Stromerzeugung zu erwarten. Dies kann sich in Form einer stärker dezentralen Stromproduktion als bisher niederschlagen. Für Industrieländer bedeutet dies keineswegs die Rückkehr zu den Insellösungen des letzten Jahrhunderts, sondern vielmehr eine Einbindung kleinerer, lokaler Kraftwerke in den Netzverbund. Gerade durch die Entwicklung der Informations- und Kommunikationstechnologie ist eine verbesserte Bündelung und Koordination einzelner kleiner Kraftwerke zu einem sog. Verteilten Kraftwerk möglich (Kap. 3.4.3). Da insbesondere in Deutschland in den kommenden Jahren eine grundlegende Erneuerung des Kraftwerksparks ansteht, bietet sich hier die Gelegenheit, mit dem Neubau von Kraftwerken auch die räumlichen Versorgungsstrukturen zu ändern. Nach Auffassung des Beirats sollte die Bundesregierung den Umbau der Versorgungsstrukturen prüfen und mit Pilotprojekten bzw. Markteinführungsprogrammen fördern. Bereits existierende Maßnahmen der EU und Deutschlands sollten weiter ausgebaut werden.

Durch eine weniger zentrale Struktur kann auch der Anteil regenerativer Energien und der Kraft-Wärme-Kopplung (KWK) erhöht werden. So waren es in der Vergangenheit hauptsächlich lokale Verteiler (Stadtwerke), die im Auftrag der Kommunen in erneuerbare Energien und KWK investierten. Seit mit der vollständigen Liberalisierung die Sonderstellung der lokalen Versorger entfallen ist, ist es jedoch in Deutschland in einem erheblichen Maß zur Abschaltung von KWK-Kraftwerken gekommen, die durch Stadtwerke betrieben worden waren (BMU, 2000). Nicht zuletzt ist dies Folge der Subventionierung fossiler und nuklearer Energien und der ungenügenden Internalisierung externer Kosten, die zu verzerrten Preisen führen.

Will man also sicherstellen, dass nicht nur von der Angebotsseite, sondern auch von der Nachfrageseite vorhandene Effizienzpotenziale ausgeschöpft werden, reicht die Liberalisierung nicht aus (IEA, 2000). Zusätzlich ist über eine Internalisierung der externen Kosten fossiler und nuklearer Energie dafür zu sorgen, dass der Preis für effizient produzierten Strom auf dasjenige Preisniveau angehoben wird, das den gesellschaftlichen Knappheitsverhältnissen entspricht. Nur dann kann das zentrale Kriterium, an dem sich Endverbraucher bei ihren Kaufentscheidungen orientieren, nämlich der Strompreis, Anreize für eine effiziente Energienachfrage geben. Es ist außerdem sinnvoll, eine Kennzeichnungspflicht für Elektrizität aus erneuerbaren Energiequellen einzuführen. Damit könnte der Wunsch nach Elektrizität aus regenerativen Energieträgern leichter realisiert werden und der Wettbewerb auf liberalisierten Märkten erhielte neben dem Preis auch eine qualitative Komponente. Die Kennzeichnung wäre außerdem ein erster Schritt zu einem System handelbarer Green Energy Certificates (Batley et al., 2000; Kap. 5.2.2.1).

Liberalisierung bedeutet weiterhin die Öffnung nationaler Strommärkte gegenüber Stromimporten aus dem Ausland, wodurch der Wettbewerb auf dem nationalen Strommarkt erhöht wird. Solche Stromimporte führen allerdings nur dann zu Effizienzsteigerungen auf Angebots- und Nachfrageseite, wenn davon ausgegangen werden kann, dass auch im Ausland die externen Kosten fossiler und nuklearer Energie internalisiert werden. Energieimporte aus Ländern ohne Internalisierung externer Effekte können dazu führen, dass im Inland produzierte Energie vom Markt verdrängt wird, da diese aufgrund eines höheren Internalisierungsniveaus teurer ist (Kap. 5.3.5).

Nach Auffassung des WBGU ist es notwendig, dass der Staat sich in den Prozess der Liberalisierung „einmischt" und eine begleitende und gestaltende Rolle einnimmt. Es sollten langfristig stabile Rahmenbedingungen für die neuen Märkte geschaffen und für einen funktionierenden Wettbewerb gesorgt werden. Die zunehmende Integration der Energiemärkte in Europa erfordert die Schaffung einer supranationalen Wettbewerbsaufsicht, etwa in Form einer Europäischen Wettbewerbsbehörde (Duijm, 1998). Dennoch sollte, dem Prinzip der Subsidiarität entsprechend, die Energiepolitik soweit wie möglich von nationalen und regionalen Entscheidungsträgern bestimmt werden, um nationale und regionale Besonderheiten beachten zu können.

Große Effizienzpotenziale bietet das gleichzeitige Angebot von Strom und Wärme bzw. Kälte aus KWK-Kraftwerken (Kap. 3.3). Doch schwächen die Liberalisierung und die damit verbundenen Preissenkungen, die noch bestehenden Subventionen fossiler und nuklearer Energien sowie eine völlig ungenügende Internalisierung externer Kosten die derzeitige Wettbewerbsposition dieser vergleichsweise umweltfreundlichen Technologie. Daher empfiehlt der WBGU, KWK-Anlagen gezielt weiter zu fördern und sich auf EU-Ebene für die Einführung einer Mengenregelung einzusetzen. Über das Ziel des 6. EU-Umweltaktionsprogramms hinausgehend plädiert der WBGU dafür, bis 2012 20% des Stroms aus Kraft-Wärme-Kopplung anzubieten (EU: 18% bis 2012). Über den Vorschlag zu einer europäischen KWK-Richtlinie hinaus, der eine Kennzeichnung von KWK-Strom bis 2005 fordert und die nationale Förderung von KWK-Strom nur auf Elektrizitätserzeugung mit gleichzeitiger Nutzwärmeproduktion begrenzen will, sollte sich die Bundesregierung für eine zügige Festlegung verbindlicher nationaler Zielquoten einsetzen. Handelbare Quoten wären dabei ein Instrument, um wirtschaftlich möglichst effizient Energie aus KWK-Kraftwerken bereitzustellen. Bei diesen Regelungen sollte das Konzept einer verteilten Stromerzeugung (Kap. 3.4.3) berücksichtigt werden.

Effizienzsteigerungen bei der Bereitstellung von Energie in Entwicklungs-, Schwellen- und Transformationsländern setzen zunächst oft den Transfer besserer Technologien in diese Länder voraus. Während manche osteuropäische Kohlekraftwerke nur einen Wirkungsgrad von 28% aufweisen und in China sogar nur 20%, erreichen moderne Gaskraftwerke einen Wirkungsgrad von nahezu 60%. Der WBGU empfiehlt daher, dem Transfer von Energietechnologie größere Bedeutung einzuräumen. Konkret würde dies einerseits einen verstärkten Technologietransfer im Rahmen der Entwicklungszusammenarbeit bedeuten, andererseits aber auch mehr Unterstützung für die Durchführung privater Technologietransfers. Neben günstigen Kreditbedingungen wäre dabei an Steuerbefreiungen oder auch an staatliche Risikogarantien zu denken. Zudem sollte sich die Bundesregierung für eine stufenweise Etablierung internationaler Standards für Mindestwirkungsgrade fossil betriebener Kraftwerke einsetzen. Solche Standards sollten auf der EU-IPPC-Richtlinie aufbauen und spätestens ab 2005 in Kraft treten.

Effiziente Energietransportstrukturen

Ökologisch wünschenswerte Effizienzsteigerungen könnten im Zuge einer Liberalisierung der Energiemärkte und einer damit einhergehenden Trennung von Verteiler und Anbieter auch bei Betreibern von Transportnetzen erschlossen werden. Bei der Konzentration von Firmen auf den Netzbetrieb ist davon auszugehen, dass durch verbesserte Übertragungstechnologien Effizienzpotenziale ausgeschöpft und damit Übertragungsverluste verkleinert werden. Verbundunternehmen allerdings, die auch Netzeigentümer sind, haben nur dann einen Anreiz für einen effizienteren Netzbetrieb, wenn die Erträge aus verbesserten Übertragungstechnologien größer oder die Skalenerträge bei der zentralen Erzeugung kleiner sind als die Kosten der Netzverluste. Dies dürfte eher selten der Fall sein. Es müssen langfristige Strategien entwickelt werden, die die Netze für eine großräumig verteilte Stromerzeugung ertüchtigen.

In Transformationsländern lassen sich nennenswerte Steigerungen der Energieeffizienz durch Verbesserungen bestehender Fernwärmesysteme erzielen. Diese Systeme zeichnen sich bisher durch hohe Übertragungs- und Verteilungsverluste aus. Durch relativ einfache Maßnahmen wie Einführung von Verbrauchsmessungen, in der Geschwindigkeit einstellbare Pumpmotoren und Erneuerung bestehender Isolierungen von Rohrleitungen könnten große Effizienzpotenziale erschlossen werden. Investitionen dieser Art bringen meist schon nach zwei Jahren

Gewinn (van Vurren und Bakkes, 1999). Der WBGU empfiehlt, Transformationsländer bei ihren Bemühungen zu unterstützen, Übertragungs- und Verteilungsverluste deutlich zu verringern.

EFFIZIENTE ENERGIENUTZUNG

Die Effizienz der Energienutzung kann auch bei den Endverbrauchern gesteigert werden, die durch ihr Nachfrageverhalten den Energieeinsatz in Gebäuden, von Maschinen, Verbrauchsgeräten, Kraftfahrzeugen, Transportdienstleistungen usw. mitbestimmen. Private Haushalte sind jedoch nur selten in der Lage, sich über die Energiebilanz der einzelnen alternativen Produkte bzw. Häuser oder Wohnungen zu informieren und diese zu bewerten. Daher haben sich seit den 1980er Jahren in vielen Industrieländern Kennzeichnungen (Labels) bzw. staatliche Mindesteffizienzstandards etabliert, die dem Verbraucher als Orientierungshilfe dienen können. Allerdings sind diese Kennzeichnungen oft freiwillig, bzw. beschränken sich meist nur auf einzelne Marktsegmente. Zum Beispiel gab es im Konsumgüterbereich lange Zeit nur Effizienzklassen und Labels für so genannte „weiße Ware“ (Kühlschränke, Waschmaschinen usw.), während „braune Ware“ (z. B. Fernseher, Stereoanlagen) bisher kaum gekennzeichnet ist.

Der Beirat empfiehlt daher, die Kennzeichnung auf alle Verbrauchsgeräte auszudehnen und zu verschärfen und diese Entwicklung in der EU weiter zu forcieren. Langfristig ist eine Kennzeichnungspflicht für möglichst alle energieintensiven Verbrauchs- und Gebrauchsgüter, auf Gebäude und Industrieanlagen sowie auf Dienstleistungen einzuführen. In der „Energy Performance Directive“ der EU(EU-Kommission, 2003) ist bereits das Energie-Labelling von Gebäuden ab 2006 vorgesehen.

Dabei sollten die Anforderungen der Kennzeichnungen regelmäßig an den aktuellen Stand der Technik angepasst werden. Bei der Revision der Kennzeichnungsmerkmale sollte das Augenmerk verstärkt auch auf den Verbrauch der Stand-by-Funktion vieler Konsumelektronikgeräte gerichtet werden. Der Stand-by-Verbrauch wird auf rund 10% des häuslichen Elektrizitätsbedarfs der OECD-Länder geschätzt, wobei der Verbrauch bei Nutzung besserer Technologien um durchschnittlich etwa 75% reduziert werden könnte (IEA, 2001c).

Besonders bei Gütern, die in größerem Umfang international gehandelt werden, ist eine länderübergreifende Harmonisierung von Effizienzstandards und Labels empfehlenswert, um Intransparenz durch zu viele unterschiedliche Labels zu vermeiden. Bilaterale Vereinbarungen der EU können ein Schritt in diese Richtung sein (Kasten 5.2-3). Internationale Labels werden sich meist nur auf den kleinsten gemeinsamen Nenner beziehen, so dass sie ehrgeizigere Kennzeichnungssysteme nicht ersetzen, sondern sich in diese integrieren sollten. Würde langfristig zum Beispiel ein „Single Global Energy Star“ für handelbare Verbrauchsgeräte eingeführt, sollten nach wie vor regionale und nationale Kennzeichnungssysteme implementiert und fortentwickelt werden, die über die Einhaltung weit ehrgeizigerer Effizienzstandards informieren, also etwa einen europäischen „Double Energy Star“ oder nationalen „Triple Star“.

Große Effizienzpotenziale in der Nutzung von Heiz- und Kühlungsenergie lassen sich auch durch ordnungsrechtliche Regelungen in Hinblick auf geringere winterliche Wärmeverluste (Dämmung, Wärmerückgewinnung) und besseren sommerlichen Wärmeschutz von Gebäuden ausschöpfen (Kap. 3.5.2). Das Bauwesen könnte dadurch umweltfreundlicher gestaltet werden, dass die gesetzlichen Mindeststandards zukünftig ambitioniertere Zielvorgaben und geeignete Fördermaßnahmen enthalten. Die „Energy Performance Directive“ sieht beispielsweise vor, dass ab 2006 die Energiebedarfsanalyse von Gebäuden nach Primärenergieaufwand (einschließlich Energie für Kälte und Beleuchtung) vorzunehmen ist, was bereits in Normungsausschüssen bearbeitet wird. Dabei können wesentliche Elemente der deutschen Energieeinsparverordnung von 2002 sowie bereits etablierter Verfahren der Schweiz

Kasten 5.2-3

EU-weite Kennzeichnungspflicht von Verbrauchsgeräten

Seit August 1999 gilt eine EU-weite Kennzeichnungspflicht von „weißen“ Haushaltsgeräten (Kühlgeräte, Waschmaschinen usw.). Die einzelnen EU-Staaten setzen die Kennzeichnungspflicht um, überwachen sie und stellen sicher, dass die Vielfalt unterschiedlicher Kennzeichnungen begrenzt bleibt und dass die Verbraucher durch Kampagnen über die Kennzeichnung informiert werden. Die Ausweitung der Kennzeichnung auf „braune“ Ware (Fernseher, Stereoanlagen usw.) nimmt ebenfalls Gestalt an. So hat die EU die US-amerikanische Kennzeichnung „Energy Star“ für Büro- und Telekommunikationsgeräte (PC, Bildschirme, Fax, Kopierer, Scanner usw.) im Jahr 2001 übernommen. Für die zunächst bis 2005 befristete Übernahme des Labels und damit gegen ein eigenes europäisches Label sprach nicht zuletzt der Wert des transatlantischen Handels mit diesen Geräten in Höhe von ca. 40 Mrd. US-$. Ähnliche Abkommen bestehen zwischen den USA und anderen Staaten wie etwa Australien und Neuseeland.

Quellen: WTO, 2001; Energy Star Australia, 2002

übernommen werden. Darüber hinaus werden derzeit bei der anwendungsnahen Forschung Demonstrationsprojekte gefördert, die eine gesamtenergetischen Bewertung von Heizen, Lüften, Kühlen und Beleuchten vornehmen. Ebenso besteht ein nennenswertes CO_2-Minderungspotenzial in der Unterstützung einer verbesserten Versorgungstechnik z. B. durch zinsverbilligte Darlehen (Enquete-Kommission, 2002).

Effizienzpotenziale sollten auf der Nachfrageseite auch durch Nachfragesteuerung im engeren Sinn, dem so genannten Demand Side Management, erschlossen werden. Dazu käme das Lastmanagement in Frage, das die maximale Stromentnahme durch Verlagerung auf Zeiten mit niedrigem Bedarf reduziert und damit Zahl bzw. Größe der eingesetzten Kraftwerke senken hilft. Anreize hierzu geben variable Tarife und Fördermaßnahmen für bestimmte Speichertechnologien (Melchert, 1998). Zwar existieren bereits variable Tarifstrukturen, sie werden von den Verbrauchern jedoch häufig nur unzureichend wahrgenommen. Denkbar wäre hier, eine Anzeige des aktuellen Tarifs in den Wohnungen auf einer elektronischen Anzeige wiederzugeben bzw. Haushaltsgeräte automatisch nach dem aktuellen Tarif zu steuern.

Zusätzlich ist das „Contracting" empfehlenswert, und zwar insbesondere für Firmen (Melchert, 1998). Dabei werden energiewirtschaftliche Projekte von einem Dritten, dem Contractor, vorbereitet, durchgeführt und gegebenenfalls finanziert. Während es sich beim Anlagencontracting um die Auslagerung der Einrichtung und des Betriebs einer bestimmten Produktionsanlage handelt, durchforstet der Contractor beim Einspar-Contracting den bestehenden Betrieb nach Einsparmöglichkeiten und führt die erforderlichen Maßnahmen zur Erschließung der Einsparpotenziale selbst durch (Freund, 2002). Neben Contractor und Kunde profitiert auch die Umwelt vom Einspar-Contracting, womit es ein förderungswürdiges Instrument mit drei Gewinnern schafft.

Damit sich Contracting als freiwillige Dienstleistung auch auf einem liberalisierten Markt herausbilden kann, ist eine zügige Umsetzung der vollständigen Liberalisierung der Märkte für leitungsgebundene Energieversorgung auch hier zentral. Nur so haben alle Kundengruppen die Möglichkeit, zu Energieversorgern mit einem besonders günstigen Leistungsangebot zu wechseln. Auch wären Contracting-Angebote denkbar, die dafür sorgen, dass die benötigten Energiedienstleistungen für ein Gebäude oder eine Anlage durch regenerative Energien oder Kraft-Wärme-Kopplung gedeckt werden können. Schließlich können die Energiedienstleister dazu beitragen, den derzeitigen Markt für Endenergie (Strom, Gas) in einen Markt für Dienstleistungen (helle und warme bzw. kühle Räume, heiße und kalte Speisen usw.) umzuwandeln.

Um die Verbraucher mit den einschlägigen Informationen zu versorgen, empfiehlt der Beirat eine verstärkte Verbraucherinformation über Contracting und Demand Side Management. Standardisierte, umweltorientierte Musterverträge könnten die Informationskosten und Hemmschwellen gerade für kleine Verbraucher senken.

Zielgruppenspezifische Anreizsysteme

Die Strukturen des Energieeinsatzes werden besonders in den Industrieländern entscheidend von den Lebensstilen beeinflusst (Kap. 2.2.3). Dementsprechend fallen auch die Möglichkeiten, Effizienzpotenziale auf der Nachfrageseite zu nutzen bzw. einen nachhaltigen Energiekonsum zu erreichen, je nach Lebensstil unterschiedlich aus. Die Lebensstilforschung zeigt, dass sich ökologisch-alternative Lebensstile, wie sie in den 1970er/1980er Jahren erkennbar wurden, nicht durchgesetzt haben (Reusswig et al., 2002). Strategien für einen sparsamen Umgang mit Energie dürften daher bis auf weiteres nur dann erfolgreich sein, wenn nicht der falsche Eindruck entsteht, es entstünden Einbußen an Lebensqualität. Das 2000-Watt-Projekt aus der Schweiz ist als relativ erfolgreicher Versuch anzusehen, nachhaltigen Energiekonsum inklusive effizienter Energienutzung ohne einen solchen Verzicht zu propagieren (Spreng und Semadeni, 2001).

Für verschiedene Lebensstilgruppen werden ganz unterschiedliche Anreizsysteme greifen. Motiv für das Energiesparen kann das „Sparen" ebenso sein wie die Begeisterung für „moderne Technik/Innovation" oder wie eine verinnerlichte „Verantwortung für zukünftige Generationen". Um alle Lebensstilgruppen zu erreichen, ist daher eine Mischung von umweltpolitischen Instrumenten erforderlich.

Zielgruppenspezifische Kommunikationskonzepte scheinen geeignet, die politischen Rahmensetzungen zu ergänzen und zu unterstützen. So haben die Stadtwerke Kiel eine Marktanalyse vorgenommen, die mit einem zielgruppengerechten Marketing auf den stark differenzierten Käufermarkt reagieren wollte. Dabei stellten sie fest, dass das Energiesparverhalten nicht nur von Gruppe zu Gruppe variierte, sondern auch von Sektor zu Sektor (Wärme, Strom, Wasser). Die verschiedenen Gruppen wählen ihr ökologisches Verhalten im Allgemeinen und ihre Energiesparwege im Besonderen aus ganz verschiedenen Gründen, die in ihrem Lebensstil wurzeln (Reusswig, 1994).

Der WBGU empfiehlt, die Diskussion um nachhaltige Lebensstile und Umweltbildung in die laufenden Verhandlungen zur Ausgestaltung des Art. 6

der Klimarahmenkonvention zu integrieren, der sich mit Bildung, Ausbildung und öffentlichem Bewusstsein im Bereich des Klimawandels befasst. Bis 2005 sollte in den Industrieländern ein Lebensstildiskurs in den Schullehrplänen verankert werden. Darüber hinaus sind zielgruppenspezifische Kampagnen in der Bevölkerung durchzuführen. Entscheidend wird letztlich sein, inwiefern die Konsumenten mit der Energiewende zur Nachhaltigkeit eine Vision verbinden, die auch ihnen ganz persönlich etwas bringt: mehr Lebensqualität, größere Wahlfreiheit, mehr Arbeitsplätze, technische Innovationen.

5.2.2.4
Fazit

Fossile und nukleare Energien müssen durch geeignete fiskalische Maßnahmen gegenüber dem Status Quo verteuert und damit in ihrer Attraktivität zurückgedrängt werden. Auf der anderen Seite ist es für eine Transformation der Energiesysteme aber auch wichtig, durch spezielle Fördermaßnahmen die Attraktivität von erneuerbaren Energien, fossilen Energien mit geringen Emissionen und Effizienzsteigerungen bezüglich Produktion, Verteilung und Nutzung von Energie direkt zu erhöhen.

Für die Förderung erneuerbarer Energien kommen grundsätzlich Ansätze der Preis- oder der Mengensteuerung in Frage. Eine Preissteuerung kann insbesondere über direkte Subventionen oder über Einspeisevergütungen erfolgen. Als wesentliches Instrument einer Mengensteuerung sind die verschiedenen Varianten von Quoten für Mindestanteile an Strom oder Wärme aus erneuerbaren Energieträgern anzusehen. Dabei können die Quoten auch so ausgestaltet sein, dass Zertifikate über die Produktion von Strom aus erneuerbaren Energieträgern an einem Markt gekauft und verkauft werden können.

Grundsätzlich weist die Mengensteuerung den Vorteil höherer Zielgenauigkeit auf. Handelbare Quoten – ergänzt um das System der Green Energy Certificates – stellen außerdem unter dem Gesichtspunkt der Effizienz ein national wie international attraktives Instrument zum Ausbau erneuerbarer Energien dar. Allerdings können gerade neue zukunftsträchtige Technologien mangels Marktreife und -größe durch das Modell handelbarer Quoten nicht sinnvoll gefördert werden, so dass eine Anschubförderung durch Preisinstrumente notwendig ist. Der selektive Übergang von einer preisorientierten auf eine flexible mengenorientierte Förderung ist unter Beachtung technologischer und Marktbesonderheiten sowie länderspezifischer Gegebenheiten auszugestalten.

Effizienzsteigerungen können durch Maßnahmen auf der Angebots- wie auch auf der Nachfrageseite erzielt werden. Dabei kommt staatlichen Regulierungen eine wichtige Rolle zu, ebenso wie einer Erhöhung des Wettbewerbs (durch Liberalisierung) oder besseren Informationsmöglichkeiten für Verbraucher durch die Ausweitung von Kennzeichnungspflichten auf alle energieintensiven Verbrauchs- und Gebrauchsgüter, auf Gebäude und Industrieanlagen sowie auf Dienstleistungen. Bei Gütern, die in größerem Umfang international gehandelt werden, ist eine länderübergreifende Harmonisierung von Effizienzstandards und Labels empfehlenswert. Zusätzlich sollten die Instrumente des Demand Side Management und Contracting in liberalisierten Energiemärkten unterstützt und zielgruppenspezifisch ausgestaltete Anreiz- und Kommunikationskonzepte entwickelt werden.

Große Effizienzpotenziale in der Nutzung der Heiz- und Kühlungsenergie lassen sich durch ordnungsrechtliche Regelungen bei Wärmedämmung und -schutz von Gebäuden ausschöpfen. Empfehlenswert sind gesetzliche Mindeststandards, verbunden mit anspruchsvollen Zielvorgaben und geeigneten Förderinstrumenten.

Im Zusammenhang mit der Steigerung der Effizienz fossiler Kraftwerke ist der Technologietransfer von Industrie- in Transformations-, Schwellen- und Entwicklungsländer wichtig. Zudem sollte sich die Bundesregierung für internationale Standards für Mindestwirkungsgrade fossil betriebener Kraftwerke einsetzen. Der Beirat empfiehlt zudem die gezielte Förderung von Kraftwerken mit Kraft-Wärme-Kopplung (KWK). Hier sollte sich die Bundesregierung im Rahmen der laufenden Verhandlungen der EU-KWK-Richtlinie für die zügige Festlegung von verbindlichen nationalen Zielquoten einsetzen. Bis 2012 sollte 20% des Stroms in der EU durch KWK-Kraftwerke erzeugt werden. Handelbare Quoten wären dabei ein Instrument, um auch auf wirtschaftlich möglichst effizient Energie aus KWK-Kraftwerken bereitzustellen.

5.2.3
Moderne Energieformen und effizientere Energienutzung in Entwicklungs-, Transformations- und Schwellenländern

5.2.3.1
Die Grundidee

Für Entwicklungs- und Schwellenländer ist, nicht zuletzt wegen anhaltendem Bevölkerungswachstum bzw. zum Teil überdurchschnittlichem Wachstum des

Sozialprodukts, von einem starken Anstieg der Nachfrage nach Energiedienstleistungen auszugehen. Die zur Befriedigung dieser Nachfrage notwendigen Investitionskosten im Energiesektor werden in den nächsten zwanzig Jahren auf 180–215 Mrd. US-$ (im Wert des Jahrs 1998) oder 3–4% des BIP dieser Länder jährlich geschätzt (UNDP et al., 2000; G8 Renewable Energy Task Force, 2001). Neueste Schätzungen der IEA gehen davon aus, dass Transformationsländer einen ähnlich hohen Bedarf haben. So werden etwa in Russland im Zeitraum 1999–2020 Investitionen in Höhe von 550–700 Mrd. US-$ in die Energieinfrastruktur (inkl. Investitionen in die Energieeffizienz und die Förderung erneuerbarer Energien) benötigt (IEA, 2002a). Angesichts der angespannten Finanzlage dieser Länder und des Umfangs der Finanzierungsaufgabe werden sie in absehbarer Zeit nicht in der Lage sein, die notwendigen Investitionen allein zu finanzieren (Dunkerley, 1995). Aus diesen Gründen und weil durch Privatinvestitionen ein wesentlich höheres Finanzierungspotenzial als durch Mittel der Entwicklungszusammenarbeit zu erwarten ist, kann der notwendige Ausbau des Energiesektors nur durch eine erhebliche Ausweitung der privaten Investitionen besonders aus dem Ausland erreicht werden.

Private Investitionen werden jedoch nur dann getätigt, wenn zumindest mittelfristig angemessene Gewinne erwartet werden. Angesichts des bisherigen energiepolitischen Umfelds in Entwicklungsländern sind die Anreize für private Investitionen im Energiesektor sehr begrenzt. Dies gilt sowohl für den Ausbau bestehender Elektrizitätsnetze als auch für die Verbesserung des Zugangs zu moderner Energie in ländlichen Gebieten. Deshalb wird der Ausbau der ländlichen Energieversorgung durch dezentrale Ansätze und Insellösungen mittelfristig vor allem eine Versorgungsaufgabe des Staates und der Entwicklungszusammenarbeit bleiben.

Neben Verbesserungen auf der Seite des Energieangebots sind für einen verbesserten Zugang zu moderner Energie mit geringen Emissionen allerdings auch Maßnahmen auf der Nachfrageseite wichtig. Dabei reicht das Spektrum sinnvoller Maßnahmen von der Subventionierung des effizienten und emissionsarmen Energiekonsums über den Ausbau von Mikro-Finanzierungssystemen für private Haushalte bis hin zur Berücksichtigung der Akzeptanz unterschiedlicher Technologien und Finanzierungsmöglichkeiten.

Verschiedene angebots- und nachfrageseitige Maßnahmen werden nun näher behandelt. Dabei ist zu betonen, dass die Entwicklungs-, Schwellen- und Transformationsländer untereinander und auch innerhalb einer Gruppe bezüglich ihrer Energiesysteme sehr heterogen sind. Wenn im Folgenden Empfehlungen für energiepolitische Maßnahmen gegeben werden, ist das nicht als Rezept für alle zu verstehen. Im Gegenteil: die Vielfalt der demographischen, geographischen, kulturellen, sozialen, ökonomischen oder politischen Gegebenheiten ebenso wie die Vielfalt der gegenwärtigen Energiesysteme machen deutlich, dass Vorschläge für die Energiewende auf die einzelnen Länder zugeschnitten werden müssen.

5.2.3.2
Konkrete Schritte auf der Angebotsseite

Schaffung attraktiver Rahmenbedingungen für private Investoren

Erste Erfahrungen einiger Entwicklungsländer mit der teilweisen Privatisierung des Energiesektors haben gezeigt, dass private Investoren bei entsprechender Regulierung die Effizienz der Energieversorgung erheblich steigern. Gleichzeitig können sie vom Zugang zu den internationalen Kapitalmärkten profitieren (Bond und Carter, 1995). Dies gilt allerdings nicht für die ärmsten Entwicklungsländer, weil hier nicht ohne weiteres genügend kaufkräftige Nachfrage geschaffen wird, die hohe Investitionen rentabel macht. In vielen Entwicklungsländern, besonders in den ärmeren, beschränken sich die Netze der staatlichen Energieversorgungsunternehmen bisher vielfach auf die größeren Städte, insbesondere auf die Stadtkerne.

Durch Privatisierung werden Anreize für eine Ausweitung und Effizienzsteigerung der Energiebereitstellung gesetzt. Der WBGU empfiehlt daher, bei der Vergabe von Krediten und Projekten an Entwicklungsländer darauf zu achten, dass – abhängig von den Voraussetzungen im jeweiligen Land – einer der folgenden Privatisierungswege beschritten wird (Bond und Carter, 1995):

- Privaten Energieunternehmen wird der Zugang zu den bestehenden Versorgungsnetzen des staatlichen Unternehmens gewährt. Nach einer Übergangszeit wird das staatliche Energieversorgungsunternehmen (mit oder ohne vorheriger Restrukturierung) schrittweise oder vollständig privatisiert;
- Das staatliche Energieversorgungsunternehmen wird in kleinere Einheiten unterteilt, wobei eine Trennung von Energieerzeugung, -transport und -vertrieb erfolgt. Danach werden die einzelnen Einheiten privatisiert, zugleich wird unabhängigen Erzeugern der Zugang zu den bestehenden Versorgungsnetzen eingeräumt;
- Das staatliche Energieversorgermonopol wird in seiner Gesamtheit privatisiert. Erst später erfolgt die Öffnung für andere private Anbieter.

In vielen Entwicklungsländern ist die Einfuhr von Industriegütern mit hohen Einfuhrzöllen belegt. Dadurch wird nicht nur die Errichtung neuer Anlagen, sondern auch die Beschaffung notwendiger Ersatzteile verteuert. Besondere Barrieren bestehen etwa bei Photovoltaikanlagen, die häufig als Luxusgüter angesehen werden und sehr hohen Einfuhrzöllen unterliegen. Lokal hergestellte Energieanlagen oder Ersatzteile sind andererseits bisher häufig nicht zuverlässig genug, um den reibungslosen Betrieb technisch komplizierter Anlagen zu gewährleisten (UNEP-CCEE, 2002). Der WBGU empfiehlt deshalb, dass sich die Bundesregierung bei entwicklungspolitischer Maßnahmen für eine Steigerung der Qualität lokal produzierter Anlagen und Komponenten einsetzt. Je wettbewerbsfähiger die lokal produzierten Komponenten sind, desto geringer ist die Notwendigkeit, die heimische Industrie durch Zölle zu schützen. Darüber hinaus könnte ein Entgegenkommen der Industrieländer bei den tarifären und nicht tarifären Handelshemmnissen die Neigung der Entwicklungs- und Schwellenländer erhöhen, ihrerseits Zollsenkungen vorzunehmen.

Die Voraussetzungen für private Investitionen im Energiebereich von Entwicklungsländern sind häufig auch aufgrund der begrenzten Märkte schlecht. Durch regionale Integration könnten größere Märkte erschlossen werden, die eine effizientere Nutzung von Investitionen erlauben und außerdem dazu beitragen würden, kommerzielle Risiken breiter zu streuen. Entsprechenden Wettbewerb vorausgesetzt, führt die Möglichkeit, Skaleneffekte zu erzielen, auch zu sinkenden Preisen für die Verbraucher. Um die Integration regionaler Märkte zu fördern, sollten deshalb technische Standards vereinheitlicht und die Planung von Energieprojekten auf regionaler Ebene koordiniert werden. Der Aufbau der für den transnationalen Energietransport notwendigen Infrastruktur muss dabei in solchen Fällen als vorrangiges Investitionsziel behandelt werden. Der Ausbau regionaler Handelsorganisationen sollte insbesondere in Afrika, dessen intraregionaler Handel nur 6% des Handelsvolumens beträgt, erheblich beschleunigt werden (Davidson und Sokona, 2001). Der Beirat empfiehlt der Bundesregierung, diese Aspekte in ihre entwicklungspolitischen Überlegungen zu integrieren.

Die Attraktivität von Entwicklungs-, Schwellen- und Transformationsländern für ausländische Investitionen im Energiebereich kann durch spezifische Maßnahmen im Energiesektor, aber auch durch allgemeine wirtschafts- und rechtspolitische Maßnahmen erhöht werden. Hier wäre etwa an Maßnahmen zur Erhöhung der Rechtssicherheit und zur Verringerung politischer Risiken zu denken (Johnson et al., 1999). Dadurch könnte die Grundlage für die Ausbreitung von Energiedienstleitungsunternehmen in Ländern wie z. B. Russland geschaffen werden, wo unklare Rechtsverhältnisse und intransparente Zulassungsverfahren ausländische Investoren bisher vor einem Engagement in dem potenziell riesigen Markt zurückschrecken ließen (EBRD, 2001).

Ausländische Direktinvestitionen im Energiesektor von Entwicklungs-, Schwellen- und Transformationsländern sind vor allem dann attraktiv, wenn die Herkunftsländer der Investoren günstige Kredite und Exportgarantien bereitstellen. Im Hinblick auf die Förderung global nachhaltiger Energiesysteme ist es sinnvoll, solche Vergünstigungen gezielt für Projektkategorien zu vergeben, die Nachhaltigkeitskriterien genügen. Es sollten also keine Investitions- bzw. Exportförderungen für Neuanlagen zur Elektrizitätsgewinnung auf fossil-nuklearer Basis oder für die Erschließung und Vermarktung fossiler oder atomarer Energierohstoffe gewährt werden. Ausnahmen sollten gemacht werden, wenn nachgewiesen werden kann, dass die kohlenstoffärmste Alternative gewählt wurde, sich das Projekt langfristig in die nachhaltige Energieplanung des Gastlandes einfügt und erneuerbare Energien derzeit keine machbare oder sinnvolle Alternative darstellen. Eine Förderung für Altanlagen der fossilen Stromerzeugung ist zumindest dann übergangsweise sinnvoll, wenn es ausschließlich um die Modernisierung durch Effizienzsteigerung und den Ersatz bestehender Kapazitäten bei kräftiger Steigerung des Wirkungsgrads geht.

Der Beirat ist sich bewusst, dass manche Regierungen und Nichtregierungsorganisationen in Entwicklungsländern, beispielsweise die indische NRO „Centre for Science and Environment“, eine derartige Konditionalität ablehnen. Als Begründung wird angeführt, dass der Norden den Entwicklungspfad des Südens vorgeben und Mehrkosten für einen nachhaltigen Energiepfad einseitig den ärmeren Ländern aufbürden wolle (CSE, 2001). Der WBGU hält aber an seiner Überzeugung fest, dass staatliche Investitions- und Exportförderung den übergeordneten Zielen einer nachhaltigen Energiepolitik verpflichtet sein müssen. Dies bedeutet allerdings auch einen energiepolitischen Strukturwandel in den Industriestaaten.

Eine von der G8 eingesetzte Arbeitsgruppe unterbreitete dem Wirtschaftsgipfel in Genua (Juli 2001) Vorschläge, wie die Exportkreditanstalten eine maßgebliche Rolle bei der Energiewende übernehmen könnten (G8 Renewable Energy Task Force, 2001). Staatliche Exportkreditanstalten sollen durch Erweiterung der für diesen Bereich gültigen OECD-Leitlinien aktiv werden. Für erneuerbare Energieträger müssten – analog zu den speziellen Sektorvereinbarungen für Kernenergie, Kraftwerke, Schiffe und

Flugzeuge – die Rückzahlungsfristen, Zinssätze sowie die Kriterien bei der Risikoprüfung modifiziert werden.

Der zweite Impuls der G8-Arbeitsgruppe berührt die OECD-Umweltleitlinien für die Exportförderung. Diese sollen universell gültige Mindeststandards für Energieeffizienz und Kohlenstoffintensität sowie einen einheitlichen Berichtsrahmen für die lokalen und globalen Umweltwirkungen eines Projekts festschreiben. Der Beirat schließt sich diesen Empfehlungen an. Um den Aktivitäten der Exportkreditanstalten für die globale Energiewende eine möglichst große Hebelwirkung zu verleihen, tritt der Beirat für weitere Reformschritte ein (Maurer und Bhandari, 2000):

- *Vollkostenrechnung bei energierelevanten Projekten:* Um die Abwälzung sozialer und ökologischer Schäden durch den Einsatz fossiler Energieträger zu unterbinden, müssen die Exportkreditanstalten auf die mindestens näherungsweise Einbeziehung externer Kosten bei der projektspezifischen Rentabilitätsberechnung bestehen.
- *Quoten für Projekte der Energiewende:* Die Exportkreditanstalten sollten im Rahmen internationaler Absprachen Quoten ihrer Portfolios für erneuerbare Energien und für die Steigerung der Energieeffizienz festlegen. Ab 2005 sollten in der Exportkreditförderung progressive Mindestauflagen für die zulässige Kohlenstoffintensität bei Energieerzeugungsprojekten festgelegt werden.
- *Kriterien der Förderung:* Bei der Förderung von Großstaudämmen muss die Einhaltung der durch die World Commission on Dams formulierten Kriterien gewährleistet sein. Kernenergie sollte nach Meinung des Beirats grundsätzlich nicht mehr gefördert werden.
- *Erhöhung der Transparenz:* Frühzeitig vor der Förderentscheidung sollte die Öffentlichkeit über die Einzelheiten des beantragten Projekts, insbesondere die ökologischen und sozialen Folgewirkungen, unterrichtet werden. Die Export-Import-Bank der USA ist in dieser Hinsicht vorbildlich. Sie veröffentlicht die Umweltverträglichkeitsstudien für Projekte 30 Tage vor ihrer Entscheidung und führt sämtliche Fördermaßnahmen und involvierte Unternehmen einschließlich der betreffenden Summen in ihrem Jahresbericht auf.
- *Limitierung staatlicher Exportförderung:* Da eine generelle Subventionierung von Exportaktivitäten, die staatliche Exportkreditanstalten darstellen, aus ordnungspolitischer Sicht kritisch zu bewerten sind, sollten internationale Verhandlungen über den Abbau staatlicher Exportkreditversicherungen aufgenommen werden mit dem Ziel, nur noch solche Exporte in das Programm der Exportkreditanstalten aufzunehmen, die ausdrücklich Nachhaltigkeitszielen dienen.

Regulierung des Energiesektors

Neben einer Regulierung der marktwirtschaftlichen Rahmenbedingungen, bei der etwa die Bedingungen für den Zugang zu Versorgungsnetzen festzulegen sind, können weitere Regulierungen wesentlich zur Erhöhung der Umweltfreundlichkeit und Effizienz des Energiesektors beitragen. Um dies sicherzustellen, müssen Tarife und Standards festgelegt werden. Der WBGU empfiehlt der Bundesregierung, dies bei ihren energiepolitischen Aktivitäten in Entwicklungsländern wie folgt zu berücksichtigen.

1. *Marktaufsicht und Wettbewerb um den Markt:* Der Wettbewerb in oder um liberalisierte Energiemärkte erhöht die Effizienz der Energieumwandlung und reduziert die Umwandlungs- und Versorgungskosten. Bei funktionierendem Wettbewerb wird dies in Form niedrigerer Preise an die Kunden weitergegeben, wodurch auch den armen Bevölkerungsschichten der Zugang zu moderner Energie erleichtert wird. Oft verbleiben die Effizienzgewinne, insbesondere bei den netzgebundenen Energieformen, aber mangels ausreichendem Wettbewerbs nahezu vollständig bei den Energieversorgern. In Entwicklungsländern, die in den wenigsten Fällen über eine effektive Politik gegen Wettbewerbsbeschränkungen verfügen, ist es daher sinnvoll, die Energieunternehmen einer gezielten Missbrauchsaufsicht zu unterwerfen und regelmäßig zu überprüfen, ob Effizienzgewinne in angemessener Weise an Endkunden weitergegeben bzw. die in Ausschreibungen gemachten Zusagen eingehalten werden. Ein weiteres Problem bei der Liberalisierung ist die Benachteiligung von Kunden in eher abgelegenen Gebieten. Um dem entgegenzuwirken, sollten die Energieversorger verpflichtend alle Konsumenten einer bestimmten Region beliefern müssen. Um die Effizienz der Energieversorgung zu sichern, empfiehlt der WBGU Subventionen, die in einem transparenten Bieterprozess vergeben werden.
2. *Festlegung von Standards:* Energiesysteme in Entwicklungsländern sind häufig durch geringe Effizienz und hohe Transport- und Verteilungsverluste gekennzeichnet. Auch wenn durch Liberalisierung Sparanreize und Effizienz steigernde Nachrüstungen entstehen, sollten insbesondere bei der Entwicklung neuer Energieprojekte Qualitätsstandards vorgegeben werden. Solche Standards stellen die Effizienz und Funktionsfähigkeit von Energieanlagen sicher und verbessern die Akzeptanz durch die Bevölkerung, die häufig unter der schlechten Qualität der Energieversorgung leidet (UNEP-CCEE, 2002). Daneben kann

Tabelle 5.2-3
Beispiele ausgewählter Technologien für die mögliche Entwicklung der Energiesysteme in ländlichen Räumen von Entwicklungsländern.
Quelle: modifiziert nach Reddy, 2002

Aktivitäten	Zur Zeit	Kurzfristig	Mittelfristig	Langfristig
Kochen	Holzöfen	Flüssiggas Biogas	Biogenes Flüssiggas	
Licht	Kerzen, Öl, Kerosin, batterieversorgte Glühlampen	Fluoreszenzlampen	LED-Lampen	
Antriebskraft für Motoren	Durch Menschen und Tierkraft angetriebene Maschinen, Verbrennungsmotoren Mikro-Wasserkraft	Elektromotoren	Hocheffiziente Verbrennungsmotoren, mit Biotreibstoff betriebene Antriebsmaschinen	
Wasser	Handpumpen, Nutzung von Oberflächenwasser und flachen Brunnen	Elektropumpen (z. B. mit Photovoltaik versorgt), Reinigungstechnologien für Trinkwasser aus konventionellen Quellen, Aktivierung von Tiefenbrunnen	Hocheffiziente Bewässerungstechnik, Meerwasserentsalzung mittels erneuerbarer Energien	
Telekommunikation	TV und Radio Versorgung mit Batterien Versorgung mit Dieselaggregaten	Mobiltelefon Versorgung mit Photovoltaik Versorgung mit Windkraft	Internet-Anschluss Versorgung mit fortgeschrittenen Motor-/Generatorsystemen	Satellitengestützter Internet-Anschluss

die Vereinheitlichung technischer Standards in bestimmten Marktsegmenten zur Erschließung größerer Märkte beitragen. Dies gilt etwa für die Vermarktung von Flüssiggas, die effizient nur bei landesweiter oder mindestens regionaler Nutzung einheitlicher Gasbehälter erfolgen kann. Um die Kosten möglichst gering zu halten, sollten technische Standards nicht nach westlichem Vorbild, sondern unter Berücksichtigung der häufig deutlich abweichenden Bedürfnisse der Verbraucher in Entwicklungsländern festgelegt werden. Auch auf der Nachfrageseite können verbindliche Standards für Verbrauchsgeräte zur Steigerung der Effizienz der Energienutzung und damit letztendlich zu einer Erhöhung der verfügbaren Energiemenge beitragen (Davidson und Sokona, 2001).

5.2.3.3 Konkrete Schritte auf der Nachfrageseite

Förderung des Zugangs zu modernen Energieformen

Der Beirat sieht es als eine Mindestanforderung für die Nachhaltigkeit der Energiewende an, dass allen Menschen Zugang zu moderner Energie gewährleistet werden muss (Kap. 4.3.2.2). Dieser Zugang sollte bis 2020 für alle Menschen gesichert sein, wobei spätestens ab 2020 allen Menschen zunächst wenigstens 500 kWh, spätestens ab 2050 700 kWh und bis 2100 schließlich 1.000 kWh pro Kopf und Jahr an moderner Energie zur Verfügung stehen sollten (Kap. 4.3.2.3). Da sich der gesamte Energiebedarf eines Menschen neben dem individuellen Energiebedarf auch aus den indirekt genutzten Energiedienstleistungen zusammensetzt (Herstellung und Transport von Gütern), muss der gesamtwirtschaftliche Energiebedarf pro Kopf noch höher angesetzt werden (Kap. 4.3.2.5).

Tabelle 5.2-3 enthält eine Auswahl technologischer Optionen für die Entwicklung nachhaltiger Energiesysteme in ländlichen Gebieten. Zum einen muss dabei der Ausstieg aus den gesundheitsschädlichen Formen der traditionellen Biomassenutzung angestrebt werden (Kap. 3.2.4; 4.3.2.7). Zu diesem Zweck empfiehlt der WBGU, dass bis 2020 mindestens 80% der Weltbevölkerung und spätestens ab 2050 die gesamte Weltbevölkerung Biomasse nicht mehr gesundheitsgefährdend nutzen sollte. Ersatz wird vor allem durch Flüssiggas geschaffen werden können (Kap. 5.2.2.2). Zum anderen muss auch der Zugang zu denjenigen Energiedienstleistungen geschaffen werden, die von Elektrizität abhängen (Beleuchtung, Kühlung, Unterstützung haushalts- und handwerklicher Tätigkeiten sowie Zugang zu Kommunikation).

Der WBGU empfiehlt, bei allen Maßnahmen zur Transformation der Energiesysteme auf eine Verringerung der Disparitäten zu achten. Im Hinblick auf Disparitäten innerhalb von Ländern kommt es darauf an, benachteiligte Gruppen besonders zu fördern und kultur- sowie geschlechtsspezifische Besonderheiten zu beachten. Im Hinblick auf Disparitäten zwischen Ländern muss es vor allem um eine überproportionale Steigerung des Pro-Kopf-Einkommens in den ärmeren Ländern gehen. Daraus ergibt sich in Einzelfällen die Notwendigkeit zur Quersubventionierung bzw. des sozialen Transfers („Strom- und Heizgeld").

Um den Zugang zu modernen Energiedienstleistungen in den Entwicklungs- und Schwellenländern zu verbessern, sind zwei wichtige Voraussetzungen zu erfüllen: Einerseits muss die Infrastruktur der Energieversorgung geschaffen oder ausgebaut werden und andererseits muss Energie für die gesamte Bevölkerung erschwinglich sein. Der WBGU schlägt vor, dass spätestens ab 2050 kein Haushalt gezwungen ist, mehr als 10% des Einkommens zur Deckung des elementarsten Energiebedarfs zu verwenden. Langfristig sollte der Anteil deutlich niedriger sein. Gewinnorientierte Unternehmen werden nur dort für einen Ausbau des Zugangs zu modernen Energieformen sorgen, wo genügend Kaufkraft vorhanden ist, um die hohen Investitionskosten sowohl für den Ausbau netzgebundener als auch dezentraler Energiesysteme innerhalb relativ kurzer Zeit zu amortisieren. Daher bleibt der Zugang in armen, spärlich besiedelten und entlegenen Regionen, im Gebirge oder in den Armutsgebieten der Städte von öffentlichen Mitteln abhängig, die aus der Entwicklungszusammenarbeit aufgebracht werden müssen. In solchen Gebieten erscheint außerdem eine vollständige Privatisierung auf der Seite des Energieangebots ebenso wie eine weitgehende Liberalisierung der Märkte zumindest in einer Übergangszeit nicht angemessen. Geringe Margen und hohe Investitionsrisiken müssten etwa durch vorübergehende Gebietsmonopole attraktiver gestaltet werden. Privatisierung und Liberalisierung ohne einen entsprechenden regulatorischen Rahmen sind hier kontraproduktiv. Im Rahmen von Projekten, die durch die Entwicklungszusammenarbeit gefördert werden, sollte Public-Private Partnerships eine hohe Bedeutung beigemessen werden.

Die dezentrale Energieversorgung (z. B. Hybridsysteme mit Dieselgeneratoren und Photovoltaik-Anlagen) bietet in dünn besiedelten Gebieten vielfach die bessere Lösung als die netzgebundene Stromversorgung (BMZ, 1999; Goldemberg, 2001). Eine Erweiterung netzgebundener Energiesysteme hängt vor allem von der Entfernung zum bestehenden Netz, von der Zahl der anzuschließenden Haushalte und von der Nachfrage der Haushalte ab (World Bank, 2000). Die kaufkraftbedingt geringe Nachfrage sowie die geringe Bevölkerungsdichte erlauben eine Erweiterung des Netzes in der Regel nur, wenn die Entfernung zum bestehenden Netz nicht mehr als etwa 10 km beträgt (ESMAP, 2001).

Ärmeren Bevölkerungsgruppen in Entwicklungs- und Schwellenländern, aber auch den Verbrauchern in Transformationsländern wird der Kauf von Energiedienstleistungen bisher durch Tarife ermöglicht, die aufgrund staatlicher Subventionen oft weit unter den Erzeugungskosten liegen. Diese Subventionen kommen aber meist der besser verdienenden (städtischen) Bevölkerung zugute, weil die ländliche Bevölkerung keinen Zugang zu den subventionierten Gütern hat oder der Konsum ärmerer Bevölkerungsgruppen trotz Subventionierung niedrig bleibt (UNDP et al., 2000). Will man den ärmeren Bevölkerungsgruppen explizit den Zugang zu modernen Energieleistungen erschließen, sind zielgruppenspezifische Subventionen in Kombination mit vom Markt bestimmten Tarifstrukturen sinnvoller. Der WBGU empfiehlt der Bundesregierung, im Rahmen ihrer Entwicklungszusammenarbeit auf entsprechende Strukturveränderungen hinzuwirken. Um negative Wirkungen solcher Subventionen zu vermeiden, sollten sie vier Kriterien genügen (UNEP und IEA, 2001):

1. Die Subventionen sollten möglichst auf eine klar umrissene Zielgruppe beschränkt werden. Zunächst muss eine Analyse der wirtschaftlichen, sozialen und umweltbezogenen Auswirkungen erfolgen, um sicherzustellen, dass die gewünschten positiven Ziele erreicht werden können.
2. Das Programm muss mit geringem Verwaltungsaufwand laufen.
3. Kosten und Funktionsweise des Programms müssen transparent sein. Insbesondere sollten Belastungen der öffentlichen Hand im Staatshaushalt ausgewiesen werden.
4. Bei der Ausgestaltung ist darauf zu achten, dass langfristige Anreize zur Bereitstellung von Energiedienstleistungen geschaffen werden (UNDP et al., 2000).

Von Interesse ist in Zusammenhang mit dem letzten Punkt etwa das argentinische Modell. Dort wurde der Ausbau der Stromversorgung in ländlichen Regionen – zu vorgegebenen Tarifen, aber ohne Festlegung der Art der Elektrizitätsversorgung – in einem Bieterprozess ausgeschrieben. Derjenige Anbieter, der den Versorgungsausbau mit den geringsten Subventionen anbot, erhielt den Zuschlag (ESMAP, 2000). In Südafrika wurde ein ähnliches Modell im Zusammenhang mit der Restrukturierung des Elektrizitätsmarkts angewandt. Dort wurden Konzessionen für Gebiete versteigert, die einen gewissen Anteil nicht erschlossener Regionen sowie die Verpflichtung zum Aufbau der – netzgebundenen oder dezentralen – Stromversorgung enthielten. Während anfängliche Investitionskosten bei diesem Modell von staatlicher Seite getragen werden, erfolgt danach eine Quersubventionierung zwischen den verschiedenen Verbrauchergruppen (Clark, 2001). Auch wenn es zu früh ist, um den Erfolg beider Modelle abzuschätzen, scheinen Subventionen auf Vertriebsebene besonders geeignet zu sein, große ländliche Regionen innerhalb vergleichsweise kurzer Zeiträume zu erreichen. Bei attraktiven Marktbedingungen werden Investoren Interesse an entsprechenden Konzessionen haben, so dass eine Chance auf ein mittel- und langfristig höheres Energieangebot besteht.

Wichtig ist es, grundsätzlich für eine offene Ausgestaltung von Subventionsmechanismen in einem transparenten Bieterverfahren zu sorgen, zu dem nicht nur Energieversorgungsunternehmen, sondern auch Verbraucher, dörfliche Gemeinschaften oder Projektträger Zugang haben. Neben der expliziten Berücksichtigung unterschiedlicher Zielgruppen bei der Subventionierung ist auch die Frist der Subventionierung für die Verbesserung des Energiezugangs von Bedeutung. Hier kann unterschieden werden zwischen kurzfristigen Krediten, insbesondere der Mikrofinanzierung, sowie langfristigen Finanzierungen.

Langfristige Finanzierungen können insbesondere durch Leasingverträge, Konsumentenkredite oder so genannte „Pay-for-service-Verträge" sichergestellt werden. In allen Fällen wird die notwendige Finanzierung durch den Vertreiber der jeweiligen Energieanlage gesichert. Während das Eigentum bei Leasingverträgen und Konsumentenverträgen nach Ablauf der Finanzierungsphase in der Regel beim Käufer verbleibt, zahlt der Kunde bei den „Pay-for-service-Verträgen" lediglich für die zur Verfügung gestellte Energiedienstleistung. Der Vorteil dieser Vertragsgestaltung liegt insbesondere in den starken Anreizen für Vertreiber, die Funktionsfähigkeit der Anlage aufrechtzuerhalten und ihre Nutzer ausreichend über die korrekte Nutzung zu instruieren. Ein Problem dieser Finanzierungen ist der Zugang zu Start-up-Kapital für kleinere und mittlere Energiedienstleister.

Nutzung von Mikrofinanzierungssystemen

Mikrofinanzierungssysteme entstanden in den 1980er Jahren als Gegenbewegung zu staatlichen Entwicklungsbanken und subventionierten Kreditprogrammen, die in vielen Fällen weder breitenwirksam noch wirtschaftlich tragfähig waren. Anstelle der Förderung einzelner staatlicher Kreditprogramme stehen heute überwiegend die Verbesserung institutioneller Rahmenbedingungen und der Aufbau privatwirtschaftlich organisierter Mikrofinanzinstitutionen im Vordergrund (GTZ, 1998). Sie haben sich inzwischen in der Praxis bewährt und werden heute oft auch von NRO durchgeführt. Zum einen sind Mikrofinanzierungsprogramme besonders auf einkommensschwache Bevölkerungsgruppen zugeschnitten und zum anderen können durch ihre lokale Kenntnis Fehlentscheidungen eher vermieden und Fehlentwicklungen früher erkannt werden. Mikrofinanzinstitutionen zeichnen sich dadurch aus, dass

- die Kredit- und Sparvolumina gering sind;
- sie in räumlicher Nähe zu ihren Kunden liegen, was zur Vereinfachung und Beschleunigung von Kreditvergabeverfahren führt;
- sie bei der Kreditprüfung weniger auf die wirtschaftlichen Daten der Vergangenheit als vielmehr auf die zukünftigen Ertragsaussichten Wert legen und daher insbesondere die Finanzierung innovativer Aktivitäten von Kleinunternehmern ermöglichen;
- auch nicht bankübliche Kreditsicherheiten akzeptiert werden (etwa Schmuck, Gruppenhaftung).

Die sinkende öffentliche Zuwendung erfordert eine Bündelung der Aktivitäten. Deshalb entstanden in den vergangenen Jahren zahlreiche Netzwerke von Mikrofinanzierungsinstitutionen (z. B. „Grameen Trust" oder „Banking with the Poor"). Parallel dazu wurden Geber-Koordinationsgremien gegründet (z. B. „Sustainable Banking with the Poor", „Donor Working Group for Financial Sector Development"), die heute vor allem von der Weltbank gesteuert werden.

Mikrofinanzierungsprojekte können einen wichtigen Beitrag zur Finanzierung von Energieprojekten leisten. Die Verbindung von Mikrokrediten mit Investitionen in Energieanlagen, insbesondere Photovoltaik-Anlagen, ist jedoch mit einigen Schwierigkeiten verbunden. Die Kosten einer Photovoltaik-Anlage, die ca. 500 US-$ betragen, übersteigen in der Regel die zur Verfügung gestellten Kreditlinien. Zugleich sehen die meisten Mikrofinanzierungsorganisationen kurze Laufzeiten von 6 Monaten bis höchstens 2 Jahren vor, während der Großteil der potenziellen Abnehmer Laufzeiten von bis zu fünf Jahren benötigen würde, um einen Kredit für eine Photovoltaik-Anlage abzubezahlen (Philips und Browne, o. J.). Dass diese Schwierigkeiten im Einzelfall überwunden werden können, zeigen positive Beispiele wie das Grameen-Shakti-Photovoltaik-Programm in Bangladesh oder Genesis in Guatemala.

Der Beirat ist der Meinung, dass der Mikrofinanzierung, insbesondere in ländlichen Gebieten, eine nicht zu unterschätzende Bedeutung im Hinblick auf die Verbesserung der Zugangsmöglichkeiten zu modernen, gesundheits- und umweltschonenden

Energiedienstleistungen sowohl für private Haushalte als auch für Klein- und Kleinstbetriebe zukommt. Er empfiehlt daher, die bestehenden Mikrofinanzierungssysteme auch für Energiezwecke zu nutzen und auszubauen. Dazu sollten Mikrofinanzierungssysteme aus Mitteln der Entwicklungszusammenarbeit weiter unterstützt und im Rahmen entwicklungspolitischer Maßnahmen auch eine staatliche Subventionierung erwogen werden.

Kulturspezifische Rahmenbedingungen

Selbst wenn es gelingt, in den Entwicklungs- und Schwellenländern für ein höheres Angebot an moderner Energie zu sorgen und Kaufkraft zur Nutzung dieses Angebots zu schaffen, ist eine effiziente Energienutzung nicht garantiert. Kulturell tradierte und akzeptierte Formen der Energienutzung ebenso wie mangelndes Wissen über den Umgang mit neuen Energieträgern oder über die Vor- und Nachteile verschiedener Energieträger und -technologien können sich als Blockaden für die Nutzung nachhaltiger Energieformen in diesen Ländern erweisen. In Entwicklungsländern kann sich der Umstieg vom Drei-Steine-Herd auf einen Gaskocher als ebenso schwierig erweisen wie der Umstieg von einer zentral gesteuerten Wärmeversorgung zu einer dezentralen Versorgung mit verbrauchsabhängigen Abrechnungen in Transformationsländern. Aber auch neue Finanzierungsmöglichkeiten für moderne Energieformen, wie z. B. der Kauf von „Solar Home Systems“ oder die monatliche Abrechnung für Strom, werden vermutlich nicht ohne weiteres akzeptiert.

Zur Überwindung solcher Barrieren sind in der Entwicklungszusammenarbeit quantitative und qualitative Verbesserungen der Ausbildung über Energiesysteme und das Wissen zu Investition und Sparen notwendig. Weiter ist die Forschung über die Akzeptanz technischer und finanzieller Systeme mit Vertreterinnen und Vertretern der entsprechenden Länder, Regionen und Gemeinden sowie ethnischen oder sozialen Gruppen zu intensivieren (Kap. 6.2).

Einbeziehung der Frauen

Ob moderne Energie genutzt wird, hängt auch davon ab, wie die Technologien und ihre Finanzierung auf die potenziellen Nutzer zugeschnitten sind. Eine besonders wichtige Gruppe, vor allem für die Energienutzung in privaten Haushalten der Entwicklungsländer, sind die Frauen. Sie sind traditionell für die Beschaffung von Energieträgern zum Kochen, Heizen oder Trocknen zuständig (Kap. 2.4). Eine stärkere Nutzung moderner Energieformen könnte hier für wesentliche Verbesserungen sorgen. Dazu müssen die modernen Energieformen und ihre Finanzierung von den Frauen akzeptiert und ihnen der Zugang ermöglicht werden. Auch hier sind aussagekräftige Ergebnisse der Akzeptanzforschung unentbehrlich, genauso wie die Beachtung von Rahmenbedingungen, um entsprechende Anreize für Frauen zu schaffen. Diese Überlegungen sollten in energiebezogene Entwicklungsprojekte integriert werden.

5.2.3.4
Fazit

Verbesserungen des Zugangs zu modernen Energieformen mit geringen Emissionen und eine Erhöhung der Effizienz der Energienutzung in Entwicklungs-, Schwellen- und Transformationsländern sind durch Maßnahmen auf der Angebots- und auf der Nachfrageseite zu erreichen.

Auf der Angebotsseite sind Privatisierung und Liberalisierung zu kombinieren mit regulatorischen Eingriffen des Staats. Je nach den spezifischen Gegebenheiten in einer Region wird der Mix dieser drei Bereiche unterschiedlich ausfallen müssen. Für Liberalisierung und Privatisierung sind attraktive Rahmenbedingungen für private Investoren und die Erschließung internationaler Kapitalquellen wichtig. Für die Festlegung von Standards ebenso wie für einen Ausbau von Public-Private Partnerships, möglichst unterstützt durch bilaterale und multilaterale Entwicklungszusammenarbeit, ist ein stärkeres Engagement des Staats wichtig.

Auf der Nachfrageseite muss es darum gehen, die Kaufkraft insbesondere armer Bevölkerungsgruppen im Bereich Energie zu erhöhen. Dies kann durch zielgruppenspezifische Subventionen ebenso geschehen wie durch einen Ausbau von Mikrofinanzierungssystemen. Um nicht nur die Kaufkraft, sondern auch die Bereitschaft zu erhöhen, Energie in nachhaltigerer Weise zu nutzen als bisher, ist bei Maßnahmen auf der Nachfrageseite kultur- und geschlechtsspezifischen Rahmenbedingungen Rechnung zu tragen.

5.2.4
Flankierende Maßnahmen in anderen Politikbereichen

Energiepolitische Maßnahmen müssen durch Maßnahmen in anderen Politikbereichen flankiert werden. Wichtige Bereiche wie Klima-, Verkehrs- und Agrarpolitik werden im Folgenden behandelt.

5.2.4.1 Klimapolitik

Internationaler Klimaschutz muss durch nationale Klimapolitik, insbesondere in den Industrieländern, unterstützt und vorangetrieben werden. Der Beirat möchte in diesem Zusammenhang die positive Rolle der deutschen Bundesregierung hervorheben, die sie sowohl beim 5. nationalen Klimaschutzprogramm als auch bei den Klimaverhandlungen zur Ausgestaltung des Kiotoprotokolls auf EU- und internationaler Ebene gespielt hat. Diese Vorreiterrolle ist ein wesentlicher Beitrag für die Weiterentwicklung des Protokolls. In zwei Bereichen erscheint dem WBGU eine solche Vorreiterrolle Deutschlands in Zukunft besonders interessant: bei internationalen Zertifikatshandelsmodellen und bei der Schaffung eines CDM-Standards. Zu Handlungsempfehlungen für den Klimaschutz auf nationaler Ebene verweist der Beirat auf das Umweltgutachten 2002 des Sachverständigenrates für Umweltfragen (SRU, 2002).

Vorreiter für anspruchsvollen internationalen Zertifikatshandel

Bei der weiteren Ausgestaltung der geplanten EU-Emissionshandelsrichtlinie könnte Deutschland gemeinsam mit anderen EU-Ländern eine Vorreiterrolle übernehmen (Kasten 5.2-4):

- Die Bundesregierung sollte Kriterien und Strategien entwickeln, die darauf abzielen, dass auch andere Mitgliedsstaaten ihren Industrien ähnlich ambitionierte Reduktionsziele auferlegen wie Deutschland. Dies soll verhindern, dass sich Regierungen unter dem Druck der Industrie gegenseitig Wettläufe um schwache Reduktionsziele liefern oder durch übermäßige Zuteilung von Emissionsrechten sogar Schattensubventionen ermöglichen.
- Für die von der Regierung festzulegenden Reduktionspflichten für die Industrie sollte die in der Selbstverpflichtungserklärung der deutschen Wirtschaft genannte absolute Emissionsreduktion als Anhaltspunkt dienen. Diese sollte allerdings angemessen verschärft werden, da ja mit dem Emissionshandel der Industrie auch eine Flexibilisierung gewährt wird. Dies gilt in verstärktem Maß, wenn, wie von der EU-Kommission geplant, Teile der Reduktionspflichten über JI oder CDM-Projekte auch außerhalb der EU erbracht werden dürfen.
- Der Beirat empfiehlt der Bundesregierung, sich dafür einzusetzen, dass die Emittenten nur maximal die Hälfte ihrer Reduktionspflichten über den internationalen Emissionshandel mit Ländern außerhalb der EU erbringen dürfen. Dies soll garantieren, dass der Emissionshandel nicht nationale Maßnahmen ersetzt.
- Weiterhin sollte das System im weiteren Verlauf über den gesamten Europäischen Wirtschaftsraum ausgedehnt werden. Wenn die Einbeziehung der EWR-Staaten gelänge, wären etwa drei Viertel der Annex-B-Parteien des Kioto-Protokolls am Handelssystem der EU beteiligt. Damit dürfte die EU auch maßgeblichen Einfluss auf die weitere Ausgestaltung des internationalen Emissions-

Kasten 5.2-4

Geplanter Emissionshandel in der EU

Im Dezember 2002 einigte sich der Rat der Umweltminister auf die Einführung eines europäischen Handels mit Emissionsberechtigungen ab 2005. An dem Handel beteiligt sind zunächst standortfeste Erzeuger der Strom- und Wärmeversorgung, Eisen und Stahl, Raffinerien, Papier und Zellstoffe sowie die mineralverarbeitende Industrie (Zement, Glas, Keramik u. a.), wobei einzelne Staaten bis 2007 bestimmte Branchen aus dem Handelssystem ausnehmen können (Opt-Out), bzw. ab 2008 zusätzlich hinzunehmen dürfen (Opt-In). Die Handelsteilnehmer erhalten die Berechtigungen zunächst kostenlos, ab 2008 sollen auf Anregung des Europäischen Parlaments bis zu 10% versteigert werden dürfen. Nach der Erstvergabe der Zertifikate kann der Handel mit den CO_2-Emissionsberechtigungen beginnen. Neben den beteiligten Industrieunternehmen können auch andere Akteure teilnehmen, z. B. Nichtregierungsorganisationen. Um sicherzustellen, dass der Berechtigungstransfer bei den beteiligten Emittenten auch mit den entsprechenden Anpassungen der CO_2-Emissionen (Reduktion oder Erhöhung nur um die erlaubte Menge) verbunden ist, sieht der Richtlinienvorschlag umfassende Überwachungs- und Berichtspflichten der Mitgliedsstaaten gegenüber der EU-Kommission vor.

Die weiteren Beratungen im Europäischen Parlament, das ein Vetorecht besitzt, dürften weitere Details der Ausgestaltung klären. Für jede Tonne CO_2-Emissionen, die nicht durch Zertifikate gedeckt ist, gilt nach den Beschlüssen des Rates eine Sanktion in Höhe von 40 € (100 € ab 2008). Die mittel- und osteuropäischen Beitrittskandidaten können durch ihre Reduktionsverpflichtungen des Kioto-Protokolls direkt in das Handelssystem eingebunden werden. Die Kommission will auch die Möglichkeit der Kopplung des EU-Handels mit anderen Handelssystemen abwägen, bzw. denkt über Möglichkeiten nach, um das EU-System auf den gesamten Europäischen Wirtschaftsraum (EWR) auszudehnen. Wenn die Einbeziehung aller EWR-Staaten sowie Kanadas und Japans gelänge, wären über drei Viertel der Annex-B-Parteien des Kioto-Protokolls an dem Handelssystem der EU beteiligt. Damit dürfte die EU maßgeblichen Einfluss auf die endgültige Ausgestaltung des internationalen Emissionshandels in der ersten Verpflichtungsperiode des Kioto-Protokolls besitzen.

handelssystems im Rahmen des Kioto-Prozesses ausüben.

Schaffung eines „CDM-Standards" für die Anerkennung von Emissionsgutschriften
Im Rahmen der Umsetzung des Kioto-Protokolls auf nationaler und EU-Ebene sollte sich die Bundesregierung für die Schaffung eines deutschlandweiten und, wenn möglich, EU-weiten Standards für Clean Development Mechanism-Projekte einsetzen. Der Standard soll in der Regel nur CDM-Projekte zur Förderung regenerativer Energien (mit Ausnahme großer Wasserkraft wegen derzeit ungelöster Nachhaltigkeitsprobleme; Kap. 3.2.3), zur Steigerung der Energieeffizienz bestehender Anlagen (auch mit fossilen Energien betrieben) oder zum nachfrageseitigen Management zulassen. Antragsteller von CDM-Projekten zum Auf- oder Ausbau fossiler Energien sollen nachweisen, dass die kohlenstoffärmste Alternative gewählt wurde, sich das Projekt langfristig in die nachhaltige Energieplanung des Partnerlandes einfügt und dass erneuerbare Energien in absehbarer Zukunft keine machbare Alternative darstellen, wobei die Finanzierung kein Argument sein darf.

5.2.4.2 Verkehr und Raumordnung

Neben der Energiepolitik kommt auch einer nationalen Verkehrs- und Raumplanungspolitik eine essenzielle Rolle bei der Energiewende zur Nachhaltigkeit zu. Da eine ausführliche Behandlung dieser Politikbereiche den Rahmen des vorliegenden Gutachtens sprengt, sollen einige Ansatzpunkte nur kurz skizziert werden.

Der motorisierte Verkehr wächst in den Industrieländern kontinuierlich. In den letzten 30 Jahren hat sich die Zahl der Autos in der EU verdreifacht, wobei ein weiterer Anstieg prognostiziert wird. Dies führt zu einem hohen Verbrauch fossiler Energieträger (Kap. 2.3.1). So hängt etwa der Transportsektor der EU zu rund 98% von Erdöl ab, wovon etwa 70% durch Importe gedeckt werden (EU-Kommission, 2001c). Der Straßentransport verursacht erhebliche Mengen an gesundheitsschädlichen Emissionen. Rund 29% des gesamten CO_2-Ausstoßes der OECD sind auf den Transportsektor zurückzuführen (IEA, 1997). Verkehrsemissionen werden seit langem von nationalen und lokalen Umweltbehörden gemessen und durch Gesetzgebung teilweise reguliert. Dies hat zu technischen Verbesserungen geführt (Katalysatoren, Motoroptimierung usw.) und so die Emissionen bestimmter Schadstoffe teilweise kräftig senken können (z. B. Blei, SO_2; Kap. 3.7). Solche nationalen und lokalen Lösungen sind weiter zu forcieren und deren Diffusion in Transformations- und Entwicklungsländer stärker zu unterstützen.

Um den Transportsektor in Richtung Nachhaltigkeit umzusteuern, sollten zudem möglichst umgehend mehr regenerative Energieträger bzw. kohlenstoff- und schadstoffarme Energien als Kraftstoff eingesetzt werden. Dazu wäre eine Besteuerung fossiler Kraftstoffe (ECMT, 2001; Gröger, 2000) und eine (Quer)subventionierung alternativer Kraftstoffe durch preis- und mengenbasierter Instrumente empfehlenswert. Wichtig ist, zeitgleich die Markteinführung der erforderlichen Fahrzeugtechnologien – z. B. wasserstoffbetriebene Pkw – mit umfassenden Forschungs- und Entwicklungsvorhaben zu fördern und die erforderliche Infrastruktur aufzubauen.

Der Entwicklungsprozess effizienter Technologien kann durch dynamische Standards (wie z. B. die EU-Schadstoffnormen EURO 2, 3, 4) weiter forciert werden, um neuen Technologien den Marktzugang zu erleichtern (Johansson und Ahman, 2002). Grundsätzlich sind die Fördermaßnahmen so zu konzipieren, dass neben einer Emissionsminderung auch der Abbau lokal bzw. regional wirkender Schadstoffe, eine Lärmverringerung, die Reduktion des Flächenverbrauchs durch Infrastruktur sowie die Minderung von Unfallgefahren möglich wird.

Auf der Nachfrageseite zeigen sich ebenfalls verschiedene Möglichkeiten zu Effizienzsteigerungen bzw. zur Senkung der Nachfrage nach Transportdienstleistungen. Hierfür sollten Programme entwickelt werden, die zu einer besseren Auslastung des mobilisierten Individualverkehrs (Carsharing usw.) und des öffentlichen Personennahverkehrs führen. Dabei sollte „Multimodalität" angestrebt werden, d. h. eine Kombination der verschiedenen Verkehrsmittel Privat-Pkw, ÖPNV, Bahn oder Flugzeug (WBCSD, 2001; Royal Commission on Environmental Pollution, 2000). Multimodale Knotenpunkte wie Häfen, Bahnhöfe und Flughäfen sollten mit Telematiklösungen ausgestattet und in ihrer Infrastruktur modernisiert werden. Langfristig sind solche Maßnahmen durch neue Raumordnungskonzepte zu ergänzen, die für eine räumliche Annäherung von Wohn- und Arbeitsorten sorgen. Forschung und gesellschaftlicher Diskurs über diese Konzepte müssen weiter intensiviert werden (Kap. 6.3.3).

Im Schienenverkehr hat die in Industrieländern vielfach zu beobachtende schrittweise Liberalisierung bisher nicht zu der erwünschten Stärkung der Wettbewerbsposition der Bahn gegenüber anderen Verkehrsträgern geführt. Der Grund hierfür liegt nach Auffassung des Beirats nicht notwendigerweise darin, dass der Schienenverkehr nicht von einer Liberalisierung profitieren könnte, sondern vielmehr in den ungünstigen Rahmenbedingungen für den Schienenverkehr. So ist die derzeit zu beobachtende

Ausrichtung der Deutschen Bahn auf immer schnellere Fernverkehrsverbindungen bei gleichzeitiger Vernachlässigung des regionalen Netzes Folge des einseitig auf Profitabilitätskriterien ausgerichteten Privatisierungsprozesses. Zur Behebung dieser Fehlentwicklung empfiehlt der Beirat eine Neuausrichtung beim Ausbau des Schienennetzes zugunsten einer erhöhten Flächenabdeckung, den stufenweisen Abbau der Entfernungskostenpauschale, die vorübergehende Subventionierung unrentabler Strecken sowie eine Verstärkung des Wettbewerbs. Dabei sollte sich eine dem Nachhaltigkeitsprinzip verpflichtete Bahn nicht nur als Konkurrentin des Flugzeugs, sondern auch des Pkw verstehen, d. h. Bahnfahren sollte auch für die Bewohner mittlerer und kleinerer Städte nicht mit noch mehr Umsteigevorgängen und Planungszwang belastet werden.

In Entwicklungs-, Schwellen- und Transformationsländern kann von einer deutlichen Steigerung des Verkehrsaufkommens in den kommenden Jahrzehnten ausgegangen werden (Kap. 2.4. und 2.5). Mit wachsendem Lebensstandard wird die Anzahl der Autos pro Person ebenso wie das generelle Verkehrsaufkommen ansteigen. Daher müssen kurz- bis mittelfristig Maßnahmen ergriffen werden, die für ein unterproportionales Wachstum des Energieeinsatzes und der Emissionen im Verkehrssektor sorgen. Technische Maßnahmen allein werden für eine nachhaltige Gestaltung des Verkehrs nicht ausreichen, es sind auch Veränderungen des individuellen Verhaltens notwendig. Daher wird für den Verkehrsbereich in Entwicklungs-, Schwellen- und Transformationsländern eine umfassende Strategie benötigt. Zentrale Elemente könnten etwa sein (van Vurren und Bakkes, 1999):

- Aufrechterhaltung und Ausweitung des öffentlichen Nahverkehrssystems;
- Förderung des Güterverkehrs mit der Bahn;
- Förderung von Joint Ventures und anderen Formen der Zusammenarbeit zwischen Automobilherstellern aus Westeuropa und den Transformationsstaaten zur Reduzierung des Treibstoffverbrauchs;
- Förderung internationaler Forschungskooperationen zu Energieeffizienz und Emissionsreduktion im städtischen Personen- und Güterverkehr (Kap. 6.3.3);
- Einbeziehung externer Kosten in die Preise von Kraftstoffen.

Der Beirat empfiehlt der Bundesregierung, Entwicklungs-, Schwellen- und Transformationsländer direkt oder indirekt – über Konditionierung – bei der Entwicklung und Umsetzung umfassender, auf Nachhaltigkeit ausgerichteter Strategien im Verkehrsbereich zu unterstützen.

5.2.4.3 Landwirtschaft

Landwirtschaftliche Aktivitäten tragen in erheblichem Maß zur Freisetzung klimaschädlicher Gase bei. Rund 50% der Methan-, 70% der N_2O- und 20% der CO_2-Emissionen werden durch die Landwirtschaft verursacht (IPCC, 2001a). Hauptquelle der Methanemissionen ist der Reisanbau sowie die Haltung von Wiederkäuern. Für Stickstoffemissionen gilt, dass ca. 70% des anthropogen N_2O von gedüngten Feldern stammt (Beauchamp, 1997), sogar von solchen Flächen, die für die Nahrungsmittelproduktion stillgelegt wurden.

Methanemissionen aus Reiskulturen könnten bereits heute relativ einfach reduziert werden, z. B. durch eine geschicktere Bewässerungsstrategie oder durch den Einsatz angepasster Reisarten (Bharati et al., 2001). Die Reduktion der Methanfreisetzung aus Wiederkäuermägen ist dagegen ein diffizileres Problem, weil die CH_4-Produktion eine Folge des verwendeten Futters ist. Durch die Gabe von Futtermittelzusätzen (Methanoxidantien, Bakterien, die die Methanogenese hemmen, oder die Erhöhung des Stärke-/Zelluloseanteils im Futter) kann zwar eine erhebliche Methanreduktion erreicht werden. Ihr Einsatz dürfte in Entwicklungsländern jedoch zu teuer sein.

Ähnliche Schwierigkeiten existieren auch bei der Reduktion der N_2O-Emissionen. Global gesehen nimmt der Düngemitteleinsatz zu, allein in den Industrienationen bleibt er auf hohem Niveau annähernd konstant (Scott et al., 2002). Hoch technisierte Ansätze wie das so genannte „precision farming" (Anwendung von Geographischen Informationssystemen und Globalen Positionssystemen zur Effizienzverbesserung) sind vorhanden, kurzfristig aber nur in Industrienationen implementierbar. Für Entwicklungsländer sind sie zu teuer, auch fehlt dort in der Regel das nötige Wissen.

Zusammenfassend lässt sich feststellen, dass eine nachhaltige Reduktion der Emissionen aus der Landwirtschaft sowohl eine spezifische Infrastruktur als auch spezifisches Wissen erfordert, beides ist vielerorts nicht vorhanden. Studien zeigen, dass der Landwirtschaftssektor auch in den Industrienationen klimapolitisch problematisch bleiben wird (Kulshreshtha et al., 2000). Angesichts einer weiter steigenden Nahrungsmittelproduktion dürften Emissionsreduktionen nur unter großen Anstrengungen möglich sein.

5.2.4.4
Fazit

Eine erfolgreiche Transformation von Energiesystemen hin zur globalen Nachhaltigkeit ist nur dann realistisch, wenn andere Politikbereiche die Maßnahmen im Energiebereich unterstützen oder zumindest nicht konterkarieren. Es muss dabei vor allem darum gehen, die Energieeffizienz zu erhöhen sowie weniger fossile bzw. nukleare und mehr erneuerbare Energien einzusetzen und Treibhausgasemissionen drastisch zu reduzieren.

Höhere Nachhaltigkeit im Transportbereich, eine Verringerung von Emissionen aus dem Landwirtschaftsbereich sowie ein entschlossenes Engagement im Bereich der Klimapolitik sind unabdingbar. Die Vielfalt einzelner Maßnahmen, mit denen diese Vorgaben erreicht werden können, ist groß. Optimale Maßnahmenkombinationen werden von Region zu Region und von Zielgruppe zu Zielgruppe variieren. Sozialwissenschaftliche Forschung in den genannten Bereichen kann dabei einen wichtigen Beitrag zur Herstellung von Konsistenz und Kohärenz in den genannten Politikfeldern und im Energiebereich leisten.

5.3
Handlungsempfehlungen für die globale Ebene

Die Durchsetzung ökologischer Finanzreformen, die Regulierung liberalisierter Energiemärkte nach Nachhaltigkeitskriterien, die Förderung von Energieeffizienz, erneuerbaren Energien sowie des Zugangs zu modernen Energien sind wichtige Bausteine der WBGU-Transformationsstrategie. Eine Vielfalt der Instrumente und ihrer Ausgestaltung auf Länderebene ist grundsätzlich vorteilhaft, da je nach ökologischer und geographischer, sozioökonomischer und politisch-kultureller Ausgangslage in den verschiedenen Ländern andere Instrumente bzw. ein anderer Instrumentenmix angebracht sind. Standorttheoretische Effizienzüberlegungen sprechen ebenfalls für einen offenen Wettbewerb zwischen verschiedenen Ansätzen.

Trotz dieser Argumente für eine Instrumentenvielfalt besteht, wie bereits im Zusammenhang mit RECS oder Verbraucherkennzeichnungen erwähnt (Kap. 5.2.2.1, Kap. 5.2.2.3), auch Handlungsbedarf auf globaler Ebene. Hierfür sprechen mehrere Gründe:

1. *Nutzung der Vorteile einer „vernünftigen" Harmonisierung.* Grenzüberschreitende und globale Umweltbelastungen, die durch den einzelstaatlichen Umgang mit Energie ausgelöst werden, und die zunehmende wirtschaftliche Integration der Staaten gefährden die ökologische Effektivität und ökonomische Effizienz nationaler Maßnahmen. Die Erhebung einer nationalen CO_2-Abgabe kann beispielsweise zu Standortverlagerungen und so zur Reduktion der ökologischen Effektivität dieser Maßnahme führen (Copeland und Taylor, 2000). Für die ökonomische Effizienz wäre es vorteilhaft, wenn die vom WBGU langfristig favorisierten marktwirtschaftlichen Instrumente, insbesondere Emissionsrechte, handelbare Quoten und Green Energy Certificates, über nationale Grenzen hinaus zur Anwendung kämen. Dafür ist jedoch eine Kompatibilität der Instrumente notwendig; im Einzelfall kann sogar eine Angleichung erforderlich sein. Darüber hinaus reduziert eine „vernünftige Harmonisierung" das Konfliktpotenzial zwischen WTO und Energiepolitik und daraus resultierende Wohlfahrtsverluste. Ein weiterer Vorteil ist die rechtzeitige Anpassung an internationale Klimaschutzinstrumente. Mit dem Emissionshandel gibt das Klimaregime den Vertragsstaaten einen Rahmen vor, in den die nationalen Instrumente eingepasst werden müssen. Ein international koordiniertes Vorgehen kann künftige Erfordernisse vorwegnehmen und die Kosten für erforderliche Anpassungen der Instrumente mindern.
2. *Unzureichende nationale finanzielle Mittel.* Viele Staaten, insbesondere ärmere Entwicklungsländer, verfügen nicht über ausreichende finanzielle Ressourcen, um die anfänglichen Mehrkosten einer Transformation ihrer Energiesysteme zu finanzieren. Hier ist die internationale Gemeinschaft gefordert, diese Länder gemäß dem Subsidiaritäts- und Leistungsfähigkeitsprinzip beim Umbau und Aufbau ihrer Energiesysteme finanziell und technologisch zu unterstützen.
3. *Unzureichende administrative Kapazitäten und Fähigkeiten.* Viele Entwicklungsländer, aber auch manche Schwellen- und Transformationsländer, verfügen über eine unzureichende staatliche Steuerungskompetenz, um den Transformationsprozess anhand von Nachhaltigkeitskriterien zu gestalten. Dies betrifft etwa die Förderung erneuerbarer Energien und von Effizienztechnologien sowie die Internalisierung negativer externer Effekte wie auch die Liberalisierung der Energiemärkte. Hier besteht großer Bedarf an unterstützenden Beratungsleistungen durch die Industrieländer.
4. *Überwindung von Barrieren auf nationaler Ebene.* Einheimische Unternehmen befürchten vielfach, durch nationale Maßnahmen zu Emissionsminderung, Internalisierung externer Kosten und Subventionsabbau im Energiebereich internationale Wettbewerbsnachteile zu erleiden. Ein internatio-

nal koordiniertes Vorgehen reduziert diese Gefahr und trägt somit zur Überwindung von Barrieren bei. Ein anderer Aspekt ist die Anreizwirkung, die von der Internationalisierung eines Instruments ausgehen kann. So werden sich die Widerstände vieler Entwicklungsländer gegen Emissionsobergrenzen für Treibhausgase dadurch reduzieren lassen, dass sie in den internationalen Handel mit Emissionsrechten eingebunden werden und Einnahmen erzielen können. Die Funktionsfähigkeit des internationalen Handels mit Emissionsrechten setzt wiederum eine gewisse Harmonisierung der national eingesetzten Klimaschutzinstrumente voraus.

Im Folgenden soll gezeigt werden, welche Maßnahmen im Rahmen globaler Energie-, aber auch Klima-, Wirtschafts- und Entwicklungspolitik erforderlich sind, damit eine Transformation der Energiesysteme zur Nachhaltigkeit gelingen kann.

Die Handlungsempfehlungen spiegeln die Überzeugung des Beirats wider, dass grenzüberschreitende Probleme internationale Kooperation und deren rechtliche Absicherung und Vertiefung durch multilaterale Regelwerke (Regime) erfordern. Ein multilaterales Vorgehen auf globaler Ebene ist nach Ansicht des WBGU der Schlüssel zur Transformation der Energiesysteme.

5.3.1 Ausbau der internationalen Strukturen für Forschung und Beratung im Energiebereich

Die weltweite Transformation der Energiesysteme in Richtung Nachhaltigkeit erfordert eine deutliche und rasche Verstärkung der Forschungsanstrengungen (Kap. 5.2). Aufgaben der Institutionen zur Energieforschung sind nach Ansicht des WBGU vor allem:

1. *Bewertung:* Analyse der globalen Energietrends und Aufdecken von Handlungsoptionen;
2. *Koordination:* Förderung von Netzwerkbildung und komplementären Kooperationen, Abstimmung von Initiativen und Organisationen;
3. *Durchführung:* Implementierung und Finanzierung von Forschungsprojekten.

Während in Kapitel 6 die inhaltliche Ausrichtung zukünftiger nationaler und internationaler Forschungsprojekte dargelegt wird, erläutert der folgende Abschnitt anhand der genannten Funktionen, wie das Institutionengefüge der Energieforschung auf globaler Ebene ausgestaltet sein sollte.

Bewertung

Der Beirat hat in seinen Gutachten vielfach auf die Bedeutung einer unabhängigen wissenschaftlichen Politikberatung für globale Nachhaltigkeitspolitik hingewiesen (WBGU, 1996, 1999, 2000). Für die Problemidentifizierung und -lösung in einer Situation, die häufig durch „Handeln unter Unsicherheit" bestimmt wird, ist es erforderlich, dass in regelmäßigen Abständen wissenschaftliche Analysen durchgeführt und politikrelevant aufbereitet werden. Die systematische Vermittlung wissenschaftlicher Erkenntnisse und Handlungsoptionen schafft die Grundlage für die politischen Steuerungsorgane, Vorsorgestrategien zu ergreifen und bestehende Strategien neuen Anforderungen anzupassen. Der Zwischenstaatliche Ausschuss über Klimaänderungen (IPCC) und seine Sachstandsberichte zum Klimawandel dienen hier als Vorbild und zeigen, wie durch die breite internationale Beteiligung von Forschern eine anerkannte wissenschaftliche Grundlage für klimapolitische Entscheidungen geschaffen werden kann. Um den politischen Einfluss auf die Ergebnisse wissenschaftlicher Bewertungsprozesse möglichst gering zu halten, ist die Unabhängigkeit solcher Beratungsgremien unbedingt zu sichern.

Energiepolitik berührt als klassisches Querschnittsthema viele Politikbereiche wie etwa Umwelt-, Entwicklungs-, Wirtschafts-, Handels- oder Verkehrspolitik. Dem WBGU ist es daher wichtig, dass bei der Entwicklung von Zielen, Strategien und Instrumenten zur Förderung der Energiewende die Interaktionen der Energiepolitik mit anderen Politikbereichen systematisch analysiert und in Handlungsempfehlungen berücksichtigt werden. Insbesondere sollte dabei auf die Kohärenz politischer Maßnahmen geachtet werden. Eine umfassende Bestandsaufnahme des Zustands und der Trends in der globalen Energiepolitik sollte sich an den Zielen und Inhalten einer zu entwickelnden Weltenergiecharta (Kap. 5.3.2.2) orientieren, um die Fortschritte bei der Transformation der globalen Energiesysteme bewerten zu können. Hierzu sind insbesondere folgende Themen zu behandeln:

- Aufbereitung und Zusammenstellung der Trends in der Primärenergienutzung zusammen mit Angaben zu der Reichweite, der Energieproduktivität und der Anteile der Endverbrauchssektoren an der gesamten Primärenergienutzung, wenn möglich weltweit und nach Regionen aufgelöst;
- Erarbeitung und Fortschreibung von Energieszenarien;
- Detailbestimmung nachhaltiger Potenziale erneuerbarer Energien;
- Analyse der Umwelt-, Sozial- und Gesundheitsfolgen des gegenwärtigen Energiesystems auf lokaler, regionaler und globaler Ebene;
- Darstellung der Entwicklungen in der Grundversorgung mit kommerziellen Energiedienstleistungen in Entwicklungs- und Schwellenländern;

- Aufbereitung politikrelevanter Daten wie z. B. die Höhe der direkten und indirekten Energiesubventionen (weltweit und nach Regionen bzw. Ländern aufgelöst) und die Höhe der Forschungs- und Entwicklungsausgaben (privat und öffentlich);
- Behandlung geopolitischer Aspekte global nachhaltiger Energiesysteme;
- Darstellung erfolgreicher nationaler Strategien zur Förderung der Energiewende („Beste Praktiken").

Orientierung für die Institutionalisierung einer solchen umfassenden Bestandsaufnahme in der globalen Energiepolitik bietet das 2000 veröffentlichte „World Energy Assessment", an dem UNDP, UNDESA und der World Energy Council (WEC) beteiligt waren. Ziel sollte es sein, regelmäßig – mindestens alle 5 Jahre – über die Erfolge und Defizite bei der Umsetzung global nachhaltiger Energiesysteme zu berichten. Daher empfiehlt der Beirat der Bundesregierung, sich für die Fortführung des World Energy Assessment einzusetzen, etwa in Form von „Sachstandsberichten zur globalen Energiepolitik". Angesichts der positiven Erfahrungen mit dem IPCC empfiehlt der Beirat, zu diesem Zweck einen Zwischenstaatlichen Ausschuss für nachhaltige Energie (Intergovernmental Panel on Sustainable Energy, IPSE) einzurichten. Hierzu ist eine möglichst hohe regionale Repräsentanz anzustreben, wobei analog zum IPCC-Modell die Teilnahme von Wissenschaftlern aus Entwicklungsländern durch gezielte Förderung unterstützt werden sollte. Langfristig könnte die neu zu schaffende „Internationalen Agentur für nachhaltige Energie" (International Sustainable Energy Agency, ISEA; Kap. 5.3.2.3) die Federführung für das World Energy Assessment übernehmen.

KOORDINATION

Um Synergien aus der nationalen Energieforschung zu gewinnen, ist die Koordinierung bestehender Initiativen und Programme zu empfehlen. Dabei soll aber kein Koordinationsgremium geschaffen werden, das eine internationale Arbeitsteilung etabliert, denn die Energieforschung profitiert davon, dass unterschiedliche Forschungsinitiativen z. T. an denselben Fragestellungen arbeiten und im Wettstreit Innovation und Entwicklung vorantreiben. Bei aller Zusammenarbeit und Abstimmung auf globaler Ebene ist grundsätzlich das Subsidiaritätsprinzip zu beachten und der Wettbewerb unter den nationalen Forschungseinrichtungen zu fördern. Um eine Koordination der Energieforschung auf globaler Ebene zu stärken, sollte also vielmehr die weltweite Vernetzung von Forschungszentren gefördert werden. In Anlehnung an das 1980 gegründete Weltklimaforschungsprogramm empfiehlt der WBGU die Neuentwicklung eines bei der UN angesiedelten entsprechenden Weltenergieforschungsprogramms, etwa mit dem Titel „World Energy Research Coordination Programme (WERCP)". Die wissenschaftliche Leitung des Programms könnte von einem gemeinsamen wissenschaftlichen Komitee geleistet werden, das relevante Disziplinen aus Natur-, Ingenieurs- und Sozialwissenschaften repräsentiert.

DURCHFÜHRUNG

Der WBGU setzt auf Pluralismus und Vielfalt der internationalen Forschungslandschaft sowohl auf der durchführenden als auch auf der finanzierenden Seite. Das WERCP soll also nicht mit einem Mandat zur Implementierung und Finanzierung internationaler Forschungsprojekte ausgestattet sein. Vielmehr sollte ihm die Aufgabe zukommen, die nationalen Fördermittel für internationale Forschungsprojekte nutzbar zu machen. Das heißt, das Programm könnte als „Clearing House" für Informationen zu Forschungsmitteln weltweit dienen. Damit würde ein Wettbewerb nationaler Forschungsinstitutionen um die Vergabe initiiert. Alle potenziell in Frage kommenden Forschungseinrichtungen könnten dadurch zur Mitwirkung an der Lösung prioritärer Forschungsfragen im Energiebereich motiviert werden. Ein wesentliches Ziel dabei sollte die Anregung grenzüberschreitender Zusammenarbeit sein.

Für die Energieforschung wie auch für einen Transfer von Forschungsergebnissen in die Praxis wäre eine Kooperation nationaler Forschungsförderungs-Institutionen zu erwägen, etwa nach dem Muster der European Science Foundation (ESF).

5.3.2
Institutionelle Verankerung globaler Energiepolitik

Die globalen Institutionen der Energiepolitik sind stark zersplittert (Kap. 2.7). Doppelarbeit, Überschneidungen und widersprüchliche Entwicklungen kennzeichnen derzeit die globale Energiepolitik. Der WBGU empfiehlt der Bundesregierung, sich für mehr Kohärenz in der Energiepolitik einzusetzen. Hierzu ist die Koordinierung einzelner Prozesse und Akteure dringend notwendig.

Vernachlässigt wurde auf globaler Ebene bisher auch die Verbindung von Energiepolitik und entwicklungs- und umweltpolitischen Anliegen. Es besteht dringender Bedarf an einer verbesserten, stärker integrativen Verankerung einer nachhaltigen Energiepolitik im internationalen Institutionengefüge. Vor allem der Entwicklungsaspekt legt nahe, den Aufgabenbereich nicht zu eng zu fassen.

Die UN-Generalversammlung hat bereits im November 1990 in einer Resolution besorgt festgestellt, dass das Handlungsprogramm für die Entwicklung und Nutzung neuer und erneuerbarer Energien zu langsam umgesetzt und damit den dringenden Bedürfnissen der Entwicklungsländer nicht gerecht werde. Sie betonte den Bedarf an kontinuierlichem Engagement und Handeln der internationalen Gemeinschaft und forderte die Mitgliedsländer auf, weitere Maßnahmen zur Förderung der neuen und erneuerbaren Energien zu erwägen, einschließlich der Gründung einer internationalen Institution. Trotz wiederholter Appelle der UN wurden aber weder auf den UN-Weltgipfeln in Rio de Janeiro 1992 noch in Johannesburg 2002 die institutionelle Schwäche einer globalen Energiepolitik und die mangelnde Koordinierung der relevanten Akteure angegangen. Der WBGU hat bereits die mangelhafte institutionelle Verankerung globaler Nachhaltigkeitsthemen kritisiert und Verbesserungsoptionen aufgezeigt (WBGU, 2001a).

5.3.2.1 Funktionen internationaler Institutionen

Zur Stärkung des Institutionengefüges sind zunächst die Funktionen zu benennen, die für eine Transformation der Energiesysteme erforderlich sind. Diese lassen sich in Gruppen gliedern, die hier aufsteigend nach zunehmender Übertragung energiepolitischer Kompetenzen auf die globale Ebene geordnet sind.

1. *Beratungsfunktion: Kontinuierliche Analysen und Handlungsoptionen durch die Wissenschaft bereitstellen*
   - Forschungslücken definieren und Forschung anstoßen, Forschung koordinieren, Forschungsnetzwerke aufbauen;
   - Begutachtung der weltweiten Lage durch Sachstandsberichte: Status und Trends der Energietransformation (z. B. Folgeprozess des World Energy Assessment), Datenerhebung und Statistik organisieren;
   - Globale Szenarien für eine nachhaltige Energiezukunft entwickeln;
   - Handlungsoptionen und Strategien für die Transformation der Energiesysteme entwickeln.
2. *Clearing-House-Funktion: Informations- und Technologietransfer organisieren*
   - Clearing House für nachhaltige Energiesysteme aufbauen: Zusammenfassung und Verbreitung von Information organisieren;
   - Nicht kommerziellen Technologietransfer organisieren, angewandte Techniken und „beste Praktiken" auswerten.
3. *Koordinationsfunktion: Aktivitäten zwischen den internationalen Institutionen koordinieren und ihre Zusammenarbeit stärken, nationale Transformationspolitiken abstimmen*
   - Klare Aufgabenteilung zwischen den Organisationen sicherstellen und ihre Zusammenarbeit fördern;
   - Durch die Angleichung nationaler Instrumente der Energiepolitik weltweite Kosten der Transformation reduzieren, wirtschaftliche Wettbewerbsverzerrungen abbauen und künftige Anforderungen (z. B. des Kioto-Protokolls) vorwegnehmen.
4. *Implementationsfunktion: nachhaltige Energiepolitik national und regional umsetzen*
   - Strategische Beratung für Regierungen anbieten: nationale Programme für die Energiewende bzw. eine nachhaltige Energieinfrastruktur erarbeiten und (mit Hilfe von Partnern) umsetzen;
   - Kapazitätenbildung in Entwicklungsländern fördern: Aus- und Weiterbildung (Beamte, Techniker, Handwerker, kleine und mittlere Unternehmer usw.), Verbreitung von Information sowie Beratung und Vermittlung von Finanzierungsmöglichkeiten;
   - Einrichtung regionaler Forschungs-, Entwicklungs- und Transferzentren („Centers of Excellence").
5. *Managementfunktion: Instrumentenplattform aufbauen*
   - Managementkapazität bereitstellen, z. B. für die Organisation eines weltweiten Handels mit Green Energy Certificates oder ähnlichen globalen oder regionalen Instrumenten;
   - Mitwirkung bei der Definition von Umwelt- und Sozialstandards für den Energiebereich.
6. *Finanzierungsfunktion*
   - Siehe Kap. 5.3.3.

Diese Funktionen können entweder in bestehende Institutionen integriert oder durch neu zu schaffende Institutionen ausgeführt werden. Prinzipiell befürwortet der Beirat die Gründung einer neuen globalen Organisation, welche die derzeitige Fragmentierung energiepolitischer Aktivitäten beheben würde. Die Kompetenz und Gestaltungskraft einer solchen neuen Institution wäre aber für die Nationalstaaten mit einem Souveränitätsverzicht verbunden, so dass mit Widerstand gegen ihre Errichtung zu rechnen wäre. Der Johannesburg-Gipfel hat gezeigt, dass die Bereitschaft, sich auf konkrete Ziele und Maßnahmen zu verpflichten, bei vielen Ländern ausgesprochen gering ist. Dem Beirat erscheint daher ein schrittweises Vorgehen sinnvoll: Es sollte nicht von vornherein eine neue Institution gefordert, sondern aufbauend auf bestehenden und neuen Initiativen

Kasten 5.3-1

Elemente einer Weltenergiecharta

1. *Natürliche Lebensgrundlagen schützen*
   - Emission von Treibhausgasen drastisch reduzieren;
   - Subventionen für fossile Energieträger und Kernkraft mittelfristig abschaffen;
   - Effizienz der Energienutzung deutlich erhöhen;
   - Erneuerbare Energien erheblich ausbauen;
   - Aus der Kernkraft aussteigen.
2. *Zugang zu modernen Energieformen weltweit sichern*
   - Globale Mindestversorgung anstreben;
   - Internationale Zusammenarbeit auf nachhaltige Entwicklung ausrichten;
   - Finanzmittel für die globale Energiewende mobilisieren;
   - Handlungsfähigkeit der am wenigsten entwickelten Länder stärken;
   - Modellprojekte als strategischen Hebel nutzen und Energiepartnerschaften eingehen.
3. *Forschung und Entwicklung gezielt vorantreiben*
4. *Globale Energiepolitik institutionell bündeln und stärken*
   - Politikberatung international verbessern;
   - Koordinationsgremium schaffen.

ein Nukleus gebildet werden, der in das UN-System eingegliedert sein sollte und sich bei Bedarf weiter ausbauen ließe.

5.3.2.2 Entwicklung einer Weltenergiecharta

Als gemeinsame inhaltliche Grundlage für die Arbeit der relevanten Institutionen empfiehlt der WBGU zunächst die Entwicklung einer globalen Energiestrategie, die ohne rechtlich bindenden Status zwischenstaatlich ausgehandelt werden sollte, etwa in Form einer Weltenergiecharta. Sie sollte die wesentlichen Elemente der globalen Energiepolitik enthalten, zu denen auch kontrollierbare Ziele und Zeitpläne gehören (Kasten 5.3-1). Eine solche Weltenergiecharta hat der Beirat bereits in seinem Politikpapier zum Weltgipfel für Nachhaltige Entwicklung (WSSD) angeregt (WBGU, 2001b).

Die Option einer langfristigen Weiterentwicklung in eine rechtlich bindende Energiekonvention sollte nicht ausgeschlossen, aber auch nicht vorrangig angegangen werden. Die Umsetzung der Weltenergiecharta bliebe Aufgabe der einzelnen Staaten und der in den verschiedenen Sektoren tätigen internationalen Institutionen.

Die Entwicklung einer solchen Weltenergiecharta wird nur dann aussichtsreich sein, wenn den gegenwärtigen Widerständen gegen eine stärkere Verbreitung nachhaltiger Energie im Vorfeld erfolgreich begegnet werden kann: Auf Seiten der Industrieländer sind es vor allem die derzeitigen Regierungen der USA und Australiens, die sich gegen eine „globale Energiewende" wehren und ihre Versorgung durch eine Ausweitung fossiler Energie sicherstellen wollen. Auch wenn die Staatengemeinschaft eine globale Energiestrategie voraussichtlich zunächst ohne die Beteiligung dieser beiden Länder entwickeln muss, ist davon auszugehen, dass die Dynamik der Technologieentwicklung bei den erneuerbaren Energien und deren langfristige Überlegenheit gegenüber fossilen Entwicklungspfaden zu einem Umsteuern führen wird. Auf Dauer ist eine nachhaltige Energiepolitik ohne Einbeziehung dieser beiden Staaten nicht tragfähig.

Auch die Schwellen- und Entwicklungsländer sind skeptisch gegenüber den Bestrebungen, nachhaltige Energie zu fördern – sie fürchten, dass hier der Versuch unternommen wird, sie um die Möglichkeiten kosteneffizienter Entwicklung zu bringen. Um die Entwicklungsländer in den Entstehungsprozess der Weltenergiecharta einzubinden, sollten diese Bedenken zum Ausgangspunkt der Strategie gemacht werden. Das erfordert, die Entwicklungsländer davon zu überzeugen, dass ein Mix aus nachhaltigen Energien und Effizienzsteigerungen bei fossilen Technologien ein zukunftsweisender Entwicklungspfad ist und sie mit internationaler Unterstützung rechnen können.

Die Weltenergiecharta könnte und sollte ein wichtiges Ergebnis der Weltenergiekonferenz sein, die von der deutschen Bundesregierung auf dem Weltgipfel für Nachhaltige Entwicklung für das Jahr 2004 in Deutschland angekündigt wurde.

5.3.2.3 Auf dem Weg zu einer „Internationalen Agentur für nachhaltige Energie"

Auf Grundlage der Weltenergiecharta soll das bestehende Institutionengefüge gebündelt und gestärkt werden (Abb. 5.3-1): Ausgehend von den oben definierten Funktionen sollte zunächst die Arbeit bestehender Organisationen fokussiert und aufeinander abgestimmt werden (1. Stufe). Darauf aufbauend sollten die institutionellen Grundlagen einer globalen Energiepolitik durch die Bündelung und Stärkung von Kompetenzen weiter gestärkt werden (2.

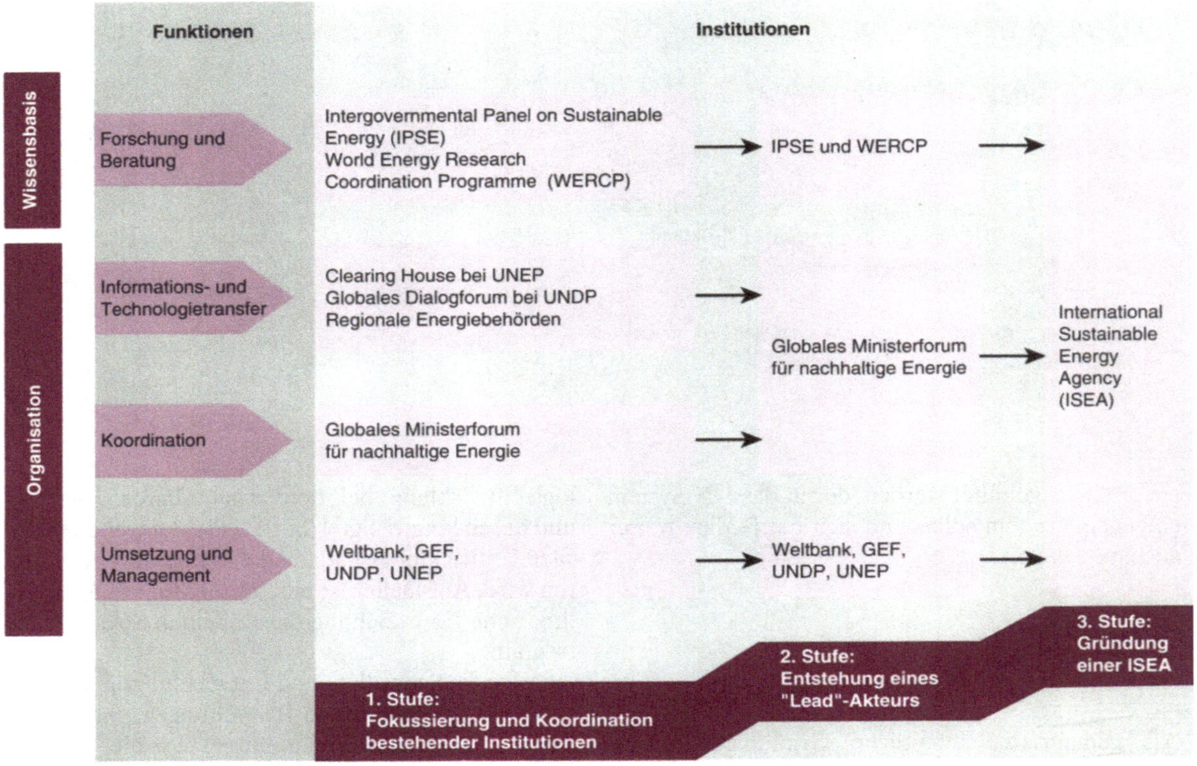

Abbildung 5.3-1
Auf dem Weg zu einer Internationalen Agentur für nachhaltige Energie.
Quelle: WBGU

Stufe). Bei Bedarf sollte schließlich die Gründung einer neuen, übergeordneten Institution geprüft werden (3. Stufe; Internationale Agentur für nachhaltige Energie, International Sustainable Energy Agency – ISEA).

1. Stufe: Die Aufgaben bestehender Institutionen fokussieren und koordinieren

Forschung und Beratung stärken
Die Institutionalisierung einer unabhängigen wissenschaftlichen Politikberatung für globale Energiepolitik wie auch einer verbesserten Koordination nationaler Forschungseinrichtungen und internationaler Initiativen wurde in Kapitel 5.3.1 behandelt.

Informations- und Technologietransfer organisieren
Zur Unterstützung der Verbreitung und Anwendung nachhaltiger Energietechnologien auf regionaler und nationaler Ebene sollte die weltweite Vernetzung von Forschungs-, Entwicklungs- und Transferzentren vorangetrieben werden. Mit Unterstützung der Bundesregierung hat UNEP hier auf dem WSSD mit dem Global Network on Energy for Sustainable Development bereits den Grundstein gelegt. Um diese Aufgabe zufriedenstellend erfüllen zu können, sollte UNEP ausgebaut und besser finanziert werden.

Auch das entstehende Netzwerk nationaler Energieagenturen wie der Deutsche Energie Agentur (DENA), die als Unterbau für international und global zuständige Einrichtungen die regionale Umsetzung von globalen Zielstellungen vorantreiben könnten, ist zu unterstützen.

Während andere Autoren empfehlen, die institutionelle Verankerung einer globalen Energiestrategie generell auf die Stärkung und Verknüpfung von Netzwerken zu beschränken (Fritsche und Matthes, 2002), sieht der Beirat eine „Netzwerklösung" in der Energiepolitik als unzureichend an. Die Erfahrung aus anderen Bereichen legt nahe, dass Staaten geneigt wären, sich mit dem Verweis auf die Förderung von Netzwerken der Verantwortung für die Gestaltung und Finanzierung einer nachhaltigen globalen Energiepolitik zu entziehen. Für einzelne Aspekte der globalen Energiestrategie, wie etwa den eben erwähnten Austausch und die Verbreitung von Technologien, können Netzwerke wertvolle Dienste leisten, sie müssen nach Ansicht des WBGU aber durch gestaltungskräftige Institutionen ergänzt werden.

Für die Verbreitung von Informationen, „besten Praktiken“ und „sauberen Technologien“ ist es sinnvoll, eine zentrale Anlaufstelle zu etablieren. Man könnte ein solches Clearing House mit eigenem Sekretariat an eine UN-Organisation angliedern. Das UNEP wäre durch die Arbeit seiner Division for Technology, Industry and Economy (DTIE), die sich u. a. mit der Verbreitung sauberer Energietechnologien auseinander setzt, geeignet, diese Funktion zu übernehmen. Allerdings wäre die Bearbeitung dieser Aufgabe durch UNEP nur sinnvoll, wenn seine personellen und finanziellen Ressourcen beträchtlich aufgestockt würden.

Um den internationalen Austausch und die Zusammenarbeit im Bereich Energie zu stärken, wäre schließlich auch an ein globales Dialogforum zu denken. Betroffene aus dem öffentlichen und dem Privatsektor erhielten so die Möglichkeit, sich über Zielsetzungen, Mechanismen und neue Partnerschaften auszutauschen. Vorbild wären die im Vorfeld des WSSD abgehaltenen Foren wie der „UNDP Global Round Table on Energy for Sustainable Development“ und der „Multi-Stakeholder Round Table on Energy for Sustainable Development“ des indischen Tata Energy Research Institute (TERI). Um eine globale Ausrichtung und die Einbeziehung der Entwicklungsländer sicherzustellen, wäre es ratsam, das Dialogforum bei einer Unterorganisation der UN anzusiedeln. Hier bietet sich UNDP an, da es bereits auf Erfahrungen bei der Organisation eines solchen Forums zurückgreifen könnte. Initiationsveranstaltung könnte die von der Bundesregierung angekündigte internationale Energiekonferenz 2004 sein. Anschließend könnte das Forum in einem 2-jährigen Turnus abgehalten werden.

Neben globalen spielen auch regionale Energieforen eine wesentliche Rolle in der Energiepolitik. Um die regionale Zusammenarbeit und den Erfahrungsaustausch im Energiebereich zu fördern, ist die Gründung regionaler Energieagenturen wie etwa der OLADE (Organización Latinoamericana de Energía) für Mittelamerika sinnvoll. Von der europäischen Kommission wird der Aufbau einer europäischen Energieagentur vorangetrieben. In Afrika könnte die entstehende African Energy Commission (AFREC) den Kern einer solchen Organisation bilden. Die Aktivitäten dieser regionalen Agenturen sollten in Einklang mit der Weltenergiecharta stehen und auf internationaler Ebene koordiniert werden, in ihren Namen sollte die Ausrichtung auf eine nachhaltige Energiepolitik deutlich werden.

Die Internationale Energieagentur (IEA) der OECD-Staaten sollte in Richtung einer nachhaltigen Energiepolitik weiterentwickelt werden: Die 1974 als Reaktion auf die Ölkrise gegründete Organisation hat das Ziel, durch Förderung der Nutzung fossiler, aber auch erneuerbarer Energien die Abhängigkeit ihrer Mitglieder von Ölimporten zu verringern. Als Energieagentur der Industriestaaten hat sie bisher mit der Auswertung und Aufarbeitung von Informationen über nationale Trends und Instrumente sowie „beste Praktiken“ wichtige Aufgaben geleistet. Die Agentur der Industriestaaten hat sich in den vergangenen Jahren mit der Einrichtung der Non-Member-Countries-Abteilung und Dialogforen gegenüber den Entwicklungs-, Schwellen- und Transformationsländern bereits verstärkt geöffnet. Zudem hat sich auch der inhaltliche Fokus der Organisation gewandelt: Aufgrund des Wunsches nach Diversifizierung der Energieträger zur Versorgungssicherung wie auch unter dem Eindruck des Klimawandels ist das Interesse der Mitgliedsländer an erneuerbaren Energien gewachsen. Diese positiven Entwicklungen müssen nach Ansicht des Beirates vorangetrieben werden.

Koordination zwischen Staaten und Institutionen verbessern

Die positiven Erfahrungen mit dem auf Ministerebene abgehaltenen globalen Umweltforum legen hierzu die Einrichtung eines Globalen Ministerforums für Nachhaltige Energie nahe. Eine Neuausrichtung der Energiepolitik kann nur dann zum Erfolg führen, wenn sie durch die notwendige politische Führung und Unterstützung der nationalen Regierungen begleitet wird. Das regelmäßig tagende Globale Ministerforum für Nachhaltige Energie, dem ein kleines Sekretariat zugeordnet sein sollte, würde über die Ausrichtung der Arbeit der verschiedenen UN-Einheiten und der Weltbank im Energiebereich beraten und Beschlussempfehlungen für die Institutionen erarbeiten. Projektkoordination vor Ort sollte aber weiterhin, je nach Fachkompetenz, von Weltbank, UNDP, UNEP und anderen relevanten Akteuren geleistet werden. Zudem sollte das Forum auch für die Koordination, Begutachtung und Entwicklung der stufenweisen institutionellen Stärkung globaler Energiepolitik auf der Grundlage einer Weltenergiecharta zuständig sein. Über die Weltenergiecharta müsste die Einbeziehung umwelt- und entwicklungspolitischer Ziele sichergestellt werden, z. B. indem festgelegt wird, dass die Ziele der Klimarahmenkonvention bei den Entschlüssen beachtet werden müssten. Die Einrichtung des Forums könnte auf der geplanten internationalen Konferenz zu Erneuerbaren Energien in Deutschland 2004 beschlossen werden.

Ergänzend dazu könnte eine Gruppe gleich gesinnter Staaten als Vorreiter auf dem Weg zu einer nachhaltigen Energiepolitik auftreten. Theoretisch wäre dies im Rahmen der OECD denkbar. Hierfür wäre aber eine grundsätzliche Übereinstimmung mit den USA, Japan und Australien über das Ziel notwendig, den Energiesektor unter Nutzung von Brückentechnologien zugunsten erneuerbarer Energien umzuwandeln. Diese zeichnet sich momentan nicht ab. Für eine Führungsrolle käme deshalb eher die EU in Frage. In hochintegrierten Wirtschaftsräumen wie der EU ist eine gemeinsame Vorgehensweise leichter zu erreichen als in anderen internationalen Bündnissen. Zwar stößt die Aufnahme eines Energiekapitels in die EU-Verträge unter den Mitgliedsstaaten noch auf Zurückhaltung, die Dynamik des Binnenmarkts führt aber allmählich zu einem Umdenken. Die EU spielt zudem bereits heute eine aktive Rolle bei der Transformation der Energiesysteme: Die Bestrebungen der Kommission, Umweltaspekte verstärkt in die Energiepolitik der Gemeinschaft einzubeziehen, der geplante Emissionshandel, die relativ ehrgeizigen Verpflichtungen im Kioto-Protokoll wie auch die fortschrittlichen Politikansätze in den meisten der 15 Mitgliedsstaaten, lassen die EU zu einem wichtigen Akteur der Energiewende werden.

Es wäre auch denkbar, dass die EU die Führung in einer größer gefassten Staatengruppe übernimmt: Auf dem WSSD hat sie bereits eine solche Koalition gleich gesinnter Länder gebildet, welche die freiwillige Erfüllung quantifizierter Ziele für den Ausbau erneuerbarer Energien anstreben wird. Zahlreiche Entwicklungsländer haben sich angeschlossen. Auch wenn abzuwarten bleibt, wie dieses Bündnis mit Inhalten gefüllt wird, ist dies doch ein Prozess, an den man anknüpfen könnte.

Umsetzungs- und Managementfunktionen stärken

Management- oder Umsetzungsfunktionen im Rahmen der Weltenergiecharta sind ohne Betreuung einer UN-Organisation kaum zu erfüllen. Der UN-Generalsekretär und UNDESA schlagen in diesem Zusammenhang vor, das World Solar Programm der UNESCO in ein „World Sustainable Energy Programme" umzuwandeln. Die UNESCO als eine mit Bildung, Wissenschaft und Kommunikation befasste UN-Organisation scheint aber wenig dafür geeignet zu sein, Aufgaben wie etwa die Formulierung und Umsetzung nachhaltiger Energiepolitiken und -strategien auf nationaler und regionaler Ebene zu erfüllen.

Die Umsetzung solcher Aufgaben würde besser der Weltbank und UNDP oder UNEP zukommen. Durch ihre Kompetenz und Gestaltungskraft sind sie am besten geeignet, Regierungen zu beraten, nationale Programme zu implementieren und Capacity-building-Aktivitäten durchzuführen. Die Weltbank leistet neben Darlehen vermehrt politische Beratung, technische Unterstützung und Wissenstransfer. Zudem verfügt sie durch ihre 180 Mitgliedsstaaten über eine große Durchsetzungskraft. Allerdings ist sie im Energiesektor Interessenkonflikten ausgesetzt: So weichen beispielsweise ihre Prioritäten bei der Energieversorgung deutlich von den Bemühungen um eine effektive Klimapolitik ab. UNDP hat zwar mit dem Ruf schlechter Aufgabenerfüllung, stagnierender Beiträge und zunehmender Konkurrenz von der Weltbank zu ringen, ist aber weiterhin das zentrale Finanzierungs-, Koordinierungs- und Steuerungsgremium für die operativen entwicklungspolitischen Aufgaben der UN und genießt großes Vertrauen bei den Entwicklungsländern. UNEP würde die umweltpolitische Expertise einbringen, ist aber zur Zeit ebenfalls durch Unterfinanzierung und Personalmangel in seiner Arbeit eingeschränkt. Zur erfolgreichen Durchführung von Aufgaben gemäß einer Weltenergiecharta sollte eine klare und ausgewogene Aufgabenteilung sowie eine koordinierte Zusammenarbeit zwischen UNDP, UNEP und der Weltbank festgelegt werden. Anstelle von UNEP könnte langfristig auch die vom Beirat geforderte internationale Umweltorganisation entsprechende Umsetzungsaufgaben übernehmen (WBGU, 2001a).

Managementfunktionen auf internationaler Ebene sind auch für einen anderen wichtigen Aspekt der angestrebten Transformation der Energiesysteme erforderlich: die weltweite Abwicklung der Kernkraft. Diese Aufgabe wäre am besten bei der Internationalen Atomenergieagentur (IAEA) verortet. Die Organisation, die bisher für die Förderung und Überwachung der zivilen Nutzung der Kernenergie verantwortlich ist, lässt sich voraussichtlich zwar kaum schnell und radikal in eine Agentur für den Ausstieg aus der Kernenergie umwandeln. Der Beirat empfiehlt aber, eine Statutenänderung anzustreben, welche die weitere Förderung des Ausbaus der Kernenergie als ausdrückliches Ziel entfernt. Mittelfristig sollte die Organisation die Abwicklung des Ausstiegs aus der Kernkraft weltweit überwachen und koordinieren. Die IAEA wird auch bei einem weltweit beschlossenen Ausstieg aus der Kernenergie unverzichtbar bleiben: für die Überwachung der Brennstoffkreisläufe, die Verhinderung der Proliferation des bereits vorhandenen spaltbaren Materials oder die Sicherung der übergangsweise weiter arbeitenden Kernanlagen sowie der Endlagerstätten.

2. Stufe: Bündelung und Stärkung von Kompetenzen auf globaler Ebene

In einem weiteren Schritt der Institutionalisierung weltweiter nachhaltiger Energiepolitik sollten die Zuständigkeiten und Kompetenzen des globalen Energieforums auf Ministerebene ausgeweitet werden. Dies erfordert den personellen und finanziellen Ausbau des angegliederten Sekretariats. Neben der Koordination der relevanten Akteure sollte das Gremium die Umsetzung der Weltenergiecharta fördern und kontrollieren. Zu diesem Zweck sollte es die globalen Entwicklungen unter Berücksichtigung der Zielsetzung der Charta sowie im Hinblick auf neue wissenschaftliche Erkenntnisse und die Wirksamkeit nationaler Aktivitäten im Energiebereich überprüfen und Politikempfehlungen aussprechen. Neben dieser Lenkungs- und Politikberatungsfunktion könnten auch zunehmend Aufgaben bei der Umsetzung der Ziele der Weltenergiecharta und beim Technologietransfers übernommen werden, z. B. bei der Unterstützung der Entwicklungsländer beim Aufbau von Forschungs- und Entwicklungszentren oder bei der Aus- und Weiterbildung.

3. Stufe: Gründung einer Internationalen Agentur für nachhaltige Energie

Wenn selbst mit dem gemäß der 2. Stufe gestärkten Institutionengefüge die oben genannten Aufgaben auf globaler Ebene nur unzureichend bewältigt werden können, sollte die Gründung einer Organisation für eine nachhaltige globale Energiepolitik erwogen werden.

Seit einigen Jahren wird die Einrichtung einer internationalen Organisation für erneuerbare Energien vor allem von NRO und Produzenten erneuerbarer Energiekonversionstechniken gefordert. Dies birgt jedoch zwei Schwierigkeiten:

- Der Weltgipfel in Johannesburg 2002 hat gezeigt, dass die Gründung einer neuen internationalen Organisation für erneuerbare Energien zum jetzigen Zeitpunkt nur schwer realisierbar ist. Es wurde deutlich, dass die Entwicklungsländer die neue Institution als Exportförderung für saubere Technologien von Nord nach Süd sehr kritisch sehen und die meisten Industriestaaten jede zusätzliche finanzielle und administrative Belastung vermeiden wollen.
- Der Beirat geht davon aus, dass eine neue Organisation zur Förderung der Nutzung erneuerbarer Energien wichtige Aufgaben als Interessenvertretung zur Verbreitung nachhaltiger Energieformen und zur Förderung entsprechender Industrien erfüllen könnte. Sie ist aber nicht geeignet, eine globale Transformation der Energiesysteme voranzutreiben. Dafür müsste eine neue Institution derart aufgestellt sein, dass sie die Gesamtheit der Energiesysteme in die Reformprozesse einbeziehen könnte.

Daher empfiehlt der Beirat die Gründung einer „Internationalen Agentur für nachhaltige Energie“ (International Sustainable Energy Agency – ISEA), deren inhaltliche Ausrichtung anhand der Weltenergiecharta erfolgen würde.

Diese neue Agentur könnte aus dem erwähnten Ministerforum entstehen, welches dann als Lenkungsausschuss dienen könnte. Dies hätte den Vorteil, dass die ISEA die notwendige politische Führung und Unterstützung der Nationalregierungen erhielte. Bei der Gründung der ISEA sollte deutlich werden, dass neben Umweltaspekten auch entwicklungspolitische Anliegen im Vordergrund stehen. Dies würde auch die Zustimmung der Entwicklungsländer erleichtern.

Widerstand gegen einen solchen Weg der Institutionalisierung globaler Energiepolitik ist insbesondere von einigen Industrieländern zu erwarten (z. B. USA, Japan, Australien). Taktisch ist also im Vorhinein das Schmieden von Allianzen zwischen interessierten Industrieländern (EU u. a.) und Entwicklungsländern wichtig. Die Zustimmung der Staaten zum Vorschlag der Gründung einer ISEA wird wesentlich davon abhängen, welchen Mehrwert diese in der neuen Institution sehen. Der größte Nutzen der ISEA wäre, dass erstmals Energie-, Umwelt- und Entwicklungsfragen auf globaler Ebene zusammengebracht und institutionell gebündelt behandelt werden könnten. Auf Grundlage der Weltenergiecharta könnte es durch das neue Gremium gelingen, Energie-, Umwelt- und Entwicklungsminister zu einer abgestimmten Energiepolitik zu bewegen. Langfristig könnte auch die globale Energieforschung in Form des Intergovernmental Panel on Sustainable Energy (IPSE) und des World Energy Research Coordination Programme (WERCP) in der ISEA aufgehen (Kap. 5.3.1). Die ISEA sollte in Bezug auf die umweltrelevanten Aspekte der Energiepolitik eng mit der vom WBGU empfohlenen Globalen Umweltorganisation zusammenarbeiten (WBGU, 2001a).

5.3.3 Finanzierung der globalen Energiewende

5.3.3.1 Prinzipien einer gerechten und effizienten Finanzierung globaler Energiepolitik

Ausgangspunkt der folgenden Überlegungen sind die Empfehlungen des Beirats zur Finanzierung globaler Nachhaltigkeitspolitik („Earth Funding“; WBGU, 2001a). Konkret gilt es, ein Finanzierungssystem für die Transformation der globalen Energiesysteme zu entwickeln, das zwei zentrale Herausforderungen bewältigt:

- Aufbringung von Finanzmitteln zur Deckung des Finanzbedarfs;
- Schaffung von Transfermechanismen, um wirtschaftlich schwächere Länder bei der Transformation zu unterstützen.

Die Entwicklung eines gerechten und ökonomisch effizienten Finanzierungssystems zum Aufbau einer nachhaltigen Energieversorgung ist ein ehrgeiziges Projekt, das einen langfristigen Implementationsplan voraussetzt. Es sollte sich nach Meinung des Beirats in erster Linie am Subsidiaritätsprinzip orientieren. Das Subsidiaritätsprinzip bezieht sich zum einen auf die Aufgaben- und Kompetenzverteilung im öffentlichen Sektor, und zum anderen beschränkt es aus einer ordnungspolitischen Perspektive die Rolle des Staates auf die Aufgaben, bei denen der private Sektor überfordert ist. Aus diesen beiden Funktionen sind zwei wichtige Schlussfolgerungen für die Finanzierung globaler Energiepolitik zu ziehen:

1. Die Privatwirtschaft investiert in beträchtlichem Umfang in den Energiesektor. Aufgabe der Staaten ist es, zusätzliche Finanzmittel für die Investitionen bereitzustellen, die aus einer engeren betriebswirtschaftlichen Sicht (noch) nicht rentabel sind, jedoch zur Entwicklung eines nachhaltigen globalen Energiesystems beitragen. Gemäß dem Subsidiaritätsprinzip ist nur der Teil der Investitionskosten von der Staatengemeinschaft zu finanzieren, der einen globalen Nutzen stiftet (Prinzip der vereinbarten Mehrkosten). Um die Höhe dieser zusätzlichen Kosten zu minimieren, sind bestehende Fehlanreize (insbesondere Subventionen für nicht nachhaltige Energieträger und andere marktverzerrende Regulierungen) abzubauen und neue Anreize für Investitionen in die Energiewende zu schaffen. Dies kann vielfach auch ohne Einsatz von Finanzmitteln geschehen, so dass in der Verbesserung der institutionellen Rahmenbedingungen auf nationaler und internationaler Ebene ein großer Beitrag zur Reduzierung des öffentlichen Finanzbedarfs und des Finanztransfers zu sehen ist.
2. Gemäß dem Subsidiaritätsprinzip sind zunächst nationale Kapitalquellen für die Finanzierung der Transformation zu nutzen. Allerdings ist die ökonomische Leistungsfähigkeit der Staaten und damit ihre Fähigkeit, zur Finanzierung des globalen öffentlichen Guts „Transformation der globalen Energiesysteme" beizutragen, sehr unterschiedlich. Die ärmsten Länder werden nicht in der Lage sein, ihr Energiesystem eigenständig unter Beachtung von Nachhaltigkeitskriterien umzubauen. Daher sind internationale Transfers notwendig.

Die Mittel, die weder vom Markt noch vom Entwicklungsland selbst aufgebracht werden können, müssen durch die öffentliche Entwicklungszusammenarbeit oder andere internationale Quellen bereitgestellt werden. Die Aufbringung der Mittel sollte nach Auffassung des Beirats durch ein möglichst gerechtes Verfahren erfolgen. Grundsätzlich sieht der Beirat drei Prinzipien als brauchbare Grundlage einer gerechten Finanzierung an:

- Leistungsfähigkeitsprinzip;
- Äquivalenzprinzip;
- Verursacherprinzip.

Nach dem Leistungsfähigkeitsprinzip soll sich die Abgabenerhebung nach der individuellen Leistungsfähigkeit der Besteuerten richten. Im nationalen Kontext wird diese meist anhand des Einkommens und des Vermögens des Einzelnen bemessen. In der Diskussion ist ferner seit langem, inwieweit der Konsum ein Indikator wirtschaftlicher Leistungsfähigkeit ist. Auf internationaler Ebene steht weniger die wirtschaftliche Leistungsfähigkeit Einzelner, sondern die Leistungsfähigkeit von Volkswirtschaften im Mittelpunkt. Das Leistungsfähigkeitsprinzip ist momentan das gängige Finanzierungsprinzip internationaler Organisationen. Als Indikator wird dabei insbesondere das BIP pro Kopf verwendet.

Daneben ist auch das Äquivalenzprinzip ein anerkanntes Finanzierungsprinzip. Danach sollen diejenigen eine öffentliche Aufgabe finanzieren, die daraus Vorteile empfangen. Die Höhe des Finanzierungsbeitrags des Einzelnen orientiert sich dabei an dem individuell empfangenen Nutzen (Nutzenäquivalenz). Da der individuelle Nutzen öffentlicher Güter jedoch meist nicht ermittelbar und quantifizierbar ist, wird oft auf das Prinzip der so genannten Kosteäquivalenz zurückgegriffen. Danach ergibt sich der Finanzierungsbeitrag des Einzelnen aus den Kosten, den seine Inanspruchnahme der öffentlichen Leistung verursacht. Das Äquivalenzprinzip erzeugt ein ökonomisches Abwägungskalkül zwischen Kosten und Nutzen von Leistungen und fördert eine effiziente Bereitstellung von Leistungen. Auf internationaler Ebene ist das Äquivalenzprinzip nicht üblich, bei einigen Organisationen fließt es aber in den Finanzierungsschlüssel mit ein (z. B. WTO, internationale Eisenbahnorganisation).

Das Verursacherprinzip ist für die Umweltpolitik von zentraler Bedeutung, und nach Auffassung des WBGU sollte es auch bei der Finanzierung der Energiewende eine tragende Rolle einnehmen. Die Anwendung des Verursacherprinzips bedeutet, dass derjenige, der durch sein Verhalten die Notwendigkeit einer öffentlichen Aufgabe herbeiführt, die entstehenden Kosten trägt. Die Grenzen zwischen Verursacher- und Äquivalenzprinzip sind allerdings unscharf.

Der Beirat orientiert sich bei seinen Empfehlungen darüber hinaus an folgenden Kriterien, die bei der Entwicklung eines Finanzierungssystems zu berücksichtigen sind: Ziel- und Systemkonformität, Stabilität und Verlässlichkeit der Einnahmeerzielung, politische Durchsetzbarkeit und technische Praktikabilität. Der Beirat misst dabei der Durchsetzbarkeit einen besonders hohen Stellenwert bei. Institutionelle Reformvorschläge sollten sich als anschlussfähig an den Status Quo, die vorherrschenden Diskurse und die Interessen der Hauptakteure erweisen, damit sich endogene Kräfte zur Unterstützung der Transformation entfalten können. Dies bedeutet, dass der Beirat einen inkrementalistischen Ansatz verfolgt und seinen Schwerpunkt auf erste pragmatische Schritte in Richtung eines Finanzierungssystems für die globale Energiewende legt.

5.3.3.2 Aufbringung neuer und zusätzlicher Finanzmittel

INTERNATIONALER FINANZIERUNGSBEDARF

In den nächsten 20 Jahren werden jährlich Investitionen in Höhe von 180–215 Mrd. US-$_{1998}$ im Energiesektor der Entwicklungs- und Schwellenländer getätigt werden müssen, um die steigende Energienachfrage zu befriedigen (WEC, 2000; G8 Renewable Energy Task Force, 2001). Eine höhere Summe ist erforderlich, wenn höchsteffiziente Technologien und erneuerbare Energien zum Einsatz kommen sollen (Ad Hoc Open-ended Intergovernmental Group of Experts on Energy and Sustainable Development, 2001). Welcher Teil der erforderlichen Investitionen vom öffentlichen oder privaten Sektor und von nationaler oder internationaler Seite aufgebracht werden wird bzw. sollte, lässt sich nicht eindeutig festlegen. Aus Effizienzgründen ist es wünschenswert, dass ein erheblicher Teil der Investitionen vom privaten Sektor finanziert wird. Angesichts des niedrigen BIP und der extremen Kapitalknappheit in den meisten Entwicklungsländern ist es nahezu unumgänglich, dass außerdem ein großer Teil von internationaler Seite aufgebracht wird.

MOBILISIERUNG PRIVATEN KAPITALS

Der Investitionsbedarf macht deutlich, dass zur Finanzierung der Energiewende privates Kapital erforderlich sein wird. Das letzte Jahrzehnt des 20. Jahrhunderts war durch einen rasanten Anstieg der privaten Direktinvestitionen in den Entwicklungsländern gekennzeichnet (Kap. 2.7.3). Die Weltbank gibt an, dass 1990–1999 733 Energieprojekte mit privatwirtschaftlicher Beteiligung und einem Investitionsvolumen von insgesamt 186,7 Mrd. US-$ insbesondere in Lateinamerika und Ostasien durchgeführt wurden (Izaguirre, 2000). Mit der stärkeren Einbindung des privaten Sektors in die Arbeit der multilateralen Entwicklungsbanken konnte eine Vervielfachung der Projektvolumina erreicht werden. Zudem besitzen privatwirtschaftliche Akteure ein Interesse an einer Verstetigung und langfristigen Nutzung ihrer Investitionen. Sie nutzen ihr Expertenwissen und setzen sich für eine effiziente Wirtschaftsweise ein. Dies sind Schlüsselfaktoren für erfolgreiche Projekte beim Neuaufbau der Energieversorgung in den Entwicklungs-, Schwellen- und Transformationsländern (G8 Renewable Energy Task Force, 2001; Enquete-Kommission, 2002).

Es bedarf jedoch weit darüber hinausgehender Anstrengungen, um ausreichendes ausländisches Privatkapital für Direktinvestitionen im Energiebereich zu gewinnen, zumal sich nennenswerte Investitionen bisher nur auf wenige Länder beschränken. Zuerst sind sowohl auf nationaler als auch auf internationaler Ebene die Rahmenbedingungen für eine stabile Wirtschafts- und Währungsordnung zu verbessern, da die Vermeidung von Wirtschafts- und Währungskrisen zu den zentralen Voraussetzungen für Direktinvestitionen zählen. Auf nationaler Ebene ist vor allem Rechtssicherheit zu schaffen, einschließlich der Gewähr, dass Vertragsbestimmungen durchgesetzt werden können. Die Liberalisierung der Energiemärkte trägt auch in den Entwicklungsländern wesentlich zu einem höheren Maß an Transparenz und Zugänglichkeit der Märkte bei. Für die Mobilisierung privaten Kapitels für den Aufbau einer nachhaltigen Energieversorgung ist nicht zuletzt der Abbau von Subventionen für fossile Energieträger von Bedeutung (Enquete-Kommission, 2002; Kap. 5.2.1.2).

Trotz der Bedeutung des privaten Kapitals muss kritisch geprüft werden, inwieweit private Investitionen zur Erreichung der Ziele der Energiewende tatsächlich beitragen. Bisher ist eine Dominanz der fossilen Großkraftwerke festzustellen. Der Anteil erneuerbarer Energien an den privaten Direktinvestitionen in Energieprojekte in Entwicklungsländern betrug während der 1990er Jahre nur 2% (KfW, 2001). Die Bundesregierung sollte die Möglichkeiten zur Umsteuerung dieses Trends nutzen:

- Reform der Ausfuhrgewährleistungen, um Vergünstigungen gezielt für Projektkategorien zu vergeben, die Nachhaltigkeitskriterien genügen (Kap. 5.2.3.2);
- Verstärkung der Politikberatung im Rahmen der Entwicklungszusammenarbeit, um die Fähigkeiten in den Partnerländern zur Schaffung investitionsfreundlicher Rahmenbedingungen zu erhöhen;
- Schaffung eines Förderinstruments „Public-Private Partnerships für erneuerbare Energien", um insbesondere kleinen und mittelständischen Anbietern von erneuerbaren Energietechnolo-

gien den Zugang zu den Märkten in den Entwicklungsländern zu erleichtern;
- Unterstützung des Aufbaus von Mikrofinanzierungssystemen in Entwicklungsländern, um die Finanzierung kleinerer Projekte im Bereich der Effizienzsteigerung und der erneuerbaren Energien zu verbessern (Kap. 5.3.3.3).

Zusätzliche private Mittel können auch durch eine stärkere Förderung von Stiftungen generiert werden. So vergeben die Ford- und die Rockefeller-Stiftung Mittel für Projekte im Energiebereich, die sozialen und umweltpolitischen Nutzen stiften (CENR, 2000). In Europa fallen die steuerlichen Anreize zur Unterstützung von Stiftungen schwächer aus als in den USA. Hier besteht Spielraum, die Mobilisierung privaten Kapitals zu fördern (World Bank, 2002b).

Der Beirat hält einen internationalen Finanzierungsbedarf von mehreren hundert Mrd. $ pro Jahr in den ersten 20 Jahren für plausibel. Angesichts eines Gesamtvolumens ausländischer Investitionen in Entwicklungsländern von momentan 205 Mrd. $ pro Jahr (UNCTAD, 2002) und max. weiteren 7 Mrd. $, die Non-Profit-Organisationen insgesamt für die internationale Entwicklungszusammenarbeit aufbringen (OECD, 2002), ist nicht davon auszugehen, dass private Quellen zur Finanzierung der Transformation der Energiesysteme ausreichen werden. Hinzu kommt, dass von privaten Investoren nicht erwartet werden kann, dass sie auch den Teil der Investitionen vollständig finanzieren, der externen globalen Nutzen erzeugt. Eine Steigerung direkter öffentlicher Mitteltransfers in den Energiebereich ist daher unverzichtbar.

Erhöhung und Umstrukturierung der Mittel für die Entwicklungszusammenarbeit

Die regionalen Schwerpunkte privater Investitionen sind heute Ostasien und Lateinamerika. Die meisten Länder Afrikas und Südasiens sind hingegen nur wenig attraktiv für Privatinvestoren. In diesen Regionen befinden sich die ärmsten Entwicklungsländer mit sehr niedrigem Einkommensniveau, geringer Kaufkraft und extremer Kapitalarmut. Der Aufbau eines nachhaltigen Energiesystems wird hier ohne die Unterstützung durch die Entwicklungszusammenarbeit nicht gelingen. Nach Ansicht des Beirats kann die Entwicklungspolitik als Katalysator für die Transformation der Energiesysteme wirken. Durch sie kann auf die zentralen Handlungsfelder einer Energiewende zur Nachhaltigkeit eingewirkt werden: „Förderung von Effizienz und erneuerbaren Energien" und „Verbesserung des Zugangs zu modernen Energieformen". Die bisherigen Finanzmittel für die Entwicklungszusammenarbeit reichen allerdings bei weitem nicht aus, um global nachhaltige Energiesysteme, insbesondere in den ärmsten Entwicklungsländern, zu etablieren. Das gesamte Volumen der öffentlichen Entwicklungszusammenarbeit (ODA) betrug im Jahr 2000 knapp 54 Mrd. US-$. Schätzungsweise 3,1% der bilateralen ODA (2000: ca. 36 Mrd. $) und damit etwa nur 1,2 Mrd. US-$ floss in den Energiesektor (OECD, 2002). Bei der multilateralen Entwicklungsfinanzierung waren es wegen des starken Engagements regionaler Entwicklungsbanken im Energiebereich rund 8% (OECD, 2002). Die Weltbankgruppe als größte multilaterale Finanzierungsinstitution stellte 2001 gerade einmal 2,2 Mrd. US-$ für umweltbezogene Investitionen in den Energiesektor bereit (World Bank, 2002c). Diese Zahlen verdeutlichen die Größenordnung zusätzlich notwendiger Investitionsmittel.

Der Beirat hat in seinen Gutachten immer wieder kritisiert, dass die Industrieländer ihre bereits auf der UNCED-Konferenz 1992 angekündigte deutliche Steigerung der finanziellen Unterstützung der Entwicklungsländer bisher nicht vollzogen haben. Im Jahr 2000 betrug der Anteil der Entwicklungszusammenarbeit am BIP in den OECD-Staaten nur 0,22% und war damit weit vom international vereinbarten Ziel von 0,7% entfernt. Hinzu kommt, dass die Unterstützung erneuerbarer Energien aus den Mitteln der Entwicklungszusammenarbeit rückläufig ist. Zwar kann dieser Rückgang teilweise durch die Zunahme der privaten Investitionen ausgeglichen werden. Jedoch ist der Bedarf für eine programmatische Unterstützung der Entwicklungsländer bei der Umstellung der Energieversorgung auf effizientere und erneuerbare Technologien weiterhin groß (G8 Renewable Energy Task Force, 2001).

Der Beirat sieht die Ergebnisse der UN-Konferenz zur Entwicklungsfinanzierung in Monterrey 2002 und den dort bekundeten Willen der USA und der EU, ihre Mittel für die Entwicklungszusammenarbeit aufzustocken, als einen ersten Schritt an. Auch wenn diese Steigerungen dazu führen sollten, dass im Jahr 2006 rund 12 Mrd. US-$ mehr an Mitteln für die Entwicklungszusammenarbeit zur Verfügung stehen, können diese Zusagen nur der Anfang sein. Die EU würde dann mit 0,39% des BIP immer noch nicht das 0,7%-Ziel erfüllen. Deutschland hat sich in Monterrey dazu verpflichtet, die Mittel für die ODA bis 2006 auf 0,33% des BIP zu erhöhen. Der WBGU empfiehlt der Bundesregierung nachdrücklich eine deutlichere Aufstockung der ODA-Mittel über die bis 2006 angekündigten 0,33% hinaus und schlägt vor, bis 2010 mindestens 0,5% des BIP für ODA aufzuwenden. Dem Problemdruck angemessen wäre sogar eine Steigerung auf rund 1% des BIP.

Darüber hinaus sollten die Prioritäten in der Verwendung der Mittel verändert werden. In diesem

Zusammenhang begrüßt der WBGU das auf dem WSSD von der Bundesregierung angekündigte Programm „Nachhaltige Energie für Entwicklung" zum Aufbau strategischer Energiepartnerschaften. Dafür werden in den nächsten fünf Jahren insgesamt 1 Mrd. € bereitgestellt: 500 Mio. € für erneuerbare Energien und 500 Mio. € für die Steigerung der Energieeffizienz. Nach Auffassung des WBGU sind jedoch 100 Mio. € jährlich zur Förderung der Nutzung erneuerbarer Energien im Verhältnis zum Etat des BMZ in Höhe von etwa 3,8 Mrd. € (2001) deutlich zu wenig. Hier empfiehlt der WBGU eine signifikante Erhöhung des Anteils für nachhaltige Energieprojekte an den ODA-Zusagen im Rahmen der bilateralen Zusammenarbeit, der sich bisher auf nur wenige Prozent beläuft: 1999 waren es 6,8% (282 Mio. €) und 2000 3,3% (105 Mio. €). Ein höherer Stellenwert der Energie in der Entwicklungszusammenarbeit geht nicht notwendigerweise zu Lasten der Millenniumsziele, vielmehr kann die Förderung einer nachhaltigen Energiepolitik wichtiger Bestandteil einer kohärenten Armutsbekämpfungsstrategie sein.

Schaffung finanzieller Spielräume für eine Energiewende in Entwicklungsländern durch Entschuldung

Die Entschuldung von Entwicklungsländern schafft vielfach die Voraussetzung für eine Energiewende. Der Beirat empfiehlt, neue Entschuldungsinitiativen anzustoßen. Auch die von Deutschland auf dem Kölner G-7-Gipfel begründete HIPC-Initiative (Heavily Indebted Poor Countries Initiative oder „Entschuldungsinitiative") spielt eine wichtige Rolle bei der Gestaltung einer nachhaltigen Energiepolitik, weil sie die Rahmenbedingungen in den ärmsten Entwicklungsländern verbessert. Der Gesamtumfang der Entschuldung beläuft sich für die ärmsten Entwicklungsländer auf 70 Mrd. US-$. Das entscheidend Neue dieser Initiative ist, dass die Entschuldung an überprüfbare Programme zur Armutsbekämpfung gekoppelt ist. Dies schließt auch Maßnahmen im Energiebereich ein. Die Möglichkeiten für einen Schuldenerlass der ärmsten Entwicklungsländer könnten im Rahmen dieser Initiative deutlich ausgeweitet werden.

Einführung eines emissionsabhängigen Nutzungsentgelts für den Flugverkehr

Die direkte Finanzierung globaler Energiepolitik über die öffentliche Entwicklungszusammenarbeit hat den Vorteil, dass die Finanzmittel Zuweisungen aus den Haushalten der Industrieländer sind und somit der regelmäßigen Kontrolle durch die Parlamente unterliegen. Dadurch wird die Effizienz der Mittelverwendung gefördert. Nachteilig ist jedoch, dass die Mittel für die Entwicklungszusammenarbeit freiwillig bereitgestellt werden und es daher auch Anreize zum Trittbrettfahrerverhalten gibt. In Zeiten von Haushaltsengpässen ist damit zu rechnen, dass diese Mittel gekürzt werden. Der Beirat empfiehlt daher, die Finanzierung globaler Energiepolitik auf zahlreiche Instrumente und Ansätze zu verteilen, um einen möglichst kontinuierlichen Fluss der Finanzmittel zu ermöglichen. In diesem Zusammenhang müssen auch innovative Finanzierungsinstrumente auf ihre Anwendbarkeit geprüft werden.

Aufgrund der ökologischen Lenkungswirkungen und der Finanzierungseffekte spricht sich der Beirat für die Erhebung von Entgelten für die Nutzung globaler Gemeinschaftsgüter aus. Diese Idee hat er in einem Sondergutachten vertieft und konkrete Politikempfehlungen zur Umsetzung abgeleitet (WBGU, 2002). Das Konzept der Nutzungsentgelte orientiert sich am Äquivalenz- und Verursacherprinzip. Dadurch ist es vielen anderen internationalen Abgabelösungen überlegen. Es wird ein direkter Zusammenhang zwischen Abgabenzahlung und zu finanzierender Leistung hergestellt, der die Knappheit von Umweltgütern signalisiert. Dies wirkt sich positiv auf die Effizienz der Umweltnutzung aus. Zudem erhöht sich über die zweckgebundene Mittelverwendung die politische Durchsetzbarkeit: Im Unterschied zu nationalen Umweltabgaben empfiehlt der Beirat bei internationalen Abgabelösungen eine exakt definierte Zweckbindung, weil auf internationaler Ebene eine demokratisch gewählte Institution fehlt, die über die Mittelverwendung auf der Basis der Präferenzen der Bürger entscheiden könnte. Mit dem Konzept der Nutzungsentgelte besteht die Chance, erste pragmatische Schritte in Richtung eines internationalen Abgabensystems für eine globale Nachhaltigkeitspolitik einzuleiten.

Mit Blick auf die Transformation des globalen Energiesystems empfiehlt der Beirat der Bundesregierung nachdrücklich, sich für die Erhebung eines emissionsabhängigen Entgelts für die Nutzung der Atmosphäre durch den internationalen Flugverkehr einzusetzen. Der Flugverkehr ist diejenige Quelle von Treibhausgasen, die weltweit am stärksten wächst. Trotz der erheblichen Klimawirksamkeit unterliegen die Emissionen des internationalen Flugverkehrs noch keinen Reduktionsverpflichtungen. Solange diese Regelungslücke besteht, sollte ein emissionsabhängiges Nutzungsentgelt erhoben werden. Mit dem Aufkommen werden neue, zusätzliche Mittel für den Klimaschutz gewonnen, dessen Notwendigkeit u. a. durch den Flugverkehr erzeugt wird. Der Beirat empfiehlt, die daraus gewonnenen Mittel an die neuen Fonds des Klimaregimes (spezieller Klimaänderungsfonds, Anpassungsfonds, Fonds für die am wenigsten entwickelten Länder) und an das Klimafenster der GEF zu verteilen. Es sollte jedoch sichergestellt werden, dass diese Ressourcen nicht zur Kürzung der Mittel der Entwicklungszusammenarbeit verwendet, sondern als zusätzliche Mittel genutzt werden.

Handelbare Quoten für erneuerbare Energien

International handelbare Quoten (z. B. flexible Länder- oder Unternehmensauflagen bzw. Green Energy Certificates) würden grenzüberschreitende Zahlungsströme generieren, deren Ausmaß und Zahler/Empfängerstruktur u. a. von der Höhe der einzelnen Quoten abhängen. Diesem Finanzierungsaspekt sollte bei der Konzipierung eines globalen Systems handelbarer Quoten von Anbeginn Rechnung getragen werden. Denn auch wenn mit der Umsetzung des Systems erst langfristig zu rechnen ist, beeinflusst es die Bereitschaft besonders der ärmeren Länder zum kurz- bis mittelfristigen Ausbau erneuerbarer Energien. Entwicklungsländer dürften umso eher bereit sein, sich zu Mindestquoten für erneuerbare Energien zu verpflichten, je größer die Wahrscheinlichkeit ist, dass sie zu Nettoempfängern von Zahlungsströmen werden, sobald die Quoten in ein globales System handelbarer Quoten überführt werden.

Aufbringung neuer Finanzmittel im Rahmen der internationalen Klimaschutzpolitik

Die Klimarahmenkonvention verpflichtet die im Annex II aufgeführten Industrieländer, den Entwicklungsländern neue und zusätzliche Finanzmittel bereitzustellen und den Technologietransfer zu fördern, damit diese einen Beitrag zum Klimaschutz leisten können. Die weitere Einbindung der Entwicklungsländer in den internationalen Klimaschutz hängt davon ab, ob die Industrieländer dieser Verpflichtung zur Übernahme der vollen vereinbarten Mehrkosten nachkommen. Diese Frage ist von zentraler Bedeutung für die zweite Verpflichtungsperiode des Kioto-Protokolls.

Im zweiten Teil der 6. Vertragsstaatenkonferenz der Klimarahmenkonvention in Bonn 2001 wurde die Einrichtung von drei neuen Fonds beschlossen. Diese Fonds werden aus freiwilligen Leistungen der Industrieländer gespeist. Die EU und weitere Staaten (Kanada, Neuseeland, Norwegen, Schweiz) gaben auf der Konferenz eine politische Erklärung ab, dass sie ab 2005 jährlich 410 Mio. US-$ in diese Fonds einzahlen werden. Die USA, Japan und Australien haben keine Beiträge angekündigt. Nur der Anpassungsfonds wird durch einen geregelten Finanzierungsmechanismus in Form einer 2%igen Abgabe auf Erlöse aus dem CDM gespeist. Der Beirat begrüßt die Erklärung der Bundesregierung, die neuen Fonds des Klimaregimes finanziell zu unterstützen. Er empfiehlt jedoch, die Finanzierungsstrukturen weiter zu entwickeln und sich für eine rechtliche Verbindlichkeit der Finanzierungsbeiträge einzusetzen, um eine willkürliche Ad-hoc-Finanzierung dieser wichtigen Fonds zu vermeiden. In diesem Zusammenhang verweist der Beirat auch auf seine Empfehlung, Teile des Aufkommens aus der Erhebung von Nutzungsentgelten für den internationalen Flugverkehr diesen Fonds zuzuweisen.

Auch die projektbasierten Mechanismen des Klimaregimes werden zu einem zusätzlichen Finanz- und Technologietransfer beitragen, der einer Transformation der Energiesysteme nutzen kann. Es wird geschätzt, dass durch den CDM bis zu 20 Mrd. US-$ zusätzlicher Finanzmittel in den Süden transferiert werden. Dies entspricht mehr als 50% der gesamten ODA im Jahr 2000. Ein CDM-Marktvolumen in Höhe von 10 Mrd. US-$ könnte zusätzliche Investitionen in nachhaltigere Technologien in Höhe von 90–490 Mrd. US-$ induzieren (Öko-Institut und DIW, 2001). Projekte im Bereich der erneuerbaren Energien und der effizienten Energieverwendung weisen aufgrund kleinerer Projektvolumina strukturelle Nachteile gegenüber den anderen, meist großskaligen CDM-Projekten zur Effizienzsteigerung von Großkraftwerken oder Schaffung von Treibhausgassenken auf. Insbesondere höhere Transaktionskosten stellen ein zentrales Hemmnis für die Förderung der Nutzung von erneuerbaren Energien durch den CDM dar. Zur Überwindung der Blockaden bei CDM und JI sollten die projektbasierten Kioto-Mechanismen daher durch die Auflegung eines Fonds nach dem Modell der niederländischen Programme ERUPT und CERUPT gefördert werden.

Vision: Etablierung eines aufkommensstarken Finanzierungs- und Transfermechanismus

Ein wesentlich größeres Finanzierungspotenzial steckt in der Weiterentwicklung des im Kioto-Protokoll vorgesehenen Emissionshandels (Art. 17 FCCC). Bisher ist geplant, die maximal zulässigen Treibhausgasemissionen der Staaten in der ersten Verpflichtungsperiode von 2008–2012 festzulegen. Die Vertragsstaaten verfügen damit über ein Nutzungsrecht an dem globalen Gut „Aufnahmefähigkeit der Atmosphäre für Treibhausgase" (Brockmann et al., 1999), das ihnen gleichzeitig eine Deckelung der Treibhausgasemissionen auferlegt. Liegen die Emissionen unterhalb der maximal zulässigen Grenzen, kann die Differenz an andere Vertragsstaaten verkauft werden. Der Erwerb von Emissionsrechten darf jedoch nur ergänzend zu Vermeidungsaktivitäten im eigenen Land erfolgen. Allerdings wurde die Nutzung der flexiblen Kioto-Mechanismen zur Erfüllung der Reduktionsverpflichtungen bisher quantitativ nicht genau begrenzt. Der Emissionshandel ist in der ersten Verpflichtungsperiode auf die im Annex B des Kioto-Protokolls aufgeführten Staaten beschränkt und schließt damit Entwicklungs- und Schwellenländer aus (Öko-Institut und DIW, 2001).

Um das Ziel der Klimarahmenkonvention, eine Stabilisierung der Treibhausgase in der Atmosphäre auf einem ungefährlichen Niveau zu erreichen, müssen die Entwicklungsländer zukünftig stärker in den internationalen Klimaschutz eingebunden und insgesamt ehrgeizigere Reduktionsziele vereinbart werden. Daher sind bei der instrumentellen Umsetzung der Klimaschutzziele in der nächsten Verpflichtungsperiode die Entwicklungsländer in ein globales System handelbarer Emissionszertifikate einzubinden.

Der Beirat hat sich mehrfach dafür ausgesprochen, bei der Ausgangsverteilung der Emissionszertifikate Gerechtigkeitsprinzipien zu berücksichtigen (z. B. WBGU, 2001b). Ethischer Maßstab internationaler Klimaschutzpolitik sollte das Recht auf gleiche Pro-Kopf-Emissionen von Treibhausgasen sein; damit würde auch dem Verursacherprinzip Rechnung getragen. Demzufolge wären die maximal zulässigen Treibhausgasemissionen auf der Basis gleicher Pro-Kopf-Emissionen zu bestimmen. Dabei könnten unterschiedliche Energiebedürfnisse je nach Klimazone berücksichtigt werden, und mögliche Fehlanreize für Bevölkerungswachstum könnten z. B. durch eine Stichtagsregelung umgangen werden. Eine Ausgangsverteilung auf der Basis eines solchen modifizierten Pro-Kopf-Ansatzes würde – bei Einhaltung der WBGU-Leitplanken – einen Finanztransfer von mehreren 100 Mrd. € von den Industrieländern zu den Entwicklungsländern auslösen. Dies würde die bisherigen Mittel der Entwicklungszusammenarbeit um ein Vielfaches übertreffen. Im Prinzip ließe sich mit einem solchen Ansatz ein Weltfinanzausgleich auf Kohlenstoffbasis schaffen. Von dieser Vision ist man zur Zeit jedoch noch weit entfernt. Die Klimaschutzpolitik könnte jedoch bereits jetzt in diese Richtung weiterentwickelt werden.

Die ökonomischen Effekte auf Länder mit hohen Pro-Kopf-Emissionen sind neben der absoluten Höhe auch von der Umsetzungsgeschwindigkeit eines solchen Ansatzes abhängig. Eine Orientierung am Pro-Kopf-Prinzip in der nächsten Verpflichtungsperiode würde die Volkswirtschaften der Industrieländer zu stark belasten. Daher wäre zu Beginn am bisherigen Ansatz festzuhalten, die Reduktionsquoten differenziert z. B. nach historischen Reduktionen, energiepolitischer Ausgangslage und ökonomischen Kosten zu bestimmen. Langfristig – mit einem Zeithorizont von 20–30 Jahren – sollte jedoch verstärkt der modifizierte Pro-Kopf-Ansatz als Maßstab dienen. Eine solche schrittweise Umsetzung würde die Fähigkeit der Volkswirtschaften, sich strengeren Reduktionszielen anzupassen, nicht übersteigen und die ökonomischen Kosten eines ökologisch effektiven Klimaschutzes auf ein tolerables Maß reduzieren.

Als marktwirtschaftliche Alternative zu einem modifizierten Pro-Kopf-Ansatz in einem globalen System handelbarer Emissionsrechte wird insbesondere eine globale CO_2-Steuer diskutiert. Eine solche Steuer wurde bereits vor der UNCED 1992 als mögliches globales Instrument des Klimaschutzes intensiv diskutiert (Pearce, 1991; Cnossen und Vollebergh, 1992). Letztlich entschied man sich dann für den Mengenansatz und eine Flexibilisierung durch die sog. Kioto-Mechanismen. Die ungeklärte Frage, wie die ehrgeizigen Entwicklungsziele des UN-Millenniumsgipfels von 2000 finanziert werden sollen, brachte die globale CO_2-Steuer wieder verstärkt auf die internationale Agenda.

Der Beirat betrachtet die Idee einer internationalen CO_2-Abgabe als einen interessanten Ansatz. Dabei ist jedoch zu berücksichtigen, dass der im Kioto-Protokoll vorgesehene Zertifikatehandel bei Einbindung der Entwicklungsländer und entsprechender Ausgangsverteilung langfristig auch zu einem beträchtlichen Finanztransfer von Nord nach Süd führt. Daher wäre eine internationale CO_2-Abgabe eher als ein vorübergehendes zusätzliches Finanzierungsinstrument einzuführen, bis ein auf dem Kioto-Protokoll aufbauendes globales Zertifikatesystem mit ökologisch effektiven Reduktionsverpflichtungen etabliert ist. Dies würde in kurz- und mittelfristiger Perspektive nicht nur die Lenkungsanreize des Kioto-Protokolls verstärken, sondern auch bestehende Finanzierungslücken im internationalen Klimaschutz decken. Bei entsprechender Ausgestaltung würde eine internationale CO_2-Abgabe auch dem Verursacher- und partiell dem Leistungsfähigkeitsprinzip entsprechen. Es bleibt zu prüfen, ob der Vorschlag einer internationalen CO_2-Besteuerung nicht zusätzliche politische Blockaden hervorruft, die eine Implementierung unmöglich machen.

Aus diesem Vergleich möglicher Finanzierungsansätze zieht der WBGU folgenden Schluss: Er empfiehlt der Bundesregierung, gemäß dem Vorsorgeprinzip weiterhin den Mengenansatz des Kioto-Protokolls in Verbindung mit den flexiblen Mechanismen zu unterstützen. Mit der schrittweisen Weiterentwicklung des Kioto-Ansatzes in Richtung eines modifizierten Pro-Kopf-Ansatzes ließe sich ein Finanzierungs- und Transfermechanismus schaffen, der einem Weltfinanzausgleich gleichkäme und in der Geschichte internationaler Politik einzigartig wäre.

5.3.3.3
Verwendung der Mittel für die Energiewende durch internationale Finanzinstitutionen

GEF ALS INTERNATIONALE FINANZIERUNGSINSTITUTION STÄRKEN
Mit der Einrichtung der GEF wurden zusätzliche Mittel für den globalen Umweltschutz bereitgestellt, und mit dem Abstimmungsmodus der doppelt gewichteten Mehrheit ein Mechanismus geschaffen, der Industrie- und Entwicklungsländern einen gleich starken Einfluss auf die Verwendung der Mittel garantiert. In den vergangenen zehn Jahren hat sich die GEF als ein wichtiger internationaler Finanzierungsmechanismus für den globalen Umweltschutz etabliert. Auf dem WSSD in Johannesburg wurde eine Auffüllung der Finanzmittel für die dritte Phase (2003–2006) von 3 Mrd. US-$ vereinbart. Zudem wurde die Stellung der GEF durch die Erweiterung der Projektfinanzierung um die Bereiche „Landdegradation“ (Desertifikation) und „persistente organische Schadstoffe“ aufgewertet.

Diese positiven Entwicklungen legen nahe, die GEF auch als Finanzierungsinstitution für die globale Energiewende zu nutzen. Dabei sind allerdings die an der Arbeit der GEF vorgebrachte Kritik und die neuen Herausforderungen im Rahmen globaler Nachhaltigkeitspolitik zu berücksichtigen. Das Prinzip der „zusätzlichen Kosten“ ist eine hohe bürokratische Hürde für die Finanzierung vieler Projekte, deren Umsetzung aus Sicht nachhaltiger Entwicklung sinnvoll wäre. Die Ermittlung der zusätzlichen Kosten ist zudem vielfach äußerst kontrovers (Horta et al., 2002). Projekte, die den Transfer kostengünstiger Technologie fördern, auf indigenem Wissen der lokalen Bevölkerung aufbauen oder über Investitionen in die öffentliche Bildung den Kapazitätsaufbau in den Entwicklungsländern unterstützen, werden außerdem mit dem Konzept der zusätzlichen Kosten kaum erfasst und fallen daher meist aus dem Förderschema der GEF heraus. Globale Nachhaltigkeitspolitik sollte verstärkt auf katalytische Wirkungen lokaler und regionaler Ansätze aufbauen und integrierte Konzepte verfolgen. Der GEF wird jedoch vorgeworfen, zu wenig auf lokale Bedingungen einzugehen und entsprechende katalytische Effekte ungenutzt zu lassen (Keohane, 1996).

Trotz dieser Kritik empfiehlt der WBGU, die GEF als Finanzierungsinstitution für die globale Energiewende auszubauen und als Katalysator für einen umfangreicheren Finanzrahmen zu nutzen. Die Alternative hierzu bestünde in der Errichtung einer völlig neuen Finanzierungsinstitution, z. B. in Form einer Globalen Nachhaltigen Energiefazilität. Dies würde jedoch einen langen Aushandlungsprozess auf internationaler Ebene erfordern, was derzeit nur geringe Erfolgschancen hätte. Um möglichst rasch über einen wirksamen internationalen Mechanismus zur Finanzierung der globalen Energiewende zu verfügen, sollten deshalb die Strukturen der GEF genutzt werden. Hierzu ist jedoch deren Arbeitsweise verstärkt auf die Förderung global nachhaltiger Energiesysteme auszurichten. Daher empfiehlt der WBGU der Bundesregierung, sich für folgende Reformen in der Organisation, Arbeitsweise und Stellung der GEF in der globalen Nachhaltigkeitspolitik einzusetzen:

- *Neues Fenster zur Förderung global nachhaltiger Energiesysteme einrichten:* Im Rahmen des Klimafensters werden bereits Projekte finanziert, die Barrieren bei der Förderung von Energieeffizienz und erneuerbaren Energien beseitigen und langfristig die Kosten für Maßnahmen zur Verminderung von Treibhausgasemissionen reduzieren. Darüber hinaus werden zunehmend Mittel zur Anpassung an den Klimawandel zur Verfügung gestellt. Der WBGU empfiehlt, bis 2005 die finanzielle Förderung von Effizienztechnologien und erneuerbaren Energien in einem neuen Fenster der GEF zu bündeln, um eine neue strategische Ausrichtung der GEF-Förderpolitik in diesem Bereich zu ermöglichen.
- *Kriterien zur Vergabe von Mitteln des neuen „Fensters zur Förderung global nachhaltiger Energiesysteme“ modifizieren:* Der WBGU betrachtet das Prinzip der zusätzlichen Kosten als ein wichtiges Konzept für die Finanzierung des globalen Umweltschutzes. Um eine globale Energiewende im Sinn der WBGU-Transformationsstrategie zu bewirken, bedarf es jedoch einer Vereinfachung der Vergabekriterien, um bei der Mittelverwendung auch verstärkt entwicklungspolitische Aspekte berücksichtigen zu können, z. B. bei der Förderung der ländlichen Entwicklung durch erneuerbare Energien. Die Modifikation der Vergabekriterien sollte sich dabei an der Weltenergiecharta orientieren. Da sich viele Projekte im Bereich nachhaltiger Energiepolitik durch ein geringes Finanzierungsvolumen auszeichnen, sind außerdem die positiven Erfahrungen mit dem erfolgreichen Mikrokreditprogramm der GEF (SGP – Small Grant Programme) zu nutzen. Eine solche Modifikation würde einen neuen strategischen Rahmen für die Förderung von Effizienztechnologien und erneuerbaren Energien schaffen, der verhindert, dass Projekte ohne programmatischen Ansatz auf einer Ad-hoc-Basis finanziert werden (UNDP et al., 2000).
- *Zusammenarbeit mit regionalen Institutionen, der privaten Wirtschaft und der lokalen Bevölkerung ausbauen:* Der WBGU begrüßt, dass der Kreis der implementierenden Institutionen erheblich

erweitert wurde. Neben Weltbank, UNDP und UNEP können jetzt auch regionale Entwicklungsbanken, die UNIDO, die FAO und die IFAD (International Fund for Agricultural Development) Projekte bei der GEF einreichen (Kutter, 2002). Der WBGU empfiehlt darüber hinaus, die Zusammenarbeit mit der privaten Wirtschaft weiter auszubauen und die lokale Bevölkerung verstärkt einzubinden. Dies erhöht die Erfolgschancen von Projekten wesentlich und induziert die gewünschten katalytischen Effekte, wie z. B. den Aufbau von Märkten für umweltfreundliche Produkte und die Mobilisierung zusätzlichen privaten Kapitals.

- *Finanzmittel der GEF weiter aufstocken und Status der GEF aufwerten:* Der WBGU begrüßt die Aufstockung der GEF-Mittel für die dritte Phase. Er gibt jedoch zu Bedenken, dass gleichzeitig der Aufgabenbereich der GEF erweitert wurde. Mit Blick auf den hohen Finanzbedarf zur Förderung der globalen Energiewende sind daher die Mittel der GEF weiter aufzustocken. Zugleich sollte die GEF in ihrem Status aufgewertet werden, um zu verhindern, dass die Bemühungen der GEF durch konterkarierende Effekte, insbesondere der Programme anderer multilateraler Organisationen, untergraben werden.

Weltbank und IWF in die Energiewende zur Nachhaltigkeit einbinden

Die Weltbank, die nicht nur als Kreditgeber fungiert, sondern auch Informationen über die Bonität von Entwicklungsländern sammelt und mit ihren Sektorprogrammen direkten Einfluss auf die nationalen Politiken von Entwicklungsländern nimmt, legte 2001 neue energiepolitische Ziele fest (Kap. 2.7.3). Diese beinhalten die Unterstützung von Reformen im Energiesektor, die Förderung von Wettbewerb, die Verbesserung des Umweltschutzes bei der Energieerzeugung und den Zugang zu Energie für ärmere Bevölkerungsgruppen. Die Weltbank koordiniert auch die geplante „Global Village Energy Partnership", die den Armen besseren Zugang zu Energie gewähren soll. Die Bundesregierung hat bereits ihre Beteiligung angekündigt.

Die Aktivitäten der Weltbank gehen nach Ansicht des WBGU indes nur dann in die richtige Richtung, wenn sie sich nicht weiter am Least-cost-Prinzip orientiert, d. h. primär einzelwirtschaftlich rentable Energieformen unterstützt, ohne eine Internalisierung negativer Externalitäten sicherzustellen. Des weiteren ist sicherzustellen, dass langfristige Rahmenbedingungen bei der Implementierung neuer, noch nicht voll marktgängiger Technologien berücksichtigt werden. Die Weltbank sollte sich auch als eine Förderbank für nachhaltige Energie verstehen und mit dafür sorgen, dass in den Entwicklungsländern wirksamere finanzielle Anreize geschaffen werden, damit der Anteil erneuerbarer Energien ansteigt. Generell sollten die Weltbank und die regionalen Entwicklungsbanken weltweit eine aktivere Rolle bei der Transformation der Energiesysteme spielen als dies bisher der Fall ist. Bisher wurde der Schritt von der konzeptionellen zur operativen Ebene noch nicht ausreichend vollzogen. Der WBGU empfiehlt daher die praktische Umsetzung der neuen Förderkonzeption der Weltbank. Dafür sollte sich die Bundesregierung im Rahmen ihrer Mitgliedschaft im Verwaltungsrat der Weltbank stark machen.

Europäische Investitionsbank als Förderinstrument nutzen

Das Abkommen von Cotonou wurde im Juni 2000 zwischen der EU und 77 AKP-Staaten geschlossen und regelt für eine Laufzeit von 20 Jahren die politischen, entwicklungs- und handelspolitischen Beziehungen zwischen den beiden Ländergruppen. Es ist darauf ausgerichtet, in Einklang mit den Zielen der nachhaltigen Entwicklung und der schrittweisen Integration der AKP-Staaten in die Weltwirtschaft die Armut zu bekämpfen (Artikel 1, Absatz 2). Ab dem Zeitpunkt des In-Kraft-Tretens des Abkommens von Cotonou ist eine Investitionsfazilität vorgesehen, die sich aus Risikokapital (Zeitraum: 2000–2005) in Höhe von bis zu 2,2 Mrd. € aus Mitteln des Europäischen Entwicklungsfonds und 1,7 Mrd. € in Form von Darlehen aus Mitteln der Europäischen Investitionsbank (EIB) zusammensetzt.

Im Rahmen des Finanzprotokolls zu Lomé IV für den Zeitraum von 1995–2000 verwaltete die EIB bereits Risikokapital in Höhe von 1,3 Mrd. € aus Mitteln des Europäischen Entwicklungsfonds, hinzu kamen rund 1,7 Mrd. € in Form von Darlehen aus ihren eigenen Mitteln. Schwerpunktsektoren der Investitionen der EIB sind Infrastruktur, vor allem Energie und Transport, und industrielle Entwicklung. Für den Energiebereich empfiehlt der WBGU, künftig einen Schwerpunkt auf die Förderung erneuerbarer Energien zu legen. Bisher lag der Schwerpunkt der EIB hier auf der Förderung fossiler Energieträger.

Regionale Entwicklungsbanken stärken

Die regionalen Entwicklungsbanken, die überwiegend Projekte des öffentlichen Sektors fördern, konzentrieren sich im Energiebereich zumeist auf den Auf- und Ausbau der Stromnetze sowie die Reform des Energiesektors. Die Banken verfolgen entsprechend der sehr unterschiedlichen Problemlage regionalspezifische Ansätze bei der Kreditvergabepolitik und können daher wichtige Partner zur Überwindung der Energiearmut in Afrika, Lateinamerika, der Karibik und Asien sein. Voraussetzung ist allerdings, dass zunächst die Managementkapazitäten der Entwicklungsbanken schrittweise gestärkt und entwickelt werden.

Der WBGU empfiehlt, dass sich Deutschland im Rahmen seiner Beteiligung an diesen Banken und im Rahmen der EU für die Förderung der Energieversorgung in den Entwicklungsländern durch die regionalen Entwicklungsfonds, die von den Entwicklungsbanken verwaltet werden, einsetzt. Diese Länder schaffen es in der Regel nicht aus eigener Kraft, die Versorgung ihrer Armutsbevölkerung mit Energiedienstleistungen zu sichern. Außerdem haben viele Entwicklungsländer angesichts ihrer hohen Auslandsverschuldung nur geringe Spielräume, um die zu erwartenden Preissteigerungen bei fossilen Energieträgern zu verkraften und Effizienzverbesserungen ihrer Energieversorgung zu finanzieren. Auch den Kauf von Anlagen und Technologien im Bereich erneuerbarer Energien können sich viele dieser Länder wegen der extremen Schuldenlast nicht leisten. Ohne eine weit reichende Schuldenregulierung und gezielte Unterstützung der Entwicklungsländer mit Hilfe regionaler Entwicklungsfonds ist eine Transformation der Energiesysteme in den Ländern des Südens deshalb kaum vorstellbar. Darüber hinaus könnte sich Deutschland für eine stärkere Umsteuerung der Förderpolitik der regionalen Entwicklungsbanken zugunsten des Umweltschutzes einsetzen. Einflussmöglichkeiten für Deutschland ergeben sich über seine Anteile am Grundkapital der regionalen Entwicklungsbanken. Dieser beläuft sich bei der Afrikanischen Entwicklungsbank auf rund 4,1% (innerhalb der Gruppe der Nichtregionalen sogar auf 10%), der Karibischen Entwicklungsbank auf rund 5,8%, der Inter-Amerikanischen Entwicklungsbank auf 1,9% und der Asiatischen Entwicklungsbank auf rund 4,5%.

ENERGIEVERSORGUNG IN DEN PRSP-PROZESS INTEGRIEREN

Auf den Kölner Beschluss der G-7 im Jahr 1999, beschleunigte Schuldenerlasse an Programme zur Armutsbekämpfung zu koppeln, reagierten IWF und Weltbank rasch (VENRO, 2001). Ende 1999 legten sie erste Papiere vor, in denen sie ihre Politik gegenüber den ärmsten Ländern auf Armutsbekämpfung ausrichten. Seither werden in rund 70 Ländern, vor allem armen, hoch verschuldeten Entwicklungsländern, in Abstimmung mit ihren Bevölkerungen eigene nationale Pläne zur Armutsbekämpfung, so genannte „Poverty Reduction Strategy Papers" (PRSP), erarbeitet. Das BMZ unterstützt die Länder bei dieser Arbeit. Die PRSP sollen auch als Steuerungsinstrumente für die mittelfristige Entwicklung der Länder dienen sowie Grundlage für die Einwerbung internationaler Unterstützung sein. Schuldenerlasse im Rahmen der HIPC-Initiative setzen künftig ein PRSP voraus. Langfristig noch bedeutsamer ist, dass die so genannten IDA-Länder (International Development Association) neue konzessionäre Finanzmittel von multilateralen und bilateralen Gebern künftig nur noch auf der Basis der PRSP erhalten sollen. Bisher wird die Energieversorgung in den PRSP-Prozessen nicht verhandelt. Der WBGU empfiehlt, auch die Energieversorgung prominent in diese Strategien zu integrieren und eine ausreichende Beteiligung zivilgesellschaftlicher Akteure sicherzustellen.

5.3.4 Ausrichtung der internationalen Klimaschutzpolitik auf die Energiewende

Ein wichtiger Schritt zur Fortentwicklung des Kioto-Protokolls ist die Konkretisierung der Zielvorgabe des Art. 2 der Klimarahmenkonvention, der Vermeidung von „gefährlichen Klimaänderungen". Diese müsste genauer definiert werden, um konkretere Vorgaben für die notwendigen Emissionsreduktionen zu erhalten. Dies sollte bis 2005 geschehen, damit die Ergebnisse schon für die Verhandlungen für Reduktionsziele der zweiten Verpflichtungsperiode, die ab 2005 beginnen, mit eingehen können.

Der exemplarische Pfad (Kap. 4.4) beruht auf einem Szenario, in dem die Industrieländer bis 2010 das Kioto-Protokoll in seiner 1997 verhandelten Form umsetzen. Bei der technischen Ausgestaltung des Protokolls wurden den Industrieländern erhebliche Kohlenstoffsenken zur Anrechnung auf ihre Reduktionsverpflichtungen zugebilligt. Zudem existieren für die internationale Luftfahrt und Seefahrt keine quantitativen Reduktionsverpflichtungen. Insgesamt wird deswegen für die Industrieländer statt der ursprünglichen 5%igen Reduktion gegenüber 1990 eher mit einem leichten Anstieg der Emissionen bis 2010 gerechnet. Weiterhin besteht kein effektiver Schutz von Kohlenstoffvorräten in der Biosphäre.

Die Leitplankenanalyse in Kapitel 4.3 zeigt, dass gerade die ersten Jahrzehnte des 21. Jahrhunderts kritisch für das Einhalten der tolerablen Erwärmungsraten sind. Da eine ausreichende Reduktion der Emissionen in Industrieländern nach 2012 (etwa 45% von 2010 bis 2020, abgeleitet aus WBGU, 1997) als unerreichbar gilt, können Klimaleitplanken nur eingehalten werden, wenn die Entwicklungsländer früher als ursprünglich vorgesehen ihre rasch ansteigenden Emissionspfade dämpfen (WBGU, 1997). Bis 2020 sollten daher Auflagen zur Emissionskontrolle für Entwicklungsländer greifen. Schwellenländer sollten bereits früher erste quantifizierte Auflagen annehmen.

Dies wird allerdings sehr schwierig umzusetzen sein, weil die Industrieländer ihren Reduktionspflichten nur schleppend nachkommen und die Klimarahmenkonvention den Grundsatz enthält, dass die Industrieländer bei den Emissionsreduktionen vorangehen müssen. Daher ist zunächst von berechtigten Widerständen der Entwicklungsländer gegen jede Form quantifizierter Reduktionsziele auszugehen.

Der Beirat empfiehlt deshalb der Bundesregierung, sich für eine „Entwicklungsländerinitiative" der EU mit folgenden Charakteristika einzusetzen:

- *Ziel:* Durch eine verstärkte Kooperation ist das Vertrauen der Entwicklungsländer zurück zu gewinnen (historische Allianz der EU und der Entwicklungsländer auf der ersten Vertragsstaatenkonferenz in Berlin, 1995) und der Boden für zukünftige Verhandlungen über Emissionsminderungen zu bereiten. Erst wenn die Entwicklungsländer erkennen, dass das Kioto-Protokoll ihnen Vorteile bringt, werden sie auch Pflichten übernehmen.
- *Regionale Partnerschaften:* Einzelne EU-Mitgliedstaaten suchen in abgestimmten und längerfristig angelegten Initiativen den Kontakt zu bestimmten Entwicklungsländern oder Ländergruppen, z. B. in Form von Arbeitsgruppen, die gemeinsam Klimaschutz- und andere Entwicklungsziele aufstellen. In Projekten (z. B. im Rahmen von CDM) sollte insbesondere der Technologietransfer gefördert werden. Grundsätzlich sollten Initiativen zu solchen Partnerschaften auch von Entwicklungsländern ausgehen können und langfristig zu beiderseitigem Vorteil führen.
- *Vorbildlichkeit:* Deutschland und andere Anlage-I-Länder sollten die bestehenden Regelungen im Kioto-Protokoll vorbildlich erfüllen. Dies gilt insbesondere für die „nachweisbaren Fortschritte" bei der Umsetzung der Reduktionspflichten des Kioto-Protokolls bis 2005, bei Zulassung, Ausgestaltung und Durchführung von CDM-Projekten, für die Auffüllung der drei neu aufgelegten Fonds für Entwicklungsländer sowie für vorbeugende Maßnahmen gegen Folgen der Klimaänderung, den Kapazitätsaufbau und den Technologietransfer. Dies würde das Vertrauen in den Prozess stärken und die Basis für die Einbeziehung der Entwicklungsländer schaffen.
- *Machbarkeit:* Um die Entwicklungsländer zu überzeugen, müssen zunächst die kurz-, mittel- und langfristigen Emissionsreduktionspotenziale in den wichtigsten Entwicklungsländern und Regionen ermittelt werden, denn nur so kann vermieden werden, dass die Entwicklungsländer jede Verhandlung über die Dämpfung des Emissionszuwachses ablehnen.
- *Schließung von Lücken:* Treibhausgasemissionen des Flug- und Schiffsverkehrs unterliegen bisher noch keinen quantitativen Reduktionsverpflichtungen. Der WBGU empfiehlt, diese Lücken im internationalen Klimaschutz zu schließen, indem entweder diese Emissionen in das Kioto-Protokoll integriert werden oder ein Nutzungsentgelt erhoben wird (WBGU, 2002; Kap. 5.3.3.2).

In diesem Zusammenhang begrüßt der Beirat die Initiative der EU auf dem Weltgipfel in Johannesburg, eine Koalition gleich gesinnter Länder für die freiwillige Erfüllung quantifizierter Ziele für den Ausbau erneuerbarer Energien zu gründen, der sich auch viele Entwicklungsländer angeschlossen haben. Nun gilt es, diese Initiative mit Leben zu füllen.

5.3.5 Abstimmung der internationalen Wirtschafts- und Handelspolitik mit den Zielen einer nachhaltigen Energiepolitik

Die Energiewende zur Nachhaltigkeit muss durch wirtschaftliche, rechtliche und politische Rahmenbedingungen flankiert werden. Aus weltwirtschaftlicher Perspektive geht es dabei zum einen darum, attraktive Rahmenbedingungen für in- und ausländische Privatinvestitionen im Energiesektor und für den internationalen Austausch von nachhaltigen Technologien und Wissen zu schaffen. Zum anderen ist sicherzustellen, dass das internationale Wirtschaftsrecht die Energiestrategie nicht behindert, sondern ihre Umsetzung unterstützt.

5.3.5.1 Abschluss eines Multilateralen Energiesubventionsabkommens (MESA)

Der WBGU plädiert für die Aufnahme von Verhandlungen über ein Multilaterales Energiesubventionsabkommen (MESA) zum stufenweisen Abbau der Subventionen für fossile und nukleare Energieträger und zur Vereinbarung von Regeln für die Subventionierung erneuerbarer Energien und effizienterer Energietechnologien. Europäische und internationale Erfahrungen zeigen, dass ein weltweiter Subventionsabbau am besten durch internationale Vereinbarungen initiiert werden kann. Denn die wenigsten Länder werden bereit sein, ihre Subventionen im Alleingang zu senken, weil sie internationale Wettbewerbsnachteile besonders für energieintensive Unternehmen und den Sektor der Energiebereitstellung befürchten.

Ein Abkommen über Energiesubventionen sollte baldmöglichst von der Staatengemeinschaft verhandelt werden und spätestens 2008 in Kraft treten. Als Ziel ist anzustreben,

- bis 2015 alle Subventionen für fossile Energien und Kernkraft in Industrie- und Transformationsländern abzubauen, bis 2030 weltweit;
- bis 2020 die Subventionierung für die Extraktion fossiler Energieträger (Kohleabbau, Ölbohrungen usw.) in Entwicklungsländern abzubauen.

Hierbei könnte der – mittlerweile ausgelaufene – Ampelansatz des Subventionsabkommens der WTO modifiziert und übernommen werden. Ein MESA könnte etwa so aussehen: Prinzipiell verboten und somit „rot" sind eindeutig nicht nachhaltige, umweltschädliche Subventionen wie allgemeine Energiepreissubventionen. Subventionen an die Erzeuger und Anbieter fossil-nuklearer Energie sollten nur dann nicht als „rot" eingestuft werden, wenn sie gezielt auf die Förderung höherer ökologischer Standards (Energieeffizienz, Filter, umweltschonendere Öl-, Kohle-, Gasförderung) abzielen bzw. der höheren Sicherheit existierender Kernkraftwerke dienen. Für bereits bestehende „rote" Subventionen sollten Zeitpläne für ihren stufenweisen Abbau oder zumindest für ihre Umstrukturierung nach Nachhaltigkeitskriterien vereinbart werden. Neue „rote" Subventionen wären zu verbieten. Zudem wäre ein mit der „Weltenergiecharta" kompatibler Katalog nicht anfechtbarer, sog. „grüner" Subventionen auszuarbeiten. Zu den „grünen" Subventionen könnten zum Beispiel zählen:

- Subventionen bzw. Steuererleichterungen für erneuerbare Energien zum Ausgleich noch nicht internalisierter Kosten fossiler/nuklearer Energien (einschl. Einspeisevergütungen);
- Forschungssubventionen im Bereich erneuerbarer Energien und Effizienzsteigerung bis zu einem bestimmten Prozentsatz der gesamten Forschungsausgaben;
- Subventionen für die Elektrifizierung armer Haushalte bzw. im ländlichen Raum in Entwicklungsländern;
- Subventionen für die Substitution traditioneller Biomasse zu Heiz- und Kochzwecken durch nachhaltig erzeugte Brennstoffe;
- Subvention energieeffizienter Gebäudestrukturen, Nutzung solarer Techniken im Gebäudebereich;
- soziale Transfers an bedürftige Haushalte („Heiz- und Stromgeld");
- Quersubventionierung der Strompreise für Haushalte bis zu einem Umfang, der zur Einhaltung der Leitplanke „bezahlbarer individueller Mindestbedarf" notwendig ist.

Energiesubventionen, die weder als „rot" noch als „grün" klassifiziert sind, wären grundsätzlich anfechtbar. Diese sog. „gelben" Subventionen können von anderen Vertragsparteien entweder für ihre Inkompatibilität mit den Zielen der „Weltenergiecharta" oder für die Verletzung der in der WTO (GATT und Subventionsübereinkommen) bereits verankerten Prinzipien hinterfragt werden.

In den Entwicklungsländern ist auch auf längere Zeit ein Ausbau der Nutzung fossiler Energien unumgänglich, um einen wirtschaftlichen und sozialen Aufschwung zu erreichen. Um dieser besonderen Ausgangslage Rechnung zu tragen, könnte ihnen eine Vorzugsbehandlung eingeräumt werden. Das hieße etwa, dass für diese Länder über einen gewissen Zeitraum weniger strenge Kriterien an die Subventionierung fossiler Energien angelegt werden, als oben im Zusammenhang mit „roten" Subventionen vorgeschlagen.

Institutionelle Verankerung von MESA

Institutionell könnte das MESA als eigenständiges Abkommen eingerichtet oder in eine bereits existierende Institution integriert werden. Grundsätzlich hält der Beirat eine Institutionalisierung unter dem Dach einer International Sustainable Energy Agency (ISEA) für empfehlenswert (Kap. 5.3.2.3). Um jedoch den Einstieg in den weltweiten Subventionsabbau nicht unnötig zu verzögern, bezieht der Beirat bereits existierende Institutionen in seine Überlegungen ein: Hier käme grundsätzlich eine Anbindung an eine internationale Energie-, Wirtschafts- oder Umweltorganisation in Frage – z. B. die Energiecharta, die WTO oder das UNEP. Gegen eine Institutionalisierung des MESA im Kontext der Energie Charta spricht zum jetzigen Zeitpunkt die geringe Vertragsstaatenzahl dieser Charta, die ihr den Charakter eines eher regionalen Abkommens verleiht, und ihre geringe Bedeutung.

Die Verortung des MESA in das WTO-Regelwerk hätte demgegenüber den entscheidenden Vorteil, dass nahezu alle Staaten erfasst würden. Außerdem ist die WTO eine vergleichsweise effektive Organisation, die über hinreichende Erfahrungen mit Subventionsvereinbarungen und die erforderlichen Mechanismen verfügt, etwa die Streitschlichtung. Das Sekretariat der WTO sieht in der vollständigen Aufnahme des Energiesektors in das GATT und GATS und damit auch in der Anwendung des GATT-Subventionsabkommens eine Win-win-Strategie für wirtschaftliche Effizienz und Umweltschutz. Allerdings ist der Beirat der Auffassung, dass zumindest kurzfristig nicht alle Segmente des Energiemarkts vollständig den WTO-Regeln unterworfen werden sollten. Außerdem legt das Subventionsabkommen der WTO überwiegend andere Maßstäbe an, als es die Ziele des MESA erfordern. Daher dürfte eine Integration des Energiesektors in das Subventionsabkommen der WTO nur zu einem teilweisen Abbau umweltschädlicher Subventionen führen, während nicht ausgeschlossen werden kann, dass umweltpolitisch sinnvolle Subventionen angefochten werden. Schließlich bildet die nahezu erreichte Universalität des WTO-Subventionsabkommens auch ein Hemmnis für die politische Durchsetzung eines MESA. Es dürfte vielversprechender sein, ein internationales Energiesubventionsabkommen mit einer kleineren Ländergruppe zu beginnen, was Spielraum für unterschiedliche Zugeständnisse der einzelnen Länder schafft, und auf eine Erweiterung des Mitgliederkreises hinzuarbeiten. Dies und die Besonderheiten des Energiesektors sprechen eher für ein Energiesubventionsprotokoll unter dem Dach der WTO, ähnlich wie es unter dem GATS-Regime Protokolle für einzelne Dienstleistungsbereiche gibt.

Alternativ könnten die OECD-Staaten mit einem Abkommen vorangehen, zumal die OECD-Umweltminister ohnehin schon vereinbart haben, umweltschädliche Subventionen abzubauen. Dafür spricht zudem die in der IEA angesammelte Fachkompetenz. Der Beitritt sollte dann auch für Nicht-OECD-Staaten offen sein, um das MESA langfristig in ein globales Abkommen zu überführen.

Eine Anbindung des MESA an UNEP oder seine Integration in ein multilaterales Umweltschutzabkommen, etwa in das Klimaschutzregime, trägt der primär umweltpolitischen, aber auch entwicklungspolitischen Stoßrichtung des Instruments zweifellos besser Rechnung als eine Anbindung an die WTO, vor deren Überfrachtung mit nicht handelspolitischen Themen ohnehin zu warnen ist. UNEP verfügt jedoch bisher nicht über die erforderlichen Kapazitäten und Durchsetzungsmechanismen. Das Klimaschutzregime stellt durchaus eine interessante Alternative dar – es muss seine Durchsetzungs- und Funktionsfähigkeit in den kommenden Jahren allerdings noch beweisen.

Auf der Basis dieser Überlegungen empfiehlt der Beirat, das Konzept des MESA parallel in die internationalen Klimaschutzverhandlungen und die OECD einzubringen. Langfristig wäre eine Einbindung in die vom WBGU empfohlene ISEA (International Sustainability Energy Agency) anzustreben. Alles in allem besteht aber noch erheblicher Diskussions- und Forschungsbedarf über die konkrete Ausgestaltung eines MESA und den Ort seiner Institutionalisierung (Kap. 6.2).

5.3.5.2
Transformationsmaßnahmen im Rahmen von GATT/WTO

Zum jetzigen Zeitpunkt fällt der Energiesektor nur partiell unter die Bestimmungen der Welthandelsorganisation (WTO). Je stärker Energiegüter in das GATT integriert werden, umso relevanter wird die Frage nach der Vereinbarkeit von WTO-Vereinbarungen und Maßnahmen zur Transformation der Energiesysteme. Dies gilt auch, wenn weit reichende Liberalisierungszugeständnisse für den Strom- und Gassektor oder energienahe Dienstleistungen im Rahmen der GATS-Verhandlungen erzielt würden. Zum jetzigen Zeitpunkt beschränken sich die Reibungspunkte zwischen energiepolitischen Maßnahmen der Transformation und der Welthandelsordnung auf einige wenige.

Beispielsweise können die vom Beirat als energiepolitisch sinnvoll erachteten Subventionen für umweltschonende Energietechnologien grundsätzlich in Konflikt mit dem Subventionsübereinkommen der WTO geraten. Dies wäre etwa denkbar, wenn die direkte Subventionierung von Energietechnologien zu spürbaren Wettbewerbsnachteilen verwandter Branchen in anderen Ländern führt. Das GATT erlaubt zwar explizit Maßnahmen zum Schutz der Umwelt (GATT Art. XXb), es müssen aber Maßnahmen sein, die den Handel möglichst wenig verzerren. Branchensubventionen erfüllen dieses Kriterium oft nicht. Dennoch leitet der Beirat aus diesem bisher hypothetischen Streitfall keinen dringenden Reformbedarf für das GATT ab. Sollte ein derartiger Streitfall tatsächlich eintreten und nicht durch ein MESA (Kap. 5.3.5.1) oder ein anderes Energieabkommen mit Vorrang gegenüber GATT/WTO im Voraus abgewendet werden, lässt sich immer noch entscheiden, ob etwaige Ausgleichszölle des Auslands vom subventionierenden Land hingenommen werden oder auf eine Ausnahmebestimmung im Subventionsübereinkommen gedrängt wird.

Ein weiteres Konfliktpotenzial zwischen energiepolitischen Maßnahmen und GATT/WTO könnte aus den leitenden Prinzipien der herrschenden Welthandelsordnung erwachsen: dem Gebot der Gleichbehandlung in- und ausländischer Produkte sowie der Meistbegünstigungsklausel. Bei ihrer praktischen Umsetzung kommt der Frage, welche Güter konkret gleich behandelt werden müssen und somit dem Begriff der „gleichartigen Waren" (GATT Art. III 2) zentrale Bedeutung zu. Eine Ungleichbehandlung gleichartiger importierter Waren aufgrund ihres mittelbaren Energiegehalts oder der Art, wie die zu ihrer Produktion benötigte Energie bereit gestellt wurde, dürfte sich mit den Kernprinzipien der Welthandelsordnung zum jetzigen Zeitpunkt nicht ver-

Kasten 5.3-2

Vereinbarkeit des Kioto-Protokolls mit dem WTO-Regelwerk

Die Vereinbarkeit der flexiblen Mechanismen des Kioto-Protokolls mit grundlegenden Verpflichtungen aus dem WTO-Regelwerk wird zunehmend problematisiert. Der Beirat ist aber der Auffassung, dass durch eine entsprechende Ausgestaltung der Instrumente des Kioto-Protokolls und durch die Weiterentwicklung und Interpretation des WTO-Regelwerks sowohl der Ansatz des Kioto-Protokolls als auch die maßgeblichen Prinzipien der WTO gewährleistet sind.

Dabei ist zunächst festzuhalten, dass es sich nach Auffassung des Beirats bei den verschiedenen handel- und übertragbaren Emissionsreduzierungseinheiten nicht um Waren oder Dienstleistungen im Sinn von GATT bzw. GATS handelt. Emissionsreduzierungseinheiten werden erst durch gesetzgeberische Maßnahmen oder die im Rahmen des Kioto-Protokolls geschaffenen Institutionen wirksam und gleichen deshalb einer gesetzlichen Genehmigung, die grundsätzlich weder von GATT noch von GATS erfasst wird. Etwas anderes gilt jedoch für Dienstleistungen, die beim Handel mit Emissionsreduzierungseinheiten oder im Rahmen des Verfahrens zur Zertifizierung erbracht werden. Diese werden grundsätzlich vom GATS-Abkommen erfasst. Aber selbst dann, wenn sich ein WTO-Mitglied verpflichtet, Anbieter derartiger Dienstleistungen anderer WTO-Mitglieder gleich zu behandeln (Art. II GATS) und alle relevanten Regeln vor ihrem In-Kraft-Treten zu veröffentlichen (Art. III GATS), werden die Verpflichtungen durch das Kioto-Protokoll nicht berührt.

Ein anderer Konfliktpunkt sind die Einschränkungen aus dem Subventionsabkommen zu GATT. Während das Dienstleistungsabkommen bisher keine konkreten Subventionsbeschränkungen enthält, fallen grundsätzlich sämtliche finanziellen Transfers und Abgabenverzichte unter das GATT-Subventionsabkommen. Subventionen sind demnach grundsätzlich verboten, wenn sie nur einem bestimmten Wirtschaftszweig oder Unternehmen zugänglich sind („Spezifität") und sie zu einer ernsthaften Schädigung der Interessen eines anderen Mitgliedsstaaten führen (Art. 5 Subventionsabkommen).

Im Rahmen des Emissionsrechtehandels stellt sich damit die Frage, ob alle denkbaren Verfahren bei der Erstverteilung von Emissionsrechten (freie Verteilung, Versteigerung) mit dem Subventionsabkommen zu vereinbaren sind. Die Entscheidung über die Erstallokation trägt starke regulatorische Züge und ist eher mit der Festlegung von Emissionsstandards oder einer Besteuerung als mit der Gewährung von Subventionen zu vergleichen. Eine Unvereinbarkeit mit dem Subventionsabkommen ist deshalb nach Auffassung des Beirats nicht gegeben.

Schwieriger ist die Frage zu beantworten, ob die staatliche Förderung von Clean-Development-Mechanism-Projekten (CDM) im Einzelfall als nicht GATT-konforme Subvention angesehen werden kann. Dabei ist zunächst festzustellen, dass die finanziellen Transfers von Industrieländern oder internationalen Institutionen bei der Entwicklung entsprechender Projekte in Entwicklungsländern grundsätzlich als Entwicklungshilfe und nicht als Subvention im Sinn des GATT oder eines künftigen GATS-Subventionsabkommens anzusehen ist. Probleme können aber dann entstehen, wenn das Gastland der CDM-Projekte deren Entwicklung finanziell unterstützt, um zusätzliche Anreize für umweltfreundliche Auslandsinvestitionen zu schaffen. Zwar findet das GATS-Abkommen nach Auffassung des Beirats auf Emissionsreduzierungen im Rahmen von CDM-Projekten keine Anwendung, die im Rahmen von CDM-Projekten produzierten Güter und Dienstleistungen würden jedoch ebenfalls von entsprechenden Subventionen profitieren und könnten deshalb zu einer Verletzung des GATT-Subventionsabkommens führen. Die Vereinbarkeit mit dem WTO-Regelwerk hängt damit zunächst von der nationalen Ausgestaltung der CDM-Regeln ab und kann sichergestellt werden, indem entsprechende Subventionen nicht nur für bestimmte Sektoren bereitgestellt werden.

Insgesamt bleibt festzustellen, dass nur geringe Reibungspunkte zwischen dem Kioto-Protokoll und dem WTO-Regelwerk existieren. Zur Vermeidung von Konflikten sollte bei der Ausgestaltung der Kioto-Mechanismen auch weiterhin – insbesondere auf nationaler Ebene – darauf geachtet werden, dass die notwendige Transparenz gewährleistet bleibt, wichtige Entscheidungen nach Möglichkeit im Konsens getroffen werden und mögliche Streitigkeiten im Rahmen eines Streitschlichtungsverfahrens innerhalb des Kioto-Protokolls ausgetragen werden können.

Quellen: Werksmann, 2001; Petsonk, 1999; Wiser, 1999

einbaren lassen. Daher wird befürchtet, dass die nationale Förderung nachhaltiger Energiesysteme für zahlreiche einheimische Unternehmen zu Wettbewerbsnachteilen auf Inlands- und Weltmärkten führt. Dies erhöht zum einen die Anpassungskosten und mindert die Akzeptanz der Transformationsanstrengungen. Zum anderen wird die globale ökologische Wirksamkeit der Förderung nachhaltiger Energieformen gemindert, da sich andere Länder verstärkt auf die im Inland verteuerten Produkte spezialisieren werden. Viele Länder sehen wegen der befürchteten Wettbewerbsnachteile Energiesteuerbefreiungen für energieintensive Branchen vor. Dies ist im Wesentlichen GATT-konform. Der Beirat weist allerdings ausdrücklich darauf hin, dass Steuerbefreiungen für energieintensive Sektoren kein wegweisendes Instrument zur Etablierung nachhaltiger Energiesysteme sind.

Alternativ können Grenzausgleichsabgaben eingesetzt werden, um einen gewissen Ausgleich für abgabenpolitisch bedingte Kostennachteile inländischer Unternehmen herbeizuführen. Das WTO-Regelwerk erlaubt, dass Importgüter mit sämtlichen Produktsteuern, die im Land gelten, belastet bzw. Exportgüter entlastet werden dürfen. Es ist aber aus Gründen der ökologischen Effektivität und Praktikabilität häufig notwendig, abgabenpolitisch nicht am Endprodukt anzusetzen, sondern unmittelbar dort, wo die Umweltbelastung entsteht. Somit stellt sich die Frage, ob Grenzausgleichsmaßnahmen auch dann WTO-konform sind, wenn das inländische Endprodukt lediglich indirekt durch nationale Umweltabgaben belastet wird. Dies können Emissionsabgaben, z. B. eine CO_2-Steuer oder Betriebsmittelabgaben, z. B. eine Brennstoffabgabe, sein. Der WTO-Ausschuss „Handel und Umwelt" hat sich zwar mit Grenzausgleichsabgaben zur Kompensation nationaler Umweltabgaben befasst, aber bisher ohne weiterführende Ergebnisse. Alles in allem ist die GATT-Konformität des Ausgleichs von Emissionsabgaben bei der Wareneinfuhr höchst umstritten, beim Export wird er mehrheitlich als unvereinbar mit dem GATT eingestuft (Greiner et al., 2001). Grenzabgaben zum Ausgleich der Belastung durch inländische Betriebsmittelabgaben („input taxes") werden hingegen als vereinbar mit dem GATT eingestuft (Jenzen, 1998). In diese Richtung deuten diverse Entscheidungen des WTO-Streitschlichtungsorgans. Der Beirat empfiehlt der Bundesregierung, innerhalb der WTO die Zulässigkeit von Grenzausgleichsmaßnahmen für CO_2-, Brennstoff- und andere Umweltabgaben zu klären und darauf zu drängen, dass pragmatische und vor allem transparente Lösungen zur Vermeidung einer Ungleichbehandlung verschiedener Abgabenformen und Umweltschutzinstrumente entwickelt werden.

Ebenso wie gelegentlich erörtert wird, ob das Kioto-Regime handelbarer Emissionsrechte mit den WTO-Prinzipien vereinbar ist (Kasten 5.3-2), ließe sich über die WTO-Konformität des vom Beirat empfohlenen internationalen Handels mit Green Energy Certificates diskutieren. Jedoch stellen diese Zertifikate für grünen Strom oder Wärme, die zur Deckung staatlicher Quoten für erneuerbare Energien eingesetzt werden können, nach Auffassung des Beirats keine Waren oder Dienstleistungen im Sinn des GATT bzw. GATS dar. Sollte ein globales System handelbarer Green Energy Certificates implementiert werden, empfiehlt der Beirat hier ebenso wie beim Emissionsrechtehandel des Kioto-Protokolls ein eigenes Handelsregime.

5.3.5.3
Präferenzielle Abkommen im Energiesektor

Durch präferenzielle Abkommen kann im Rahmen der WTO vom Grundsatz der Meistbegünstigung abgewichen werden. Die wichtigsten Arten präferenzieller Abkommen sind Zollunionen mit gemeinsamer Außenhandelspolitik (z. B. EU), Freihandelsabkommen (z. B. NAFTA) und Präferenzsysteme mit besonders niedrigen Zöllen oder anderen Handelsvorteilen für Einfuhren aus Entwicklungsländern.

Während einzelstaatliche Präferenzsysteme aufgrund der allgemeinen Reduzierung des Zollniveaus de facto an Bedeutung verloren haben, steigen Zahl und Bedeutung regionaler Handelszusammenschlüsse weiter an. Dabei müssen Zollunionen und Freihandelszonen sowohl für Waren als auch für Dienstleistungen drei Voraussetzungen erfüllen, um im Rahmen der WTO Anerkennung zu finden: Zollunion und Freihandelsabkommen müssen grundsätzlich den Hauptteil des Handels mit Waren und Dienstleistungen untereinander erfassen, wobei einzelne Sektoren nicht ausgeklammert werden dürfen. Im sachlichen Geltungsbereich des Abkommens müssen alle Zölle und mengenmäßigen Beschränkungen innerhalb von 10 Jahren schrittweise abgeschafft werden und die innere Liberalisierung im Rahmen einer Zollunion oder Freihandelszone darf nicht durch neue und zusätzliche Hemmnisse zu einer Erschwerung des Marktzugangs für Produkte aus anderen WTO-Mitgliedsstaaten führen (Cottier und Evtimov, 2000).

Im Energiesektor sind präferenzielle Abkommen insbesondere deshalb von Interesse, weil sie sowohl bei Waren als auch bei Dienstleistungen eine Liberalisierung erlauben, die über die im Rahmen der WTO erzielten Vereinbarungen hinausgeht. Damit ergibt sich insbesondere für Entwicklungsländer die Möglichkeit, ihren Energiesektor zunächst innerhalb existierender regionaler Handelszonen zu öffnen, ohne sich dem direkten Wettbewerb mit Produzenten und Dienstleistern aus Industrieländern stellen zu müssen. Der Beirat empfiehlt der Bundesregierung, solche regional begrenzten Liberalisierungsbemühungen zwischen Entwicklungsländern durch entsprechenden Kapazitätsaufbau zu unterstützen.

5.3.5.4
Technologietransfer und das TRIPS-Abkommen

Die internationale Diffusion ressourcenschonender Technologien ist ein wesentliches Element der Energiewende zur Nachhaltigkeit. Dazu zählt auch der Technologie- und Wissenstransfer von Nord nach Süd. Dieser Transfer wird durch das Abkommen über handelsbezogene Aspekte der Rechte des geistigen Eigentums (TRIPS) beeinflusst. TRIPS verpflichtet alle WTO-Mitglieder zu relativ hohen Mindeststandards zum Schutz geistiger Eigentumsrechte. Während Industrieländer die Standards bis 1996 umsetzen mussten, gilt für Entwicklungsländer eine Übergangsfrist bis 2000 (bzw. bis 2005 für Stoffpatente) und für die am wenigsten entwickelten Länder bis 2010 und später. Für Industriestaaten bedeuten die TRIPS-Bestimmungen vergleichsweise geringe Änderungen ihres Immaterialgüterrechts; für viele Entwicklungsländer ergibt sich hingegen erheblicher Reformbedarf. TRIPS regelt unter anderem den Schutz technischer Erfindungen (Patente) und wirkt sich somit auf den internationalen Technologietransfer aus.

Die Umsetzung von TRIPS hat einerseits den Transfer patentierter Technologien in die Entwicklungsländer erschwert, weil die Kosten durch Lizenzgebühren steigen und Lizenzverhandlungen geführt werden müssen, für die vielen Unternehmen in Entwicklungsländern weder die Ressourcen noch das Wissen besitzen. Außerdem besteht die Gefahr, dass der Technologietransfer bei sehr restriktiver Lizenzpolitik des Patentinhabers unterbleibt (Enquete-Kommission, 2002).

Andererseits weisen empirische Studien darauf hin, dass Länder mit hohem Patentschutz meist mehr ausländische Investoren anziehen als andere Länder (Maskus, 2000), so dass die Einführung westlicher Patentstandards unter anderem auch den Transfer von Umweltschutztechnologien fördern dürfte. Darüber hinaus regt ein wirksamer Patentschutz in Entwicklungsländern die Unternehmen sowohl im Süden als auch im Norden zu Forschung und Entwicklung von Energietechnologien an, die speziell auf die Bedürfnisse dieser Länder zugeschnitten sind. Voraussetzung ist allerdings, dass eine kaufkräftige Nachfrage für die – nunmehr weltweit patentierbaren – Innovationen existiert. Dies ist jedoch vor allem in den ärmsten Entwicklungsländern selten der Fall.

Alles in allem sind die Wirkungen von TRIPS auf den Transfer ressourcenschonender Energietechnologien zwiespältig. Daher empfiehlt der Beirat eine zweigleisige Politik zur Steigerung der positiven Effekte bzw. zur Reduzierung der negativen Wirkungen. Dazu zählt die Schulung von Institutionen und Unternehmen in Fragen des Patent- und Lizenzwesens im Rahmen der Entwicklungszusammenarbeit. Außerdem sieht der Beirat Forschungsbedarf darüber, welche internationalen Mechanismen geeignet sind, das Anreizpotenzial des Patentschutzes für Innovationen, die speziell für Entwicklungsländer relevant sind, zu steigern und zugleich zur Innovationsdiffusion beizutragen. Zu denken wäre hierbei z. B. an eine Subventionierung des Erwerbs von Patenten und Lizenzen für ressourcenschonende Energietechnologien durch Unternehmen in Entwicklungsländern, wobei Kriterien und Umfang der Subventionierung den Innovatoren im Voraus in etwa bekannt sein müssen. In eine ähnliche Richtung zielt der Vorschlag eines internationalen Patentfonds (Enquete-Kommission, 2002), der selbst Patente oder Lizenzen erwirbt, um Lizenzen zu subventionierten Preisen und nach vereinbarten Kriterien an Unternehmen oder Institutionen in Entwicklungsländern zu vergeben. Solche Maßnahmen stünden im Einklang mit der Zusage der Industrieländer, Anreize für Unternehmen und Institutionen vorzusehen, um den Technologietransfer in die am wenigsten entwickelten Länder zu fördern und zu unterstützen (TRIPS Art. 66(2)).

Maßnahmen, die in die Rechte der Patentinhaber eingreifen, können demgegenüber Konflikte mit den TRIPS-Bestimmungen hervorrufen. Dies gilt besonders für Zwangslizenzen und den Entzug von Patenten. TRIPS Art. 27(2) räumt die Möglichkeit ein, Erfindungen von der Patentierbarkeit auszuschließen, wenn die „Verhinderung ihrer gewerblichen Verwertung innerhalb ihres Hoheitsgebiets ... zur Vermeidung einer ernsten Schädigung der Umwelt notwendig ist ...“. Außerdem sind Zwangslizenzen zulässig, wenn der Patentinhaber Lizenzen verweigert oder wettbewerbswidrige Lizenzierungspraktiken anwendet (TRIPS Art. 31 u. 40). Schließlich dürfen WTO-Mitglieder Maßnahmen ergreifen, die „zum Schutz der öffentlichen Gesundheit und Ernährung sowie zur Förderung des öffentlichen Interesses in den für ihre sozioökonomische und technische Entwicklung lebenswichtigen Sektoren notwendig sind; jedoch müssen diese Maßnahmen mit diesem Übereinkommen vereinbar sein.“ (TRIPS Art. 8(1)). Die Dehnbarkeit dieser Ausnahmebestimmungen ist umstritten, so dass Streitschlichtungsverfahren notwendig sein werden, bevor der Spielraum für umweltpolitisch motivierte Beschränkungen des Patentschutzes eingeschätzt werden kann.

Der Beirat erkennt zum jetzigen Zeitpunkt keinen Reformbedarf des TRIPS, der sich aus dem Ziel ergeben könnte, die Energiesysteme weltweit zu transformieren. Er weist aber darauf hin, dass wettbewerbswidriges Verhalten von Patentinhabern eine Barriere für die Verbreitung nachhaltiger (Energie-) Technologien darstellen kann, zu deren Überwindung Art. 31 u. 40 des TRIPS-Abkommens unzureichend erscheinen. Unter anderem deshalb empfiehlt der Beirat, dass sich die Bundesregierung weiterhin für eine Internationalisierung und schließlich Globalisierung wettbewerbsrechtlicher Kernprinzipien einsetzt.

5.3.5.5 Liberalisierung des Weltmarkts für Energiegüter?

MOBILE PRIMÄRENERGIETRÄGER (INSBESONDERE ÖL UND KOHLE)

Effizienz- und damit Wohlfahrtsgewinne sprechen zwar für eine vollständige Integration von Öl und Kohle in das WTO-Regelwerk, spezifische Interessen der Export- und Importländer stehen dem aber entgegen. Die großen Erdölexporteure kontrollieren derzeit den Preis u. a. über Ausfuhrmengenbeschränkungen. Dies ist mit dem GATT nur bedingt vereinbar. Importnationen haben zwar naturgemäß Interesse an niedrigeren Ölpreisen, die aus der Weltmarktliberalisierung resultieren würden. Sie verfolgen andererseits aber eine Förderung einheimischer fossiler Energien und damit eine Benachteilung von Importen, um die Importabhängigkeit zu senken.

Leitungsgebundene Energie (insbesondere Gas und Elektrizität)

Die weltweite Liberalisierung des internationalen Austausches leitungsgebundener Energien stößt zunächst vor allem an technische Umsetzungsprobleme. Zum einen gibt es kein globales Netz für Strom oder Gas, sondern lediglich regionale Verbünde. Zum anderen sprechen Transportverluste gegen einen regen internationalen Handel, auch wenn sie in absehbarer Zukunft durch effizientere Technologien der Hochspannungsgleichstromübertragung oder gar Wasserstoffpipelines abnehmen werden (Kap. 3.4). Doch nicht nur der Transport, auch der Transit bereitet Schwierigkeiten: Stromleitungen und ganz besonders Gaspipelines befinden sich im Besitz privater oder staatlicher Monopole, die Monopolpreise für die Durchleitung fordern und eigenen bzw. nationalstaatlichen Interessen Vorrang vor Freihandelsprinzipien und den Interessen der Im- und Exporteure einräumen. Daher erstaunt es nicht, dass die Liberalisierung des Energiehandels im Rahmen des Energie-Charta-Vertrags bisher vor allem an der Frage scheiterte, zu welchen Konditionen Russland seine Pipelines zur Verfügung stellt. Der unterschiedliche Liberalisierungsgrad der Energiebinnenmärkte spricht außerdem gegen eine zügige außenwirtschaftliche Öffnung dieser Märkte.

Schließlich besteht zum jetzigen Zeitpunkt die Gefahr, dass die Unterwerfung des Stromhandels unter die GATT-Regeln den nationalen umweltpolitischen Spielraum spürbar einschränken würde. Während Kohle, Erdöl und Gas trotz ihrer gegenseitigen Substituierbarkeit nach mehrheitlicher Auffassung nicht gleichartig sind, wäre Strom unter dem Blickwinkel der WTO gleich Strom. Würden Stromimporte ungleich behandelt oder gegenüber einheimischen Energien schlechter gestellt, verstieße dies gegen die Kernprinzipien des GATT. Dies würde es erschweren, „grünen Strom" gegenüber anderem Strom abgaben- oder auflagenpolitisch zu bevorteilen. Es ist umstritten, inwieweit der Ausnahmeartikel XX b,g GATT (Schutz der Umwelt bzw. erschöpfbarer Ressourcen) eine Ungleichbehandlung von Strom aus erneuerbaren Energien und anderen Quellen ermöglichen würde.

Jüngere umweltschutzrelevante Streitschlichtungsverfahren der WTO deuten allerdings darauf hin, dass das Berufungsorgan des WTO-Streitschlichtungsmechanismus eine Ungleichbehandlung von Gütern zumindest dann nicht per se als GATT-inkonform einstuft, wenn einzelne Herstellungsverfahren erhebliche grenzüberschreitende Umweltbelastungen verursachen. Außerdem werden umweltpolitisch motivierte Handelsbeschränkungen umso eher akzeptiert, je stärker sie auf ein multilaterales Umweltschutzabkommen rekurrieren (WBGU, 2001a). Sollte es bei der weiteren Öffnung der Energieversorgungsmärkte – zum Beispiel zwischen Vertragsparteien des Energie-Charta-Vertrags – tatsächlich zum Dissens über die handelspolitische Besserstellung von „grünem" gegenüber anderem Strom kommen, stünden die Chancen somit gut, dass die Bevorzugung von einem Streitschlichtungspanel mit Verweis auf das Klimaschutzprotokoll bzw. auf eine „Weltenergiecharta" als vereinbar mit den WTO-Bestimmungen eingestuft würde.

Bei den aktuellen WTO-Verhandlungen steht ohnehin nicht die vollständige Integration von Strom ins GATT zur Diskussion, denn nur wenige WTO-Mitglieder stufen Strom als Ware ein (WTO, 1998). Vielmehr ist allenfalls die Einbeziehung ins GATS (Abkommen über Dienstleistungshandel) im Gespräch. Das System der GATS-Verhandlungen ist vergleichsweise kompliziert und beruht darauf, dass jedes Mitglied die Sektoren, für die es Marktzugang gewähren möchte, auswählt und detaillierte Zugeständnisse macht. Dabei geht es angesichts der beschränkten Transportfähigkeit vieler Dienstleistungen vor allem um die Niederlassungsfreiheit für ausländische Anbieter und ihre Gleichbehandlung gegenüber Inländern.

Ob Länder Zugeständnisse im Stromsektor machen werden, wird wesentlich davon abhängen, ob der Energiesektor als eigenständiger Bereich klassifiziert und damit der Weg für ein GATS-Unterabkommen bzw. Protokoll geebnet wird. Bisher haben acht Länder(gruppen) Vorschläge für Verhandlungen gemacht (USA, EU, Kanada, Norwegen, Venezuela, Chile, Japan und Kuba). Während Konsens zu bestehen scheint, dass energienahe „Non-core services" (WTO, 2001) – z. B. Consulting-, Ingenieurs-, Bau- und Wartungsleistungen – Gegenstand der Verhandlungen sein sollen, bestehen hinsichtlich der energienahen „Core services" (Transmission, Distribution, Handel) deutliche Vorbehalte. Völlig offen ist zum jetzigen Zeitpunkt, ob in absehbarer Zeit über den Zugang ausländischer Energieanbieter zu einheimischen Ressourcen (insbesondere Öl, Kohle, Gas) oder die Niederlassungsfreiheit von Energieversorgern/-erzeugern im GATS verhandelt wird. Prinzipiell steht außer Frage, dass der Einsatz erneuerbarer Energietechnologien langfristig ein nahezu globales Netz für Strom und vermutlich auch für

Wasserstoff benötigt, um effizient funktionieren zu können.

Energienahe Dienstleistungen

Die außenwirtschaftliche Öffnung der nationalen Märkte für energienahe „Non-core"-Dienstleistungen birgt volkswirtschaftliche Effizienzvorteile, da die Zulassung ausländischer Anbieter den Preis- und Qualitätswettbewerb im Inland verstärkt und Kosteneinsparungen zum Beispiel bei der Konstruktion und Wartung von Versorgungsnetzen oder beim Anlagen- und Einsparcontracting verspricht. Allerdings dürften sich die statischen und dynamischen Effizienzgewinne nur dann gesamtwirtschaftlich voll entfalten, wenn es bei der Liberalisierung der Elektrizitäts- und Gasmärkte zu einer faktischen Trennung von Energieerzeugung und Netzbetrieb kommt.

Energiegewinnung und -erzeugung

Bei der unmittelbaren Energieerzeugung und -gewinnung generiert die außenwirtschaftliche Öffnung gleichfalls Effizienzgewinne und trägt zur Überwindung inländischer Kapital- und Technologieknappheit bei, die vor allem in Entwicklungsländern eine ernsthafte Transformationsbarriere darstellt. Auf der anderen Seite sind diese Sektoren in politischer, wirtschaftlicher und sozialer Hinsicht von solch zentraler strategischer Bedeutung, dass viele Regierungen von einer Öffnung für ausländische Anbieter absehen, weil sie fürchten, die nationale Kontrolle über den Energiesektor zu verlieren (UNCTAD, 2001). Diese Gefahr ist umso größer, je konzentrierter die Energiemärkte sind. Im ungünstigsten Fall kann die Marktöffnung für ausländische Investoren bei unterschiedlichem Liberalisierungsstand der nationalen Energiemärkte zu Wettbewerbsvorteilen einiger marktbeherrschender und/oder staatlich geschützter Unternehmen führen. Verdrängen diese Unternehmen einheimische, grundsätzlich leistungsfähige Anbieter, droht ein globales Oligopol mit nur wenigen Anbietern, das aufgrund der hohen Anfangsinvestitionen im Energiesektor nur schwierig wieder aufgebrochen werden kann. Schließlich müsste speziell bei Verhandlungen über die Öffnung der leitungsgebundenen Energieversorgung geprüft werden, inwieweit Niederlassungsfreiheit vor Ort und diskriminierungsfreier Netzzugang das Recht nach sich zieht, Strom bzw. Gas zu importieren. Dieses Recht würde ähnliche umweltpolitische Probleme aufwerfen wie eine Integration der „Ware" Strom ins GATT.

Handlungsempfehlungen zur Liberalisierung

Der WBGU empfiehlt der Bundesregierung, in der EU darauf hinzuwirken, dass sich diese für die Fortsetzung der Integration uneingeschränkt mobiler Primärenergieträger (Erdöl, Kohle) in das GATT einsetzt. Dem Anliegen der Importunabhängigkeit kann durch die Förderung erneuerbarer Energien und Effizienzsteigerungen besser Rechnung getragen werden als durch die Protektion einheimischer Kohle- oder Gasförderung. Gleiches empfiehlt der Beirat hinsichtlich der Einbeziehung aller energienahen Dienstleistungen in die GATS-Verhandlungen, die zu globalen Wohlfahrtsgewinnen führen können. Der Beirat betont jedoch, dass damit gleichzeitig die Notwendigkeit verstärkt wird, die Transformation der Energiesysteme zügig voranzutreiben. Andernfalls ist nicht auszuschließen, dass die Liberalisierung mit steigenden externen Kosten verbunden ist, so dass per saldo Wohlfahrtseinbußen eintreten.

Der Beirat ist hingegen sehr skeptisch gegenüber vereinzelten Überlegungen, den Handel mit Strom unmittelbar zu liberalisieren und dem GATT-Regelwerk zu unterwerfen. Sollte der Energieversorgungssektor umfassend ins GATS integriert werden, ist vorsorgend sicherzustellen, dass umweltpolitisch notwendige Handelsbeschränkungen – etwa für nicht nachhaltige Energien – nicht anfechtbar sind. Sollten weltweit Quoten für erneuerbare Energien sowie gesundheitliche, ökologische und sozioökonomische Mindeststandards für die Energieerzeugung gelten, kann sich der Beirat hingegen langfristig eine vollständige internationale Liberalisierung des Energieversorgungssektors vorstellen. Damit würde die Implementierung eines globalen Netzes gefördert, wovon unter bestimmten Bedingungen nicht nur ökonomische und ökologische Effizienzgewinne, sondern auch Exportchancen für Entwicklungsländer ausgehen können.

Der Beirat spricht sich für eine zügige Liberalisierung des Handels mit Waren und Dienstleistungen im Bereich der erneuerbaren Energien und der Energieeffizienz aus. Bestrebungen der WTO-Mitglieder, Zollfreiheit für Umweltschutzprodukte und -technologien einzuräumen, sind besonders für ressourcenschonende Energietechnologien zu forcieren. Angesichts des noch relativ jungen Markts erscheinen in diesen Bereichen die Chancen der Liberalisierung (Marktgrößenvorteile, Wissenstransfer, Technologiediffusion) auch und gerade in Entwicklungsländern größer als etwaige Risiken. Um der Bedeutung, die diesen Sektoren künftig zukommen wird, gerecht zu werden, hält der Beirat den Abschluss eines gesonderten Protokolls zum GATT- und GATS-Abkommen für wünschenswert. Dort sollte nach Möglichkeit auch der Zugang erneuerbarer Energieerzeugungsanlagen zu bestehenden Versorgungsnetzen festgeschrieben werden.

5.3.5.6 Rechte und Pflichten für Direktinvestoren

Private Direktinvestitionen spielen vor allem in Entwicklungs-, Schwellen- und Transformationsländern bei der Energiewende eine zentrale Rolle (Kap. 5.3.3.2). Während der nach wie vor verbesserungsbedürftige Schutz von Direktinvestitionen u. a. durch bi- und multilaterale Abkommen durch den Energie-Charta-Vertrag in den vergangenen Jahren deutlich fortgeschritten ist (Waelde et al., 2000), wird die mangelnde Verpflichtung von Direktinvestoren, soziale und Umweltstandards einzuhalten, zunehmend als Regelungslücke angesehen (Esty, 1995; Subedi, 1998).

Die Implementierung anspruchsvoller und effektiv durchgesetzter Standards für alle Investoren in allen Ländern ist zwar erstrebenswert, dürfte aber nur langfristig realisierbar sein. Vorerst sind daher zumindest ausländische Investoren im Gastland zur Einhaltung bestimmter Umwelt- und Sozialstandards zu bewegen. Dies kann nach Auffassung des Beirats nur durch einen Maßnahmenmix erreicht werden. Außer einer Weiterentwicklung des Umweltvölkerrechts und der bereits angesprochenen Reform der Exportförderung (Kap. 5.2.2.3) sind dabei vor allem folgende Möglichkeiten zu berücksichtigen:

Auf internationaler Ebene ist insbesondere über eine stärkere Integration umweltpolitischer Belange in die bestehenden Regelwerke der WTO sowie den Energie-Charta-Vertrag nachzudenken. Nach Auffassung des Beirats wäre die Aufnahme umweltrechtlicher Verpflichtungen in wirtschaftsrechtliche Übereinkommen – wie im Energie-Charta-Vertrag angedacht – wünschenswert. Dabei sollte es darum gehen, die Einhaltung internationaler Mindeststandards sicherzustellen. Als weiteres Instrument wäre nach Vorbild der NAFTA wünschenswert, die Absenkung von Umweltstandards zur Einwerbung von Investoren zu untersagen (Muchlinski, 1998).

Daneben ist eine stärkere Regulierung der Direktinvestoren seitens ihrer Heimatstaaten zu erwägen. Der Beirat befürwortet – nach Möglichkeit im Rahmen einer europäischen Initiative – die räumliche Ausdehnung des nationalen Haftungsrechts nach amerikanischem Vorbild. Nach der amerikanischen Rechtsprechung können auch ausländische Geschädigte Schadensersatzansprüche vor amerikanischen Gerichten geltend machen, wenn der nach der Rechtsordnung des Auslands rechtswidrig verursachte Schaden durch ein Tochterunternehmen eines amerikanischen Konzerns verschuldet wurde. Im Energiebereich hat die amerikanische Rechtsprechung insbesondere bei Erdölexploration und -transport Wirkung gezeigt. Der Haftungsmaßstab für die Fahrlässigkeit des betroffenen Tochterunternehmens sollte sich dabei nach dem Kenntnisstand der Konzernmutter richten (Subedi, 1998).

Außerdem unterstützt der Beirat die Entwicklung rechtlich unverbindlicher Verhaltenskodizes für den Energiesektor. Inhaltlich könnte ein entsprechender Kodex etwa auf Art. 19 des Energie-Charta-Vertrags aufbauen. Auch wenn freiwillige Kodizes durchaus zur Unterstützung umwelt- und entwicklungspolitischer Ziele beitragen können, bleibt ihre Funktion aber wegen mangelnden Kontroll- und Durchsetzungsmechanismen beschränkt (Dröge und Trabold, 2001). Die OECD-Leitsätze für multinationale Unternehmen aus dem Jahr 2000 halten die Unternehmen u. a. dazu an, Umweltmanagementsysteme zu entwickeln, den Zugang zu wichtigen Umweltinformationen zu gewähren, die gesetzlichen Vorgaben im Gastland einzuhalten und die Firmenpolitik strikt an dem Vorsorgeprinzip zu orientieren. Die Leitsätze versuchen die Defizite freiwilliger Kodizes durch ein besonderes Umsetzungsverfahren zu reduzieren, indem nationale Kontaktstellen interessierte Unternehmen über den Inhalt der Leitlinien informieren und über den Stand der Umsetzung berichten. Ob die Leitsätze sich damit längerfristig zu einem auch im Energiesektor allgemein anerkannten „Bezugsrahmen für sozial verantwortliches unternehmerisches Verhalten" (OECD, 2000) entwickeln können, kann zum jetzigen Zeitpunkt noch nicht beurteilt werden.

Darüber hinausgehende Vorschläge zielen auf die Entwicklung einer eigenständigen, rechtlich verbindlichen internationalen Konvention zur Unternehmensverantwortung (WEED, 2002a, b). Neben Maßnahmen zur Einhaltung und Förderung von Menschenrechten und internationalen Arbeitsstandards wird vorgeschlagen, dass eine entsprechende Konvention Verpflichtungen zum Schutz der Umwelt enthalten sollte. Diskutiert werden zum einen die Standards, die in den unverbindlichen Richtlinien der OECD enthalten sind, und zum anderen weiter reichende Verpflichtungen. Der Beirat hält einige der Vorschläge für erwägenswert. Er betont jedoch, dass zunächst weiterhin erheblicher Forschungsbedarf hinsichtlich der politischen und rechtlichen Hindernisse, der Praktikabilität und Zielwirksamkeit sowie der ökonomischen und sozialen Neben- und Fernwirkungen ihrer Umsetzung besteht, insbesondere die extraterritoriale Anwendung des Umweltrechts betreffend. Weitere Maßnahmen sind nach Auffassung des Beirats näher zu prüfen:

- Verpflichtung zum Einsatz der unter den Bedingungen vor Ort besten verfügbaren Technik;
- Verpflichtung zur Einhaltung des nationalen Umweltrechts des Gastlands einschließlich der Standards aus internationalen Umweltübereinkommen, die vom Gastland ratifiziert wurden;
- Verpflichtung zur Durchführung von Umweltverträglichkeitsprüfungen nach Maßgabe der Standards der Weltbank einschließlich der Entwicklung von Umweltmanagementplänen zur Schadensminimierung;
- Unterstützung des Transfers umweltrelevanter Betriebsverfahren und von Technologien und Management-Know-how;
- Verpflichtung zur Identifizierung und Analyse der für die Umweltauswirkungen wichtigsten Stoffströme und Lebenszyklusphasen der Produkte;
- Förderung des Umweltbewusstseins der Mitarbeiter durch deren aktive Einbeziehung bei der Einrichtung und Umsetzung von Umweltmanagementsystemen.

5.3.6 Ausstieg aus der Kernenergie

Die zivile Nutzung der Atomenergie hat sich in der Vergangenheit als nicht nachhaltig erwiesen: Wiederaufarbeitung und Endlagerung aber auch Proliferation und Terrorismus bergen erhebliches Gefahrenpotenzial. Die mangelnde Wirtschaftlichkeit in liberalisierten Energiemärkten und die wachsende Kritik der Bevölkerung vieler Länder an den Umwelt- und Gesundheitsrisiken der Kernkraft haben dazu geführt, dass die Zahl der jährlich ans Netz gehenden Kernkraftwerke drastisch zurückgegangen ist (Kap. 3.2.2). Der WBGU begrüßt diese Entwicklung und befürwortet, keine neuen Atomkraftwerke mehr zu genehmigen und zu bauen. Dazu empfiehlt der Beirat, rasch Verhandlungen über eine internationale Vereinbarung zum Ausstieg aus der zivilen Nutzung der Atomkraft bis 2050 anzustreben. Das Abkommen soll die Umwandlung der Internationale Atomenergie-Organisation in eine Abwicklungsbehörde vorsehen, sowie den Abbau von Subventionen und Sonderregelungen für die Nuklearindustrie umfassen. Diese verzerren den energiewirtschaftlichen Wettbewerb und binden erhebliche finanzielle Mittel im Interesse einer nicht nachhaltigen Industrie, die somit der Förderung einer nachhaltigen Energiewirtschaft fehlen (Kap. 5.3.2.3). Der Beirat begrüßt in diesem Zusammenhang die Empfehlung des deutschen Bundestags, die Förderung der Atomkraft durch den Euratom-Vertrag auslaufen zu lassen.

Die problematische Doppelverwertbarkeit der Nukleartechnologie wird besonders bei der Frage der Proliferation deutlich. Diese betrifft nicht nur die Reaktoren, sondern die gesamte Kernenergiekette, die von der Gewinnung des Urans, über seine Umwandlung und Nutzung bis hin zur Zwischen- und der angestrebten Endlagerung reicht. Durch „safeguard agreements" kontrolliert die IAEA die Nichtverbreitungsverpflichtungen des Atomwaffensperrvertrags von 1970. Die Entdeckung des heimlichen Kernwaffenprogramms des Iraks nach dem Golfkrieg 1991 oder die Programme Nordkoreas haben jedoch deutlich gemacht, dass diese Kontrollsysteme mangelhaft sind. Durch ein Zusatzprotokoll hat die Agentur zwar nun das Recht, auch nicht deklarierte Kernmateralien und -aktivitäten zu untersuchen. Dieses Protokoll wurde allerdings erst von 22 Staaten ratifiziert, von denen nur zwei im Nuklearbereich aktiv sind (Froggart, 2002). Die Vollmachten der IAEA reichen nicht aus, da sie die Weiterverbreitung von Nuklearmaterial erfassen, nicht jedoch verhindern kann.

Internationale Regelungen zur Abwehr von Nuklearterrorismus greifen bisher zu kurz. Die derzeit einzige Regelung, das IAEA-Abkommen zum physischen Schutz von Nuklearmaterialien, beschränkt sich auf den Schutz internationaler Transporte gegen Diebstahl. Nach den Anschlägen des 11. September 2001 unterstützte die Generalversammlung der IAEA zwar 12 neue Schutzprinzipien, wandte sich aber gegen jede Form der verpflichtenden Berichterstattung und internationalen Kontrolle. Der Beirat empfiehlt daher, bis 2005 schärfere IAEA-Sicherheitsstandards für alle Plutoniumlagerstätten einzusetzen und die Kontroll- und Maßnahmenkompetenz der IAEA bei Sicherheitsbestimmungen im Bereich Terrorismus und Proliferation zu erweitern.

Für den Normalbetrieb ziviler Kernkraftwerke ist problematisch, dass Sicherheitsniveaus variieren, ohne dass es einen verbindlichen internationalen Standard gibt. Der WBGU rät, bis 2010 die Sicherheitsstandards international auf anspruchsvollem Niveau zu harmonisieren. Außerdem sollten die Versicherungspflichten bei Kernkraftwerken vollständig durch die Betreiber getragen und steuerliche Vergünstigungen abgebaut werden. Anknüpfen könnte man hier an die zwei Entwürfe der Europäischen Kommission für Richtlinienvorschläge vom November 2002, die die Sicherheit kerntechnischer Anlagen und die Entsorgung radioaktiven Abfalls betreffen. Die langfristige Lösung für die Lagerung des Atommülls bleibt eine der größten Herausforderungen für die Kernenergie-Industrie. Derzeit gibt es weltweit nur drei potenzielle Länder mit Standorten für Endlager: Finnland, die USA und Russland. Ob diese Lager je Nuklearabfall aufnehmen können werden, ist kaum vorherzusagen. Daher empfiehlt der Beirat,

Kasten 5.3-3

Auf dem WSSD beschlossene strategische Partnerschaften für die globale Energiewende

Bestehende oder im Aufbau befindliche Initiativen zur Förderung einer globalen Energiewende können einen Handlungsrahmen für die globale Energiepolitik vorgeben. Der WBGU empfiehlt, dass ab sofort folgende, 2002 auf dem WSSD beschlossene internationale Initiativen als Katalysatoren für die Förderung einer globalen Energiewende genutzt werden:

„Energy Initiative for Poverty Eradication and Sustainable Development"
Ziel der EU-Initiative ist es, eine Katalysatorenrolle bei der Umsetzung der Ziele des WSSD und der UN-Millenniumserklärung zu spielen, sowie als Plattform für die Koordination und kohärente Gestaltung von Energieprojekten mit Entwicklungsländern auf EU-Ebene zu wirken. Mit dieser strategischen Energiepartnerschaft der EU sollen unter Einbeziehung der Zivilgesellschaft und des Privatsektors Partnerschaften für den Zugang zu Energie gefördert werden. Die Anlaufphase der Initiative wird voraussichtlich bis 2004 dauern, danach soll mit der Umsetzung begonnen werden.

„Global Village Energy Partnership"
Ziel der Partnerschaftsinitiative ist die Unterstützung des Zugangs von Armutsgruppen zu modernen Energieformen. Dazu sollen Investmentfonds, förderliche Rahmenbedingungen für die Einrichtung ländlicher Energiesysteme sowie die Netzwerkbildung wichtiger Akteure gefördert werden. Die Initiative wird u. a. vom UNDP, zahlreichen Regierungen (darunter Deutschland), der Weltbank, dem Privatsektor getragen und befindet sich in der Vorbereitungsphase.

„Global Network on Energy for Sustainable Development"
Das von UNEP initiierte Netzwerk soll dazu dienen, Forschung, Entwicklung und Verbreitung nachhaltiger Energiesysteme in Entwicklungsländern zu fördern und ein globales Netzwerk von „Energiezentren" als Verbindungsglied zwischen Regierungen und dem Privatsektor aufzubauen. Beteiligt sind zahlreiche Regierungen (auch Deutschland), Energieinstitutionen, UN-Agenturen, die Weltbank und der Privatsektor (Shell Foundation, World Energy Council, UN Foundation). Der Aufbau des Netzwerks befindet sich in der Vorbereitungsphase.

ab 2010 den Betrieb von Kraftwerken nur noch gegen einen Entsorgungsnachweis zuzulassen, in dem der Kraftwerksbetreiber einen reservierten Aufnahmeplatz für den Atommüll in einem bestehenden Endlager nachweisen muss. Dies sollte von der IAEA geregelt werden.

Die Wiederaufbereitung abgebrannter Brennelemente in Sellafield und La Hague setzt weltweit die größte vom Menschen verursachte Menge an Radioaktivität frei (WISE, 2001). Dies führt zu einer Verletzung der WBGU-Leitplanke, wonach Risiken im Normalbereich zu halten sind (Kapitel 4.3). Bis 2010 sollte daher nach Ansicht des Beirats die Bundesregierung bei der EU-Kommission Moratorien für die Betriebsgenehmigung der Wiederaufbereitungsanlagen in Sellafield und La Hague anstreben: Die grundsätzliche Genehmigung der Anlagen nach Artikel 6 der Richtlinie 96/29/Euratom sollte ausgesetzt werden, solange ihr Betrieb international vereinbarte Grenzwerte überschreitet. Als strategischer Anknüpfungspunkt kann hier das Übereinkommen zum Schutz der Meeresumwelt des Nordostatlantiks (OSPAR) dienen, das 1998 in Kraft trat und die Reduktion von Schadstoffkonzentrationen im Nordatlantik auf nahe Null vorschreibt.

5.3.7 Entwicklungszusammenarbeit: Energiewende durch globale Strukturpolitik gestalten

Die Gruppe der Entwicklungsländer ist nach Ansicht des WBGU zu heterogen, als dass hier mit einer übergreifenden Strategie oder einem Politikansatz eine Energiewende befördert werden könnte. Daher muss bei der Politikformulierung insbesondere die Gruppe der am wenigsten entwickelten Länder (LLDCs) von den übrigen Entwicklungsländern unterschieden werden. In den ärmsten, meist hochverschuldeten Entwicklungsländern gehen Liberalisierungsansätze für den Energiemarkt oft an der Realität vorbei. Hier ist finanzielle, personelle und technische Unterstützung auf allen Ebenen essenziell.

Wesentliche Handlungsempfehlungen für die Entwicklungszusammenarbeit sind bereits in den Kapiteln 5.2 und 5.3 enthalten. Hervorgehoben werden sollen an dieser Stelle lediglich die auf dem WSSD angekündigten strategischen Partnerschaften zwischen Industrie- und Entwicklungsländern (Kasten 5.3-3). Diese sind nach Ansicht des WBGU zu unterstützen und weiterzuentwickeln.

Ohne förderliche Rahmenbedingungen auf nationaler und internationaler Ebene und ohne kohärente Sektorpolitiken werden diese Initiativen und Projekte jedoch wenig aussichtsreich sein können. Es muss also nach Auffassung des WBGU darum gehen, langfristig Strukturen internationaler Politikprozesse so zu ändern, dass sie eine global nachhaltige Entwicklung unterstützen. In diesem Zusammenhang sind in jüngster Zeit Veränderungen in der Politik wichtiger internationaler Institutionen zu beobachten. Dazu zählen z. B. neue Richtlinien für die Entwicklungspolitik der OECD-Länder oder auch der neue Schwerpunkt der Weltbank auf Armutsbekämpfung. Hinzu kommen die Beschlüsse wichtiger Verhandlungsprozesse, insbesondere des Millenniumgipfels, der WTO-Konferenz in Doha, der Klimarahmenkonvention, der HIPC-Entschuldungsinitiative, der Konferenz über Entwicklungsfinanzierung in Monterrey und die Wiederauffüllung der GEF bis 2006. Die Ergebnisse dieser internationalen Politikprozesse der jüngeren Zeit sind entscheidend für die erfolgreiche Umsetzung einer nachhaltigen Energiepolitik in den Entwicklungsländern und gleichzeitig Ansatzpunkte zur Gestaltung einer globalen Strukturpolitik.

Die Transformation der Energiesysteme in den Entwicklungsländern macht Eingriffe im Rahmen globaler Strukturpolitik erforderlich. Dazu müssen zunächst die zentralen „Stellschrauben" identifiziert werden. Der WBGU stellt fest, dass

- sich eine flächendeckende Energieversorgung ohne ausreichende Einkommensmöglichkeiten auch bei niedrigen, d. h. subventionierten, Strom- und Energiepreisen, nicht bewerkstelligen lässt. Dazu ist der bereits von der EU angekündigte Zugang der LLDCs zu den Märkten der Industrieländer („everything but arms") sowie der zügige Abbau der Agrarsubventionen in der EU, den USA und anderen OECD-Staaten erforderlich. Besonders problematisch sind die Agrarexportsubventionen, die das Überleben der Agrarbevölkerung in den Entwicklungsländern gefährden;
- infolge der oft hohen Auslandsverschuldung der Entwicklungsländer diese in der Regel nur geringe Spielräume für eine Umsetzung einer nachhaltigen Energiestrategie haben. Ohne eine weit reichende Entschuldungsinitiative ist daher eine Transformation der Energiesysteme in den Ländern des Südens kaum vorstellbar. Der WBGU empfiehlt, dass die Bundesregierung im Rahmen der G7/G8 hier die Initiative ergreift;
- die Überwindung der Energiearmut nach Ansicht des WBGU auch in die Förderpriorität der „sozialen Grunddienste" und in die 20:20-Initiative aufgenommen werden sollte;
- in der Entwicklungszusammenarbeit der OECD-Länder verstärkt die Prinzipien Kohärenz, Konvergenz und Komplementarität beachtet werden sollten. Dazu gilt es, die im April 2001 vom Development Assistance Committee (DAC) verabschiedeten neuen Leitlinien für die Entwicklungszusammenarbeit seiner Mitgliedstaaten umzusetzen (OECD, 2002). Dabei geht es insbesondere um die Integration der Prinzipien nachhaltiger Entwicklung. In dem Papier wird auf die Gestaltung des Entwicklungsprozesses durch die Entwicklungsländer selbst abgehoben, die Notwendigkeit zur Integration verschiedener Sektorpolitiken betont sowie für eine kohärente Politikgestaltung auch auf Geberseite plädiert. Die neuen DAC-Leitlinien geben auch Hinweise, wie die Entwicklungszusammenarbeit weiter entwickelt werden könnte. An erster Stelle steht dabei die Entwicklung einer langfristigen Energiestrategie.

Eine nachhaltige Energiestrategie sollte sich in diese vorhandenen Strukturen und Programme einpassen. Das Gebot der Kohärenz gilt umso mehr bei Aktivitäten mehrerer Geber in einem Land. Hier könnte das im Aufbau befindliche Comprehensive Development Framework (CDF) der Weltbank eine Hilfe sein. Mit diesem Instrument wird ein konzeptioneller Rahmen angeboten, der alle Geberleistungen zusammenbringt und auf die Entwicklungsstrategie des Nehmerlandes ausrichtet.

5.3.8 Initiierung von Modellprojekten mit weltweiter Signalwirkung

Die Einführung bzw. der Ausbau der erneuerbaren Energieträger kommt nur schleppend voran. Dies liegt u. a. am hohen anfänglichen Investitionsbedarf, unzureichenden Kenntnissen des technisch Möglichen und – insbesondere in den Entwicklungsländern – an einer mangelhaften Infrastruktur sowie unsicheren und niedrigen Gewinnerwartungen. Der WBGU empfiehlt daher, einige wenige großskalige Modellprojekte als strategischen Hebel für die globale Energiewende zu nutzen. Von den Modellprojekten sollte das weltweite Signal ausgehen, dass eine Steigerung der Energieeffizienz oder eine Versorgung durch erneuerbare Energieträger in vielen Bereichen bereits unter den heutigen technologischen, politischen und sozioökonomischen Rahmenbedingungen langfristig Gewinn bringend realisierbar ist. Erfolgreiche Vorzeigemodelle würden positive Anreize auf private Investoren ausüben und zudem die politische Durchsetzbarkeit der Energiewende erleichtern. Alle Modellprojekte sollten durch Forschungsprogramme begleitet werden. Der WBGU schlägt folgende Modellprojekte vor:

Sahara-Strom für Europa

Für das WBGU-Mengengerüst kann für 2050 ein westeuropäischer Energieeinsatz von rund 100 EJ pro Jahr abgeschätzt werden, wovon zwei Drittel auf der Basis erneuerbarer Energiequellen bereitgestellt werden sollen. Diese Energiemenge entspricht etwa dem 8fachen des heutigen gesamten Stromverbrauchs der Europäischen Union. Es ist daher sinnvoll, mittelfristig auch die Solar- und Windenergie Nordafrikas in die europäische Energieversorgung einzubeziehen. Der WBGU empfiehlt, eine strategische Energiepartnerschaft zwischen der EU und Nordafrika aufzubauen. Für Europa wäre dies nicht nur ein kostengünstiger Weg zu erneuerbarer Energie in für den Klimaschutz relevantem Umfang, sondern auch ein wichtiger Schritt hin zu einer vertieften wirtschaftlichen und außenpolitischen Kooperation mit Nordafrika. Für Nordafrika liegt in einer solchen Partnerschaft die Chance, Klimaschutz mit industrieller und sozialer Entwicklung zu verbinden. Die Energiepartnerschaft könnte ein Motor der Entwicklung in der Region werden. Zu einer entsprechenden Strategie zählen drei zentrale Elemente:

1. der Bau großer Kraftwerke für erneuerbar hergestellten Strom in Nordafrika;
2. die Bereitstellung von Übertragungskapazitäten ins europäische Verbundnetz;
3. der Aufbau einer europäischen Anlaufstelle für die nordafrikanischen Projektpartner und die europäischen Investoren.

Anhand von Modellprojekten könnte die Machbarkeit einer Energieversorgung durch erneuerbare Energien mit Gegenwartstechnologien demonstriert, Barrieren identifiziert und überwunden sowie die benötigten Strukturen im Vorfeld privatwirtschaftlichen Engagements entwickelt werden. Um Lerneffekte zu erzeugen und zu nutzen, sollten die Vorhaben eine starke begleitende Forschungskomponente enthalten. Der WBGU empfiehlt neben der Gründung einer Koordinierungsinstitution auf europäischer Ebene die Umsetzung folgender Modellprojekte:

- Planung und Ausschreibung von je einem großskaligen photovoltaischen und solarthermischen Kraftwerk in Zusammenarbeit mit einem oder mehreren nordafrikanischen Ländern;
- Planung und Ausschreibung einer Groß-Windfarm in Zusammenarbeit mit einem oder mehreren nordafrikanischen Ländern;
- Planung und Ausschreibung einer Übertragungsleitung von Nordafrika nach Europa;
- Die Leistung der solaren und Wind-Stomerzeugung sollte an die minimal sinnvolle Übertragungskapazität des Stromtransports angepasst werden. Die Kraftwerke sollten ggf. in Subeinheiten unterteilt werden. Eine Verwendung des erzeugten Stromes für lokale Anwendungen ist vorzusehen.

Die EU sollte – sofern sie sich wettbewerbsrechtlich dazu in der Lage sieht – das Projektpaket über zeitlich befristete Stromabnahmevereinbarungen zu garantierten Preisen wirtschaftlich ausreichend attraktiv gestalten, um private Unternehmungen für die Umsetzung zu gewinnen. Wichtig ist es zudem, die politischen und diplomatischen Voraussetzungen für die strategische Partnerschaft zu schaffen, dies könnte im Rahmen der derzeit verhandelten Wirtschaftspartnerschaftsabkommen der EU mit den AKP-Staaten geschehen.

Dezentrale Energieversorgung durch klimaneutrales Flüssiggas

In Entwicklungsländern stellt die traditionelle Nutzung von Biomasse oft ein erhebliches Problem dar (Gesundheitsschäden durch Rauch, Übernutzung der lokalen Holzvorräte; Kap. 3.2.4.2), das durch die schrittweise Substitution von Drei-Steine-Herden durch Flüssiggaskocher entschärft werden könnte. Jedoch ist der großskalige Einsatz von fossilem Flüssiggas aus Klimaschutzgründen langfristig nicht als nachhaltig anzusehen. Es besteht allerdings die Möglichkeit, diesen Energieträger aus Biomasse zu produzieren: Über die Umwege der Vergasung oder der Vergärung/Reformierung lässt sich aus Biomasse Synthesegas (CO/H_2) gewinnen, das in längerkettige Kohlenwasserstoffe umgewandelt werden kann. Es ließe sich so biogenes Flüssiggas gewinnen. Die entsprechenden chemischen Prozesse können durch den Einsatz thermischer Solarenergie unterstützt werden. Anknüpfungspunkt für ein solches Projekt könnte die EU-Initiative „Energy Initiative for Poverty Eradication and Sustainable Development" sein. Der WBGU empfiehlt

- im Rahmen der deutschen Entwicklungszusammenarbeit die Substitution traditioneller Drei-Steine-Herde durch Flüssiggaskocher zu initiieren;
- im Rahmen einer Forschungskooperation mit einem Entwicklungsland Anlagen zur umweltverträglichen Synthese von Flüssiggas zu entwickeln, die an die Bedingungen vor Ort angepasst sind.

Energieeffiziente Gebäude im Niedrigkostensektor am Beispiel südafrikanischer Townships

Seit 1994 wurden in südafrikanischen Townships über eine Million neuer Wohnungen errichtet, um die Lebensbedingungen der benachteiligten Bevölkerungsgruppen zu verbessern. Dabei wurden Aspekte nachhaltigen Bauens weitgehend vernachlässigt. Beispielsweise sind Blechdächer ohne Wärmedämmung die Regel, was unerträgliche Innentemperaturen sowohl im Sommer als auch im Winter zur Folge hat. Offene Kohlefeuer verursachen Verschmutzungen, die bis zum 8fachen über den internationalen Normen liegen und Gesundheitskosten von 244 Mio. €

pro Jahr verursachen (Holm, 2000). Der WBGU empfiehlt, dass im Rahmen der deutschen Entwicklungszusammenarbeit und in Kooperation mit südafrikanischen Partnern Demonstrationsprojekte zu energieeffizientem Bauen im Niedrigkostensektor realisiert werden. Wegen des Multiplikatoreffekts wird konkret empfohlen, diese Projekte in der Umgebung stark frequentierter Orte (z. B. Bahnhöfe) zu realisieren. Umgesetzt werden könnte ein solches Projekt im Rahmen der WSSD-Initiative „Global Village Energy Partnership".

Verbesserung der Stromqualität in schwachen Elektrizitätsnetzen ländlicher afrikanischer Regionen

Bei der Elektrifizierung ländlicher Regionen in Entwicklungsländern tritt häufig das Problem auf, dass wegen der geringen Nutzerdichte große Distanzen in schwachen Stromnetzen überbrückt werden müssen. Dabei verschlechtert sich die Stromqualität (Netzspannung, -frequenz, -zuverlässigkeit) insbesondere für die entlegeneren Nutzer erheblich. Die in Europa zur Einbindung verteilter erneuerbarer Energiequellen in das Verbundnetz entwickelten Technologien könnten Gewinn bringend und kosteneffizient zur Verbesserung dieser Situation eingesetzt werden, was jedoch bei den Netzbetreibern vor Ort weithin unbekannt ist. Der WBGU empfiehlt, dass im Rahmen der technischen und finanziellen Zusammenarbeit eine ausgewählte ländliche Region in Kooperation mit einem größeren afrikanischen Energieversorger und unter Einsatz entsprechender neuartiger Technologien elektrifiziert wird. Die Zusammenarbeit mit dem lokalen Netzbetreiber ist dabei für die Multiplikatorwirkung unerlässlich. Auch hier wäre ein Anknüpfungspunkt für ein solches Projekt die Initiative der EU „Energy Initiative for Poverty Eradication and Sustainable Development".

1-Million-Hütten-Programm

Im Rahmen der ländlichen Elektrifizierung in Entwicklungsländern sind wegen der geringen Bevölkerungsdichte neben intelligenten Netzerweiterungen auch dezentrale Konzepte wie photovoltaisch versorgte Individualsysteme und Kleinstnetze essenziell. Entsprechende Implementierungsvorhaben waren bisher meist zu klein dimensioniert, um die gewünschte Eigendynamik zu entfalten, und soziale und technische Rahmenbedingungen wurden nicht ausreichend berücksichtigt. Der WBGU empfiehlt daher, ein 1-Millionen-Hütten-Programm aufzulegen, das neben der notwendigen Größe und Laufzeit auch eine neue Dimension der technischen und sozioökonomischen Begleitung beinhalten muss. Die Einbindung der Expertise führender Unternehmen aus Industrieländern, die Initiierung regionaler Ausbildungsprogramme sowie der Aufbau lokaler Finanzierungsstrukturen und Zulieferindustrien sind dabei essenzielle Voraussetzungen für eine nachhaltige Wirkung des Projektes. Die „Global Village Energy Partnership"-Initiative bietet einen geeigneten Rahmen für die Umsetzung des Projekts.

Forschung für die Energiewende 6

Die Energiewende ist in ihrer Größenordnung mit einer neuen industriellen Revolution vergleichbar und wird für lange Zeit eine große technologische und gesellschaftliche Herausforderung bleiben. Sie kann daher nur gelingen, wenn erheblicher Forschungsaufwand betrieben wird, um die Transformation vorzubereiten und zu begleiten. Der WBGU hat hierzu in Kapitel 5.3.1 konkrete institutionelle und finanzielle Empfehlungen für die Weiterentwicklung der Forschungsstrukturen gegeben. In diesem Kapitel soll es ausschließlich um Forschungsinhalte gehen.

Der Beirat wird hier keine umfassende Forschungsstrategie oder -analyse zum Thema „Energie“ vorstellen, sondern er benennt die Forschungsthemen, deren Behandlung sich im Verlauf der Arbeit an diesem Gutachten als wichtige Voraussetzung für die Umsetzung der skizzierten Energiewende erwiesen hat.

Dabei kann nicht im Einzelnen spezifiziert werden, welche Forschungsakteure auf welchen Ebenen sich am besten für die Lösung der aufgeworfenen Forschungsfragen eignen. Die Anregungen sind nicht spezifisch auf die deutsche oder europäische Forschungslandschaft ausgerichtet, sondern richten sich an alle Länder und Akteure mit Interesse an der Energiewende. Sie können wichtige Bausteine für die verschiedenen Forschungsprogramme auf unterschiedlichen Ebenen darstellen. Daher wurde nicht jeder Einzelpunkt mit der gesamten Vielzahl der bereits laufenden, engagierten deutschen oder europäischen Forschungsprogramme abgeglichen.

Die Energiesysteme werden vom Beirat immer aus den Blickrichtungen Umwelt und Entwicklung betrachtet. Daher kommt der Forschung zur Systemanalyse besondere Bedeutung zu, die in Kapitel 6.1 behandelt wird. Bei der Umsetzung und Anwendung von Empfehlungen zur Energiewende stellen sich wirtschaftliche, politische und gesellschaftliche Aufgaben, die durch Forschung vorbereitet und begleitet werden müssen. Dazu gehören u. a. die Markteinführung neuer Technologien, die vergleichende Analyse der sozioökonomischen Instrumente, das Management eines Technologietransfers oder der Übergang zu nachhaltigen Lebensstilen (Kap. 6.2). Schließlich sind Forschung und Entwicklung neuer Technologien unabdingbare Voraussetzungen für das Gelingen der Energiewende (Kap. 6.3).

6.1 Systemanalyse

Wissensbasis für Leitplanken

Für die politische Beratung des Beirats spielen Leitplanken eine zentrale Rolle (Kap. 4.3), da sie die Ableitung von Handlungsoptionen ermöglichen. Es ist aber schwierig, diese sozioökonomischen und ökologischen Grenzen des tolerierbaren Bereichs menschlicher Aktivitäten zu bestimmen. Derzeit liegt weder das notwendige Wissen z. B. über die genaue Lage von unbedingt zu vermeidenden „Katastrophendomänen“ in zufrieden stellender Qualität vor, noch sind die Modellansätze so ausgereift, dass sie alle wichtigen Faktoren für eine Prognose hinreichend berücksichtigen können. Daher muss zunächst die Wissensbasis für das Setzen normativer Leitplanken verbessert werden, was durch moderne, teils unkonventionelle Modellansätze erreicht werden kann. Die Systemanalyse ist also Teil eines iterativen Prozesses, welcher die Grundlagen für zukünftige Entwicklungsprognosen stetig verbessert.

Modellierung

Modelle sollten ein Ausloten des gesamten Handlungsspielraums und somit die Entwicklung kohärenter Prognosen und Szenarien in Abhängigkeit normativer Leitplanken erlauben. Erheblicher Forschungsbedarf besteht in der methodischen Weiterentwicklung der bestehenden Modelle, wie z. B. der Kopplung, Regionalisierung, Sektoralisierung und Integration von Klima-, Landnutzungs- und makroökonomischen Energiesystemmodellen (Integrated-assessment-Modelle). Außerdem sollten neuartige Modellierungstechniken (qualitative, semiquantitative und Hybridmodelle) entwickelt werden, die den inhärenten Unsicherheiten besser Rechnung tragen können. Dabei ist die Endogenisierung verschiedener Prozesse (z. B. technischer Fortschritt) sinnvoll, die nicht länger unabhängig von der makroökonomischen Entwicklung betrachtet werden sollten. Wichtige Einzelfragen sind die Wirkung verbindlich angekündigter Reduktionsziele auf das langfristige Investitionsverhalten (Kap. 4.5.1), die möglichen Risiken einer Pfadabhängigkeit durch Sequestrierungsstrategien (Kap. 3.6), der Einfluss der Landnutzung auf Treibhausgasemissionen sowie die ökonomischen Auswirkungen regulierender Instrumente, wie z. B. des Zertifikatehandels.

Entwicklung von Theoriekonzepten zur Nachhaltigkeit

Es fehlt noch an grundlegenden Theoriekonzepten zur Nachhaltigkeit, die mit der Erdsystemanalyse und dem Leitplankenkonzept verknüpft sein müssen. Sie sollen z. B. die Frage beantworten helfen, welche der möglichen Entwicklungspfade unter Vorgabe einer bestimmten Nachhaltigkeitsstrategie (Pessimierung, Standardisierung usw.; Schellnhuber, 1998) als akzeptabel bezeichnet werden können. Wie müssen Kontroll- bzw. Managementstrategien – die z. B. vom Zugang zu Strom über die Veränderung von Lebensstilen bis hin zur strikten Nichteinmischung reichen können – beschaffen sein, damit die Leitplanken beachtet werden können? Wie lassen sich Frühwarnsysteme entwickeln, die das Abgleiten in nicht nachhaltige Bereiche rechtzeitig erkennen? Welche Synergien zwischen zivilisatorisch beeinflussten, aber noch nicht ausreichend verstandenen Erdsystemdynamiken lassen sich nutzen? Gibt es gar ein „globales Gewissen", das als emergente Größe über eine kollektive Wahrnehmung zum Nutzen der Menschheit und des Erdsystems verfügt? Die Beantwortung dieser Fragen ist letztlich entscheidend für die Umsetzung und Weiterentwicklung internationaler Regelungswerke (z. B. der Klimarahmenkonvention).

Szenarienentwicklung

Die Ergebnisse des Gutachtens zeigen, dass die Entwicklung von CO_2-Stabilisierungsszenarien auch für niedrige Gleichgewichtskonzentrationen (<450 ppm) zu empfehlen ist. Dabei muss die Regionalisierung und Sektoralisierung der entsprechenden Modelle verbessert werden. Auf der Basis von Regionalkalkülen lassen sich möglicherweise Stabilisierungsszenarien mit geringer Erderwärmung entwickeln, welche die spezifischen Eigenschaften sektoraler und regionaler Einheiten modellieren können und somit eine bessere Grundlage für die Ableitung konkreter Handlungsoptionen zur Verfügung stellen.

Klimasensitivität

Es ist offensichtlich, dass die Klimaforschung einen entscheidenden Beitrag für eine Energiewende zu leisten hat, denn sie liefert das Wissen und die Begründung für die Klimaschutzleitplanke (Kap. 4.3.1.2). Sollten CO_2 und Klima noch enger gekoppelt sein als bisher entdeckt wurde, oder gäbe es unbekannte verstärkende Prozesse der Ökosysteme, dann wäre nicht nur eine beschleunigte Energiewende, sondern auch eine Wende bei der Landnutzung notwendig (Kap. 4.6). Daher ist die Empfindlichkeit gegenüber anthropogenen Störungen weiterhin einer der entscheidenden Faktoren des Klimasystems, der noch nicht hinreichend quantifizierbar ist (Kap. 4.3.1.2, 4.5.2.1). So hat der IPCC in seinem dritten Sachstandsbericht 2001 keine mittlere Empfindlichkeit des Klimasystems der Erde bei einer Verdopplung der CO_2-Konzentration angegeben. Es sollten erhebliche Forschungsanstrengungen unternommen werden, um die Klimasensitivität besser einschätzen zu können.

Quellen und Senken von CO_2

Die USA betreiben seit den 1950er Jahren wichtige Messstationen (z. B. Mauna Loa in Hawaii, Südpol, andere Inselstationen), die das Rückgrat für bisherige Abschätzungen des Kohlenstoffkreislaufes bilden. Es ist dringend erforderlich, dass Deutschland und Europa bei der Verifikation der Trends von Quellen und Senken des CO_2 künftig verstärkt mitarbeiten: es sollte ein weltumspannendes Beobachtungssystem auf den Kontinenten aufgebaut und mit dem bestehenden marinen Beobachtungssystem verknüpft werden. Mit einem solchen System ließe sich die Hypothese überprüfen, dass zur Zeit ein wesentlicher Teil der anthropogenen Emissionen in den borealen Wäldern Sibiriens gespeichert wird. Ein verantwortliches ökologisches Management zur Stärkung dieser natürlichen Senke könnte eine wertvolle zusätzliche Option für die Energiewende darstellen.

Auswirkungen hoher CO_2-Konzentrationen und des Klimawandels auf terrestrische Ökosysteme

Die prognostizierten Auswirkungen von Klimaänderungen auf die terrestrischen Ökosysteme Europas zeigen noch eine große Spannbreite und sollten daher stark verbessert werden. Dabei ist zunächst die Datengrundlage zu optimieren, die Voraussetzung für genauere Modellberechnungen und -vorhersagen ist. Zudem sind die Modelle weiter zu entwickeln, wie auch das sechste Rahmenprogramm der EU betont. Dabei ist auch die Reaktion von forstlich und landwirtschaftlich genutzten Pflanzen zu beachten.

AUSWIRKUNGEN AUF DIE BÖDEN
Die Böden Europas speichern große Mengen an Kohlenstoff aus ca. 10.000 Jahren Vegetationsentwicklung nach der Eiszeit. Wenn wesentliche Teile dieses Kohlenstoffs durch veränderte Landnutzung freigesetzt werden, dann wird auch die vollständige Umsetzung der im Gutachten empfohlenen Maßnahmen für eine Energiewende (Kap. 5) nicht ausreichen, um die Klimaleitplanke einzuhalten (Kap. 4.3.1.2). Um die Auf- und Abbauprozesse in Böden besser zu verstehen, ist grundlegende Forschung notwendig, deren Ergebnisse auch die Voraussetzung für die Erschließung zusätzlicher Steuerungsoptionen und für eine Anrechnung von Kohlenstoffänderungen in Böden schaffen könnten.

6.2 Gesellschaftswissenschaftliche Forschung

Eine zentrale Aufgabe gesellschaftswissenschaftlicher Forschung für die Energiewende muss es sein, Handlungsoptionen auf politischer und wirtschaftlicher Ebene zu entwickeln sowie die für eine Transformation der Energiesysteme unverzichtbaren und am besten geeigneten auszuwählen. Mögliche Barrieren, die die Energiewende behindern, sollen erkannt, analysiert und Wege zu ihrer Überwindung aufgezeigt werden.

AUSWIRKUNGEN VON LIBERALISIERUNG UND GLOBALISIERUNG IM ENERGIESEKTOR
Im Zuge der Globalisierung und Liberalisierung sind in der Energiewirtschaft komplexe neue Bedingungen entstanden, deren Implikationen für eine nachhaltige Entwicklung wohl nur von einem internationalen Forschungsverbund angemessen erfasst werden können. Die Forschung sollte insbesondere Empfehlungen erarbeiten, die eine Liberalisierung mit der Einhaltung ökologischer und sozialer Grenzen (Kap. 4.3) vereinbaren. Die Erforschung von Nutzen und Nachteilen verschiedener Deregulierungs- und Regulierungsinstrumente sowie bestehender Markthemmnisse bleibt eine der Kernaufgaben sozioökonomischer Forschung zur Energiewirtschaft. Es sollte geklärt werden, welche Marktstrukturen den Zielen der Energiewende förderlich sind und welchen Einfluss Liberalisierung und Globalisierung auf die Strukturen ausüben, insbesondere auf die Anbieterstruktur auf den Energieerzeugungs- und -versorgungsmärkten.

Die Forschung über Wirkungen privater Auslandsdirektinvestitionen in liberalisierten Energiemärkten sollte verstärkt werden. Es gilt zum einen zu klären, unter welchen Bedingungen sie für die Entwicklung nachhaltiger Energiesysteme tendenziell eher förderlich oder hinderlich sind. Zum anderen besteht weiterhin Forschungsbedarf über die Möglichkeiten und Grenzen, das Verhalten transnationaler Unternehmen im Ausland an Nachhaltigkeitserfordernissen auszurichten, etwa durch Gütesiegel, freiwillige Verhaltenskodices, internationales „soft law", extraterritoriale Anwendungen des Haftungs- und Umweltrechts oder internationale Umwelt- und Sozialstandards.

Die Analyse der kleinen und mittleren Unternehmen (KMU), zu denen viele Anbieter von Wind- und Solarenergietechnologie zählen, und ihrer Bedeutung für die Energiewende sollte ein Schwerpunkt der politik- und wirtschaftswissenschaftlichen Forschung sein. Eine neuere Untersuchung hat für die Schweiz gezeigt, dass die meisten KMU-Beihilfen letztlich am Bedarf und an den Schwierigkeiten von KMU vorbeigehen (Iten et al., 2001). Daher ist insbesondere zu klären, inwieweit KMU zu einer weltweiten Ausbreitung regenerativer Energienutzung beitragen können und wie Auslandsdirektinvestitionen von KMU in der Energiebranche erleichtert werden könnten.

TRANSFORMATION DER ENERGIESYSTEME IN ENTWICKLUNGSLÄNDERN
Zum energetischen Mindestbedarf und zu den sozioökonomischen Zusammenhängen zwischen Armut, Energiemangel und Entwicklungshemmnissen sind ergänzende Untersuchungen notwendig. Es fehlt an umfassende Primärdaten zur Energienutzung vor allem in Schwellen- und Entwicklungsländern. So existiert mit dem World Energy Outlook 2002 erstmals eine länderspezifisch aufgegliederte Analyse über Elektrizitäts- und Biomasseverbrauch (IEA, 2002c). Vergleichbare Daten zur Nutzung anderer Energieträger bzw. Potenzialanalysen für den Einsatz regenerativer Energieträger fehlen noch weitgehend. Die Datenerhebung sollte stärker als bisher zwischen den Zugangsbedingungen zu Energie in Städten und dem ländlichen Raum unterscheiden. Da künftig eine stärkere Auseinanderentwicklung beider Siedlungsformen zu erwarten ist, muss die Forschung unterschiedliche Antworten für Versorgungsmöglichkeiten dieser Gebiete aufzeigen. Dabei gilt es auch zu beachten, dass in beiden Siedlungsstrukturen unterschiedliche Zugangsbarrieren der Energienutzung bestehen. Bei der Erforschung der Zugangsbarrieren für Arme zu ausreichenden und bezahlbaren Energiedienstleistungen sowie umwelt- und gesundheitsverträglichen Energieformen sollten nicht nur Chancen und Risiken der Privatisierung und Liberalisierung sorgfältig geprüft werden. Es sollte auch die ambivalente Rolle großer privater oder staatlicher Stromversorgungsunternehmen analysiert werden.

Die Evaluierung der Reduktions- und Kontrollpotenziale von Treibhausgasemissionen in Entwicklungsländern bekommt aufgrund des zu erwartenden Wirtschaftswachstums und verbesserten Zugangs zu Energiedienstleistungen für Privathaushalte in diesen Ländern eine besondere Bedeutung für einen nachhaltigen Klimaschutz. Hier besteht insbesondere bezüglich der Ausgestaltung und Überwachung der flexiblen Mechanismen des Kioto-Protokolls weiterer Forschungsbedarf.

Mit der Forderung des Beirats nach einem langfristigen Ausstieg aus traditioneller Biomassenutzung verbindet sich ein erheblicher Bedarf an sozialwissenschaftlicher Forschung über den geeigneten Weg dorthin. Denn die Zahl der Menschen, die in Entwicklungsländern mit gesundheitsschädigender traditioneller Biomasse kochen und heizen, wird ohne geeignete Maßnahmen in den nächsten 30 Jahren nicht abnehmen (IEA, 2002c; UNEP, 2002). Selbst wenn es gelänge, allen Menschen den Zugang zu Strom bzw. Gas zu ermöglichen, würden die bisherigen Koch- und Heizgewohnheiten nicht unmittelbar aufgegeben, sondern es würde zumindest teilweise an traditioneller Biomassenutzung festgehalten. Es ist nach wie vor unklar, mit welchen Anreizsystemen und welchem logistischen Aufwand dieses Verhalten überwunden und der Übergang auf gesunde, kulturell und finanziell angepasste Energieträger geschafft werden kann. Hier sieht der WBGU Bedarf für interdisziplinäre Fallstudien in verschiedenen ökologischen, ökonomischen und kulturellen Umfeldern, die Wirtschafts- und Kulturwissenschaften, Ingenieurs- und Gesundheitswissenschaften einbeziehen.

Die gleiche Technik wird von verschiedenen Kulturen unterschiedlich gehandhabt. Daher müssen Technologien nicht nur entwickelt, sondern auch transferiert, an die lokalen Gegebenheiten angepasst und in die bestehenden Gesellschaftssysteme integriert werden. Zur Überwindung von Barrieren sind bei der Entwicklungszusammenarbeit quantitative und qualitative Verbesserungen der Ausbildung in Bezug auf Energiesysteme sowie in Bezug auf Sparen und Investieren notwendig. Weiter ist die Forschung über die Akzeptanz technischer und finanzieller Systeme zusammen mit Repräsentanten der entsprechenden Länder und indigenen bzw. lokalen Gemeinschaften zu intensivieren.

Gesundheitsfolgen von Energiesystemen

Es sollte empirische Forschung angelegt werden, welche die negativen Gesundheitsfolgen unterschiedlicher Energiesysteme (bei Gewinnung, Transport und Nutzung) erfassen kann, z. B. auf Grundlage der von der WHO erarbeiteten Methode der Disability Adjusted Life Years (DALYs; Kap. 4.3.2.7). Ziel der Forschung ist, den Zusammenhang von Energienutzung und Krankheitslast zu quantifizieren.

Untersuchung des Finanzierungsbedarfs für eine Energiewende

Eine globale Energiewende verlangt insbesondere zu Beginn die Umlenkung und Mobilisierung erheblicher Investitionsmittel. Von Interesse ist vor allem die differenzierte Ermittlung des kurz- bis mittelfristigen, regional spezifischen Investitionsbedarfs sowie des notwendigen Kapitaltransfers von den Industrie- zu Entwicklungs-, Schwellen- und Transformationsländern (IEA, 2003). Des Weiteren sind Möglichkeiten der internationalen Finanzierung zu untersuchen, z. B. in welchem Umfang die Kioto-Mechanismen und ein Anpassungsfonds zum Transfer beitragen können.

Institutionenbezogene Forschungen

Zur Verminderung ökonomischer Unsicherheiten des Klimaschutzes werden in Erweiterung des Zertifikatshandels neue Ideen diskutiert, deren Umsetzbarkeit weiter untersucht werden sollte. Dazu zählt z. B. das Konzept des „Sicherheitsventils", das Mengenbeschränkung (durch Zertifikate) und Abgaben (ähnlich Höchstpreisen für Zertifikate) miteinander kombiniert. Auch sollten die Vorschläge untersucht werden, die international vereinbarten Mengenlösungen durch eine CO_2-Abgabe zu ergänzen oder zu ersetzen.

Die Umsetzung der Kioto-Mechanismen in Energieprojekten ist Gegenstand politischer Analyse und zugleich Forschungsaufgabe für zahlreiche Institutionen wie Weltbank, GEF, OECD oder IEA. Diese Anstrengungen sind fortzuführen und nach Möglichkeit in den Gesamtzusammenhang der globalen Forschungsstrategie zu integrieren (Kap. 7.6). Im Rahmen der Forschung sollte auch die Weiterentwicklung des Kioto-Protokolls nach 2012 thematisiert werden, also etwa eine Fortentwicklung der flexiblen Mechanismen, um stärker als in der ersten Verpflichtungsperiode Schwellen- und Entwicklungsländer an den Reduktionsbemühungen zu beteiligen.

Die Umsetzung des vom WBGU vorgeschlagenen Konzepts eines Multilateralen Energiesubventionsabkommens (MESA) erfordert begleitende Forschung insbesondere zu konkreter Ausgestaltung, Institutionalisierung und seiner Durchsetzungsmechanismen.

Energienutzung

In der Diskussion der Energiewende müssen insbesondere bei anhaltendem Bevölkerungswachstum die hohen Einsparpotenziale auf der Nachfrageseite stärker als bisher thematisiert werden. Die auf dem Weltgipfel für Umwelt und Entwicklung (Rio de

Janeiro, 1992) geforderte Entwicklung nachhaltiger Konsummuster kann zu einem großen Teil durch Effizienzmaßnahmen auf der Nachfrageseite verwirklicht werden. Ergänzend ist aber auch eine veränderte Einstellung der Konsumenten und ein Wandel des „westlich-industrialisierten Lebensstils" notwendig. Hierbei geht es über Energieeffizienz hinaus um die Möglichkeit einer Senkung der Energienachfrage (Suffizienzdebatte), der jedoch erhebliche Barrieren entgegenstehen. Um sozialverträgliche Optionen zum Abbau diese Barrieren zu entwickeln, sollte am Thema „Lebensstile" angesetzt werden, das im globalen Maßstab bisher nicht systematisch untersucht wurde. Hier besteht ein großer Forschungsbedarf. Angesichts der unzureichenden Umsetzung internationaler Beschlüsse zur konsumentenorientierten Nachhaltigkeitspolitik ist ebenfalls unklar, welche politischen Lösungen für die Konsummuster auf globaler Ebene weiter zu verfolgen sind. Hier sollte weiter geforscht werden, um die Richtlinien für nachhaltigen Konsum besser zu gestalten und umzusetzen (UNEP, 2002).

Es besteht noch große Unklarheit, wie die Verfügbarkeit von Information, der Energiebedarf und die Wirtschaftsleistung zusammenhängen. So ist z. B. bisher die Frage unbeantwortet, ob die „New Economy" zu einer Senkung des Energiebedarfs der Privatwirtschaft geführt hat. Eine empirische Untersuchung in den USA hat einen solchen Trend Ende der 1990er entdeckt, aber die Kausalität nicht eindeutig belegen können (Sanstad, 2002). Diese Debatte knüpft an die Fragen der Dematerialisierung der Ökonomie und der wachsenden Dienstleistungsgesellschaft an. Beides sind variable Größen mit widersprüchlichen Auswirkungen auf die Energienachfrage. Mehr Wissen über diese Zusammenhänge ist für zielführende Gestaltungsempfehlungen für den Übergang zu nachhaltigen Energiesystemen unerlässlich.

Instrumente der direkten Förderung erneuerbarer Energien

Zur Förderung des Einsatzes erneuerbarer Energien existiert eine Bandbreite möglicher Fördermechanismen. Obwohl die einzelnen Mechanismen in den Industrieländern breit diskutiert werden, besteht weiterhin Forschungsbedarf über die langfristige Wirkung dieser Instrumente und ihre Übertragbarkeit in andere Ländergruppen oder auf die globale Ebene. Zu untersuchen wären mögliche Verknüpfungen der Instrumente in einem Bündel von Politiken (etwa Abgaben und Quoten für jeweils unterschiedliche Sektoren). Dabei ist auch näher zu prüfen, in welcher Beziehung verschiedene Instrumente zueinander stehen, also ob etwa eine Kombination verschiedener Instrumente in einem Sektor, Energie- oder Technologiebereich möglich bzw. sinnvoll ist, oder ob die Anwendung eines Instruments die Anwendung anderer Maßnahmen ausschließt (z. B. CO_2- bzw. Energiesteuer und Green Energy Certificates). Gerade für den Transformationsprozess ist von Interesse, inwieweit für den Einsatz der Instrumente ein „Förderfahrplan" allgemein gültig aufgestellt werden kann und ein Instrumentenwechsel im Zeitablauf planbar erscheint (z. B. Anschubfinanzierung durch Preisinstrumente wie staatliche Subventionen oder Einspeisevergütungen, langfristig selektiver Übergang zu Mengeninstrumenten wie Quoten und Green Energy Certificates). Bei der Förderung der Elektrizitätsversorgung darf der ökonomisch-technische Aspekt der Einbindung erneuerbarer Energien in Netzverbünde nicht außer Acht gelassen werden (Eignung für dezentrale Einspeisung mit hohen Investitions- und Betriebskosten, ungleichmäßig schwankende Leistungsabgabe; Kap. 3.4.3). Hier sind noch erhebliche Forschungsanstrengungen, etwa zur Ausgestaltung verteilter Kraftwerke oder dezentraler Einspeisestrukturen und deren langfristiger Wirkung, einschließlich sozioökonomischer Effekte, erforderlich.

Geopolitischer Forschungsbedarf

Die geopolitische Forschung hinkt in Deutschland weit hinter internationalen Standards her. Es gibt in anderen westlichen Ländern Forschungszentren und spezialisierte Zeitschriften zur Geopolitik, aber nicht in Deutschland. Zwar hat sich die Friedens- und Konfliktforschung seit den 1990er Jahren zunehmend auch mit inner- und zwischenstaatlichen Ressourcenkonflikten und ihren Friedensgefährdungen beschäftigt. Solange aber die hohe Abhängigkeit von Energieimporten relativ leicht über den Markt gelöst werden konnte, keine Knappheitsprobleme zu erkennen waren, und die USA politisch und militärisch auch für die Ressourcensicherheit Westeuropas und Japans sorgten, fehlte der sicherheitspolitischen Forschung und Forschungsförderung das vitale Interesse an einer Geopolitik der Ressourcensicherheit. Sie war eher ein Randthema der nach dem Ende des Kalten Krieges aufkommenden Debatte über „neue Bedrohungen" und über den Begriff der „erweiterten Sicherheit".

Es besteht ein großer Forschungsbedarf, aber es fehlen in Deutschland Forschungsressourcen, auch im Vergleich zu Frankreich und Großbritannien, die beide eine Tradition und noch immer eine Ambition der Globalpolitik haben. Während sich in diesen beiden Ländern etwa 2.500–3.000 (in den USA sogar um 10.000) Forscher mit internationalen Fragen beschäftigen, sind es in Deutschland gerade 250–300.

Zentrale Forschungsfragen aus deutscher und europäischer Perspektive sind:

- Sind geopolitische Tendenzen zu erkennen, dass die Konkurrenz um Energieressourcen den Krieg wieder zu einem Mittel der Politik macht? Wie könnten die Vereinten Nationen in die Lage versetzt werden, ihren Gründungsauftrag der Friedenssicherung trotz der Verschärfung internationaler Konflikte um Ressourcen und eines zunehmenden Unilateralismus der USA zu erfüllen?
- Welche Möglichkeiten hat Deutschland im EU-Verbund, auf friedliche Weise, durch Marktbeziehungen, wissenschaftliche und technische Kooperation für seine Ressourcensicherheit zu sorgen?
- Wie kann die EU auf die politische, soziale und wirtschaftliche Entwicklung in den GUS-Staaten an ihrer Peripherie (Kaukasien und Zentralasien) einwirken, um die friedliche Entwicklung in einer instabilen, aber weltwirtschaftlich wichtigen Energieregion zu fördern?
- Wie können Deutschland und die EU durch eine gezielte Förderung erneuerbarer Energien und Maßnahmen zur Effizienzsteigerung die Abhängigkeit von den Importen fossiler Brennstoffe und damit auch die potenziell kriegerische Konkurrenz um Fördergebiete verringern?

6.3 Technologieforschung und -entwicklung

Der vom Beirat entwickelte exemplarische Transformationspfad (Kap. 4.4) fußt gleichermaßen auf dem starken Ausbau erneuerbarer Energieträger und Effizienzsteigerungen. Ein solcher Umbau des globalen Energiesystems kann nur gelingen, wenn auf sehr unterschiedlichen technologischen Gebieten Forschung und Entwicklung weiterverfolgt oder intensiviert werden.

Die begrenzt ausbaubaren Quellen (z. B. Windkraft, Wasserkraft; Kap. 3.8) weisen teils heute schon konkurrenzfähige Preise auf, so dass vor allem noch bei der weiteren Effizienzsteigerung, der Erschließung neuer Einsatzgebiete sowie bei der Verringerung der Umwelt- und Sozialfolgen Forschungsbedarf besteht.

Dagegen sind die nahezu unbegrenzt ausbaubaren Quellen, etwa die solarelektrische Energiekonversion, heute betriebswirtschaftlich noch vergleichsweise teuer (Kap. 3.2.6). Die Abschätzungen zu nachhaltig nutzbaren Potenzialen zeigen, dass dennoch langfristig die solarelektrische Energiekonversion das zentrale Element der globalen Energieversorgung werden muss. Damit kostenreduzierende Lernprozesse auf diesem Gebiet rasch durchlaufen werden, muss neben einer engagierten und dauerhaften Ausbaurate auch die entsprechende Forschung und Entwicklung energisch fortgeführt werden, die in Deutschland und Europa aufgrund staatlicher F&E-Programme und industrieller Aktivitäten bereits eine sehr gute Grundlage erarbeitet hat. Das Lernen muss so weit beschleunigt werden, dass die Solarenergie zu dem Zeitpunkt genügend kostengüstig ist, wenn der Ausbau der anderen erneuerbaren Energieformen an die Grenzen der nachhaltig nutzbaren Potenziale (Kap. 3.8) stößt.

Gleichzeitig erfordert die Einbindung erneuerbarer Energie aus meist fluktuierenden Quellen in die globalen Energieversorgungsstrukturen die Weiterentwicklung großflächiger vernetzter Energieverteilungsstrukturen. Langfristig müssen in diesem Zusammenhang geeignete Energiespeichersysteme entwickelt werden (Kap. 3.4).

6.3.1 Technologien zur Energiebereitstellung aus erneuerbaren Quellen

Photovoltaische Stromerzeugung (Solarzellen)

Photovoltaik ist neben den solarthermischen Kraftwerken eine der beiden Schlüsseltechnologien der solarelektrischen Energiekonversion (Kap. 3.2.6). Der WBGU begrüßt die bereits laufende intensive Forschung und Entwicklung auf diesem Gebiet. Er betont, dass diese engagiert fortgeführt werden sollte, da sie langfristig ein wichtiges Element des exemplarischen Transformationspfads des Beirats darstellt. Es werden derzeit mehrere vielversprechende Ansätze für Kostenreduktion und Wirkungsgraderhöhung verfolgt. Da eine fundierte Bewertung der unterschiedlichen Ansätze im Hinblick auf langfristige Entwicklungen derzeit nicht möglich ist, sollte die breit gefächerte Förderung verschiedener Technologien beibehalten werden. Aufgrund ihrer ökologischen Unbedenklichkeit steht dabei mittelfristig die Siliziumtechnologie im Vordergrund. Die bereits bestehenden Aktivitäten zur Erforschung von Herstellungsprozessen dünnerer Wafer (150 μm) bis hin zu ultradünnen Wafern (Ziel: 50 μm) sollten intensiviert werden. Auch die derzeit laufenden Forschungen zu kristalliner Silizium-Dünnschichttechnologie auf Fremdsubstraten verlangen weiterhin hohen Aufwand an Forschung und Entwicklung. Darüber hinaus sollten – wie auch bereits in der Vergangenheit – Dünnschichttechnologien auf der Basis anderer ökologisch vertretbarer Materialien zügig voran getrieben werden.

Zur Entwicklung von Kraftwerksanwendungen in sonnenreichen Regionen sollten die Aktivitäten in Richtung von PV-Kraftwerken mit optischer Konzentration verstärkt werden, entsprechende Stapelsolarzellen z. B. auf der Basis von III-V-Halbleitern sind weiter zu entwickeln. Die Fortsetzung der Aktivitäten bei organischen und Farbstoffsolarzellen ist für die langfristige Entwicklung der Photovoltaik unerlässlich. Derartige Konzepte können die Basis für völlig neue, nicht halbleiterbasierte photovoltaische Konversionsverfahren sein. Letztlich muss auch anwendungsorientierte Grundlagenforschung betrieben werden, um derzeit eher spekulative Konzepte mit gleichzeitig hohem Potenzial auszuloten (z. B. Quantentopfstrukturen, Thermophotonik, Mehrbänderzellen, Augerzellen, Zellen mit Auskopplung heißer Ladungsträger, selbstorganisierende organische photovoltaische Strukturen, Verwendung von molekularen Antennenstrukturen zur Energiekonversion).

Für alle Solarzellentechnologien ist eine angepasste Modulverkapselungstechnik zu entwickeln. Dabei sollte insbesondere auf eine vollautomatische Fertigung, niedrigen Materialeinsatz und die Wiederverwertbarkeit der photovoltaischen Elemente und Materialien geachtet werden. Zudem ist die sichere Versorgung mit Rohmaterialien für die Photovoltaik ein wichtiges Kriterium.

Neben der eigentlichen Solarzellen- und Modulentwicklung sollte die Systemtechnik der Photovoltaik stärker als bisher bei der Vergabe von Forschungsprojekten berücksichtigt werden, wozu bei Konzentratorkraftwerken auch eine angepasste Optik zählt. Damit Systemtechnik eine weitere starke Kostendegression erreicht, sind hochintegrierte Leistungselektroniken und digitale Regelungstechnik sowie neue Netzüberwachungsverfahren notwendig. Erhebliche Fortschritte müssen auch bei der Integration in Gebäude erreicht werden, so dass Solartechnik künftig integraler Bestandteil der Gebäudehülle wird, anstatt dass sie lediglich Baustrukturen „hinzuaddiert" wird.

Solarthermische Kraftwerke

Langfristig bilden optisch konzentrierende solarthermische Kraftwerke neben der Photovoltaik das zweite wichtige Fundament einer solaren Stromversorgung im exemplarischen Transformationspfad (Kap. 3.2.6 und 4.4). Bei großen Anlagen konzentriert sich die Entwicklung auf Turm- und Rinnenkraftwerke. Beide Ansätze sind vielversprechend, Verbesserungspotenziale sollten durch Forschung und Entwicklung weiter erschlossen werden. Die derzeitigen Aktivitäten repräsentieren die Wichtigkeit dieser Technologie im exemplarischen Transformationspfad des Beirats nur unzureichend und sollten daher deutlich verstärkt werden. Bei Kraftwerken auf der Basis optischer Linearkonzentration sollten neue optische Konzepte für die Konzentration (z. B. Fresnel-Konzentratoren) vor allem auch unter dem Gesichtspunkt der Kostensenkung untersucht werden. Zudem sind hier die Materialforschung für optische und thermische Komponenten (Spiegel, selektive optische Absorber usw.) sowie die Verfahrenstechnik, z. B. für die Wasserdirektverdampfung, besonders zu berücksichtigen. Auch Turmkraftwerke, die im Vergleich zu linear konzentrierenden Anlagen höhere Temperaturen und damit höhere Wirkungsgrade erzielen können, sollten weiter entwickelt werden.

Zur Kostensenkung und für einen Betrieb auch nach Sonnenuntergang sind Entwicklungen bei Hybridkraftwerken, die solare und fossile Technologien kombinieren, sowie bei großen Wärmespeichern für hohe Temperaturen wichtig. Vor dem Hintergrund des im exemplarischen Transformationspfad des Beirats enthaltenen großen Anteils der solarelektrischen Energiekonversion am globalen Primärenergieeinsatz ab der Mitte des Jahrhunderts müssen auch fortgeschrittene Konzepte zur reibungslosen Einbindung der Kraftwerke in Energieversorgungssysteme entwickelt werden.

Thermische Solarenergiekonversion (Solarkollektoren)

Solarwärme kann sowohl zum Heizen, zur Brauchwassererwärmung, zum Kühlen als auch in Prozesswärmeanwendungen (z. B. in der Nahrungsmittelindustrie) eingesetzt werden (Kap. 3.2.6). Ihr nachhaltig nutzbares Potenzial ist im Wesentlichen durch die lokale Nachfrage nach entsprechender Wärme und nicht durch das Angebot bestimmt. Zum Erreichen der im exemplarischen Transformationspfad des Beirats formulierten Ziele sollten insbesondere auch solare Technologien zur Gebäudekühlung Schwerpunkte der Forschung bilden. Bei der Brauchwassererwärmung und Raumheizung ist die Weiterentwicklung von Wärmespeichern mit hoher Energiedichte und geringer Selbstentladung vorrangig. Zur Erschließung neuer Einsatzbereiche für die Solarwärme sollten Prozesswärmekollektoren im Temperaturbereich 100–200 °C weiter entwickelt werden. Der Einsatz solarer Prozesswärme zur Wasserentsalzung und -reinigung sowie zur Nahrungsmittelkühlung ist für die globale Nachhaltigkeit besonders relevant. Bei diesen verschiedenen Anwendungen darf die Systemtechnik einschließlich zugehöriger Regelungsverfahren nicht vernachlässigt werden.

Windkraftanlagen

Die Nutzung der Windkraft ist im exemplarischen Transformationspfad des Beirates nach der Sonnenenergie die zweitwichtigste erneuerbare Energiequelle (Kap. 3.2.5). Für eine weitere schnelle Erschließung des nachhaltig nutzbaren Windenergiepotenzials ist insbesondere die Entwicklung des Offshore-Sektors zu forcieren, wozu neben den spezifischen Fragen der seegestützten Aufstellung auch die Entwicklung von Anlagen größerer Nennleistung zählt. Der Beirat begrüßt die laufende ökologische Begleitforschung zur Offshore-Windkraft (BMU, 2002c), denn sie ist eine wichtige Voraussetzung für die nachhaltige Nutzung in großem Maßstab. Die weitere Verbesserung der Rotorblattqualitäten bei gleichzeitigem Einsatz wiederverwertbarer Werkstoffe sollte angestrebt werden, wobei eine verbesserte Stabilität und selbstreinigende Oberflächen wünschenswert sind. Die gesicherte Dauer des Anlagenbetriebs von Windenergiekonversionsanlagen sollte erhöht werden. Auch Betriebsführungsstrategien zur Einbindung in Verbundnetze, die entsprechende Netzsteuerung und das Abregelverhalten sowie die Fehlerfrüherkennung sollten weiter entwickelt werden. Mit Blick auf zukünftige Exportmärkte ist neben neuartigen Anwendungsfeldern (z. B. Wasserentsalzung) auch die Einbindung von Windkraftanlagen in schwache Netze unter verschiedensten klimatischen Bedingungen zu untersuchen.

Wasserkraftanlagen

Der Beirat schätzt die nachhaltig nutzbaren Potenziale der Wasserkraft wegen zu Recht gestiegener Anforderungen an Umwelt- und Sozialverträglichkeit vorsichtig ein und berücksichtigt nur 15 EJ pro Jahr in seinem exemplarischen Transformationspfad für das Jahr 2100 (Kap. 3.2.3). Eine wichtige Voraussetzung für einen nachhaltigen Ausbau in dieser Größenordnung ist allerdings die deutliche Verbesserung der wissenschaftlichen Datenbasis in den kommenden 5–15 Jahren. Vor allem für die Nachhaltigkeitsanalyse der sozioökonomischen, naturräumlichen und gesundheitlichen Konsequenzen großer Wasserkraftprojekte fehlen derzeit häufig die erforderlichen ökologischen und sozioökonomischen regionalen Daten. Auch der in internationalen Leitlinien geforderte Vergleich alternativer Designoptionen setzt regionale Studien voraus. Diese Datenbasis kann nicht kurzfristig und zeitgleich mit der Erstellung projektnaher Umweltverträglichkeitsstudien erarbeitet werden. Zu weiteren wichtigen Forschungsfragen gehören die Unterschiede von Sozial- und Umweltfolgen zwischen großer und kleiner Wasserkraft in Entwicklungsländern sowie Begleitforschung zur Umsetzung der Vorschläge der World Commission on Dams in die Praxis.

Geothermische Energiekonversion

Langfristig soll über die geothermische Energiekonversion ein Beitrag zur bedarfsorientierten und ortsunabhängigen Energiebereitstellung gewährleistet werden, der das Angebot anderer erneuerbarer Energiequellen wetter- und saisonunabhängig ergänzt. Trotz möglicher Vorteile der Erdwärmenutzung sieht der Beirat andererseits auch noch viele ungeklärte Fragen zur technischen Umsetzung sowie zu verschiedenen Nachhaltigkeitsaspekten, so dass im exemplarischen Transformationspfad das realistisch umsetzbare nachhaltige Potential in 2100 vorsichtig mit 30 EJ pro Jahr angesetzt wird (Kap. 3.2.7). Zur Nutzung der Potenziale ist zunächst die Kostenreduktion von Tiefbohrungen wichtig. Durch neu zu entwickelnde Stimulationsverfahren der Speichergesteine im Untergrund kann die Produktivität von heißem Tiefenwasser und damit der Ertrag einer geothermischen Anlage gesteigert werden. Die Entwicklung angepasster kostengünstiger Fernwärmenetze ist eine wichtige Voraussetzung für die Anwendungen der Geothermie zu Heizzwecken. Es besteht zudem insbesondere Forschungsbedarf zur effizienten Wandlung der Wärme von Tiefenwasser (auch mit niedrigen Temperaturen) in Elektrizität, um grundlastfähige Kraftwerke entwickeln zu können.

Um Umweltschäden durch Sole oder Gase an der Erdoberfläche zu vermeiden, sollte auch das speicherverträgliche Wiedereinbringen der geförderten Wässer in den Untergrund weiter untersucht werden. Zudem wird ein ökologisches Management der aufgrund vergleichsweise geringer Prozesswirkungsgrade verstärkt anfallenden Abwärme bei geothermischen Kraftwerken benötigt.

Energetische Nutzung von Biomasse

Der exemplarische Transformationspfad (Kap. 4.4) beinhaltet einen Ausbau der modernen energetischen Biomassenutzung auf etwa 100 EJ pro Jahr ab 2040, also eine Verfünffachung gegenüber heute (Kap. 3.2.4). Angesichts dieses ehrgeizigen Zieles besteht Forschungsbedarf zunächst bezüglich der optimalen Landnutzung hinsichtlich der Konkurrenz zwischen Nahrungserzeugung, Energiegewinnung und Kohlenstoffspeicherung. Die Transportstrukturen für energetisch genutzte Ausgangsbiomasse zu den entsprechenden Umwandlungsanlagen sollten untersucht und verbessert werden. Bei Verbrennungsanlagen sollten Kostensenkung und Emissionsminderung im Zentrum weiterer Forschung stehen. Da der exemplarische Transformationspfad des Beirats den Weg in eine Wasserstoffwirtschaft zeichnet, sollten Technologien zur effizienten Vergasung der Biomasse, zur Herstellung von Treibstoffen aus Biomasse sowie zu den zugehörigen Verteilungs- und Nutzungsstrukturen weiter erforscht werden. Die Herstellung von Wasserstoff aus Biomasse sollte sowohl über den Pfad der Vergärung und Reformierung als auch über die direkte Herstellung von Synthesegas weiter entwickelt werden. Da viele der entsprechenden Technologien auch modular realisiert werden können, eignen sie sich für zentrale wie dezentrale Anwendungen. Letztere sind insbesondere für den Einsatz in Entwicklungsländern weiter zu untersuchen. Angepasste Herstellungsverfahren für biogenes Flüssiggas aus Bioenergie sollten entwickelt werden.

NEUARTIGE KONVERSIONSTECHNIKEN
Es darf erwartet werden, dass in der Zukunft derzeit noch nicht vorhersehbare technische Entwicklungen zur besseren Erschließung erneuerbarer Energiequellen oder neuartiger Konversionstechnologien führen werden. Anwendungsorientierte Grundlagenforschung sollte daher in erheblichem Umfang forciert werden. Hiermit sind vor allem wissenschaftliche Untersuchungen mit besonders unsicherem Ausgang bis hin zu „spekulativen" Forschungen gemeint (s. auch Beispiele im Absatz photovoltaische Stromerzeugung). Im Folgenden werden hierfür einige Themen angeführt.

- *Photochemie:* Photosynthese-ähnliche Membranstrukturen, Wasserstofferzeugung über photoelektrochemische Verfahren;
- *Solarchemie:* Synthese speicherbarer Energieträger, Syntheseverfahren unter gleichzeitigem Einsatz thermischer, optischer und elektrischer Energie;
- *Biotechnologie:* mikrobielle Wasserstofferzeugung.

6.3.2
Systemtechnologien einer nachhaltigen Energieversorgung

Die speziellen Eigenschaften fluktuierender Energiequellen machen Forschung und Entwicklung bei Systemtechnologien zu einer grundlegenden Voraussetzung der Transformation des Energiesystems (Kap. 3.4), da eine reibungslose Einbindung der erneuerbaren Quellen in die globalen Energieversorgungsstrukturen gewährleistet sein muss. Neben der Anpassung der Strukturen der globalen Elektrizitätsversorgung ist die Weiterentwicklung der technologischen Grundlagen einer Wasserstoffwirtschaft (Kap. 3.4.4) ein zentrales Element einer Transformation gemäß des exemplarischen Pfads des Beirats.

STROMTRANSPORT UND -SPEICHERUNG
Stromerzeugung aus erneuerbaren Quellen kann nicht nur in mittleren Breiten, sondern besonders effektiv in ariden, sonnenreichen Gebieten realisiert werden. Für die Abstimmung zwischen Stromangebot und -nachfrage im kontinentalen Maßstab ist daher der Stromtransport über große Entfernungen bei hoher Leistung und niedrigen Verlusten eine Schlüsseltechnologie.

Die Hochspannungsgleichstromübertragung und langfristig auch die Hochtemperatursupraleitung sind daher voranzutreiben. Auf lange Sicht sollten starke interkontinentale bidirektionale Stromnetze bis hin zum „Global Link" als virtuellem Elektrizitätsspeicher oder Fluktuationsglätter (im Zusammenhang mit regelbaren Kraftwerken) entwickelt werden (Kap. 3.4.3). Aufbau und Führung von Stromnetzen sollten hinsichtlich der großskaligen Einbindung fluktuierender erneuerbarer Energiequellen verbessert werden. Alternative Konzepte zur Speicherung von Strom und anderen Energieformen sind weiter zu erforschen (z. B. Druckluft, Schwungmassen, supraleitende Magnetfeldspeicher). Elektrochemische Speicher für den dezentralen Einsatz sollten im Hinblick auf ihren Einsatz z. B. in Automobilen und netzfernen Solaranlagen fortentwickelt werden.

VERTEILTE ERZEUGUNG IN STROMNETZEN
Die Nutzung der erneuerbaren Energiequellen im exemplarischen Transformationspfad (Kap. 4.4) lässt sich einteilen in dezentrale netzferne Anwendungen (z. B. Solar-Home-Systeme), zentrale vernetzte Kraftwerke (z. B. geothermische Stromerzeugung) und dezentrale Erzeugung innerhalb von Netzen (z. B. Brennstoffzellen-Blockheizkraftwerke; Kap. 3.4). Insbesondere die dezentrale verteilte Erzeugung in Stromnetzen stellt eine große Herausforderung für zukünftige Netzregelungsstrategien dar. Die Kommunikationstechnik für verteilte Stromerzeuger mit dem übergeordneten Netz sollte dazu weiterentwickelt werden (z. B. Steuern, Regeln, An- und Abmelden von Erzeugern wie im Internet). Zudem sollten Strategien zur optimalen Strom- und (dezentralen) Wärmenutzung und angepasste bidirektionale Netzarchitekturen und Sicherheitssysteme auf der Forschungsagenda stehen. Dafür ist als Grundlage auch die Weiterentwicklung angepasster Stromerzeuger (Brennstoffzellensysteme, Mikroturbinen usw.) unerlässlich. Die Leistungselektronik wird zukünftig eine wichtige Schnittstelle zwischen verteilten Erzeugern und den Netzen darstellen und viele Zusatzfunktionen übernehmen (Verbesserung der Spannungsqualität usw.). Letztlich ist auch die Entwicklung von Wärmespeichern mit hoher Speicherdichte und vernachlässigbarer Selbstentladung zu forcieren, was insbesondere im Hinblick auf eine Entkopplung von Stromerzeugung und Wärmebedarf im Hausbereich von Interesse ist. Intelligente Regelungen können hier die Verluste minimieren.

WASSERSTOFFERZEUGUNG, -TRANSPORT UND -SPEICHERUNG
Wasserstoff ist wesentliches Element sowohl als Sekundärenergieträger als auch als Energiespeicher-

medium in einem nachhaltigen Energiesystem, wie es im exemplarischen Pfad entworfen wird (Kap. 3.4.4 und 4.4). Viele der dazu benötigten Technologien sind jedoch noch nicht marktreif, so dass breit angelegte Forschung und Entwicklung notwendig bleibt. Bei der Herstellung von Wasserstoff sollte die Forschung sowohl die verschiedenen Elektrolyseverfahren auf der Basis von Strom als auch die diversen thermochemischen Produktionsverfahren auf der Basis von Kohlenwasserstoffen (z. B. Biomasse) berücksichtigen. Wasserstoffspeichersysteme für dezentrale Anwendungen (z. B. im Automobil) sowie die zentrale Großspeicherung von Wasserstoff in Kombination auch mit Gastransporten sind weiterzuentwickeln, wobei global relevante Leckagen von Wasserstoffsystemen vermieden werden müssen (Kap. 3.4.4.5). Auch Technologien zur Nutzung von Wasserstoff in Motoren und Turbinen sowie insbesondere auch das wichtige Feld der Brennstoffzellentechnologie benötigen weiteren technologischen Fortschritt.

Energiemeteorologie

Für einen zuverlässigen großskaligen Einsatz erneuerbarer fluktuierender Energiequellen sind die Potenzialangaben zu solaren und Windenergieflüssen global vor allem auch im Hinblick auf Entwicklungsländer von großem Interesse. Auch die Vorhersage lokaler Energieflüsse durch Fernerkundung (z. B. Satelliten) sollte weiterentwickelt werden (z. B. bodennahe Windgeschwindigkeiten im Bereich von Minuten bis Tagen).

Angepasste Systemtechnik für dezentrale netzferne Anwendungen

Wenn über erneuerbare Energiequellen dezentral technisch nutzbare Energie zur Verfügung steht (Kap. 3.4.2), müssen auch die zugehörigen Energiedienstleistungstechnologien entwickelt bzw. weiterentwickelt werden. Dazu zählen beispielsweise netzferne Trinkwassertechnologien und Kommunikationstechnologien (Internetzugang usw.). Außerdem sind die elektrische Systemtechnik, die Leistungselektronik sowie die Regelungstechnik von solaren Individual-Stromversorgungen (Solar-home-Systeme) über Kleinnetze (Dorfstromanlagen) bis hin zur Einbindung in größere Verbünde auf die speziellen Anwendungsbereiche hin zu optimieren.

6.3.3 Entwicklung von Verfahren zur effizienteren Energienutzung

Eine effizientere Energienutzung entlang der gesamten Kette des Energiesystems (von der Konversion von Primärenergie etwa in Kraftwerken bis hin zur Bereitstellung von Energiedienstleistungen durch Technologien wie etwa Haushaltsgeräte, Gebäude-Wärmedämmung oder Beleuchtung) ist eine wesentliche Säule der Transformation der Energiesysteme (Kap. 3.5 und 4.4). Die Analyse der Potenziale und der Barrieren für ihre Umsetzung (UNDP et al., 2000) zeigt deutlich, dass Forschungsbedarf nicht nur in der Technologieforschung und -entwicklung im engeren Sinn besteht. Vielmehr sollte begleitend und ergänzend sozioökonomische Forschung zum Abbau von Barrieren sowie zur Schaffung geeigneter Anreizstrukturen und energiepolitischer Rahmenbedingungen hinzu kommen. Auch Fragen der sozialen Akzeptanz für verändertes Nutzerverhalten, die Anwendung effizienterer Technologien, die intensivere Nutzung von Gebrauchsgütern (z. B. Carsharing) sowie die Entwicklung von Siedlungs- und Verkehrsstrukturen unter dem Gesichtspunkt der Verringerung des Gesamtenergieeinsatzes sollten vermehrt erforscht werden (Kap. 3.5, 6.2).

Kraft-Wärme-Kopplung

Die wichtigste Einzeltechnologie zur Effizienzsteigerung auf der Versorgungsseite ist die Kraft-Wärme-Kopplung (Kap. 3.3). Hier ist insbesondere die Forschung zur Erweiterung dezentraler Anwendungen zu intensivieren (Motoren, Gas- und Mikrogasturbinen, Brennstoffzellen, Kleinst-Blockheizkraftwerke, Stirlingmotoren).

Solare und energieeffiziente Gebäude

Die Nutzung der Sonnenenergie im Gebäudesektor (Kap. 3.5.2) führt zu einer Reduzierung des Primärenergieeinsatzes und wird somit häufig zu den Energieeffizienzsteigerungen gezählt. Da ein großer Teil der Energie im Gebäudesektor verbraucht wird, ist dies ein essenzielles Element des Transformationspfads (Kap. 4.4). Im Einzelnen zählen hierzu u. a. folgende Technikfelder: solar-optimierte Fenster mit optischen Schalteigenschaften, solar aktive opake Fassadenelemente (z. B. transparente Wärmedämmung), Entwicklung neuer Wärmedämmsysteme (z. B. Vakuumdämmung). Die Entwicklung von flächigen Wärmespeichern hoher Energiedichte für die Oberflächenimplementation in Wänden und Decken ist ebenso anzustreben wie die Entwicklung zentraler, kompakter Wärmespeicher mit geringer Selbstentladung. Komplementär zur solaren Gebäudetechnik muss entsprechend angepasste Haustechnik entwickelt werden: neue Gebäudeklimatisierungstechniken für die Niedrigenergiegebäude der Zukunft, kleinste Heiz- und Kühlaggregate, Wärmepumpen, Komponenten zur verteilten Strom– und Wärmeproduktion usw. Auch Tageslichtsysteme zur internen Beleuchtung von Gebäuden sind weiter zu entwickeln, z. B. Lichtlenk- und Verteilungssysteme mit implementierten Schalteigenschaften. Die Integration solarer Energietechniken in die Gebäudehüllen sollte auch unter ästhetischen und Kostengesichtspunkten optimiert werden. Weiterhin wichtig ist die Entwicklung städtebaulicher Planungsverfahren, die eine Optimierung der Solarenergienutzung in Gebäuden ermöglicht.

Rationelle Energienutzung in der Industrie

Die Forschung richtet sich derzeit mehr auf Technologien der Energiewandler, vernachlässigt aber die Verbesserung der Energieeffizienz auf der Nutzenergieebene. Staatliche Forschungsförderung sollte diese Mängel kompensieren. Hohe Potenziale bestehen bei der Substitution thermischer durch physikalisch-chemische oder biotechnologische Produktionsprozesse, bei der Rückspeisung und Speicherung von Bewegungsenergie, bei der Erhöhung der Materialeffizienz und der Wiederverwertung energieintensiver Werkstoffe sowie bei der Substitution durch weniger energieintensive Materialien. Entsprechend ist verstärkte Forschung in diesen Bereichen empfehlenswert. Zur effizienten industriellen Stromnutzung sollte gezielter als bisher in den Industrien mit sehr hohem Strombedarf geforscht werden. (z. B. Aluminiumhütten und Metallschmelzen).

Effizienzsteigerung im Transport

Während langfristig der Einsatz neuer Technologien insbesondere im Straßentransport wichtiger Bestandteil der Transformation der Energiesysteme ist, sollten kurz- und mittelfristig die Forschungsanstrengungen für mehr Effizienz im Straßen- und Schienenverkehr weitergeführt und verstärkt werden. Dies betrifft beispielsweise die Erhöhung der Effizienz bei Verbrennungsvorgängen und Gewichtseinsparungen durch neue Materialien. Aber auch Ansätze zur Entwicklung multimodaler Infrastrukturen sowie des Einsatzes von Informationstechnologie (z. B. Telematik) sind weiter zu entwickeln. Schließlich ist auch die Forschung zu modernen Konzepten der Raum-, Stadt- und Verkehrsplanung mit dem Ziel der Senkung der Verkehrsleistung und des Energieeinsatzes zu fördern.

Stationen des WBGU-Transformations-fahrplans: politische Zielgrößen, Zeitpläne und Maßnahmen 7

7.1 Von der Vision zur Umsetzung: Chancen der nächsten 10–20 Jahre nutzen

Auf Basis der Analyse langfristiger Energieszenarien aus Kap. 4 und der in Kap. 5 dargelegten Handlungsoptionen werden hier zentrale politische Zielgrößen sowie Maßnahmen mit Zeitpunkten ihrer Umsetzung vorgeschlagen (Abb. 7-1). Diese Ziele und Maßnahmen sollen dazu dienen, eine Verletzung ökologischer oder sozioökonomischer Leitplanken zu verhindern oder einen nicht nachhaltigen Zustand jenseits der Leitplanke wieder in einen Zustand innerhalb der Leitplanken zu überführen (Abb. 7-2). Die vom WBGU empfohlenen Zielgrößen und Maßnahmen geben vor, welche Richtung eingeschlagen werden muss, um eine globale Energiewende zu ermöglichen. Angesichts der bestehenden Unsicherheiten bei der Abschätzung künftiger Entwicklungen bleibt eine ständige Überprüfung der Zielsetzungen, die Berücksichtigung neuer wissenschaftlicher Erkenntnisse und technologischer Fortschritte sowie die entsprechende Justierung der Ziele und Maßnahmen unerlässlich. Die hier angeführten Ziele und Maßnahmen sind zugleich wichtige Elemente der vom WBGU vorgeschlagenen Weltenergiecharta (Kap. 5.3.2). Besonderer Handlungsbedarf besteht in den kommenden 10–20 Jahren, in denen sich die entscheidende Gelegenheit für den Umbau der globalen Energiesysteme bietet. Die beabsichtigten Effekte sind erst mit einem gewissen Zeitabstand zu erwarten. Diese Verzögerungswirkung macht rasches Handeln umso wichtiger. Die Bundesregierung sollte ihr internationales Gewicht nutzen und die Transformation der Energiesysteme im Rahmen globaler Strukturpolitik engagiert vorantreiben.

7.2 Natürliche Lebensgrundlagen schützen

Eines der beiden übergeordneten Ziele der WBGU-Transformationsstrategie ist der Schutz der natürlichen Lebensgrundlagen, das andere ist die Beseitigung von Energiearmut (Kap. 7.3).

7.2.1 Emission von Treibhausgasen drastisch reduzieren

Um die globale Erwärmung in tolerablen Grenzen zu halten, ist es notwendig, die Kohlendioxidemissionen bis 2050 gegenüber 1990 weltweit um mindestens 30% zu reduzieren (Kap. 4). Dies betrifft in erster Linie die CO_2-Emissionen aus fossilen Brennstoffen bei Wärme- und Stromgewinnung sowie die Emissionen des Verkehrs, die heute zusammen weltweit etwa 85% aller CO_2-Emissionen ausmachen. Die Industrieländer müssen ihre Emissionen um etwa 80% reduzieren, während den Entwicklungs- und Schwellenländern ein Anstieg um maximal 30% zugestanden wird. Der Höchstwert der Emissionen von Entwicklungs- und Schwellenländern sollte dabei schon früher (zwischen 2020 und 2030) durchlaufen sein (Kap. 4). Da ohne Energiewende in den Entwicklungs- und Schwellenländern für den gleichen Zeitraum eine Verdopplung bis Vervierfachung der Emissionen erwartet werden kann, ist auch in diesen Ländern ein rasches Umschwenken auf einen alternativen Technologiepfad bei der Energieerzeugung und -nutzung notwendig. Der Schwerpunkt sollte dabei auf erneuerbare Energien *und* Effizienzmaßnahmen gelegt werden. Zusätzlich sind flankierende Maßnahmen in der Land- und Forstwirtschaft notwendig. Insbesondere gilt es, die in der Vegetation und in den Böden gespeicherten Kohlenstoffvorräte zu schützen.

Wegen der beträchtlichen Unsicherheit, z. B. auch über die angenommene Sensitivität des Klimas, sind die angegeben Reduktionsziele als Mindestvorgaben zu bewerten. Dazu empfiehlt der WBGU,

- bis 2005 auf nationaler und europäischer Ebene bei der Umsetzung des Art. 3.2 des Kioto-Protokolls (nachweisbarer Fortschritt) eine Vorreiterrolle zu übernehmen. Dies würde das Vertrauen in den Prozess stärken und die Basis für die Einbe-

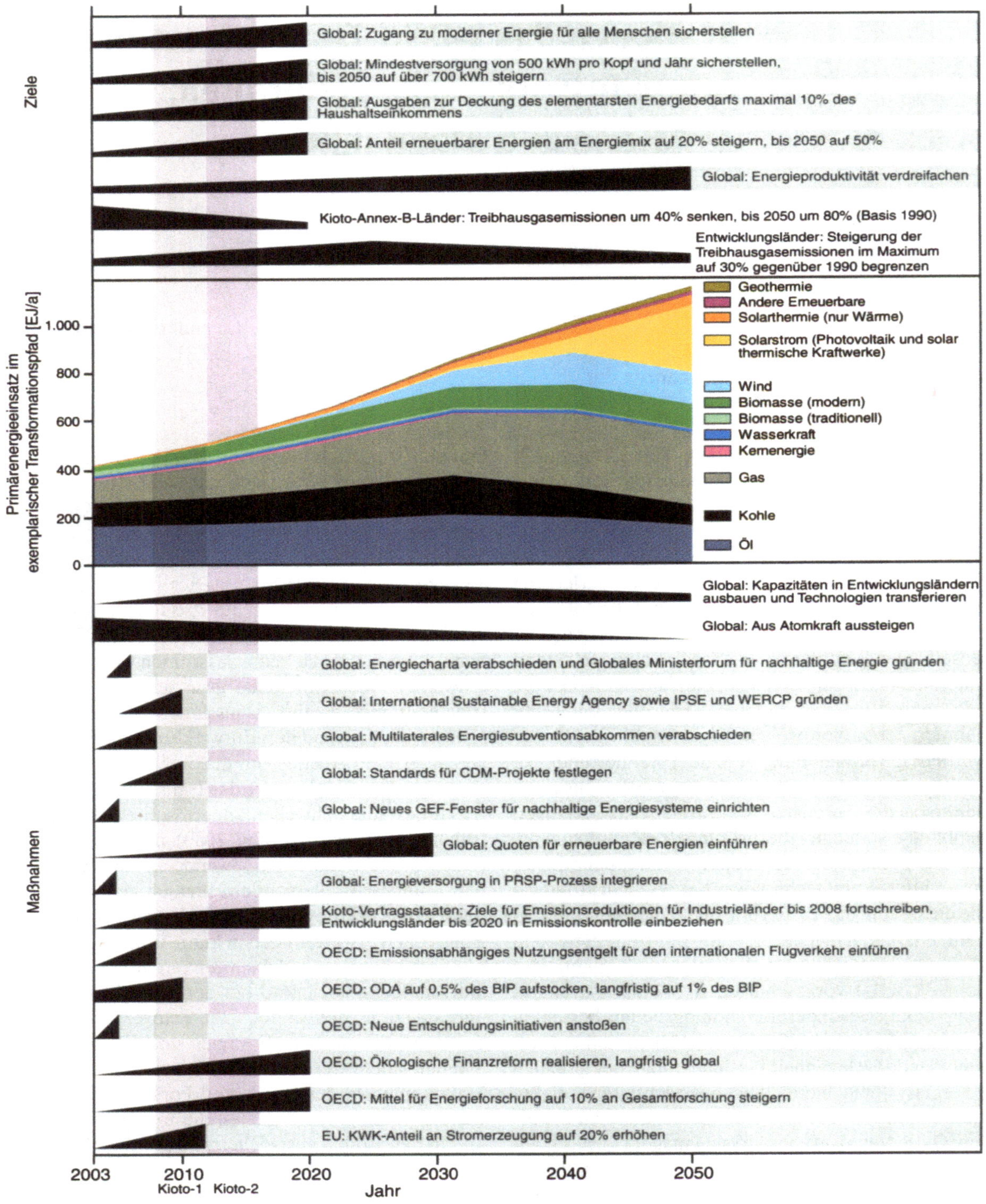

Abbildung 7-1
Der WBGU-Transformationsfahrplan im Überblick. *BIP* Bruttoinlandsprodukt, *CDM* Clean Development Mechanism, *GEF* Globale Umweltfazilität, *IPSE* Intergovernmental Panel on Sustainable Energy, *KWK* Kraft-Wärme-Kopplung, *ODA* Official Development Assistance, *OECD* Organisation for Economic Co-operation and Development, *PRSP* Poverty Reduction Strategy Papers, *WERCP* World Energy Research Coordination Programme.
Quelle: WBGU

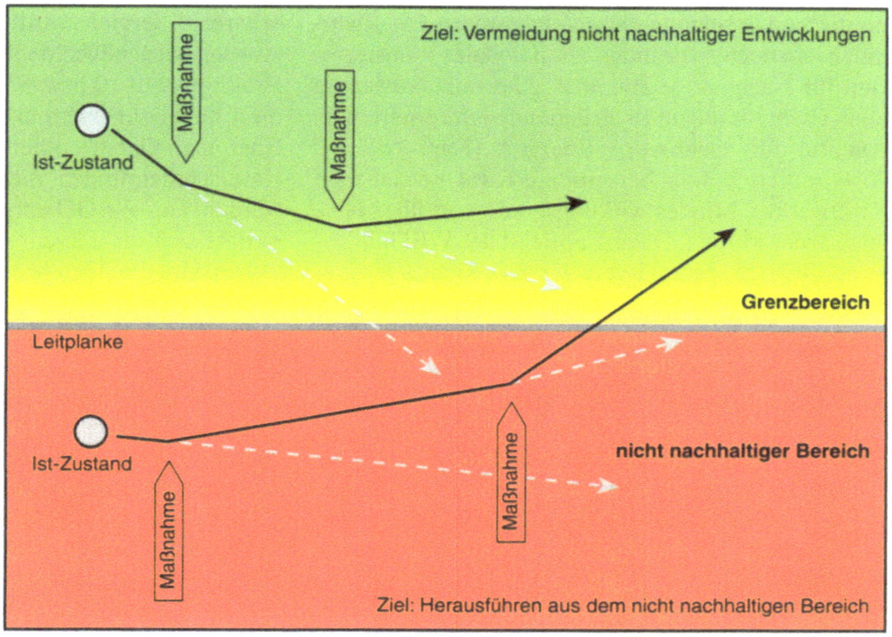

Abbildung 7-2
Zusammenhang von Leitplanken, Maßnahmen und zukünftiger Systementwicklung. Die Abbildung zeigt mögliche Zustände eines Systems bezüglich seiner Nachhaltigkeit, aufgetragen über der Zeit. Der momentane Zustand eines Systems relativ zur Leitplanke (Ist-Zustand) kann im grünen Bereich liegen („nachhaltiger Bereich", nach bestem derzeitigen Kenntnisstand), oder im roten („nicht nachhaltiger Bereich"). Wenn sich ein System im nicht nachhaltigen Bereich befindet, muss es durch geeignete Maßnahmen so gesteuert werden, dass es „durch" die Leitplanke in den nachhaltigen Bereich hinein kommt. Von dieser Seite aus ist die Leitplanke also durchlässig. Befindet sich ein System im nachhaltigen Bereich, gibt es zunächst keine weiteren Vorgaben. Das System kann sich im freien Spiel der Kräfte entwickeln. Erst wenn das System sich von der nachhaltigen Seite aus auf Kollisionskurs mit einer Leitplanke befindet, müssen Maßnahmen ergriffen werden, um eine Verletzung der Leitplanke zu verhindern. Von dieser Seite aus ist die Leitplanke also undurchlässig. Da sich die Leitplanken durch künftigen Wissensfortschritt verändern können, ist das Einhalten der derzeitigen Leitplanken kein hinreichendes, sondern nur ein notwendiges Kriterium für Nachhaltigkeit.
Quelle: WBGU

ziehung der Entwicklungs- und Schwellenländer schaffen;

- bis 2008 die Fortschreibung des Kioto-Protokolls mit Reduktionszielen für Industrieländer (die etappenweise in weiteren Verpflichtungsperioden vereinbart werden) sowie Auflagen zur Emissionskontrolle für Entwicklungsländer bis spätestens 2020. Schwellenländer sollten bereits früher erste quantifizierte Auflagen annehmen. Zudem sollte bis 2005 der Art. 2 der Klimarahmenkonvention (Vermeidung von Treibhausgaskonzentrationen, die zu „gefährlicher Klimaänderung" führen) konkretisiert werden;
- den effektiven Schutz der biosphärischen Kohlenstoffvorräte in die internationale Klimaschutzpolitik aufzunehmen;
- die Erschließung von Reduktionspotenzialen in Entwicklungs- und Schwellenländern durch verstärkte Zusammenarbeit mit Industrieländern. Dies kann durch freiwillige Partnerschaften, Förderung des Clean Development Mechanism und durch darüber hinausgehenden Technologietransfer geschehen;
- die rasche Aufnahme quantifizierter Reduktionspflichten für die Emissionen des Flug- und Schiffsverkehrs in das Kioto-Protokoll;
- den Emissionen aus Landwirtschaft und Landnutzungsänderungen besondere Beachtung zu schenken. Wegen ihrer zukünftig wahrscheinlich wachsenden Bedeutung sollten Emissionsreduktionspotenziale erforscht werden;
- bis 2020 sollten alle Subventionen für fossile Energien und Kernkraft in Industrie- und Transformationsländern vollständig abgebaut werden, bis 2030 weltweit. Bis 2020 sollte zudem die Subventionierung fossiler Energieträger in Entwicklungsländern abgebaut werden (Kap. 7.7.2).

7.2.2 Energieproduktivität erhöhen

Um den Ressourcenverbrauch zu minimieren, sollte die globale Energieproduktivität (Bruttoinlandsprodukt pro Energieeinsatz) jährlich zunächst um 1,4% und möglichst bald um mindestens 1,6% gesteigert werden. Bis zum Jahr 2030 sollte gegenüber 1990 eine Verdopplung der Energieproduktivität erreicht werden. Diese Steigerung umfasst erhöhte Wirkungsgrade bei der Umwandlung von Primär- in Endenergie, nachfrageseitige Effizienzsteigerungen und strukturelle Veränderungen der Volkswirtschaft. Geeignete Foren und Anknüpfungspunkte für die politische Umsetzung dieser Ziele wären EU-Richtlinien, ein noch zu gründendes „Globales Ministerforum für Nachhaltige Energie" oder falls notwendig eine ebenfalls noch zu gründende „Internationale Agentur für nachhaltige Energie" (Kap. 7.5). Bis 2050 sollten zudem bei großen, fossil betriebenen Kraftwerken Mindestwirkungsgrade von über 60% angestrebt werden. Dazu empfiehlt der WBGU,

- ab 2005, ausgehend von der EU-Richtlinie über die integrierte Vermeidung und Verminderung der Umweltverschmutzung, die stufenweise Etablierung internationaler Standards für Mindestwirkungsgrade fossil betriebener Kraftwerke;
- bis 2012 20% des Stroms in der EU durch Kraft-Wärme-Kopplung (KWK) zu erzeugen (EU-Ziel: 18% bis 2012). Dazu sollte sich die Bundesregierung im Rahmen der laufenden Verhandlungen der EU-KWK-Richtlinie für eine anspruchsvolle Definition von „Qualitäts-KWK" und für die zügige Festlegung von verbindlichen nationalen Zielquoten einsetzen;
- ökologische Finanzreformen als wesentliche Instrumente zur Schaffung von Anreizen für mehr Effizienz einzuleiten. Dazu gehören Maßnahmen zur Internalisierung externer Kosten (z. B. CO_2-Steuer, Zertikatehandel) und der Abbau von Subventionen für fossile und nukleare Energieträger;
- die Endverbraucher besser zu informieren, um die Energieeffizienz zu steigern, z. B. durch Kennzeichnungspflichten für alle energieintensiven Güter, Gebäude und Dienstleistungen. Bei Gütern, die international gehandelt werden, ist eine länderübergreifende Harmonisierung von Effizienzstandards und Labels empfehlenswert;
- die großen Effizienzpotenziale in der Nutzung der Heiz- und Kühlungsenergie durch ordnungsrechtliche Regelungen bei Wärmedämmung und -schutz von Gebäuden auszuschöpfen.

7.2.3 Erneuerbare Energien erheblich ausbauen

Um den Schutz der natürlichen Umwelt trotz weltweit steigender Nachfrage nach Energiedienstleistungen zu gewährleisten und die Risiken der Energiegewinnung auf ein vertretbares Maß zu senken, sollte der Anteil der erneuerbaren Energien am globalen Energiemix bis 2020 von derzeit 12,7% auf 20% erhöht werden (davon maximal 2% traditionelle Biomasse), mit dem langfristigen Ziel, bis 2050 über 50% zu erreichen (davon maximal 0,5% traditionelle Biomasse). Ökologische Finanzreformen werden zu einer Verteuerung fossiler und nuklearer Energieträger führen und damit deren Anteil am globalen Energiemix zurückdrängen. Der Anteil erneuerbarer Energien wird folglich ansteigen. Dieser Anstieg wird jedoch deutlich unter der angestrebten Erhöhung auf 20 bzw. 50% liegen. Der WBGU plädiert daher für einen aktiven Ausbau erneuerbarer Energien. Dabei sollten bei der Wasserkraft aus Naturschutzgründen nicht alle Potenziale genutzt werden. Der WBGU empfiehlt,

- dass sich die Länder auf nationale Quoten einigen. Um die Kosten zu minimieren, sollte bis 2030 ein weltweites System international handelbarer Quoten angestrebt werden. In solch einem flexiblen System sollte allerdings jedes Land verpflichtet werden, einen wesentlichen Teil seiner Quote im Rahmen der einheimischen Energiegewinnung zu erfüllen;
- Markteinführungsstrategien (z. B. zeitlich begrenzte Subventionen, Einspeisevergütungen, Quotenmodelle) fortzusetzen und auszubauen. Bis ein nennenswertes Marktvolumen erreicht wird, zählen Einspeisevergütungen mit einer zeitlichen Degression der Vergütungssätze zu den besonders sinnvollen Optionen. Wenn ein ausreichend großes Marktvolumen einzelner Energieträger erreicht ist, sollte die Förderung in ein System handelbarer Quoten und gegebenenfalls von Green Energy Certificates überführt werden;
- die Investitionen in Forschung und Entwicklung auf dem Energiesektor aufbauend auf der schon vorhandenen Grundlage weiter zu stärken und von heutigen Werten aus bis 2020 mindestens zu verzehnfachen. Der Schwerpunkt sollte auf erneuerbare Energien und Effizienzmaßnahmen verlagert werden (Kap. 6);
- das Energiesystem für den großskaligen Einsatz fluktuierender erneuerbarer Quellen zu ertüchtigen. Dazu zählen insbesondere eine leistungsfähigere Netzregelung, angepasste Regelungsstrategien für verteilte Energieerzeuger, die Ertüchtigung der Netze für eine starke Durchdringung mit verteilten Energieerzeugern sowie ihr Ausbau bis hin zu internationalen Energietransportstrukturen („Global Link"). Später sollte der Aufbau einer Infrastruktur für Wasserstoffspeicherung und -verteilung unter Nutzung von Erdgas als Brückentechnologie erfolgen;
- personelle und institutionelle Kapazitäten in Entwicklungsländern (z. B. durch Partnerschaften von deutschen Einrichtungen mit solchen in Entwicklungsländern) aufzubauen und zu stärken sowie den Technologietransfer zu intensivieren;
- ab 2005 in der Exportkreditförderung progressive Mindestauflagen für die zulässige Kohlenstoffintensität bei Energieerzeugungsprojekten festzulegen;

- die Verbreitung und Weiterentwicklung der Technologien des solaren und energieeffizienten Bauens entschieden zu fördern.

7.2.4 Aus der Kernkraft aussteigen

Die Nutzung der Atomenergie hat sich in der Vergangenheit vor allem wegen der Risiken von Endlagerung, Wiederaufarbeitung, Proliferation und Terrorismus als nicht nachhaltig erwiesen (Kap. 3.2.2). Aus diesem Grund sollten keine neuen Kernkraftwerke mehr genehmigt und gebaut werden mit dem Ziel, bis 2050 weltweit die Nutzung der Kernkraft beendet zu haben. Dazu empfiehlt der WBGU,

- internationale Verhandlungen für den Ausstieg aus der Nutzung der Kernkraft anzustreben. Anknüpfungspunkt könnte eine Statutenänderung der Internationalen Atomenergie-Organisation (IAEA) sein;
- bis 2005 die Etablierung neuer schärferer IAEA-Sicherheitsstandards für alle Plutoniumlagerstätten sowie erweiterte Kontroll- und Maßnahmenkompetenz der IAEA bei Sicherheitsbestimmungen im Bereich Terrorismus und Proliferation;
- ab 2010 den Kraftwerksbetrieb nur noch gegen Entsorgungsnachweis für Kernbrennstäbe zuzulassen, hierzu sollte in der IAEA ein Prozess eingeleitet werden;
- bis 2010 EU-Moratorien für die Wiederaufbereitungsanlagen in Sellafield und LaHague zu prüfen. Als Anknüpfungspunkt kann hier das Übereinkommen zum Schutz der Meeresumwelt des Nordostatlantiks (sog. OSPAR-Abkommen) dienen;
- bis 2010 die internationale Harmonisierung von Sicherheitsstandards mit deutlich erhöhten Versicherungspflichten bei Kernkraftwerken mit dem Ziel, die Versicherungspflicht vollständig privat abzuwickeln. Zudem sollten steuerliche Vergünstigungen abgebaut werden. Anknüpfungspunkte wären die geplante EU-Richtlinie zu Sicherheitsstandards von Kernkraftwerken sowie das neue Anti-Terrorismusprogramm der IAEA.

7.3 Energiearmut weltweit beseitigen

Das zweite übergeordnete Ziel der WBGU-Transformationsstrategie ist es, den Zugang zu modernen Energieformen in den Entwicklungsländern sicher zu stellen, auszubauen und somit Energiearmut weltweit zu beseitigen. Dies ist ein grundlegender Beitrag zur Armutsbekämpfung – das Erreichen der Ziele der Milleniumserklärung wird wesentlich durch die Energieversorgung beeinflusst. Um die Energiearmut zu überwinden, müssen im Zeitalter der Globalisierung die erforderlichen Weichenstellungen nicht nur in den betroffenen Ländern selbst, sondern auch durch internationale Rahmensetzungen erfolgen.

7.3.1 Globale Mindestversorgung anstreben

Zugang zu moderner Energie verbessern

Noch immer haben 2,4 Mrd. Menschen keinen Zugang zu moderner Energie. Davon sind vor allem Arme in den am wenigsten entwickelten Ländern betroffen. Besondere Herausforderungen sind die Umstellung von gesundheitsschädlicher Biomassenutzung zum Kochen und Heizen auf moderne Energieträger sowie die Versorgung mit Energiedienstleistungen, die vom Zugang zu Elektrizität abhängen (Kap 4.4.2.2). Der WBGU empfiehlt als international anzustrebendes Ziel, dass alle Menschen zur Deckung des elementarsten Energiebedarfs ab 2020 mindestens 500 kWh pro Kopf und Jahr, ab 2050 700 kWh pro Kopf und Jahr und bis 2100 1.000 kWh pro Kopf und Jahr an moderner Endenergie zur Verfügung haben sollen.

Bei allen Maßnahmen zur Transformation der Energiesysteme sollte auf eine Verringerung der regionalen und sozioökonomischen Disparitäten geachtet werden. Benachteiligte Gruppen sind dabei besonders zu fördern und kultur- sowie geschlechtsspezifische Besonderheiten zu beachten.

Der WBGU hält es für gerade noch zumutbar, wenn arme Haushalte maximal ein Zehntel ihres Einkommens zur Deckung ihres Bedarfs an elementarsten Energiedienstleistungen (500 kWh pro Kopf und Jahr) ausgeben müssen. Daraus ergibt sich in Einzelfällen die Notwendigkeit zur Quersubventionierung bzw. sozialen Transfers („Strom- und Heizgeld“). Bis spätestens 2050 sollte sichergestellt werden, dass kein Haushalt gezwungen ist, mehr als 10% des Einkommens zur Deckung des elementarsten Energiebedarfs zu verwenden.

Ziele der UN-Milleniumserklärung umsetzen

Der Zugang zu moderner Energie ist ein zentraler Beitrag zur Erfüllung der in der Milleniumserklärung der Vereinten Nationen vereinbarten Entwicklungsziele. Insbesondere ist die Minderung der Luftverschmutzung in Innenräumen aufgrund der hohen Gesundheitsgefährdung bedeutsam. Hinzu kommt die Außenluftverschmutzung in Innenstädten. Zum Schutz vor Atemwegserkrankungen sollte aus den gesundheitsschädlichen Formen traditioneller Biomassenutzung ausgestiegen werden (Kap. 3.2.4, 4.4.2.8).

7.3.2
Internationale Zusammenarbeit auf nachhaltige Entwicklung ausrichten

NEUE WELTBANKPOLITIK IN FÖRDERPRAXIS UMSETZEN

Die Weltbank, die die Länder beim Ausbau ihrer Energiesysteme unterstützt, sollte sich nach Ansicht des WBGU auch als Förderbank für nachhaltige Energie verstehen, um z. B. auch das Überspringen technologischer Entwicklungsstufen zu erleichtern. Die Weltbank hat bei der Förderung der Energiewende den Schritt von der konzeptionellen zur operativen Ebene noch nicht ausreichend vollzogen. Dringend erforderlich ist daher auch die Umsteuerung ihrer Förderpraxis, die bisher nach dem Least-cost-Prinzip vorwiegend fossile Energieträger finanziert, d. h. einzelwirtschaftlich rentable Energieformen unterstützt, ohne eine Internalisierung negativer Externalitäten sicherzustellen. Übergangsweise wären insbesondere Brückentechnologien wie moderne Gaskraftwerke mit entsprechender Infrastruktur zu fördern. Eine geringere Gewichtung des Least-cost-Prinzips setzt jedoch voraus, dass die Finanzmittel für die multilaterale Entwicklungsfinanzierung deutlich aufgestockt werden. Der WBGU empfiehlt

- die zügige Umsetzung der neuen Förderkonzeption der Weltbank in der Praxis. Dazu sollte sich die Bundesregierung im Rahmen ihrer Mitgliedschaft im Verwaltungsrat der Weltbank einsetzen.

NACHHALTIGE ENERGIEVERSORGUNG IN ARMUTSBEKÄMPFUNGSSTRATEGIEN INTEGRIEREN

Die nachhaltige Energieversorgung sollte adäquat in die Armutsbekämpfungsstrategien multilateraler Organisationen wie IWF und Weltbank integriert werden. Diese begannen Ende 1999 ihre Politik gegenüber den am wenigsten entwickelten Ländern auf Armutsbekämpfung auszurichten. Die „Poverty Reduction Strategy Papers" (PRSP) sollen als Steuerungsinstrumente für die mittelfristige Entwicklung der Länder dienen sowie Grundlage für die Einwerbung internationaler Unterstützung sein (Kap. 5.3.3.3). Die Beseitigung der Energiearmut gehört nicht zu den Verhandlungsgegenständen des derzeit laufenden PRSP-Prozesses. Der WBGU empfiehlt

- die nachhaltige Energieversorgung in die PRSP-Strategien zu integrieren, um sicherzustellen, dass das Thema Energie in der Entwicklungszusammenarbeit (EZ) einen größeren Stellenwert erhält. Damit wäre die Energiepolitik im Rahmen der EZ noch kohärenter mit der Armutsbekämpfungspolitik verknüpft.

ROLLE DER REGIONALEN ENTWICKLUNGSBANKEN STÄRKEN

Die Rolle der regionalen Entwicklungsbanken sollte gestärkt werden. Diese verfügen über eine gute regionale Verankerung und stehen den Problemen vor Ort nahe. Daher können sie wichtige Partner zur Überwindung der Energiearmut in den Niedrigeinkommensländern sein. Voraussetzung ist allerdings, dass zunächst die Managementkapazitäten der Entwicklungsbanken schrittweise gestärkt und ausgebaut werden. Der WBGU empfiehlt, dass

- sich Deutschland im Rahmen seiner Beteiligung an diesen Banken und im Rahmen der EU für die Förderung der Energieversorgung in den Niedrigeinkommensländern durch die regionalen Entwicklungsfonds einsetzt, die von den Entwicklungsbanken verwaltet werden;
- die EU den Europäischen Entwicklungsfonds gezielt zur Förderung erneuerbarer Energieträger in den Afrika-Karibik-Pazifik-Staaten (AKP-Staaten) einsetzt. Diese Länder schaffen es in der Regel nicht aus eigener Kraft, die Versorgung ihrer Bevölkerung mit modernen Energieformen zu sichern.

7.3.3
Handlungsfähigkeit der Entwicklungsländer stärken

WIRTSCHAFTLICHE UND SOZIALE ENTWICKLUNG IN DEN NIEDRIGEINKOMMENSLÄNDERN FÖRDERN

Für die Energiewende ist ein Mindestmaß wirtschaftlicher Entwicklung Voraussetzung. In vielen Ländern wird das hierfür erforderliche Pro-Kopf-Einkommen (Kap. 4.3.2.5) bei weitem nicht erreicht. Daher empfiehlt der WBGU, die Entwicklungszusammenarbeit nicht allein bei den Basisdienstleistungen und zur nachhaltiger Energieversorgung zu verstärken, sondern die Zusammenarbeit speziell mit Niedrigeinkommensländern quantitativ und qualitativ zu intensivieren. Zudem sollte im Rahmen der „Entwicklungsrunde" der WTO auf verbesserte Zugangsmöglichkeiten für Güter aus allen Niedrigeinkommensländern zu den Märkten in Industrie- und Schwellenländern gedrängt werden.

NEUE ENTSCHULDUNGSINITIATIVEN ANSTOSSEN

In der Regel haben hoch verschuldete Entwicklungsländer nur geringe Spielräume, um Preisschwankungen auf den Weltenergiemärkten zu verkraften, Effizienzverbesserungen ihrer Energieversorgung zu finanzieren und die Anwendung erneuerbarer Energietechnologien voranzutreiben. Um die Transformation durchzuführen, bedarf es weit reichender Schuldenregulierungen. Der WBGU empfiehlt, dass

- sich die Bundesregierung im Rahmen der G7/G8 für neue Entschuldungsinitiativen einsetzt.

7.3.4 Regulatorische und privatwirtschaftliche Elemente kombinieren

Die Verbesserungen des Zugangs zu modernen Energieformen mit geringen Emissionen sowie zu erneuerbaren Energien und eine Erhöhung der Effizienz der Energienutzung in Entwicklungs-, Schwellen- und Transformationsländern sind durch Maßnahmen auf der Angebots- und der Nachfrageseite zu erreichen.

ANGEBOTSSEITE: LIBERALISIERUNG UND PRIVATISIERUNG MIT REGULATORISCHEN EINGRIFFEN KOMBINIEREN

Auf der Angebotsseite sind Privatisierung und Liberalisierung mit regulatorischen Eingriffen des Staats zu kombinieren. Je nach den spezifischen Gegebenheiten einer Region wird der Mix dieser drei Bereiche unterschiedlich ausfallen müssen. Im Fall von Liberalisierung und Privatisierung sind attraktive Rahmenbedingungen für private Investoren und die Erschließung internationaler Kapitalquellen erforderlich. Im Fall eines stärkeren Engagements durch den Staat ist die Festlegung von Standards ebenso wichtig wie ein Ausbau von Public-Private Partnerships, möglichst unterstützt durch bi- und multilaterale Entwicklungszusammenarbeit.

NACHFRAGESEITE: KAUFKRAFT VON ARMUTSGRUPPEN ERHÖHEN

Auf der Nachfrageseite muss es darum gehen, die Kaufkraft insbesondere von Armutsgruppen im Bereich Energie zu erhöhen. Dies kann durch zielgruppenspezifische Subventionen ebenso erfolgen wie durch einen Ausbau von Mikrofinanzierungssystemen. Um nicht nur die Kaufkraft, sondern auch die Bereitschaft zu erhöhen, Energie nachhaltiger zu nutzen als bisher, ist bei Maßnahmen auf der Nachfrageseite kultur- und geschlechtsspezifischen Rahmenbedingungen Rechnung zu tragen.

7.4 Finanzmittel für die globale Energiewende mobilisieren

Für die Finanzierung der globalen Energiewende sollten unverzüglich zusätzliche Finanzmittel mobilisiert und neue Transfermechanismen geschaffen bzw. bestehende gestärkt werden, um wirtschaftlich schwächere Länder bei der Transformation ihrer Energiesysteme zu unterstützen. Der WBGU begrüßt das 2002 auf dem Weltgipfel für Nachhaltige Entwicklung angekündigte Programm „Nachhaltige Energie für Entwicklung" zum Aufbau strategischer Partnerschaften. Dafür werden von der deutschen Bundesregierung in den nächsten fünf Jahren insgesamt 1 Mrd. Euro bereitgestellt: 500 Mio. Euro für erneuerbare Energien und 500 Mio. Euro für die Steigerung der Energieeffizienz.

PRIVATES KAPITAL MOBILISIEREN

Aus Effizienzgründen ist es wünschenswert, dass ein erheblicher Teil der erforderlichen Investitionen vom Privatsektor getragen wird. Um privates Kapitel für die globale Energiewende zu mobilisieren, empfiehlt der WBGU

- die Politikberatung im Rahmen der Entwicklungszusammenarbeit zu intensivieren, um die Partnerländer zu befähigen, investitionsfreundliche Rahmenbedingungen zu schaffen;
- im Rahmen von Public-Private Partnerships kleinen und mittelständischen Anbietern erneuerbarer Energietechnologien den Zugang zu den Märkten in den Entwicklungsländern zu erleichtern;
- bis 2010 einen deutschen und wenn möglich EU-Standard für den Clean Development Mechanism (CDM) zu schaffen. Dieser Standard sollte bis auf zu begründende Ausnahmen nur CDM-Projekte zur Förderung regenerativer Energien (Ausnahme: große Wasserkraft), zur Steigerung der Energieeffizienz bestehender Anlagen oder zum nachfrageseitigen Management zulassen.

MITTEL FÜR DIE ENTWICKLUNGSZUSAMMENARBEIT ERHÖHEN

Mit 0,27% am BIP im Jahr 2001 sind die deutschen Mittel für Entwicklungszusammenarbeit weit vom international vereinbarten und auf der Konferenz über Entwicklungsfinanzierung in Monterrey im Jahr 2002 bestätigten 0,7%-Ziel entfernt und liegen auch im europäischen Vergleich am unteren Ende. Dem Problemdruck angemessen wäre sogar eine Steigerung der Beiträge auf rund 1% des BIP. Deutschland hat sich in Monterrey dazu verpflichtet, die Mittel für die öffentliche Entwicklungszusammenarbeit (ODA) bis 2006 auf 0,33% des BIP zu erhöhen.

- Der WBGU empfiehlt nachdrücklich eine Aufstockung der ODA-Mittel über die bis 2006 angekündigten 0,33% hinaus und schlägt vor, als ersten Schritt bis 2010 mindestens 0,5% des BIP für ODA aufzuwenden.

Innovative Finanzierungsinstrumente nutzen

Ohne die Erschließung neuer Finanzierungsquellen ist die globale Energiewende nicht umsetzbar. Insbesondere sollten die Potenziale geprüft werden, die sich aus der Erhebung von Entgelten für die Nutzung globaler Gemeinschaftsgüter ergeben. Der WBGU empfiehlt,

- ab 2008 ein emissionsabhängiges Nutzungsentgelt für den internationalen Flugverkehr zu erheben, soweit dieser bis dahin nicht internationalen Reduktionsverpflichtungen unterworfen ist;
- dass die Ausgangsverteilung der Emissionszertifikate mit einem Zeithorizont von 20–30 Jahren an einem modifizierten Pro-Kopf-Ansatz ausgerichtet wird. Dies könnte (je nach Ausgestaltung) unter Einhaltung der WBGU-Klimaleitplanken einen geschätzten Finanztransfer in der Größenordnung von mehreren hundert Milliarden Euro von den Industrie- zu den Entwicklungsländern auslösen.

GEF als internationale Finanzierungsinstitution stärken

Die Globale Umweltfazilität (GEF) ist ein wichtiger Katalysator für Maßnahmen zum globalen Umweltschutz. Sie hat sich bewährt und sollte weiter gestärkt werden. Nach dem Incremental-costs-Ansatz werden von der GEF nur die Mehrkosten für Projekte von globalem Nutzen übernommen. Der WBGU empfiehlt,

- bis 2005 die finanzielle Förderung von Effizienztechnologien und erneuerbarer Energien in einem neu zu schaffenden Fenster der GEF zu bündeln („Fenster für nachhaltige Energiesysteme"). Um bei der Mittelverwendung auch verstärkt entwicklungspolitische Aspekte berücksichtigen zu können, sollte eine Vereinfachung des Incremental-costs-Ansatzes erwogen werden. Mit Blick auf den hohen Finanzbedarf zur Förderung der globalen Energiewende sind die Mittel der GEF (derzeit 3 Mrd. US-$ für die dritte Phase von 2002-2006) beträchtlich aufzustocken.

7.5 Modellprojekte als strategischen Hebel nutzen und Energiepartnerschaften eingehen

Modellprojekte mit Signalwirkung initiieren

Der WBGU plädiert dafür, Modellprojekte in großem Maßstab zur Einführung neuer erneuerbarer Energien als strategischen Hebel für eine globale Energiewende einzusetzen. Von solchen Modellprojekten könnte eine weltweite Signalwirkung ausgehen. Sie würden veranschaulichen, wie Technologiesprünge in Energieprojekten umgesetzt werden können. Der WBGU empfiehlt, folgende Modellprojekte zu initiieren (Kap. 5.3.7):

- *EU-Energiepartnerschaft mit Nordafrika:* Die EU sollte eine strategische Energiepartnerschaft mit Nordafrika aufbauen. Zu einer entsprechenden Strategie zählen der Bau großer Kraftwerke für erneuerbar hergestellten Strom in Nordafrika, die Bereitstellung von Übertragungskapazitäten ins europäische Verbundnetz und der Aufbau einer europäischen Anlaufstelle für die nordafrikanischen Projektpartner wie auch der europäischen Investoren.
- *Dezentrale Energieversorgung durch Flüssiggas:* In Entwicklungsländern führt die traditionelle Nutzung von Biomasse zu erheblichen Gesundheitsschäden, die durch die schrittweise Substitution von Drei-Steine-Herden durch Flüssiggas-Kocher abgewendet werden könnten. In diesem Zusammenhang wäre es vorteilhaft, Flüssiggas oder einen ähnlichen Energieträger auf der Basis moderner Biomasse herzustellen.
- *Energieeffiziente Gebäude im Niedrigkostensektor am Beispiel südafrikanischer Townships:* Im Rahmen der Entwicklungszusammenarbeit sollten in Kooperation mit südafrikanischen Partnern Demonstrationsprojekte des energieeffizienten und kostengünstigen Bauens umgesetzt werden. Wegen des Multiplikatoreffektes sollten diese Projekte in der Umgebung stark frequentierter Orte verwirklicht werden.
- *Verbesserung der Stromqualität in schwachen Elektrizitätsnetzen ländlicher afrikanischer Regionen:* Im Rahmen der Entwicklungszusammenarbeit sollte in Kooperation mit einem bedeutenden afrikanischen Energieversorger eine ausgewählte, ausreichend dicht besiedelte ländliche Region elektrifiziert werden. Dabei sollten Technologien eingesetzt werden, die derzeit zur Verbesserung der Stromqualität in Netzen in Verbindung mit verteilter Erzeugung entwickelt werden.
- *1-Million-Hütten-Programm für Entwicklungsländer:* Im Rahmen der ländlichen Elektrifizierung in Entwicklungsländern sind neben Netzerweiterungen in ausreichend dicht besiedelten Gebieten auch dezentrale Konzepte und Kleinstnetze bedeutsam. Dieses Programm sollte neben der notwendigen Größe und Laufzeit eine neue Dimension der sozioökonomischen Begleitung umfassen.

Strategische Partnerschaften für die Energiewende schmieden

Bestehende oder im Aufbau befindliche politische Initiativen zur Förderung einer globalen Energiewende geben einen Handlungsrahmen vor. Insbesondere die von Bundeskanzler Schröder auf dem Weltgipfel für Nachhaltige Entwicklung (WSSD) angekündigte Weltkonferenz für Erneuerbare Energien, die 2004 in Bonn stattfinden wird, ist ein wichtiger Beitrag um dieses Thema international voranzubringen. Der WBGU empfiehlt, dass in diesem Kontext insbesondere die folgenden Politikprozesse als Katalysatoren für die Förderung einer globalen Energiewende genutzt werden:

- die auf dem WSSD beschlossene Initiativen (Kasten 5.3-1) wie
  - die strategische Energie-Partnerschaft der EU mit Entwicklungsländern „Energy Initiative for Poverty Eradication and Sustainable Development",
  - die Partnerschaftsinitiative „Global Village Energy Partnership", u. a. mit Beteiligung des Entwicklungsprogramms der Vereinten Nationen (UNDP), der Weltbank und des Privatsektors,
  - die Einrichtung eines Netzwerkes „Global Network on Energy for Sustainable Development", u. a. mit Beteiligung des Umweltprogramms der Vereinten Nationen (UNEP) von Energieinstitutionen, der Weltbank und des Privatsektors;
- das derzeit verhandelte Wirtschaftspartnerschaftsabkommen der EU mit den AKP-Staaten.

In Anlehnung an die 2001 verabschiedeten neuen Leitlinien des Development Assistance Committee (DAC) der OECD sollte dabei auf die Einhaltung der Prinzipien Kohärenz, Konvergenz und Komplementarität geachtet werden. Entsprechend sollten sich die im Rahmen der genannten Initiativen zu entwickelnden Energiestrategien in die zahlreichen, bereits vorhandenen Strukturen und Programme der Partnerländer integrieren lassen. Insbesondere sollte die Überwindung der Energiearmut nach Ansicht des WBGU auch in die Förderpriorität der „sozialen Grunddienste" der deutschen Entwicklungszusammenarbeit und in die auf dem Weltsozialgipfel 1995 vereinbarte 20:20-Initiative aufgenommen werden.

7.6 Forschung und Entwicklung vorantreiben

Die Energiewende ist eine große technologische wie gesellschaftliche Herausforderung, die in ihrer Größenordnung mit einer neuen industriellen Revolution vergleichbar ist. Sie kann nur gelingen, wenn erheblicher Forschungs- und Entwicklungsaufwand betrieben wird. Dies betrifft die erneuerbaren Energieträger, die Infrastruktur, die Technik zur effizienteren Energieverwendung sowie die Bereitstellung des Wissens über Erhalt und Erweiterung von natürlichen Kohlenstoff-Vorräten und Senken. Weiter sind die Sozialwissenschaften aufgefordert, die individuellen und institutionellen Barrieren des Umbaus zu erforschen, Strategien ihrer Überwindung zu entwickeln und auszuwerten.

Um die notwendige Vielfalt an Optionen zu entwickeln, kann auf die Förderung einer breit angelegten Forschung nicht verzichtet werden (Kap. 6). Diese Herausforderung wird gegenwärtig nicht angenommen. Die Ausgaben für Forschung und Entwicklung im Energiebereich sind seit Jahren rückläufig: Es werden derzeit in der OECD nur etwa 0,5% des Umsatzes für Forschungs- und Entwicklungs-Aufgaben aufgewendet, mit sinkender Tendenz. Ohne Forschung und Entwicklung werden z. B. die im exemplarischen Transformationspfad vorgesehenen hohen Zuwachsraten bei den erneuerbaren Energien nicht verwirklicht werden können. Dies gilt für alle Bereiche: von privaten Unternehmen bis zur staatlichen Förderung, von der Innovation bei erneuerbaren Energien bis zu fossilen Brückentechnologien. Nur bei dauerhaft hohen Investitionen in den Forschungs- und Entwicklungsbereich besteht eine Chance, dass Technologien für erneuerbare Energieträger und Maßnahmen zur Steigerung der Energieeffizienz mittel- und langfristig einen hohen Verbreitungsgrad bei niedrigen Kosten finden. Der WBGU empfiehlt, dass

- in den Industrieländern bis 2020 die direkten staatlichen Ausgaben für Forschung und Entwicklung im Energiebereich von etwa 1,3 Mrd. US-$ pro Jahr (OECD-Mittel 1990–1995) vor allem durch Umschichtungen mindestens verzehnfacht werden. Nur so können die hier skizzierten Aufgaben gelöst werden. Dies entspricht der Größenordnung nach etwa den Ausgaben, die in der EU im Mittel der 1980er Jahre allein für die Forschung zur Energiegewinnung aus Kernspaltung aufgewendet wurden. Der inhaltliche Schwerpunkt sollte dabei rasch von fossiler und nuklearer Energie auf erneuerbare Energien und Effizienzmaßnahmen verlagert werden;
- im UN-System ein „World Energy Research Coordination Programme" (WERCP) zur Bündelung nationaler Energieforschungsaktivitäten analog zum Weltklimaforschungsprogramm gegründet wird.

7.7 Institutionen globaler Energiepolitik bündeln und stärken

7.7.1 Koordinationsgremium gründen und Weltenergiecharta aushandeln

Die Integration der beiden Ziele „Erhalt natürlicher Lebensgrundlagen“ und „Beseitigung der Energiearmut“ erfordert ein koordiniertes Vorgehen auf globaler Ebene und damit die Bündelung internationaler Institutionen und Akteure. Der WBGU empfiehlt, das Institutionengefüge globaler Energiepolitik schrittweise und aufbauend auf bestehenden Organisationen, zu stärken und zu erweitern:

- Zunächst sollte auf der geplanten Weltkonferenz für Erneuerbare Energien in Deutschland 2004 eine „Weltenergiecharta“ vereinbart oder ausgehandelt werden. Diese sollte die wesentlichen Elemente der globalen Energiepolitik enthalten (Zielgrößen, Zeitpläne und zentrale Maßnahmen) und den relevanten Akteuren auf globaler Ebene als gemeinsame Handlungsgrundlage dienen.
- Zudem sollte auf dieser Konferenz ein „Globales Ministerforum für Nachhaltige Energie“ zumindest beschlossen, besser noch eingerichtet werden, dem die Koordination und Ausrichtung der relevanten Akteure und Programme unterstünde.
- Parallel dazu sollte bis 2008 ein „Multilaterales Energiesubventionsabkommen“ (MESA) ausgehandelt werden. Dadurch würden die Subventionen für fossile und nukleare Energieträger stufenweise abgebaut sowie Regeln für die Subventionierung erneuerbarer Energien und effizienterer Energietechnologien vereinbart.
- Ergänzend dazu sollte eine Gruppe gleich gesinnter fortschrittlicher Staaten als Vorreiter auf dem Weg zu einer nachhaltigen Energiepolitik auftreten. Für eine solche Führungsrolle käme die EU in Frage.
- Darauf aufbauend sollten die institutionellen Grundlagen einer nachhaltigen Energiepolitik durch die Bündelung von Kompetenzen auf globaler Ebene weiter gestärkt werden. Zu diesem Zweck sollte die Rolle des Energieministerforums ausgeweitet werden.
- Auf Grundlage der bis dahin gemachten Erfahrungen sollte bis etwa 2010 die Gründung einer „Internationalen Agentur für nachhaltige Energie“ (International Sustainable Energy Agency, ISEA) geprüft werden.

7.7.2 Politikberatung international verbessern

Die politische Umsetzung einer globalen Energiewende sollte – so wie die Klimaschutzpolitik – durch unabhängige wissenschaftliche Analysen kontinuierlich begleitet werden. Dazu empfiehlt der WBGU

- die Einrichtung eines „Intergovernmental Panel on Sustainable Energy (IPSE)“, um globaler Energietrends zu bewerten und von Handlungsoptionen aufzuzeigen.

7.8 Fazit: Politische Gestaltungsaufgabe jetzt wahrnehmen

Eine globale Energiewende – dies zeigt das vorliegende Gutachten – ist unverzichtbar, um die natürlichen Lebensgrundlagen der Menschheit zu schützen und die Energiearmut in den Entwicklungsländern zu beseitigen. Eine globale Energiewende zugunsten erneuerbarer Energien brächte auch eine Friedensdividende mit sich: Zum einen würde die Energiearmut in den Niedrigeinkommensländern gesenkt, zum anderen würde die geostrategische Bedeutung der Ölvorkommen langfristig deutlich vermindert.

Die Transformation der Energiesysteme ist ohne gravierende Eingriffe in die gesellschaftlichen und wirtschaftlichen Systeme der Industrie- und Transformationsländer möglich, wenn die Politik die Chance zur Gestaltung dieses Prozesses in den kommenden beiden Jahrzehnten nutzt. Die Kosten des Nichthandelns wären langfristig deutlich höher als die Einleitung der Energiewende. Mit jeder Verzögerung wird eine Umsteuerung immer schwieriger.

Die Richtung der Energiewende steht fest: Es muss sowohl die Energieeffizienz bei der Nutzung fossiler Energieträger gesteigert als auch der Einstieg in die Nutzung erneuerbarer Energien massiv gefördert werden. Dabei kommt es besonders darauf an, die Pfadabhängigkeit von fossilen Energieträgern schnell zu verringern. Langfristiges Ziel sollte die Anbahnung eines Solarzeitalters sein. Dabei sind sowohl dezentrale Lösungen als auch der Aufbau von internationalen Energietransportstrukturen gleichermaßen zu fördern.

Die Energiewende ist nach Ansicht des WBGU machbar. Sie auch finanzierbar, wenn neben der verstärkten Nutzung bestehender Mechanismen (z. B. GEF, ODA, Kredite von Weltbank und regionalen Entwicklungsbanken) sowie verbesserter Anreize für private Investoren (z. B. Public-Private Partnerships) auch die Diskussion um innovative Wege der

Finanzierung (z. B. Nutzungsentgelte für globale Gemeinschaftsgüter) vorangetrieben wird. Das ist die Botschaft des vorliegenden WBGU-Gutachtens. Es zeigt die wesentlichen Steuerungsmöglichkeiten einer solchen globalen Energiewende im Rahmen eines Transformationsfahrplans auf.

Eine Energiewende wird nicht mit einer einzigen, heute definierten Strategie erreicht werden können. Die weltweite Transformation der Energiesysteme wird nur gelingen, wenn sie schrittweise und dynamisch gestaltet wird, denn niemand kann heute die technischen, wirtschaftlichen und sozialen Entwicklungen der nächsten 50–100 Jahre hinreichend genau prognostizieren. Langfristige Energiepolitik ist daher auch ein Suchprozess. Die Politik steht in der Verantwortung, diesen schwierigen Suchprozess kraftvoll zu gestalten und zum Ziel zu führen.

Literatur 8

Ad Hoc Open-ended Intergovernmental Group of Experts on Energy and Sustainable Development (2001): Report of the Ad Hoc Open-ended Intergovernmental Group of Experts on Energy and Sustainable Development. Second Session 26 February-2 March 2001 (E/CN.17//2001/15). Internet: http://www.un.org/esa/sustdev/enrexpert.htm. New York: United Nations (UN).

AEBIOM – Association Européenne Pour la Biomasse (1999): Statement of AEBIOM on the Green Paper From the Commission on Renewable Sources of Energy. Internet: http://www.ecop.ucl.ac.be/aebiom/publications/Paper1.html. Louvain-la-Neuve, Belgien: AEBIOM.

Agence France Press (2002): Central Asia: World Bank Chief in Talks Over Pipeline. Paris: Agence France Press.

Andronova, N. G. und Schlesinger, M. E. (2001): Objective estimation of the probability density function for climate sensitivity. Journal of Geophysical Research 106, 22605-22611.

Angerer, G. (1995): Auf dem Weg zu einer ökologischen Stoffwirtschaft, Teil I: Die Rolle des Recyclings. GAIA 4 (2), 77–84.

Azar, C., Lindgren, K. und Persson, T. (2001): Carbon Sequestration from Fossil Fuels and Biomass – Long-term Potentials. Paper Presented at Second Nordig Minisymposium on Carbon Dioxide Capture and Storage. Goeteborg, October 26, 2001. Internet: http://www.entek.chalmers.se/-anly/symp/symp2001.html. Göteborg: Entek.

Bachu, S. (2000): Sequestration of CO_2 in geological media: criteria and approach for site selection in response to climate change. Energy Conversion and Management 41, 953–970.

Bächler, G., Böge, V., Klötzli, S., Libiszewski, S. und Spillmann, K. R. (1996): Kriegsursache Umweltzerstörung: Ökologische Konflikte in der Dritten Welt und Wege ihrer friedlichen Bearbeitung. Band 1. Chur, Zürich: Rüegger.

Baklid, A., Korbol, R. und Owren, G. (1996): Sleipner west CO_2 disposal, CO_2 injection into a shallow water underground aquifer. Society of Petroleum Engineers. Paper 36600.

Bates, J., Brand, C., Davison, P. und Hill, N. (2001): Economic Evaluation of Sectoral Emission Reduction Objectives for Climate Change. Economic Evaluation of Emissions Reductions in the Transport Sector of the EU. Bottom-up Analysis. Abingdon: AEA Technology Environment.

Batley, S. L., Colbourne, D., Fleming, P. D. und Urwin, P. (2000): Citizen versus consumer: challenges in the UK green power market. Energy Policy 29, 479–487.

Bauer, M. und Quintanilla, J. (2000): Conflicting energy, environment, economy policies in Mexico. Energy Policy 28, 321–326.

Beauchamp, E. G. (1997): Nitrous oxide emission from agricultural soils. Canadian Journal of Soil Science 77, 113–123.

Behera, D., Sood, P. und Singhi, S. (1998): Respiratory symptoms in Indian children exposed to different cooking fuels. JAPI 46 (2), 182–184.

Bell, R. G. (2002): Are market-based instruments the right choice for countries in transition? Resources for the Future (146), 12–14.

BfN – Bundesamt für Naturschutz (Hrsg.) (2002): Daten zum Naturschutz. Bonn: BfN.

BGR – Bundesanstalt für Geowissenschaften und Rohstoffe (Hrsg.) (1998): Reserven, Ressourcen und Verfügbarkeit von Energierohstoffen. Hannover: BGR.

BGR – Bundesanstalt für Geowissenschaften und Rohstoffe (2000): Geht die Kohlenwasserstoff-Ära zu Ende? Internet: http://www.bgr.de/b123/kw_aera/kw_aera.htm. Hannover: BGR.

Bharati, K., Mohanty, S. R., Rao, V. R. und Adhya, T. K. (2001): Influence of flooded and non-flooded conditions on methane flux from two soils planted to rice. Chemosphere - Global Change Science 3, 25–32.

BMBF – Bundesministerium für Bildung und Forschung (1995): Wasserstoff als Energieträger – Ergebnisse der Forschung der letzten 20 Jahre und Ausblick auf die Zukunft. Bericht zum Statusseminar. Berlin: BMBF Projektträger BEO.

BMU – Bundesministerium für Umwelt, Naturschutz und Reaktorsicherheit (Hrsg.) (2000): Nationales Klimaschutzprogramm. Fünfter Bericht der Interministeriellen Arbeitsgruppe „CO_2-Reduktion". Berlin: BMU.

BMU – Bundesministerium für Umwelt, Naturschutz und Reaktorsicherheit (Hrsg.) (2002a): Entwicklung der Erneuerbaren Energien – Aktueller Sachstand. Bonn: BMU.

BMU – Bundesministerium für Umwelt, Naturschutz und Reaktorsicherheit (Hrsg.) (2002b): Erneuerbare Energien und nachhaltige Entwicklung. Berlin: BMU.

BMU – Bundesministerium für Umwelt, Naturschutz und Reaktorsicherheit (Hrsg.) (2002c): Ökologische Begleitforschung zur Offshore-Windenergienutzung. Fachtagung des Bundesministeriums für Umwelt, Naturschutz und Reaktorsicherheit und des Projektträgers Jülich. Bremerhaven 28. und 29. Mai 2002. Berlin: BMU.

BMZ – Bundesministerium für wirtschaftliche Zusammenarbeit und Entwicklung (1999): Erneuerbare Energie für nachhaltige Entwicklung und Klimaschutz. Bonn, Berlin: BMZ.

Boman, U. R. und Turnbull, J. H. (1997): Integrated biomass energy systems and emissions of carbon dioxide. Biomass and Bioenergy 13, 333–343.

Bond, G. und Carter, L. (1995): Financing energy projects. Experience of the International Finance Corporation. Energy Policy 23, 967–975.

Bosch, H.-S. und Bradshaw, A. M. (2001): Kernfusion als Energiequelle der Zukunft. Physikalische Blätter (November), 55–60.

Boyd, P. W., Watson, A. J., Law, C. S., Abraham, E. R., Trull, T., Murdoch, R., Bakker, D. C. E., Bowie, A. R., Büßeler, K. O., Chang, H., Charette, M., Croot, P., Downing, K., Frew, R., Gall, M., Hadfield, M., Hall, J., Harvey, M., Jameson, G., LaRoche, J., Liddicoat, M., Ling, R., Maldonado, M. T., McKay, R. M., Nodder, S., Pickmere, S., Pridmore, R., Rintoul, S., Safi, K., Sutton, P., Strzepek, R., Tanneberger, K., Turner, S., Waite, T. und Zeldis, A. (2000): A mesoscale phytoplankton bloom in the polar Southern Ocean stimulated by iron fertilization. Nature 407, 695–702.

Börjesson, P., Gustavson, L., Christersson, L. und Linder, S. (1997): Future production and utilisation of biomass in Sweden: Potentials and CO_2 mitigation. Biomass and Bioenergy 13, 399–412.

Brauch, H. G. (1998): Klimapolitik der Schwellenstaaten Südkorea, Mexiko und Brasilien. Mosbach: Afes-Press Report.

Brockmann, K. L., Stronzik, M. und Bergmann, H. (1999): Emissionsrechtehandel – Eine neue Perspektive für die deutsche Klimapolitik nach Kioto. Heidelberg: Physica.

Brown, C. E. (2002): World Energy Resources. Berlin, Heidelberg, New York: Springer.

Bruce, N., Perez-Padilla, R. und Albalak, R. (2000): Indoor air pollution in developing countries: a major environmental and public health challenge. Bulletin of the WHO 78 (9), 1078 ff.

Bruckner, T., Petschel-Held, G., Toth, F. L., Füßel, H. M., Helm, C., Leimbach, M. und Schellnhuber, H. J. (1999): Climate change decision report and the tolerable windows approach. Environmental Modelling and Assessment 4, 217–234.

BTM Consult (2001): World Market Update 2000. Ringkøbing: BTM Consult.

Bundesverband Windenergie (2001): Von A bis Z - Fakten zur Windenergie.

Bunn, G. (2002): Reducing the Threat of Nuclear Theft and Sabotage. IAEA Diskussionspapier, IAEA-SM-367/4/08. Wien: International Atomic Energy Agency (IAEA).

Burger, A. und Hanhoff, I. (2002): Unterwegs in die nächste Dimension. Kassensturz – Strukturwandel durch Ökologische Finanzreform. Politische Ökologie (77–78), 15–18.

CEFIR – Center for Economic and Financial Research und Club 2015 (2001): Russia in the WTO: Myths and Reality. Internet: http://www.hhs.se/site/Publications/WTO-report_0907.pdf. Stockholm: Stockholm School of Economics: CEFIR, Club 2015.

CENR – Committee on Energy and Natural Resources for Development (2000): Financial Mechanisms and Economic Instruments to Speed up the Investment in Sustainable Energy Development. Internet: http://www.un.org/esa/sustdev/energy/cenr/e_c14_2000_1.pdf. New York: United Nations Economic and Social Council.

CESCR – Comittee on Economic Social and Cultural Rights (1991): The Right to Adequate Housing (Art. 11 (1): CESCR General Comment 4). Internet: http://www.unhchr.ch. New York: UNHCHR.

Chen, H., Zhou, H. und Ma, S. (2002): Brightness Program and its Progress. Peking: Unveröffentlichtes Manuskript.

Chisholm, S. W., Falkowski, P. G. und Cullen, J. J. (2001): Discrediting ocean fertilization. Science 249, 309–310.

Ciais, P., Rasool, I., Steffen, W., Raupach, M., Donney, S., Hood, M., Heinze, C., Sabine, C., Hibbard, K. und Cihlar, J. (2003): The carbon conservation challenge. In: Integrated Global Observing Strategy (IGCO) (Hrsg.): Carbon Theme Report 2003. Paris: IGCO.

Clark, A. (2001): Implications of power sector reform in South Africa on poor people's access to energy: lessons for Africa. In: United Nations Environment Programme (UNEP) (Hrsg.): African High-level Regional Meeting on Energy and Sustainable Development. Nairobi: UNEP, 127–135.

Cnossen, S. und Vollebergh, H. R. J. (1992): Toward a global excise on carbon. National Tax Journal 35 (1), 23–36.

Coles, S. L. (2001): Coral bleaching: what do we know and what can we do? In: Salm, R. V. und Coles, S. L. (Hrsg.): Coral Bleaching and Marine Protected Areas. Proceedings of the Workshop on Mitigating Coral Bleaching Impact Through MPA Design, Honolulu, Hawaii, 29–31 May 2001. Asia Pacific Coastal Marine Program Report 0102. Honolulu: The Nature Conservancy, 25–35.

COM (2000): EU Policies and Measures to Reduce Greenhouse Gas Emissions: Towards a European Climate Change Programme (ECCP), Mitteilung der EU Kommission, Brüssel, COM(2000)88. Brüssel: EU-Kommission.

Cook, J. H., Beyea, J. und Keeler, K. H. (1991): Potential impacts of biomass production in the United States on biological diversity. Annual Review of Energy and the Environment 16, 401–431.

Cook, I., Marbach, G., Di Pace, L., Girard, C. und Taylor, N. P. (2001): Safety and Environmental Impact of Fusion. European Fusion Development Agreement (EFDA) Report EFDA-S-RE-1. EUR (01) CCE-FU\FTC 8\5. Brüssel: EFDA.

Copeland, B. und Taylor, M. (2000): Free trade and global warming: a trade theory view of the Kyoto protocol. National Bureau of Economic Research (NBER) Working Paper Series 7657. Cambridge, MA: Cambridge University Press.

Cottier, T. und Evtimov, E. (2000): Präferenzielle Abkommen der EG: Möglichkeiten und Grenzen im Rahmen der WTO. ZEuS 4, 477–505.

CRED – The Centre for Research on the Epidemiology of Disasters (2003): Disaster Profiles. Internet: http://www.cred.be/emdat/disindex.htm. Brüssel: CRED.

CSE – Centre for Science and Environment (2001): Poles Apart. Global Environmental Negotiations No. 2. New Delhi: CSE.

Davidson, O. und Sokona, Y. (2001): Energy and sustainable development: key issues for Africa. In: United Nations Environment Programme (UNEP) (Hrsg.): African High-level Regional Meeting on Energy and Sustainable Development. Nairobi: UNEP, 1–19.

DeLallo, M. R., Buchanan, T. L., White, J. S., Holt, N. A. und Wolk, R. H. (2000): Evaluation of innovative fossil cycles incorporating CO_2 removal. Paper presented on the Gasification Technologies Conference, San Francisco California. Internet: www.gasification.org/98GTC/Gtc00360.pdf. Arlington, VA: Gasification Technologies Council.

Deutsche Bank Research (2001): Hoffnungsträger Erneuerbare Energien. DBR: Aktuelle Themen (195), 1–10.

de Vries, B., Bollen, J., Bouwan, L., den Elzen, M., Janssen, M. und Kreileman, E. (2000): Greenhouse gas emissions in an equity-, environment- and service-oriented world: an IMAGE-based scenario for the 21st century. Technological Forecasting & Social Change 63 (2–3), 137–174.

DFID – Department for International Development (Hrsg.) (2002): Energy for the Poor. Underpinning the Millenium Development Goals. London: DFID.

Dixon, J. A., Talbot, L. M. und Le Moigne, G. J. M. (1989): Dams and the Environment: Considerations in World Bank Projects. World Bank Technical Paper 110. Washington, DC: World Bank.

DLR – Deutsche Gesellschaft für Luft- und Raumfahrt und DIW – Deutsches Institut für Wirtschaftsforschung (1990): Bedingungen und Folgen von Aufbaustrategien für eine solare Wasserstoffwirtschaft. Untersuchung für die Enquete-Kommission Technikfolgenabschätzung und –Bewertung des Dt. Bundestages. Bonn: DLR, DIW.

Drange, H., Alendal, G. und Johannessen, O. M. (2001): Ocean release of fossil fuel CO_2: A case study. Geophysical Research Letters 28 (1), 2637–2640.

Dreier, T. und Wagner, U. (2000): Perspektiven einer Wasserstoffwirtschaft. Brennstoff Wärme Kraft (BWK) 12, 52.

Dröge, S. und Trabold, H. (2001): Umweltbezogene Verhaltenskodizes für ausländische Direktinvestitionen: Möglichkeiten und Grenzen. DIW-Arbeitspapier. Internet: http://www.diw.de. Berlin: Deutsches Institut für Wirtschaftsforschung (DIW).

Duijm, B. (1998): Das Europäische System der Zentralbanken - ein Modell für ein Europäisches Kartellamt? Zeitschrift für Wirtschaftspolitik 47 (2), 123–141.

Dunkerley, J. (1995): Financing the energy sector in developing countries. Context and overview. Energy Policy (23), 929–939.

Dwinnell, J. H. (1949): Principles of Aerodynamics. New York: McGraw-Hill.

EBRD – European Bank for Reconstruction and Development (Hrsg.) (2001): Transition Report 2001. Energy in Transition. London: EBRD.

ECMT – European Conference of Ministers of Transport (Hrsg.) (2001): Sustainable Transport Policies. Paris: ECMT.

Edenhofer, O., Kriegler, E. und Bauer, N. (2002): Szenarien zum Umbau des Energiesystems. Externes Gutachten für den WBGU. Unveröffentlichtes Manuskript.

EEA – European Environment Agency (Hrsg.) (2001): TERM 2001. Indicators Tracking Transport and Environment Integration in the European Union. Kopenhagen: EEA.

EIA – Energy Information Administration (2000): The Changing Structure of the Electric Power Industry 2000: An Update. Internet: http://www.eia.doe.gov/bookshelf/electric.html. Washington, DC: EIA.

EIA – Energy Information Administration (2001): International Energy Outlook 2001. Internet: http://www.eia.doe.gov/oiaf/ieo/index.html. Washington, DC: EIA.

EIA – Energy Information Administration (2002): Country Brief: Brazil. Internet: http://www.eia.doe.gov/emeu/cabs/brazil.html. Washington, DC: EIA.

Energy Charter Secretariat (2000): Work Programme 2001. Internet: http://www.encharter.org/cDetail.jsp?contendID=6&topicID=13. Brüssel: Energy Charter Secretariat.

Energy Star Australia (2002): Promoting Energy Star. Internet: http://www.energystar.gov.au/promo.html. Canberra: Australian Government.

Enquete-Kommission „Schutz der Erdatmosphäre" (Hrsg.) (1995): Klima und Mobilität. Bonn: Economica.

Enquete-Kommission "Nachhaltige Energieversorgung unter den Bedingungen der Globalisierung und der Liberalisierung" (Hrsg.) (2001): Erster Bericht der Enquete-Kommission. Teilbericht zu dem Thema Nachhaltige Energieversorgung auf liberalisierten und globalisierten Märkten: Bestandsaufnahme und Ansatzpunkt. Bundestags-Drucksache 14/7509. Berlin: Deutscher Bundestag.

Enquete-Kommission „Nachhaltige Energieversorgung unter den Bedingungen der Globalisierung und der Liberalisierung" (Hrsg.) (2002): Endbericht der Enquete-Kommission. Bundestags-Drucksache 14/9400. Berlin: Deutscher Bundestag.

Erdmann, G. (2001): Energiekonzepte für das 21. Jahrhundert. Internationale Politik 56 (1), 3–10.

ESMAP – Energy Sector Management Assistance Programme (1998): Malawi Rural Energy and Institutional Development. Washington, DC: ESMAP.

ESMAP – Energy Sector Management Assistance Programme (1999): Uganda Rural Electrification Strategy Study. Final Report. Washington, DC: ESMAP.

ESMAP – Energy Sector Management Assistance Programme (2000): Subsidies and Sustainable Rural Energy Services: Can We Create Incentives Without Distorting Markets? Internet: http://www.worldbank.org/html/fpd/esmap/pdfs/010-00-subs_services.pdf. Washington, DC: World Bank.

ESMAP – Energy Sector Management Assistance Programme (2001): Best Practice Manual: Promoting Decentralized Electrification Investment. Internet: http://www.worldbank.org/html/fpd/esmap/publication/bestpractice.html. Washington, DC: ESMAP.

Espey, S. (2001): Internationaler Vergleich energiepolitischer Instrumente zur Förderung von regenerativen Energien in ausgewählten Industrieländern. Norderstedt: Books on Demand.

Esty, D. C. (1995): Private Sector Foreign Investment and the Environment. RECIEL 4, 99-105.

ETH-Rat (1998): 2000 Watt-Gesellschaft - Modell Schweiz Strategie Nachhaltigkeit im ETH-Bereich. Internet: http://www.novatlantis.ch/projects/2000W/brochure/resources/pdf/ge_brochure.pdf. Zürich: ETH Wirtschaftsplattform.

ETSU – Renewable and Energy Efficiency Organisation (1998): A Structured State-of-the-Art Survey and Review. FANTASIE Contract No. ST-96-AM-1109, Deliverable 8. Internet: http://www.etsu.com/fantasie/public.html. Oxfordshire: ETSU.

EU-Kommission (1998): Energie für die Zukunft: Erneuerbare Energieträger. Weißbuch für eine Gemeinschaftsstrategie und Aktionsplan. Brüssel: Kommission der Europäischen Gemeinschaften.

EU-Kommission (1999a): Elektrizität aus erneuerbaren Energieträgern und der Elektrizitätsbinnenmarkt. Arbeitsdokument der Kommission, 14.4.1999; SEK (1999)470 endg. Brüssel: EU-Kommission.

EU-Kommission (1999b): Energy in Europe. Economic Foundations for Energy Policy. Special Issue: December 1999. Internet: http://www.shared-analysis.fhg.de/Publ-fr.htm. Brüssel: EU-Kommission.

EU-Kommission (Hrsg.) (2000a): Grünbuch – Hin zu einer Strategie für Energieversorgungssicherheit. Brüssel: EU-Kommission.

EU-Kommission (2000b): Nukleare Sicherheit in den Neuen Unabhängigen Staaten und den mittel- und osteuropäischen Ländern. Internet: http://www.europa.eu.int/scaplus/leg/de/lvb/127036.htm. Brüssel: EU-Kommission.

EU-Kommission (2001a): Energy & Transport in Figures. Internet: http://www.europa.eu.int/comm/energy_transport/etif/index.html. Brüssel. EU-Kommission.

EU-Kommission (2001b): Förderung der Stromerzeugung aus erneuerbaren Energiequellen (Förderung des EE-Stroms). Internet: http://www.europa.eu.int/comm/energy/library/renouvelables-de.pdf. Brüssel: EU-Kommission.

EU-Kommission (2001c): White Paper. European Transport Policy for 2010: Time to Decide. Internet: http://europa.eu.int/comm/energy_transport/en/lb_en.html. Brüssel: EU-Kommission.

EU-Kommission (Hrsg.) (2001d): Directive of the European Parliament and of the Council of 27 September 2001 on the Promotion of Electricity Produced from Renewable Energy Sources in the Internal Electricity Market. Official Journal of the European Communities 2001/77/EC, L 283/33-40. Brüssel: EU-Kommission.

EU-Kommission (2002): Mitteilung der Kommission an den Rat und das Europäische Parlament: Halbzeitbewertung der Gemeinsamen Agrarpolitik. Brüssel: Europäische Kommission.

EU-Kommission (Hrsg.) (2003): Directive 2002/91/EC of the European Parliament and of the Council of 16 December 2002 on the energy performance of buildings. Official Journal of the European Communities L 1/65, 4.1.2003. Brüssel: EU-Kommission.

EU-Parlament (2001): Possible Toxic Effects From the Nuclear Reprocessing Plants at Sellafield (UK) and Cap de La Hague (France). Bericht des STOA, PE. Nr. 303.110. Luxemburg: EU-Parlament.

EUREC Agency (Hrsg.) (2002): The Future for Renewable Energy. London: James & James.

Eurostat (2002): UN-Weltgipfel für nachhaltige Entwicklung - 6% des Energieverbrauchs in der EU entfällt auf erneuerbare Energieträger. Internet: http://europa.eu.int/comm/eurostat/Public/datashop/print-product/DE?catalogue=Eurostat&product=8-23082002-DE-AP-DE&mode=download. Brüssel: Statistisches Amt der Europäischen Gemeinschaften.

FAO – Food and Agriculture Organisation (2002): FAOSTAT Statistical Database. Internet: http://apps.fao.org/default.htm. Rom: FAO.

FAO – Food and Agriculture Organisation Land and Plant Nutrition Management Service (2002): TERRASTAT Land-resource Potential and Constraints Statistics at Country and Regional Level. Internet: http://www.fao.org/ag/agl/agll/terrastat/. Rom: FAO.

Fearnside, P. M. (1995): Hydroelectric Dams in the Brazilian Amazon as Sources of „Greenhouse" Gases. Environmental Conservation 22 (1), 7–19.

Fearnside, P. M. (1997): Greenhouse-gas emissions from Amazonian hydroelectric reservoirs: the example of Brazil's Tucurui Dam as compared to fossil fuel alternatives. Environmental Conservation 24 (1), 64–75.

Feldmann, G. C. und Gradwohl, J. (1996): Oil Pollution. Cambridge, MA: Smithsonian Institution.

fesa – Förderverein Energie- und Solaragentur Freiburg (2002): Land- und forstwirtschaftliche Biomasse zur Energiegewinnung. Freiburg: fesa.

Fischedick, M., Nitsch, J., Lechtenböhmer, S., Hanke, T., Barthel, C., Jungbluth, C., Assmann, D., vor der Brüggen, T., Trieb, F., Nast, M., Langniß, O. und Brischke, L.-A. (2002): Langfristszenarien für eine nachhaltige Energieversorgung in Deutschland. Forschungsvorhaben für das Umweltbundesamt. Berlin: Umweltbundesamt (UBA).

Fischer, G. und Schrattenholzer, L. (2001): Global bioenergy potentials through 2050. Biomass and Bioenergy 20, 151–159.

Fischer, G., van Velthuizen, H., Shah, M. und Nachtergäle, F. O. (2001): Global Agro-ecological Assessment for Agriculture in the 21st Century. Laxenburg, Rom: IIASA, FAO.

Fischer, G., van Velthuizen, H., Shah, M. und Nachtergäle, F. O. (2002): Global Agro-ecological Assessment for Agriculture in the 21st Century: Methodology and Results. Laxenburg, Rom: IIASA, FAO.

Fleig, J. (Hrsg.) (2000): Zukunftsfähige Kreislaufwirtschaft. Mit Nutzenverkauf, Langlebigkeit und Aufarbeitung ökonomisch und ökologisch wirtschaften. Stuttgart: Schäffer-Poeschel.

FNR – Fachagentur Nachwachsende Rohstoffe (Hrsg.) (2000): Leitfaden Bioenergie - Planung, Betrieb und Wirtschaftlichkeit von Bioenergieanlagen. Gülzow: FNR.

Forest, C. E., Stone, P. H., Sokolov, A. P., Allen, M. R. und Webster, M. D. (2002): Quantifying in climate system properties with the use of recent climate observations. Science 295, 113–117.

Freibauer, A. (2002): Biogenic Greenhouse Gas Emissions from Agriculture in Europe - Quantification and Mitigation. Agrarwissenschaften II (Agrarökonomie, Agrartechnik und Tierproduktion). Hohenheim: Institut für Landwirtschaftliche Betriebslehre (410b) der Universität Hohenheim.

Freibauer, A., Rounsevell, M. D. A., Smith, P. und Verhagen, J. (2002): Background Paper on Carbon Sequestration in Agricultural Soils under Article 3.4 of the Kyoto Protocol. European Climate Change Programme(ECCP), Working Group Agriculture, Subgroup Soils. Brüssel: Europäische Kommission.

Freund, R. (2002): Einspar-Contracting bei Gemeindegebäuden. Energiewirtschaftliche Tagesfragen 52 (7), 472–475.

Fritsche, U. R. und Matthes, F. C. (2002): Changing Course. A Contribution to a Global Energy Strategy (GES). External Review Draft. Berlin: Heinrich-Böll-Stiftung.

Froggart, A. (2002): World Nuclear Industry Status Report. Studie im Auftrag von Greenpeace International. Amsterdam: Greenpeace International.

G8 Renewable Energy Task Force (2001): Final Report. Internet: http://www.renewabletaskforce.org/report.asp. G8.

Gattuso, J. P., Allemand, D. und Frankignolle, M. (1999): Photosynthesis and calcification at cellular, organismal, and community levels in coral reefs: a review on interactions and control by carbonate chemistry. Am. Zool. 39, 160–183.

GEF – Global Environment Facility (2000): GEF Programmes. Internet: http://www.gefweb.org/PROGLIST.pdf. Washington, DC: GEF.

Gerling, P. und May, F. (2001): Stellungnahme vor der Enquete-Kommission Nachhaltige Energieversorgung des Deutschen Bundestages. Internet: http://www.bundestag.de/gremien/ener/ener_stell_gerl.pdf. Berlin: Deutscher Bundestag.

Ghosh, S. (2002): Electricity consumption and economic growth in India. Energy Policy 30, 125–129.

Göttlicher, G. (1999): Energetik der Kohlendioxidrückhaltung in Kraftwerken. Fortschritt-Berichte VDI zur Energietechnik. Düsseldorf: VDI-Verlag.

Goldemberg, J. (1996): A note on the energy intensity of developing countries. Energy Policy 24, 759–761.

Goldemberg, J. (2001): Energy and Human Well Being. HDRO-Human Development Office. Internet: http://www.undp.org/hdro/occ.htm#2. New York: UNDP.

Golob, T. F. und Regan, A. C. (2001): Impacts of information technology on personal travel and commercial vehicle operations: research challenges and opportunities. Transportation Research, Part C, Emerging Technologies 9, 87–121.

Goor, F., Dubuisson, X. und Jossart, J.-M. (2000): Adäquation, impact environnemental et bilan d'énergie de quelques cultures énergétiques en Belgique. Cahiers Agricultures 9, 59–64.

Goulder, L. H. (1995): Environmental taxation and the double dividend: a readers' guide. International Tax and Public Finance 2, 157–183.

Goulder, L. und Mathai, K. (2000): Optimal CO_2 abatement in the presence of induced technological change. Journal of Environmental Economics and Management 39, 1-38.

Graham, R. L., Downing, M. und Walsh, M. E. (1996): A framework to assess regional environmental impacts of dedicated energy crop production. Environmental Management 20, 475–485.

Grassi, G. (1999): Modern bioenergy in the European Union. Renewable Energy 16, 985–990.

Green, M. J. B. und Paine, J. (1997): State of the World's Protected Areas at the End of the Twentieth Century. Paper presented at IUCN World Commission on Protected Areas Symposium on Protected Areas in the 21st Century: From Islands to Networks. Albany, Australia, 24-29th November 1997. Cambridge, UK: World Conservation Monitoring Centre (WCMC).

Green, M. A., Emery, K., King, D. L., Igari, S. und Warta, W. (2002): Progress in Photovoltaics. Research and Applications 10, 55–61.

Greenpeace (Hrsg.) (2002): Große Tankerkatastrophen 1967–2002. Internet: http://www.greenpeace.org/deutschland/fakten/klima/erdoel---gefahr-fuer-die-umwelt/große-tankerkatastrophen-1967–2001. Amsterdam: Greenpeace.

Greiner, S., Großmann, H., Koopmann, G., Matthies, K., Michaelowa, A. und Steger, S. (2001): WTO-/GATT-Rahmenbedingungen und Reformbedarf für die Energiepolitik sowie die Rolle der Entwicklungspolitik im Kontext einer außenhandels- und klimapolitischen Orientierung. Gutachten im Auftrag der Enquete-Kommission „Nachhaltige Energieversorgung“ des Deutschen Bundestages. Hamburg: Hamburg Institute of International Economics (HWWA).

Grimston, M. C., Karakoussis, V., Fouquet, R., van der Vorst, R., Pearson, P. und Leach, M. (2001): The European and global potential of carbon dioxide sequestration in tackling climate change. Climate Policy 1, 155–171.

Gröger, K. (2000): Structural Fiscal Measures and Electronic Tolling. The German Experience. ECMT Joint Conference on Smart CO_2 Reductions. Non-product Measures for Reducing Emissions from Vehicles, TURIN 2-3 March 2000. Internet: http://www1.oecd.org/cem/Topics/env/CO2turin/CO2groeger.pdf. Paris: OECD.

Groscurth, H., Beeck, H. und Zisler, S. (2000): Erneuerbare Energien im liberalisierten Markt. Elektrizitätswirtschaft 99 (24), 26–32.

Grupp, M., Bergler, H., Biermann, E., Klingshirn, A., de Lange, E. und Wentzel, M. (2002): Solar Cooker Field Test in South Africa – Phase 2 - Memo: Greenhouse Gas (GHG) Emissions by Different Cooking Fuels and the Potential GHG Impact of Solar Stoves - Draft 2. Eschborn: GTZ, DME.

Gsänger, S. (2001): Germany's EEG goes global. New Energy 2, 36–38.

GTZ – Gesellschaft für Technische Zusammenarbeit (1998): GTZ Microfinance-Multinationals: Microfinance-Netzwerke und Geberinitiativen im Überblick. Internet: http://www.gtz.de/themen/ebene3.asp?Thema=112&ProjectId=212&Reihenfolge=5&spr=1. Eschborn: GTZ. Microfinance Operations. Division 41.

Gupta, J., Vlasblom, J. und Kroeze, C. (2001): An Asian Dilemma: Modernising the Electricity Sector in China and India in the Context of Rapid Economic Growth and the Concern for Climate Change. Report number E-01/04. Amsterdam, Wageningen: Dutch National Research Programme on Global Air Pollution and Climate Change (NOP).

Hall, D. O. und House, J. I. (1995): Biomass energy in Western Europe to 2050. Land Use Policy 12, 37–48.

Halsnaes, K., Markandya, A., Sathaye, J., Boyd, R., Hunt, A. und Taylor, T. (2001): Transport and the Global Environment. Accounting for GHG Reductions in Policy Analysis. Internet: http://www.uccee.org/OverlaysTransport/TransportGlobalOverlays.pdf. Roskilde, Dänemark: UNEP Collaborating Centre on Energy and Environment.

Hamacher, T. und Bradshaw, A. M. (2001): Fusion as a Future Power Source: Recent Achievements and Prospects. Proceedings of the 18th World Energy Congress. Buenos Aires: World Energy Congress.

Hanegraaf, M. C., Biewinga, E. E. und van der Bijl, G. (1998): Assessing the ecological and economic sustainability of energy crops. Biomass and Bioenergy 15 (4–5), 345–355.

Hebling, C., Glunz, S. W., Schumacher, J. O. und Knobloch, J. (1997): High-Efficiency (19.2%) Silicon Thin-Film Solar Cells with Interdigitated Emitter and Base Front-Contacts. 14th European Photovoltaic Solar Energy Conference, Barcelona. Bedford: Stephens.

Hein, M., Meusel, M., Baur, C., Dimroth, F., Lange, G., Siefer, G., Tibbits, T. N. D., Bett, A. W., Andreev, V. M. und Rumyantsev, V. D. (2001): Characterisation of a 25% high-efficiency fresnel lens module with GaInP/GaInAs dual-junction concentrator solar cells. Proceedings of the 17th EU-PVSEC Munich (eingereicht).

Hendricks, C. A. und Turkenburg, W. C. (1997): Towards Meeting CO_2 Emission Targets: The Role of Carbon Dioxide Removal. IPTS Report 16, 13–21.

Hendriks, C. A., Wildenborg, A. F. B., Blok, K., Floris, F. und van Wees, J. D. (2001): Costs of Carbon Dioxide Removal by Underground Storage. In: Williams, D., Durie, B., MacMullan, P., Paulson, C. und Smith, A. (Hrsg.): Proceedings of the 5th International Conference on Greenhouse Gas Control Technologies. Collingwood: CSIRO Publishing, 967–972.

Herzog, H. (2001): What future for carbon capture and sequestration? Environmental Science and Technology 35, 148A–153A.

Hoegh-Guldberg, O. (1999): Climate change, coral bleaching and the future of the world's coral reefs. Marine and Freshwater Research (50), 839–866.

Hoffert, M. I., Caldeira, K. und Jain, A. K. (1998): Energy implications of future stabilization of atmospheric CO_2 content. Nature 395, 881–884.

Holloway, S. (1997): Safety of the underground disposal of carbon dioxide. Energy Conversion and Management 38 (Supplement), 241–245.

Holm, D. (2000): Interventions and Cost Savings in Environmentally Sound Low-Cost Energy Efficient Housing Study for USAID. Washington, DC: The United Nations Energy for International Development (USAID).

Horlacher, H.-B. (2002): Globale Potenziale der Wasserkraft. Externes Gutachten für den WBGU: Unveröffentlichtes Manuskript.

Horta, K., Round, R. und Young, Z. (2002): The Global Environmental Facility. The First Ten Years – Growing Pains or Inherent Flaws. Internet: http://www.halifaxinitiative.org/hi.php/Publications/333. Halifax, Kanada: Halifax Initiative.

Hu, P. S. (1997): Estimates of 1996 U.S. Military Expenditures on Defending Oil Supplies from the Middle East: Literature Review. Revised August. Internet: http://www-cta.ornl.gov/Publications/military.pdf. Oak Ridge, TN: Oak Ridge National Laboratory for the U.S. Energy Department.

Hulscher, W. (1997): Renewable Energy in Thailand. Internet: http://www.rwedp.org/acrobat/p_carbon.pdf. Rom: FAO Regional Wood Energy Development Programme in Asia (RWEDP).

Huynen, M. und Martens, P. (2002): Future Health. The Health Dimension in Global Scenarios. Maastricht: ICIS, Maastricht University.

IABG – Industrieanlagen-Betriebsgesellschaft mbH (Hrsg.) (2000a): FANTASIE „Synthesis of Impact Assessment and Potentials". Project Funded by the European Commission Under the Transport RTD Programme of the 4th Framework Programme. Internet: http://www.etsu.com/fantasie/fantasie.htm Ottobrunn: IABG.

IABG – Industrieanlagen-Betriebsgesellschaft mbH (Hrsg.) (2000b): FANTASIE „Forecasting and Assessment of New Technologies and Transport Systems an their Impacts on the Environment". Final Report. Project funded by the European Commission under the Transport RTD Programme of the 4th Framework Programme. Internet: http://www.etsu.com/fantasie/fantasie.htm. Ottobrunn: IABG.

IAEA – International Atomic Energy Agency (1998): Technical Basis for the ITER Final Design Report, Cost Review and Safety Analysis (FDR). ITER EDA Documentation Series No. 16. Wien: IAEA.

IAEA – International Atomic Energy Agency (2001): Final Report of the ITER EDA, ITER EDA Documentation Series No. 21. Wien: IAEA.

ICOLD – International Commission on Large Dams (1998): World Register of Dams. Paris: ICOLD.

ICRP - International Commission on Radiological Protection (Hrsg.) (1991): Recommendations of the International Commission on Radiological Protection. Annals of the ICRP. Oxford, New York: Pergamon Press.

IEA – International Energy Agency (Hrsg.) (1997): Transport, Energy and Climate Change. Paris: IEA.

IEA – International Energy Agency (Hrsg.) (1998): Technical Basis for the ITER Final Design Report. Cost Review and Safety Analysis (FDR). Wien: IEA.

IEA – International Energy Agency (Hrsg.) (1999): World Energy Outlook 1999. Looking at Energy Subsidies: Getting the Prices Right. Paris: OECD, IEA.

IEA – International Energy Agency (2000): Energy Technology and Climate Change - A Call to Action. Paris: IEA.

IEA – International Energy Agency (Hrsg.) (2001a): Competition in Electricity Markets. Paris: IEA.

IEA – International Energy Agency (Hrsg.) (2001b): World Energy Outlook 2000. Paris: OECD, IEA.

IEA – International Energy Agency (Hrsg.) (2001c): Things That Go Blip In the Night - Standby Power and How to Limit it. Paris: IEA.

IEA – International Energy Agency (Hrsg.) (2002a): Russia Energy Survey 2002. Paris: OECD, IEA.

IEA – International Energy Agency (Hrsg.) (2002b): Energy Policies of IEA Countries: The United States 2002 Review. Paris: IEA.

IEA – International Energy Agency (Hrsg.) (2002c): World Energy Outlook 2002. Paris: IEA.

IEA – International Energy Agency (Hrsg.) (2003): World Energy Outlook 2003. Insights: Global Energy Investment Outlook. Paris: IEA (noch nicht erschienen).

IfE/TU München (2003): Lehrstuhl für Energiewirtschaft und Kraftwerkstechnik der Technischen Universität München. Vorlesungsunterlagen.

IFRC-RCS – International Federation of Red Cross und RCS – Red Crescent Societies (2001): World Disasters Report. Genf: IFRC-RCS.

IPCC – Intergovernmental Panel on Climate Change (Hrsg.) (1996): Climate Change 1995. Impacts, Adaptations and Mitigation of Climate Change: Scientific Technical Analyses. Contribution of Working Group II to the Second Assessment Report of the IPCC. Cambridge, New York: Cambridge University Press.

IPCC – Intergovernmental Panel on Climate Change (Hrsg.) (2000a): Land Use, Land-use Change, and Forestry. Cambridge: Cambridge University Press.

IPCC – Intergovernmental Panel on Climate Change (2000b): Emissions Scenarios. Special Report of Working Group III of the IPCC. Genf: IPCC.

IPCC – Intergovernmental Panel on Climate Change (Hrsg.) (2001a): Climate Change 2001: The Scientific Basis. IPCC Third Assessment Report. Summary for Policymakers. Cambridge, New York: Cambridge University Press.

IPCC – Intergovernmental Panel on Climate Change (Hrsg.) (2001b): Climate Change 2001: Impacts, Adaptation and Vulnerability. Third Assessment Report. Summary for Policymakers. Draft. Cambridge, New York: Cambridge University Press.

IPCC – Intergovernmental Panel on Climate Change (Hrsg.) (2001c): Climate Change 2001: Mitigation. Contribution of Working Group III to the Third Assessment Report of the IPCC. Cambridge, New York: Cambridge University Press.

IPCC – Intergovernmental Panel on Climate Change (2001d): Climate Change 2001: Synthesis Report. Contribution of Working Groups I, II and III to the Third Assessment Report of the Intergovernmental Panel on Climate Change. Cambridge, New York: Cambridge University Press.

IPS – Institute for Policy Studies (1999): OPIC, Ex-Im and Climate Change: Business as Usual? Internet: http://www.seen.org/oeordon1.html. Washington, DC: IPS.

IPTS – Institute for Prospective Technological Studies (2001): Expert Panel on Sustainability, Environment and Natural Resources. Enlargement Futures Project. Final Report. Internet: http://www.jrc.es/projects/enlargement/. Sevilla: IPTS.

ISIS – Institute for Science and International Security (2000): Special Section: Nuclear Terrorism. Internet: http://www.isis-online.org. Washington, DC: ISIS.

Iten, R., Oettli, B., Jochem, E. und Mannsbart, W. (2001): Förderung des Exports im Bereich der Energietechnologien. Studie im Auftrag des Bundesamtes für Energie. Zürich, Karlsruhe: INFRAS und Fraunhofer Institut Systemtechnik und Innovationsforschung.

Izaguirre, A. K. (2000): Private Participation in Energy. Private Sector Note No. 208. Internet: http://rru.worldbank.org/Viewpoint/HTMLNotes/250/250Izagu-101502.pdf. Washington, DC: World Bank.

Jabir, I. (2001): The shift in US oil demand and its impact on OPEC's market share. Energy Economics 23, 659–666.

Jantzen, J., Cofala, J. und de Haan, B. J. (2000): Technical Report on Enlargement. RIVM report 481505022. Internet: http://www.europe.eu.int/comm/environment/enveco/priority-study/enlargement.pdf. Den Haag: RIVM.

Jenzen, H. (1998): Energiesteuern im nationalen und internationalen Recht: eine verfassungs-, europa- und welthandelsrechtliche Untersuchung. Frankfurt/M: Peter Lang.

Jochem, E. (1991): Long-term potentials of rational energy use - the unknown possibilities of reducing greenhouse gas emissions. Energy & Environment (2), 31–44.

Jochem, E. und Turkenburg, W. (2003): Long-term potentials of energy and material efficiency. Energy & Environment (eingereicht).

Johansson, B. und Ahman, M. (2002): A Comparison of Technologies for Carbon-neutral Passenger Transport. Transportation Research Part D 7. Internet: http://www.elsevier com/locate/trd. Dordrecht: Elsevier.

Johnson, S., McMillan, J. und Woodruff, C. (1999): Property Rights, Finance and Entrepreneurship. EBRD Working Paper 43. London: EBRD.

Jotzo, F. und Michaelowa, A. (2002): Estimating the CDM market under the Marrakech Accords. In: Climate Policy 2 (2–3), 179–201.

Kämpf, K., Schulz, J., Walter, C., Benz, T., Steven, C., Hülser, W. (2000): Umweltwirkungen von Verkehrsinformations- und -leitsystemen im Straßenverkehr. Berlin: Umweltbundesamt (UBA).

Kainer, A. und Spielkamp, R. (1999): Gebündelte Macht. Entgleitet die Liberalisierung in Oligopolstrukturen? Frankfurt/M.: FAZ 2783/B3.

Kaltschmitt, M., Reinhardt, G. und Stelzer, T. (1997): Life cycle analysis of biofuels under different environmental aspects. Biomass and Bioenergy 12, 121–134.

Kaltschmitt, M., Bauen, A. und Heinz, A. (1999): Perspektiven einer energetischen Nutzung organischer Ernte- und Produktionsrückstände in Entwicklungsländern. Stuttgart: Universität Stuttgart. Institut für Energiewirtschaft und Rationelle Energieanwendung.

Kaltschmitt, M., Merten, D., Fröhlich, N. und Nill, M. (2002): Energiegewinnung aus Biomasse. Externes Gutachten für den WBGU: Unveröffentlichtes Manuskript.

Kashiwagi, T. (1995): Chapter 20. In: Intergovernmental Panel on Climate Change (IPCC) (Hrsg.): Second Assessment Report. Cambridge, New York: Cambridge University Press, 649–677.

Kebede, B. und Kedir, E. (2001). Energy Subsidies and the Urban Poor in Ethiopia: The Case of Kerosene and Electricity. Draft Report. Nairobi: African Energy Policy Research Network (AFREPREN).

Keilhacker, M., Gibson, A., Gormezano, C., Lomas, P. J., Thomas, P. R., Watkins, M. L., Andrew, P., Balet, B., Borba, D. und JET Team (1999): High fusion performance from deuterium-tritium plasmas in JET. Nuclear Fusion 39 (2), 209–235.

Keohane, R. O. (1996): Analyzing the effectiveness of international environmental institutions. In: Keohane, R. O. und Levy, M. (Hrsg.): Institutions for Environmental Aid: Pitfalls and Promise. Cambridge, MA, London: Cambridge University Press, 3–27.

KfW – Kreditanstalt für Wiederaufbau (Hrsg.) (2001): Stellungnahme zu einem Fragekatalog der Enquete-Kommission Nachhaltige Energieversorgung. Thema: Neue Institutionen zur Bewältigung globaler Umwelt- und Energieprobleme und Probleme bei der Finanzierung von Projekten zur Energieversorgung in den Entwicklungs- und Transformationsländern. Berlin: KfW.

Kheshgi, H. S., Prince, R. C. und Marland, G. (2000): The potential of biomass fuels in the context of global climate change: Focus on transportation fuels. Annual Review of Energy and the Environment 25, 199–244.

Klare, M. (2001): The New Geography of Conflict. Foreign Affairs 80 (3), 49–61.

Knutti, R., Stocker, T. F., Joos, F. und Plattner, G.-K. (2002): Constraint on radiative forcing and future climate change from observations and climate model ensembles. Nature 416, 719–723.

Kriegler, E. und Bruckner, T. (2003): Sensitivity analysis of emissions corridors for the 21st century. Climatic Change (eingereicht).

Kronshage, S. und Trieb, F. (2002): Berechnung von Weltpotenzialkarten. Externes Gutachten für den WBGU, Stuttgart: Unveröffentlichtes Manuskript.

Kulshreshtha, S. N., Junkins, B. und Desjardins, S. (2000): Prioritizing greenhouse gas emission mitigation measures for agriculture. Agricultural Systems 66, 145–166.

Kutter, A. (2002): Neue Herausforderungen an die GEF. DNR EU-Rundschreiben 09.02, 10–11.

Leach, G. (1986): Energy and Growth. London: Butterworth.

Lee, J. J., Unander, F., Murtishaw, S. und Ting, M. (2001): Historical and future trends in aircraft performance, cost and emissions. Annual Review of Energy and the Environment 26 (11), 167–200.

Leimbach, M. und Bruckner, T. (2001): Influence of economic constraints on the shape of emission corridors. Computational Economics 18, 173-191.

Lerer, L. B. und Scudder, T. (1999): Health impacts of large dams. Environmental Impact Assessment Review 19, 113–123.

Levine, M., Koomey, J., McMahin, J., Sanstad, A. und Hirst, E. (1995): Energy efficiency policies and market failures. Annual Review of Energy and the Environment (20), 535–555.

Lewandowski, I., Clifton-Brown, J. C. und Walsh, M. (2000): Miscanthus: European experience with a novel energy crop. Biomass and Bioenergy 19, 209–227.

Lookman, A. A. und Rubin, E. S. (1998): Barriers to adopting least-cost particulate control strategies for Indian power plants. Energy Policy 26 (14), 1053–1063.

LSMS – Living Standard Measurement Study (2002): LSMS Household Surveys. Internet: http://www.worldbank.org/lsms/. Washington, DC: World Bank's LSMS.

Luther, J., Preiser, K. und Willeke, G. (2003): Solar modules and photovoltaic systems. In: Bubenzer, A. und Luther, J. (Hrsg.): Photovoltaics Guidebook for Decision Makers. Berlin, Heidelberg, New York, Tokio: Springer, 41–106.

Luukkanen, J. und Kaivo, J. (2002): ASEAN Tigers and Sustainability of Energy Use – Decomposition Analysis of Energy and CO_2 Efficiency Dynamics. Tampere, Finland: University of Tampere. Department of Regional Studies and Environmental Policy.

Lux-Steiner, M. C. und Willeke, G. (2001): Strom von der Sonne. Physikalische Blätter (11), 47–53.

Mahmood, K. (1987): Reservoir Sedimentation: Impact, Extent and Mitigation. Washington, DC: World Bank.

Margolis, R. M. und Kammen, D. W. (1999): Underinvestment: the energy technology and R&D policy challenge. Science 285, 690–692.

Markels jr., M. und Barber, R. T. (2001): Sequestration of CO_2 by Ocean Fertilization. Poster Presentation at NETL Conference on Carbon Sequestration. Washington, DC: Conference Secretariat.

Marrison, C. I. und Larson, E. D. (1996): A preliminary analysis of the biomass energy production potential in Africa in 2025 considering projected land needs for food production. Biomass and Bioenergy 10, 337–351.

Martin, J. H., Coale, K. H., Johnson, K. S., Fitzwater, S. E., Gordon, R. M., Tanner, S. J., Hunter, C. N., Elrod, V. A., Nowicki, J. L., Coley, T. L., Barber, R. T., Lindley, S., Watson, A. J., Van Scoy, K., Law, C. S., Liddicoat, M. I., Ling, R., Stanton, T., Stockel, J., Collins, C., Anderson, A., Bidigare, R., Ondrusek, M., Latasa, M., Millero, F. J., Lee, K., Yao, W., Zhang, J. Z., Fredrich, G., Sakamoto, C., Chavez, F., Buck, K., Kolber, Z., Green, R., Falkowski, P. G., Chisholm, S. W., Hoge, F., Swift, R., Yungle, J., Turner, S., Nightingale, P. l., Hatton, A., Liss, P. und Tindale, N. W. (1994): Testing the iron hypothesis in ecosystems of the equatorial Pacific. Nature 371, 123–129.

Maskus, K. E. (2000): Intellectual Property Rights in the Global Economy. Washington, DC: Institute for International Economics.

Matthes, F. C. (1999): Führen Stromexporte aus Osteuropa die Bemühungen um Klimaschutz und Atomausstieg ad absurdum? Internet: http://www.oeko.de/bereiche/energie/documents/ostimport.pdf. Freiburg: Öko-Institut.

Maurer, C. und Bhandari, R. (2000): The Climate of Export Credit Agencies. Washington, DC: World Resources Institute (WRI).

Maurer, C. (2002): The Transition from Fossil to Renewable Energy Systems: What Role for Export Credit Agencies? Externes Gutachten für den WBGU: Unveröffentlichtes Manuskript.

McAllister, D., Craig, J., Davidson, N., Murray, D. und Seddon, M. (2000): Biodiversity Impacts of Large Dams. Contributing Paper prepared for the Thematic Review II.1 of the World Commission on Dams. Internet: http://www.damsreport.org/docs/kbase/contrib/env245.pdf. Kapstadt: World Commission on Dams (WCD).

McCully, P. (1996): Silenced Rivers. The Ecology and Politics of Large Dams. London, New Jersey: Zed Books.

Melchert, A. (1998): Möglichkeiten des Least-Cost Planning zur Energiekostenminimierung für den Haushaltssektor in der Elektrizitätswirtschaft. Dissertation. Berlin: Technische Universität.

Messner, S. und Schrattenholzer, L. (2000): MESSAGE-MACRO: Linking an energy supply model with a macroeconomic module and solving it iteratively. Energy 25, 267–282.

Michaud, C. M., Murray, C. J. L. und Bloom, B. R. (2001): Burden of disease – implications for future research. JAMA 285 (5), 535–539.

Milly, P. C. D., Wetherald, R. T., Dunne, K. A. und Delworth, T. L. (2002): Increasing risk of great floods in a changing climate. Nature 415, 514–517.

Ministry of Trade and Industry (1999): Greenhouse Gas Reduction by Bioenergy Based on the Targets of the Action Plan. Internet: http://www.vtt.fi/ene/tuloksia/uusiutuvat/Edkalvot-engl.ppt. Espoo, Finnland: VTT Energy.

Mitra, S., Jain, M. C., Kumar, S., Bandyopadhyay, S. K. und Kalra, N. (1999): Effect of rice cultivars on methane emission. Agriculture, Ecosystems and Environment 73, 177–183.

Morita, T., Nakicenovic, N. und Robinson, J. (2000): Overview of mitigation scenarios for global climate stabilization based on new IPCC emission scenarios (SRES). Environmental Economics and Policy Studies 3, 65-88.

Morse, E. L. (1999): A new political economy of oil? Journal of International Affairs 53 (1), 1–29.

Moss, D., Davies, C. und Roy, D. (1996): CORINE Biotope Sites. Database Status and Perspectives 1995. Kopenhagen: European Environment Agency (EEA).

Muchlinski, P. (1998): Towards a multilateral investment agreement (MAI). In: Weiss, F. (Hrsg.): International Economic Law With a Human Face. Den Haag: Kluwer Law International, 429–451.

Müller, F. (2002): Energiepolitische Interessen in Zentralasien. Das Parlament – Beilage "Aus Politik und Zeitgeschichte" (B8–02), 23–31.

Münchner Rückversicherung (2001): Topics 2001. Jahresrückblick Naturkatastrophen. Internet: http://www.munichre.com/pdf/topics_2001_d.pdf. München: Münchner Rückversicherung.

Murphy, J. T. (2001): Making the energy transition in rural East Africa: is leapfrogging an alternative? Technological Forecasting & Social Change 68, 173–193.

Murray, C. und Lopez, A. (Hrsg.) (1996): Global Burden of Disease. Cambridge, MA: Harvard University Press.

Nakashiki, N. und Oshumi, T. (1997): Dispersion of CO_2 injected into the ocean at the intermediate depth. Energy Conversion and Mangement 38S, 355–360.

Nakicenovic, N., Grübler, A. und McDonald, A. (1998): Global Energy Perspectives. Cambridge, New York: Cambridge University Press.

Nakicenovic, N. und Riahi, K. (2001): An Assessment of Technological Change Across Selected Energy Scenarios. Laxenburg: International Institute for Applied Systems Analysis (IIASA).

Nash, L. (1993): Water quality and health. In: Gleick, P. H. (Hrsg.): Water in Crisis - A Guide to the World's Fresh Water Resources. New York, Oxford: Oxford University Press, 25–36.

National Energy Policy Development Group (Hrsg.) (2001): National Energy Policy Report. Washington, DC: National Energy Policy Development Group.

Newman, P. und Kenworthy, M. (1990): Cities and Automobile Dependence. London: Gower.

Nitsch, J. und Staiß, F. (1997): Perspektiven eines solaren Energieverbundes für Europa und den Mittelmeerraum. In: Brauch, H. G. (Hrsg.): Energiepolitik. Berlin: Springer, 473–486.

Nitsch, J. (2002): Potenziale der Wasserstoffwirtschaft. Externes Gutachten für den WBGU: Unveröffentlichtes Manuskript.

Nordhaus, W. D. und Boyer, J. (2000): Warming the World. Economic Models of Global Warming. Cambridge, MA: MIT Press.

Odell, P. (2001): Book Review. Energy Policy 29, 943–944.

Odum, E. P. (1969): The strategy of ecosystem development. Science 164, 262–270.

OECD – Organisation for Economic Co-operation and Development (Hrsg.) (2000): Synthesis Report of the OECD Project on Environmentally Sustainable Development (EST). Internet: http://www.oecd.org/env/ccst/est/estproj/estproj1.htm. Paris: OECD.

OECD – Organisation for Economic Co-operation and Development (Hrsg.) (2001): Development Co-operation: 2000 Report: Efforts and Policies of the Development Assistance Committee. Paris: OECD.

OECD – Organisation for Economic Co-operation and Development (Hrsg.) (2002): Entwicklungszusammenarbeit. Bericht 2001. Paris: OECD.

Öko-Institut und DIW – Deutsches Institut für Wirtschaftsforschung (2001): Analyse und Vergleich der flexiblen Instrumente des Kioto-Protokolls. Externe Expertise der Enquete-Kommission „Nachhaltige Energieversorgung unter den Bedingungen der Globalisierung und der Liberalisierung“. Berlin: Öko-Institut und DIW.

OPEC – Organization of Petroleum Exporting Countries (Hrsg.) (2001): Annual Statistical Bulletin 2000. Genf: OPEC.

OTA – Office of Technology Assessment (Hrsg.) (1991): Energy in Developing Countries. Washington, DC: Congress of the United States.

Ott, B. (2002): Vorlesungsbegleitende Unterlagen für Technik im Sachunterricht der Primärstufe SS 2002. Dortmund: Universität Dortmund. Lehrstuhl Technik und ihre Didaktik I.

Paine, L. K., Peterson, T. L., Undersander, D. J., Rineer, K. C., Bartlet, G. A., Temple, S. A., Sample, D. W. und Klemme, R. M. (1996): Some ecological and socio-economic considerations for biomass energy crop production. Biomass and Bioenergy 10, 131–242.

Parson, E. A. und Keith, D. W. (1998): Fossil fuels without CO_2 emissions. Science 282, 1053–1054.

Pearce, D. (1991): The role of carbon taxes in adjusting to global warming. The Economic Journal 101 (407), 938–948.

Pearce, F. (1992): The Damned. Rivers, Dams and the Coming World Water Crisis. London: Bodley Head.

Pehnt, M. (2002): Ganzheitliche Bilanzierung von Brennstoffzellen in der Energie- und Verkehrstechnik. Fortschritt-Berichte VDI, Reihe 6: Energietechnik, Nr. 476. Düsseldorf: VDI-Verlag.

Pehnt, M., Bubenzer, A. und Räuber, A. (2003): Life cycle assessment of photovoltaic systems 1. Trying to fight deep-seated prejudices. In: Bubenzer, A. und Luther, J. (Hrsg.): Photovoltaics Guidebook for Decision Makers. Berlin, Heidelberg, New York, Tokio: Springer, 179–214.

Percy, K. E., Awmack, C. S., Lindroth, R. L., Kubiske, M. E., Kopper, B. J., Isebrands, J. G., Pregitzer, K. S., Hendrey, G. R., Dickson, R. E., Zak, D. R., Oksanen, E., Sober, J., Harrington, R. und Karnosky, D. F. (2002): Altered performance of forest pests under atmospheres enriched by CO_2 and O_3. Nature 420, 403–407.

Petschel-Held, G., Block, A., Cassel-Gintz, M., Kropp, J., Luedeke, M. K. B., Moldenhauer, O., Reusswig, F. und Schellnhuber, H. J. (1999): Syndromes of Global Change: a qualitative modelling approach to assist global environmental management. Environmental Modeling and Assessment 4, 295–314.

Petsonk, A. (1999): The Kyoto Protocol and the WTO: Integrating Greenhouse Gas Emissions Allowance Trading into the Global Marketplace. Duke Environmental Law & Policy Forum 10, 185–220.

Philips, M. und Browne, B. H. (o.J.): Accelerating PV Markets in Developing Countries. Internet: http://www.repp.org/repp_pubs/articles/pv/7/7.html. Washington, DC: Renewable Energy Policy Project.

Ploetz, C. (2002): Sequestrierung von CO_2–Technologien, Potenziale, Kosten und Umweltauswirkungen. Externes Gutachten für den WBGU: Unveröffentlichtes Manuskript.

Quaschning, V. (2000): Systemtechnik einer klimaverträglichen Elektrizitätsversorgung in Deutschland für das 21. Jahrhundert. Fortschritt-Bericht VDI. Reihe 6: Energietechnik. Düsseldorf: VDI Verlag.

Raeder, J., Cook, I., Morgenstern, F. H., Salpietro, E., Bunde, R. und Ebert, E. (1995): Safety and Environmental Assessment of Fusion Power (SEAFP). Brüssel: European Commission DG XII.

Ramsey, F. P. (1928): A mathematical theory of saving. Economic Journal 38, 543–559.

Raphals, P. (2001): Restructured Rivers: Hydropower in the Era of Competitive Markets. Berkeley: International Rivers Network (IRN).

RECS – Renewable Energy Certificate System (2002): Renewable Energy Certification System. Internet: http://www.recs.org. Rotterdam: RECS.

Reddy, A. K. N. (2002): Energy technologies and policies for rural development. In: Goldemberg, T. B. (Hrsg.): Energy for Sustainable Development. New York: United Nations Development Programme (UNDP), 115–135.

Reichle, D., Houghton, J., Kane, B. und Ekmann, J. (1999): Carbon Sequestration Research and Development. Internet: http://www.ornl.gov/carbon_sequestration/. Oak Ridge, TN: Oak Ridge National Laboratory (ORNL).

Reusswig, F. (1994): Lebensstile und Ökologie. Frankfurt: Institut für sozial-ökologische Forschung.

Reusswig, F., Gerlinger, K. und Edenhofer, O. (2002): Lebensstile und globaler Energieverbrauch. Analyse und Strategieansätze zu einer nachhaltigen Energiestruktur. Externes Gutachten für den WBGU. Unveröffentlichtes Manuskript.

Revenga, C., Murray, S., Abramovitz, J. und Hammond, A. (1998): Watersheds of the World: Ecological Value and Vulnerability. Washington, DC: World Resources Institute und Worldwatch Institute.

Riahi, K. und Roehrl, R. A. (2000): Greenhouse gas emissions in a dynamics-as-usual scenario of economic and energy evelopment. Technological Forecasting and Social Change 63, 175–205.

Riahi, K. (2002): Data From Model Runs With Message. Externes Gutachten für den WBGU: Unveröffentlichtes Manuskript.

Roehrl, R. A. und Riahi, K. (2000): Technology dynamics and greenhouse gas emissions mitigation: a cost assessment. Technological Forecasting and Social Change 63, 231–261.

Royal Commission on Environmental Pollution (Hrsg.) (2000): Energy – The Changing Climate. Twenty-second Report. London: Royal Commission.

Ruttan, V. (2000): Technology, Growth and Development: An Induced Innovation Perspective. Oxford, NY: Oxford University Press.

Salameh, M. G. (2000): Global oil outlook: return to the absence of surplus and its implications. Applied Energy 65, 239–250.

Sanderson, M. A., Reed, R. L., Mclaughlin, R. B., Conger, B. V., Parrish, D. J., Taliaferro, C., Hopkins, A. A., Ocumpaugh, W. R. und Tischler, C. R. (1996): Switchgrass as a sustainable bioenergy crop. Bioresource Technology 56, 83–93.

Sankovski, A., Barbour, W. und Pepper, W. (2000): Quantification of the IS99 emission scenario storylines using the atmospheric stabilization framework. Technological Forecasting and Social Change 63, 263–287.

Sanstad, A. H. (2002): Information Technology and Aggregate Energy Use in the U.S.: Empirical and Theoretical Issues. Lawrence Berkeley National Laboratory, USA. IEA Workshop on Impact of Information & Communication Technologies on the Energy System, Paris, France, February 21, 2002. Internet: http://www.iea.org/effi/index.htm. Paris: International Energy Agency (IEA).

Schellnhuber, H. J. (1998): Earth system analysis: The scope of the challenge. In: Schellnhuber, H. J. und Wenzel, V. (Hrsg.): Earth System Analysis. Berlin, Heidelberg, New York, Tokio: Springer, 3–5.

Schneider, L. C., Kinzig, A. P., Larson, E. D. und Solorzano, L. A. (2001): Method for spatially explicit calculations of potential biomass yields and assessment of land availability for biomass energy production in Northeastern Brazil. Agriculture, Ecosystems and Environment 84, 207–226.

Scholz, F. (2002): Energiesicherung oder neue politisch-globale Strategie? Vorder- und Mittelasien im Brennpunkt der US-Interessen. Geographische Rundschau 54 (12), 53–58.

Schulze, E.-D., Lloyd, J., Kelliher, F. M., Wirth, C., Rebmann, C., Lühker, B., Mund, M., Knohl, A., Milyukova, I. M., Schulze, W., Dore, S., Grigoriev, S., Kolle, O., Panfyorov, M., Tchebakova, N. und Vygodskaya, N. N. (1999): Productivity of forests in the Eurosiberian boreal region and their potential to act as a carbon sink - a synthesis. Global Change Biology 5, 703–722.

Schulze, E.-D., Valentini, R. und Sanz, M.-J. (2002): The long way from Kyoto to Marrakesh: Implications of the Kyoto Protocol negotiations for global ecology. Global Change Biology 8, 505–518.

Schulze, E.-D. (2002): Die Bedeutung der naturnahen Forstwirtschaft für den globalen CO_2-Haushalt. AFZ - Der Wald 20, 1051–1053.

Scott, M. J., Sands, R. D., Rosenberg, N. J. und Izaurralde, N. C. (2002): Future N_2O from US agriculture: projecting effects of changing land use, agricultural technology, and climate on N_2O emissions. Global Environmental Change 12, 105–115.

Seibel, B. A. und Walsh, P. J. (2001): Potential impacts of CO_2 injection on deep-sea biota. Science 294, 319–320.

Smith, K. S., Corvalan, C. F. und Kjellström, T. (1999): How much global ill health is attributable to environmental factors? Epidemiology 10 (5), 573–584.

Smith, K. R., Samet, J. M., Romieu, I. und Bruce, N. (2000): Indoor air pollution in developing countries and acute lower respiratory infections in children. Thorax 55, 518–532.

Smith, K. R. (2000): National burden of disease in India from indoor air pollution. PNAS 97 (24), 13286-13293.

Smith, K. R. (2002): In Praise of Petroleum? Science 298, 1847.

Snedacker, S. C. (1984): Mangroves: a summary of knowledge with emphasis on Pakistan. In: Haq, B. U. und Milliman, J. D. (Hrsg.): Marine Geology and Oceanography of Arabian Sea and Coastal Pakistan. New York: Van Nostrand Reinhold, 99.

Spreng, D. und Semadeni, M. (2001): Energie, Umwelt und die 2000 Watt Gesellschaft. Zürich: Centre for Energy Policy and Economics (cepe).

SRU – Rat von Sachverständigen für Umweltfragen (Hrsg.) (1994): Umweltgutachten 1994. Für eine dauerhaft umweltgerechte Entwicklung. Wiesbaden: SRU.

SRU – Rat von Sachverständigen für Umweltfragen (Hrsg.) (2002): Umweltgutachten 2002. Für eine neue Vorreiterrolle. Berlin: SRU.

SRW – Sachverständigenrat zur Begutachtung der gesamtwirtschaftlichen Entwicklung (1998): Vor weit reichenden Entscheidungen. Stuttgart, Mainz: Kohlhammer.

Stahel, W. R. (1997): The service economy: wealth without resource consumption? Philos T Roy Soc A (355), 1386–1388.

Stanley, D. G. und Warne, A. G. (1993): Nile Delta: recent geological evolution and human impact. Science 260, 628–634.

Statistisches Bundesamt (2002): Statistisches Jahrbuch 2002 für die Bundesrepublik Deutschland. Wiesbaden: Statistisches Bundesamt.

Stucki, S., Palumbo, R., Baltensperger, U., Boulouchos, K., Haas, O., Scherer, G. G., Siegwolf, R. und Wokaun, A. (2002): The Role of Chemical Processes in the Transition to Sustainable Energy Systems. Villingen, Schweiz: Paul Scherrer Institut (PSI).

Stüwe, M. (1993): Sonnige Zukunft: Energieversorgung jenseits von Öl und Uran. Amsterdam: Greenpeace International.

Subedi, S. P. (1998): Foreign investment and sustainable development. In: Weiss, F. (Hrsg.): International Economic Law With a Human Face. Den Haag: Kluwer Law International, 413-428.

Svensson, B. (1999): Greenhouse Gas Emissions from Hydroelectric Reservoirs – The Need of a Appraisal. Presentation Given at the COP-6 Meeting of the UNFCCC in The Hague, The Netherlands. Unveröffentlichtes Manuskript. Stockholm: SwedPower AB.

Swiss Re (2001): Natural Catastrophes and Man-made Disasters in 2000: Fewer Insured Losses Despite Huge Floods. Internet: http://www.swissre.ch. Zürich: Swiss Re.

Tahvanainen, L. und Rytkönen, V.-M. (1999): Biomass production of *Salix viminalis* in southern Finland and the effect of soil properties and climate conditions on its production and survival. Biomass and Bioenergy 16, 103–117.

Tamburri, M. N., Peltzer, E. T., Friederich, G. E., Aya, I., Yamane, K. und Brewer, P. (2000): A field study of the effects of CO_2 ocean disposal on mobile deep-sea animals. Marine Chemistry 72, 95–101.

Terivision (2002): Integrated Energy Solutions for Rural Families. Internet: http://www.teriin.org/news/terivsn/issue6/specrep.htm. New Delhi: Data Energy Research Institute.

Thuille, A., Buchmann, N. und Schulze, E.-D. (2000): Carbon stocks and soil respiration rates during deforestation, grassland use and subsequent Norway spruce afforestation in the Southern Alps, Italy. Tree Physiology 20, 849–857.

Tol, R. S. J. und Verheyen, R. (2001): Liability and Compensation for Climate Change Damages – A Legal and Economic Assessment. Internet: http://www.uni-hamburg.de/Wiss/FB/15/Sustainability/Liability.pdf. Hamburg: Universität Hamburg.

Torp, T. A. (Hrsg.) (2000): Final Report „Saline Aquifer CO_2 Storage" Project (SACS). Bergen: Statoil.

Toth, F. L., Bruckner, T., Füßel, H. M., Leimbach, M., Petschel-Held, G. und Schellnhuber, H. J. (1997): The tolerable window approach to integrated assessments. In: CGER – Center for Global Environmental Research (Hrsg.): Climate Change and Integrated Assessment Models – Bridging the Gap. Ibaraki, Tokio: CGER, 403–430.

UBA – Umweltbundesamt (Hrsg.) (1996): Manual on Methodologies and Criteria for Mapping Critical Levels/ Loads and Geographical Areas Where They are Exceeded. UN/ ECE Convention on Long- range Transboundary Air Pollution. UBA Texte 71/96. Berlin: UBA.

UBA – Umweltbundesamt (Hrsg.) (1997): Nachhaltiges Deutschland – Wege zu einer dauerhaft umweltgerechten Entwicklung. Berlin: Erich Schmidt.

UN – United Nations (1997): Resolution Adopted by the General Assembly for the Programme for the Further Implementation of Agenda 21. United Nations General Assembly, Nineteenth Special Session, New York, 23–27 June 1997. Internet: http://www.un.org/esa/sustdev/enr1.htm. New York: United Nations (UN).

UN-Ad Hoc Inter-Agency Task Force on Energy (2001): Briefing Paper on Energy Activities of the United Nations. Internet: http://www.un.org/esa/sustdev/csd9/briefing_iaenr.pdf. New York: United Nations (UN).

UNCTAD – United Nations Conference on Trade and Development (2000): Trade Agreements, Petroleum and Energy Policies. New York, Genf: UNCTAD.

UNCTAD – United Nations Conference on Trade and Development (2001): Energy Services in International Trade: Development Implications. A Note by the Secretariat. Genf: UNCTAD.

UNCTAD – United Nations Conference on Trade and Development (2002): World Investment Report 2002. Transnational Corporations and Export Competitiveness. New York, Genf: UNCTAD.

UNDP – United Nations Development Programme (Hrsg.) (1997): Energy After Rio. Prospects and Challenges. New York: UNDP.

UNDP – United Nations Development Programme (Hrsg.) (2002a): Human Development Report 2002. Deepening Democracy in a Fragmented World. Oxford, New York: Oxford University Press.

UNDP – United Nations Development Programme (2002b): Weltbevölkerungsbericht. Wege aus der Armut: Menschen, Chancen und Entwicklung. New York: UNDP.

UNDP – United Nations Development Programme, UN-DESA – United Nations Department of Economic and Social Affairs und WEC – World Energy Council (Hrsg.) (2000): World Energy Assessment. Energy and the Challenge of Sustainability. New York: UNDP.

UNEP – United Nations Environment Programme und IEA - International Energy Agency (2001): Energy Subsidy Reform and Sustainable Development: Challenges for Policymakers. Synthesis Report. Internet: http://www.iea.org/workshop/sustain/. Paris: IEA.

UNEP – United Nations Environment Programme (2002): Global Environmental Outlook. Internet: http://www.unep.org/geo/geo3/english/index.htm. New York: UNEP.

UN-ECE – United Nations Economic Commission for Europe und FAO – Food and Agricultural Organisation (2000): Forest Resources of Europe, CIS, North America, Australia, Japan and New Zealand. New York, Genf, Rom: UN-ECE und FAO.

UN-ECE – United Nations Economic Commission for Europe (2001): Energy Efficiency and Energy Security in the CIS. ECE Energy Series No. 17 (Dokument ECE/ENERGY/44). Internet: http://www.unece.org/energy/nrghome.html. New York, Genf: United Nations (UN).

UN-ECOSOC – United Nations Economic and Social Council (2001): Commission on Sustainable Development: Report on the Ninth Session. Internet: http://www.un.org/esa/sustdev/csd9/ecn172001-19e.htm#Decision%209/1. New York: United Nations (UN).

UNEP-CCEE – United Nations Environment Programm Collaborating Centre on Energy and Environment (2002): Implementation of Renewable Energy Technology – Opportunities and Barriers. Internet: http://www.uccee.org/RETs/SummaryCountryStudies.pdf. New York: UNEP-CCEE.

UNESCO – United Nations Educational Scientific and Cultural Organization (2001): World Solar Programme 1996–2005. Internet: http://www.unesco.org/science/wsp/background/full_report.htm#action. Paris: UNESCO.

UNFCCC – United Nations Framework Convention on Climate Change (2002): Report on the Conference of the Parties on Its Seventh session, Held at Marrakesh from 29 October to 10 November 2001, FCCC/CP/2001/13/Add.1, 21. Januar 2002. UNFCCC.

US-DOE – U.S. Department of Energy (1999): Carbon Sequestration – Research and Development. Internet: www.fe.doe.gov/coal_power/sequestration/reports/rd/index.shtml. Springfield, VA: DOE.

US-DOE – U.S. Department of Energy (2002): World Production of Primary Energy by Selected Country Groups (Btu), 1991-2000. Internet: http://www.eia.doe. gov/emeu/iea /table29.html. Washington, DC: DOE.

Van Beers, C. und de Moor, A. (2001): Public Subsidies and Policy Failures: How Subsidies Distort the Natural Environment, Equity and Trade, and How to Reform Them. Cheltenham, MA: Edward Elgar.

Van Vurren, D. und Bakkes, J. (1999): GEO-2000 Alternative Policy Study for Europe and Central Asia – Energy-related environmental impacts of policy scenarios, 1990–2010. Nairobi, Bilthoven: UNEP und RIVM.

Varma, C. V. J., Lafitte, R. und Schultz, B. (2000): Open Letter from ICOLD, IHA and ICID on the Final Report of the World Commission on Dams. Internet: http://www.unep-dams.org/print.php?doc_id=68. Paris, Sutton, New Delhi: International Commission on Large Dams (ICOLD), International Hydropower Association (IHA) und International Commission on Irrigation and Drainage (IHA).

VENRO – Verband Entwicklungspolitik deutscher Nichtregierungsorganisationen (2001): Armut bekämpfen – Gerechtigkeit schaffen. Folgerungen aus der internationalen und nationalen Debatte über Armutsbekämpfung für die deutsche Entwicklungspolitik. Bonn: VENRO.

Vesterdal, L., Ritter, E. und Gundersen, P. (2002): Change in soil organic carbon following afforestation of former arable land. Forest Ecology and Management 169, 137–147.

Von Bieberstein Koch-Weser, M. (2002): Nachhaltigkeit von Wasserkraft. Externes Gutachten für den WBGU: Unveröffentlichtes Manuskript.

Von Hirschhausen, C. und Engerer, H. (1998): Post-Soviet gas sector restructuring in the CIS: a political economy approach. Energy Policy 26, 1113–1123.

Waelde, T., Bamberger, C. und Linehan, J. (2000): The Energy Charter Treaty in 2000 (2000): In A New Phase. CEPMLP-Journal 7-1. Internet: http://www.dundee.ac.uk/ecpmlp/journal/html/article7-1.html. Dundee: University of Dundee.

Wancura, H., Keukeleere, D. und Jensen, P (2001): Reaching the EC Alternative Fuels Objectives - A Multi-Path Mapping Analysis European Alternative Fuel Policy Status and Outlook. Internet: http://www.enigmatic-network.org/screening_workshop_paper_v1.4.pdf. Brüssel: Enigmatic Network.

Watson, A. J., Bakker, D. C. E., Ridgwell, A. J., Boyd, P. W. und Law, C. S. (2000): Effect of iron supply on Southern Ocean CO_2 uptake and implications for glacial atmospheric CO_2. Nature 407, 730–733.

WBCSD – World Business Council on Sustainable Development (2001): Mobility 2001. World Mobility at the End of the Twentieth Century and its Sustainability. Internet: http://www.wbcsdmobility.org. Genf: WBCSD.

WBGU – Wissenschaftlicher Beirat der Bundesregierung Globale Umweltveränderungen (1995): Szenario zur Ableitung globaler CO_2-Reduktionsziele und Umsetzungsstrategien. Stellungnahme zur 1. Vertragsstaatenkonferenz der Klimarahmenkonvention in Berlin. Sondergutachten 1995. Bremerhaven: WBGU.

WBGU – Wissenschaftlicher Beirat der Bundesregierung Globale Umweltveränderungen (1996): Welt im Wandel: Herausforderung für die deutsche Wissenschaft. Hauptgutachten 1996. Berlin, Heidelberg, New York, Tokio: Springer.

WBGU – Wissenschaftlicher Beirat der Bundesregierung Globale Umweltveränderungen (1997): Ziele für den Klimaschutz 1997. Stellungnahme zur dritten Vertragsstaatenkonferenz der Klimarahmenkonvention in Kyoto. Sondergutachten 1997. Bremerhaven: WBGU.

WBGU – Wissenschaftlicher Beirat der Bundesregierung Globale Umweltveränderungen (1999): Welt im Wandel: Strategien zur Bewältigung globaler Umweltrisiken. Hauptgutachten 1998. Berlin, Heidelberg, New York, Tokio: Springer.

WBGU – Wissenschaftlicher Beirat der Bundesregierung Globale Umweltveränderungen (2000): Welt im Wandel: Erhaltung und nachhaltige Nutzung der Biosphäre. Hauptgutachten 1999. Berlin, Heidelberg, New York, Tokio: Springer.

WBGU – Wissenschaftlicher Beirat der Bundesregierung Globale Umweltveränderungen (2001a): Welt im Wandel: Neue Strukturen globaler Umweltpolitik. Hauptgutachten 2000. Berlin, Heidelberg, New York, Tokio: Springer.

WBGU – Wissenschaftlicher Beirat der Bundesregierung Globale Umweltveränderungen (2001b): Die Chance von Johannesburg: Eckpunkte einer Verhandlungsstrategie. Politikpapier 1. Berlin: WBGU.

WBGU – Wissenschaftlicher Beirat der Bundesregierung Globale Umweltveränderungen (2002): Entgelte für die Nutzung globaler Gemeinschaftsgüter. Sondergutachten 2002. Berlin: WBGU.

WCD – World Commission on Dams (2000): Dams and Development. A New Framework for Decision-Making. London: Earthscan.

WEC – World Energy Council (2000): Energy for Tomorrow's World - Acting Now! Internet: http://www.worldenergy.org/wecgeis/publications/reports/etwan/exec_summary/exec_summary.asp. London: WEC.

WEED – World Economy Ecology and Development (2002a): Stärkung von Umweltschutz bei Auslandsdirektinvestitionen. Kompromisspapier des vom BMU initiierten Dialogprozesses „Umwelt und Auslandsdirektinvestitionen" vom 23.05.2002. Internet: http://www.weedbonn.org/unreform/bdidialog.htm. Bonn: WEED.

WEED – World Economy Ecology and Development (2002b): Leitlinien zur Nachhaltigkeit von Auslandsdirektinvestitionen der deutschen Wirtschaft, WEED-Entwurf vom Januar 2002. Internet: http://www.weedbonn.org/unreform/bdidialog.htm. Bonn: WEED.

Werksmann, J. (2001): Greenhouse-gas emissions trading and the WTO. In: Chambers, W. B. (Hrsg.): Inter-linkages. The Kyoto-Protocol and the International Trade and Investment Regimes. Tokio, New York, Paris: United Nations University Press, 153–190.

WHO – World Health Organization (Hrsg.) (1999): Air Quality Guidelines. Genf: WHO.

WHO – World Health Organization (Hrsg.) (2000): Air Pollution. Fact Sheet N 187. Genf: WHO.

WHO – World Health Organization (Hrsg.) (2002a): An Anthology on Women, Health and Environment: Domestic Fuel Shortage and Indoor Pollution. Genf: WHO.

WHO – World Health Organization (Hrsg.) (2002b): World Health Report 2002. Reducing Risks, Promoting Healthy Life. Genf: WHO.

WHO – World Health Organization (2002c): Women's Health and the Environment. Internet: http://w3.whosea.org/women2/environment.htm. Genf: WHO.

Wiemken, E., Beyer, H., Heydenreich, G. W. und Kiefer, K. (2001): Power characteristics of PV ensembles: experiences from the combined power production of 100 grid connected PV systems distributed over the area of Germany. Solar Energy 70 (6), 513–518.

Williams, R. (2000): Advanced Energy Supply Technologies. Chapter 8 in World Energy Assessment. New York: UNDP.

Winter, C. J. und Nitsch, J. (1989): Wasserstoff als Energieträger. Technik, Systeme, Wirtschaft. Berlin, Heidelberg, New York, Tokio: Springer.

WISE – World Information Service on Energy (2001): Mögliche Toxische Auswirkungen der Wiederaufbereitungsanlagen in Sellafield und La Hague. Paris: WISE.

Wiser, G. M. (1999): The Clean Development Mechanism Versus the World Trade Organization: Can Free-Market Greenhouse Gas Emissions Abatement Survive Free Trade? Georgetown International Environmental Law Review 11 (3), 531–597.

Wissenschaftlicher Beirat beim Bundesministerium der Finanzen (1997): Umweltsteuern aus finanzwissenschaftlicher Sicht. Schriftenreihe des BMF Heft 63. Bonn: Stollfuß.

World Bank (1991): Environmental Assessment Sourcebook. Band III. Guidelines for Environmental Assessment of Energy and Industry Projects. Washington, DC: World Bank Environmental Department.

World Bank (1993): The World Bank's Role in the Electric Power Sector: Policies for Effective Institutional, Regulatory and Financial Reform. World Bank Policy Paper. Internet: http://www.worldbank.org/energy/subenergy/policy_papers.htm. Washington, DC: World Bank.

World Bank (2000): Energy Services for the World's Poor. Energy and Development Report 2000. Internet: http://www.worldbank.org/html/fpd/esmap/energy_report2000/. Washington, DC: World Bank.

World Bank (2001a): Reforming India's Energy Sector (1978–99). Washington, DC: World Bank.

World Bank (2001b): Topical Briefing to the Board of Directors on Energy. The World Bank Group's Energy Program. Poverty Alleviation, Sustainability, and Selectivity. Internet: http://www.worldbank.org/energy/pdfs/business_renewal.pdf Washington, DC: World Bank.

World Bank (2001c): World Development Indicators 2001. Washington, DC: World Bank.

World Bank (2002a): World Development Indicators 2002. Washington, DC: World Bank.

World Bank (2002b): Global Development Finance. Washington, DC: World Bank.

World Bank (2002c): Energy and the Environment. Energy and Development Report 2001. Washington, DC: World Bank.

World Tourism Organization (2002): Latest Data. Internet: http://www.world-tourism.org/market_research/facts&figures/menu.htm. Madrid: World Tourism Organization.

WRI – World Resource Institute (2001): World Resources 2000–2001. Washington, DC: WRI.

WRI – World Resource Institute (2002): Energy Consumption by Economic Sector, Table ERC3. Internet: http://earth trends.wri.org/. Washington, DC: WRI.

WRI – World Resources Institute, UNEP - United Nations Environment Programme und WBCSD - World Business Council for Sustainable Development (Hrsg.) (2002): Tomorrow´s Markets. Global Trends and Their Implications for Business. Washington, DC: WRI, UNEP, WBCSD.

WTO – World Trade Organisation/Council for Trade in Services (1998): Energy Services – Background Note by the Secretariat (S/C/W/52) vom 9. September 1998. Internet: http://www.docsonline.wto.org/gen_search.asp. Genf: WTO.

WTO – World Trade Organisation (2001): International Trade Statistics 2001. Genf: WTO.

Zan, C. S., Fyles, J. W., Girouard, P. und Samson, R. A. (2001): Carbon sequestration in perennial bioenergy, annual corn and uncultivated systems in southern Quebec. Agriculture, Ecosystems and Environment 86, 135–144.

Zittel, W. und Altmann, M. (1996): Molecular Hydrogen and Water Vapour Emissions in a Global Hydrogen Energy Economy. Proceedings 11th World Hydrogen Energy Conference. Internet: http://www.hydrogen.org/Wissen/Vapour.htm. Stuttgart.

9 Glossar

1 Joule = 1 J
- braucht eine Biene, um 120 m weit zu fliegen,
- elektrische Energie benötigt ein Taschenrechner, wenn er 50 Multiplikationen ausführt.

1 Kilojoule = 1 kJ (10^3 J)
- wendet man auf, wenn man 1 m schwimmt, 5 m geht, 12 m Rad fährt oder 8 Treppenstufen steigt.

1 Megajoule = 1 MJ (10^6 J)
- reicht für ca. 2 Fußballländerspiele in Farbe (Fernseher),
- wendet man auf, wenn man 3,5 Stunden gar nichts tut (Grundumsatz).

1 Gigajoule = 1 GJ (10^9 J)
- reichen im 4-Personen-Haushalt 3 Monate für Waschen und Trocknen, 8 Monate für Beleuchtung.

1 Terajoule = 1 TJ (10^{12} J)
- stecken in 31.000 l Benzin, das im Pkw für eine Reise 8-mal um die Erde reichen würde,
- verschwendet ein schlecht wärmegedämmtes Einfamilienhaus in 7 Jahren.

1 Petajoule = 1 PJ (10^{15} J)
- repräsentiert ein fußballfeldgroßer Steinkohlehaufen von 6 m Höhe.

1 Exajoule = 1 EJ (10^{18} J)
- empfängt die Erde in 6 Sekunden von der Sonne,
- ist der Weltverbrauch (2000) an Primärenergie in 21 Stunden.

Quelle: Ott, 2002

Anlage-B-Länder: Gruppe von Ländern, die in der Anlage B des ↑Kioto-Protokolls aufgeführt sind und die eine Verpflichtung zur Begrenzung oder Minderung ihrer Treibhausgasemissionen haben. Dazu gehören alle Anlage-I-Länder außer der Türkei und Weißrussland.

Anlage-I-Länder: Die Gruppe von Ländern, die in Anlage I der ↑Klimarahmenkonvention aufgeführt ist. Sie umfasst alle entwickelten Länder in der OECD sowie die Transformationsländer in Osteuropa und die GUS-Staaten. Die anderen Länder werden automatisch als Nicht-Anlage-I-Länder bezeichnet. In Art. 4.2 (a) und 4.2 (b) UNFCCC verpflichten sich die Anlage-I-Länder ausdrücklich, bis zum Jahr 2000 individuell oder gemeinsam zum Niveau ihrer Treibhausgasemissionen von 1990 zurückzukehren.

Anlage-II-Länder: Die Gruppe von Ländern, die in Anlage II der ↑Klimarahmenkonvention aufgeführt sind. Sie umfasst alle entwickelten Länder in der OECD und ist eine Teilmenge der ↑Anlage-I-Ländergruppe. In Art. 4.2 (g) UNFCCC wird von diesen Ländern erwartet, dass sie finanzielle Mittel zur Verfügung stellen, um den Entwicklungsländern zu helfen, ihre Verpflichtungen zu erfüllen, wie z. B. das Erstellen von nationalen Berichten. Es wird ebenfalls erwartet, dass die Anlage-II-Länder den Transfer umweltfreundlicher Technologien in Entwicklungsländer unterstützen.

Auslastungsgrad: Maß für den Unterschied zwischen Spitzennachfrage auf dem Strommarkt und installierter Leistung der Kraftwerke.

Ausschreibungsverfahren: Fördermodell für erneuerbare Energieträger. Bei diesem Verfahren schreibt der Staat mengenmäßig genau festgelegte Erzeugungskapazitäten bzw. Einspeisemengen bestimmter Energiequellen aus, wobei in der Regel der günstigste Investor den Zuschlag erhält.

Biogas: Sammelbegriff für energetisch verwertbare Gase, die unter Luftabschluss bei der Zersetzung von ↑Biomasse entstehen. Bei der Verwesung wird zu etwa zwei Drittel Methan (CH_4) und zu etwa einem Drittel Kohlendioxid (CO_2) freigesetzt. Dabei ist das Methangas der energetisch nutzbare Anteil des Biogases. Biogas hat einen hohen Heizwert (25 MJ pro m^3).

Biomasse: Umfasst die organischen Substanzen der belebten Natur, entweder als lebende oder als tote Biomasse (z. B. Brennholz, Holzkohle und Dung). Wichtige Umwandlungsprodukte von Biomasse sind ↑Biogas und ↑Biotreibstoff. In Entwicklungsländern dominiert die ↑traditionelle Biomassenutzung.

Biotreibstoffe: Flüssige Brennstoffe wie Biodiesel und Bioethanol, die aus der Konversion von ↑Biomasse stammen.

Brennstoffzelle (BZ): In einer Brennstoffzelle wird chemische Energie direkt in elektrische Energie umgewandelt, d. h. ohne thermischen Zwischenschritt. Der ideale Energieträger ist Wasserstoff, der beispielsweise aus regenerativ erzeugtem Strom oder durch Reformierung fossiler Energieträger oder von Biomasse gewonnen werden kann. Es werden derzeit elektrische Wirkungsgrade zwischen 30% und 50% erreicht, zukünftig bis zu 60%. Emittiert wird lediglich Wasserdampf. Bei BZ gibt es verschiedene Ausführungen, z. B. die im Niedertemperaturbereich zwischen 50–100 °C arbeitende Polymermembran-BZ (PEMFC), die insbesondere für den mobilen Einsatz vorgesehen ist; im Mitteltemperaturbereich um 650 °C die Schmelzkarbonat-BZ (MCFC) und im Hochtemperaturbereich zwischen 800–1.000 °C die Oxidkeramik-BZ (SOFC).

Bruttoinlandsprodukt (BIP): Ist gleich der Summe aller Erwerbs- und Vermögenseinkommen, die in der Berichtsperiode während der Produktion im Inland entstanden sind, zuzüglich der Abschreibungen und der (um die Subventionen verminderten) Produktions- und Importabgaben.

Clean Development Mechanism (CDM): Einer der mit dem ↑Kioto-Protokoll eingeführten ↑Kioto-Mechanismen, der es einem Investor aus einem Industrieland ermöglicht, emissionsreduzierende Projekte in einem Entwicklungs- oder Schwellenland durchzuführen. Die Treibhausgasreduktionen aus dem Projekt werden dem Industrieland gutgeschrieben.

CO_2-Speicherung (auch **Sequestrierung**): Die durch den Menschen betriebene Speicherung von Kohlenstoff aus der Atmosphäre in terrestrischen Ökosystemen, geologischen Formationen oder im Ozean. Durch neue technische Verfahren kann beispielsweise das bei Verbrennungsprozessen entstehende ↑Kohlendioxid abgetrennt, eventuell verflüssigt und in unterirdische Lager wie etwa ausgeförderte Gas- und Ölfelder gepumpt werden. Daneben findet eine natürliche Kohlenstoffspeicherung in der Vegetation statt, in der Kohlenstoffdioxid als ↑Biomasse über längere Zeiträume gespeichert wird.

Commission on Sustainable Development (CSD): ↑Kommission für Nachhaltige Entwicklung.

Contracting: Finanzierungsmodell, mit dem die Investitionskosten für Energiesparmaßnahmen oder neue Energieerzeugungsanlagen aus den eingesparten Energiekosten refinanziert werden. Der Contracting-Geber, z. B. eine Privatfirma oder ein kommunaler Energieversorger, realisiert Maßnahmen, die den Energiebedarf eines Gebäudes oder einer Anlage vermindern. Dazu investiert er in neue Technik oder dämmt z. B. das Gebäude. Dem Contracting-Nehmer, etwa einer Kommune, die selbst nicht über das erforderliche Kapital oder Wissen verfügt, wird in einem Vertrag ein gewisser Prozentsatz an Energie- und somit Kosteneinsparung zugesichert. Die restliche Einsparung ist der Gewinn des Contracting-Gebers, der sich beim Anlagen-Contracting auch um den Betrieb und die Wartung der Anlagen kümmert.

Demand Side Management (DSM): Freiwilliges Steuerungs- und Planungsinstrument zur Erschließung von Effizienzpotenzialen auf der Nachfrageseite durch die Vorgabe ökonomischer Anreize (z. B. in Form eines Lastmanagements mit Hilfe variabler Tarifstrukturen).

Deregulierung: Abbau von ↑Regulierung.

Disability Adjusted Life Years (DALYs): ein Indikator für die gesamte Krankheitslast einer Bevölkerung, der frühzeitigen Tod, Krankheit und Behinderung umfasst.

Einspeisevergütung: Entgelte, die Stromerzeuger für den ins öffentliche Stromnetz eingespeisten Strom erhalten, z. B. aus der Nutzung ↑erneuerbarer Energieträger. Die Einspeisevergütung beeinflusst maßgeblich die Wirtschaftlichkeit der stromerzeugenden Anlagen. Sie wird in der Regel zeitlich degressiv gestaltet.

Emissionshandel (auch **Zertifikatehandel**): Ökonomisches Instrument zur kosteneffizienten Beschränkung oder Reduktion umweltschädigender Emissionen. Den Verursachern der Emissionen werden Reduktionsziele auferlegt, die sie entweder selber erfüllen oder von anderen Verursachern ganz oder teilweise erfüllen lassen können. Dazu können die Reduktionsverpflichtungen unter den Handelsteilnehmern gehandelt werden, so dass sich eine kostenoptimale Verteilung der festgelegten Gesamtreduktion ergibt. Im ↑Kioto-Protokoll ist dieses Instrument unter den sog. ↑Kioto-Mechanismen auf der Staatenebene für die ↑Anlage-B-Länder eingeführt. Die Emissionsreduktionsverpflichtungen sind dort ebenfalls festgelegt. Auch die Weitergabe der Reduktionspflichten von Ländern an Unternehmen ist möglich.

Endenergie: Energie, die nach der Umwandlung der ↑Primärenergie in ↑Sekundärenergie und nach dem Transport zum Endverbraucher in nutzbarer Form zur Verfügung steht (z. B. Briketts, elektrischer Strom aus der Steckdose, Benzin an der Tankstelle). Die Endenergie ist die dritte Stufe der Energieflusskette von ↑Primär- über ↑Sekundär- zu ↑Nutzenergie.

Energie: Als Energie wird die Fähigkeit eines Systems bezeichnet, Arbeit zu verrichten. Man unterscheidet z. B. chemische, mechanische und elektrische Energie sowie Wärme.

Energiearmut: Energiearmut umfasst den Mangel an ausreichenden Wahlmöglichkeiten beim Zugang zu erschwinglichen, zuverlässigen, qualitativ hochwertigen, sicheren, gesundheitlich unbedenklichen und umweltschonenden Energiedienstleistungen zur Deckung der Grundbedürfnisse. Länder mit verbreiteter Energiearmut zeichnen sich in der Regel durch große Entwicklungsprobleme aus. Von Energiearmut betroffen sind rund 2,4 Mrd. Menschen, die auf traditionelle Biomassenutzung angewiesen sind. 1,6 Mrd. Menschen haben keinen Zugang zu Elektrizität.

Energie-Charta-Vertrag: Das aus der Europäischen Energie Charta von 1991 hervorgegangene Übereinkommen trat 1998 in Kraft. 46 Staaten, überwiegend aus Europa und Zentralasien, haben das Abkommen ratifiziert (Stand 11.09.2002). Ziel ist die Förderung des Wirtschaftswachstums durch Liberalisierung von Investitionen und Handel. Zudem wurden für den Bereich der Auslandsinvestitionen und des Energietransports Mindeststandards vereinbart. Umweltaspekte der Energiepolitik wurden in einem rechtlich unverbindlichen Protokoll vertieft (Protokoll zur Energie Charta über Energieeffizienz und verwandte Umweltaspekte, PEEREA).

Energiedienstleistung: Eigentlicher Nutzen, der mit dem Einsatz von ↑Nutzenergie erzielt wird: eine hell beleuchtete Arbeitsfläche, gekühlte Lebensmittel, saubere Wäsche, der Transport von Gütern von einem Ort zum anderen usw. Für den Wert der Energiedienstleistung ist dabei die eingesetzte Energiemenge unerheblich (z. B. ist die Lichtqualität wichtig, nicht der Stromverbrauch, die Fahrt zum Zielort, nicht der Benzinverbrauch).

Energieeffizienz: Technische Effizienz von Endnutzungsgeräten (beispielsweise Haushaltsgeräten) oder Anlagen (beispielsweise Kraftwerken), meistens quantifiziert durch ihren Wirkungsgrad bei der Energieumwandlung.

Energieeinsatz: Er entspricht dem häufig gebrauchten, aber streng genommen nicht richtigen „Energieverbrauch" und bezeichnet aufgewandte Energie.

Energieintensität: Energieeinsatz pro damit erzieltem ↑Bruttoinlandsprodukt (Kehrwert der ↑Energieproduktivität).

Energiemix: Kombination verschiedener Energieträger zur Energieversorgung.

Energieproduktivität: ↑Bruttoinlandsprodukt pro dafür benötigtem ↑Energieeinsatz. Im Unterschied zur ↑Energieeffizienz kann die Energieproduktivität nicht nur mit der technischen Effizienz steigen, sondern auch durch strukturelle Veränderungen in Energiesystemen (beispielsweise Übergang von Kohle- zu effizienteren Gaskraftwerken), ökonomische Strukturveränderungen hin zu weniger energieintensiven Produkten und Dienstleistungen, veränderte Energienutzungsmuster oder Änderung von Lebensstilen.

Energieträger: Stoffe oder Medien, die Energie in einer wirtschaftlich nutzbaren Form enthalten. Es werden z. B. fossile (Kohle, Erdöl, Erdgas), regenerative oder erneuerbare (Biomasse, Erdwärme, Sonne, Wind, Wasser) sowie nukleare (Uran) ↑Primärenergieträger unterschieden.

Entwicklungspartnerschaften (PPP: Public-Private Partnerships): In Entwicklungspartnerschaften kooperieren private Unternehmen und staatliche Entwicklungszusammenarbeit bei der Realisierung von Projekten, die entwicklungspolitische Ziele verfolgen und gleichzeitig einen betriebswirtschaftlichen Nutzen für die beteiligten Unternehmen erbringen. Diese Art der Kooperation mit der Wirtschaft hat aus Sicht der Entwicklungszusammenarbeit den Vorteil, durch die Beteiligung privater Unternehmen kostengünstig, effizient und in ihrer Wirkung auch nachhaltig zu sein.

Erdwärme: ↑Geothermie.

Erneuerbare Energieträger: Hierzu gehört die Energie von Sonne, Wasser, Wind, Gezeiten, moderner Biomasse und Erdwärme. Ihr Potenzial ist in der Summe im Prinzip unbegrenzt oder regenerierbar und CO_2-frei bzw. -neutral.

Fossile Brennstoffe: Brennstoffe auf Kohlenstoffbasis aus fossilen Kohlenstofflagerstätten, einschließlich Kohle, Erdöl und Erdgas. Durch ihre Verbrennung wird Kohlendioxid freigesetzt, das hauptverantwortlich für den anthropogenen Treibhauseffekt ist.

Geothermie (oder **Erdwärme**): Wärme aus dem Erdinneren, die an die Erdoberfläche dringt bzw. dort genutzt werden kann.

Global Environment Facility: ↑Globale Umweltfazilität.

Globale Umweltfazilität (GEF): Ein multilateraler Finanzierungsmechanismus, der 1991 gegründet wurde. Die GEF wird gemeinsam von UNDP, UNEP und der Weltbank betrieben. Sie stellt Entwicklungsländern und den Transformationsländern Osteuropas Gelder in Form von Zuschüssen oder stark verbilligten Krediten für Projekte und Maßnahmen zur Verfügung, die dem globalen Umweltschutz dienen. Schwerpunkte sind Klimaschutz, Erhalt der biologischen Vielfalt, Schutz der Ozonschicht und Schutz internationaler Gewässer. Maßnahmen zum Schutz der Böden in Trockengebieten und der Wälder werden ebenfalls unterstützt, wenn sie Bezug zu einem der vier Schwerpunkte haben.

Globaler Wandel: Bezeichnet die Verschränkung von globalen Umweltveränderungen, ökonomischer Globalisierung und kultureller Transformation.

Globalstrahlung: Direkte und diffuse Sonneneinstrahlung auf eine horizontale Fläche. Die Höhe der Globalstrahlung hängt vom Sonnenstand (je nach Breitengrad und Jahreszeit) und atmosphärischen Bedingungen (Bewölkung, atmosphärische Partikel) ab.

Green Energy Certificates: Das Modell der Green Energy Certificates stellt eine Weiterentwicklung flexibilisierter, handelbarer ↑Quoten dar. G. E. C. sind Bescheinigungen, die ein Erzeuger ↑Grünen Stroms als Nachweis für die Herstellung einer bestimmten Menge Elektrizität (etwa 1 MWh) durch eine staatlich kontrollierte Ausgabeinstanz erhalten. Für ein System handelbarer G. E. C. kommen außer Energieversorgern und -erzeugern auch Endverbraucher in Betracht.

Grüner Strom: Allgemein übliche Bezeichnung für Strom, der aus ↑erneuerbaren Energieträgern erzeugt wird. Auch Strom aus ↑Kraft-Wärme-Kopplung wird darunter gefasst.

IAEA: Die Internationale Atomenergieorganisation wurde 1957 als Sonderorganisation der UNO mit Sitz in Wien gegründet und umfasst 123 Mitgliedstaaten. Zu ihren Aufgaben zählt die Überprüfung der Einhaltung des Atomwaffensperrvertrags und die weltweite Kontrolle kerntechnischer Anlagen. Sie fördert die zivile Nutzung der Kernenergie, die Kooperation in der Atomtechnik und -forschung und den Austausch wissenschaftlich-technischer Erfahrungen durch Förderprogramme.

IEA: Die Internationale Energieagentur wurde 1974 als selbständige Organisation im Rahmen der OECD in Paris gegründet, um Versorgungssicherheit mit Primärenergie zu gewährleisten. Die 26 Mitgliedsstaaten haben vereinbart, durch Förderung der Nutzung fossiler, aber auch erneuerbarer Energien die Abhängigkeit von Ölimporten zu verringern, wichtige Energieinformationen auszutauschen, ihre Energiepolitik abzustimmen und in Programmen zur effizienten Energieverwendung zusammenzuarbeiten. Die IEA gibt regelmäßig den World Energy Outlook, die weltweit bedeutendste Quelle für Energiestatistiken und Analysen der Energiebranche, heraus.

Inselnetz: Ist ein geschlossenes, räumlich begrenztes Stromversorgungsnetz ohne Anschluss an weitere (auch öffentliche) Netze.

Intergovernmental Panel on Climate Change (IPCC): ↑Zwischenstaatlicher Ausschuss über Klimaänderungen.

Internationale Regime: Internationale Regime sind Institutionen, mit deren Hilfe eine Gruppe von Staaten ein grenzüberschreitendes Problem bearbeitet – im Umweltbereich z. B. den Klimawandel. Sie bestehen aus Prinzipien, Normen, Regeln und Entscheidungsprozeduren und beruhen auf formellen oder informellen zwischenstaatlichen Vereinbarungen. Eine regelmäßig tagende Konferenz der Vertragsstaaten bildet in der Regel den Kern des Entscheidungsprozesses eines Regimes. Obwohl sie oft über kleine Sekretariate verfügen, sind Regime im Gegensatz zu internationalen Organisationen keine eigenständigen Akteure.

Joule (J): Einheit der Energie. Es gilt:
$1\ J = 1\ Nm = 1\ Ws = 1\ kg\ m^2\ s^{-2}$
$1\ kWh = 3.600.000\ J$

Joint Implementation (JI): Einer der flexiblen Mechanismen des ↑Kioto-Protokolls (↑Kioto-Mechanismen), der es entwickelten Ländern (↑Anlage-I-Staaten) ermöglicht, gemeinsam mit einem anderen Anlage-I-Staat Klimaschutzprojekte durchzuführen. Dabei wird das Projekt (z. B. die Errichtung einer Windkraftanlage) in Land A durchgeführt, aber von Land B finanziert. Die in Land A vermiedenen Emissionen darf das Land B in der Verpflichtungsperiode zusätzlich emittieren oder sich als Emissionsguthaben gutschreiben lassen. Land A wird eine entsprechende Menge an Emissionsrechten abgezogen.

Kaufkraftparität (PPP: Purchasing Power Parity): Spezielles ↑BIP-Maß für den Vergleich der Kaufkraft zwischen Ländern. PPP bildet einen Einkaufskorb, bei dem die Wechselkurse keinen Einfluss mehr haben. So erhält ein Kilo Reis in Japan den gleichen Wert wie in Indonesien, selbst wenn sein Dollarwert ca. 7fach höher liegt. Der Unterschied im BIP pro Kopf zwischen Industrie- und Entwicklungsländern wird dadurch reduziert.

Kilowatt peak (kWp): Leistung eines Photovoltaikmoduls bei Standard-Testbedingungen, d. h. Globalstrahlung 1.000 W/m², Zelltemperatur 25 °C und Sonnenlichtspektrum für Mitteleuropa.

Kilowattstunde (kWh): Gebräuchliches Maß für Energie. Für größere Anlagen wird die Energie oft in Megawattstunden (MWh) pro Jahr angegeben.

Kioto-Mechanismen: Im ↑Kioto-Protokoll vorgesehene sog. flexible Mechanismen, wie z. B. ↑Emissionshandel, ↑Clean Development Mechanism (CDM) und ↑Joint Implementation (JI). Sie erlauben eine Anrechnung von Emissionsreduktionen, die außerhalb des verpflichteten Landes erzielt werden.

Kioto-Protokoll zur Klimarahmenkonvention: Völkerrechtliches Abkommen, in dem Reduktionsziele für Treibhausgasemissionen von entwickelten Ländern sowie wichtige Durchführungsmodalitäten festgelegt sind. Es wurde im Jahr 1997 bei der 3. Vertragsstaatenkonferenz der ↑Klimarahmenkonvention (UNFCCC) in Kioto, Japan verabschiedet. Die ↑Anlage-B-Länder sind danach verpflichtet, die Emissionen bestimmter ↑Treibhausgase um rund 5% gegenüber dem Basisjahr 1990 in der Verpflichtungsperiode 2008–2012 zu reduzieren. Das Kioto-Protokoll ist noch nicht in Kraft getreten, da die angekündigte Ratifikation Russlands noch aussteht. Die USA haben im März 2003 erklärt, das Protokoll nicht ratifizieren zu wollen.

Klimarahmenkonvention (UNFCCC): Das Rahmenübereinkommen über Klimaänderungen wurde 1992 beschlossen und trat 1994 in Kraft. Das Hauptziel der Konvention ist die „Stabilisierung der Treibhausgaskonzentrationen in der Atmosphäre auf einem Niveau, das eine gefährliche anthropogene Störung des Klimasystems verhindert. Ein solches Niveau sollte innerhalb eines Zeitraums erreicht werden, in dem sich die Ökosysteme auf natürliche Weise den Klimaänderungen anpassen können, die Nahrungsmittelerzeugung nicht bedroht wird und die wirtschaftliche Entwicklung auf nachhaltige Weise fortgeführt werden kann". Im 1997 verabschiedeten ↑Kioto-Protokoll wurden verbindliche Reduktionen der Treibhausgasemissionen vereinbart.

Klimasensitivität: Erwärmung der oberflächennahen Temperatur in °C bei Verdopplung der vorindustriellen CO_2-Konzentration in der Atmosphäre von 280 auf 560 ppm. Der ↑IPCC gibt die Bandbreite der K. ohne besten Schätzwert mit 1,5–4,5 °C an.

Klimawandel: Statistisch signifikante Veränderung des mittleren Zustands des Klimas oder seiner Variabilität, die für eine längere Periode (meist Dekaden) anhält.

Kohlendioxid (CO_2): Natürlich vorkommendes Gas und Produkt der Verbrennung fossiler Energieträger und von Biomasse. Emittiert wird CO_2 aber beispielsweise auch bei Entwaldung und anderen Landnutzungsänderungen sowie während industrieller Prozesse wie z. B. der Zementherstellung.

Kohlenstoffintensität: Kohlendioxidemissionen pro Primärenergieeinsatz.

Kommission für Nachhaltige Entwicklung (CSD): Kommission des Wirtschafts- und Sozialrats der Vereinten Nationen, die 1992 als zentrales Forum für den Rio-Folgeprozess eingesetzt wurde. Sie überwacht und unterstützt die Umsetzung der auf der UN-Konferenz über Umwelt und Entwicklung 1992 in Rio de Janeiro verabschiedeten AGENDA 21. An der jährlich tagenden CSD nehmen neben Regierungen und internationalen Organisationen auch mehr als 1.000 Nichtregierungsorganisationen teil.

Kraft-Wärme-Kopplung (KWK): In Anlagen mit Kraft-Wärme-Kopplung (KWK) wird aus dem eingesetzten Brennstoff nicht nur Strom erzeugt, sondern gleichzeitig auch die Abwärme genutzt. Die dabei anfallende Wärme wird beispielsweise als Heizungswärme eingesetzt (z. B. Fernwärme). In der Industrie kann sie für wärmeabhängige Produktionsprozesse genutzt werden.

Lachgas (N_2O): Langlebiges Treibhausgas, das vor allem durch den Einsatz von Stickstoffdüngern in der Landwirtschaft und durch die Verbrennung von Biomasse und fossilen Brennstoffen freigesetzt wird.

Leistung: Leistung ist Energie pro Zeiteinheit. Elektrische Leistung wird in Watt (W), Kilowatt (kW), Megawatt (MW) usw. gemessen.

Leitplanke: Leitplanken grenzen den Entwicklungsraum des Mensch-Umwelt-Systems von den Bereichen ab, die unerwünschte oder gar katastrophale Entwicklungen repräsentieren und daher vermieden werden müssen. Nachhaltige Entwicklungspfade verlaufen innerhalb des durch die Leitplanken definierten Korridors.

Lernkurve: Senkung der spezifischen Produktionskosten bei steigender kumulierter Produktion.

Liberalisierung: Allgemeine Bezeichnung für die Auflösung ehemals monopolistischer Strukturen und die Einführung von marktwirtschaftlichen Bedingungen, d. h. Wettbewerb. In Deutschland hat das neue Energiewirtschaftsgesetz vom April 1998 dazu geführt, dass die Gebietsmonopole der Stromwirtschaft aufgehoben wurden. Seitdem kann der Verbraucher seinen Stromversorger frei wählen.

Mengenlösung: Oberbegriff für die Förderung erneuerbarer Energien aufgrund einer staatlichen Mengenvorgabe (Mindestmenge oder Mindestanteil für den Einsatz erneuerbarer Energieträger, die in einem bestimmten Zeitraum umgesetzt werden müssen). Als mengenbasierte Instrumente gelten die verschiedenen Varianten von ↑Quoten, aber auch ↑Ausschreibungsverfahren.

Methan (CH_4): Treibhausgas, das vor allem beim Reisanbau, bei der Viehwirtschaft, bei der Verbrennung von Biomasse und bei Gewinnung und Verbrennung fossiler Brennstoffe emittiert wird.

Moderne Biomassenutzung: Energetisch nutzbare ↑Biomasse (z. B. landwirtschaftliche Reststoffe, Waldrest- und Schwachholz, Industrierestholz und Gebrauchtholz sowie speziell zum Zweck der Energiegewinnung angebaute ein- oder mehrjährige Energiepflanzen), die unter Beachtung ökologischer und gesundheitlicher Restriktionen zur Erzeugung von Wärme und/oder Strom sowie Biogas verwendet werden (vergl. ↑traditionelle Biomassenutzung).

Nachhaltige oder zukunftsfähige Entwicklung (sustainable development): Ein Begriff, der meist als ein umwelt- und entwicklungspolitisches Konzept verstanden wird, das durch den Brundtland-Bericht formuliert und auf der UN-Konferenz über Umwelt und Entwicklung 1992 in Rio de Janeiro weiterentwickelt wurde. Demokratische Entscheidungs- und Umsetzungsprozesse sollen dabei eine ökologisch, ökonomisch und sozial dauerhafte Entwicklung fördern und die Bedürfnisse zukünftiger Generationen berücksichtigen.

Neue erneuerbare Energieträger: Hierzu gehören diejenigen ↑erneuerbaren Energieträger, die noch ein großes Ausbaupotenzial besitzen, weil ihre Nutzung derzeit noch in den Anfängen der technologischen Entwicklung steht, z. B. Sonne, Wind, moderne Biomasse. Die Wasserkraft gehört nicht dazu.

Nutzenergie: Ist die zur Erfüllung einer bestimmten Aufgabe tatsächlich genutzte Energie. Sie ist das letzte Glied der bei der ↑Primärenergie beginnenden Energieflusskette.

Nutzungsgrad: Im Gegensatz zum ↑Wirkungsgrad, der das Verhältnis von Nutzen und Aufwand unter definierten momentanen Bedingungen beschreibt, gibt der Nutzungsgrad dieses Verhältnis über einen bestimmten Zeitraum hinweg an.

OPEC: Die Organization of Petroleum Exporting Countries (OPEC) wurde 1960 von den Staaten Saudi-Arabien, Venezuela, Irak, Iran und Kuwait gegründet. Katar (1961), Indonesien (1962), Libyen (1962), die Vereinigten Arabischen Emirate (1967), Algerien (1969) und Nigeria (1971) traten später bei. Die OPEC bildet heute eine mächtige Schwellenländerallianz auf dem internationalen Energiemarkt.

Pfadabhängigkeit: Beschränkung technologiepolitischer Steuerungsmöglichkeiten durch historische Entwicklungen („lock-in"). Dass sich beispielsweise eine Technologie gegenüber einer anderen am Markt durchsetzt, ist nicht unbedingt auf ihre Überlegenheit zurückzuführen, sondern kann das Ergebnis historischer Zufälligkeiten und eines sich selbst verstärkenden Prozesses sein: Die Kosten der „traditionellen" Technik sind im Vergleich zu den Startinvestitionen einer neuen Technologie niedrig, da Lerneffekte bei der Anwendung genutzt wurden und man auf kompatible Techniken und Standards zurückgreifen kann.

Primärenergie: Energieinhalt natürlicher Energieträger wie zum Beispiel Kohle, Erdöl, Erdgas oder Natururan. Sie ist die Eingangsgröße bei der Betrachtung eines Energieflusses, der die Energienutzung durch den Menschen beschreibt. Die Primärenergie ist das erste Glied der Energieflusskette und wird z. B. in Kraftwerken in ↑Sekundärenergie umgewandelt.

Portfoliomodell: Die Auflage an Quotenverpflichtete, einen bestimmten Anteil an erneuerbaren Energien zur Elektrizitätserzeugung einzusetzen.

Public Private Partnership (PPP): Längerfristige Kooperation zwischen Staat und Wirtschaft zur Verfolgung eines gemeinsamen Ziels (etwa Entwicklungspartnerschaften). Beide Seiten bringen eigene Ressourcen (Fördermaßnahmen, Know-how usw.) in die Kooperation ein.

Quoten: Instrument zur Förderung des Einsatzes erneuerbarer Energieträger bei der Energieversorgung. Als politische Mengenvorgabe gilt zumeist ein nationales Mindestziel für die Energieerzeugung aus erneuerbaren Energien innerhalb eines bestimmten Zeitraums und/oder für einzelne Technologiebereiche. Die Gesamtvorgabe wird in Teilquoten für Energieerzeuger oder -versorger aufgeteilt. Zur Erhöhung der Flexibilität und damit der ökonomischen Effizienz ist der Handel mit Quoten und eine Weiterentwicklung zum Konzept der ↑Green Energy Certificates denkbar.

Referenzszenario: Ein ↑Szenario, das die Entwicklung der Wirtschaft und anderer Antriebskräfte von Emissionen (beispielsweise Bevölkerung, Technologien) beschreibt, wie es ohne politische Eingriffe, insbesondere ohne explizite klimapolitische Maßnahmen zu erwarten ist. Es dient beispielsweise in ökonomischen Kosten-Nutzen-Analysen als Grundlage für die Entwicklung von Klimaschutzszenarien unter Einbeziehung klimapolitischer Maßnahmen.

Regenerative Energieträger: ↑Erneuerbare Energieträger.

Regime: ↑Internationale Regime.

Regulierung: Rechtlich regulative Marktnormen eines Staates. Diese können mehr oder weniger tief in den Markt eingreifen. Der Energiesektor bedarf im Allgemeinen einer Mindestregulierung, da die Übertragungs- und Verteilungsnetze natürliche Monopole darstellen.

Re-Regulierung: Die erneute ↑Regulierung von Märkten, die zuvor liberalisiert (dereguliert) wurden.

Schattensubventionen: Nichtinrechnungstellung der Kosten externer Effekte beispielsweise konventioneller Energieerzeugung, deren exakte quantitative Berechnung äußerst schwierig ist.

Sekundärenergie: Leicht speicherbare und/oder transportierbare Energieform (z. B. Strom, Treibstoff, Wasserstoff), die beispielsweise in Kraftwerken oder Raffinerien aus ↑Primärenergieträgern gewonnen wird. Die Sekundärenergie ist die zweite Stufe der bei der ↑Primärenergie beginnenden Energieflusskette und wird z. B. über das Stromnetz zu den Verbrauchern transportiert, wo sie als ↑Endenergie zur Verfügung steht.

Sequestrierung: ↑CO_2-Speicherung.

Solarthermische Kraftwerke: In solarthermischen Kraftwerken wird direktes Sonnenlicht mit optischen Elementen auf einen Absorber konzentriert. Die absorbierte Strahlungsenergie erhitzt ein Wärmeübertragungsmedium. Diese Wärmeenergie wird anschließend zum Antrieb weitgehend konventioneller Kraftmaschinen, wie Dampfturbinen oder ↑Stirlingmotoren, eingesetzt.

Stirlingmotor: Ist eine zyklisch arbeitende thermodynamische Maschine, die von außen zugeführte Wärmeenergie in mechanische Energie umwandelt.

Stromkennzahl: Verhältnis der bereitgestellten Strommenge zur nutzbaren Wärmemenge eines ↑KWK-Prozesses.

Szenario: Eine plausible Beschreibung dessen, wie die Zukunft aussehen könnte, basierend auf der Analyse eines kohärenten und konsistenten Bündels von Annahmen, Trends, Relationen und Triebkräften.

Technologietransfer: Prozesse des Austauschs von Wissen, Geld und Gütern zwischen verschiedenen Akteuren, die zu einer Verbreitung der Nutzung von Technologien führen, z. B. für eine Minderung des Klimawandels oder eine nachhaltige Energieentwicklung. Transfer hat oft zwei Bedeutungen: Diffusion der Technologien und Kooperation zwischen und innerhalb von Staaten.

Traditionelle Biomassenutzung: Form der Energiegewinnung aus ↑Biomasse, wie z. B. Holz, Dung, Ernteabfälle usw. vor allem zum Kochen und Heizen. Etwa 2,4 Mrd. Menschen, überwiegend in Entwicklungsländern, sind weltweit auf traditionelle Biomasse angewiesen und damit wegen mangelhafter Verbrennungstechnik oft Gesundheitsschäden durch Emissionen ausgesetzt.

Treibhausgase: Treibhausgase sind gasförmige Bestandteile der Atmosphäre, die aufgrund ihrer selektiven Absorption von Wärmestrahlung eine Erwärmung der unteren Atmosphäre verursachen. Zu den anthropogenen Treibhausgasen gehören vor allem ↑Kohlendioxid, ↑Lachgas und ↑Methan sowie industrielle Gase, z. B. halogenierte Fluorkohlenwasserstoffe (HFC), perfluorierte Kohlenwasserstoffe (PFC) und Schwefelhexafluorid (SF_6).

United Nations Framework Convention on Climate Change (UNFCCC): ↑Klimarahmenkonvention.

UN Millenniumserklärung: In der UN Millenniumserklärung aus dem Jahr 2000 verpflichten sich die unterzeichnenden Staaten, zur Überwindung extremer Armut beizutragen. Dazu wurden acht internationale Entwicklungsziele vereinbart, die in der Mehrzahl bis zum Jahr 2015 erreicht werden sollen:

1. Beseitigung von extremer Armut und Hunger;
2. Sicherstellung einer Grundschulbildung für alle;
3. Förderung von Geschlechtergleichberechtigung und Stärkung von Frauen;
4. Verringerung der Kindersterblichkeit;
5. Verbesserung der medizinischen Versorgung von Müttern;
6. Bekämpfung von HIV/Aids, Malaria und anderer Krankheiten;
7. Schutz der Umwelt;
8. Entwicklung einer globalen Partnerschaft für Entwicklung.

Wärmepumpe: Sie fördert Wärme von einem niedrigen Temperaturniveau unter Einsatz von Energie auf ein höheres, nützlicheres Temperaturniveau. Alle Wärmepumpen benötigen zum Antrieb des Prozesses Fremdenergie, deren Berücksichtigung für die energetische Bewertung unerlässlich ist.

Wasserstoffwirtschaft: Die auf Wasserstoff als Energiespeicher beruhende Wirtschaft. Dabei wird zunächst die ↑Primärenergie der Sonnenstrahlung oder des Windes in Strom umgewandelt. Wasserstoff kann mit Strom z. B. aus ↑erneuerbaren Energieträgern durch elektrolytische Trennung von Wasser hergestellt werden. Er kann aber auch aus ↑Biomasse oder ↑fossilen Brennstoffen gewonnen werden. Er kann als dezentrale Stromspeichermöglichkeit dienen, wenn z. B. Stromüberschuss produziert wird, oder auch zum Betreiben von ↑Brennstoffzellen in Häusern und Automobilen genutzt werden.

Watt (W): Einheit der Energieleistung.

Weltbank: Die Weltbank wurde 1944 gegründet und ist heute die größte Finanzquelle der Entwicklungsunterstützung. Die Bank hat zum Ziel, in den Entwicklungsländern die Armut zu verringern. Sie gewährt Darlehen und leistet politische Beratung, technische Unterstützung sowie zunehmend Dienste für den Wissensaustausch. Die Mittelvergabe konzentriert sich auf Gesundheit und Ausbildung, Umweltschutz, Unterstützung privater Wirtschaftsentwicklung, Verstärkung der Fähigkeit von Regierungen zu effizienten und transparenten Dienstleistungen, Unterstützung von Reformen zur Erreichung stabiler Wirtschaftsverhältnisse sowie soziale Entwicklung und Armutsbekämpfung.

Wirkungsgrad: Maß für die Effektivität einer energetischen Umwandlung. Der Wirkungsgrad bezeichnet bei einer Anlage das Verhältnis von aufgewandter zu abgegebener Energie und wird in Prozent angegeben.

World Energy Council (WEC): Der World Energy Council wurde 1924 mit Sitz in London gegründet, seine Arbeit wird durch Mitgliedskomitees in 90 Ländern unterstützt. Das Ziel dieser Nichtregierungsorganisationen ist es, durch Forschung, Analyse, Politikberatung und Förderung von Kooperation eine nachhaltige Energiepolitik zu fördern. Gemeinsam mit der UN veröffentlichte das WEC im Jahr 2000 einen globalen Energiebericht (World Energy Assessment).

Zwischenstaatlicher Ausschuss über Klimaänderungen (IPCC: Intergovernmental Panel on Climate Change): Wurde 1988 gegründet und ist einer der einflussreichsten internationalen Wissenschaftsinstitutionen für die Klimapolitik. Das IPCC legte die wissenschaftliche Grundlage der Verhandlungen für die ↑Klimarahmenkonvention und veröffentlicht in regelmäßigen Abständen Statusberichte zum globalen Klimawandel. Die Autorenschaft des 3. Sachstandsberichts von 2001 umfasste mehr als 3.000 Wissenschaftlerinnen und Wissenschaftler aus aller Welt.

Index

10

Kolibri 360 GmbH
Ferdinand-Jühlke-Straße 7
99095 Erfurt, Deutschland
produktsicherheit@kolibri360.de